Erwin Riedel
Allgemeine und Anorganische Chemie
6. Auflage

Erwin Riedel

Allgemeine und Anorganische Chemie

Ein Lehrbuch für Studenten
mit Nebenfach Chemie

6., bearbeitete Auflage

Walter de Gruyter · Berlin · New York 1994

Professor Dr. Erwin Riedel
Institut für Anorganische und Analytische Chemie
Technische Universität Berlin
Straße des 17. Juni 135
D-10623 Berlin

Das Buch enthält 214 Abbildungen.

1. Auflage 1979
2. Auflage 1982
3. Auflage 1985
4. Auflage 1988
5. Auflage 1990
6. Auflage 1994

CIP-Kurztitelaufnahme der Deutschen Bibliothek

> **Riedel, Erwin:**
> Allgemeine und Anorganische Chemie : e. Lehrbuch für Studenten
> mit Nebenfach Chemie / Erwin Riedel. – 6., bearb. Aufl. –
> Berlin, New York: de Gruyter, 1994
>   ISBN 3-11-013957-X

© Copyright 1994 by Walter de Gruyter & Co., D-10785 Berlin.
Dieses Werk einschließlich aller seiner Teile ist urheberrechtlich geschützt. Jede Verwertung außerhalb der engen Grenzen des Urheberrechtsgesetzes ist ohne Zustimmung des Verlages unzulässig und strafbar. Das gilt insbesondere für Vervielfältigungen, Übersetzungen, Mikroverfilmungen und die Einspeicherung und Verarbeitung in elektronischen Systemen.
Printed in Germany.
Einbandentwurf: Wernitz & Wernitz, Berlin. Satz und Druck: Tutte Druckerei GmbH, Salzweg-Passau.
Bindearbeiten: Lüderitz & Bauer, Berlin.

Vorwort zur 6. Auflage

Nach fünf nur wenig veränderten Auflagen war eine umfangreichere Überarbeitung der 6. Auflage erforderlich. Der Aufbau des Buches wurde aber beibehalten, der Umfang nicht drastisch verändert. Die wichtigsten Erweiterungen der einzelnen Kapitel sind:

1. Atombau. Kernmodell; Äquivalentdosis; Winkelfunktionen des Wasserstoffatoms in kartesischen Koordinaten; Tabelle mit neuen Werten der Elektronenaffinität der Hauptgruppenelemente.

2. Die chemische Bindung. Tabelle mit Bindungsenergien; VSEPR-Modell der Molekülgeometrie.

3. Die chemische Reaktion. Ausführlichere Behandlung des 1. Hauptsatzes der Thermodynamik und der Enthalpie; 3. Hauptsatz der Thermodynamik; Ergänzung der heterogenen Katalyse durch die Begriffe Katalysatorselektivität, Chemiesorption, Promotoren und Kontaktgifte; Membranverfahren der Chloralkalielektrolyse; Na—S-Akkumulator; Alkali-Mangan-Zelle; Silber-Zink-Zelle.

4. Nichtmetalle. Claus-Verfahren zur Schwefelgewinnung; Überarbeitung der NH_3-Synthese; Herstellung hochreinen Siliciums für die Halbleitertechnik; CDV-Diamantsynthese; Graphitverbindungen; Fullerene, neue hochaktuelle Kohlenstoffmodifikationen; Glaskohlenstoff; Graphitfolien; Glaskeramik; Glasfasern; Hochleistungskeramik.

5. Metalle. Supraleiter, Hochtemperatursupraleiter; Neufassung des Abschnitts Zintl-Phasen unter Berücksichtigung des Zintl-Klemm-Konzepts; Nomenklaturschemata von Komplexverbindungen; Einfluß der Aufspaltung von d-Orbitalen auf Ionenradien; Jahn-Teller-Effekt bei Cu(II)-Verbindungen.

Außerdem erfolgten viele kleine Änderungen und Ergänzungen, natürlich die Aktualisierung von Zahlenwerten.

Neu ist das 6. Kapitel Umweltprobleme. Darin werden globale und regionale Probleme behandelt, bei denen chemische Prozesse wichtig sind. Angesichts der bedrohlichen Umweltzerstörung gehören Kenntnisse darüber zum Basiswissen.

Für die stets gute Zusammenarbeit mit dem Verlag de Gruyter danke ich besonders Herrn Dr. R. Weber.

Gefreut habe ich mich über die Zuschriften von Studenten, allen sei dafür herzlich gedankt.

Berlin, April 1994 *Erwin Riedel*

Vorwort zur 1. Auflage

Dieses Lehrbuch ist aus der Vorlesung „Einführung in die Allgemeine und Anorganische Chemie" entstanden, die ich seit einigen Jahren an der TU Berlin für Studierende von Fachrichtungen mit Chemie als Nebenfach halte. Dies sind die Fachrichtungen Bergbau, Energie- und Verfahrenstechnik, Fertigungstechnik, Geologie, Geophysik, Hüttenwesen, Maschinenbau, Mineralogie, Werkstoffwissenschaften, Wirtschaftsingenieurwesen und Umwelttechnik.

Der Stoff ist in 5 Kapitel gegliedert. Die Kapitel Atombau, Die chemische Bindung, Die chemische Reaktion enthalten allgemeine Grundlagen, die Kapitel Nichtmetalle und Metalle eine knappe systematische Stoffchemie.

Inhalt und Niveau der Vorlesung sind durch die Erfahrung bestimmt, welcher Stoff in einem Semester erarbeitet werden kann. So wird darauf verzichtet, die Schrödinger-Gleichung und die Wellenfunktion zu behandeln. Die Atombindung wird nur mit einem anschaulichen Modell der Valenzbindungstheorie diskutiert, das Modell der Molekülorbitaltheorie bleibt ebenso wie die Ligandenfeldtheorie unberücksichtigt. Auch die Entropie, die freie Enthalpie und deren Zusammenhang mit der Gleichgewichtskonstante werden nicht behandelt. Im vorliegenden Buch ist dieser Stoff in mit einem Stern gekennzeichneten Unterkapiteln aufgenommen worden. Für die anderen Abschnitte ist die Kenntnis dieser vertiefenden Unterkapitel aber nicht erforderlich. Das Buch ist ohne sie in Umfang und Niveau für Nebenfächler bis zum Vorexamen geeignet.

Wichtige Begriffe und Sachverhalte sind durch Farbdruck hervorgehoben. Auch bei den Abbildungen hat die Farbe nicht plakativen, sondern informativen Charakter. Beim Repetieren sollen durch Lesen allein des Farbteils in Verbindung mit den Abbildungen die wichtigsten Zusammenhänge rasch erfaßt werden können.

Für die graphische Gestaltung danke ich Frau Lisa Buttenstedt. Für die Durchsicht von Teilen des Manuskripts danke ich Herrn Prof. Dr. B. Krieg, Berlin, für das Korrekturlesen meinem Mitarbeiter Herrn Dr. W. Paterno. Dem Verlag de Gruyter gebührt Dank für die Bereitwilligkeit, mit der er den Wünschen des Autors entgegengekommen ist.

Zum Üben der in diesem Lehrbuch dargestellten allgemeinen Grundlagen eignet sich das aus vorlesungsbegleitenden Seminaren entstandene Arbeitsbuch E. Riedel, W. Grimmich, Atombau - Chemische Bindung - Chemische Reaktion, Grundlagen in Aufgaben und Lösungen, Walter de Gruyter · Berlin · New York 1977.

Berlin, April 1979　　　　　　　　　　　　　　　　　　　　　　　　　*Erwin Riedel*

Inhalt

1. Atombau 1
   1.1 Der atomare Aufbau der Materie 1
       1.1.1 Der Elementbegriff 1
       1.1.2 Daltons Atomtheorie 2
   1.2 Der Atomaufbau 4
       1.2.1 Elementarteilchen, Atomkern, Atomhülle 4
       1.2.2 Chemische Elemente, Isotope, Atommassen 6
       1.2.3 Massendefekt, Äquivalenz von Masse und Energie 9
   1.3 Kernreaktionen 11
       1.3.1 Radioaktivität 11
       1.3.2 Künstliche Nuklide 17
       1.3.3 Kernspaltung, Kernfusion 18
       1.3.4 Elementhäufigkeit, Elemententstehung 22
   1.4 Die Struktur der Elektronenhülle 24
       1.4.1 Bohrsches Modell des Wasserstoffatoms 24
       1.4.2 Die Deutung des Spektrums der Wasserstoffatome mit der Bohrschen Theorie 28
       1.4.3 Die Unbestimmtheitsbeziehung 34
       1.4.4 Der Wellencharakter von Elektronen 35
       1.4.5 Atomorbitale und Quantenzahlen des Wasserstoffatoms 36
       1.4.6* Die Wellenfunktion, Eigenfunktionen des Wasserstoffatoms 42
       1.4.7 Aufbauprinzip und Elektronenkonfiguration von Mehrelektronen-Atomen 49
       1.4.8 Das Periodensystem (PSE) 54
       1.4.9 Ionisierungsenergie, Elektronenaffinität, Röntgenspektren 59

2. Die chemische Bindung 65
   2.1 Die Ionenbindung 65
       2.1.1 Allgemeines, Ionenkristalle 65
       2.1.2 Ionenradien 69
       2.1.3 Wichtige ionische Strukturen, Radienquotientenregel 71
       2.1.4 Gitterenergie von Ionenkristallen 79
   2.2 Die Atombindung 81
       2.2.1 Allgemeines, Lewis-Formeln 81
       2.2.2 Bindigkeit, angeregter Zustand 82
       2.2.3 Dative Bindung, formale Ladung 86
       2.2.4 Überlappung von Atomorbitalen, σ-Bindung ... 87
       2.2.5 Hybridisierung 91
       2.2.6 π-Bindung 98
       2.2.7 Mesomerie 102
       2.2.8 Atomkristalle, Molekülkristalle 104
       2.2.9* Molekülorbitale 106
       2.2.10 Polare Atombindung, Dipole 115
       2.2.11 Die Elektronegativität 116

2.2.12 Das Valenzschalen-Elektronenpaar-Abstoßungs-Modell 119
2.3 Van der Waals-Kräfte 123
2.4 Vergleich der Bindungsarten 124
2.5 Oxidationszahl 125

3. Die chemische Reaktion 128
3.1 Stoffmenge, Konzentration, Anteil 128
3.2 Ideale Gase 130
3.3 Zustandsdiagramme 134
3.4 Reaktionsenthalpie, Standardbildungsenthalpie 140
3.5 Das chemische Gleichgewicht 146
    3.5.1 Allgemeines 146
    3.5.2 Das Massenwirkungsgesetz (MWG) 149
    3.5.3 Verschiebung der Gleichgewichtslage, Prinzip von Le Chatelier 152
    3.5.4* Berechnung von Gleichgewichtskonstanten 157
3.6 Die Geschwindigkeit chemischer Reaktionen 170
    3.6.1 Allgemeines 170
    3.6.2 Konzentrationsabhängigkeit der Reaktionsgeschwindigkeit 170
    3.6.3 Temperaturabhängigkeit der Reaktionsgeschwindigkeit 173
    3.6.4 Reaktionsgeschwindigkeit und chemisches Gleichgewicht 176
    3.6.5 Metastabile Systeme 177
    3.6.6 Katalyse 179
3.7 Gleichgewichte von Salzen, Säuren und Basen 182
    3.7.1 Lösungen, Elektrolyte 182
    3.7.2 Aktivität 185
    3.7.3 Löslichkeit, Löslichkeitsprodukt, Nernstsches Verteilungsgesetz 185
    3.7.4 Säuren und Basen 189
    3.7.5 pH-Wert, Ionenprodukt des Wassers 191
    3.7.6 Säurestärke, pK_s-Wert, Berechnung des pH-Wertes von Säuren 193
    3.7.7 Protolysegrad, Ostwaldsches Verdünnungsgesetz 195
    3.7.8 pH-Berechnung von Basen und Salzlösungen 197
    3.7.9 Pufferlösungen 200
    3.7.10 Säure-Base-Indikatoren 202
3.8 Redoxvorgänge 204
    3.8.1 Oxidation, Reduktion 204
    3.8.2 Aufstellung von Redoxgleichungen 206
    3.8.3 Galvanische Elemente 207
    3.8.4 Berechnung von Redoxpotentialen: Nernstsche Gleichung 209
    3.8.5 Konzentrationsketten, Elektroden zweiter Art 211
    3.8.6 Die Standardwasserstoffelektrode 212
    3.8.7 Die elektrochemische Spannungsreihe 215
    3.8.8 Gleichgewichtslage bei Redoxprozessen 219
    3.8.9 Die Elektrolyse 219
    3.8.10 Elektrochemische Spannungsquellen 226

4. Nichtmetalle 229
4.1 Häufigkeit der Elemente in der Erdkruste 229
4.2 Wasserstoff 229

4.2.1	Allgemeine Eigenschaften	229
4.2.2	Physikalische und chemische Eigenschaften	230
4.2.3	Vorkommen und Darstellung	231
4.2.4	Wasserstoffverbindungen	232

- 4.3 Die Halogene ... 233
    - 4.3.1 Gruppeneigenschaften ... 233
    - 4.3.2 Die Elemente ... 234
    - 4.3.3 Vorkommen und Darstellung ... 235
    - 4.3.4 Verbindungen von Halogenen mit der Oxidationszahl −1: Halogenide ... 235
    - 4.3.5 Verbindungen mit positiven Oxidationszahlen: Oxide und Sauerstoffsäuren von Chlor ... 237
    - 4.3.6 Pseudohalogene ... 239
- 4.4 Die Edelgase ... 239
    - 4.4.1 Gruppeneigenschaften ... 239
    - 4.4.2 Vorkommen, Eigenschaften und Verwendung ... 240
    - 4.4.3 Edelgasverbindungen ... 241
- 4.5 Die Elemente der 6. Hauptgruppe (Chalkogene) ... 242
    - 4.5.1 Gruppeneigenschaften ... 242
    - 4.5.2 Die Elemente ... 243
    - 4.5.3 Wasserstoffverbindungen ... 245
    - 4.5.4 Sauerstoffverbindungen von Schwefel ... 248
- 4.6 Die Elemente der 5. Hauptgruppe ... 251
    - 4.6.1 Gruppeneigenschaften ... 251
    - 4.6.2 Die Elemente ... 252
    - 4.6.3 Wasserstoffverbindungen von Stickstoff ... 253
    - 4.6.4 Sauerstoffverbindungen von Stickstoff ... 255
    - 4.6.5 Sauerstoffverbindungen von Phosphor ... 257
- 4.7 Die Elemente der 4. Hauptgruppe ... 260
    - 4.7.1 Gruppeneigenschaften ... 260
    - 4.7.2 Die Elemente ... 261
    - 4.7.3 Carbide ... 265
    - 4.7.4 Sauerstoffverbindungen von Kohlenstoff ... 265
    - 4.7.5 Stickstoffverbindungen des Kohlenstoffs ... 268
    - 4.7.6 Sauerstoffverbindungen von Silicium ... 268

5. Metalle ... 275
- 5.1 Stellung im Periodensystem, Eigenschaften von Metallen ... 275
- 5.2 Kristallstrukturen der Metalle ... 278
- 5.3 Atomradien von Metallen ... 282
- 5.4 Die metallische Bindung ... 283
    - 5.4.1 Elektronengas ... 283
    - 5.4.2 Energiebändermodell ... 286
    - 5.4.3 Metalle, Isolatoren, Eigenhalbleiter ... 289
    - 5.4.4 Dotierte Halbleiter (Störstellenhalbleiter) ... 292
    - 5.4.5 Supraleiter ... 294
- 5.5 Intermetallische Systeme ... 294

	5.5.1 Schmelzdiagramme von Zweistoffsystemen	294
	5.5.2 Häufige intermetallische Phasen	301
5.6	Gewinnung von Metallen	311
	5.6.1 Elektrolytische Verfahren	311
	5.6.2 Reduktion mit Kohlenstoff	315
	5.6.3 Reduktion mit Metallen und Wasserstoff	317
	5.6.4 Spezielle Herstellungs- und Reinigungsverfahren	318
5.7	Komplexverbindungen	319
	5.7.1 Aufbau und Eigenschaften von Komplexen	319
	5.7.2 Nomenklatur von Komplexverbindungen	321
	5.7.3 Räumlicher Bau von Komplexen, Stereoisomerie	323
	5.7.4 Stabilität und Reaktivität von Komplexen	325
	5.7.5* Die chemische Bindung in Komplexen, Ligandenfeldtheorie	327

6. Umweltprobleme 340
  6.1 Globale Umweltprobleme 341
    6.1.1 Die Ozonschicht 341
    6.1.2 Der Treibhauseffekt 348
    6.1.3 Rohstoffe 354
  6.2 Regionale Umweltprobleme 356
    6.2.1 Schwefeldioxid 356
    6.2.2 Stickstoffoxide 358
    6.2.3 Troposphärisches Ozon, Smog 361
    6.2.4 Umweltbelastungen durch Luftschadstoffe 364
    6.2.5 Eutrophierung, Zeolithe 364

Anhang 1 Einheiten · Konstanten · Umrechnungsfaktoren 368
Anhang 2 Tabellen 372

Sachregister 379
Formelregister 397

1 Atombau

1.1 Der atomare Aufbau der Materie

1.1.1 Der Elementbegriff

Die Frage nach dem Wesen und dem Aufbau der Materie beschäftigte bereits die griechischen Philosophen im 6. Jh. v. Chr. (Thales, Anaximander, Anaximenes, Heraklit). Sie vermuteten, daß die Materie aus unveränderlichen, einfachsten Grundstoffen, Elementen, bestehe. Empedokles (490–430 v. Chr.) nahm an, daß die materielle Welt aus den vier Elementen Erde, Wasser, Luft und Feuer zusammengesetzt sei. Für die Alchemisten des Mittelalters galten außerdem Schwefel, Quecksilber und Salz als Elemente. Allmählich führten die experimentellen Erfahrungen zu dem von Jungius (1642) und Boyle (1661) definierten naturwissenschaftlichen Elementbegriff.

Elemente sind Substanzen, die sich nicht in andere Stoffe zerlegen lassen (Abb. 1.1).

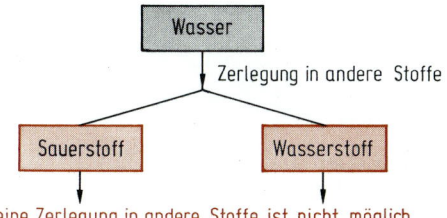

Abb. 1.1 Wasser kann in Wasserstoff und Sauerstoff zerlegt werden. Diese beiden Stoffe besitzen völlig andere Eigenschaften als Wasser. Wasserstoff und Sauerstoff lassen sich nicht weiter in andere Stoffe zerlegen. Sie sind daher Grundstoffe, Elemente.

Die 1789 von Lavoisier veröffentlichte Elementtabelle enthielt 21 Elemente. Als Mendelejew 1869 das Periodensystem der Elemente aufstellte, waren ihm 63 Elemente bekannt. Heute kennen wir 109 Elemente, 88 davon kommen in faßbarer Menge in der Natur vor.

Die Idee der Philosophen bestätigte sich also: die vielen mannigfaltigen Stoffe sind aus relativ wenigen Grundstoffen aufgebaut.

Für die Elemente wurden von Berzelius (1813) *Elementsymbole* eingeführt:

Beispiele:	Element	Elementsymbol
	Sauerstoff (Oxygenium)	O
	Wasserstoff (Hydrogenium)	H
	Schwefel (Sulfur)	S
	Eisen (Ferrum)	Fe
	Kohlenstoff (Carboneum)	C

Die Elemente und Elementsymbole sind in der Tabelle 1 des Anhangs 2 enthalten.

1.1.2 Daltons Atomtheorie

Schon der griechische Philosoph Demokrit (460–371 v. Chr.) nahm an, daß die Materie aus Atomen, kleinen nicht weiter teilbaren Teilchen, aufgebaut sei. Demokrits Lehre übte einen großen Einfluß aus. So war z. B. auch der große Physiker Newton davon überzeugt, daß Atome die Grundbausteine aller Stoffe seien. Aber erst 1808 stellte Dalton eine Atomtheorie aufgrund exakter naturwissenschaftlicher Überlegungen auf. Daltons Atomtheorie verbindet den Element- und den Atombegriff wie folgt:

Chemische Elemente bestehen aus kleinsten, nicht weiter zerlegbaren Teilchen, den Atomen. Alle Atome eines Elements sind einander gleich, besitzen also gleiche Masse und gleiche Gestalt. Atome verschiedener Elemente haben unterschiedliche Eigenschaften. Jedes Element besteht also aus nur einer für das Element typischen Atomsorte (Abb. 1.2).

Abb. 1.2 Eisen besteht aus untereinander gleichen Eisenatomen, Schwefel aus untereinander gleichen Schwefelatomen. Eisenatome und Schwefelatome haben verschiedene Eigenschaften die in der Abb. durch verschiedene Farben angedeutet sind. 1 cm³ Materie enthält etwa 10^{23} Atome.

Chemische Verbindungen entstehen durch chemische Reaktion von Atomen verschiedener Elemente. Die Atome verbinden sich in einfachen Zahlenverhältnissen.

Chemische Reaktionen werden durch *chemische Gleichungen* beschrieben. Man benutzt dabei die Elementsymbole als Symbole für ein einzelnes Atom eines Elements. In Kap. 3.4 werden wir sehen, daß eine chemische Gleichung auch beschreibt, welche Stoffe in welchen Stoffmengenverhältnissen miteinander reagieren.

Beispiele:

Ein Kohlenstoffatom verbindet sich mit einem Sauerstoffatom zur Verbindung Kohlenstoffmonooxid:

$$C + O = CO$$

Ein Kohlenstoffatom verbindet sich mit zwei Sauerstoffatomen zur Verbindung Kohlenstoffdioxid:

$$C + 2O = CO_2$$

1.1 Der atomare Aufbau der Materie

Bei jeder chemischen Reaktion erfolgt nur eine Umgruppierung der Atome, die Gesamtzahl der Atome jeder Atomsorte bleibt konstant. In einer chemischen Gleichung muß daher die Zahl der Atome jeder Sorte auf beiden Seiten der Gleichung gleich groß sein.

CO und CO_2 sind die *Summenformeln* der chemischen Verbindungen Kohlenstoffmonooxid und Kohlenstoffdioxid. Aus den Summenformeln ist das Atomverhältnis C : O der Verbindungen ersichtlich, sie liefern aber keine Information über die Struktur der Verbindungen. Strukturformeln werden in Kap. 2 behandelt.

Die Atomtheorie erklärte schlagartig einige grundlegende Gesetze chemischer Reaktionen, die bis dahin unverständlich waren.

Gesetz der Erhaltung der Masse (Lavoisier 1785)
Bei allen chemischen Vorgängen bleibt die Gesamtmasse der an der Reaktion beteiligten Stoffe konstant. Nach der Atomtheorie erfolgt bei chemischen Reaktionen nur eine Umgruppierung von Atomen, bei der keine Masse verloren gehen kann.

Stöchiometrische Gesetze

Gesetz der konstanten Proportionen (Proust 1799)
Eine chemische Verbindung bildet sich immer aus konstanten Massenverhältnissen der Elemente.

Beispiel:

1 g Kohlenstoff verbindet sich immer mit 1,333 g Sauerstoff zu Kohlenstoffmonooxid, aber nicht mit davon abweichenden Mengen, z. B. 1,5 g oder 2,3 g Sauerstoff.

Gesetz der multiplen Proportionen (Dalton 1803)
Bilden zwei Elemente mehrere Verbindungen miteinander, dann stehen die Massen desselben Elements zueinander im Verhältnis kleiner ganzer Zahlen.

Beispiel:

1 g Kohlenstoff reagiert mit $1 \cdot 1{,}333$ g Sauerstoff zu Kohlenstoffmonooxid
1 g Kohlenstoff reagiert mit $2 \cdot 1{,}333$ g = 2,666 g Sauerstoff zu Kohlenstoffdioxid

Die Massen von Kohlenstoff stehen im Verhältnis 1 : 1, die Massen von Sauerstoff im Verhältnis 1 : 2.

Nach der Atomtheorie bildet sich Kohlenstoffmonooxid nach der Gleichung C + O = CO. Da alle Kohlenstoffatome untereinander und alle Sauerstoffatome untereinander die gleiche Masse haben, erklärt die Reaktionsgleichung das Gesetz der konstanten Proportionen. Kohlenstoffdioxid entsteht nach der Reaktionsgleichung C + 2 O = CO_2. Aus den beiden Reaktionsgleichungen folgt für Sauerstoff das Atomverhältnis 1 : 2 und damit auch das Massenverhältnis 1 : 2.

1.2 Der Atomaufbau

1.2.1 Elementarteilchen, Atomkern, Atomhülle

Die Existenz von Atomen ist heute ein gesicherter Tatbestand. Zu Beginn des Jahrhunderts erkannte man aber, daß Atome nicht die kleinsten Bausteine der Materie sind, sondern daß sie aus noch kleineren Teilchen, den sogenannten Elementarteilchen, aufgebaut sind. Erste Modelle über den Atomaufbau stammen von Rutherford (1911) und Bohr (1913).

Man nahm zunächst an, *Elementarteilchen sind kleinste Bausteine der Materie, die nicht aus noch kleineren Einheiten zusammengesetzt sind. Sie sind aber ineinander umwandelbar, also keine Grundbausteine im Sinne unveränderlicher Teilchen.* Man kennt gegenwärtig einige Hundert Elementarteilchen. Für die Diskussion des Atombaues sind nur einige wenige von Bedeutung. Später erkannte man jedoch, daß die meisten dieser Teilchen wiederum aus einfacheren Grundbausteinen, den Quarks aufgebaut sind.

Die Atome bestehen aus drei Elementarteilchen: *Elektronen, Protonen, Neutronen.* Sie unterscheiden sich durch ihre Masse und ihre elektrische Ladung (Tabelle 1.1).

Tabelle 1.1 Eigenschaften von Elementarteilchen

Elementarteilchen	Elektron	Proton	Neutron
Symbol	e	p	n
Masse	$0{,}9109 \cdot 10^{-30}$ kg $5{,}4859 \cdot 10^{-4}$ u	$1{,}6725 \cdot 10^{-27}$ kg $1{,}007277$ u	$1{,}6748 \cdot 10^{-27}$ kg $1{,}008665$ u
	leicht	schwer, nahezu gleiche Masse	
Ladung	$-e$ negative Elementarladung	$+e$ positive Elementarladung	keine Ladung neutral

Das Neutron ist ein ungeladenes, elektrisch neutrales Teilchen. Das Proton trägt eine positive, das Elektron eine negative Elementarladung.

Die *Elementarladung* ist die bislang kleinste beobachtete elektrische Ladung. Sie beträgt

$$e = 1{,}6022 \cdot 10^{-19} \text{ C}$$

e wird daher auch als *elektrisches Elementarquantum* bezeichnet. *Alle auftretenden Ladungsmengen können immer nur ein ganzzahliges Vielfaches der Elementarladung sein.*

Protonen und Neutronen sind schwere Teilchen. Sie besitzen annähernd die gleiche Masse. Das Elektron ist ein leichtes Teilchen, es besitzt ungefähr $\frac{1}{1800}$ der Protonen- bzw. Neutronenmasse.

1.2 Der Atomaufbau

Atommassen gibt man in atomaren Masseneinheiten an. *Eine atomare Masseneinheit (u) ist definiert als $\frac{1}{12}$ der Masse eines Atoms des Kohlenstoffnuklids ^{12}C* (zum Begriff des Nuklids vgl. Abschn. 1.2.2).

$$\text{Masse eines Atoms } {}^{12}_{6}\text{C} = 12\,\text{u}$$
$$1\,\text{u} = 1{,}6606 \cdot 10^{-27}\,\text{kg}$$

Die Größe der atomaren Masseneinheit ist so gewählt, daß die Masse eines Protons bzw. Neutrons ungefähr 1 u beträgt.

Atome sind annähernd kugelförmig mit einem Radius von der Größenordnung 10^{-10} m. Ein cm³ Materie enthält daher ungefähr 10^{23} Atome. Man unterscheidet zwei Bereiche des Atoms, den Kern und die Hülle (Abb. 1.3).

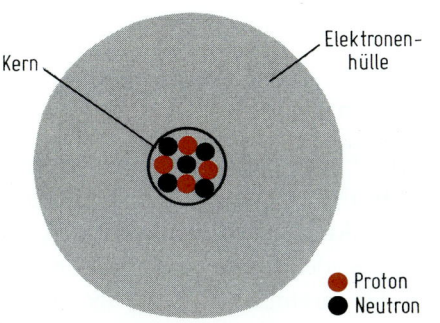

Protonenzahl = Kernladungszahl = 4
Nukleonenzahl = Protonenzahl
+ Neutronenzahl = 9
Zahl der Elektronen = Zahl der Protonen = 4

Abb. 1.3 Schematische Darstellung eines Atoms. Die Neutronen und Protonen sind im Atomkern konzentriert. Der Atomkern hat einen Durchmesser von $10^{-12} - 10^{-13}$ cm. Er enthält praktisch die Gesamtmasse des Atoms. Bei richtigem Maßstab würde bei einem Kernradius von 10^{-3} m der Radius des Atoms 10 m betragen. Nahezu der Gesamtraum des Atoms steht für die Elektronen zur Verfügung. Wie die Elektronen in der Hülle verteilt sind, wird später behandelt.

Die Protonen und Neutronen sind im Zentrum des Atoms konzentriert. Sie bilden den positiv geladenen Atomkern. Protonen und Neutronen werden daher als *Nukleonen* (Kernteilchen) bezeichnet. Atomkerne sind nahezu kugelförmig, ihre Radien sind von der Größenordnung $10^{-14} - 10^{-15}$ m. *Der im Vergleich zum Gesamtatom sehr kleine Atomkern enthält fast die gesamte Masse des Atoms.*

Die Protonenzahl (Symbol Z) bestimmt die Größe der positiven Ladung des Kerns. Sie wird auch Kernladungszahl genannt.

Protonenzahl = Kernladungszahl

Die Gesamtzahl der Protonen und Neutronen bestimmt die Masse des Atoms. Sie wird Nukleonenzahl (Symbol A) genannt (früher Massenzahl).

Nukleonenzahl = Protonenzahl + Neutronenzahl

Die Elektronen sind als negativ geladene Elektronenhülle um den zentralen Kern angeordnet. Fast das gesamte Volumen des Atoms wird von der Hülle eingenommen. *Die Struktur der Elektronenhülle ist ausschlaggebend für das chemische Verhalten der Atome.* Sie wird eingehend im Abschnitt 1.4 behandelt.

Atome sind elektrisch neutral, folglich gilt für jedes Atom

Protonenzahl = Elektronenzahl

Das *Kernmodell* wurde 1911 von Rutherford entwickelt. Er bestrahlte dünne Goldfolien mit α-Strahlen (zweifach positiv geladene Heliumkerne; vgl. Abschn. 1.3.1). Die meisten durchdrangen unbeeinflußt die Metallfolien, nur wenige wurden stark abgelenkt. Die Materieschicht konnte also nicht aus dichtgepackten massiven Atomen aufgebaut sein. Die mathematische Auswertung ergab, daß die Ablenkung durch kleine, im Vergleich zu ihrer Größe weit voneinander entfernte, positiv geladene Zentren bewirkt wird.

1.2.2 Chemische Elemente, Isotope, Atommassen

In der Daltonschen Atomtheorie wurde postuliert, daß jedes chemische Element aus einer einzigen Atomsorte besteht. Mit der Erforschung des Atomaufbaus stellte sich jedoch heraus, daß es sehr viel mehr Atomsorten als Elemente gibt. Die meisten Elemente bestehen nämlich nicht aus identischen Atomen, sondern aus einem Gemisch von Atomen, die sich in der Zusammensetzung der Atomkerne unterscheiden.

Das Element Wasserstoff z. B. besteht aus drei Atomsorten (Abb. 1.4). Alle Wasserstoffatome besitzen ein Proton und ein Elektron, die Anzahl der Neutronen ist unterschiedlich, sie beträgt null, eins oder zwei.

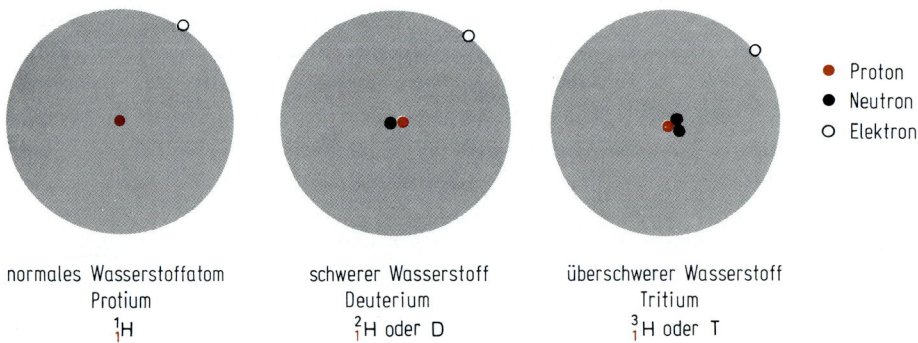

normales Wasserstoffatom
Protium
^1_1H

schwerer Wasserstoff
Deuterium
^2_1H oder D

überschwerer Wasserstoff
Tritium
^3_1H oder T

● Proton
● Neutron
○ Elektron

Abb. 1.4 Atomarten des Wasserstoffs. Alle Wasserstoffatome besitzen ein Proton und ein Elektron. Die Neutronenzahl ist unterschiedlich, sie beträgt null, eins oder zwei. Die Atomarten eines Elementes heißen Isotope. Wasserstoff besteht aus drei Isotopen. Isotope haben die gleiche Elektronenhülle.

1.2 Der Atomaufbau

Ein chemisches Element besteht aus Atomen mit gleicher Protonenzahl (Kernladungszahl), die Neutronenzahl kann unterschiedlich sein.

Die 109 bekannten Elemente bestehen aus Atomen mit der lückenlosen Folge der Protonenzahlen 1 bis 109. Die für jedes Element charakteristische Protonenzahl wird auch als *Ordnungszahl (Z)* bezeichnet.

Atome mit gleicher Protonenzahl verhalten sich chemisch gleich, da sie die gleiche Elektronenzahl und auch die für das chemische Verhalten entscheidende gleiche Struktur der Elektronenhülle besitzen. Die Kerne erfahren bei chemischen Reaktionen keine Veränderungen.

Eine durch Protonenzahl und Neutronenzahl charakterisierte Atomsorte bezeichnet man als *Nuklid*. Für die Nuklide und Elementarteilchen benutzt man die folgende Schreibweise:

$$^{\text{Nukleonenzahl}}_{\text{Protonenzahl}}\text{Elementsymbol}$$

Protonenzahl = Kernladungszahl
Neutronenzahl = Nukleonenzahl − Protonenzahl

Beispiele:

Nuklide des Elements Wasserstoff: ^1_1H, ^2_1H, ^3_1H oder ^1H, ^2H, ^3H
Nuklide des Elements Kohlenstoff: $^{12}_6C$, $^{13}_6C$, $^{14}_6C$ oder ^{12}C, ^{13}C, ^{14}C

Neutron: ^1_0n oder einfacher n
Proton: ^1_1H oder einfacher p
Elektron: $^{\ 0}_{-1}e$ oder einfacher e

Die natürlich vorkommenden Nuklide der ersten 10 Elemente sind in der Tabelle 1.2 aufgeführt.

Es gibt insgesamt 340 natürlich vorkommende Nuklide. Davon sind 270 stabil und 70 radioaktiv (vgl. 1.3.1).

Nuklide mit gleicher Protonenzahl, aber verschiedener Neutronenzahl heißen Isotope.

Beispiele:

Isotope des Elements Wasserstoff: ^1_1H, ^2_1H, ^3_1H
Isotope des Elements Stickstoff: $^{14}_7N$, $^{15}_7N$

Die meisten Elemente sind Mischelemente. Sie bestehen aus mehreren Isotopen, die in sehr unterschiedlicher Häufigkeit vorkommen (vgl. Tab. 1.2).

Eine Reihe von Elementen (z. B. Beryllium, Fluor, Natrium) sind *Reinelemente*. Sie bestehen in ihren natürlichen Vorkommen aus nur einer Nuklidsorte (vgl. Tab. 1.2).

Isobare nennt man Nuklide mit gleicher Nukleonenzahl, aber verschiedener Protonenzahl.

Beispiel:

$${}^{14}_{6}C, \ {}^{14}_{7}N$$

Die Atommasse eines Elements erhält man aus den Atommassen der Isotope unter Berücksichtigung der natürlichen Isotopenhäufigkeit. Die Atommassen der Elemente sind in der Tab. 1 des Anhangs 2 angegeben.

Tabelle 1.2 Nuklide der ersten zehn Elemente

Ordnungszahl = Kernladungszahl	Element	Nuklidsymbol	Protonen- bzw. Elektronenzahl	Neutronenzahl	Nukleonenzahl	Nuklidmasse in u	Natürliche Zusammensetzung (Atomzahlanteil in %)	Mittlere Atommasse in u
1	Wasserstoff H	^1H	1	0	1	1,007825	99,985	
		^2H	1	1	2	2,01410	0,015	1,0079
		^3H	1	2	3		Spuren	
2	Helium He	^3He	2	1	3	3,01603	0,00013	4,0026
		^4He	2	2	4	4,00260	99,99987	
3	Lithium Li	^6Li	3	3	6	6,01512	7,42	6,941
		^7Li	3	4	7	7,01600	92,58	
4	Beryllium Be	^9Be	4	5	9	9,01218	100,0	9,01218
5	Bor B	^{10}B	5	5	10	10,01294	19,78	10,81
		^{11}B	5	6	11	11,00931	80,22	
6	Kohlenstoff C	^{12}C	6	6	12	12	98,89	12,011
		^{13}C	6	7	13	13,00335	1,11	
		^{14}C	6	8	14		Spuren	
7	Stickstoff N	^{14}N	7	7	14	14,00307	99,63	14,0067
		^{15}N	7	8	15	15,00011	0,36	
8	Sauerstoff O	^{16}O	8	8	16	15,99491	99,759	15,9994
		^{17}O	8	9	17	16,99913	0,037	
		^{18}O	8	10	18	17,99916	0,204	
9	Fluor F	^{19}F	9	10	19	18,99840	100	18,9984
10	Neon Ne	^{20}Ne	10	10	20	19,99244	90,92	20,179
		^{21}Ne	10	11	21	20,99395	0,26	
		^{22}Ne	10	12	22	21,99138	8,82	

Die relative Atommasse A_r eines Elements X ist auf $\frac{1}{12}$ der Atommasse des Nuklids ^{12}C bezogen

$$A_r(X) = \frac{m(X)}{\frac{1}{12} m(^{12}C)}$$

Die Zahlenwerte von A_r sind identisch mit den Zahlenwerten für die Atommassen, gemessen in der atomaren Masseneinheit u.

Die Atommasse eines Elements ist nahezu ganzzahlig, wenn die Häufigkeit eines Isotops sehr überwiegt (vgl. Tab. 1.2). Für die Zahl auftretender Isotope gibt es keine Gesetzmäßigkeit, jedoch wächst mit steigender Ordnungszahl die Zahl der Isotope, und bei Elementen mit gerader Ordnungszahl treten mehr Isotope auf. Das Verhältnis Neutronenzahl : Protonenzahl wächst mit steigender Ordnungszahl von 1 auf etwa 1,5 an. Es ist ein immer größerer Neutronenüberschuß notwendig, damit die Nuklide stabil sind.

Eine Isotopentrennung gelingt unter Ausnützung der unterschiedlichen physikalischen Eigenschaften der Isotope, die durch ihre unterschiedlichen Isotopenmassen zustande kommen. (Z. B. durch Diffusion, Thermodiffusion, Zentrifugieren).

1.2.3 Massendefekt, Äquivalenz von Masse und Energie

Ein $^4_2$He-Kern ist aus zwei Protonen und zwei Neutronen aufgebaut. Addiert man die Massen dieser Bausteine, erhält man als Summe 4,0319 u. Der $^4_2$He-Kern hat jedoch nur eine Masse von 4,0015 u, er ist also um 0,030 u leichter als die Summe seiner Bausteine. Dieser Massenverlust wird als Massendefekt bezeichnet. Massendefekt tritt bei allen Nukliden auf.

Die Masse eines Nuklids ist stets kleiner als die Summe der Massen seiner Bausteine.

Der Massendefekt kann durch das Einsteinsche Gesetz der Äquivalenz von Masse und Energie

$$E = mc^2$$

gedeutet werden. Es bedeuten E Energie, m Masse und c Lichtgeschwindigkeit im leeren Raum. c ist eine fundamentale Naturkonstante, ihr Wert beträgt

$$c = 2{,}99793 \cdot 10^8 \, m\,s^{-1}$$

Das Gesetz besagt, daß Masse in Energie umwandelbar ist und umgekehrt. Einer atomaren Masseneinheit entspricht die Energie von $931 \cdot 10^6$ eV = 931 MeV.

$$1 \text{ u} \triangleq 931 \text{ MeV}$$

Der Zusammenhalt der Nukleonen im Kern wird durch die sogenannten Kernkräfte bewirkt. *Bei der Vereinigung von Neutronen und Protonen zu einem Kern*

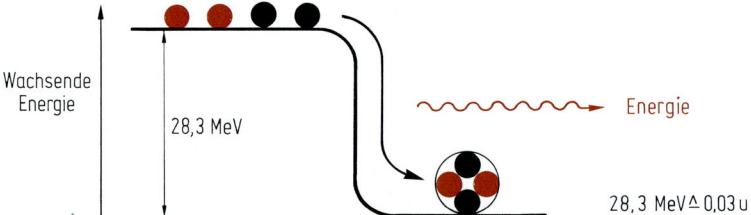

Abb. 1.5 Zwei Protonen und zwei Neutronen gehen bei der Bildung eines He-Kerns in einen energieärmeren, stabileren Zustand über. Dabei wird die Kernbindungsenergie von 28,3 MeV frei. Gekoppelt mit der Energieabnahme des Kerns von 28,3 MeV ist eine Massenabnahme von 0,03 u.

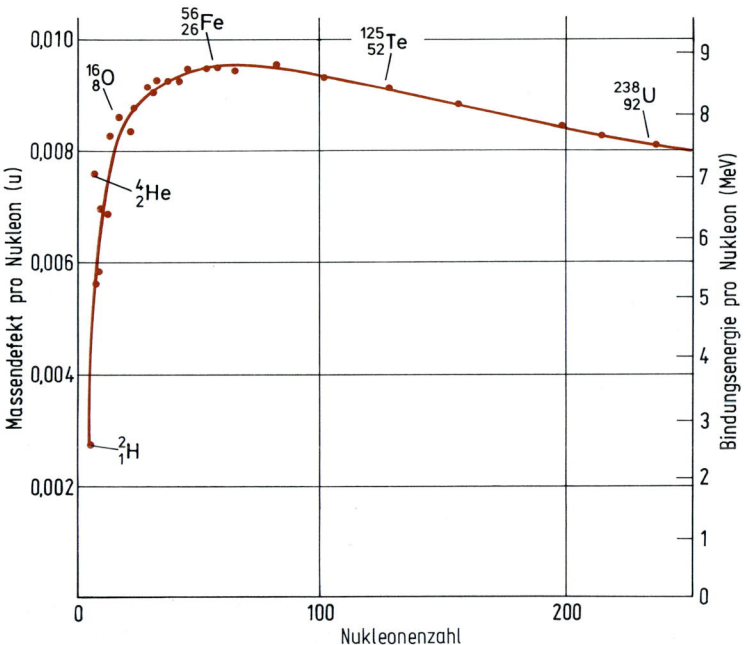

Abb. 1.6 Die Kernbindungsenergie pro Nukleon für Kerne verschiedener Massen beträgt durchschnittlich 8 MeV, sie durchläuft bei den Nukleonenzahlen um 60 ein Maximum, Kerne dieser Nukleonenzahlen sind besonders stabile Kerne. Die unterschiedliche Stabilität der Kerne spielt bei der Gewinnung der Kernenergie (vgl. Abschn. 1.3.3) und bei der Entstehung der Elemente (vgl. Abschn. 1.3.4) eine wichtige Rolle. Der durchschnittliche Massenverlust der Nukleonen durch ihre Bindung im Kern beträgt 0,0085 u, die durchschnittliche Masse eines gebundenen Nukleons beträgt daher 1,000 u.

wird Kernbindungsenergie frei. Der Energieabnahme des Kerns äquivalent ist eine Massenabnahme. Wollte man umgekehrt den Kern in seine Bestandteile zerlegen, dann müßte man eine dem Massendefekt äquivalente Energie zuführen (Abb. 1.5).

Die Kernbindungsenergie des He-Kerns beträgt 28,3 MeV, der äquivalente Massendefekt 0,03 u. Dividiert man die Gesamtbindungsenergie durch die Zahl der

Kernbausteine, so erhält man eine durchschnittliche Kernbindungsenergie pro Nukleon. Für $^4_2$He beträgt sie 28,3 MeV / 4 = 7,1 MeV.

Abb. 1.6 zeigt den Massendefekt und die Kernbindungsenergie pro Nukleon mit zunehmender Nukleonenzahl der Nuklide. Ein Maximum tritt bei den Elementen Fe, Co, Ni auf. Erhöht sind die Werte bei den leichten Nukliden ^{4}He, ^{12}C und ^{16}O. Durchschnittlich beträgt die Kernbindungsenergie pro Nukleon 8 MeV, der Massendefekt 0,0085 u. Freie Nukleonen haben im Mittel eine Masse von ca. 1,008 u, im Kern gebundene Nukleonen haben aufgrund des Massendefekts im Mittel eine Masse von 1,000 u, daher sind die Nuklidmassen annähernd ganzzahlig (vgl. Tab. 1.2).

1.3 Kernreaktionen

Bei chemischen Reaktionen finden Veränderungen in der Elektronenhülle statt, die Kerne bleiben unverändert. Da der Energieumsatz nur einige eV beträgt, gilt das Gesetz der Erhaltung der Masse, die Massenänderungen sind experimentell nicht erfaßbar.

Bei Kernreaktionen ist die Veränderung des Atomkerns entscheidend, die Elektronenhülle spielt keine Rolle. Der Energieumsatz ist etwa 10^6 mal größer als bei chemischen Reaktionen. Als Folge davon treten meßbare Massenänderungen auf, und es gilt das Masse-Energie-Äquivalenzprinzip.

1.3.1 Radioaktivität

1896 entdeckte Becquerel, daß Uranverbindungen spontan Strahlen aussenden. Er nannte diese Erscheinung Radioaktivität. 1898 wurde von Pierre und Marie Curie in der Pechblende, einem Uranerz, das radioaktive Element Radium entdeckt und daraus isoliert. 1903 erkannten Rutherford und Soddy, daß die Radioaktivität auf einen Zerfall der Atomkerne zurückzuführen ist und die radioaktiven Strahlen Zerfallsprodukte der instabilen Atomkerne sind.

Instabile Nuklide wandeln sich durch Ausstoßung von Elementarteilchen oder kleinen Kernbruchstücken in andere Nuklide um. Diese spontane Kernumwandlung wird als radioaktiver Zerfall bezeichnet.

Instabil sind hauptsächlich schwere Kerne, die mehr als 83 Protonen enthalten. Bei den natürlichen radioaktiven Nukliden werden vom Atomkern drei Strahlungsarten emittiert (Abb. 1.7).

α-Strahlung. Sie besteht aus $^4_2$He-Teilchen (Heliumkerne).

β-Strahlung. Sie besteht aus Elektronen.

Kernumwandlung	Teilchen der Strahlung	Bezeichnung der Strahlung	Eigenschaften der Strahlungsteilchen			
			Ladungszahl	Nukleonenzahl	Durchdringungsfähigkeit
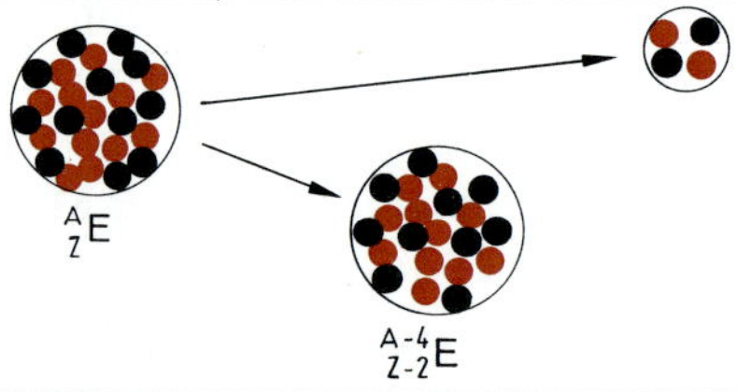 $^A_Z E \rightarrow\ ^{A-4}_{Z-2}E$	He-Kerne	α-Strahlung	+2	4	gering
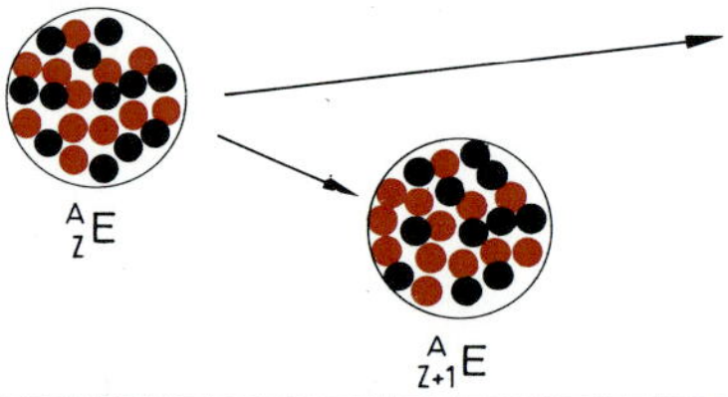 $^A_Z E \rightarrow\ ^A_{Z+1}E$	⊖ Elektronen	β-Strahlung	−1	0	mittel
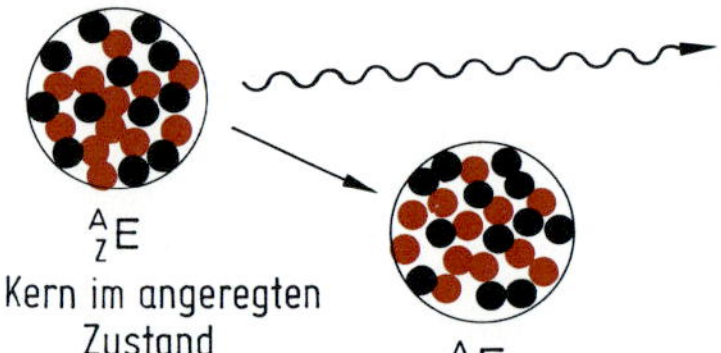 $^A_Z E$ Kern im angeregten Zustand → $^A_Z E$ Kern im Grundzustand	Photonen (elektromagnet. Wellen)	γ-Strahlung	0	0	groß

● Proton ● Neutron

Abb. 1.7 Natürliche Radioaktivität. Schwere Kerne mit mehr als 83 Protonen sind instabil. Sie wandeln sich durch Aussendung von Strahlung in stabile Kerne um. Bei natürlichen radioaktiven Stoffen treten drei verschiedenartige Strahlungen auf. Vom Kern werden entweder α-Teilchen, Elektronen oder elektromagnetische Wellen ausgesandt. Die spontane Kernumwandlung wird als radioaktiver Zerfall bezeichnet.

γ-Strahlung Dabei handelt es sich um eine energiereiche elektromagnetische Strahlung.

Reichweite und Durchdringungsfähigkeit der Strahlungen nehmen in der Reihenfolge α, β, γ stark zu.

Kernprozesse können mit Hilfe von *Kernreaktionsgleichungen* formuliert werden.

Beispiele:

$$\alpha\text{-Zerfall:}\quad ^{226}_{88}\text{Ra} \rightarrow\ ^{222}_{86}\text{Rn} +\ ^{4}_{2}\text{He}$$
$$\beta\text{-Zerfall:}\quad ^{40}_{19}\text{K} \rightarrow\ ^{40}_{20}\text{Ca} +\ ^{0}_{-1}\text{e}$$

Die Summe der Nukleonenzahlen und die Summe der Ladungen müssen auf beiden Seiten einer Kernreaktionsgleichung gleich sein.

1.3 Kernreaktion

Die beim β-Zerfall emittierten Elektronen stammen nicht aus der Elektronenhülle, sondern aus dem Kern. Im Kern wird ein Neutron in ein Proton und ein Elektron umgewandelt, das Elektron wird aus dem Kern herausgeschleudert, das Proton verbleibt im Kern.

$$n \rightarrow p + e$$

Der radioaktive Zerfall ist mit einem Massendefekt verbunden. Die der Massenabnahme äquivalente Energie wird von dem emittierten Teilchen als kinetische Energie aufgenommen. Beim α-Zerfall von $^{226}_{88}Ra$ beträgt der Massendefekt 0,005 u, das α-Teilchen erhält die kinetische Energie von 4,78 MeV.

Radioaktive Verschiebungssätze

Die Beispiele zeigen, daß beim radioaktiven Zerfall *Elementumwandlungen* auftreten.
Beim α-Zerfall entstehen Elemente mit um zwei verringerter Ordnungszahl (Protonenzahl) Z und um vier verkleinerter Nukleonenzahl A.

$$^{A}_{Z}E_1 \rightarrow\ ^{A-4}_{Z-2}E_2 +\ ^{4}_{2}He$$

Beim β-Zerfall entstehen Elemente mit einer um eins erhöhten Ordnungszahl, die Nukleonenzahl ändert sich nicht.

$$^{A}_{Z}E_1 \rightarrow\ ^{A}_{Z+1}E_2 +\ ^{0}_{-1}e$$

Der γ-Zerfall führt zu keiner Änderung der Protonenzahl und der Nukleonenzahl, also zu keiner Elementumwandlung, sondern nur zu einer Änderung des Energiezustandes des Atomkerns.

Das bei einer radioaktiven Umwandlung entstehende Element ist meist ebenfalls radioaktiv und zerfällt weiter, so daß *Zerfallsreihen* entstehen. Am Ende einer Zerfallsreihe steht ein stabiles Nuklid. Die Glieder einer Zerfallsreihe besitzen aufgrund der Verschiebungssätze entweder die gleiche Nukleonenzahl (β-Zerfall) oder die Nukleonenzahlen unterscheiden sich um vier (α-Zerfall). Es sind daher vier verschiedene Zerfallsreihen möglich, deren Glieder die Nukleonenzahlen 4n, 4n + 1, 4n + 2 und 4n + 3 besitzen (Tabelle 1.3). Die in der Natur vorhandenen schweren radioaktiven Nuklide sind Glieder einer der Zerfallsreihen.

Tabelle 1.3 Radioaktive Zerfallsreihen

Zerfallsreihe	Nukleonenzahlen	Ausgangsnuklid	Stabiles Endprodukt	Abgegebene Teilchen	
				α	β
Thoriumreihe	4n	$^{232}_{90}Th$	$^{208}_{82}Pb$	6	4
Neptuniumreihe	4n + 1	$^{237}_{93}Np$	$^{209}_{83}Bi$	7	4
Uran-Radium-Reihe	4n + 2	$^{238}_{92}U$	$^{206}_{82}Pb$	8	6
Actinium-Uran-Reihe	4n + 3	$^{235}_{92}U$	$^{207}_{82}Pb$	7	4

Die Neptuniumreihe kommt in der Natur nicht vor. Sie wurde erst nach der Darstellung von künstlichem Neptunium aufgefunden. Die einzelnen Glieder der Uran-Radium-Reihe zeigt Tabelle 1.4.

Außer bei den schweren Elementen tritt natürliche Radioaktivität auch bei einigen leichten Elementen auf, z. B. bei den Nukliden $^{3}_{1}H$, $^{14}_{6}C$, $^{40}_{19}K$, $^{87}_{37}Rb$. Bei diesen Nukliden tritt nur β-Strahlung auf.

Aktivität, Äquivalentdosis

Die Aktivität einer radioaktiven Substanz ist definiert als Anzahl der Strahlungsakte durch Zeit. Ihre SI-Einheit ist das Becquerel (Bq). 1 Becquerel ist die Aktivität einer radioaktiven Substanzportion, in der im Mittel genau ein Strahlungsakt je Sekunde stattfindet.

$$1 \text{ Bq} = 1 \text{ s}^{-1}$$

Die früher übliche Einheit war das Curie (Ci)

$$1 \text{ Ci} = 3{,}7 \cdot 10^{10} \text{ Bq}$$

Die Energiedosis D ist die einem Körper durch ionisierende Strahlung zugeführte massenbezogene Energie. Die SI-Einheit ist das Gray (Gy).

$$1 \text{ Gy} = 1 \text{ Jkg}^{-1}$$

Für die Strahlenwirkung muß die medizinisch-biologische Wirksamkeit (MBW) durch einen Bewertungsfaktor q berücksichtigt werden.

Strahlungsart	Bewertungsfaktor q
Röntgen-Strahlen, γ-Strahlen	1
β-Strahlen	1
Neutronen, Protonen, α-Strahlen	2–20 (abhängig von der Teilchenenergie)

Durch Multiplikation der Energiedosis mit dem Bewertungsfaktor der Strahlung erhält man die Äquivalentdosis D_q mit der SI-Einheit Sievert (Sv).

$$D_q = q \cdot D$$

Die Einheiten Rad (rd) für die Energiedosis und Rem (rem) für die Äquivalentdosis sind nicht mehr zugelassen (vgl. Anhang 1).
Die pro Jahr tolerierbare Strahlenbelastung beträgt 50 mSv. Die Strahlenbelastung durch natürliche Strahlenquellen beträgt ca. 2 mSv pro Jahr.

Radioaktive Zerfallsgeschwindigkeit

Der radioaktive Zerfall kann nicht beeinflußt werden. Der Kernzerfall erfolgt völlig spontan und rein statistisch. Dies bedeutet, daß pro Zeiteinheit immer der

1.3 Kernreaktion

gleiche Anteil der vorhandenen Kerne zerfällt. Die Zahl der pro Zeiteinheit zerfallenen Kerne $-\dfrac{dN}{dt}$ ist also proportional der Gesamtzahl radioaktiver Kerne N und einer für jede instabile Nuklidsorte typischen Zerfallskonstante λ

$$-\frac{dN}{dt} = \lambda N \qquad (1.1)$$

Durch Integration erhält man

$$\int_{N_0}^{N_t} \frac{dN}{N} = -\int_0^t \lambda \, dt \qquad (1.2)$$

$$\ln \frac{N_0}{N_t} = \lambda t \qquad (1.3)$$

$$N_t = N_0 e^{-\lambda t} \qquad (1.4)$$

N_0 ist die Zahl der radioaktiven Kerne zur Zeit $t = 0$, N_t die Zahl der noch nicht zerfallenen Kerne zur Zeit t. N_t nimmt mit der Zeit exponentiell ab (vgl. Abb. 1.8).

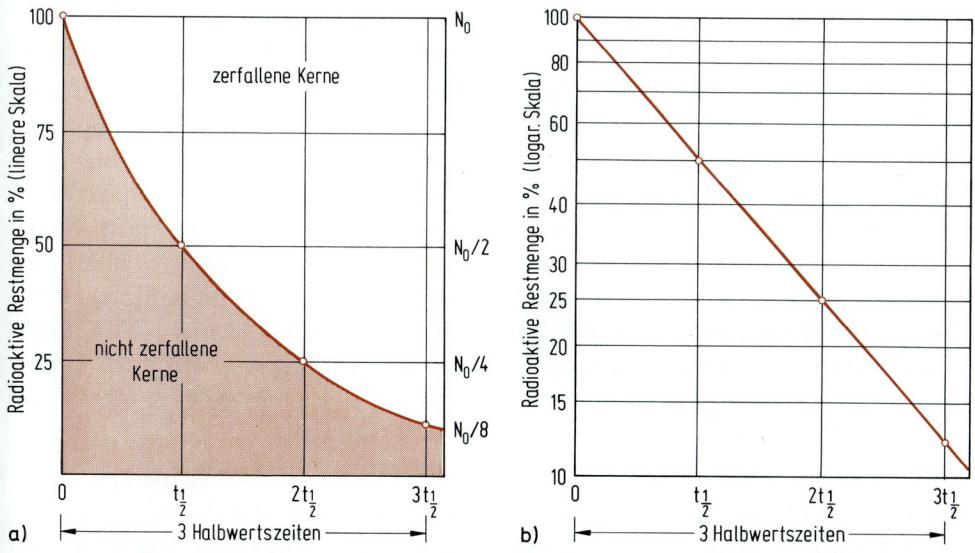

Abb. 1.8 Graphische Wiedergabe des Zerfalls einer radioaktiven Substanz in a) linearer b) logarithmischer Darstellung. Der Zerfall erfolgt nach einer Exponentialfunktion (Gleichung 1.4). Radium hat eine Halbwertzeit von $t_{1/2} = 1600$ Jahre. Sind zur Zeit $t = 0$ 10^{22} Ra-Atome vorhanden, dann sind nach Ablauf der 1. Halbwertzeit $0,5 \cdot 10^{22}$ Ra-Atome zerfallen. Von den noch vorhandenen $0,5 \cdot 10^{22}$ Ra-Atomen zerfällt in der 2. Halbwertzeit wieder die Hälfte. Nach Ablauf von zwei Halbwertzeiten $2 \cdot t_{1/2} = 3200$ Jahre sind $0,25 \cdot 10^{22}$ Ra-Atome, also 25% noch nicht zerfallen.

Als Maß für die Stabilität eines instabilen Nuklids wird die *Halbwertszeit* $t_{1/2}$ benutzt. Es ist die Zeit, während der die Hälfte eines radioaktiven Stoffes zerfallen ist (Abb. 1.8).

$$N_{t_{1/2}} = N_0/2 \tag{1.5}$$

Die Kombination von 1.3 mit 1.5 ergibt

$$t_{1/2} = \frac{\ln 2}{\lambda} = \frac{0{,}693}{\lambda} \tag{1.6}$$

Die Halbwertszeit ist für jede instabile Nuklidsorte eine charakteristische Konstante. Die Halbwertszeiten liegen zwischen 10^{-9} Sekunden und 10^{14} Jahren.

Altersbestimmungen

Da die radioaktive Zerfallsgeschwindigkeit durch äußere Bedingungen wie Druck und Temperatur nicht beeinflußbar ist und auch davon unabhängig ist, in welcher chemischen Verbindung ein radioaktives Nuklid vorliegt, kann der radioaktive Zerfall als geologische Uhr verwendet werden. Es sollen zwei Anwendungen besprochen werden.

^{14}C-Methode (Libby 1947). In der oberen Atmosphäre wird durch kosmische Strahlung aufgrund der Reaktion (vgl. Abschn. 1.3.2)

$$^{14}_{7}N + n \rightarrow {}^{14}_{6}C + p$$

in Spuren radioaktives ^{14}C erzeugt. ^{14}C ist ein β-Strahler mit der Halbwertszeit $t_{1/2} = 5730$ Jahre, es ist im Kohlenstoffdioxid der Atmosphäre chemisch gebunden. Im Lauf der Erdgeschichte hat sich ein konstantes Verhältnis von radioaktivem CO_2 zu inaktivem CO_2 eingestellt. Da bei der Assimilation die Pflanzen CO_2 aufnehmen, wird das in der Atmosphäre vorhandene Verhältnis von radioaktivem Kohlenstoff zu inaktivem Kohlenstoff auf Pflanzen und Tiere übertragen. Nach dem Absterben hört der Stoffwechsel auf, und der ^{14}C-Gehalt sinkt als Folge des radioaktiven Zerfalls. Mißt man den ^{14}C-Gehalt, kann der Zeitpunkt des Absterbens bestimmt werden. Das Verhältnis $^{14}C : {}^{12}C$ in einem z. B. vor 5730 Jahren gestorbenen Lebewesen ist gerade halb so groß wie bei einem lebenden Organismus. Radiokohlenstoff-Datierungen sind bis zu Altern von 75 000 Jahren möglich, also besonders für archäologische Probleme geeignet.

Alter von Mineralien. $^{238}_{92}U$ zerfällt in einer Zerfallsreihe in 14 Schritten zu stabilem $^{206}_{82}Pb$ (Tabelle 1.4). Dabei entstehen acht α-Teilchen. Die Halbwertszeit des ersten Schrittes ist mit $4{,}5 \cdot 10^9$ Jahren die größte der Zerfallsreihe und bestimmt die Geschwindigkeit des Gesamtzerfalls.

Aus 1 g $^{238}_{92}U$ entstehen z. B. in $4{,}5 \cdot 10^9$ Jahren 0,5 g $^{238}_{92}U$, 0,4326 g $^{206}_{82}Pb$ und 0,0674 g Helium (aus α-Strahlung). Man kann daher aus den experimentell bestimmten Verhältnissen $^{206}_{82}Pb/^{238}_{92}U$ und $^{4}_{2}He/^{238}_{92}U$ das Alter von Uranmineralien berechnen.

1.3 Kernreaktion

Tabelle 1.4   Uran-Radium-Zerfallsreihe

Nuklid	Halbwertszeit $t_{1/2}$	Nuklid	Halbwertszeit $t_{1/2}$	Nuklid	Halbwertszeit $t_{1/2}$
$^{238}_{92}U$	$4{,}51 \cdot 10^9$ Jahre	$^{226}_{88}Ra$	1600 Jahre	$^{214}_{84}Po$	$1{,}64 \cdot 10^{-4}$ Sek.
$^{234}_{90}Th$	24,1 Tage	$^{222}_{86}Rn$	3,83 Tage	$^{210}_{82}Pb$	21 Jahre
$^{234}_{91}Pa$	1,17 Minuten	$^{218}_{84}Po$	3,05 Minuten	$^{210}_{83}Bi$	5,01 Tage
$^{234}_{92}U$	$2{,}47 \cdot 10^5$ Jahre	$^{214}_{82}Pb$	26,8 Minuten	$^{210}_{84}Po$	138,4 Tage
$^{230}_{90}Th$	$8{,}0 \cdot 10^4$ Jahre	$^{214}_{83}Bi$	19,7 Minuten	$^{206}_{82}Pb$	stabil

Bei anderen Methoden werden die Verhältnisse $^{87}_{38}Sr/^{87}_{37}Rb$ bzw. $^{40}_{18}Ar/^{40}_{19}K$ ermittelt. Durch Messung von Nuklidverhältnissen wurden z. B. die folgenden Alter bestimmt: Steinmeteorite $4{,}6 \cdot 10^9$ Jahre; Granit aus Grönland (ältestes Erdgestein) $3{,}7 \cdot 10^9$ Jahre; Mondproben $3{,}6 - 4{,}2 \cdot 10^9$ Jahre.
Wie bei $^{238}_{92}U$ betragen die Halbwertszeiten von $^{232}_{90}Th$ und $^{235}_{92}U$ $10^9 - 10^{10}$ Jahre, alle drei Zerfallsreihen (vgl. Tabelle 1.3) sind daher in der Natur vorhanden. Im Gegensatz dazu ist die Neptuniumreihe bereits zerfallen, da die größte Halbwertszeit in der Reihe ($t_{1/2}$ von $^{237}_{93}Np$ beträgt $2 \cdot 10^6$ Jahre) sehr viel kleiner als das Erdalter ist.

1.3.2   Künstliche Nuklide

Beim natürlichen radioaktiven Zerfall erfolgen Elementumwandlungen durch spontane Kernreaktionen. *Kernreaktionen können erzwungen werden, wenn man Kerne mit α-Teilchen, Protonen, Neutronen, Deuteronen ($^2_1$H-Kerne) u. a. beschießt.*

Die erste künstliche Elementumwandlung gelang Rutherford 1919 durch Beschuß von Stickstoffkernen mit α-Teilchen.

$$^{14}_{7}N + ^{4}_{2}He \rightarrow ^{17}_{8}O + ^{1}_{1}H$$

Dabei entsteht das stabile Sauerstoffisotop $^{17}_8O$. Eine andere gebräuchliche Schreibweise ist $^{14}_{7}N(\alpha, p)^{17}_{8}O$. Die Kernreaktion

$$^{9}_{4}Be + ^{4}_{2}He \rightarrow ^{12}_{6}C + n$$

führte 1932 zur Entdeckung des Neutrons durch Chadwick.

Die meisten durch erzwungene Kernreaktionen gebildeten Nuklide sind instabile radioaktive Nuklide und zerfallen wieder. Die *künstliche Radioaktivität* wurde 1934 von Joliot und I. Curie beim Beschuß von Al-Kernen mit α-Teilchen entdeckt. Zunächst entsteht ein in der Natur nicht vorkommendes Phosphorisotop, das mit einer Halbwertszeit von 2,5 Minuten unter Aussendung von Positronen zerfällt

$$^{27}_{13}Al + ^{4}_{2}He \rightarrow ^{30}_{15}P + n; \qquad ^{30}_{15}P \rightarrow ^{30}_{14}Si + ^{0}_{1}e^{+}$$

Positronen (e$^+$) sind Elementarteilchen, die die gleiche Masse wie Elektronen besitzen, aber eine positive Elementarladung tragen.

Durch Kernreaktionen sind eine Vielzahl künstlicher Nuklide hergestellt worden. Zusammen mit den 340 natürlichen Nukliden sind zur Zeit ungefähr *2600 Nuklidsorten* bekannt.

Die größte Ordnungszahl der natürlichen Elemente besitzt Uran (Z = 92). Mit Hilfe von Kernreaktionen ist es gelungen, die in der Natur nicht vorkommenden Elemente der Ordnungszahlen 93–109 (Transurane) herzustellen (vgl. Abschn. 1.3.3 und Anhang 2, Tab. 1). Technisch wichtig ist Plutonium. Die Elemente mit Z = 107 bis Z = 109 wurden durch Reaktion schwerer Kerne hergestellt (1981 und 1982), z. B. nach

$$^{209}_{83}\text{Bi}(^{58}_{26}\text{Fe, n})^{266}_{109}\text{Eka-Ir}$$

Künstliche radioaktive Isotope gibt es heute praktisch von allen Elementen. Sie haben u. a. große Bedeutung für diagnostische und therapeutische Zwecke in der Medizin.

1.3.3 Kernspaltung, Kernfusion

Eine völlig neue Reaktion des Kerns entdeckten 1938 Hahn und Straßmann beim Beschuß von Uran mit langsamen Neutronen:

$$^{235}_{92}\text{U} + \text{n} \rightarrow {}^{236}_{92}\text{U}^* \rightarrow X + Y + 1 \text{ bis } 3\text{n} + 200 \text{ MeV}$$

Durch Einfang eines Neutrons entsteht aus $^{235}_{92}$U ein instabiler Zwischenkern (* bezeichnet einen angeregten Zustand), der unter Abgabe einer sehr großen

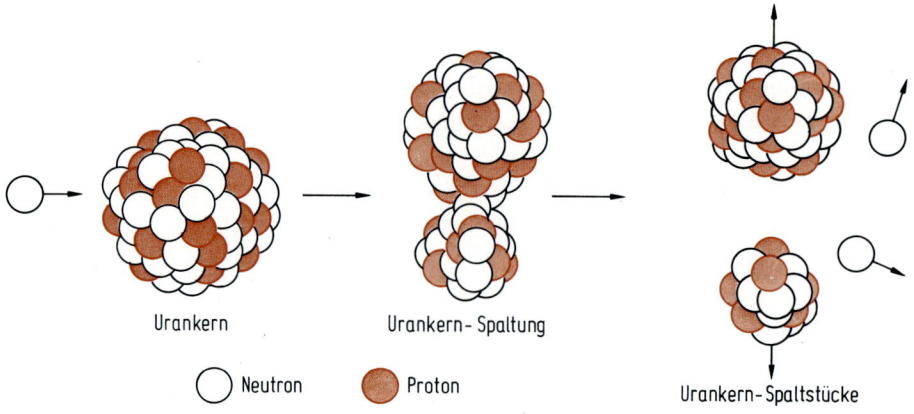

Abb. 1.9 Kernspaltung. Beim Beschuß mit Neutronen spaltet der Urankern ^{235}U durch Einfang eines Neutrons in zwei Bruchstücke. Außerdem entstehen Neutronen, und der Energiebetrag von 200 MeV wird frei.

1.3 Kernreaktion

Energie in zwei Kernbruchstücke X, Y und 1 bis 3 Neutronen zerfällt. Diese Reaktion bezeichnet man als Kernspaltung (Abb. 1.9). X und Y sind Kernbruchstücke mit Nukleonenzahlen von etwa 95 und 140. Eine mögliche Reaktion ist

$$^{236}_{92}U^* \rightarrow {}^{92}_{36}Kr + {}^{142}_{56}Ba + 2n$$

Der große Energiegewinn bei der Kernspaltung entsteht dadurch, daß beim Zerfall des schweren Urankerns in zwei leichtere Kerne die Bindungsenergie um etwa 0,8 MeV pro Nukleon erhöht wird (vgl. Abb. 1.6). Für 230 Nukleonen kann daraus eine Bindungsenergie von etwa 190 MeV abgeschätzt werden, die bei der Kernspaltung frei wird.

Bei jeder Spaltung entstehen Neutronen, die neue Kernspaltungen auslösen können. Diese Reaktionsfolge bezeichnet man als *Kettenreaktion*. Man unterscheidet ungesteuerte und gesteuerte Kettenreaktionen. Bei der ungesteuerten Kettenreaktion führt im Mittel mehr als eines der bei einer Kernspaltung entstehenden 1 bis 3 Neutronen zu einer neuen Kernspaltung. Dadurch wächst die Zahl der Spaltungen lawinenartig an. Dies ist schematisch in der Abb. 1.10 dargestellt.

Man definiert als Multiplikationsfaktor k die durchschnittlich pro Spaltung erzeugte Zahl der Neutronen, durch die neue Kernspaltungen ausgelöst werden.

Bei ungesteuerten Kettenreaktionen ist k > 1. Bei der in Abb. 1.10 dargestellten ungesteuerten Kettenreaktion beträgt k = 2.

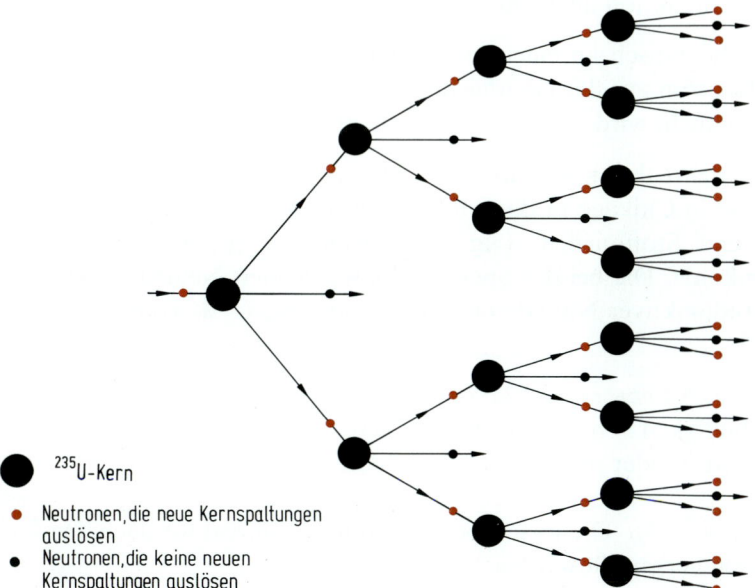

- ● ^{235}U-Kern
- • Neutronen, die neue Kernspaltungen auslösen
- • Neutronen, die keine neuen Kernspaltungen auslösen

Abb. 1.10 Schema der ungesteuerten Kettenreaktion. Bei jeder ^{235}U-Kernspaltung entstehen durchschnittlich drei Neutronen. Davon lösen im Mittel zwei Neutronen neue Kernspaltungen aus (k = 2). Die Zahl der Spaltungen wächst dadurch lawinenartig an.

Bei der gesteuerten Kettenreaktion muß k = 1 sein. Pro Spaltung ist also im Durchschnitt 1 Neutron vorhanden, das wieder eine Spaltung auslöst. Dadurch entsteht eine einfache Reaktionskette (vgl. Abb. 1.11). Wird k < 1, erlischt die Kettenreaktion. Um eine Kettenreaktion mit gewünschtem Multiplikationsfaktor zu erhalten, müssen folgende Faktoren berücksichtigt werden:

Konkurrenzreaktionen. Verwendet man natürliches Uran als Spaltstoff, so werden die bei der Spaltung entstehenden schnellen Neutronen bevorzugt durch das viel häufigere Isotop $^{238}_{92}U$ in einer Konkurrenzreaktion abgefangen:

$$^{238}_{92}U + n_{schnell} \rightarrow {}^{239}_{92}U$$

Damit die Kettenreaktion nicht erlischt, müssen die Neutronen an Bremssubstanzen (z. B. Graphit) durch elastische Stöße verlangsamt werden, erst dann reagieren sie bevorzugt mit ^{235}U.

Neutronenverlust. Ein Teil der Neutronen tritt aus der Oberfläche des Spaltstoffes aus und steht nicht mehr für Kernspaltungen zur Verfügung. Abhängig von der Art des Spaltstoffes, der Geometrie seiner Anordnung und seiner Umgebung wird erst bei einer Mindestmenge spaltbaren Materials (kritische Masse) k > 1.

Neutronenabsorber. Neutronen lassen sich durch Absorption an Cadmiumstäben oder Borstäben aus der Reaktion entfernen. Dadurch läßt sich die Kettenreaktion kontrollieren und verhindern, daß die gesteuerte Kettenreaktion in eine ungesteuerte Kettenreaktion übergeht.

Abb. 1.11 zeigt schematisch an einer gesteuerten Kettenreaktion, daß von drei Neutronen ein Neutron aus der Oberfläche austritt, ein weiteres durch Konkurrenzreaktion verbraucht wird, während das dritte die Kettenreaktion erhält.

Die gesteuerte Kettenreaktion wird in *Atomreaktoren* benutzt. Der erste Reaktor wurde bereits 1942 in Chikago in Betrieb genommen. Atomreaktoren dienen als Energiequellen und Stoffquellen. 1 kg ^{235}U liefert die gleiche Energie wie $2{,}5 \cdot 10^6$ kg Steinkohle. Die bei der Spaltung freiwerdenden Neutronen können zur Erzeugung radioaktiver Nuklide und neuer Elemente (z. B. Transurane) genutzt werden.

Von den natürlich vorkommenden Nukliden ist nur ^{235}U mit langsamen Neutronen spaltbar. Seine Häufigkeit in natürlichem Uran beträgt 0,71%. Als Kernbrennstoff wird natürliches Uran oder mit $^{235}_{92}U$ angereichertes Uran verwendet. *Mit langsamen (thermischen) Neutronen spaltbar sind außerdem das Uranisotop ^{233}U und das Plutoniumisotop ^{239}Pu.* Diese Isotope können im Atomreaktor nach den folgenden Reaktionen hergestellt werden:

$$^{238}_{92}U \xrightarrow{+n} {}^{239}_{92}U \xrightarrow{-\beta^-} {}^{239}_{93}Np \xrightarrow{-\beta^-} {}^{239}_{94}Pu$$

$$^{232}_{90}Th \xrightarrow{+n} {}^{233}_{90}Th \xrightarrow{-\beta^-} {}^{233}_{91}Pa \xrightarrow{-\beta^-} {}^{233}_{92}U$$

1.3 Kernreaktion

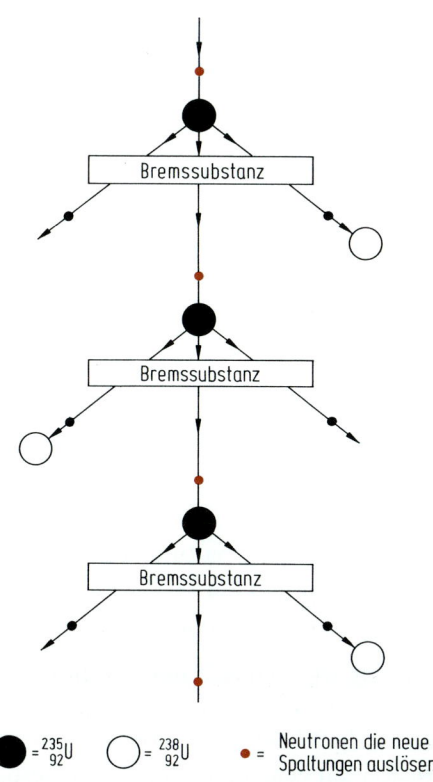

Abb. 1.11 Schema der gesteuerten Kettenreaktion. Bei der Spaltung von ^{235}U entstehen drei Neutronen. Nur ein Neutron steht für neue Spaltungen zur Verfügung (k = 1). Es entsteht eine unverzweigte Reaktionskette. Ein Neutron tritt aus der Oberfläche des Spaltstoffes aus, ein weiteres wird von ^{238}U eingefangen.

In jedem mit natürlichem Uran arbeitenden Reaktor wird aus dem Isotop ^{238}U Plutonium, also spaltbares Material erzeugt. Ein Reaktor mit einer Leistung von 10^6 kW liefert täglich 1 kg Plutonium. Das erste Kernkraftwerk wurde 1956 in England in Betrieb genommen. 1987 existierten bereits 417 Kernkraftwerke mit einer Gesamtleistung von 297 000 MW. In der BRDeutschland gab es 21 Kernkraftwerke mit 19 000 MW, die 37 % des elektrischen Stroms erzeugten.

Bei einer ungesteuerten Kettenreaktion wird die Riesenenergie der Kernspaltungen explosionsartig frei. Die in Hiroshima 1945 eingesetzte *Atombombe* bestand aus $^{235}_{92}$U (50 kg, entsprechend einer Urankugel von 8,5 cm Radius), die zweite 1945 in Nagasaki abgeworfene A-Bombe bestand aus $^{239}_{94}$Pu.

Kernenergie kann nicht nur durch Spaltung schwerer Kerne, sondern *auch durch Verschmelzung sehr leichter Kerne erzeugt werden,* z.B. bei der Umsetzung von Deuteronen mit Tritonen zu He-Kernen:

$$^2H + {}^3H \rightarrow {}^4He + n$$

Abb. 1.6 zeigt, daß sich bei dieser Reaktion die Kernbindungsenergie pro Nukleon erhöht und daher Energie abgegeben wird. Zur Kernverschmelzung sind hohe Teilchenenergien erforderlich, so daß Temperaturen von 10^7–10^8 Grad benötigt werden. Man bezeichnet daher diese Reaktionen als *thermonukleare Reaktionen.*

Die Kernfusion ist technisch in der erstmalig 1952 erprobten *Wasserstoffbombe* realisiert. Dazu wird eine Mischung von Deuterium und Tritium mit einer Atombombe umkleidet, die die zur thermonuklearen Reaktion notwendigen Temperaturen liefert und zur Zündung dient. Zur Erzeugung des teuren Tritiums verwendet man Lithiumdeuterid ^{6}LiD, dessen Kernfusion nach folgenden Reaktionen verläuft:

$$\begin{aligned} {}^6_3\text{Li} + \text{n} &\rightarrow {}^3_1\text{H} + {}^4_2\text{He} \\ {}^2_1\text{H} + {}^3_1\text{H} &\rightarrow {}^4_2\text{He} + \text{n} \\ \hline {}^6_3\text{Li} + {}^2_1\text{H} &\rightarrow 2\,{}^4_2\text{He} + 22 \text{ MeV} \end{aligned}$$

Diese Kernfusion liefert vier mal mehr Energie als die Kernspaltung der gleichen Masse $^{235}_{92}$U. Die Sprengkraft großer H-Bomben entspricht der von etwa $50 \cdot 10^6$ Tonnen Trinitrotoluol.

Die *kontrollierte Kernfusion* zur Energieerzeugung ist technisch noch nicht möglich. Dazu müssen im Reaktor Temperaturen von 10^8 Grad erzeugt werden. Bisher konnten Fusionsreaktionen nur über eine sehr kurze Zeit aufrechterhalten werden. Die Energieerzeugung durch Kernfusion hat gegenüber der durch Kernspaltung zwei wesentliche Vorteile. Im Gegensatz zu spaltbarem Material sind die Rohstoffe zur Kernfusion in beliebiger Menge vorhanden. Bei der Kernfusion entstehen viel weniger radioaktive Stoffe – insbesondere keine langlebigen α-Strahler-, die sicher endgelagert werden müssen.

1.3.4 Elementhäufigkeit, Elemententstehung

Da die Zusammensetzung der Materie im gesamten Kosmos ähnlich ist, ist es sinnvoll, eine mittlere kosmische Häufigkeitsverteilung der Elemente anzugeben (Abb. 1.12).

Etwa $^2/_3$ der Gesamtmasse des Milchstraßensystems besteht aus Wasserstoff (^{1}H), fast $^1/_3$ aus Helium (^{4}He), alle anderen Kernsorten tragen zusammen nur wenige Prozente bei. Schwerere Elemente als Eisen machen nur etwa ein Millionstel Prozent der Gesamtzahl der Atome aus. Elemente mit gerader Ordnungszahl sind häufiger als solche mit ungerader Ordnungszahl.

Das Problem der Elemententstehung wird heute im Zusammenhang mit den in Sternen ablaufenden thermonuklearen Reaktionen und den Entwicklungsphasen der Sterne diskutiert.

1.3 Kernreaktion

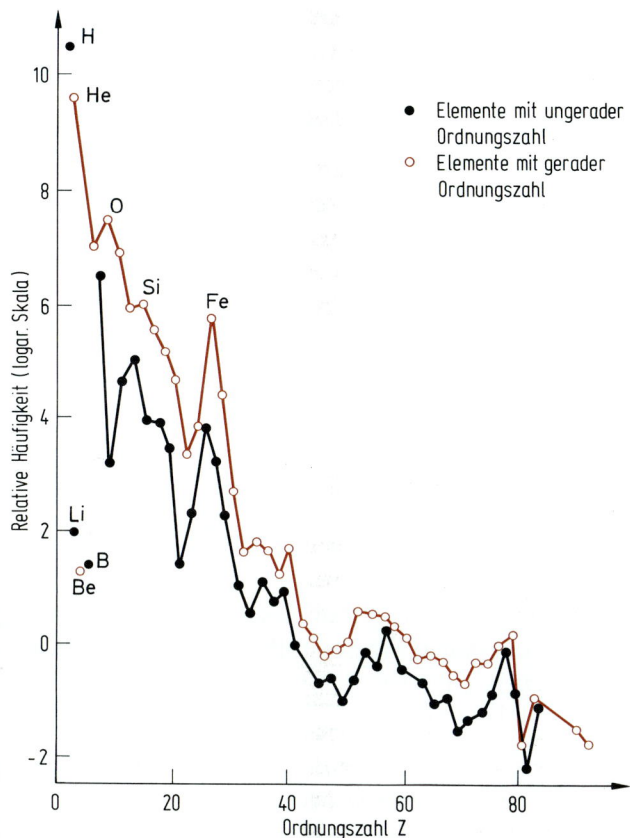

Abb. 1.12 Kosmische Häufigkeitsverteilung der Elemente. Die Häufigkeiten der Elemente sind in Teilchenzahlen bezogen auf den Wert 10^6 für Si angegeben.

Im ersten Entwicklungsstadium eines Sternes bilden sich bei etwa 10^7 Grad aus Wasserstoffkernen Heliumkerne (Wasserstoffbrennen).

$$4\,{}^1_1\text{H} \;\rightarrow\; {}^4_2\text{He} + 2\,\text{e}^+$$

Pro He-Kern wird dabei die Energie von 25 MeV frei. Diese Reaktion läuft in der Sonne ab, und sie liefert die von der Sonne laufend ausgestrahlte Energie. Pro Sekunde werden $7 \cdot 10^{14}$ g Wasserstoff verbrannt. Das Wasserstoffbrennen dauert je nach Sternenmasse 10^7–10^{10} Jahre. Nach dem Ausbrennen des Wasserstoffs erfolgt eine Kontraktion des Sternzentrums und Temperaturerhöhung auf ungefähr 10^8 Grad. Bei diesen Temperaturen sind neue Kernprozesse möglich. Aus He-Kernen bilden sich die Nuklide ${}^{12}_6\text{C}$, ${}^{16}_8\text{O}$, ${}^{20}_{10}\text{Ne}$ (Heliumbrennen). Nach dem Heliumbrennen führt weitere Kontraktion und Aufheizung des Sternzentrums zu komplizierten Kernreaktionen, durch die Kerne bis zu Massenzahlen von etwa 60 (Fe, Co, Ni) entstehen.

Die schweren Elemente werden durch Neutronenanlagerung und nachfolgenden β-Zerfall aufgebaut. Der Aufbau der schwersten, auf das Blei folgenden Elemente ist aber nur bei sehr hohen Neutronendichten möglich. Da bei den als Supernovae bekannten explosiven Sternprozessen sehr hohe Neutronendichten auftreten, nimmt man an, daß dabei die schwersten Kerne entstanden sind und zusammen mit anderen schweren Elementen in den interstellaren Raum geschleudert wurden. Aus dieser interstellaren Materie entstandene jüngere Sterne enthalten von Anfang an schwere Elemente. Die Elemente unserer Erde wären danach Produkte sehr langer Sternentwicklungen.

1.4 Die Struktur der Elektronenhülle

1.4.1 Bohrsches Modell des Wasserstoffatoms

Für die chemischen Eigenschaften der Atome ist die Struktur der Elektronenhülle entscheidend.

Schon 1913 entwickelte Bohr für das einfachste Atom, das Wasserstoffatom, ein Atommodell. Er nahm an, daß sich in einem Wasserstoffatom das Elektron auf einer Kreisbahn um das Proton bewegt (vgl. Abb. 1.13).

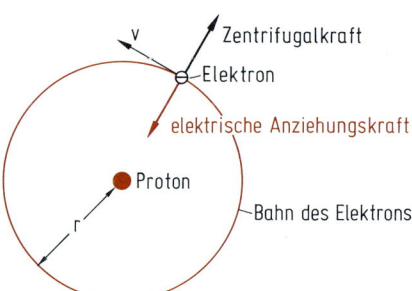

Abb. 1.13 Bohrsches Wasserstoffatom. Das Elektron bewegt sich auf einer Kreisbahn mit der Geschwindigkeit v um das Proton. Für eine stabile Umlaufbahn muß gelten: die elektrische Kraft, mit der das Elektron vom Proton angezogen wird, ist entgegengesetzt gleich der Zentrifugalkraft des Elektrons. Die Zentrifugalkraft entsteht durch die Bewegung des Elektrons auf der Kreisbahn.

Zwischen elektrisch geladenen Teilchen treten elektrostatische Kräfte auf. Elektrische Ladungen verschiedenen Vorzeichens ziehen sich an, solche gleichen Vorzeichens stoßen sich ab. Die Größe der elektrostatischen Kraft wird durch das *Coulombsche Gesetz* beschrieben. Es lautet

$$F = f \cdot \frac{Q_1 Q_2}{r^2} \tag{1.7}$$

1.4 Die Struktur der Elektronenhülle

Die auftretende Kraft ist dem Produkt der elektrischen Ladungen Q_1 und Q_2 direkt, dem Quadrat ihres Abstandes r umgekehrt proportional. Der Zahlenwert des Proportionalitätsfaktors f ist vom Einheitensystem abhängig. Er beträgt im SI für den leeren Raum

$$f = \frac{1}{4\pi\varepsilon_0}$$

$$\varepsilon_0 = 8{,}854 \cdot 10^{-12}\, A^2\, s^4\, kg^{-1}\, m^{-3}$$

ist die elektrische Feldkonstante (Dielektrizitätskonstante des Vakuums). Setzt man in Gleichung 1.7 die elektrischen Ladungen in Coulomb (1 C = 1 As) und den Abstand in m ein, so erhält man die elektrostatische Kraft in Newton (1 N = 1 kg m s^{-2}).

Zwischen dem Elektron und dem Proton existiert also nach dem Coulombschen Gesetz die

$$\text{elektrische Anziehungskraft } F_{el} = -\frac{e^2}{4\pi\varepsilon_0 r^2}$$

r bedeutet Radius der Kreisbahn. Bewegt sich das Elektron mit einer Bahngeschwindigkeit v um den Kern, besitzt es die

$$\text{Zentrifugalkraft } F_Z = \frac{mv^2}{r}$$

wobei m die Masse des Elektrons bedeutet.

Für eine stabile Umlaufbahn muß die Bedingung gelten: Die Zentrifugalkraft des umlaufenden Elektrons ist entgegengesetzt gleich der Anziehungskraft zwischen dem Kern und dem Elektron, also $-F_{el} = F_Z$

$$\frac{e^2}{4\pi\varepsilon_0 r^2} = \frac{mv^2}{r} \tag{1.8}$$

bzw.

$$\frac{e^2}{4\pi\varepsilon_0 r} = mv^2 \tag{1.9}$$

Wir wollen nun die Energie eines Elektrons berechnen, das sich auf einer Kreisbahn bewegt. Die Gesamtenergie des Elektrons ist die Summe von kinetischer Energie und potentieller Energie.

$$E = E_{kin} + E_{pot} \tag{1.10}$$

E_{kin} ist die Energie, die von der Bewegung des Elektrons stammt.

$$E_{kin} = \frac{mv^2}{2} \tag{1.11}$$

E_{pot} ist die Energie, die durch die elektrische Anziehung zustande kommt.

$$E_{pot} = \int_r^\infty -\frac{e^2}{4\pi\varepsilon_0 r^2}\, dr = -\frac{e^2}{4\pi\varepsilon_0 r} \tag{1.12}$$

Die Gesamtenergie ist demnach

$$E = \frac{1}{2} m v^2 - \frac{e^2}{4\pi\varepsilon_0 r} \tag{1.13}$$

Ersetzt man mv^2 durch Gleichung 1.9, so erhält man

$$E = \frac{1}{2}\frac{e^2}{4\pi\varepsilon_0 r} - \frac{e^2}{4\pi\varepsilon_0 r} = -\frac{e^2}{8\pi\varepsilon_0 r} \tag{1.14}$$

Nach Gleichung 1.14 hängt die Energie des Elektrons nur vom Bahnradius r ab. Für ein Elektron sind alle Bahnen und alle Energiewerte von Null ($r = \infty$) bis Unendlich ($r = 0$) erlaubt.

Diese Vorstellung war zwar in Einklang mit der klassischen Mechanik, sie stand aber in Widerspruch zur klassischen Elektrodynamik. Nach deren Gesetzen sollte das umlaufende Elektron Energie in Form von Licht abstrahlen und aufgrund des ständigen Geschwindigkeitsverlustes auf einer Spiralbahn in den Kern stürzen. Die Erfahrung zeigt aber, daß dies nicht der Fall ist.

Bohr machte nun die Annahme, daß das Elektron nicht auf beliebigen Bahnen den Kern umkreisen kann, sondern daß es nur ganz bestimmte Kreisbahnen gibt, auf denen es sich strahlungsfrei bewegen kann. Die erlaubten Elektronenbahnen sind solche, bei denen der Bahndrehimpuls des Elektrons mvr ein ganzzahliges Vielfaches einer Grundeinheit des Drehimpulses ist. Diese Grundeinheit des Bahndrehimpulses ist $\frac{h}{2\pi}$.

h wird *Plancksches Wirkungsquantum* oder Plancksche Konstante genannt, ihr Wert beträgt

$$h = 6{,}626 \cdot 10^{-34}\, kg\, m^2\, s^{-1}\, (= Js)$$

h ist eine fundamentale Naturkonstante, sie setzt eine untere Grenze für die Größe von physikalischen Eigenschaften wie den Drehimpuls oder, wie wir später noch sehen werden, die Energie elektromagnetischer Strahlung.

Die *mathematische Form des Bohrschen Postulats* lautet:

$$mvr = n\frac{h}{2\pi} \tag{1.15}$$

n ist eine ganze Zahl (1, 2, 3, …, ∞), sie wird *Quantenzahl* genannt.

1.4 Die Struktur der Elektronenhülle

Die Umformung von 1.15 ergibt

$$v = \frac{nh}{2\pi m r} \tag{1.16}$$

Setzt man 1.16 in 1.9 ein und löst nach r auf, so erhält man

$$r = \frac{h^2 \varepsilon_0}{\pi m e^2} \cdot n^2 \tag{1.17}$$

Wenn wir die Werte für die Konstanten h, m, e und ε_0 einsetzen, erhalten wir daraus

$$r = n^2 \cdot 0{,}53 \cdot 10^{-10} \text{ m}$$

Das Elektron darf sich also nicht in beliebigen Abständen vom Kern aufhalten, sondern nur auf Elektronenbahnen mit den Abständen 0,053 nm, 4 · 0,053 nm, 9 · 0,053 nm usw. (vgl. Abb. 1.14).

Für die Geschwindigkeit der Elektronen erhält man durch Einsetzen von 1.17 in 1.16

$$v = \frac{1}{n} \cdot \frac{e^2}{2h\varepsilon_0} \tag{1.18}$$

und unter Berücksichtigung der Konstanten

$$v = \frac{1}{n} \cdot 2{,}18 \cdot 10^6 \text{ m s}^{-1}$$

Auf der innersten Bahn (n = 1) beträgt die Elektronengeschwindigkeit $2 \cdot 10^6 \text{ m s}^{-1}$!

Setzt man 1.17 in 1.14 ein, erhält man für die *Energie des Elektrons*

Bohrsche Radien	0 r_1	$r_2 = 4r_1$	$r_3 = 9r_1$	$r_4 = 16r_1$ r
Bahndrehimpuls	h/2π	2h/2π	3h/2π	4h/2π
Bahndrehimpulsquanten	1	2	3	4

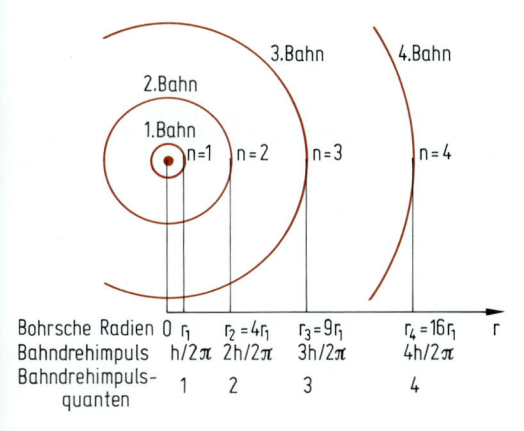

Abb. 1.14 Bohrsche Bahnen. Das Elektron kann das Proton nicht auf beliebigen Bahnen umkreisen, sondern nur auf Bahnen mit den Radien $r = n^2 \cdot 0{,}053$ nm. Auf diesen Bahnen beträgt der Bahndrehimpuls nh/2π. Es gibt für das Elektron nicht beliebige Bahndrehimpulse, sondern nur ganzzahlige Vielfache des Bahndrehimpulsquants h/2π.

$$E = -\frac{me^4}{8\varepsilon_0^2 h^2} \cdot \frac{1}{n^2} \qquad (1.19)$$

Das Elektron kann also nicht beliebige Energiewerte annehmen, sondern es gibt nur ganz bestimmte Energiezustände, die durch die Quantenzahl n festgelegt sind. Die möglichen Energiezustände des Wasserstoffatoms sind in der Abb. 1.15 in einem Energieniveauschema anschaulich dargestellt.

Zunehmende Energie des Elektrons

$n = \infty$
$n = 4 \quad E_4 = E_1/16$
$n = 3 \quad E_3 = E_1/9$
$n = 2 \quad E_2 = E_1/4$

$n = 1 \quad E_1 = -\dfrac{me^4}{8\varepsilon_0^2 h^2}$

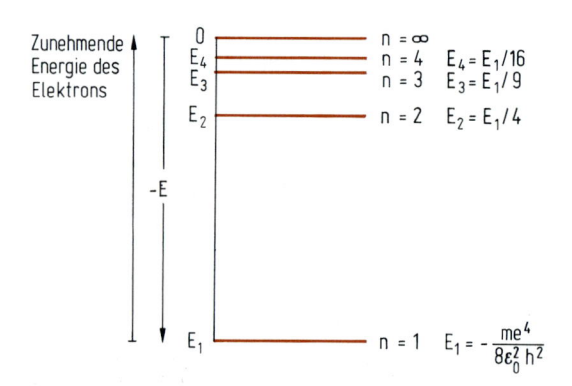

Abb. 1.15 Energieniveaus im Wasserstoffatom. Das Elektron kann nicht beliebige Energiewerte annehmen, sondern nur die Werte $E = E_1/n^2$. E_1 ist die Energie des Elektrons auf der 1. Bohrschen Bahn, E_2 die Energie auf der 2. Bahn usw. Dargestellt sind nur die Energieniveaus bis $n = 4$. Bei großen n-Werten entsteht eine sehr dichte Folge von Energieniveaus. Nimmt n den Wert Unendlich an, dann ist das Elektron so weit vom Kern entfernt, daß keine anziehenden Kräfte mehr wirksam sind (Nullpunkt der Energieskala). Nähert sich das Elektron dem Kern, wird auf Grund der Anziehungskräfte das System Elektron-Kern energieärmer. Das Vorzeichen der Energie muß daher negativ sein.

Die Quantelung des Bahndrehimpulses hat also zur Folge, daß für das Elektron im Wasserstoffatom nicht beliebige Bahnen, sondern nur ganz bestimmte Bahnen mit bestimmten dazugehörigen Energiewerten erlaubt sind.

1.4.2 Die Deutung des Spektrums der Wasserstoffatome mit der Bohrschen Theorie

Erhitzt man Wasserstoffatome, so senden sie *elektromagnetische Wellen* aus. Elektromagnetische Wellen breiten sich im leeren Raum mit der Geschwindigkeit $c = 2{,}998 \cdot 10^8 \, \text{m s}^{-1}$ (Lichtgeschwindigkeit) aus. Abb. 1.16 zeigt das Profil einer elektromagnetischen Welle. Die Geschwindigkeit c erhält man durch Multiplikation der Wellenlänge λ mit der Schwingungsfrequenz ν, der Zahl der Schwingungsperioden pro Zeit.

$$c = \nu\lambda \qquad (1.20)$$

Die reziproke Wellenlänge $\dfrac{1}{\lambda}$ wird Wellenzahl genannt. Sie wird meist in cm^{-1} angegeben.

1.4 Die Struktur der Elektronenhülle

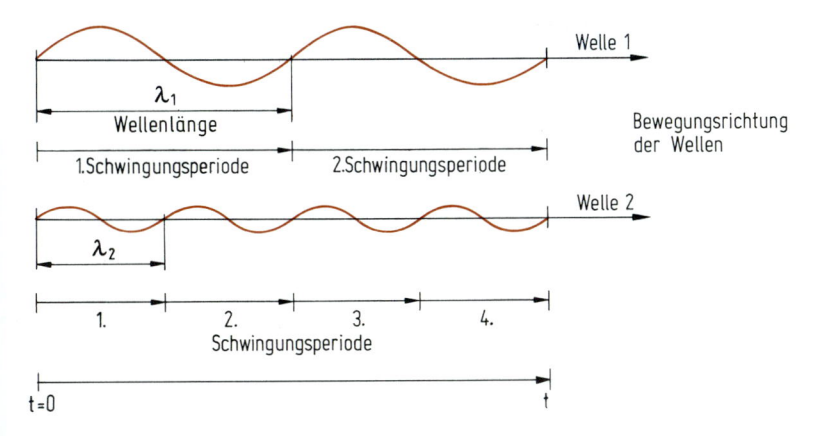

Abb. 1.16 Profile elektromagnetischer Wellen. Elektromagnetische Wellen verschiedener Wellenlängen bewegen sich mit der gleichen Geschwindigkeit. Die Geschwindigkeit ist gleich dem Produkt aus Wellenlänge λ mal Frequenz ν, Zahl der Schwingungsperioden durch Zeit. Für die dargestellten Wellen ist $\lambda_2 = \lambda_1/2$. Wegen der gleichen Geschwindigkeit gilt $\nu_2 = 2\nu_1$.

Zu den elektromagnetischen Strahlen gehören Radiowellen, Mikrowellen, Licht, Röntgenstrahlen und γ-Strahlen. Sie unterscheiden sich in der Wellenlänge (vgl. Abb. 1.17).

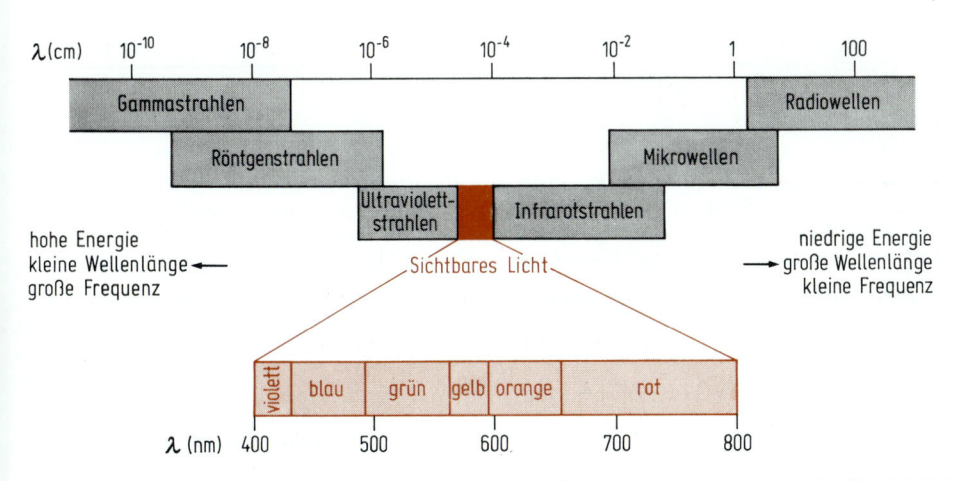

Abb. 1.17 Spektrum elektromagnetischer Wellen. Sichtbare elektromagnetische Wellen (Licht) machen nur einen sehr kleinen Bereich des Gesamtspektrums aus.

Beim Durchgang durch ein Prisma wird Licht verschiedener Wellenlängen aufgelöst. Aus weißem Licht aller Wellenlängen des sichtbaren Bereichs entsteht z. B. ein kontinuierliches Band der Regenbogenfarben, ein *kontinuierliches Spektrum*. Erhält man bei der Auflösung nur einzelne Linien mit bestimmten Wellenlängen, bezeichnet man das Spektrum als *Linienspektrum*.

Elemente senden charakteristische Linienspektren aus. Man kann daher die Elemente durch Analyse ihres Spektrums identifizieren (*Spektralanalyse*). Abb. 1.18

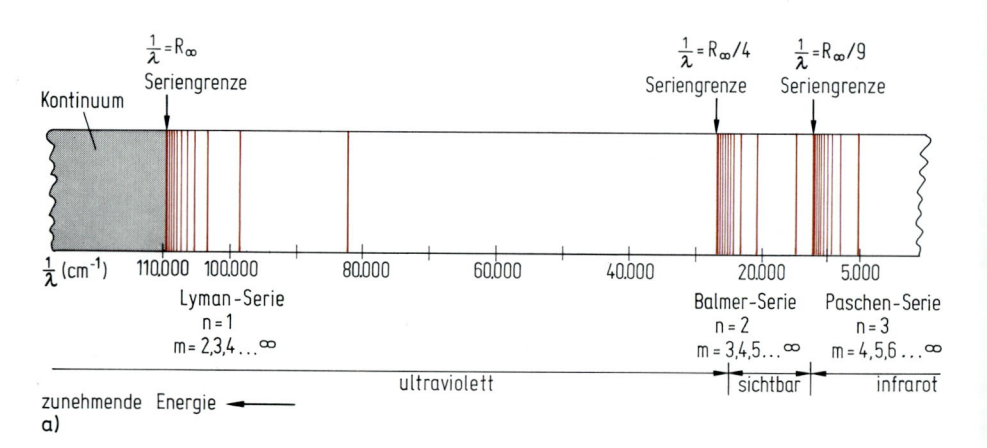

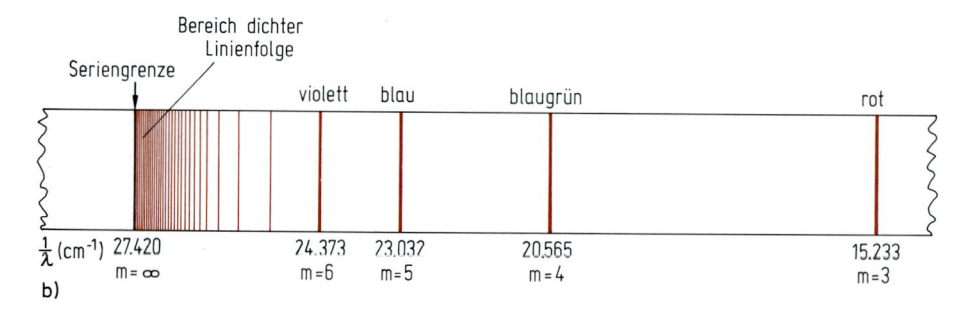

Abb. 1.18 a) Das Linienspektrum von Wasserstoffatomen. Erhitzte Wasserstoffatome senden elektromagnetische Strahlen aus. Die emittierte Strahlung ist nicht kontinuierlich, es treten nur bestimmte Wellenlängen auf. Das Spektrum besteht daher aus Linien. Die Linien lassen sich zu Serien ordnen, in denen analoge Linienfolgen auftreten. Nach den Entdeckern werden sie als Lyman-, Balmer- und Paschenserie bezeichnet. Die Wellenzahlen $\frac{1}{\lambda}$ aller Linien gehorchen der Beziehung $\frac{1}{\lambda} = R_\infty \left(\frac{1}{n^2} - \frac{1}{m^2} \right)$. Für die Linien einer bestimmten Serie hat n den gleichen Wert.

b) Balmer-Serie des Wasserstoffspektrums. Die Wellenzahlen der Balmer-Serie gehorchen der Beziehung $\frac{1}{\lambda} = R_\infty \left(\frac{1}{4} - \frac{1}{m^2} \right)$ (n = 2; m = 3,4 ··· ∞). Für große m-Werte wird die Folge der Linien sehr dicht. Die Seriengrenze (m = ∞) liegt bei $R_\infty/4$.

zeigt das Linienspektrum der Wasserstoffatome. Schon lange vor der Bohrschen Theorie war bekannt, daß sich die Spektrallinien des Wasserstoffspektrums durch die einfache Gleichung

$$\frac{1}{\lambda} = R_\infty \left(\frac{1}{n^2} - \frac{1}{m^2} \right) \tag{1.21}$$

1.4 Die Struktur der Elektronenhülle

beschreiben lassen. λ ist die Wellenlänge irgendeiner Linie, m und n sind ganze positive Zahlen, wobei m größer ist als n. R_∞ ist eine Konstante, die nach dem Entdecker dieser Beziehung Rydberg-Konstante genannt wird.

$$R_\infty = 109\,678 \text{ cm}^{-1}$$

Mit der Bohrschen Theorie des Wasserstoffatoms gelang eine theoretische Deutung des Wasserstoffspektrums.

Der stabilste Zustand eines Atoms ist der Zustand niedrigster Energie. Er wird *Grundzustand* genannt. Aus Gleichung 1.19 und Abb. 1.15 folgt, daß das Elektron des Wasserstoffatoms sich dann im energieärmsten Zustand befindet, wenn die Quantenzahl n = 1 beträgt. Zustände mit den Quantenzahlen n > 1 sind weniger stabil als der Grundzustand, sie werden *angeregte Zustände* genannt. Das Elektron kann vom Grundzustand mit n = 1 auf ein Energieniveau mit n > 1 springen, wenn gerade der dazu erforderliche Energiebetrag zugeführt wird. Die Energie kann beispielsweise als Lichtenergie zugeführt werden. Umgekehrt wird beim Sprung eines Elektrons von einem angeregten Zustand (n > 1) auf den Grundzustand (n = 1) Energie in Form von Licht abgestrahlt.

Planck (1900) zeigte, daß ein System, das Strahlung abgibt, diese nicht in beliebigen Energiebeträgen abgeben kann, sondern nur als ganzzahliges Vielfaches von kleinsten Energiepaketen. Sie werden *Photonen* oder *Lichtquanten* genannt. Für Photonen gilt nach Planck-Einstein die Beziehung

$$E = h\nu \qquad (1.22)$$

oder durch Kombination mit 1.20

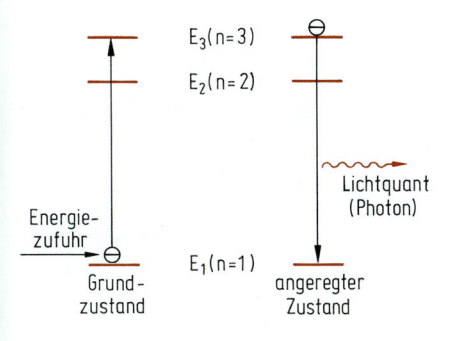

Abb. 1.19 Im Grundzustand befindet sich das Wasserstoffelektron auf dem niedrigsten Energieniveau. Angeregte Zustände entstehen, wenn das Elektron durch Energiezufuhr auf höhere Energieniveaus gelangt. Um auf das Energieniveau E_3 gelangen zu können, muß genau der Energiebetrag $E_3 - E_1$ zugeführt werden. Springt das Elektron von einem angeregten Zustand in den Grundzustand zurück, verliert es Energie. Diese Energie wird als Lichtquant abgegeben. Für den Übergang von E_3 nach E_1 ist die Wellenlänge des Photons durch $E_3 - E_1 = h\dfrac{c}{\lambda}$ gegeben.

$$E = hc \cdot \frac{1}{\lambda} \tag{1.23}$$

Strahlung besitzt danach *Teilchencharakter, und Licht einer bestimmten Wellenlänge kann immer nur als kleines Energiepaket, als Photon, aufgenommen oder abgegeben werden.*

Beim Übergang eines Elektrons von einem höheren auf ein niedrigeres Energieniveau wird ein Photon einer bestimmten Wellenlänge ausgestrahlt. Dies zeigt schematisch **Abb. 1.19.** *Das Spektrum von Wasserstoff entsteht* also *durch Elektronenübergänge von den höheren Energieniveaus auf die niedrigeren Energieniveaus des Wasserstoffatoms.* Die möglichen Übergänge sind in Abb. 1.20 dargestellt.

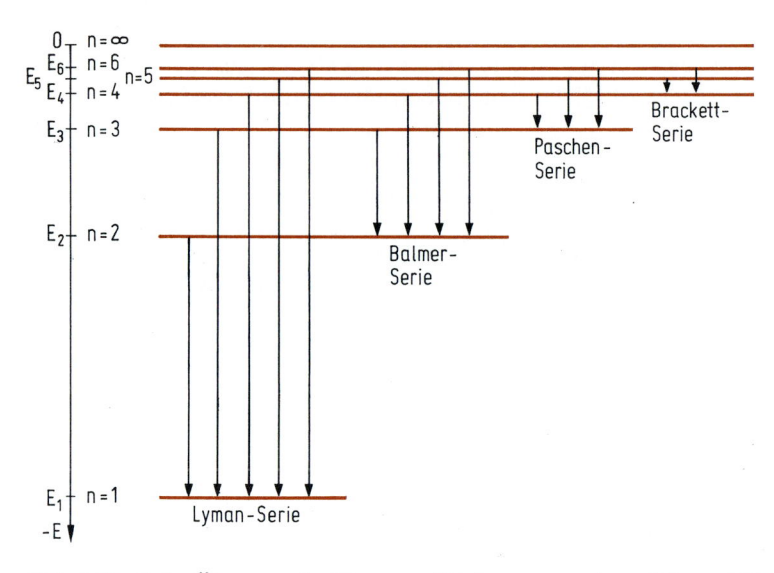

Abb. 1.20 Beim Übergang des Wasserstoffelektrons von einem Niveau höherer Energie auf ein Niveau niedrigerer Energie wird ein Lichtquant ausgesandt, dessen Wellenlänge durch die Energieänderung des Elektrons bestimmt wird: $\Delta E = h\frac{c}{\lambda}$. In der Abb. sind alle möglichen Elektronenübergänge zwischen den Energieniveaus bis $n = 6$ dargestellt.

Beim Übergang eines Elektrons von einem Energieniveau E_2 mit der Quantenzahl $n = n_2$ auf ein Energieniveau E_1 mit der Quantenzahl $n = n_1$ wird nach Gleichung 1.19 die Energie

$$E_2 - E_1 = \left(-\frac{me^4}{8\varepsilon_0^2 n_2^2 h^2}\right) - \left(-\frac{me^4}{8\varepsilon_0^2 n_1^2 h^2}\right)$$

frei. Eine Umformung ergibt

$$E_2 - E_1 = \frac{me^4}{8\varepsilon_0^2 h^2}\left(\frac{1}{n_1^2} - \frac{1}{n_2^2}\right) \tag{1.24}$$

1.4 Die Struktur der Elektronenhülle

Durch Kombination mit der Planck-Einstein-Gleichung 1.23 erhält man

$$\frac{1}{\lambda} = \frac{me^4}{8\varepsilon_0^2 h^3 c}\left(\frac{1}{n_1^2} - \frac{1}{n_2^2}\right) \qquad (n_2 > n_1) \qquad (1.25)$$

Gleichung 1.25 entspricht der experimentell gefundenen Gleichung 1.21, wenn man $n_1 = n$, $n_2 = m$ und $R_\infty = \dfrac{me^4}{8\varepsilon_0^2 h^3 c}$ setzt. Die aus den Naturkonstanten m, e, h und c berechnete Konstante R stimmt gut mit der experimentell bestimmten Rydberg-Konstante überein. Mit der Bohrschen Theorie läßt sich also für das Wasserstoffatom voraussagen, welche Spektrallinien auftreten dürfen und welche Wellenlängen diese Spektrallinien haben müssen. Dies ist eine Bestätigung dafür, daß die Energiezustände des Elektrons im Wasserstoffatom durch die Gleichung 1.19 richtig beschrieben werden. Den Zusammenhang zwischen den Energieniveaus des H-Atoms und den Wellenzahlen des Wasserstoffspektrums zeigt anschaulich Abb. 1.21.

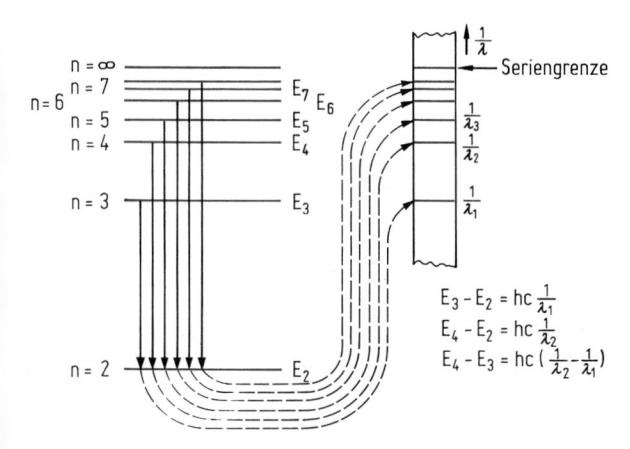

Abb. 1.21 Zusammenhang zwischen den Energieniveaus des H-Atoms und den Wellenzahlen der Balmerserie. Die Balmerserie entsteht durch Elektronenübergänge von Energieniveaus mit n = 3, 4, 5 ... auf das Energieniveau mit n = 2. Die Linienfolge spiegelt exakt die Lage der Energieniveaus wieder. Die Differenzen der Wellenzahlen sind proportional den Differenzen der Energieniveaus. Die dichte Linienfolge an der Seriengrenze entspricht der dichten Folge der Energieniveaus bei großen n-Werten.

Das Bild eines Elektrons, das den Kern auf einer genau festgelegten Bahn umkreist – so wie der Mond die Erde umkreist – war leicht zu verstehen, und die theoretische Deutung des Wasserstoffspektrums war ein großer Erfolg der Bohrschen Theorie. Nach und nach wurde aber klar, daß die Bohrsche Theorie nicht ausreichte. Es gelang z.B. nicht, die Spektren von Atomen mit mehreren Elektronen zu erklären. Erst in den zwanziger Jahren schufen de Broglie, Heisenberg, Schrödinger u.a. die Grundlagen für das leistungsfähigere wellenmechanische Atommodell.

1.4.3 Die Unbestimmtheitsbeziehung

Heisenberg stellte 1927 die Unbestimmtheitsbeziehung auf. Sie besagt, daß es unmöglich ist, den Impuls und den Aufenthaltsort eines Elektrons gleichzeitig zu bestimmen. Das Produkt aus der Unbestimmtheit des Ortes Δx und der Unbestimmtheit des Impulses $\Delta(mv)$ hat die Größenordnung des Planckschen Wirkungsquantums.

$$\Delta x \cdot \Delta(mv) \approx h$$

Wir wollen die Unbestimmheitsbeziehung auf die Bewegung des Elektrons im Wasserstoffatom anwenden. Nach der Bohrschen Theorie beträgt die Geschwindigkeit des Wasserstoffelektrons im Grundzustand $v = 2{,}18 \cdot 10^6 \, \text{m s}^{-1}$ (vgl. Abschn. 1.4.1). Dieser Wert sei uns mit einer Genauigkeit von etwa 1% bekannt. Die Unbestimmtheit der Geschwindigkeit Δv beträgt also $10^4 \, \text{m s}^{-1}$. Für die Unbestimmtheit des Ortes gilt

$$\Delta x = \frac{h}{m \Delta v}$$

Durch Einsetzen der Zahlenwerte erhalten wir

$$\Delta x = \frac{6{,}6 \cdot 10^{-34} \, \text{kg m}^2 \text{s}^{-1}}{9{,}1 \cdot 10^{-31} \, \text{kg} \cdot 10^4 \, \text{m s}^{-1}}$$

$$\Delta x = 0{,}7 \cdot 10^{-7} \, \text{m}.$$

Die Unbestimmtheit des Ortes beträgt 70 nm und ist damit mehr als tausendmal größer als der Radius der ersten Bohrschen Kreisbahn, der nur 0,053 nm beträgt (vgl. Abschn. 1.4.1). *Bei genau bekannter Geschwindigkeit ist der Aufenthaltsort des Elektrons im Atom vollkommen unbestimmt.*

Im Bohrschen Atommodell stellt man sich das Elektron als Teilchen vor, das sich auf seiner Bahn von Punkt zu Punkt mit einer bestimmten Geschwindigkeit bewegt. *Nach der Unbestimmtheitsrelation* ist dieses Bild falsch. Statt dessen *müssen*

Bohrsches Wasserstoffatom mit einer Elektronenbahn

Ladungswolke des Wasserstoffelektrons

Das Wasserstoffelektron als Kugel, die 90% der Gesamtladung des Elektrons enthält.

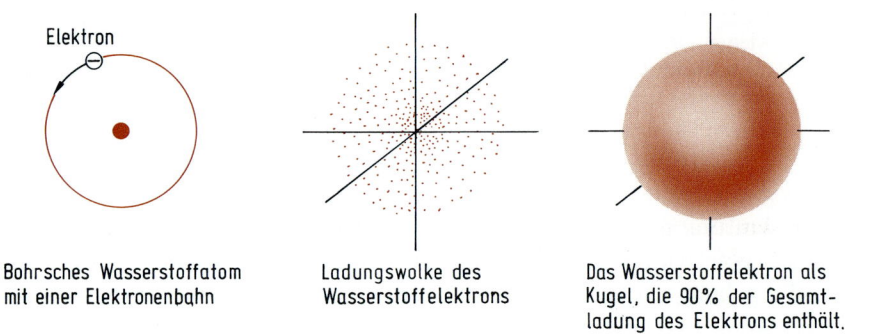

Abb. 1.22 Verschiedene Darstellungen des Elektrons eines Wasserstoffatoms im Grundzustand.

wir uns vorstellen, daß das Elektron an einem bestimmten Ort des Atoms nur mit einer gewissen Wahrscheinlichkeit anzutreffen ist. Dieser Beschreibung des Elektrons entspricht die Vorstellung einer über das Atom verteilten Elektronenwolke. Die Gestalt der Elektronenwolke gibt den Raum an, in dem sich das Elektron mit größter Wahrscheinlichkeit aufhält.

Abb. 1.22 zeigt die Elektronenwolke des Wasserstoffelektrons im Grundzustand. Sie ist kugelsymmetrisch. An Stellen mit großer Aufenthaltswahrscheinlichkeit des Elektrons hat die Ladungswolke eine größere Dichte, die anschaulich durch eine größere Punktdichte dargestellt wird. Die Ladungswolke hat nach außen keine scharfe Begrenzung. Die Grenzfläche in Abb. 1.22 ist willkürlich gewählt. Sie umschließt eine Kugel, die 90% der Gesamtladung des Elektrons enthält. Man darf aber nicht vergessen, daß das Elektron sich mit einer gewissen Wahrscheinlichkeit auch außerhalb dieser Kugel aufhalten kann.

Die räumliche Ladungsverteilung kann rechnerisch ermittelt werden. Diese Rechnungen zeigen, daß die Elektronenwolken nicht immer kugelsymmetrisch sind, und wir werden im Abschn. 1.4.5 andere kompliziertere Ladungsverteilungen kennenlernen.

1.4.4 Der Wellencharakter von Elektronen

Eine weitere für das Verständnis des Atombaus grundlegende Entdeckung gelang de Broglie (1924). Er postulierte, daß jedes bewegte Teilchen Welleneigenschaften besitzt. Zwischen der Wellenlänge λ und dem Impuls p des Teilchens besteht die Beziehung

$$\lambda = \frac{h}{p} = \frac{h}{mv} \tag{1.26}$$

Elektronen der Geschwindigkeit $v = 2 \cdot 10^6 \, \text{m s}^{-1}$ z.B. haben die Wellenlänge $\lambda = 0{,}333$ nm. Die Welleneigenschaften von Elektronen konnten durch Beugungsexperimente an Kristallen nachgewiesen werden. Mit Elektronenstrahlen erhält man Beugungsbilder wie mit Röntgenstrahlen.

Elektronen können also je nach den experimentellen Bedingungen sowohl Welleneigenschaften zeigen als auch sich wie kleine Partikel verhalten. Welleneigenschaften und Partikeleigenschaften sind komplementäre Beschreibungen des Elektronenverhaltens.

Wie können wir uns nach diesem Bild ein Elektron im Atom vorstellen? Nach de Broglie muß es im Atom *Elektronenwellen* geben. Das Elektron befindet sich aber nur dann in einem stabilen Zustand, wenn die Elektronenwelle zeitlich unveränderlich ist. Eine zeitlich unveränderliche Welle ist eine stehende Welle. Eine nicht stehende Elektronenwelle würde sich durch Interferenz zerstören, sie ist instabil (Abb. 1.23). Stehende Elektronenwellen können sich auf einer Bohrschen

a) n = 5

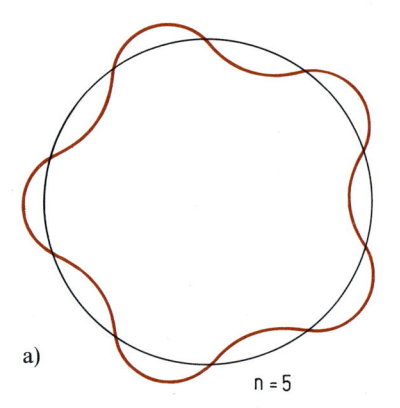

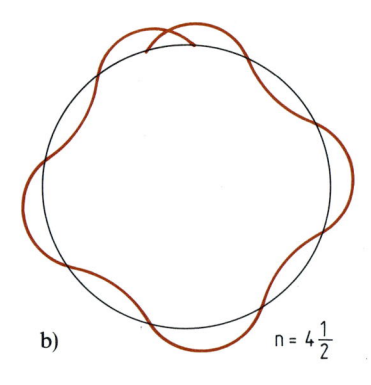

b) n = 4½

Abb. 1.23 a) Eindimensionale stehende Elektronenwelle auf einer Bohrschen Bahn. Die Bedingung für eine stehende Welle ist $n\lambda = 2r\pi$ ($n = 1, 2, 3\ldots$).
b) Die Bedingung für eine stehende Welle ist nicht erfüllt.

Kreisbahn nur dann ausbilden, wenn der Umfang der Kreisbahn ein ganzzahliges Vielfaches der Wellenlänge ist (Abb. 1.23):

$$n\lambda = 2\pi r$$

Ersetzt man λ durch Gleichung 1.26 und formt um, folgt

$$\frac{nh}{2\pi} = mvr$$

Man erhält also die von Bohr willkürlich postulierte Quantelung des Drehimpulses (vgl. Abschn. 1.4.1).

Wir sehen also, *daß sowohl das Auftreten der Quantenzahl n als auch die Unbestimmtheit des Aufenthaltsortes eines Elektrons im Atom eine Folge der Welleneigenschaften von Elektronen sind.*

1.4.5 Atomorbitale und Quantenzahlen des Wasserstoffatoms

Im vorangehenden Kapitel sahen wir, daß die Entdeckung der Welleneigenschaften von Elektronen dazu zwang, die Vorstellung aufzugeben, daß Elektronen in Atomen sich als winzige starre Körper um den Kern bewegen. Wir sahen weiter, daß wir das Elektron als eine diffuse Wolke veränderlicher Ladungsdichte betrachten können. Die Position des Elektrons im Atom wird als Wahrscheinlichkeitsdichte oder Elektronendichte diskutiert. Dies bedeutet, daß an jedem Ort des Atoms das Elektron nur mit einer bestimmten Wahrscheinlichkeit anzutreffen ist. Im Bereich großer Ladungsdichten ist diese Wahrscheinlichkeit größer als dort, wo die Ladungsdichten klein sind.

1.4 Die Struktur der Elektronenhülle

Elektronenwolken sind dreidimensional schwingende Systeme, deren mögliche Schwingungszustände dreidimensionale stehende Wellen sind. Die Welleneigenschaften des Elektrons können mit einer von Schrödinger aufgestellten Wellengleichung, Schrödinger-Gleichung, beschrieben werden. Sie ist für das Wasserstoffatom exakt lösbar, für andere Atome sind nur Näherungslösungen möglich. *Durch Lösen der Schrödinger-Gleichung erhält man für das Wasserstoffelektron eine begrenzte Zahl erlaubter Schwingungszustände, die dazu gehörenden räumlichen Ladungsverteilungen und Energien. Diese erlaubten Zustände sind durch drei Quantenzahlen festgelegt* (vgl. Abschn. 1.4.6). Die Quantenzahlen ergeben sich bei der Lösung der Schrödinger-Gleichung und müssen nicht wie beim Bohrschen Atommodell willkürlich postuliert werden. *Eine vierte Quantenzahl ist erforderlich, um die speziellen Eigenschaften eines Elektrons zu berücksichtigen, die beobachtet werden, wenn es sich in einem Magnetfeld befindet.*

Wir wollen nun die Ergebnisse des wellenmechanischen Modells des Wasserstoffatoms im einzelnen diskutieren.

Die Hauptquantenzahl n

n kann die ganzzahligen Werte 1, 2, 3, 4 ... annehmen. Die Hauptquantenzahl n bestimmt die möglichen Energieniveaus des Elektrons im Wasserstoffatom. In Übereinstimmung mit der Bohrschen Theorie (Gleichung 1.19) gilt die Beziehung

$$E_n = - \frac{me^4}{8\varepsilon_0^2 h^2} \frac{1}{n^2}$$

Die durch die Hauptquantenzahl n festgelegten Energieniveaus werden *Schalen* genannt. Die Schalen werden mit den großen Buchstaben K, L, M, N, O usw. bezeichnet.

n	Schale	Energie	
1	K	E_1	Grundzustand
2	L	$\frac{1}{4}E_1$	
3	M	$\frac{1}{9}E_1$	angeregte Zustände
4	N	$\frac{1}{16}E_1$	
5	O	$\frac{1}{25}E_1$	

Befindet sich das Elektron auf der K-Schale (n = 1), dann ist das H-Atom im energieärmsten Zustand. Der energieärmste Zustand wird Grundzustand genannt, in diesem liegen H-Atome normalerweise vor. Die Energie des Grundzustands beträgt für das Wasserstoffatom $E_1 = -13,6$ eV. Zustände höherer Energie (n > 1) nennt man angeregte Zustände.

Je größer n wird, um so dichter aufeinander folgen die Energieniveaus (vgl. Abb. 1.15). Führt man dem Elektron soviel Energie zu, daß es nicht mehr in einen angeregten Quantenzustand gehoben wird, sondern das Atom verläßt, entsteht ein positives Ion und ein freies Elektron. Die Mindestenergie, die dazu erforderlich ist, nennt man Ionisierungsenergie. Die Ionisierungsenergie des Wasserstoffatoms beträgt 13,6 eV.

Die Nebenquantenzahl l

n und l sind durch die Beziehung $l \leq n - 1$ verknüpft. l kann also die Werte 0, 1, 2, 3 ... n − 1 annehmen. Diese Quantenzustände werden als s-, p-, d-, f-Zustände bezeichnet. (Die Bezeichnungen stammen aus der Spektroskopie, und die Buchstaben s, p, d, f sind abgeleitet von sharp, principal, diffuse, fundamental.)

Schale	K	L	M	N
n	1	2	3	4
l	0	0 1	0 1 2	0 1 2 3
Bezeichnung	s	s p	s p d	s p d f

Die K-Schale besteht nur aus s-Zuständen, die L-Schale aus s- und p-Zuständen, die M-Schale aus s-, p-, d-, die N-Schale aus s-, p-, d- und f-Niveaus.

Die magnetische Quantenzahl m_l

m_l kann Werte von $-l$ bis $+l$ annehmen. m_l gibt also an, wieviel s-, p-, d-, f-Zustände existieren.

l	m_l	Anzahl der Zustände $2l+1$
0	0	ein s-Zustand
1	−1 0 +1	drei p-Zustände
2	−2 −1 0 +1 +2	fünf d-Zustände
3	−3 −2 −1 0 +1 +2 +3	sieben f-Zustände

Die Nebenquantenzahl, auch Bahndrehimpulsquantenzahl genannt, bestimmt die Größe des Bahndrehimpulses L. Er beträgt $L = \sqrt{l(l+1)}\,\dfrac{h}{2\pi}$. Bei Anlegen eines Magnetfeldes gibt es nicht beliebige, sondern nur $2l+1$ Orientierungen des Bahndrehimpulsvektors zum Magnetfeld. Die Komponenten des Bahndrehimpulsvektors in Feldrichtung können nur $-\dfrac{h}{2\pi}l .. 0 .. +\dfrac{h}{2\pi}l$ betragen. Sie betragen also für s-Elektronen 0, für p-Elektronen $-\dfrac{h}{2\pi}, 0, +\dfrac{h}{2\pi}$. (Abb. 1.24).

Im Magnetfeld wird dadurch z. B. die Entartung der p-Zustände aufgehoben. p-Zustände spalten im Magnetfeld symmetrisch in drei spektroskopisch nachweisbare Zustände unterschiedlicher Energie auf (Zeemann-Effekt). Daher wird m_l magnetische Quantenzahl genannt.

Die durch die drei Quantenzahlen n, l und m_l charakterisierten Quantenzustände werden als Atomorbitale bezeichnet (abgekürzt *AO*). n, l, m_l werden daher *Orbitalquantenzahlen* genannt.

1.4 Die Struktur der Elektronenhülle

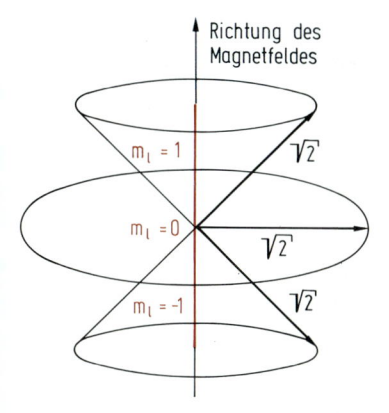

Abb. 1.24 Für p-Elektronen beträgt der Bahndrehimpuls $L = \sqrt{2}\,\dfrac{h}{2\pi}$. Es gibt drei Orientierungen des Bahndrehimpulsvektors zum Magnetfeld, deren Projektionen in Feldrichtung zu den m_l-Werten $-1, 0, +1$ führen.

Abb. 1.25 zeigt für die ersten vier Schalen des Wasserstoffatoms die möglichen Atomorbitale und ihre energetische Lage. Ein Atomorbital ist als Kästchen dargestellt, die Bezeichnung des Orbitals darunter gesetzt.

Die Energie der Orbitale nimmt im Wasserstoffatom in der angegebenen Reihenfolge zu: $1s < 2s = 2p < 3s = 3p = 3d < 4s = 4p = 4d = 4f$. Zustände mit glei-

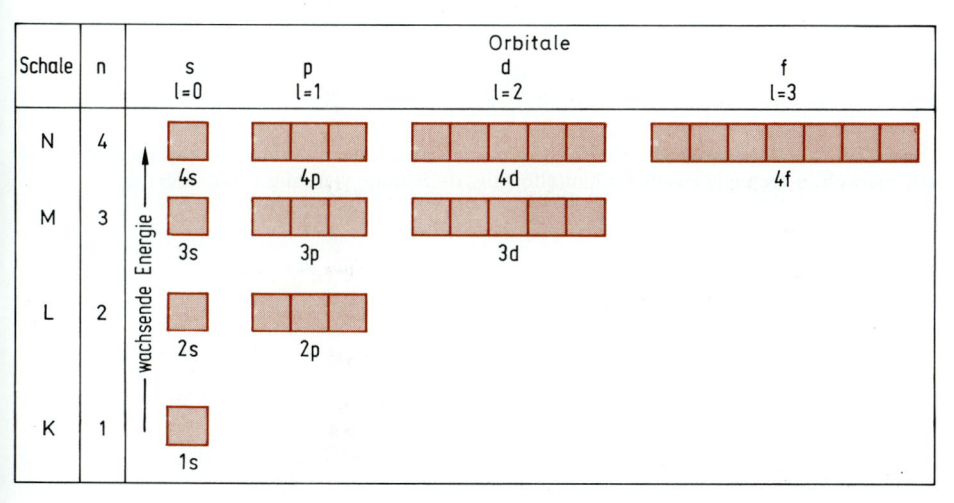

Abb. 1.25 Die möglichen Atomorbitale des Wasserstoffatoms bis $n = 4$. Ein AO ist als Kästchen dargestellt, die Bezeichnung des AO ist darunter gesetzt. Alle Atomorbitale einer Schale haben dieselbe Energie, sie sind entartet. Die Lage der Energieniveaus der Schalen ist nur schematisch angedeutet. Maßstäblich richtig ist die Lage der Energieniveaus in der Abb. 1.15 dargestellt.

cher Energie nennt man entartet. Zum Beispiel sind das 2s-Orbital und die drei 2p-Orbitale entartet, da die Energie der Orbitale im Wasserstoffatom nur von der Hauptquantenzahl n abhängt.

Die Atomorbitale unterscheiden sich hinsichtlich der Größe, Gestalt und räumlichen Orientierung ihrer Ladungswolken. Diese Eigenschaften sind mit den Orbitalquantenzahlen verknüpft.

Die Hauptquantenzahl n bestimmt die Größe des Orbitals.

Die Nebenquantenzahl l gibt Auskunft über die Gestalt eines Orbitals.

Die magnetische Quantenzahl beschreibt die Orientierung des Orbitals im Raum.

Die Orbitale können graphisch dargestellt werden, und wir werden diese *Orbitalbilder* bei der Diskussion der chemischen Bindung benutzen.

Die s-Orbitale haben eine kugelsymmetrische Ladungswolke. Bei den p-Orbitalen ist die Elektronenwolke zweiteilig hantelförmig, bei den d-Orbitalen rosettenförmig (Abb. 1.26). Mit wachsender Hauptquantenzahl nimmt die Größe des Orbitals zu (Abb. 1.27).

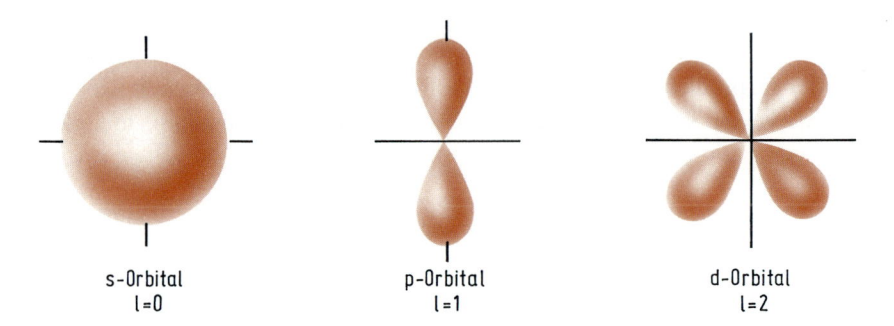

Abb. 1.26 Die Nebenquantenzahl l bestimmt die Gestalt der Orbitale. s-Orbitale sind kugelsymmetrisch, p-Orbitale zweiteilig hantelförmig, d-Orbitale vierteilig rosettenförmig.

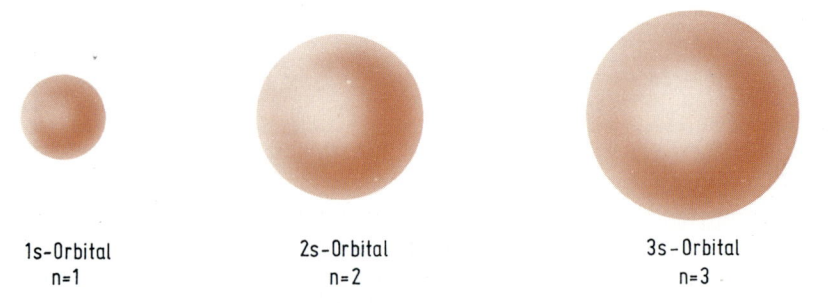

Abb. 1.27 Die Hauptquantenzahl n bestimmt die Größe des Orbitals.

1.4 Die Struktur der Elektronenhülle

In der Abb. 1.28 sind die Gestalten und räumlichen Orientierungen der s-, p- und d-Orbitale dargestellt. Für die kugelsymmetrischen s-Orbitale gibt es nur eine räumliche Orientierung. Die drei hantelförmigen p-Orbitale liegen in Richtung der x-, y- und z-Achse des kartesischen Koordinatensystems. Sie werden demgemäß als p_x-, p_y- bzw. p_z-Orbital bezeichnet. Die räumliche Orientierung und die zugehörige Bezeichnung der d-Orbitale sind aus der Abb. 1.28 zu ersehen.

Auf Bilder von f-Orbitalen kann verzichtet werden, da sie bei den weiteren Diskussionen nicht benötigt werden.

Zur vollständigen Beschreibung der Eigenschaften eines Elektrons ist noch eine vierte Quantenzahl erforderlich.

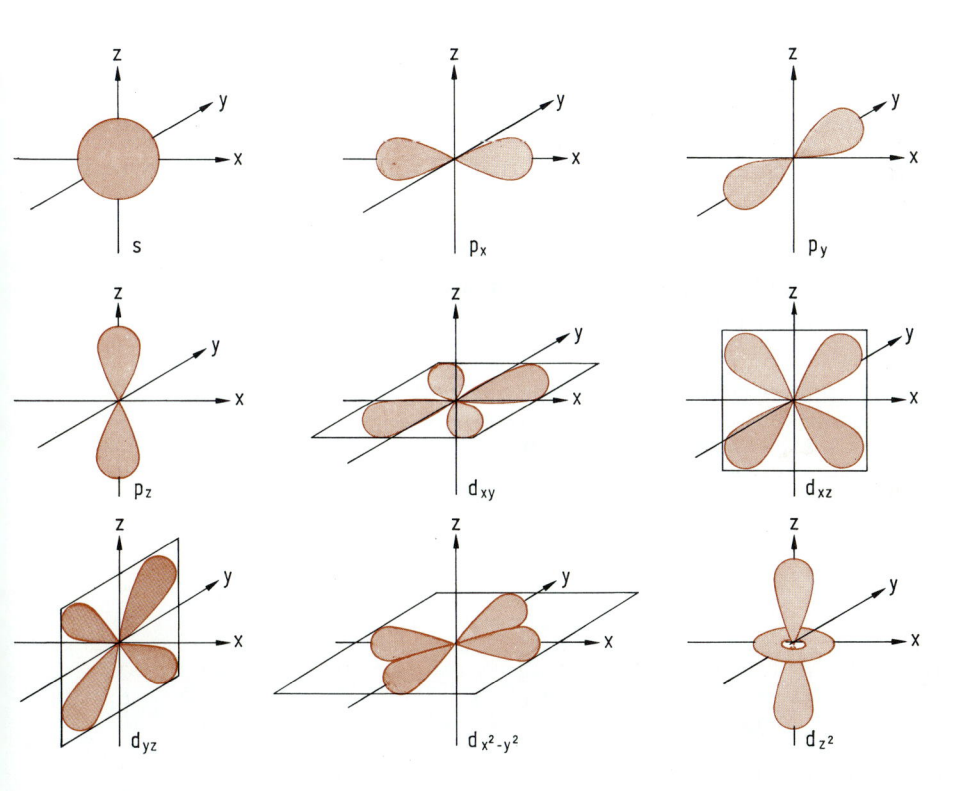

Abb. 1.28 Gestalt und räumliche Orientierung der s, p- und d-Orbitale. s-Orbitale sind kugelsymmetrisch. Sie haben keine räumliche Vorzugsrichtung. p-Orbitale sind hantelförmig. Beim p_x-Orbital liegen die Hanteln in Richtung der x-Achse, die x-Achse ist die Richtung größter Elektronendichte. Entsprechend hat das p_y-Orbital eine maximale Elektronendichte in y-Richtung, das p_z-Orbital in z-Richtung. Die d-Orbitale sind rosettenförmig. In den Zeichnungen ist nicht die exakte Elektronendichteverteilung dargestellt. Bei 3p-Orbitalen z.B. hat die Elektronenwolke nicht nur eine größere Ausdehnung als bei 2p-Orbitalen, sondern auch eine etwas andere Form. Allen p-Orbitalen jedoch ist gemeinsam, daß ihre Form hantelförmig ist und daß die maximale Elektronendichte in Richtung der x, y- und z-Achse liegt. Die in der Abbildung dargestellten p-Orbitale können daher zur qualitativen Beschreibung aller p-Orbitale benutzt werden. Entsprechendes gilt für die s- und d-Orbitale. (Genauer ist die Darstellung von Orbitalen in Abschn. 1.4.6 behandelt.)

Die Spinquantenzahl m_s

Man muß den Elektronen eine Eigendrehung zuschreiben. Anschaulich kann man sich vorstellen, daß es zwei Möglichkeiten der Eigenrotation gibt, eine Linksdrehung oder eine Rechtsdrehung. Es gibt für das Elektron daher zwei Quantenzustände mit der Spinquantenzahl $m_s = +\frac{1}{2}$ oder $m_s = -\frac{1}{2}$.

Aufgrund der Eigendrehung haben Elektronen einen Eigendrehimpuls, einen Spin. Im Magnetfeld gibt es zwei Orientierungen des Vektors des Eigendrehimpulses. Die Komponente in Feldrichtung beträgt $+\frac{1}{2}\frac{h}{2\pi}$ oder $-\frac{1}{2}\frac{h}{2\pi}$. m_s kann die Werte $+\frac{1}{2}$ oder $-\frac{1}{2}$ annehmen. Im Magnetfeld spaltet daher z. B. ein s-Zustand symmetrisch in zwei energetisch unterschiedliche Zustände auf.

Aus den erlaubten Kombinationen der vier Quantenzahlen erhält man die Quantenzustände des Wasserstoffatoms. Jede Kombination der Orbitalquantenzahlen (n, l, m_l) definiert ein Atomorbital. Für jedes AO gibt es zwei Quantenzustände mit der Spinquantenzahl $+\frac{1}{2}$ und $-\frac{1}{2}$. In der Tabelle 1.5 sind die Quantenzustände des H-Atoms bis n = 4 angegeben.

Im Grundzustand besetzt das Elektron des Wasserstoffatoms einen 1s-Zustand, alle anderen Orbitale sind unbesetzt. Durch Energiezufuhr kann das Elektron Orbitale höherer Energien besetzen.

Tabelle 1.5   Quantenzustände des Wasserstoffatoms bis n = 4

Schale	n	l	Orbitaltyp	m_l	Anzahl der Orbitale	m_s	Anzahl der Quantenzustände	
K	1	0	1s	0	1	±1/2	2	2
L	2	0	2s	0	1	±1/2	2	8
		1	2p	−1 0 +1	3	±1/2	6	
M	3	0	3s	0	1	±1/2	2	18
		1	3p	−1 0 +1	3	±1/2	6	
		2	3d	−2 −1 0 +1 +2	5	±1/2	10	
N	4	0	4s	0	1	±1/2	2	32
		1	4p	−1 0 +1	3	±1/2	6	
		2	4d	−2 −1 0 +1 +2	5	±1/2	10	
		3	4f	−3 −2 −1 0 +1 +2 +3	7	±1/2	14	

1.4.6*   Die Wellenfunktion, Eigenfunktionen des Wasserstoffatoms

In diesem Abschnitt soll die Besprechung des wellenmechanischen Atommodells vertieft werden.

1.4 Die Struktur der Elektronenhülle

Da ein Elektron Welleneigenschaften besitzt, kann man die Elektronenzustände im Atom mit einer Wellenfunktion $\psi(x, y, z)$ beschreiben. ψ ist eine Funktion der Raumkoordinaten x, y, z und kann positive, negative oder imaginäre Werte annehmen. Die Wellenfunktion ψ selbst hat keine anschauliche Bedeutung. Eine anschauliche Bedeutung hat aber das Quadrat des Absolutwertes der Wellenfunktion $|\psi|^2$. $|\psi|^2 dV$ ist ein Maß für die Wahrscheinlichkeit das Elektron zu einem bestimmten Zeitpunkt im Volumenelement dV anzutreffen. Die Elektronendichteverteilung im Atom, die Ladungswolke, steht also in Beziehung zu $|\psi|^2$. Je größer $|\psi|^2$ ist, ein um so größerer Anteil des Elektrons ist im Volumenelement dV vorhanden. An Stellen mit $|\psi|^2 = 0$ ist auch die Ladungsdichte null. Die Änderung von $|\psi|^2$ als Funktion der Raumkoordinaten beschreibt wie die Ladungswolke im Atom verteilt ist.

In der von Schrödinger 1926 veröffentlichten und nach ihm benannten Schrödinger-Gleichung sind die Wellenfunktion ψ und die Elektronenenergie E miteinander verknüpft.

$$\frac{\partial^2 \psi}{\partial x^2} + \frac{\partial^2 \psi}{\partial y^2} + \frac{\partial^2 \psi}{\partial z^2} + \frac{8\pi^2 m}{h^2}(E - V)\psi = 0$$

Es bedeuten: V potentielle Energie des Elektrons, m Masse des Elektrons, h Plancksche Konstante, E Elektronenenergie für eine bestimmte Wellenfunktion ψ.

Diejenigen Wellenfunktionen, die Lösungen der Schrödinger-Gleichung sind, werden Eigenfunktionen genannt; die Energiewerte, die zu den Eigenfunktionen gehören, nennt man Eigenwerte. Die Eigenfunktionen beschreiben also die möglichen stationären Schwingungszustände im H-Atom.

Die Schrödinger-Gleichung kann für das Wasserstoffatom exakt gelöst werden, für Mehrelektronenatome sind nur Näherungslösungen möglich. Die Wasserstoffeigenfunktionen haben die allgemeine Form

$$\psi_{n, l, m_l} = \underset{\text{Normierungskonstante}}{[N]} \quad \underset{\text{Radiusabhängiger Anteil}}{[R_{n,l}(r)]} \quad \underset{\text{Winkelabhängiger Anteil}}{[\chi_{l, m_l}(\vartheta, \varphi)]}$$

N ist eine *Normierungskonstante*. Ihr Wert ist durch die Bedingung $\int |\psi|^2 dV = 1$ festgelegt. Dies bedeutet, daß die Wahrscheinlichkeit das Elektron irgendwo im Raum anzutreffen gleich 1 sein muß. Wellenfunktionen, für die diese Bedingung erfüllt ist, heißen normierte Funktionen. *Bei normierten Funktionen gibt $|\psi|^2$ die absolute Wahrscheinlichkeit an, das Elektron an der Stelle x, y, z anzutreffen.*

Die Wellenfunktion ψ wird im allgemeinen nicht als Funktion der kartesischen Koordinaten x, y, z angegeben, sondern als Funktion der Polarkoordinaten r, ϑ, φ. Die Polarkoordinaten eines beliebigen Punktes P erhält man aus den kartesischen Koordinaten durch eine Transformation nach folgenden Gleichungen, die sich aus der Abb. 1.29 ergeben.

$$x = r \sin\vartheta \cos\varphi \qquad y = r \sin\vartheta \sin\varphi \qquad z = r \cos\vartheta$$

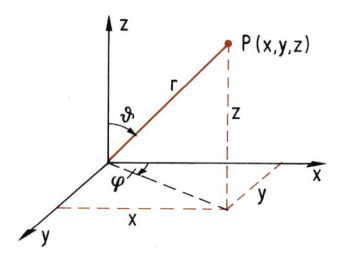

Abb. 1.29 Zusammenhang zwischen den kartesischen Koordinaten x, y, z und den Polarkoordinaten r, φ, ϑ eines Punktes P.

$R_{n,l}(r)$ wird *Radialfunktion* genannt. $|R_{n,l}(r)|^2$ gibt die Wahrscheinlichkeit an, mit der man das Elektron in beliebiger Richtung im Abstand r vom Kern antrifft.

Durch die Radialfunktion wird die Ausdehnung der Ladungswolke des Elektrons bestimmt (vgl. Abb. 1.31 und 1.32).

Die *Winkelfunktion* $\chi_{l,m_l}(\vartheta, \varphi)$ gibt den Faktor an, mit dem man die Radialfunktion R in der durch ϑ und φ gegebenen Richtung multiplizieren muß, um den

Tabelle 1.6 Einige Eigenfunktionen des Wasserstoffatoms
(Die Winkelfunktionen sind in Polarkoordinaten und kartesischen Koordinaten angegeben)

Quantenzahlen			Orbital	Eigenwert	Normierte Radialfunktion	Normierte Winkelfunktion	
n	l	m_l		E_n	$R_{n,l}(r)$	$\chi_{l,m_l}(\vartheta, \varphi)$	$\chi_{l,m_l}\left(\dfrac{x}{r}, \dfrac{y}{r}, \dfrac{z}{r}\right)$
1	0	0	1s	E_1	$\dfrac{2}{\sqrt{a_0^3}} e^{-\frac{r}{a_0}}$	$\dfrac{1}{2\sqrt{\pi}}$	$\dfrac{1}{2\sqrt{\pi}}$
2	0	0	2s	$E_2 = \dfrac{E_1}{4}$	$\dfrac{1}{2\sqrt{2a_0^3}}\left(2 - \dfrac{r}{a_0}\right) e^{-\frac{r}{2a_0}}$	$\dfrac{1}{2\sqrt{\pi}}$	$\dfrac{1}{2\sqrt{\pi}}$
2	1	1	$2p_x$	$E_2 = \dfrac{E_1}{4}$	$\dfrac{1}{2\sqrt{6a_0^3}} \dfrac{r}{a_0} e^{-\frac{r}{2a_0}}$	$\dfrac{\sqrt{3}}{2\sqrt{\pi}} \sin\vartheta \cos\varphi$	$\dfrac{\sqrt{3}}{2\sqrt{\pi}} \dfrac{x}{r}$
2	1	0	$2p_z$	$E_2 = \dfrac{E_1}{4}$	$\dfrac{1}{2\sqrt{6a_0^3}} \dfrac{r}{a_0} e^{-\frac{r}{2a_0}}$	$\dfrac{\sqrt{3}}{2\sqrt{\pi}} \cos\vartheta$	$\dfrac{\sqrt{3}}{2\sqrt{\pi}} \dfrac{z}{r}$
2	1	−1	$2p_y$	$E_2 = \dfrac{E_1}{4}$	$\dfrac{1}{2\sqrt{6a_0^3}} \dfrac{r}{a_0} e^{-\frac{r}{2a_0}}$	$\dfrac{\sqrt{3}}{2\sqrt{\pi}} \sin\vartheta \sin\varphi$	$\dfrac{\sqrt{3}}{2\sqrt{\pi}} \dfrac{y}{r}$

a_0 ist der Bohrsche Radius (vgl. Gleichung 1.17). Er beträgt $a_0 = \dfrac{h^2 \varepsilon_0}{\pi m e^2}$.

Die Indizes der p-Orbitale x, y, z entsprechen den Winkelfunktionen dieser Orbitale, angegeben in kartesischen Koordinaten. Ganz entsprechend ist z. B. beim d_{xy}-Orbital die Winkelfunktion proportional xy und beim $d_{x^2-y^2}$-Orbital proportional $x^2 - y^2$.

1.4 Die Struktur der Elektronenhülle

Wert von ψ zu erhalten. Dieser Faktor ist unabhängig von r. χ bestimmt also die Gestalt und räumliche Orientierung der Ladungswolke. Die Winkelfunktion χ wird auch Kugelflächenfunktion genannt, da χ die Änderung von ψ auf der Oberfläche einer Kugel vom Radius r angibt. Kugelflächenfunktionen sind in der Abb. 1.34 dargestellt.

Die Wasserstoffeigenfunktionen ψ_{n,l,m_l} werden Orbitale genannt. Die Orbitale sind mit den Quantenzahlen n, l, m_l verknüpft. ψ_{n,l,m_l} kann nur dann eine Eigenfunktion sein, wenn für die Quantenzahlen die folgenden Bedingungen gelten.

Hauptquantenzahl: $\qquad$ n = 1, 2, 3, ...

Nebenquantenzahl: $\qquad$ $l \leq n - 1$

Magnetische Quantenzahl: $\quad -l \leq m_l \leq +l$

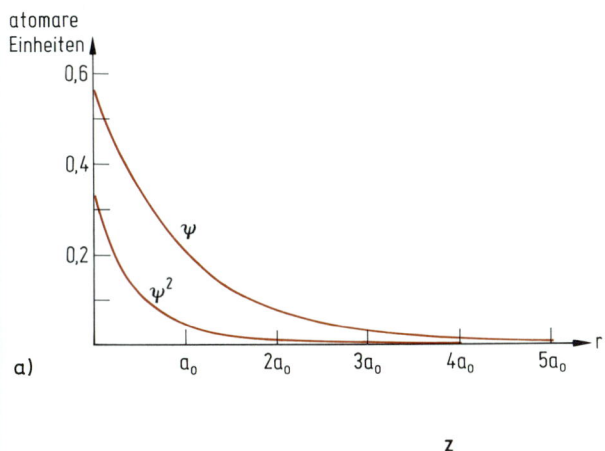

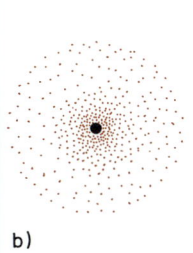

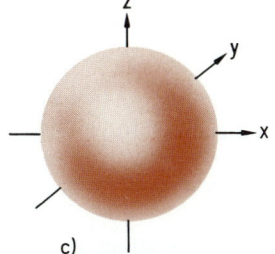

Abb. 1.30a) Darstellung von $\psi(r)$ und $\psi^2(r)$ des 1s-Orbitals von Wasserstoff $\psi = \dfrac{1}{\sqrt{\pi a_0^3}} e^{-\frac{r}{a_0}}$.

Der Abstand r ist in Einheiten des Bohrschen Radius a_0 angegeben ($a_0 = 0{,}529 \cdot 10^{-10}$ m). ψ nimmt mit wachsendem Abstand exponentiell ab. Die Aufenthaltswahrscheinlichkeit ψ^2 erreicht auch bei sehr großen Abständen nicht null.
b) Schnitt durch den Atomkern. ψ^2 wird durch eine unterschiedliche Punktdichte dargestellt. Die Punktdichte vermittelt einen anschaulichen Eindruck von der Ladungsverteilung des Elektrons.
c) Das 1s-Orbital wird als Kugel dargestellt. Innerhalb der Kugelfläche mit dem Radius $2{,}2 \cdot 10^{-10}$ m hält sich das Elektron mit 99% Wahrscheinlichkeit auf.

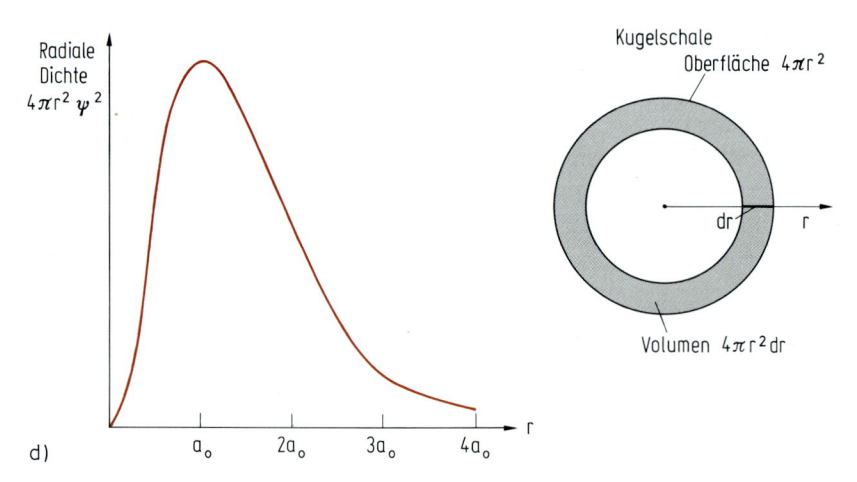

Abb. 1.30 d) Der Raum um den Kern kann in eine unendliche Zahl unendlich dünner Kugelschalen unterteilt werden. Das Volumen der Kugelschalen der Dicke dr beträgt $4\pi r^2$ dr. Die Wahrscheinlichkeit, das Elektron in einer solchen Kugelschale anzutreffen, ist daher $\psi^2(r) 4\pi r^2$ dr. Man bezeichnet $4\pi r^2 \psi^2$ als *radiale Dichte*. Da ψ^2 mit wachsendem r abnimmt, $4\pi r^2$ aber zunimmt, muß die radiale Dichte ein Maximum durchlaufen. Der Abstand der maximalen Elektronendichte des 1s-Orbitals von Wasserstoff ist identisch mit dem Bohrschen Radius a_0.

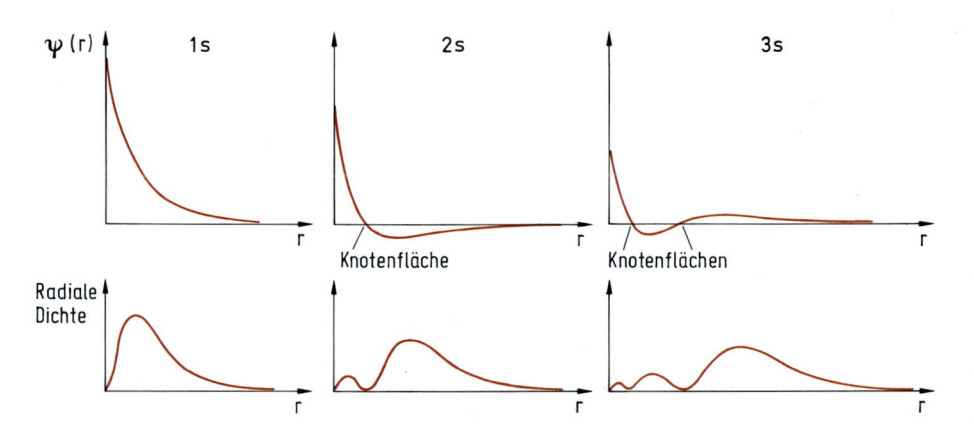

Abb. 1.31 Schematische Darstellungen der Wellenfunktion $\psi(r)$ und der radialen Dichte von s-Orbitalen. Mit wachsender Hauptquantenzahl verschiebt sich das Maximum der Elektronendichte zu größeren r-Werten. Beim 2s-Orbital beträgt die Aufenthaltswahrscheinlichkeit außerhalb der Knotenfläche 94,6%, beim 3s-Orbital betragen die Wahrscheinlichkeiten zwischen den Knotenflächen 9,5% und außerhalb der äußeren Knotenfläche 89,0%.

Bei der Lösung der Schrödinger-Gleichung erhält man die zu den Eigenfunktionen gehörenden Eigenwerte der Energie

$$E_n = -\frac{1}{n^2} \frac{me^4}{8\varepsilon_0^2 h^2}$$

1.4 Die Struktur der Elektronenhülle

Die Eigenwerte hängen nur von der Hauptquantenzahl n ab. Für jeden Eigenwert gibt es n^2 entartete Eigenfunktionen (vgl. Abschn. 1.4.5). Einige Wasserstoffeigenfunktionen sind in der Tabelle 1.6 angegeben.

s-Orbitale besitzen eine konstante Winkelfunktion, sie sind daher kugelsymmetrisch. Verschiedene Möglichkeiten der Darstellung des 1s-Orbitals sind in der Abb. 1.30 wiedergegeben.

Die Wellenfunktion und die radiale Dichte (vgl. Abb. 1.30d) des 2s- und des 3s-Orbitals sind in der Abb. 1.31 dargestellt. Beide Orbitale besitzen Knotenflä-

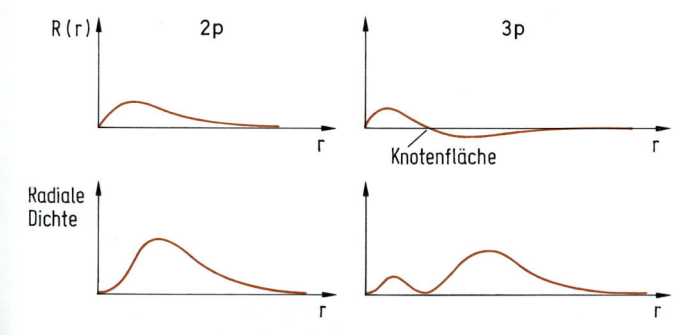

Abb. 1.32 Schematische Darstellung der Radialfunktion R(r) und der radialen Dichte für p-Orbitale. Im Gegensatz zu s-Orbitalen ist bei p-Orbitalen bei r = 0 die Radialfunktion null.

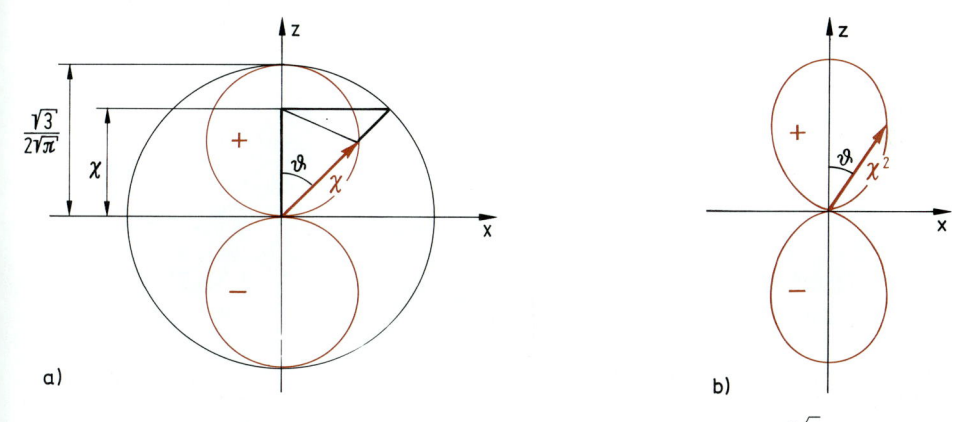

Abb. 1.33 a) Konstruktion des Polardiagramms für die Winkelfunktion $\chi = \dfrac{\sqrt{3}}{2\sqrt{\pi}} \cos \vartheta$ des p_z-Orbitals. In der x- und y-Richtung hat χ den Wert null, da $\vartheta = 90°$ beträgt. In der z-Richtung ist $\vartheta = 0°$ und $\cos \vartheta = 1$ oder $\vartheta = 180°$ und $\cos \vartheta = -1$. Für die Winkelfunktion erhält man die maximalen Werte $\chi = \dfrac{\sqrt{3}}{2\sqrt{\pi}}$ bzw. $\chi = -\dfrac{\sqrt{3}}{2\sqrt{\pi}}$. Berechnet man χ für alle möglichen ϑ-Werte erhält man zwei Kugeln. Bei der oberen Kugel hat χ ein positives, bei der unteren Kugel ein negatives Vorzeichen.

b) Darstellung des Quadrats der Winkelfunktion χ^2 für das p_z-Orbital.

chen, an denen die Wellenfunktion ihr Vorzeichen wechselt. Die Knotenflächen einer dreidimensionalen stehenden Welle entsprechen den Knotenpunkten einer eindimensionalen Welle. Die Zahl der Knotenflächen eines Orbitals ist $n-1$ (n = Hauptquantenzahl). Bei s-Orbitalen sind die Knotenflächen Kugeloberflächen.

p-Orbitale setzen sich aus einer Radialfunktion und einer winkelabhängigen Funktion zusammen. *Die Radialfunktion hängt nur von den Quantenzahlen n und l ab.* Alle p-Orbitale gleicher Hauptquantenzahl besitzen dieselbe Radialfunktion. In der Abb. 1.32 sind die Radialfunktion und die radiale Dichte für die 2p- und 3p-Orbitale dargestellt. Die Nebenquantenzahl l gibt die Zahl der Knotenflächen an, die durch den Atommittelpunkt gehen. Zur Darstellung der Kugelflächenfunktion χ eignen sich sogenannte Polardiagramme. Sie sind in der Abb. 1.34 für die Sätze der p- und d-Orbitale dargestellt. Die Konstruktion des Polardiagramms des p_z-Orbitals zeigt Abb. 1.33. In jeder durch ϑ und φ gegebenen Richtung wird

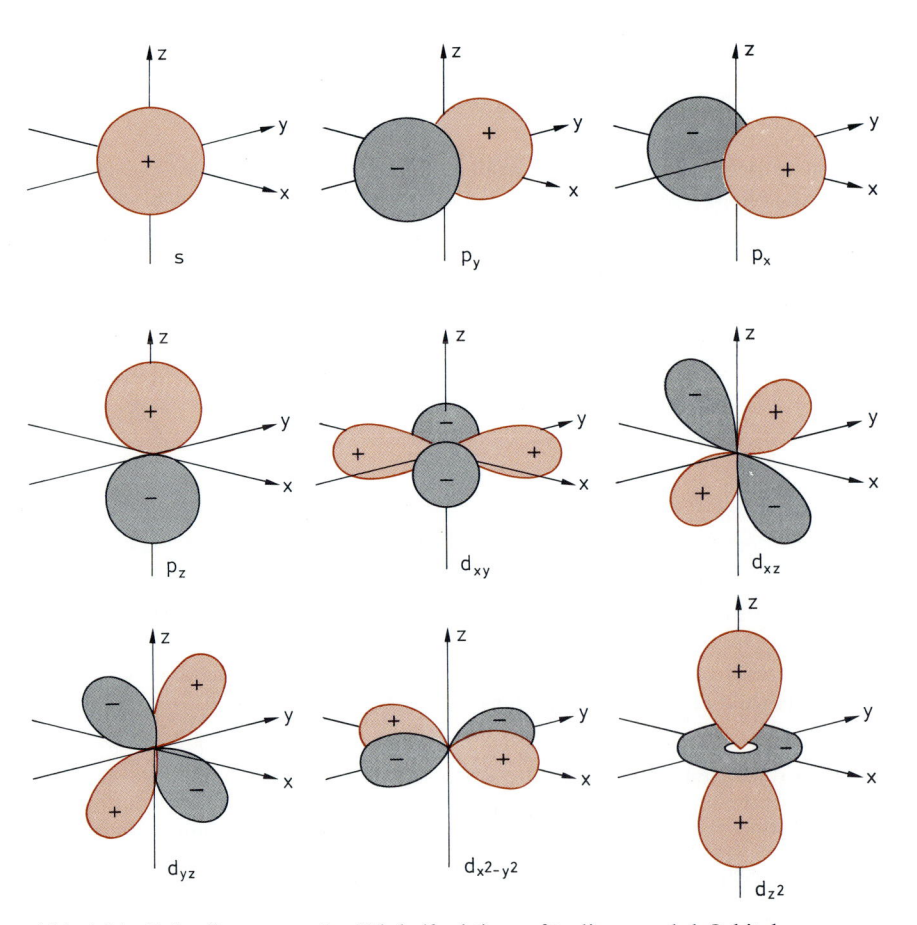

Abb. 1.34 Polardiagramme der Winkelfunktion χ für die p- und d-Orbitale.

1.4 Die Struktur der Elektronenhülle

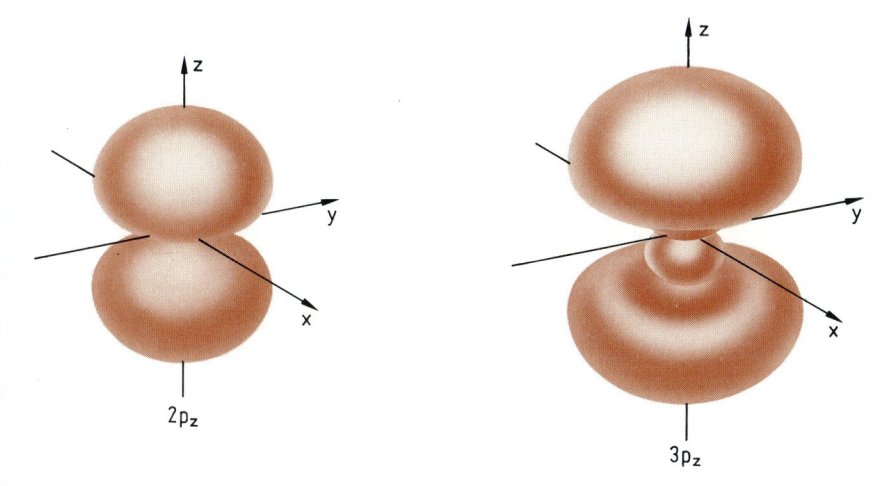

Abb. 1.35 Räumliche Darstellungen des $2p_z$- und des $3p_z$-Orbitals. Die Grenzflächen der Orbitale sind Flächen mit gleichen ψ^2-Werten. Innerhalb der Begrenzung beträgt die Aufenthaltswahrscheilichkeit des Elektrons 99%.

der dazugehörige Wert der Funktion χ ausgehend vom Koordinatenursprung aufgetragen. *χ hängt nicht von der Hauptquantenzahl n ab, daher sind die Polardiagramme für die p- und d-Orbitale aller Hauptquantenzahlen gültig.*

Die Darstellungen von χ oder χ^2 werden manchmal fälschlich als Orbitale bezeichnet. Bei diesen Darstellungen werden zwar die Richtungen maximaler Elektronendichte richtig wiedergegeben, aber die wahre Elektronendichteverteilung der Orbitale erhält man nur bei Berücksichtigung der gesamten Wellenfunktion $\psi = R \cdot \chi$, und genaugenommen kommt nur der Darstellung von ψ die Bezeichnung Orbital zu. Die Abb. 1.35 zeigt am Beispiel des $2p_z$- und des $3p_z$-Orbitals, daß sich diese beiden Orbitale sowohl hinsichtlich ihrer Ausdehnung als auch ihrer Gestalt unterscheiden. Hauptsächlich bestimmt zwar die Winkelfunktion die hantelförmige Gestalt und ist für die Ähnlichkeit aller p-Orbitale verantwortlich, aber die unterschiedlichen Radialfunktionen haben nicht nur eine unterschiedliche Ausdehnung des Orbitals zur Folge, sondern auch eine unterschiedliche „innere Gestalt". Für eine qualitative Diskussion von Bindungsproblemen ist dieser Unterschied aber unwichtig und es können die Orbitalbilder benutzt werden, die in der Abb. 1.28 wiedergegeben sind.

1.4.7 Aufbauprinzip und Elektronenkonfiguration von Mehrelektronen-Atomen

In diesem Kapitel soll der Aufbau der Elektronenhülle von Atomen mit mehreren Elektronen behandelt werden. *Wie beim Wasserstoffatom sind die Elektronenhüllen von Mehrelektronen-Atomen aus Schalen aufgebaut. Die Schalen bestehen aus der gleichen Anzahl von Atomorbitalen des gleichen Typs wie die des Wasserstoffatoms.* Die Atomorbitale von Mehrelektronen-Atomen gleichen zwar nicht völlig den Wasserstofforbitalen, aber *die Gestalt der Orbitale ist wasserstoffähnlich und die Richtungen der maximalen Elektronendichten stimmen überein.* So besitzen beispielsweise alle Atome pro Schale – mit Ausnahme der K-Schale – drei hantelförmige p-Orbitale, die entlang der x-, y- und z-Achse liegen. Die Bilder der Wasserstofforbitale werden daher auch zur Beschreibung der Elektronenstruktur anderer Atome benutzt.

Ein grundsätzlicher Unterschied zwischen dem Wasserstoffatom und den Mehrelektronen-Atomen besteht darin, daß die Energie der Orbitale im Wasserstoffatom nur von der Hauptquantenzahl n abhängt, während sie bei Atomen mit mehreren Elektronen außer von der Hauptquantenzahl n auch von der Nebenquantenzahl l beeinflußt wird.

Im Wasserstoffatom befinden sich alle Orbitale einer Schale, also alle AO mit der gleichen Hauptquantenzahl n, auf dem gleichen Energieniveau, sie sind entartet (Abb. 1.25). In Atomen mit mehreren Elektronen besitzen nicht mehr alle Orbitale einer Schale dieselbe Energie. Energiegleich sind nur noch die Orbitale gleichen Typs, also alle p-Orbitale, d-Orbitale, f-Orbitale (Abb. 1.36).

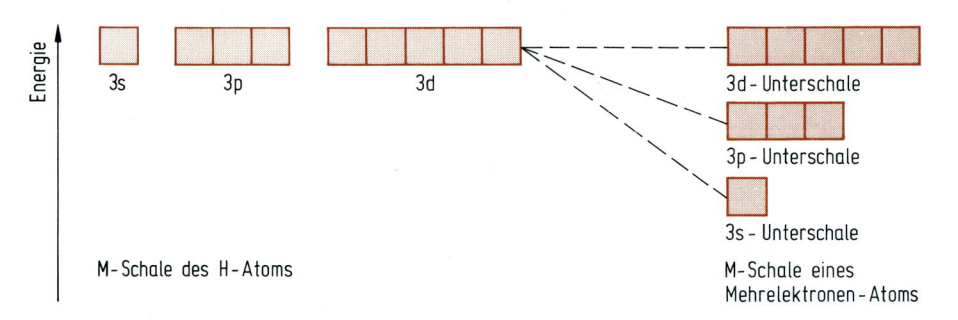

Abb. 1.36 Aufhebung der Entartung in Mehrelektronen-Atomen. Die relative Lage der Energieniveaus der Unterschalen in Abhängigkeit von der Ordnungszahl zeigt Abb. 1.38.

Man bezeichnet daher die energetisch äquivalenten Sätze der s-, p-, d-, f-Orbitale als *Unterschalen*

Für die Besetzung der wasserstoffähnlichen Atomorbitale mit Elektronen (Aufbauprinzip) sind die folgenden drei Prinzipien maßgebend.

Das Pauli-Prinzip. *Ein Atom darf keine Elektronen enthalten, die in allen vier Quantenzahlen übereinstimmen.* Dies bedeutet, daß jedes Orbital nur mit zwei Elektronen entgegengesetzten Spins besetzt werden kann.

1.4 Die Struktur der Elektronenhülle

Beispiel zum Pauli-Prinzip:

↑↓
1s

Nach dem Pauli-Prinzip kann das 1s-Orbital nur mit zwei Elektronen besetzt werden. Jedes Elektron ist durch einen Pfeil symbolisiert. Die Orbitalquantenzahlen sind für beide Elektronen identisch: $n = 1$, $l = 0$, $m_l = 0$. Die Elektronen unterscheiden sich aber in der Spinquantenzahl. Die Spinquantenzahlen $m_s = +\frac{1}{2}$ und $m_s = -\frac{1}{2}$ werden durch die entgegengesetzte Pfeilrichtung dargestellt.

↑↓↑
1s

Die Besetzung des 1s-Orbitals mit 3 Elektronen ist aufgrund des Pauli-Prinzips verboten. Die beiden Elektronen mit gleicher Pfeilrichtung stimmen in allen vier Quantenzahlen überein. Sie besitzen außer den gleichen Orbitalquantenzahlen $n = 1$, $l = 0$, $m_l = 0$ auch die gleiche Spinquantenzahl.

Die Anzahl der Elektronen, die unter Berücksichtigung des Pauli-Prinzips von den verschiedenen Schalen eines Atoms aufgenommen werden kann, ist in der Tabelle 1.7 angegeben. Sie stimmt mit der Zahl der Quantenzustände des Wasserstoffatoms überein (Tabelle 1.5).

Tabelle 1.7 Zahl der Elektronen, die von den Unterschalen und Schalen eines Atoms aufgenommen werden können

Schale	n	Unterschale	Zahl der Orbitale	Zahl der Elektronen Unterschale	Schale ($2n^2$)
K	1	1s	1	2	2
L	2	2s	1	2	8
		2p	3	6	
M	3	3s	1	2	18
		3p	3	6	
		3d	5	10	
N	4	4s	1	2	32
		4p	3	6	
		4d	5	10	
		4f	7	14	

Die Hundsche Regel. *Die Orbitale einer Unterschale werden so besetzt, daß die Zahl der Elektronen mit gleicher Spinrichtung maximal wird.*

Beispiel zur Hundschen Regel:

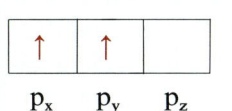

↑	↑	
p_x	p_y	p_z

Die Besetzung entspricht der Hundschen Regel. Die beiden Elektronen haben gleichen Spin. Sie müssen daher zwei verschiedene p-Orbitale besetzen.

↑↓		
p_x	p_y	p_z

Ein p-Orbital ist mit zwei Elektronen besetzt, die entgegengesetzten Spin haben. Diese Besetzung stimmt nicht mit der Hundschen Regel überein.

Im Grundzustand werden die wasserstoffähnlichen Orbitale der Atome in der Reihenfolge wachsender Energie mit Elektronen aufgefüllt.

Tabelle 1.8 zeigt den Aufbau der Elektronenhülle im Grundzustand für die ersten 36 Elemente.

Die Verteilung der Elektronen auf die Orbitale nennt man *Elektronenkonfiguration*.

Aus der Tabelle 1.8 ist ersichtlich, daß mit wachsender Ordnungszahl Z nicht einfach eine Schale nach der anderen mit Elektronen aufgefüllt wird. Ab der M-Schale überlappen die Energieniveaus verschiedener Schalen. Beim Element Kalium (Z = 19) wird das 19. Elektron nicht in das 3d-Niveau der M-Schale, sondern in die 4s-Unterschale der nächsthöheren N-Schale eingebaut. Noch bevor die Auffüllung der M-Schale abgeschlossen ist, wird bereits mit der Besetzung der folgenden N-Schale begonnen.

Die Reihenfolge, in der mit wachsender Ordnungszahl die Unterschalen der Atome mit Elektronen aufgefüllt werden, kann man sich mit Hilfe des in der Abb. 1.37 dargestellten Merkschemas leicht ableiten. Die Unterschalen werden in der Reihenfolge 1s, 2s, 2p, 3s, 3p, 4s, 3d, 4p, 5s usw. besetzt.

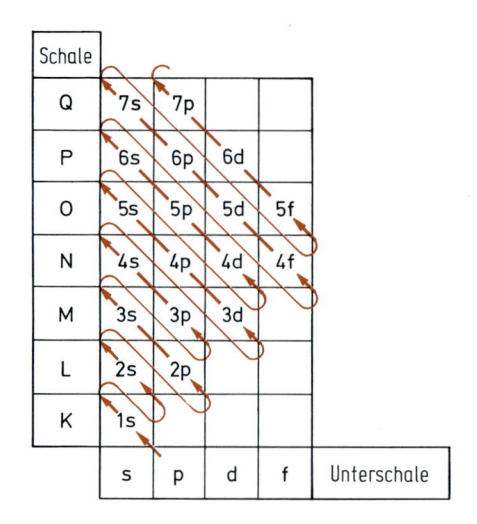

Schale				
Q	7s	7p		
P	6s	6p	6d	
O	5s	5p	5d	5f
N	4s	4p	4d	4f
M	3s	3p	3d	
L	2s	2p		
K	1s			
	s	p	d	f	Unterschale

Abb. 1.37 Merkschema zur Reihenfolge der Besetzung von Unterschalen.

Es gibt jedoch einige Unregelmäßigkeiten (vgl. Tab. 1.8 und Tab. 2, Anh. 2). Beispiele dafür sind die Elemente Chrom und Kupfer. Bei Cr ist die Konfiguration $3d^5 4s^1$ gegenüber der Konfiguration $3d^4 4s^2$ bevorzugt, bei Cu die Konfiguration $3d^{10} 4s^1$ gegenüber $3d^9 4s^2$. Eine halbgefüllte oder vollständig aufgefüllte

1.4 Die Struktur der Elektronenhülle

Tabelle 1.8 Elektronenkonfigurationen der ersten 36 Elemente

Z	Element	K 1s	L 2s	L 2p	M 3s	M 3p	M 3d	N 4s	N 4p	Symbol	Periode
1	H	↑								$1s^1$	1
2	He	↑↓								$1s^2$	1
3	Li	↑↓	↑							$[He]2s^1$	2
4	Be	↑↓	↑↓							$[He]2s^2$	2
5	B	↑↓	↑↓	↑						$[He]2s^22p^1$	2
6	C	↑↓	↑↓	↑ ↑						$[He]2s^22p^2$	2
7	N	↑↓	↑↓	↑ ↑ ↑						$[He]2s^22p^3$	2
8	O	↑↓	↑↓	↑↓ ↑ ↑						$[He]2s^22p^4$	2
9	F	↑↓	↑↓	↑↓ ↑↓ ↑						$[He]2s^22p^5$	2
10	Ne	↑↓	↑↓	↑↓ ↑↓ ↑↓						$[He]2s^22p^6$	2
11	Na	Neonkonfiguration [Ne]			↑					$[Ne]3s^1$	3
12	Mg	Neonkonfiguration [Ne]			↑↓					$[Ne]3s^2$	3
13	Al	Neonkonfiguration [Ne]			↑↓	↑				$[Ne]3s^23p^1$	3
14	Si	Neonkonfiguration [Ne]			↑↓	↑ ↑				$[Ne]3s^23p^2$	3
15	P	Neonkonfiguration [Ne]			↑↓	↑ ↑ ↑				$[Ne]3s^23p^3$	3
16	S	Neonkonfiguration [Ne]			↑↓	↑↓ ↑ ↑				$[Ne]3s^23p^4$	3
17	Cl	Neonkonfiguration [Ne]			↑↓	↑↓ ↑↓ ↑				$[Ne]3s^23p^5$	3
18	Ar	Neonkonfiguration [Ne]			↑↓	↑↓ ↑↓ ↑↓				$[Ne]3s^23p^6$	3
19	K	Argonkonfiguration [Ar]						↑		$[Ar]4s^1$	4
20	Ca	Argonkonfiguration [Ar]						↑↓		$[Ar]4s^2$	4
21	Sc	Argonkonfiguration [Ar]					↑	↑↓		$[Ar]4s^23d^1$	4
22	Ti	Argonkonfiguration [Ar]					↑ ↑	↑↓		$[Ar]4s^23d^2$	4
23	V	Argonkonfiguration [Ar]					↑ ↑ ↑	↑↓		$[Ar]4s^23d^3$	4
24	*Cr	Argonkonfiguration [Ar]					↑ ↑ ↑ ↑ ↑	↑		$[Ar]4s^13d^5$	4
25	Mn	Argonkonfiguration [Ar]					↑ ↑ ↑ ↑ ↑	↑↓		$[Ar]4s^23d^5$	4
26	Fe	Argonkonfiguration [Ar]					↑↓ ↑ ↑ ↑ ↑	↑↓		$[Ar]4s^23d^6$	4
27	Co	Argonkonfiguration [Ar]					↑↓ ↑↓ ↑ ↑ ↑	↑↓		$[Ar]4s^23d^7$	4
28	Ni	Argonkonfiguration [Ar]					↑↓ ↑↓ ↑↓ ↑ ↑	↑↓		$[Ar]4s^23d^8$	4
29	*Cu	Argonkonfiguration [Ar]					↑↓ ↑↓ ↑↓ ↑↓ ↑↓	↑		$[Ar]4s^13d^{10}$	4
30	Zn	Argonkonfiguration [Ar]					↑↓ ↑↓ ↑↓ ↑↓ ↑↓	↑↓		$[Ar]4s^23d^{10}$	4
31	Ga	Argonkonfiguration [Ar]					↑↓ ↑↓ ↑↓ ↑↓ ↑↓	↑↓	↑	$[Ar]4s^23d^{10}4p^1$	4
32	Ge	Argonkonfiguration [Ar]					↑↓ ↑↓ ↑↓ ↑↓ ↑↓	↑↓	↑ ↑	$[Ar]4s^23d^{10}4p^2$	4
33	As	Argonkonfiguration [Ar]					↑↓ ↑↓ ↑↓ ↑↓ ↑↓	↑↓	↑ ↑ ↑	$[Ar]4s^23d^{10}4p^3$	4
34	Se	Argonkonfiguration [Ar]					↑↓ ↑↓ ↑↓ ↑↓ ↑↓	↑↓	↑↓ ↑ ↑	$[Ar]4s^23d^{10}4p^4$	4
35	Br	Argonkonfiguration [Ar]					↑↓ ↑↓ ↑↓ ↑↓ ↑↓	↑↓	↑↓ ↑↓ ↑	$[Ar]4s^23d^{10}4p^5$	4
36	Kr	Argonkonfiguration [Ar]					↑↓ ↑↓ ↑↓ ↑↓ ↑↓	↑↓	↑↓ ↑↓ ↑↓	$[Ar]4s^23d^{10}4p^6$	4

Ein Kästchen symbolisiert ein Orbital, ein Pfeil ein Elektron, die Pfeilrichtung die Spinrichtung des Elektrons. Zur Vereinfachung der Schreibweise werden für abgeschlossene Edelgaskonfigurationen wie $1s^22s^22p^6$ oder $1s^22s^22p^63s^23p^6$ die Symbole [Ne] bzw. [Ar] verwendet. Unregelmäßige Elektronen-Konfigurationen sind mit einem Stern markiert.

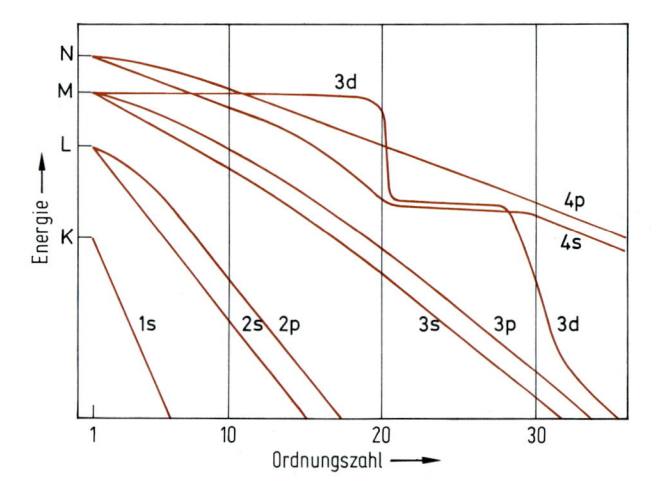

Abb. 1.38 Änderung der Energie der Unterschalen mit wachsender Ordnungszahl.

d-Unterschale ist energetisch besonders günstig. Obwohl das 4f-Niveau vor dem 5d-Niveau besetzt werden sollte, besitzt das Element Lanthan kein 4f-Elektron, sondern ein 5d-Elektron. Erst bei den folgenden Elementen wird die 4f-Unterschale aufgefüllt. Aufgrund der sehr ähnlichen Energien der 5f- und der 6d-Unterschale ist auch beim Element Actinium und einigen Actinoiden die Besetzung unregelmäßig.

Die Elektronenkonfigurationen der bis jetzt bekannten Elemente sind in der Tabelle 2 des Anhangs 2 angegeben.

Das Merkschema der Abb. 1.37 gilt jedoch nur für das letzte eingebaute Elektron jedes Elements. Die Lage der Energieniveaus ist nicht unabhängig von der Ordnungszahl Z, sie ändert sich mit Z, wie in der Abb. 1.38 schematisch dargestellt ist.

1.4.8 Das Periodensystem (PSE)

Bei der Auffüllung der Atomorbitale mit Elektronen kommt es zu periodischen Wiederholungen gleicher Elektronenanordnungen auf der jeweils äußersten Schale (vgl. Tabelle 1.8 u. Tabelle 2 im Anhang 2). *Elemente, deren Atome analoge Elektronenkonfigurationen besitzen, haben ähnliche Eigenschaften und können zu Gruppen zusammengefaßt werden.*

Beispiele:

Edelgase

He	$1s^2$	Kr	$[Ar]3d^{10}\,4s^2\,4p^6$
Ne	$[He]2s^2\,2p^6$	Xe	$[Kr]4d^{10}\,5s^2\,5p^6$
Ar	$[Ne]3s^2\,3p^6$		

1.4 Die Struktur der Elektronenhülle

Die Elemente Helium, Neon, Argon, Krypton und Xenon gehören zur Gruppe der Edelgase. Mit Ausnahme von Helium haben die Edelgasatome auf der äußersten Schale die Elektronenkonfiguration s^2p^6, d. h. alle s- und p-Orbitale sind vollständig besetzt. Solche abgeschlossenen Elektronenkonfigurationen sind energetisch besonders stabil (vgl. Abb. 1.40). Die Edelgase sind daher äußerst reaktionsträge Elemente.

Alkalimetalle

Li   [He]$2s^1$
Na   [Ne]$3s^1$
K   [Ar]$4s^1$
Rb   [Kr]$5s^1$
Cs   [Xe]$6s^1$

Die Elemente Lithium, Natrium, Kalium, Rubidium und Caesium gehören zur Gruppe der Alkalimetalle. Die Alkalimetallatome haben auf der äußersten Schale die Elektronenkonfiguration s^1. Dieses Elektron kann leicht abgegeben werden. Dabei bilden sich einfach positiv geladene Ionen wie Na^+. Alkalimetalle sind sehr reaktionsfähige, weiche Leichtmetalle mit niedrigem Schmelzpunkt.

Halogene

F   [He]$2s^2\,2p^5$
Cl   [Ne]$3s^2\,3p^5$
Br   [Ar]$3d^{10}\,4s^2\,4p^5$
I   [Kr]$4d^{10}\,5s^2\,5p^5$

Die Elemente Fluor, Chlor, Brom und Iod gehören zur Gruppe der Halogene (Salzbildner) mit der gemeinsamen Konfiguration s^2p^5 auf der äußersten Schale. Die Halogene sind typische Nichtmetalle und sehr reaktionsfähige Elemente. Sie bilden mit Metallen Salze. Dabei nehmen sie ein Elektron auf, es entstehen einfach negativ geladene Ionen wie z. B. Cl^-.

Die periodische Wiederholung analoger Elektronenkonfigurationen führt zum periodischen Auftreten ähnlicher Elemente. Sie ist die Ursache der Systematik der Elemente, die als Periodensystem der Elemente (abgekürzt PSE) bezeichnet wird.

Die Versuche, eine Systematik der Elemente zu finden und die Zahl möglicher Elemente theoretisch zu begründen, führten schon 1829 Döbereiner zur Aufstellung der Triaden. Triaden sind Dreiergruppen von Elementen mit ähnlichen Eigenschaften und gleicher Zunahme ihrer Atommassen (Cl, Br, I; Ca, Sr, Ba). Obwohl nur etwa 60 Elemente bekannt waren und noch keine Kenntnisse über den Atomaufbau vorlagen, stellten bereits 1869 unabhängig voneinander Meyer und Mendelejew das Periodensystem der Elemente auf. Sie ordneten die Elemente nach steigender Atommasse und fanden aufgrund des Vergleichs der chemischen

Eigenschaften, daß periodisch Elemente mit ähnlichen chemischen Eigenschaften auftreten. Durch Untereinanderstellen dieser Elemente erhielten sie das Periodensystem.

Eine jetzt gebräuchliche Form des Periodensystems zeigt Abb. 1.39. Aufgrund der Kenntnis des Atombaus wissen wir heute, daß die Reihenfolge der Elemente durch die Ordnungszahl Z (= Protonenzahl = Elektronenzahl) bestimmt wird. Die nach den Atommassen geordneten Elemente ergaben im wesentlichen dieselbe Reihenfolge, in einigen Fällen (Ar, K; Co, Ni; Te, I) mußte jedoch die Reihenfolge vertauscht werden.

	Hauptgruppen		Nebengruppen										Hauptgruppen					
	1	2	3	4	5	6	7	8	9	10	11	12	13	14	15	16	17	18
	Ia	IIa	IIIb	IVb	Vb	VIb	VIIb		VIIIb		Ib	IIb	IIIa	IVa	Va	VIa	VIIa	VIIIa
	s^1	s^2	d^1	d^2	d^3	d^4	d^5	d^6	d^7	d^8	d^9	d^{10}	p^1	p^2	p^3	p^4	p^5	p^6
1 1s	1 H																	2 He
2 2s 2p	3 Li	4 Be											5 B	6 C	7 N	8 O	9 F	10 Ne
3 3s 3p	11 Na	12 Mg											13 Al	14 Si	15 P	16 S	17 Cl	18 Ar
4 4s 3d 4p	19 K	20 Ca	21 Sc	22 Ti	23 V	*24 Cr	25 Mn	26 Fe	27 Co	28 Ni	*29 Cu	30 Zn	31 Ga	32 Ge	33 As	34 Se	35 Br	36 Kr
5 5s 4d 5p	37 Rb	38 Sr	39 Y	40 Zr	*41 Nb	*42 Mo	*43 Tc	*44 Ru	*45 Rh	*46 Pd	*47 Ag	48 Cd	49 In	50 Sn	51 Sb	52 Te	53 I	54 Xe
6 6s 4f 5d 6p	55 Cs	56 Ba	*57 La	72 Hf	73 Ta	74 W	75 Re	76 Os	77 Ir	*78 Pt	*79 Au	80 Hg	81 Tl	82 Pb	83 Bi	84 Po	85 At	86 Rn
7 7s 5f 6d	87 Fr	88 Ra	*89 Ac	104 Unq	105 Unp	106 Unh	107 Uns	108 Uno	109 Une									

Lanthanoide (4f-Elemente)	58 Ce	59 Pr	60 Nd	61 Pm	62 Sm	63 Eu	*64 Gd	65 Tb	66 Dy	67 Ho	68 Er	69 Tm	70 Yb	71 Lu
Actinoide (5f-Elemente)	*90 Th	*91 Pa	*92 U	*93 Np	94 Pu	95 Am	*96 Cm	97 Bk	98 Cf	99 Es	100 Fm	101 Md	102 No	103 Lr

Abb. 1.39 Periodensystem der Elemente. Bei jeder Periode ist angegeben, welche Orbitale aufgefüllt werden. Bei jeder Gruppe ist die Bezeichnung für das jeweils letzte Elektron, das beim Aufbau der Elektronenschale hinzukommt, angegeben. Die Elektronenkonfiguration eines Elements kann sofort abgelesen werden. Elektronenkonfigurationen, die nicht mit der in Abb. 1.37 angegebenen Reihenfolge der Besetzung von Unterschalen übereinstimmen, sind mit einem Stern markiert. Nichtmetalle sind durch rote Kästchen gekennzeichnet, Metalle durch weiße Kästchen. Rosa Kästchen kennzeichnen Elemente, deren Eigenschaften zwischen Metallen und Nichtmetallen liegen. Wasserstoff gehört nur hinsichtlich der Konfiguration s^1 zur Gruppe Ia, den chemischen Eigenschaften nach gehört er keiner Gruppe an. Helium gehört zur Gruppe der Edelgase, da es als einziges s^2-Element eine abgeschlossene Schale besitzt.
Für die Elemente 107, 108 und 109 wurden die Namen und Symbole Nielsbohrium Ns, Hassium Hs und Meitnerium Mt vorgeschlagen, müssen aber noch von der IUPAC bestätigt werden.

1.4 Die Struktur der Elektronenhülle

Im Periodensystem untereinander stehende Elemente werden *Gruppen* genannt. In einer Gruppe stehen Elemente mit ähnlichen chemischen Eigenschaften.

Die Gruppen Ia – VIIIa werden *Hauptgruppen* genannt. Die Atome der Elemente einer Hauptgruppe haben auf der äußersten Schale dieselbe Elektronenkonfiguration. Von der Hauptgruppe Ia bis VIIIa ändert sie sich von s^1 auf s^2p^6. Die d- und f-Orbitale der Hauptgruppenelemente sind leer oder vollständig besetzt.

Die für das chemische Verhalten verantwortlichen Elektronen der äußersten Schale bezeichnet man als *Valenzelektronen,* ihre Konfiguration als *Valenzelektronenkonfiguration.*

Die Gruppennummer der Hauptgruppenelemente gibt die Zahl ihrer Valenzelektronen an. Die chemische Ähnlichkeit der Elemente einer Gruppe ist eine Folge ihrer identischen Valenzelektronenkonfiguration.

Einige Hauptgruppen haben Gruppennamen: Ia Alkalimetalle, IIa Erdalkalimetalle, VIa Chalkogene (Erzbildner) VIIa Halogene (Salzbildner) VIIIa Edelgase.

Die Gruppen Ib – VIIIb werden *Nebengruppen* genannt. *Bei ihnen erfolgt die Auffüllung der d-Unterschalen.* Da die Nebengruppenelemente auf der äußersten Schale ein besetztes s-Orbital besitzen, wird bei der Auffüllung der d-Unterschalen die zweitäußerste Schale aufgefüllt. Die Gruppen IIIb – IIb (vgl. PSE) haben daher die Elektronenkonfigurationen s^2d^1 bis s^2d^{10}, wobei zu beachten ist, daß die s-Elektronen eine um eins höhere Hauptquantenzahl haben als die d-Elektronen. Die Besetzung der d-Orbitale erfolgt nicht ganz regelmäßig (vgl. Tab. 2 im Anhang 2). Die Nebengruppenelemente werden auch als *Übergangselemente* bezeichnet und zwar je nachdem, welche d-Unterschale aufgefüllt wird, als 3d-, 4d- bzw. 5d-Übergangselemente.

Die Reihenfolge der Nebengruppennummern bringt zum Ausdruck, daß bei einigen Gruppen Ähnlichkeiten zwischen den Hauptgruppenelementen und den Nebengruppenelementen gleicher Gruppennummer vorhanden sind.

Bei den Nebengruppenelementen können außer den s-Elektronen auch die d-Elektronen als Valenzelektronen wirksam werden. Die Elemente der Gruppen IIIb (zwei s-Elektronen + ein d-Elektron) und IVb (zwei s- und zwei d-Elektronen) besitzen daher die gleiche Zahl an Valenzelektronen wie die Elemente der Hauptgruppen IIIa bzw. IVa. Bei den Elementen der Gruppen Ib und IIb ist die d-Unterschale vollständig aufgefüllt. Sie haben wie die Elemente der Gruppen Ia und IIa ein s-Elektron bzw. zwei s-Elektronen auf der äußersten Schale und bilden daher wie diese einfach bzw. zweifach positiv geladene Ionen.

Eine andere Numerierung empfiehlt die IUPAC (International Union of Pure and Applied Chemistry). Danach werden die Gruppen mit den Ziffern 1 (Alkalimetalle) bis 18 (Edelgase) bezeichnet.

Die im PSE nebeneinander stehenden Elemente bilden die *Perioden*. Die Zahl der Elemente der ersten sechs Perioden beträgt 2, 8, 8, 18, 18, 32. Sie ist nicht identisch mit der maximalen Aufnahmefähigkeit der Schalen, die ja $2n^2$ beträgt. Bei den Elementen der 1. Periode H und He wird das 1s-Orbital der K-Schale besetzt, bei den acht Elementen der 2. Periode Li, Be, B, C, N, O, F, Ne das 2s-Orbital und die 2p-Orbitale der L-Schale. Innerhalb einer Periode ändern sich die Eigenschaften, am Anfang und am Ende der Periode stehen daher Elemente mit ganz verschiedenen Eigenschaften. Lithium und Beryllium sind typische Metalle und bei Normaltemperatur Feststoffe. Sauerstoff und Fluor sind typische Nichtmetalle, die bei Normaltemperatur gasförmig sind. Neon ist ein Edelgas, das sich mit keinem chemischen Element verbindet. Bei den folgenden acht Elementen der 3. Periode Na, Mg, Al, Si, P, S, Cl, Ar werden das 3s-Orbital und die 3p-Orbitale der M-Schale besetzt. Nach dem Element Neon erfolgt eine sprunghafte Eigenschaftsänderung und eine periodische Wiederholung der Eigenschaften der 2. Periode. Die ersten Elemente der 3. Periode Natrium, Magnesium und Aluminium sind wieder typische Metalle, am Ende der Periode stehen die Nichtmetalle Schwefel, Chlor und das Edelgas Argon. Vor der Besetzung der 3d-Unterschale wird bei den Elementen Kalium und Calcium das 4s-Orbital der N-Schale besetzt, erst dann erfolgt bei den 10 Elementen Scandium bis Zink die Auffüllung der 3d-Niveaus. Nach der Auffüllung der 3d-Unterschale werden bei den Elementen Gallium bis Krypton die 4p-Orbitale besetzt. Die 3. Periode enthält daher nur 8 Elemente, die vierte Periode 18 Elemente. Die 5. Periode enthält ebenfalls 18 Elemente, bei denen nacheinander die Unterschalen 5s, 4d und 5p besetzt werden. In der 6. Periode wird bei den Elementen Caesium und Barium das 6s-Orbital besetzt. Beim Element Lanthan wird zunächst ein Elektron in die 5d-Unterschale eingebaut. La hat die Elektronenkonfiguration $[Xe]5d^1 6s^2$. Bei den auf das Lanthan folgenden 14 Elementen wird die 4f-Unterschale aufgefüllt. Bei diesen als *Lanthanoide* bezeichneten Elementen erfolgt also die vollständige Auffüllung der N-Schale. Erst dann werden die 5d- und die 6p-Unterschale weiter aufgefüllt. Die 6. Periode enthält daher 32 Elemente. Die Lanthanoide zeigen untereinander eine große chemische Ähnlichkeit, da sie sich nur im Aufbau der drittäußersten Schale unterscheiden. Die Auffüllung der 5f-Unterschale erfolgt bei den 14 Elementen, die auf das Element Actinium folgen. Die 14 *Actinoide* sind radioaktive, überwiegend künstlich hergestellte Elemente.

Links im Periodensystem stehen Metalle, rechts Nichtmetalle. Der metallische Charakter wächst innerhalb einer Hauptgruppe mit wachsender Ordnungszahl.

Die typischsten Metalle stehen daher *im PSE links unten (Rb, Cs, Ba), die typischsten Nichtmetalle rechts oben (F, O, Cl).* Alle Nebengruppenelemente, die Lanthanoide und Actionide sind Metalle.

Im PSE wird die Vielzahl der Elemente übersichtlich geordnet. Man braucht die Eigenschaften der Elemente nicht einzeln zu erlernen, sondern man kann viele

1.4 Die Struktur der Elektronenhülle

Tabelle 1.9   Vergleich der vorausgesagten und beobachteten Eigenschaften von Germanium und einigen Germaniumverbindungen

Mendelejews Voraussage	Nach der Entdeckung des Elements durch Winkler (1886) beobachtete Eigenschaften
Atommasse ungefähr 72 u Dunkelgraues Metall mit hohem Schmelzpunkt; Dichte 5,5 g/cm^3; spezifische Wärmekapazität 0,306 J/K Beim Erhitzen an der Luft entsteht XO$_2$ XO$_2$ ist schwerflüchtig; Dichte 4,7 g/cm^3 Das Chlorid XCl$_4$ ist eine leichtflüchtige Flüssigkeit (Siedepunkt wenig unter 100 °C); Dichte 1,9 g/cm^3	Atommasse 72,6 u Weißlich graues Metall, Schmelzpunkt 958 °C; Dichte 5,36 g/cm^3; spezifische Wärmekapazität 0,318 J/K Beim Erhitzen an der Luft entsteht GeO$_2$ Schmelzpunkt von GeO$_2$ 1100 °C; Dichte 4,7 g/cm^3 GeCl$_4$ ist flüssig (Siedepunkt 83 °C); Dichte 1,88 g/cm^3

wichtige Eigenschaften eines Elements aus seiner Stellung im Periodensystem ableiten. Wie genau dies möglich ist, zeigt die Voraussage der Eigenschaften des Elements Germanium durch Mendelejew. Sie wurde nach der Entdeckung dieses Elements durch Winkler glänzend bestätigt (Tabelle 1.9).

Natürlich zeigt sich erst bei einer detaillierten Besprechung der Elemente in vollem Umfang, wie nützlich und unentbehrlich das PSE für das Verständnis der chemischen Eigenschaften der Elemente und ihrer Verbindungen ist. Wir werden dies im Kap. 4 sehen.

1.4.9   Ionisierungsenergie, Elektronenaffinität, Röntgenspektren

Die meisten Eigenschaften der Elemente hängen von den äußeren Elektronen ab. Sie ändern sich daher mit zunehmender Ordnungszahl periodisch. Zwei wichtige Beispiele dafür sind die Ionisierungsenergie und die Elektronenaffinität.

Eigenschaften, die von den inneren Elektronen abhängen, ändern sich nicht periodisch mit der Ordnungszahl. Als Beispiel werden die Röntgenspektren besprochen.

Ionisierungsenergie. *Die Ionisierungsenergie I (auch Ionisierungspotential genannt) eines Atoms ist die Mindestenergie, die benötigt wird, um ein Elektron vollständig aus dem Atom zu entfernen.* Dabei entsteht aus dem Atom ein einfach positiv geladenes Ion.

$$\text{Atom} + \text{Ionisierungsenergie} \rightarrow \text{einfach positiv geladenes Ion} + \text{Elektron}$$
$$X + I \rightarrow X^+ + e^-$$

Die Ionisierungsenergie ist ein Maß für die Festigkeit, mit der das Elektron im Atom gebunden ist.

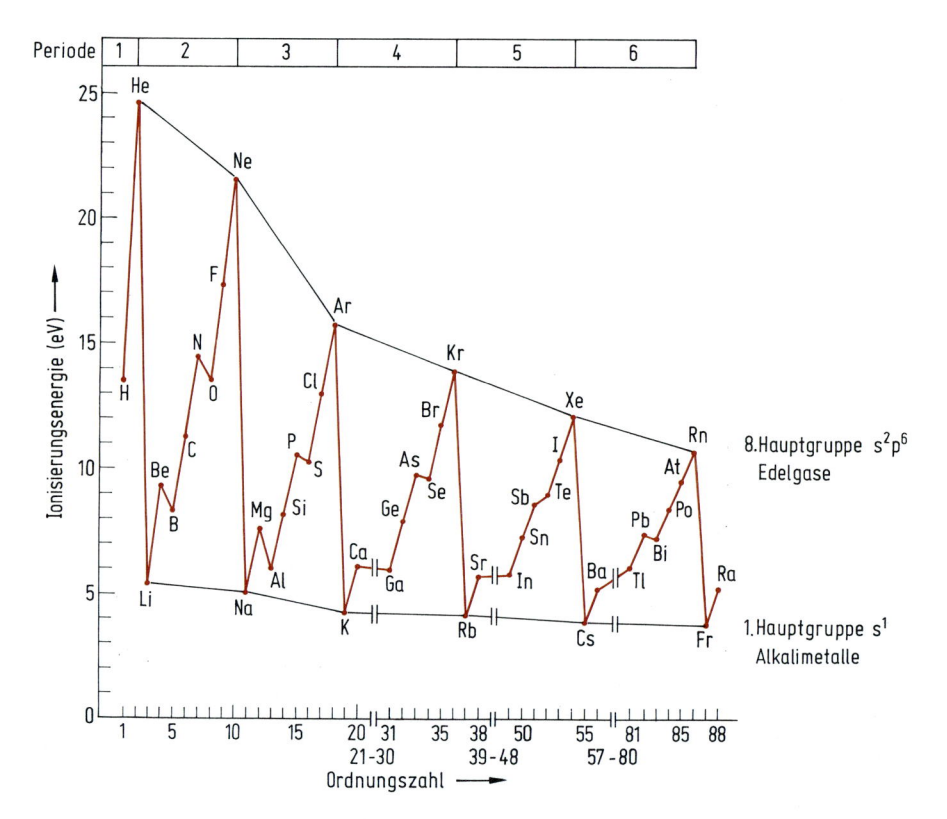

Abb. 1.40 Ionisierungsenergie der Hauptgruppenelemente. Die Ionisierungsenergie spiegelt direkt den Aufbau der Elektronenhülle in Schalen und Unterschalen wider. Die Stabilität voll besetzter (s^2, s^2p^6) und halbbesetzter (s^2p^3) Unterschalen ist an den Ionisierungsenergien abzulesen. In jeder Periode sind bei den Edelgasen mit der Konfiguration s^2p^6 Maxima vorhanden. Bei Alkalimetallen mit der Konfiguration s^1, bei denen mit dem Aufbau einer neuen Schale begonnen wird, treten Minima auf.

In der Abb. 1.40 ist die Änderung der Ionisierungsenergie mit wachsender Ordnungszahl für die Hauptgruppenelemente dargestellt.

Innerhalb einer Periode nimmt I stark zu, da aufgrund der zunehmenden Kernladung die Elektronen einer Schale stärker gebunden werden. Bei den Edelgasen mit den abgeschlossenen Elektronenkonfigurationen s^2p^6 hat I jeweils ein Maximum. Bei den auf die Edelgase folgenden Alkalimetallen sinkt I drastisch, da mit dem Aufbau einer neuen Schale begonnen wird. Die Alkalimetalle mit der Konfiguration s^1 weisen daher Minima auf.

Innerhalb einer Gruppe nimmt I mit zunehmender Ordnungszahl ab, da auf jeder neu hinzukommenden Schale die Elektronen schwächer gebunden sind.

Innerhalb einer Periode erfolgt der Anstieg von I unregelmäßig, da Atome mit gefüllten oder halbgefüllten Unterschalen eine erhöhte Stabilität besitzen.

1.4 Die Struktur der Elektronenhülle

Beispiele:
Berylliumatome haben eine höhere Ionisierungsenergie als Boratome.

	2s	2p			
Be	↑↓				abgeschlossene 2s-Unterschale
B	↑↓	↑			

Stickstoffatome haben eine höhere Ionisierungsenergie als Sauerstoffatome

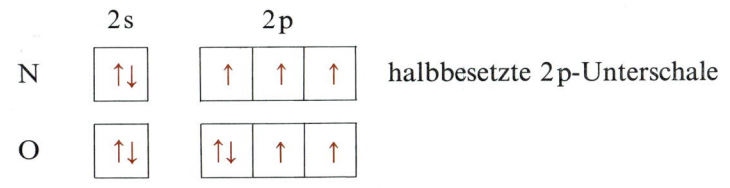

	2s	2p			
N	↑↓	↑	↑	↑	halbbesetzte 2p-Unterschale
O	↑↓	↑↓	↑	↑	

Die Ionisierungsenergien spiegeln die Strukturierung der Elektronenhülle in Schalen und Unterschalen und auch die erhöhte Stabilität halbbesetzter Unterschalen unmittelbar wider.

Bei Atomen mit mehreren Elektronen sind weitere Ionisierungen möglich. Man nennt die Energie, die erforderlich ist, das erste Elektron abzuspalten 1. Ionisierungsenergie I_1, die Energie, die aufgewendet werden muß, das zweite Elektron

Tabelle 1.10   Ionisierungsenergien I der ersten 13 Elemente in eV

Z	Element	I_1	I_2	I_3	I_4	I_5	I_6	I_7	I_8	I_9	I_{10}
1	H	13,6									
2	He	24,5	54,4								
3	Li	5,4	75,6	122,4							
4	Be	9,3	18,2	153,9	217,7						
5	B	8,3	25,1	37,9	259,3	340,1					
6	C	11,3	24,4	47,9	64,5	392,0	489,8				
7	N	14,5	29,6	47,4	77,5	97,9	551,9	666,8			
8	O	13,6	35,1	54,9	77,4	113,9	138,1	739,1	871,1		
9	F	17,4	35,0	62,6	87,1	114,2	157,1	185,1	953,6	1100,0	
10	Ne	21,6	41,1	63,5	97,0	126,3	157,9	207,0	238,0	1190,0	1350,0
11	Na	5,1	47,3	71,6	98,9	138,4	172,1	208,4	264,1	299,9	1460,0
12	Mg	7,6	15,0	80,1	109,3	141,2	186,5	224,9	266,0	328,2	367,0
13	Al	6,0	18,8	28,4	120,0	153,8	190,4	241,4	284,5	331,6	399,2

Bei jedem Element erfolgt rechts von der Treppenkurve eine sprunghafte Erhöhung von I. Diese Ionisierungsenergien geben die Abspaltung eines Elektrons aus einer Edelgaskonfiguration an. (z. B. $Mg^{2+} \rightarrow Mg^{3+} + e^-$). Rot gedruckte I-Werte sind Ionisierungsenergien des jeweils letzten Elektrons eines Atoms. Diese Werte zeigen keine Periodizität mehr, sie sind proportional Z^2 ($I_2 He = 4 I_1 H$; $I_{10} Ne = 100 I_1 H$).

abzuspalten 2. Ionisierungsenergie I_2 usw. In der Tabelle 1.10 sind Werte der Ionisierungsenergien für die ersten 13 Elemente angegeben. Auch bei den positiven Ionen zeigt sich die außerordentlich große Stabilität von edelgasartigen Ionen mit der Konfiguration s^2p^6. Na-Atome sind leicht zu Na^+-Ionen zu ionisieren ($Na \rightarrow Na^+ + e$, $I_1 = 5{,}1$ eV). Bei der Entfernung des zweiten Elektrons aus der Elektronenhülle mit Neonkonfiguration ($Na^+ \rightarrow Na^{2+} + e$, $I_2 = 47{,}3$ eV) steigt die Ionisierungsenergie sprunghaft an. Ganz entsprechend erfolgt bei Mg-Atomen ein sprunghafter Anstieg bei der 3. Ionisierungsenergie und bei Al-Atomen bei der 4. Ionisierungsenergie.

Elektronenaffinität. *Die Elektronenaffinität E_{ea} eines Atoms ist die Energie, die frei wird (negative E_{ea}-Werte) oder benötigt wird (positive E_{ea}-Werte), wenn an ein Atom ein Elektron unter Bildung eines negativ geladenen Ions angelagert wird.*

Atom + Elektron → einfach negativ geladenes Ion + Elektronenaffinität

$$Y + e^- \rightarrow Y^- + E_{ea}$$

Da es schwierig ist, E_{ea}-Werte experimentell zu bestimmen, sind nicht von allen Atomen Werte bekannt, und ihre Zuverlässigkeit und Genauigkeit sind sehr unterschiedlich. In der Tabelle 1.11 sind die bekannten Werte für die Hauptgruppenelemente zusammengestellt. Bei den im PSE rechts stehenden Nichtmetallen ist die Tendenz, ein negatives Ion zu bilden, größer als bei den links stehenden

Tabelle 1.11 Elektronenaffinitäten E_{ea} einiger Elemente in eV

H −0,75							He >0
Li −0,62	Be >0	B −0,28	C −1,26	N +0,07	O −1,46 (+8,1)	F −3,40	Ne >0
Na −0,55	Mg >0	Al −0,44	Si −1,38	P −0,75	S −2,08 (+6,1)	Cl −3,62	Ar >0
K −0,50	Ca >0	Ga −0,3	Ge −1,2	As −0,81	Se −2,02	Br −3,36	Kr >0
Rb −0,49	Sr >0	In −0,3	Sn −1,2	Sb −1,07	Te −1,97	I −3,06	Xe >0
Cs −0,47	Ba >0	Tl −0,2	Pb −0,36	Bi −0,95			

Negative Zahlenwerte bedeuten, daß bei der Reaktion $Y + e^- \rightarrow Y^-$ Energie abgegeben wird. Es muß jedoch darauf hingewiesen werden, daß die Vorzeichengebung nicht einheitlich erfolgt. Eingeklammerte Zahlenwerte sind die Elektronenaffinitäten der Reaktion $Y^- + e^- \rightarrow Y^{2-}$. Zur Anlagerung eines zweiten Elektrons ist immer Energie erforderlich.

1.4 Die Struktur der Elektronenhülle

Elementen. Die größten E_{ea}-Werte haben die Halogene, bei denen durch die Aufnahme eines Elektrons gerade eine stabile Edelgaskonfiguration entsteht.

Auch in den E_{ea}-Werten kommt die Struktur der Elektronenhülle mit stabilen Konfigurationen zum Ausdruck. Die Werte der Tabelle 1.11 zeigen, daß bei den Elementen der 4. und 7. Hauptgruppe Minima der E_{ea}-Werte auftreten. Die Elektronenanlagerung ist also dann begünstigt, wenn dadurch die Konfigurationen s^2p^3 (halbbesetzte Unterschale) und s^2p^6 (Edelgaskonfiguration) entstehen.

Röntgenspektren. Treffen Elektronen sehr hoher Energie (Kathodenstrahlen) auf eine Metallplatte, so erzeugen sie Röntgenstrahlen. Röntgenstrahlen sind elektromagnetische Wellen sehr kurzer Wellenlänge ($10^{-12} - 10^{-9}$ m) (Abb. 1.17). Wenn man die Röntgenstrahlung spektral zerlegt, erhält man ein Linienspektrum, das im Gegensatz zu den Spektren des sichtbaren Bereichs aus nur wenigen Linien besteht.

Die Entstehung des Röntgenspektrums zeigt Abb. 1.41. Die energiereichen Kathodenstrahlen schleudern aus inneren Schalen der beschossenen Atome Elektronen heraus. In die entstandenen Lücken springen Elektronen aus weiter außen liegenden Schalen unter Abgabe von Photonen. Da die inneren Elektronen sehr fest gebunden sind, ist bei den Elektronenübergängen die frei werdende Energie groß, und nach der Planckschen Beziehung $E = hc\dfrac{1}{\lambda}$ besitzt die emittierte Strahlung daher eine kleinere Wellenlänge.

Moseley erkannte bereits 1913, daß die reziproke Wellenlänge der K_α-Röntgenlinie aller Elemente dem Quadrat der um eins verminderten Kernladungszahl Z proportional ist.

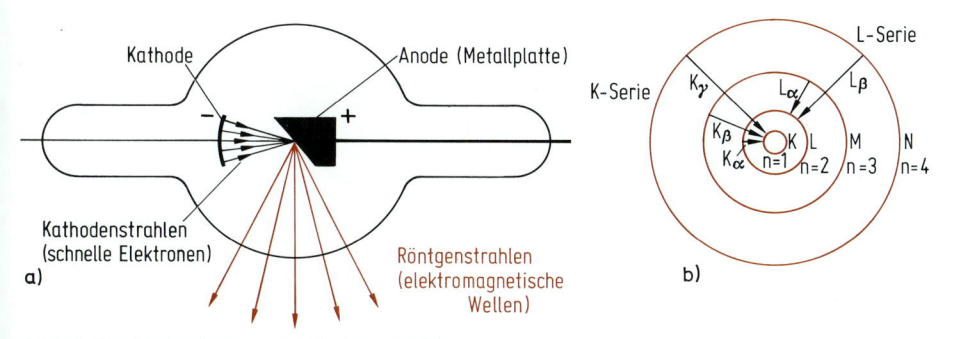

Abb. 1.41 Entstehung von Röntgenstrahlen.
a) Wenn schnelle Elektronen (Kathodenstrahlen) auf eine Metallplatte treffen, so erzeugen sie Röntgenstrahlen. Die Röntgenstrahlung besteht aus Linien, deren Wellenlängen für das Metall, aus der die Anode besteht, charakteristisch sind.
b) Die Kathodenstrahlen schleudern aus den inneren Schalen der Metallanode Elektronen heraus. In die Lücken springen Elektronen der äußeren Schalen unter Abgabe von Photonen. Es entsteht eine Serie von Linien. Die intensivste Linie ist die K_α-Linie.

$$\frac{1}{\lambda} = \frac{3}{4} R_\infty (Z-1)^2$$

R_∞ ist die schon behandelte Rydberg-Konstante (vgl. Abschn. 1.4.2). Aus den Röntgenspektren der Elemente können daher ihre Ordnungszahlen bestimmt werden.

Im Moseley-Gesetz kommt zum Ausdruck, daß sich im Gegensatz zu den äußeren Elektronen die Energie der inneren Elektronen nicht periodisch mit Z ändert. Die Ionisierungsenergien der Tabelle 1.10 zeigen, daß die Energie des innersten Elektrons sich proportional mit Z^2 ändert.

2 Die chemische Bindung

Die Bindungskräfte, die zur Bildung chemischer Verbindungen führen, sind unterschiedlicher Natur.

Es werden daher verschiedene *Grenztypen der chemischen Bindung* unterschieden. Dies sind

die Ionenbindung,
die Atombindung,
die metallische Bindung,
die van der Waals-Bindung.

Wir werden aber sehen, daß zwischen diesen Idealtypen fließende Übergänge existieren.

Aus didaktischen Gründen wird die metallische Bindung erst im Kapitel Metalle behandelt.

2.1 Die Ionenbindung

Für diesen Bindungstyp ist auch die Bezeichnung *heteropolare Bindung* üblich.

2.1.1 Allgemeines, Ionenkristalle

Ionenverbindungen entstehen durch Vereinigung von ausgeprägt metallischen Elementen mit ausgeprägt nichtmetallischen Elementen, also aus Elementen, die im PSE links stehen (Alkalimetalle, Erdalkalimetalle) mit Elementen, die im PSE rechts stehen (Halogene, Sauerstoff).

Als typisches Beispiel einer Ionenverbindung soll Natriumchlorid NaCl besprochen werden.

Bei der Reaktion von Natrium mit Chlor werden von den Na-Atomen, die die Elektronenkonfiguration $1s^2 2s^2 2p^6 3s^1$ besitzen, die 3s-Elektronen abgegeben. Dadurch entstehen die einfach positiv geladenen Ionen Na^+. Diese Ionen haben die Elektronenkonfiguration des Edelgases Neon $1s^2 2s^2 2p^6$. Man sagt, sie haben Neonkonfiguration. Die Cl-Atome nehmen die abgegebenen Elektronen unter Bildung der einfach negativ geladenen Ionen Cl^- auf. Aus einem Cl-Atom mit der Elektronenkonfiguration $1s^2 2s^2 2p^6 3s^2 3p^5$ entsteht durch Elektronenaufnahme ein Cl^--Ion mit der Argonkonfiguration $1s^2 2s^2 2p^6 3s^2 3p^6$. Stellt man die Elektronen der äußersten Schale als Punkte dar, läßt sich dieser Vorgang folgendermaßen formulieren:

$$Na + \cdot \ddot{\underset{..}{Cl}} : \rightarrow Na^+ + \cdot \ddot{\underset{..}{Cl}} :^-$$

Durch Elektronenübergang vom Metallatom zum Nichtmetallatom entstehen aus den neutralen Atomen elektrisch geladene Teilchen, Ionen. Die positiv geladenen Ionen bezeichnet man als *Kationen*, die negativ geladenen als *Anionen*.

Wegen der veränderten Elektronenkonfiguration zeigen die Ionen gegenüber den neutralen Atomen völlig veränderte Eigenschaften. Cl- und Na-Atome sind chemisch aggressive Teilchen. Die Ionen Na^+ und Cl^- sind harmlose, reaktionsträge Teilchen. Die chemische Reaktionsfähigkeit wird durch die Elektronenkonfiguration bestimmt. Teilchen mit der abgeschlossenen Elektronenkonfiguration der Edelgase sind chemisch reaktionsträge. Dies gilt nicht nur für die Edelgasatome selbst, sondern auch für Ionen mit Edelgaskonfiguration.

Kationen und Anionen ziehen sich aufgrund ihrer entgegengesetzten elektrischen Ladung an. Die Anziehungskraft wird durch das Coulombsche Gesetz (vgl. Abschn. 1.4.1) beschrieben. Es lautet für ein Ionenpaar

$$F = -\frac{z_K e z_A e}{4\pi\varepsilon_0 r^2} \tag{2.1}$$

Es bedeuten: z_K und z_A Ladungszahl (Zahl der Elementarladungen) des Kations bzw. Anions, e Elementarladung, ε_0 elektrische Feldkonstante, r Abstand der Ionen.

Die Anziehungskraft F ist proportional dem Produkt der Ladungen der Ionen $z_K e$ und $z_A e$. Sie ist umgekehrt proportional dem Quadrat des Abstandes r der Ionen.

Die elektrostatische Anziehungskraft ist ungerichtet, das bedeutet, daß sie in allen Raumrichtungen wirksam ist. Daher umgeben sich die positiven Na^+-Ionen symmetrisch mit möglichst vielen negativen Cl^--Ionen und die negativen Cl^--Ionen mit positiven Na^+-Ionen (vgl. Abb. 2.1). Aus den Elementen Natrium und Chlor bildet sich daher nicht eine Verbindung die aus Na^+Cl^--Ionenpaaren besteht, sondern es entsteht ein *Ionenkristall*, in dem die Ionen eine regelmäßige dreidimensionale Anordnung, ein *Kristallgitter* bilden. Abb. 2.2 zeigt die Anord-

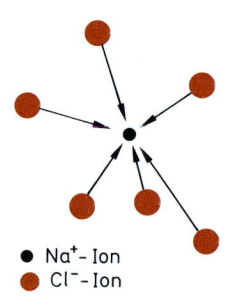

● Na^+- Ion
● Cl^-- Ion

Abb. 2.1 Da das elektrische Feld des Na^+-Ions in jeder Raumrichtung vorhanden ist, ist zwischen dem positiven Na^+-Ion und allen Cl^--Ionen eine Anziehungskraft wirksam. An das Na^+-Ion lagern sich daher so viele negative Cl^--Ionen an wie gerade Platz haben.

2.1 Die Ionenbindung   67

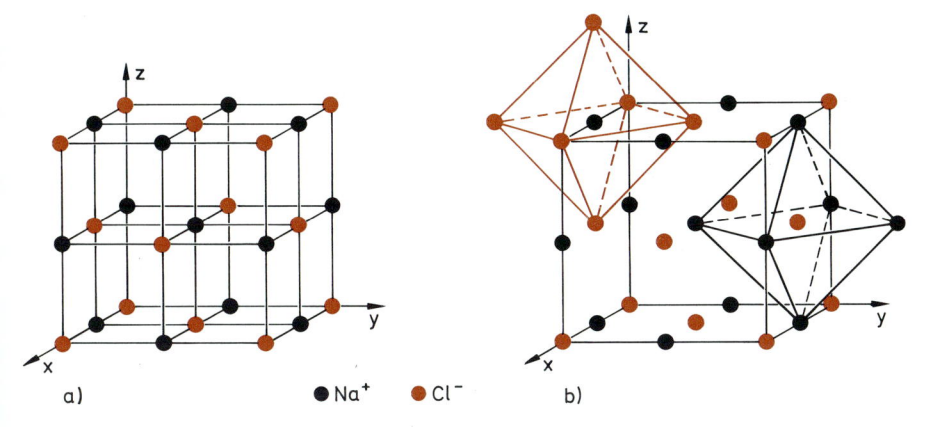

Abb. 2.2 a) Kristallgitter des NaCl-Ionenkristalls (Natriumchlorid-Typ). In den drei Raumrichtungen existiert die gleiche periodische Folge von Na$^+$- und Cl$^-$-Ionen. Damit die Struktur des Gitters besser sichtbar wird sind die Ionen nicht maßstabgetreu, sondern nur als kleine Kugeln dargestellt.
b) Im NaCl-Gitter hat jedes Na$^+$-Ion 6 Cl$^-$-Ionen als Nachbarn, die ein Oktaeder bilden. Jedes Cl$^-$-Ion ist von 6 Na$^+$-Ionen in oktaedrischer Anordnung umgeben. Für beide Ionensorten ist also die Koordinationszahl KZ = 6. Jedes Ion ist daher gleich stark an sechs Nachbarn gebunden.

nung der Na$^+$- und Cl$^-$-Ionen im NaCl-Kristall. Jedes Na$^+$-Ion ist von 6 Cl$^-$-Ionen und jedes Cl$^-$-Ion von 6 Na$^+$-Ionen in oktaedrischer Anordnung umgeben. Charakteristisch für die Symmetrie eines Kristallgitters ist die *Koordinationszahl* KZ. Sie gibt die Zahl der nächsten gleich weit entfernten Nachbarn eines Gitterbausteins an. Im NaCl-Kristall haben beide Ionensorten die Koordinationszahl sechs.

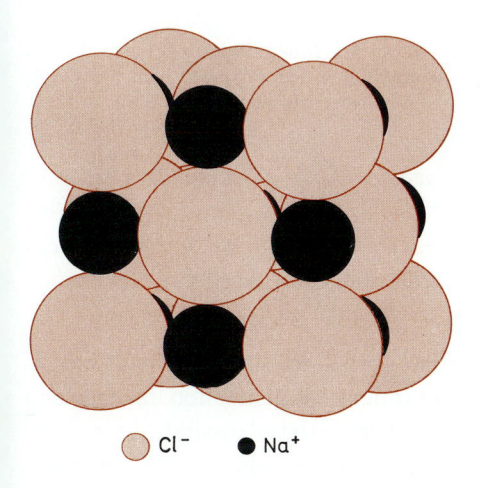

Abb. 2.3 Darstellung des NaCl-Kristalls mit den Cl$^-$- und Na$^+$-Ionen als Kugeln, maßstäblich richtig. Die Na$^+$-Ionen haben einen Radius von 102 pm, die Cl$^-$-Ionen von 181 pm.

Kationen und Anionen nähern sich einander im Ionenkristall nur bis zu einer bestimmten Entfernung. Zwischen den Ionen müssen daher auch Abstoßungskräfte existieren. Diese Abstoßungskräfte kommen durch die gegenseitige Abstoßung der Elektronenhüllen der Ionen zustande. Bei größerer Entfernung der Ionen wirken im wesentlichen nur die Anziehungskräfte. Bei dichter Annäherung der Ionen beginnen Abstoßungskräfte wirksam zu werden, die mit weiterer Annäherung der Ionen wesentlich stärker werden als die Anziehungskräfte. Die Ionen nähern sich daher im Kristall bis zu einem Gleichgewichtsabstand, bei dem die Coulombschen Anziehungskräfte gerade gleich den Abstoßungskräften der Elektronenhüllen sind (vgl. Abb. 2.19). Die Ionen verhalten sich in einem Ionenkristall daher in erster Näherung wie starre Kugeln mit einem charakteristischen Radius (vgl. Abb. 2.3). Die Elektronenhüllen der Ionen durchdringen sich nicht, die Elektronendichte sinkt zwischen den Ionen fast auf Null (vgl. Abb. 2.4).

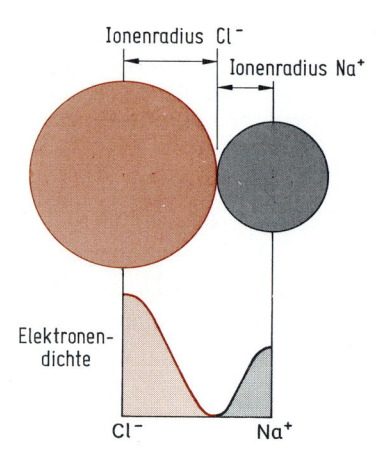

Abb. 2.4 Schematischer Verlauf der Elektronendichte bei der Ionenbindung. Die Na^+- und Cl^--Ionen im NaCl-Gitter berühren sich, die Elektronenhüllen durchdringen sich nicht. Die Elektronendichte sinkt daher an der Berührungsstelle der Ionen auf annähernd Null.

Ionenverbindungen bestehen also *nicht aus einzelnen Molekülen, sondern sind aus Ionen aufgebaute Kristalle, in denen zwischen einem Ion und allen seinen entgegengesetzt geladenen Nachbarionen starke Bindungskräfte vorhanden sind.* Ein Ionenkristall kann nur insgesamt als „Riesenmolekül" aufgefaßt werden. *Ionenverbindungen sind* daher *Festkörper mit hohen Schmelzpunkten* (vgl. Tab. 2.6).

Da in Ionenkristallen die Ionen nur wenig beweglich sind, sind Ionenverbindungen meist schlechte Ionenleiter. Schmelzen von Ionenkristallen leiten dagegen den elektrischen Strom, da auch in der Schmelze Ionen vorhanden sind, die gut beweglich sind. Wenn sich Ionenkristalle in polaren Lösemitteln wie Wasser lösen, bleiben die Ionen erhalten. Da die Ionen frei beweglich sind, leiten solche Lösungen den elektrischen Strom (vgl. Abschn. 3.7.1).

In Ionenkristallen haben die meisten Ionen, die von den Elementen der Hauptgruppen gebildet werden, Edelgaskonfiguration. Ausnahmen sind Sn^{2+} und Pb^{2+}. Für die edelgasartigen Ionen besteht zwischen der Ionenladungszahl und der Stellung im Periodensystem ein einfacher Zusammenhang, der in der Tab. 2.1 dargestellt ist.

Tabelle 2.1 Ionen mit Edelgaskonfiguration

Hauptgruppe	Ionenladungszahl	Beispiele
I Alkalimetalle	+1	Li^+, Na^+, K^+
II Erdalkalimetalle	+2	$Be^{2+}, Mg^{2+}, Ca^{2+}, Ba^{2+}$
III Erdmetalle	+3	Al^{3+}
VI Chalkogene	−2	O^{2-}, S^{2-}
VII Halogene	−1	F^-, Cl^-, Br^-, I^-

Die Bildung von Ionen mit Edelgaskonfiguration ist aufgrund der Ionisierungsenergien (vgl. Tab. 1.10) und Elektronenaffinitäten (vgl. Tab. 1.11) plausibel. Die Metallatome geben ihre Valenzelektronen relativ leicht ab, ein weiteres Elektron läßt sich aus Kationen mit Edelgaskonfiguration aber nur unter Aufbringung einer extrem hohen Ionisierungsenergie entfernen. Es gibt daher keine Ionenverbindungen mit Na^{2+}- oder Mg^{3+}-Ionen. Bei der Anlagerung eines Elektrons an ein Halogenatom wird Energie frei. Die Anlagerung von Elektronen an edelgasartige Anionen ist nur unter erheblichem Energieaufwand möglich, daher treten in Ionenverbindungen keine Cl^{2-}- oder O^{3-}-Ionen auf.

Es wird nun auch klar, warum Ionenverbindungen durch Reaktion von Metallen mit ausgeprägten Nichtmetallen entstehen. Der Elektronenübergang von einem Reaktionspartner zum anderen ist begünstigt, wenn der eine eine kleine Ionisierungsenergie, der andere eine große Elektronenaffinität besitzt. Die Alkalimetallhalogenide sind dementsprechend auch die typischsten Ionenverbindungen.

2.1.2 Ionenradien

Man kann die Ionen in Ionenkristallen in erster Näherung als starre Kugeln betrachten. Ein bestimmtes Ion hat in verschiedenen Ionenverbindungen auch bei gleicher Koordinationszahl zwar nicht eine genau konstante Größe, aber die Größen stimmen doch so weit überein, daß man jeder Ionensorte einen individuellen Radius zuordnen kann. Die Ionenradien können aus den Abständen, die zwischen den Ionen in Kristallgittern auftreten, ermittelt werden. Man erhält zunächst, wie in Abb. 2.5 dargestellt ist, aus den Kationen-Anionen-Abständen für verschiedene Ionenkombinationen die Radiensummen von Kation und Anion $r_A + r_K$. Zur Ermittlung der Radien selbst muß der Radius wenigstens eines Ions unabhängig bestimmt werden. Pauling hat den Radius des O^{2-}-Ions theoretisch

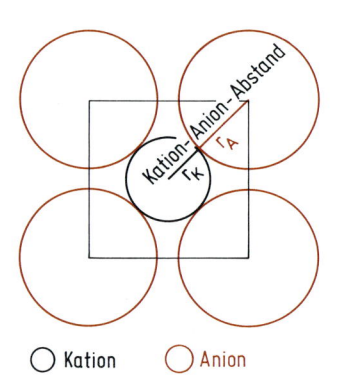

Abb. 2.5 Das Kation ist oktaedrisch von Anionen umgeben. Dargestellt sind die vier Nachbarn in einer Ebene. Kation und Anionen berühren sich. Aus dem Abstand Kation-Anion im Gitter erhält man die Radiensumme von Kation und Anion $r_K + r_A$.

zu 140 pm berechnet. Die in der Tabelle 2.2 angegebenen Ionenradien basieren auf diesem Wert. Die Radien gelten für die Koordinationszahl 6.

Für andere Koordinationszahlen ändern sich die Ionenradien. Mit wachsender Zahl benachbarter Ionen vergrößern sich die Abstoßungskräfte zwischen den Elektronenhüllen der Ionen, der Gleichgewichtsabstand wächst. Aus den bei verschiedenen Koordinationszahlen experimentell bestimmten Ionenradien ergibt sich, daß die relativen Änderungen für die einzelnen Ionen individuelle Größen sind und sich nur in erster Näherung eine mittlere Änderung angeben läßt. Dafür erhält man die folgende Abhängigkeit.

KZ	8	6	4
r	1,1	1,0	0,8

Bei den Koordinationszahlen 8, 6 und 4 verhalten sich die Radien für ein und dasselbe Ion annähernd wie 1,1 : 1 : 0,8. Das heißt also, daß das Bild von den starren Kugeln für isoliert betrachtete Ionen nicht gilt, sondern *daß sich die Ionenradien aus dem Gleichgewichtsabstand in einem bestimmten Kristall ergeben. In verschiedenen Verbindungen verhält sich ein bestimmtes Ion nur dann wie eine starre Kugel mit annähernd konstantem Radius, wenn die Zahl seiner nächsten Nachbarn, die Koordinationszahl, gleich ist.*

Für die Ionenradien gelten folgende Regeln:

Kationen sind kleiner als Anionen
Ausnahmen sind die großen Kationen K^+, Rb^+, Cs^+, NH_4^+, Ba^{2+}. Sie sind größer als das kleinste Anion F^-.

In den Hauptgruppen des PSE nimmt der Ionenradius mit steigender Ordnungszahl zu:

2.1 Die Ionenbindung

$$Be^{2+} < Mg^{2+} < Ca^{2+} < Sr^{2+} < Ba^{2+}$$
$$F^- < Cl^- < Br^- < I^-$$

Der Grund dafür ist der Aufbau neuer Schalen.

Bei Ionen mit gleicher Elektronenkonfiguration nimmt der Radius mit zunehmender Ordnungszahl ab:

$$O^{2-} > F^- > Na^+ > Mg^{2+} > Al^{3+}$$

Für die Änderung der Radien sind zwei Ursachen zu berücksichtigen. Mit wachsender Kernladung wird die Elektronenhülle stärker angezogen. Mit wachsender Ionenladung verringert sich der Gleichgewichtsabstand im Gitter, da die Anziehungskraft nach dem Coulombschen Gesetz mit steigender Ionenladung zunimmt. Die Radien nehmen daher bei den isoelektronischen positiven Ionen viel stärker ab als bei den isoelektronischen negativen Ionen.

Gibt es von einem Element mehrere positive Ionen, nimmt der Radius mit zunehmender Ladung ab:

$$Fe^{2+} > Fe^{3+}$$
$$Pb^{2+} > Pb^{4+}$$

Tabelle 2.2 Ionenradien in 10^{-10} m (Früher wurden Ionenradien in der Einheit Ångström angegeben; 1 Å = 10^{-10} m)

Ion	Radius	Ion	Radius	Ion	Radius
F^-	1,33	Be^{2+}	0,45	Al^{3+}	0,54
Cl^-	1,81	Mg^{2+}	0,72	La^{3+}	1,03
Br^-	1,96	Ca^{2+}	1,00	V^{3+}	0,64
I^-	2,20	Sr^{2+}	1,18	Cr^{3+}	0,62
O^{2-}	1,40	Ba^{2+}	1,35	Fe^{3+}	0,65
S^{2-}	1,84	Pb^{2+}	1,19	Co^{3+}	0,61
Li^+	0,76	Zn^{2+}	0,74	Ni^{3+}	0,60
Na^+	1,02	Cd^{2+}	0,95	Si^{4+}	0,40
K^+	1,38	Mn^{2+}	0,83	Ti^{4+}	0,61
Rb^+	1,52	Fe^{2+}	0,78	Sn^{4+}	0,69
Cs^+	1,67	Co^{2+}	0,75	Pb^{4+}	0,78
NH_4^+	1,43	Ni^{2+}	0,69	U^{4+}	0,89

Die Radien gelten für die Koordinationszahl 6. Die Radien der Kationen sind empirische Radien, die aus Oxiden und Fluoriden bestimmt wurden.

2.1.3 Wichtige ionische Strukturen, Radienquotientenregel

In Ionenkristallen treten die Koordinationszahlen 2, 3, 4, 6, 8 und 12 auf. Da zwischen den Ionen ungerichtete elektrostatische Kräfte wirksam sind, bilden die Ionen jeweils Anordnungen höchster Symmetrie (vgl. dazu Abb. 2.6 und Abb. 2.7).

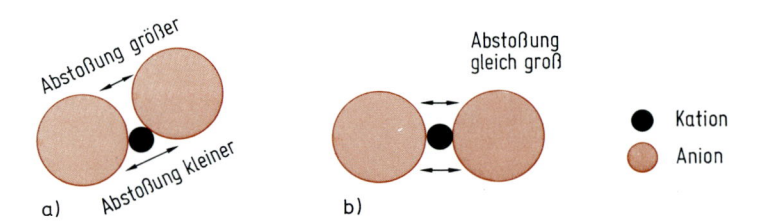

Abb. 2.6 Die in a) dargestellte Anordnung der Ionen ist nicht stabil. Wegen der gegenseitigen Abstoßung der negativ geladenen Anionen geht a) in b) über. Die Anordnung a) ist nur bei gerichteter Bindung möglich. Entsprechend entstehen in Ionenkristallen auch bei anderen KZ Anordnungen höchster Symmetrie.

KZ	2	3	4	6	8	12
Geometrie der Anordnung	Gerade	gleichseitiges Dreieck	Tetraeder	Oktaeder	Würfel	Kuboktaeder

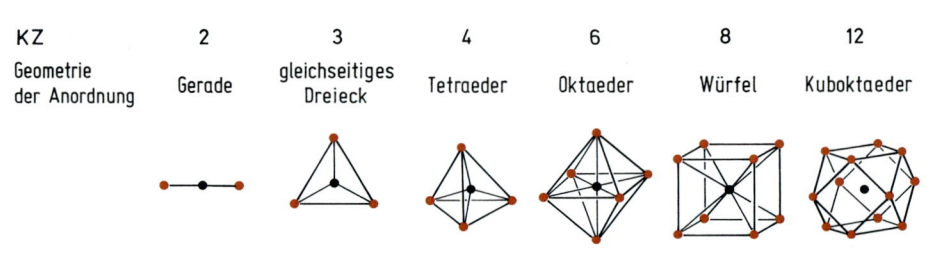

Abb. 2.7 Koordinationszahlen und Geometrie der Anordnungen der Ionen in Ionenkristallen.

Zunächst sollen Strukturen besprochen werden, die bei Verbindungen der Zusammensetzungen AB und AB_2 auftreten.

AB-Strukturen. Die wichtigsten AB-Gittertypen sind die Caesiumchlorid-Struktur, die Natriumchlorid-Struktur und die Zinkblende-Struktur. Sie sind in den Abb. 2.8, 2.2 und 2.9 dargestellt. Da bei den AB-Strukturen die Zahl der Anionen und Kation gleich ist, haben beide Ionensorten jeweils dieselbe Koordinationszahl. Beispiele für Ionenkristalle, die in den genannten Strukturen auftreten, enthält die Tab. 2.4.

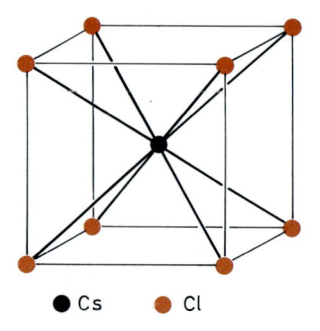

Abb. 2.8 Caesium-Typ (CsCl), KZ = 8. Jedes Cs^+-Ion ist von $8\,Cl^-$-Ionen und jedes Cl^--Ion von $8\,Cs^+$-Ionen in Form eines Würfels umgeben.

2.1 Die Ionenbindung

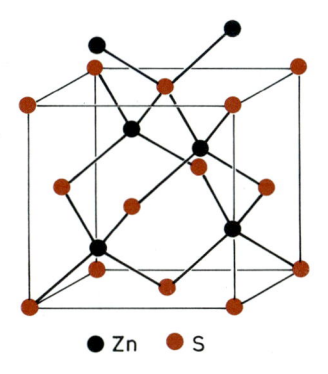

Abb. 2.9 Zinkblende-Typ (ZnS), KZ = 4. Die Zn-Atome sind von 4 S-Atomen und die S-Atome von 4 Zn-Atomen in Form eines Tetraeders umgeben.

● Zn ● S

AB$_2$-Strukturen. Die wichtigsten AB$_2$-Gittertypen sind die Fluorit-Struktur, die Rutil-Struktur und die Cristobalit-Struktur. Sie sind in den Abb. 2.10, 2.11 und

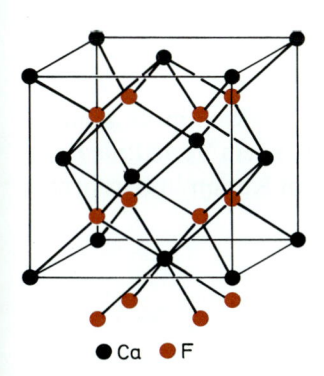

Abb. 2.10 Fluorit-Typ (CaF$_2$), KZ 8:4. Die Ca^{2+}-Ionen sind würfelförmig von 8 F$^-$-Ionen umgeben, die F$^-$-Ionen sind von 4 Ca^{2+}-Ionen tetraedrisch koordiniert.

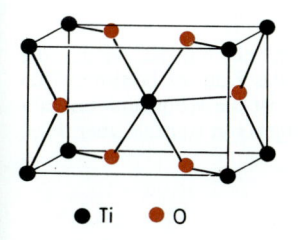

● Ca ● F

Abb. 2.11 Rutil-Typ (TiO$_2$), KZ 6:3. Jedes Ti^{4+}-Ion ist von 6 O^{2-}-Ionen in Form eines etwas verzerrten Oktaeders umgeben, jedes O^{2-}-Ion von 3 Ti^{4+}-Ionen in Form eines nahezu gleichseitigen Dreiecks.

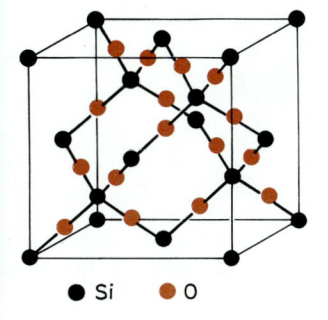

● Ti ● O

Abb. 2.12 Cristobalit-Typ (SiO$_2$), KZ 4:2. Die Si-Atome sind tetraedrisch von 4 Sauerstoffatomen umgeben, die Sauerstoffatome sind von 2 Si-Atomen linear koordiniert.

● Si ● O

2.12 dargestellt. In den AB$_2$-Strukturen ist das Verhältnis Zahl der Anionen: Zahl der Kationen gleich zwei. Die Koordinationszahl der Anionen muß daher gerade halb so groß sein wie die der Kationen. Beispiele für die AB$_2$-Strukturen sind in der Tab. 2.5 angegeben.

Die besprochenen Strukturen sind keineswegs auf Ionenkristalle beschränkt. Wie wir später noch sehen werden, kommen diese Strukturen auch bei vielen Verbindungen vor, in denen andere Bindungskräfte vorhanden sind.

Wir wollen uns nun der Frage zuwenden, warum verschiedene AB- bzw. AB$_2$-Verbindungen in unterschiedlichen Strukturen vorkommen. Da die Coulombschen Anziehungskräfte in allen Raumrichtungen wirksam sind, werden sich um ein Ion im Gitter möglichst viele Ionen entgegengesetzter Ladung so dicht wie möglich anlagern. In der Regel sind die Kationen kleiner als die Anionen, daher sind die Koordinationsverhältnisse im Gitter meist durch die Koordinationszahl des Kations bestimmt (vgl. Abb. 2.13). Die Zahl der Anionen, mit denen sich ein Kation umgeben kann, hängt vom Größenverhältnis der Ionen ab, nicht von ihrer Absolutgröße (vgl. Abb. 2.14). *Die Koordinationszahl eines Kations hängt vom Radienquotienten r_{Kation}/r_{Anion} ab.* Sind Kationen und Anionen gleich groß, können 12 Anionen um das Kation gepackt werden. Mit abnehmendem Verhältnis r_K/r_A wird die maximal mögliche Zahl der Anionen, die mit dem Kation in Berührung stehen, kleiner.

Abb. 2.13 Sind die Kationen kleiner als die Anionen, was meistens der Fall ist, werden die Koordinationsverhältnisse im Gitter durch die Koordinationszahl des Kations bestimmt. Bei den in der Zeichnung dargestellten Größenverhältnissen der Ionen ist die Koordinationszahl des Kations drei. An das Anion können sehr viel mehr Kationen angelagert werden, aber dann ließe sich kein symmetrisches Gitter aufbauen.

Abb. 2.14 Die Koordinationszahl eines Kations hängt vom Größenverhältnis Kation/Anion ab, nicht von der Absolutgröße der Ionen. Ist der Radienquotient $r_K/r_A = 1$, lassen sich in einer Ebene gerade sechs Anionen um ein Kation packen.

2.1 Die Ionenbindung

Aus der Gittergeometrie läßt sich der Zusammenhang zwischen der Koordinationszahl und dem Radienquotienten berechnen. Am Beispiel des Caesiumchloridgitters soll gezeigt werden, bei welchem Radienverhältnis der Übergang von der KZ 8 zur KZ 6 erfolgt. Ist das Verhältnis $r_K/r_A = 1$, berühren sich, wie Abb. 2.15a zeigt, Anionen und Kationen, aber nicht die Anionen untereinander. Sinkt r_K/r_A auf 0,732, haben sich die Anionen einander soweit genähert, daß sowohl Berührung der Anionen und Kationen als auch der Anionen untereinander erfolgt (Abb. 2.15b). Wird das Verhältnis $r_K/r_A < 0{,}732$, können sich nun, wie Abb. 2.15c zeigt, die Anionen den Kationen nicht mehr weiter nähern. Dies ist erst dann wieder möglich, wenn die Anionen von der würfelförmigen Anordnung mit der KZ 8 in die oktaedrische Koordination mit der KZ 6 übergehen.

a) $r_K/r_A = 1$

b) Alle Ionen berühren sich
$$\frac{r_K + r_A}{r_A} = \frac{\sqrt{3}}{1}$$
$$r_K/r_A = \sqrt{3} - 1 = 0{,}732$$

c) Die Anionen können sich dem Kation nicht weiter nähern
$$r_K/r_A < 0{,}732$$

CsCl - Gitter
KZ = 8

● Kation
● Anion

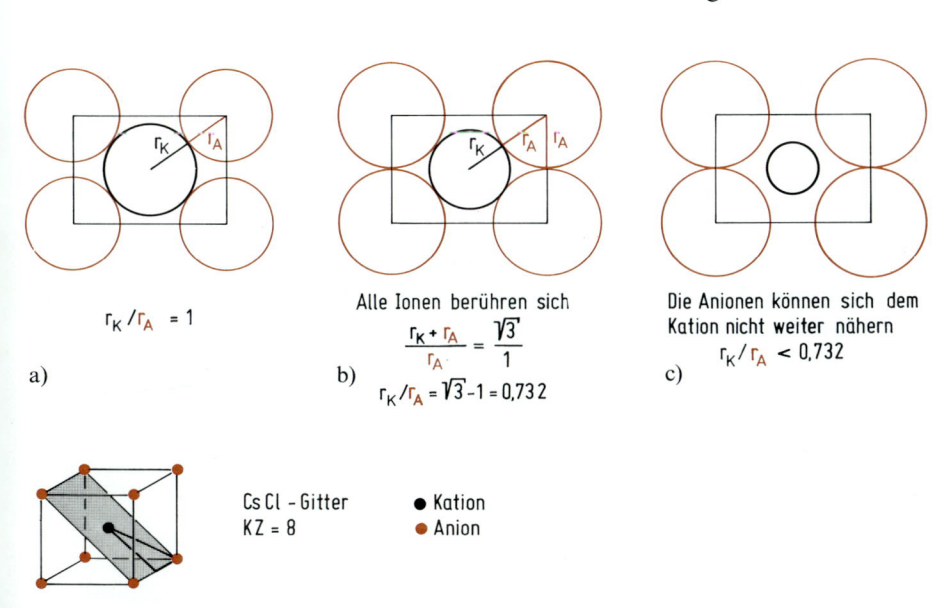

Abb. 2.15 Stabilität der Caesiumchlorid-Struktur in Abhängigkeit vom Radienquotienten r_K/r_A.

Tabelle 2.3 Radienquotienten und Koordinationszahl

Koordinationszahl KZ	Koordinationspolyeder	Radienquotient r_K/r_A	Gittertyp
4	Tetraeder	0,225–0,414	Zinkblende, Cristobalit
6	Oktaeder	0,414–0,732	Natriumchlorid, Rutil
8	Würfel	0,732–1	Caesiumchlorid, Fluorit

In der Tabelle 2.3 sind die Bereiche der Radienverhältnisse für die verschiedenen Koordinationszahlen angegeben. Beispiele zum Zusammenhang zwischen Gittertyp und Radienverhältnis sind für AB-Verbindungen in der Tabelle 2.4 und für

Tabelle 2.4   Radienquotienten r_K/r_A einiger AB-Ionenkristalle

Caesiumchlorid-Struktur		Natriumchlorid-Struktur				Zinkblende-Struktur	
$r_K/r_A > 0{,}73$		$r_K/r_A = 0{,}41 - 0{,}73$				$r_K/r_A = 0{,}22-0{,}41$	
CsCl	0,94	BaO	0,97	LiF	0,56	BeO**	0,25
CsBr	0,87	KF*	0,96	CaS	0,54	BeS	0,19
CsI	0,79	CsF*	0,78	NaBr	0,52		
		NaF	0,77	MgO	0,51		
		KCl	0,76	NaI	0,47		
		CaO	0,71	LiCl	0,41		
		KBr	0,71	MgS	0,39		
		KI	0,64	LiBr	0,38		
		SrS	0,61	LiI	0,34		
		NaCl	0,56				

* Da das Anion kleiner ist als das Kation ist der Wert für r_A/r_K angegeben.
** BeO kristallisiert im Wurtzit-Typ, der dem Zinkblende-Typ eng verwandt ist. Die beiden Ionensorten sind ebenfalls tetraedrisch koordiniert.

AB_2-Verbindungen in der Tabelle 2.5 zusammengestellt. In einigen Fällen treten Abweichungen auf. So kristallisieren z. B. einige Alkalimetallhalogenide in der Natriumchlorid-Struktur, obwohl der Radienquotient Cäsiumchlorid-Struktur erwarten ließe. Die Abhängigkeit der Koordinationszahl vom Radienquotienten gilt also nicht streng. Die Ursachen werden im Abschnitt 2.1.4 diskutiert.

Tabelle 2.5   Radienquotienten r_K/r_A einiger AB_2-Ionenkristalle

Fluorit-Struktur		Rutil-Struktur				Cristobalit-Struktur	
$r_K/r_A > 0{,}73$		$r_K/r_A = 0{,}41 - 0{,}73$				$r_K/r_A = 0{,}22-0{,}41$	
BaF_2	1,02	MnF_2	0,62	$CaBr_2$	0,51	SiO_2	0,29
PbF_2	0,89	FeF_2	0,59	SnO_2	0,49	BeF_2	0,26
SrF_2	0,85	PbO_2	0,56	TiO_2	0,44		
$BaCl_2$	0,75	ZnF_2	0,56				
CaF_2	0,75	CoF_2	0,56				
CdF_2	0,71	$CaCl_2$	0,55				
UO_2	0,69	MgF_2	0,54				
$SrCl_2$	0,62	NiF_2	0,52				

Auf die Vielzahl weiterer Strukturen kann nur kurz eingegangen werden. Zwei häufig auftretende Strukturen sind die **Perowskit-Struktur** und die **Spinell-Struktur**. In beiden Strukturen treten Kationen in zwei verschiedenen Koordinationszahlen auf. Verbindungen mit Perowskit-Struktur (Abb. 2.16) haben die Zusammensetzung ABX_3. Typische Vertreter des Perowskit-Typs sind die Verbindungen

2.1 Die Ionenbindung

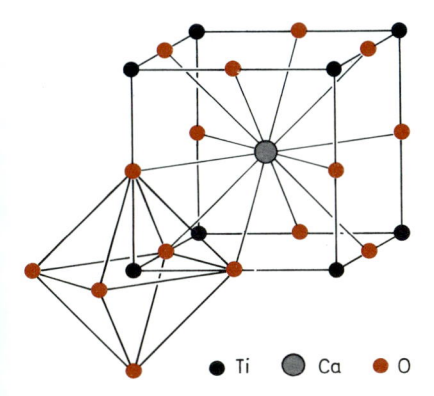

Abb. 2.16 Perowskit-Typ ABX_3. Beispiel $CaTiO_3$. Die Ti^{4+}-Ionen sind von 6 O^{2-}-Ionen oktaedrisch koordiniert, die Ca^{2+}-Ionen von 12 O^{2-}-Ionen in Form eines Kuboktaeders.

$$\overset{+1\,+2}{KMgF_3}, \quad \overset{+1\,+2}{KNiF_3}, \quad \overset{+1\,+5}{NaWO_3}, \quad \overset{+2\,+4}{BaTiO_3}, \quad \overset{+2\,+4}{CaSnO_3}, \quad \overset{+3\,+3}{LaAlO_3}$$

Die Kationen können Ladungszahlen von +1 bis +5 haben, die Summe der Ladungen der A- und B-Ionen muß aber immer gleich der Summe der Ladungen der Anionen sein. Das kleinere der beiden Kationen hat die Koordinationszahl 6, das größere die Koordinationszahl 12.

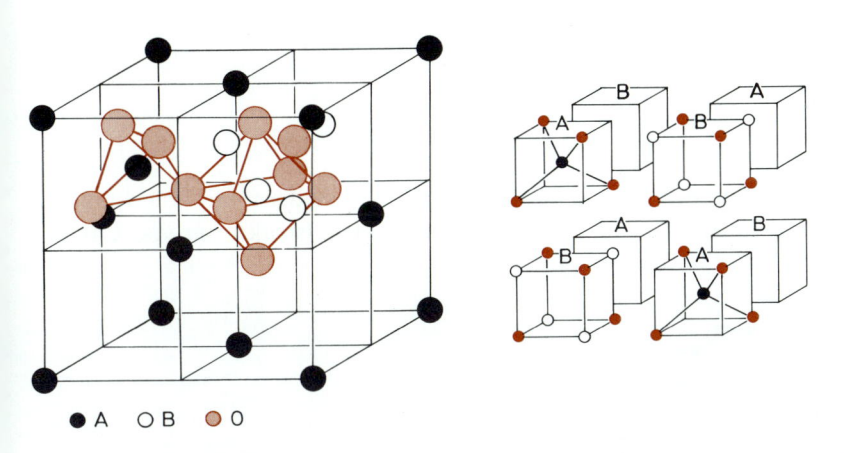

Abb. 2.17 Spinell-Typ AB_2X_4. Beispiel $MgAl_2O_4$. Die Mg^{2+}-Ionen sind von 4 O^{2-}-Ionen tetraedrisch, die Al^{3+}-Ionen von 6 O^{2-}-Ionen oktaedrisch koordiniert. Die Sauerstoffionen sind in der kubisch-dichtesten Kugelpackung angeordnet (vgl. Abb. 5.9).

Die Spinell-Struktur (Abb. 2.17) tritt bei Verbindungen der Zusammensetzung AB_2X_4 auf. In den Oxiden AB_2O_4 mit Spinell-Struktur müssen durch die Kationen acht negative Anionenladungen neutralisiert werden, was durch folgende drei Kombinationen von Kationen erreicht wird: $(A^{2+} + 2B^{3+})$, $(A^{4+} + 2B^{2+})$ und $(A^{6+} + 2B^+)$. Man bezeichnet diese Verbindungen als (2,3)-, (4,2)- und (6,1)-

Spinelle. Am häufigsten sind (2,3)-Spinelle. $\frac{2}{3}$ der Kationen sind oktaedrisch, $\frac{1}{3}$ tetraedrisch koordiniert. Normale Spinelle haben die Ionenverteilung A(BB)O$_4$; die Ionen, die die Oktaederplätze besetzen, sind in Klammern gesetzt. Spinelle mit der Ionenverteilung B(AB)O$_4$ nennt man inverse Spinelle. Beispiele:

Normale Spinelle: $\overset{+2}{Zn}(\overset{+3}{Al_2})O_4$, $\overset{+2}{Mg}(\overset{+3}{Cr_2})O_4$, $\overset{+2}{Zn}(\overset{+3}{Fe_2})O_4$, $\overset{+2}{Mg}(\overset{+3}{V_2})O_4$, $\overset{+6}{W}(\overset{+1}{Na_2})O_4$

Inverse Spinelle: $\overset{+2}{Mg}(\overset{+2}{Mg}\overset{+4}{Ti})O_4$, $\overset{+3}{Fe}(\overset{+2}{Ni}\overset{+3}{Fe})O_4$, $\overset{+3}{Fe}(\overset{+2}{Fe}\overset{+3}{Fe})O_4$

Ob bei einer Verbindung AB$_2$O$_4$ die normale oder die inverse Struktur auftritt, hängt im wesentlichen von den folgenden Faktoren ab: Relative Größen der A- und B-Ionen, Ligandenfeldstabilisierungsenergien der Ionen (vgl. Abschn. 5.7.5), kovalente Bindungsanteile. Einige Ionen besetzen bevorzugt bestimmte Gitterplätze. Zu den Ionen, die bevorzugt die Tetraederplätze besetzen, gehören Zn^{2+} und Fe^{3+}, die oktaedrische Koordination ist besonders bei Cr^{3+} und Ni^{2+} begünstigt.

Bei den bisher besprochenen Strukturen gibt es keine isolierten Baugruppen im Gitter. In vielen Ionenkristallen treten räumlich abgegrenzte Baugruppen auf, z. B. die Ionen

CO_3^{2-} Carbonat-Ion
NO_3^{-} Nitrat-Ion
SO_4^{2-} Sulfat-Ion
PO_4^{3-} Phosphat-Ion

Innerhalb dieser Gruppen liegt keine Ionenbindung, sondern Atombindung vor. In der Abb. 2.18 ist als Beispiel eine der beiden Kristallstrukturen von CaCO$_3$,

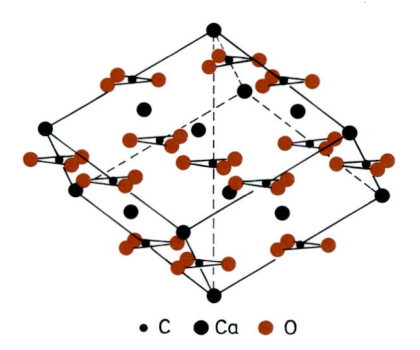

• C   • Ca   • O

Abb. 2.18   Calcit-Typ (CaCO$_3$). Die Calcit-Struktur läßt sich aus der Natriumchlorid-Struktur ableiten. Die Ca^{2+}-Ionen besetzen die Na^+-Positionen, die planaren CO_3^{2-}-Gruppen die von Cl^-. Die Raumdiagonale, die senkrecht zu den Ebenen der CO_3^{2-}-Ionen liegt, ist gestaucht, da in dieser Richtung die CO_3^{2-}-Gruppen weniger Platz benötigen.

2.1 Die Ionenbindung

der Calcit-Typ, dargestellt. Obwohl $CaCO_3$ und $CaTiO_3$ die analogen Formeln besitzen, sind die Kristallgitter ganz verschieden.

2.1.4 Gitterenergie von Ionenkristallen

Die Gitterenergie von Ionenkristallen ist die Energie, die frei wird, wenn sich Ionen aus unendlicher Entfernung einander nähern und zu einem Ionenkristall ordnen. Man kann die Gitterenergie von Ionenkristallen berechnen[1]. Der einfachste Ansatz berücksichtigt nur die Coulombschen Wechselwirkungskräfte zwischen den Ionen und die Abstoßungskräfte zwischen den Elektronenhüllen. Nähert man die Ionen einander, wird die Coulombenergie frei. Um die Abstoßung zu überwinden, muß den Ionen die Abstoßungsenergie zugeführt werden. Abb. 2.19 zeigt die Größe der beiden Energiebeträge in Abhängigkeit vom Ionenabstand. Bei großen Ionenabständen überwiegt die Coulombenergie, bei kleinen Abständen die Abstoßungsenergie. Die resultierende Gesamtenergie durchläuft daher ein Minimum. Im Zustand des Energieminimums herrscht Gleichgewicht, die Anziehungskräfte sind gerade gleich groß den Abstoßungskräften. Die Lage des Energieminimums bestimmt den Gleichgewichtsabstand der Ionen r_0 im Gitter, die freiwerdende Gesamtenergie beim Gleichgewichtsabstand r_0 ist gleich der Gitterenergie.

Aus der Abb. 2.19 ist zu erkennen, daß die Abstoßungsenergie nur einen kleinen Beitrag zur Gitterenergie liefert und *die Gitterenergie im wesentlichen durch den*

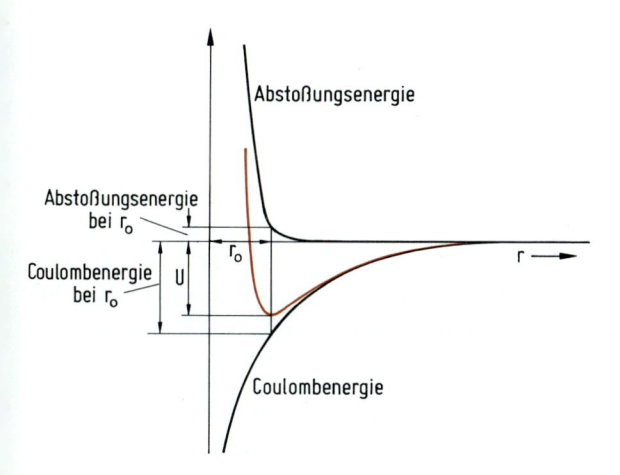

Abb. 2.19 Energiebeträge bei der Bildung eines Ionenkristalls als Funktion des Ionenabstands. Schon bei großen Ionenabständen wird Coulombenergie frei. Sie wächst bei abnehmendem Abstand mit $\frac{1}{r}$. Die Abstoßungsenergie ist bei größeren Ionenabständen viel kleiner als die Coulombenergie, wächst aber mit abnehmendem Abstand rascher an. Die resultierende Gitterenergie (rot gezeichnete Kurve) durchläuft daher ein Minimum. Die Lage des Minimums bestimmt den Gleichgewichtsabstand der Ionen r_0 im Gitter. Bei r_0 hat die freiwerdende Gitterenergie den größtmöglichen Wert, der Ionenkristall erreicht einen Zustand tiefster Energie.

---
[1] Siehe z. B. Riedel, Anorganische Chemie, 3. Aufl., de Gruyter 1994.

Beitrag der Coulombenergie bestimmt wird. Es ist daher plausibel, daß die Gitterenergie von Ionenkristallen einer bestimmten Struktur mit abnehmender Ionengröße und zunehmender Ionenladung größer wird (vgl. Tab. 2.6). Dies folgt un-

Tabelle 2.6 Zusammenhang zwischen Ionengröße, Gitterenergie*, Schmelzpunkt und Härte

Verbindung	Summe der Ionenradien in 10^{-10} m	Gitterenergie in kJ/mol	Schmelzpunkt in °C	Ritzhärte nach Mohs
NaF	2,35	913	992	3,2
NaCl	2,83	778	800	2,5
NaBr	2,97	737	747	–
NaI	3,18	695	662	–
KF	2,71	808	857	–
KCl	3,19	703	770	2,2
KBr	3,33	674	742	–
KI	3,54	636	682	–
MgO	2,12	3920	2642	6
CaO	2,40	3513	2570	4,5
SrO	2,53	3283	2430	3,5
BaO	2,76	3114	1925	3,3

* Bisher wurden Energiegrößen wie z.B. die Ionisierungsenergie für einzelne Teilchen angegeben. Die Gitterenergie wird für 1 mol angegeben, das sind $6 \cdot 10^{23}$ Formeleinheiten (vgl. Abschn. 3.1).

mittelbar aus dem Coulombschen Gesetz (Gleichung 2.1). *Die Größe der Gitterenergie ist ein Ausdruck für die Stärke der Bindungen zwischen den Ionen im Kristall. Daher hängen einige physikalische Eigenschaften der Ionenverbindungen von der Größe der Gitterenergie ab.* Vergleicht man Ionenkristalle gleicher Struktur, dann nehmen mit wachsender Gitterenergie Schmelzpunkt, Siedepunkt und Härte zu, thermische Ausdehnung und Kompressibilität ab. Daten für einige in der Natriumchlorid-Struktur kristallisierende Ionenverbindungen sind in der Tab. 2.6 angegeben. Als weiteres Beispiel sei Al_2O_3 angeführt, das aufgrund seiner extrem hohen Gitterenergie von 13 000 kJ/mol sehr hart ist und daher als Schleifmittel verwendet wird.

Die Gitterenergie ist auch von Bedeutung für die Löslichkeit von Salzen. Bei der Auflösung eines Salzes muß die Gitterenergie durch einen energieliefernden Prozeß aufgebracht werden. Dieser Prozeß ist bei der Lösung in Wasser die Hydratation der Ionen (vgl. Abschn. 3.7.1). Obwohl die Löslichkeit eines Salzes ein kompliziertes Problem ist und eine Voraussage über die Löslichkeit von Salzen schwierig ist, verstehen wir, daß Ionenverbindungen mit hohen Gitterenergien wie MgO und Al_2O_3 in Wasser unlöslich sind.

Eine verfeinerte Berechnung der Gitterenergie zeigt, daß außer der Coulombenergie und der Abstoßungsenergie zwei weitere Energiebeiträge eine, wenn auch untergeordnete Rolle spielen. Hier sei nur die van der Waals-Energie (vgl. Abschn. 2.3) erwähnt. Sie beträgt z.B. für NaCl − 24 kJ/mol und für CsI − 52 kJ/mol.

In der Radienquotientenregel kommt zum Ausdruck, daß eine Ionenverbindung in derjenigen Struktur kristallisiert, für die die Coulombenergie am größten ist. Das Problem, in welcher Struktur eine Ionenverbindung kristallisiert, ist jedoch oft komplizierter und eine Voraussage aufgrund der Coulombenergie allein nicht möglich. Es wird diejenige Struktur auftreten, für die die Gitterenergie am größten ist. In gewissen Fällen ist der Beitrag der van der Waals-Energie ausschlaggebend dafür, daß dies nicht die Struktur mit der größten Coulombenergie ist. Es ist daher nicht verwunderlich, daß Abweichungen von der Radienquotientenregel auftreten. Sie ist aber als Faustregel nützlich und führt, wie die Tabellen 2.4 und 2.5 zeigen, zur richtigen Voraussage, wenn die Radienquotienten nicht nahe bei solchen Werten liegen, bei denen ein Strukturwechsel zu erwarten ist.

2.2 Die Atombindung

Für diesen Bindungstyp sind außerdem die Bezeichnungen *kovalente Bindung* und *homöopolare Bindung* üblich.

2.2.1 Allgemeines, Lewis-Formeln

Die Atombindung tritt dann auf, wenn Nichtmetallatome miteinander eine chemische Bindung eingehen. Dabei bilden sich häufig kleine Moleküle wie H_2, N_2, Cl_2, H_2O, NH_3, CO_2, SO_2. Die Stoffe, die aus diesen Molekülen bestehen, sind unter Normalbedingungen (1 bar, 20 °C) Gase oder Flüssigkeiten. Durch Atombindungen zwischen Nichtmetallatomen können aber auch harte, hochschmelzende, kristalline Festkörper entstehen. Dies ist z.B. bei der Kohlenstoffmodifikation Diamant der Fall.

Nach den schon 1916 von Lewis entwickelten Vorstellungen *erfolgt bei einer Atombindung der Zusammenhalt zwischen zwei Atomen durch ein Elektronenpaar, das beiden Atomen gemeinsam angehört.* Dies kommt in den Lewis-Formeln zum Ausdruck, in denen Elektronen durch Punkte, Elektronenpaare durch Striche dargestellt werden.

Beispiele für Lewis-Formeln:

$$H\cdot \; + \; \cdot H \; \rightarrow \; H:H$$
bindendes Elektronenpaar

$$:\ddot{C}l\cdot \; + \; \cdot \ddot{C}l: \; \rightarrow \; :\ddot{C}l:\ddot{C}l:$$
bindendes Elektronenpaar

$:\overset{..}{\underset{.}{N}}{}^{.} + {}^{.}\overset{..}{\underset{.}{N}}: \rightarrow :N::{}^{\nearrow}_{\;\;}:N:$
  drei bindende Elektronenpaare

$2H^{.} + {}^{.}\overset{..}{\underset{..}{O}}: \rightarrow H:\overset{..}{\underset{..}{O}}:H$

$3H^{.} + {}^{.}\overset{..}{\underset{.}{N}}: \rightarrow H:\overset{..}{\underset{H}{N}}:H$

$2:\overset{..}{\underset{.}{O}}{}^{.} + {}^{.}\overset{.}{\underset{.}{C}}{}^{.} \rightarrow \overset{..}{\underset{..}{O}}::C::\overset{..}{\underset{..}{O}}$

Die gemeinsamen, bindenden Elektronenpaare sind durch rote Punkte symbolisiert. Nicht an der Bindung beteiligte Elektronenpaare werden als „einsame" oder „nichtbindende" Elektronenpaare bezeichnet. Sie sind durch schwarze Punkte dargestellt.

Einfacher ist die Schreibweise $|\overline{\underline{Cl}}—\overline{\underline{Cl}}|$, $|N\equiv N|$ bzw. $\overline{O}=C=\overline{O}$.

Bei allen durch obige Formeln beschriebenen Molekülen entstehen die bindenden Elektronenpaare aus Elektronen, die sich auf der äußersten Schale der Atome befinden. Elektronen innerer Schalen sind an der Bindung nicht beteiligt. Bei den Lewis-Formeln brauchen daher nur die Elektronen der äußersten Schale berücksichtigt werden. Bei Übergangsmetallen können allerdings auch die d-Elektronen der zweitäußersten Schale an Bindungen beteiligt sein.

Während es bei der Ionenbindung durch Elektronenübergang vom Metallatom zum Nichtmetallatom zur Ausbildung stabiler Edelgaskonfigurationen kommt, erreichen in Molekülen mit Atombindungen die Atome durch gemeinsame bindende Elektronenpaare eine abgeschlossene stabile Edelgaskonfiguration.

Beispiele:

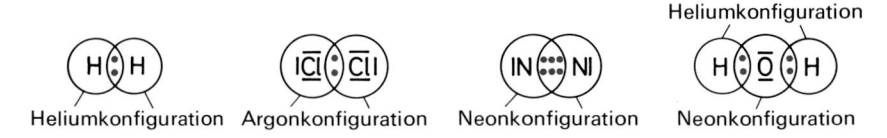

			Heliumkonfiguration
(H:H)	$(|\overline{\underline{Cl}}(:)\overline{\underline{Cl}}|)$	$(|N(\vdots\vdots)N|)$	$(H(\overline{O})H)$
Heliumkonfiguration	Argonkonfiguration	Neonkonfiguration	Neonkonfiguration

Die Anzahl der Atombindungen, die ein Element ausbilden kann, hängt von seiner Elektronenkonfiguration ab. Wasserstoffatome und Chloratome erreichen durch eine Elektronenpaarbindung eine Helium- bzw. Argonkonfiguration. Sauerstoffatome müssen zwei, Stickstoffatome drei Bindungen ausbilden, um ein Elektronenoktett zu erreichen.

2.2.2 Bindigkeit, angeregter Zustand

Mit dem Prinzip der Elektronenpaarbindung kann man verstehen, wieviel kovalente Bindungen ein bestimmtes Nichtmetallatom ausbilden kann. Betrachten wir einige Wasserstoffverbindungen von Elementen der 4.–8. Hauptgruppe.

2.2 Die Atombindung

Hauptgruppe	4	5	6	7	8
2. Periode	C	N	O	F	Ne
3. Periode	Si	P	S	Cl	Ar
Elektronen-konfiguration der Valenzschale	s p ↑↓ ↑ ↑ ☐	s p ↑↓ ↑ ↑ ↑	s p ↑↓ ↑↓ ↑ ↑	s p ↑↓ ↑↓ ↑↓ ↑	s p ↑↓ ↑↓ ↑↓ ↑↓
Zahl möglicher Elektronenpaar-bindungen	2	3	2	1	0
Experimentell nachgewiesene einfache Wasser-stoffverbindungen	CH$_4$ SiH$_4$	NH$_3$ PH$_3$	H$_2$O H$_2$S	HF HCl	keine
Lewis-Formeln	H H:C̈:H H	H:N̈:H H	H:Ö:H	H:F̈|	—

Bei den Elementen der 5.–8. Hauptgruppe stimmt die Zahl ungepaarter Elektronen mit der Zahl der Bindungen überein. Kohlenstoff und Silicium bilden aber nicht, wie die Zahl ungepaarter Elektronen erwarten läßt, die Moleküle CH$_2$ und SiH$_2$, sondern die Verbindungen CH$_4$ und SiH$_4$ mit vier kovalenten Bindungen. Dazu sind vier ungepaarte Elektronen erforderlich.

$$4\,H\cdot \;+\; \cdot\ddot{C}\cdot \;\rightarrow\; H:\ddot{C}:H \atop H\phantom{:\ddot{C}:}H$$

Eine Elektronenkonfiguration des C-Atoms mit vier ungepaarten Elektronen entsteht durch den Übergang eines Elektrons aus dem 2s-Orbital in das 2p-Orbital (Abb. 2.20). Man nennt diesen Vorgang Anregung oder „Promotion" eines Elektrons. Dazu ist beim C-Atom eine Energie von 406 kJ/mol aufzuwenden. Ein angeregter Zustand wird durch einen Stern am Elementsymbol symbolisiert.

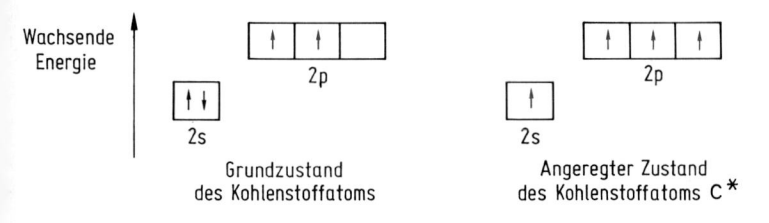

Abb. 2.20 Valenzelektronenkonfiguration von Kohlenstoff im Grundzustand und im angeregten Zustand.

Trotz der aufzuwendenden Promotionsenergie wird durch die beiden zusätzlichen Bindungen des angeregten Zustandes soviel Bindungsenergie (vgl. Tabelle 2.9) geliefert, daß die Bildung von CH_4 energetisch begünstigt ist.

Die Zahl der Atombindungen, die ein bestimmtes Atom ausbilden kann, wird seine Bindigkeit genannt. In der Tabelle 2.7 ist der Zusammenhang zwischen Elektronenkonfiguration und Bindigkeit für die Elemente der 2. Periode zusammengestellt.

Tabelle 2.7 Elektronenkonfiguration und Bindigkeit der Elemente der 2. Periode

Atom	Elektronenkonfiguration K 1s	L 2s	L 2p	Bindigkeit	Außenelektronen im Bindungszustand	Beispiel
Li	↑↓	↑		1	2	LiH
Be*	↑↓	↑	↑	2	4	$BeCl_2$
B*	↑↓	↑	↑ ↑	3	6	BF_3
B^-, C^*, N^+	↑↓	↑	↑ ↑ ↑	4	8	BF_4^-, CH_4, NH_4^+
N, O^+	↑↓	↑↓	↑ ↑ ↑	3	8	NH_3, H_3O^+
O, N^-	↑↓	↑↓	↑↓ ↑ ↑	2	8	H_2O, NH_2^-
O^-, F	↑↓	↑↓	↑↓ ↑↓ ↑	1	8	OH^-, HF
O^{2-}, F^-, Ne	↑↓	↑↓	↑↓ ↑↓ ↑↓	0	–	–

Die Atome von Elementen der zweiten Periode können maximal vier kovalente Bindungen ausbilden, da nur vier Orbitale für Bindungen zur Verfügung stehen und auf der äußersten Schale maximal acht Elektronen untergebracht werden können. Die Tendenz der Atome, eine stabile Außenschale von acht Elektronen zu erreichen, wird *Oktett-Regel* genannt. Daraus ergibt sich z. B. sofort, daß für die Salpetersäure HNO_3 die Lewisformel

$$H-\overline{\underline{O}}-N=\overline{\underline{O}}$$
$$\phantom{H-\overline{\underline{O}}-N}\|$$
$$\phantom{H-\overline{\underline{O}}-N}|\underline{O}|$$

falsch sein muß. Nur ein angeregtes Stickstoffatom könnte fünfbindig sein. Dazu müßte jedoch ein Elektron aus der L-Schale in die nächsthöhere M-Schale angeregt werden.

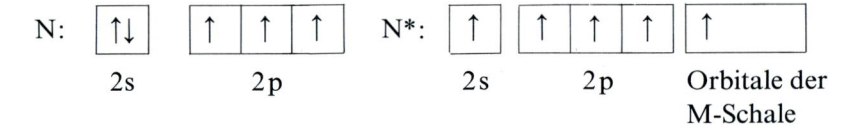

N: ↑↓ ↑ ↑ ↑   N*: ↑ ↑ ↑ ↑ ↑
    2s   2p   2s   2p   Orbitale der
                                       M-Schale

Wegen der großen Energiedifferenz zwischen den Orbitalen der L-Schale und der M-Schale wird keine chemische Verbindung mit einem angeregten N-Atom gebil-

2.2 Die Atombindung

det. Dies gilt für alle Elemente der 2. Periode. Die Oktett-Regel ist daher für die 2. Periode streng gültig.

Werden bei den Elementen höherer Perioden nur s- und p-Orbitale zur Bindung benutzt, gilt die Oktett-Regel ebenfalls. Innerhalb einer Gruppe haben entsprechende Verbindungen analoge Formeln: CCl_4, $SiCl_4$, $GeCl_4$, $SnCl_4$, $PbCl_4$; NH_3, PH_3, AsH_3, SbH_3, BiH_3; H_2O, H_2S, H_2Se, H_2Te; HF, HCl, HBr, HI.

Die Elemente der 3. Periode und höherer Perioden können jedoch eine größere Bindigkeit als vier erreichen, da außer den s- und p-Orbitalen auch d-Orbitale zur Bindung zur Verfügung stehen. In der Tabelle 2.8 sind Elektronenkonfigurationen und Bindigkeiten für die Elemente der 3. Periode zusammengestellt.

Tabelle 2.8 Elektronenkonfiguration und Bindigkeit der Elemente der 3. Periode

Atom	Elektronenkonfiguration 3s / 3p / 3d	Bindigkeit	Außenelektronen im Bindungszustand	Beispiel
Na	↑	1	2	–
Mg*	↑ / ↑	2	4	–
Al*	↑ / ↑ ↑	3	6	$AlCl_3$
Si*	↑ / ↑ ↑ ↑	4	8	$SiCl_4$
P	↑↓ / ↑ ↑ ↑	3	8	PH_3
P*	↑ / ↑ ↑ ↑ / ↑	5	10	PF_5
S	↑↓ / ↑↓ ↑ ↑	2	8	H_2S
S*	↑↓ / ↑ ↑ ↑ / ↑	4	10	SF_4
S**, Si^{2-}, P^-	↑ / ↑ ↑ ↑ / ↑ ↑	6	12	SF_6, $[SiF_6]^{2-}$
Cl	↑↓ / ↑↓ ↑↓ ↑	1	8	HCl
Cl*	↑↓ / ↑↓ ↑ ↑ / ↑	3	10	ClF_3
Cl**	↑↓ / ↑ ↑ ↑ / ↑ ↑	5	12	$HClO_3$
Cl***	↑ / ↑ ↑ ↑ / ↑ ↑ ↑	7	14	$HClO_4$
S^{2-}, Cl^-, Ar	↑↓ / ↑↓ ↑↓ ↑↓	0	–	–

Eine Anregung von Elektronen in die 3d-Unterschale kann bei den Elementen der 5., 6. und 7. Gruppe erfolgen. Diese Elemente besitzen daher mehrere Bindigkeiten, die sich um zwei unterscheiden müssen. Die höchste Bindigkeit ist identisch mit der Gruppennummer.

Element	Gruppe	Bindigkeit
P	5	3, 5
S	6	2, 4, 6
Cl	7	1, 3, 5, 7

Verbindungen wie $[SiF_6]^{2-}$, PF_5, SF_6 haben keine Analoga in der 2. Periode; die Verbindungen $[CF_6]^{2-}$, NF_5, OF_6 existieren nicht. Die höchsten Bindigkeiten werden aber nur mit sehr elektronegativen Elementen wie Fluor und Sauerstoff erreicht. Wasserstoffverbindungen der Zusammensetzung PH_5 und SH_6 existieren z. B. nicht.

2.2.3 Dative Bindung, formale Ladung

Die beiden Elektronen einer kovalenten Bindung müssen nicht notwendigerweise von verschiedenen Atomen stammen. Betrachten wir die Reaktion von Ammoniak NH_3 mit Bortrifluorid BF_3

$$H_3\underline{N}: + \;\; \underline{B}\underline{F}_3 \;\; \rightarrow \;\; H_3\underline{N}:\underline{B}\underline{F}_3$$

Die bindenden Elektronen der Stickstoff-Bor-Bindung werden beide vom N-Atom geliefert. Man schreibt daher auch $H_3N \rightarrow BF_3$.

Teilt man die bindenden Elektronen zwischen den an der Bindung beteiligten Atomen zu gleichen Teilen auf, dann gehören zu H ein, zu F sieben, zu N vier und zu B vier Elektronen. Verglichen mit den neutralen Atomen hat N ein Elektron weniger, B ein Elektron mehr. Dem Stickstoffatom wird daher die formale Ladung $+1$, dem Boratom die formale Ladung -1 zugeordnet.

$$H_3\overset{\oplus}{N}-\overset{\ominus}{B}F_3$$

Für die beschriebene Bindung werden die Bezeichnungen *dative Bindung* und *koordinative Bindung* benutzt. Der einzige Unterschied zwischen einer derart bezeichneten Bindung und einer gewöhnlichen kovalenten Bindung besteht nur darin, daß im ersten Fall die Bindungselektronen von einem Atom stammen, im zweiten Fall von beiden Atomen. Es handelt sich also nicht um eine spezielle Bindungsart.

Weitere Beispiele:

$$H_3\underline{N}| + H^+ \rightarrow H-\overset{H}{\underset{H}{\overset{|}{N}}}{}^{\oplus}-H$$

Durch Reaktion von NH_3 mit einem Proton H^+ (Wasserstoffatom ohne Elektron) entsteht das Ammoniumion NH_4^+. Das freie Elektronenpaar des N-Atoms bildet mit H^+ eine kovalente Bindung.

2.2 Die Atombindung

Kohlenstoffmonooxid $|\overset{\ominus}{C}\equiv\overset{\oplus}{O}|$

Salpetersäure $H-\bar{O}-\overset{\oplus}{N}\diagdown\overset{O}{\underset{O^{\ominus}}{\diagup}}$

Man muß zwischen der formalen Ladung und der tatsächlichen Ladung eines Atoms unterscheiden. Bei einer Bindung zwischen zwei verschiedenen Atomen gehört das bindende Elektronenpaar den beiden Atomen nicht zu genau gleichen Teilen an, wie bei der Zuordnung von Formalladungen vorausgesetzt wurde. So ist z.B. die tatsächliche Ladung des N-Atoms im NH_4^+-Ion viel kleiner als einer vollen Ladung entspricht, da die bindenden Elektronen vom N-Atom stärker angezogen werden als vom H-Atom (vgl. Abschn. 2.2.10). Die Festlegung einer formalen Ladung für ein Atom ist sinnvoll, da ein einfacher Zusammenhang zwischen der formalen Ladung eines Atoms und seiner Bindigkeit existiert (vgl. Tab. 2.7 und Tabelle 2.8).

2.2.4 Überlappung von Atomorbitalen, σ-Bindung

Mit der Theorie von Lewis konnte formal das Auftreten bestimmter Moleküle erklärt werden. Sauerstoff und Wasserstoff können das Molekül H_2O bilden, aber beispielsweise nicht ein Molekül der Zusammensetzung H_4O. Wieso aber ein gemeinsames Elektronenpaar zur Energieabgabe und damit zur Bindung führt (vgl. Abb. 2.21), blieb unverständlich. Im Gegensatz zur Ionenbindung ist die

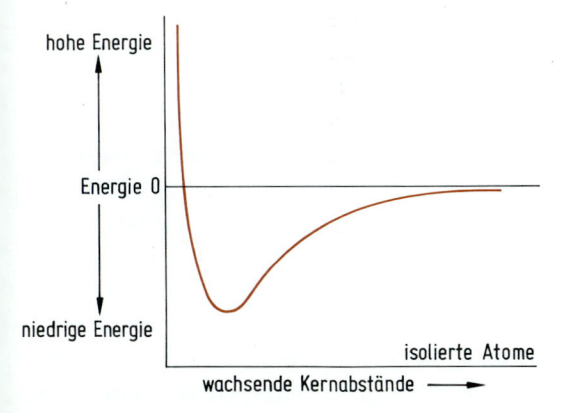

Abb. 2.21 Energie von zwei Wasserstoffatomen als Funktion der Kernabstände. Bei Annäherung von zwei H-Atomen nimmt die Energie zunächst ab, die Anziehung überwiegt. Bei kleineren Abständen überwiegt die Abstoßung der Kerne, die Energie nimmt zu. Das Energieminimum beschreibt den stabilsten zwischenatomaren Abstand und den Energiegewinn, die Stabilität des Moleküls, bezogen auf zwei isolierte H-Atome.

Atombindung mit klassischen Gesetzen nicht zu erklären. Erst die Wellenmechanik führte zum Verständnis der Atombindung.

Es gibt zwei Näherungsverfahren, die zwar von verschiedenen Ansätzen ausgehen, aber im wesentlichen zu den gleichen Ergebnissen führen: die *Valenzbindungstheorie (VB-Theorie)* und die *Molekülorbitaltheorie (MO-Theorie)*.

Ähnlich wie man für einzelne Atome ein Energieniveauschema von Atomorbitalen aufstellt, stellt man in der MO-Theorie für das Molekül als Ganzes ein Energieniveauschema von Molekülorbitalen auf. Unter Berücksichtigung des Pauli-Verbots und der Hundschen Regel werden die Molekülorbitale mit den Elektronen des Moleküls besetzt (vgl. Abschn. 2.2.9).

In der VB-Theorie geht man von den einzelnen Atomen aus und betrachtet die Wechselwirkung der Atome bei ihrer Annäherung. Die Bildung des H_2-Moleküls läßt sich nach der VB-Theorie wie folgt beschreiben (vgl. Abb. 2.22). *Bei der Annäherung zweier Wasserstoffatome kommt es zu einer Überlappung der 1s-Orbitale. Überlappung bedeutet, daß ein zu beiden Atomen gehörendes, gemeinsames Orbital entsteht, das aufgrund des Pauli-Verbots mit nur einem Elektronenpaar besetzbar ist und dessen beide Elektronen entgegengesetzten Spin haben müssen.*

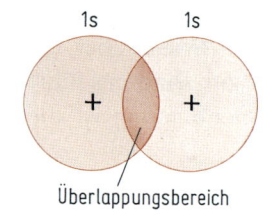

Abb. 2.22 Elektronenpaarbindung im Wasserstoffmolekül. Die Überlappung der 1s-Orbitale der H-Atome führt zu einer Konzentration der Elektronendichte zwischen den Kernen.

Die beiden Elektronen gehören nun nicht mehr nur zu den Atomen, von denen sie stammen, sondern sie sind ununterscheidbar, können gegenseitig die Plätze wechseln und sich im gesamten Raum der überlappenden Orbitale aufhalten. Das Elektronenpaar gehört also, wie schon Lewis postulierte, beiden Atomen gleichzeitig an. Die Bildung eines gemeinsamen Elektronenpaares führt zu einer Konzentration der Elektronendichte im Gebiet zwischen den Kernen, während außerhalb dieses Gebiets die Ladungsdichte im Molekül geringer ist als die Summe der Ladungsdichten, die von den einzelnen ungebundenen Atomen herrühren. Die Bindung kommt durch die Anziehung zwischen den positiv geladenen Kernen und der negativ geladenen Elektronenwolke zustande. Die Anziehung ist um so größer, je größer die Elektronendichte zwischen den Kernen ist. *Je stärker zwei Atomorbitale überlappen, um so stärker ist die Elektronenpaarbindung.*

2.2 Die Atombindung

Der weiteren Besprechung der Atombindung wird das anschaulichere Modell der VB-Theorie zugrundegelegt. Die MO-Theorie wird kurz in Abschn. 2.2.9 besprochen. Weiterführende Literatur zur Theorie der chemischen Bindung siehe Fußnote Seite 79.

Die Lewisformeln geben keine Auskunft über den räumlichen Bau von Molekülen. Für die Moleküle H_2O und NH_3 sind verschiedene räumliche Anordnungen der Atome denkbar. H_2O könnte ein lineares oder ein gewinkeltes Molekül sein. NH_3 könnte die Form einer Pyramide haben oder ein ebenes Molekül sein.

Über den räumlichen Aufbau der Moleküle erhält man Auskunft, wenn man feststellt, welche Atomorbitale bei der Ausbildung der Elektronenpaarbindungen überlappen. In den Abb. 2.23, 2.24 und 2.25 ist die Überlappung der Atomorbitale für die Moleküle HF, H_2O und NH_3 dargestellt.

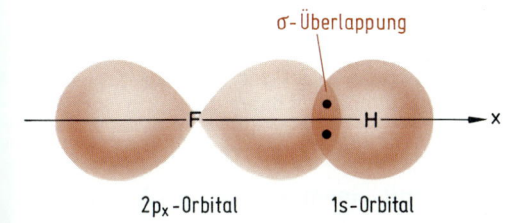

Abb. 2.23 Überlappung des 1s-Orbitals von Wasserstoff mit einem 2p-Orbital von Fluor im Molekül HF. Das bindende Elektronenpaar gehört beiden Atomen gemeinsam. Jedes der beiden Elektronen kann sich sowohl im p- als auch im s-Orbital aufhalten. Durch die Überlappung kommt es zwischen den Atomen zu einer Erhöhung der Elektronendichte und zur Bindung der Atome aneinander.

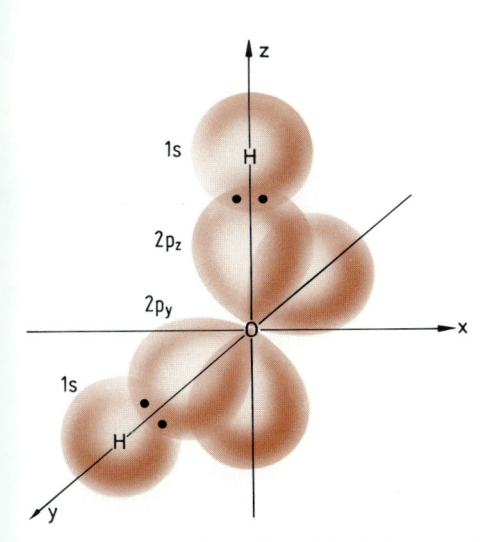

Abb. 2.24 Modell des H_2O-Moleküls. Zwei 2p-Orbitale des Sauerstoffatoms überlappen mit den 1s-Orbitalen der beiden Wasserstoffatome. Da die beiden p-Orbitale senkrecht zueinander orientiert sind, ist das H_2O-Molekül gewinkelt. Die Atombindungen sind gerichtet.

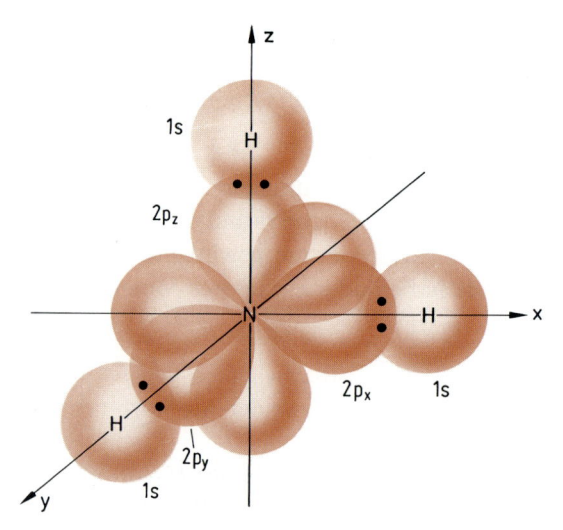

Abb. 2.25 Modell des NH$_3$-Moleküls. Die drei p-Orbitale des Stickstoffatoms überlappen mit den 1s-Orbitalen der Wasserstoffatome. Im NH$_3$-Molekül bildet N daher die Spitze einer dreiseitigen Pyramide.

H$_2$O sollte danach ein gewinkeltes Molekül mit einem H—O—H-Winkel von 90° sein. Experimente bestätigen, daß H$_2$O gewinkelt ist, der Winkel beträgt jedoch 104,5°. Beim Molekül H$_2$S wird ein H—S—H-Winkel von 92° gefunden. Für NH$_3$ ist eine Pyramidenform mit H—N—H-Winkeln von 90° zu erwarten. Die pyramidale Anordnung der Atome wird durch das Experiment bestätigt, die H—N—H-Winkel betragen allerdings 107°. Bei PH$_3$ werden H—P—H-Winkel von 93° gefunden.

Atombindungen, die wie bei H$_2$ durch Überlappung von zwei s-Orbitalen oder wie

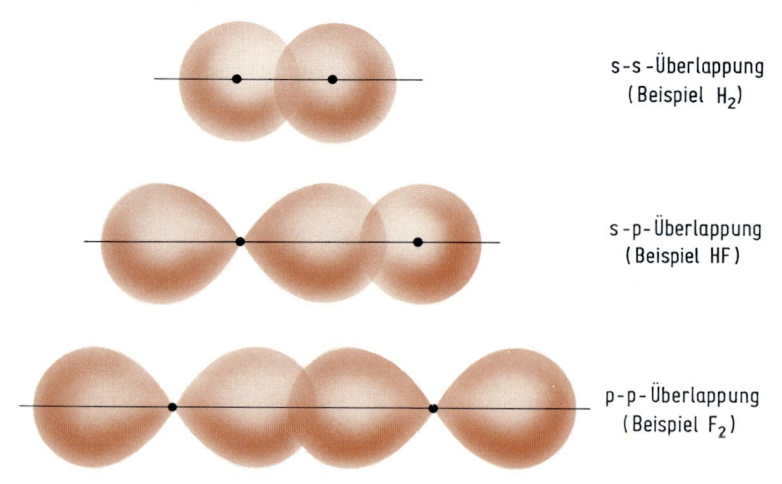

s-s-Überlappung
(Beispiel H$_2$)

s-p-Überlappung
(Beispiel HF)

p-p-Überlappung
(Beispiel F$_2$)

Abb. 2.26 σ-Bindungen, die durch Überlappung von s- mit p-Orbitalen gebildet werden können. Bei σ-Bindungen liegen die Orbitale rotationssymmetrisch zur Verbindungsachse der Kerne.

2.2 Die Atombindung

bei HF durch Überlappung eines s- mit einem p-Orbital zustandekommen, nennt man σ-Bindungen. Die möglichen σ-Bindungen zwischen s- und p-Orbitalen sind in der Abb. 2.26 dargestellt.

2.2.5 Hybridisierung

Zur Erklärung des räumlichen Baus von Molekülen wollen wir das Konzept der Hybridisierung benutzen. Ein anderes Modell zur Deutung der Molekülgeometrie, das auf der Abstoßung der Elektronenpaare der Valenzschale basiert und das als Valence-Shell-Electron-Pair-Repulsion-Modell bekannt ist, wird im Abschnitt 2.2.12 besprochen.

sp^3-Hybridorbitale. Im Methanmolekül CH_4 werden von dem angeregten C-Atom vier σ-Bindungen gebildet. Da zur Bindung ein s-Orbital und drei p-Orbitale zur Verfügung stehen, sollte man erwarten, daß nicht alle C—H-Bindungen äquivalent sind und daß das Molekül einen räumlichen Aufbau besitzt, wie ihn Abb. 2.27a zeigt. Die experimentellen Befunde zeigen jedoch, daß CH_4 ein völlig symmetrisches, tetraedrisches Molekül mit vier äquivalenten C—H-Bindungen ist (Abb. 2.27b). Wir müssen daraus schließen, daß das C-Atom im Bindungszustand vier äquivalente Orbitale besitzt, die auf die vier Ecken eines regulären Tetraeders ausgerichtet sind. Diese vier äquivalenten Orbitale entstehen durch Kombination aus dem s- und den drei p-Orbitalen. Man nennt diesen Vorgang Hybridisierung, die dabei entstehenden Orbitale werden Hybridorbitale genannt (Abb. 2.28).

Die vier „gemischten" Hybridorbitale des Kohlenstoffatoms besitzen $\frac{1}{4}$ s- und $\frac{3}{4}$ p-Charakter. Man bezeichnet sie als sp^3-Hybridorbitale, um ihre Zusammensetzung aus einem s- und drei p-Orbitalen anzudeuten.

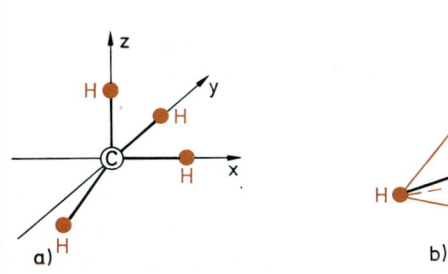

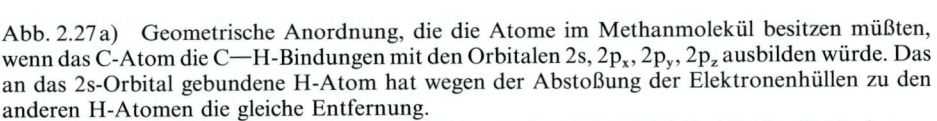

Abb. 2.27a) Geometrische Anordnung, die die Atome im Methanmolekül besitzen müßten, wenn das C-Atom die C—H-Bindungen mit den Orbitalen $2s, 2p_x, 2p_y, 2p_z$ ausbilden würde. Das an das 2s-Orbital gebundene H-Atom hat wegen der Abstoßung der Elektronenhüllen zu den anderen H-Atomen die gleiche Entfernung.
b) Experimentell gefundene Anordnung der Atome im CH_4-Molekül. Alle C—H-Bindungen und alle H—C—H-Winkel sind gleich. CH_4 ist ein symmetrisches, tetraedrisches Molekül.

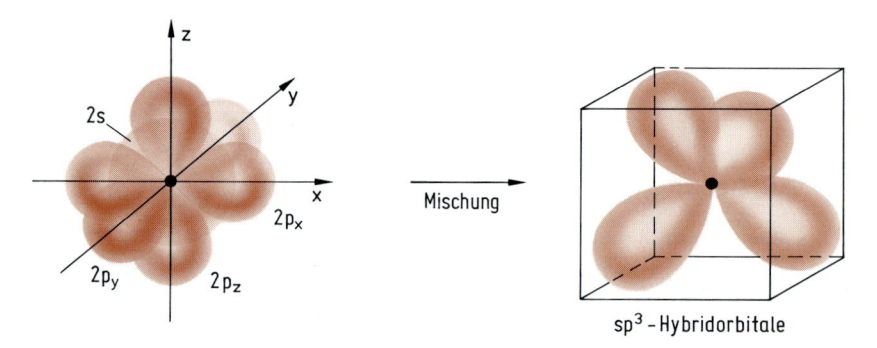

Abb. 2.28 Bildung von sp³-Hybridorbitalen. Durch Hybridisierung der s-, p_x-, p_y- und p_z-Orbitale entstehen vier äquivalente sp³-Hybridorbitale, die auf die Ecken eines Tetraeders gerichtet sind. Die sp³-Hybridorbitale sind aus zeichnerischen Gründen etwas vereinfacht dargestellt.

Jedes sp³-Hybridorbital des C-Atoms ist mit einem ungepaarten Elektron besetzt. Durch Überlappung mit den 1s-Orbitalen des Wasserstoffs entstehen im CH_4-Molekül vier σ-Bindungen, die tetraedrisch ausgerichtet sind. Dies zeigt Abb. 2.29.

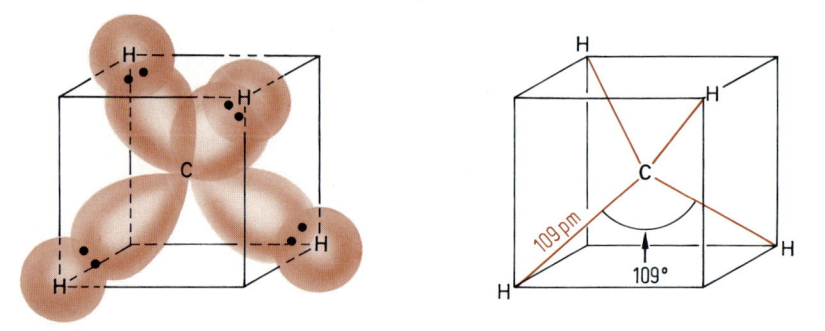

Abb. 2.29 Bindung im CH_4-Molekül. Die vier tetraedrischen sp³-Hybridorbitale des C-Atoms überlappen mit den 1s-Orbitalen der H-Atome. Alle C—H-Bindungsabstände und alle H—C—H-Bindungswinkel sind übereinstimmend mit dem Experiment gleich.

In die Hybridisierung können auch Elektronenpaare einbezogen sein, die nicht an einer Bindung beteiligt sind. In den Molekülen NH_3 und H_2O sind die Bindungswinkel dem Tetraederwinkel von 109° viel näher als dem rechten Winkel. Diese Moleküle lassen sich daher besser beschreiben, wenn man annimmt, daß die Bindungen statt von p-Orbitalen (vgl. Abb. 2.24 und Abb. 2.25) von sp³-Hybridorbitalen gebildet werden. Beim NH_3 ist ein nicht an der Bindung beteiligtes Elektronenpaar, beim H_2O sind zwei einsame Elektronenpaare in die Hybridisierung einbezogen. Dies ist in der Abb. 2.30 dargestellt.

2.2 Die Atombindung

einsames
Elektronenpaar
a)

einsame
Elektronenpaare
b)

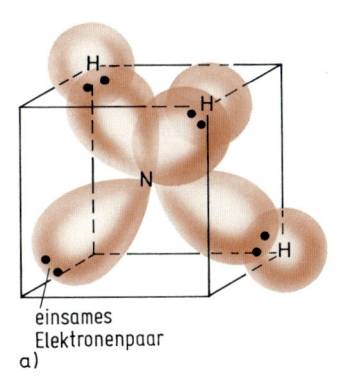

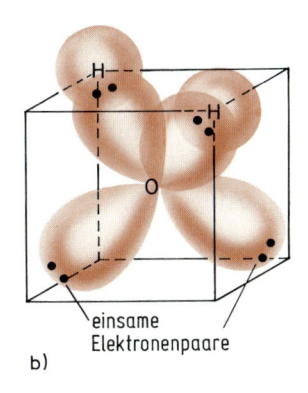

Abb. 2.30a) Modell des Moleküls NH$_3$. Drei der vier sp^3-Hybridorbitale des N-Atoms bilden σ-Bindungen mit den 1s-Orbitalen der H-Atome.
b) Modell des Moleküls H$_2$O. Zwei der vier sp^3-Hybridorbitale des O-Atoms bilden σ-Bindungen mit den 1s-Orbitalen der H-Atome.
σ-Bindungen mit Hybridorbitalen beschreiben diese Moleküle besser als σ-Bindungen mit p-Orbitalen (vgl. Abb. 2.24 und 2.25).

sp-Hybridorbitale. Aus einem p-Orbital und einem s-Orbital entstehen zwei äquivalente sp-Hybridorbitale, die miteinander einen Winkel von 180° bilden (Abb. 2.31).

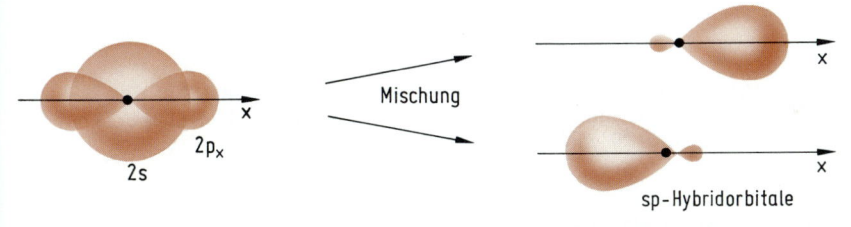

Abb. 2.31 Schematische Darstellung der Bildung von sp-Hybridorbitalen. Aus einem 2s und einem 2p$_x$-Orbital entstehen zwei sp-Hybridorbitale. Die sp-Hybridorbitale bilden miteinander einen Winkel von 180°.

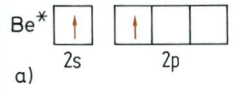

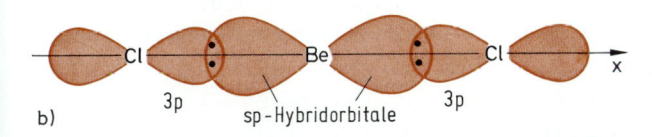

Abb. 2.32a) Elektronenkonfiguration des angeregten Be-Atoms.
b) Bildung von BeCl$_2$. Das 2s- und ein 2p-Orbital des Be-Atoms hybridisieren zu sp-Hybridorbitalen. Die beiden sp-Hybridorbitale von Be bilden mit den 3p-Orbitalen der Cl-Atome σ-Bindungen.

sp-Hybridorbitale werden z. B. im Molekül BeCl$_2$ zur Bindung benutzt. BeCl$_2$ besteht im Dampfzustand aus linearen Molekülen mit gleichen Be—Cl-Bindungen. Das angeregte Be-Atom hat die Konfiguration $1s^2 2s^1 2p^1$. Durch Hybridisierung des 2s- und eines 2p-Orbitals entstehen zwei sp-Hybridorbitale, die mit je einem Elektron besetzt sind. Be kann daher zwei gleiche σ-Bindungen in linearer Anordnung bilden (Abb. 2.32).

sp^2-Hybridorbitale. Hybridisieren ein s-Orbital und zwei p-Orbitale, entstehen drei äquivalente sp^2-Hybridorbitale (Abb. 2.33). Alle Moleküle, bei denen das

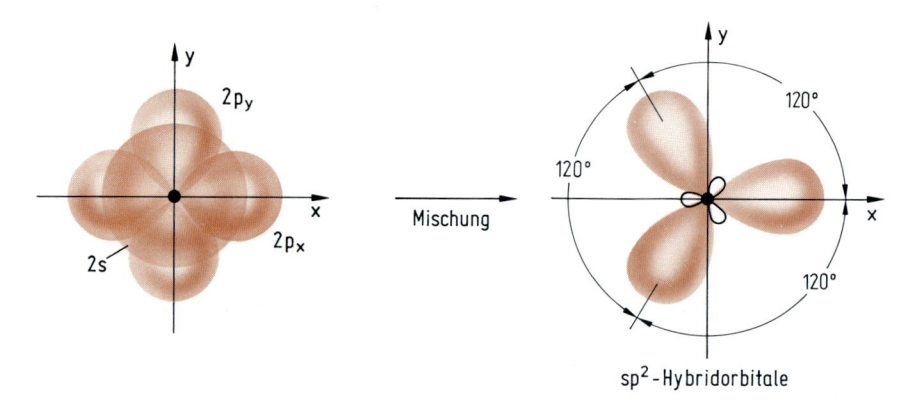

Abb. 2.33 Schematische Darstellung der Bildung von sp^2-Hybridorbitalen. Aus den 2s-, 2p$_x$- und 2p$_y$-Orbitalen entstehen drei äquivalente sp^2-Hybridorbitale. Die Orbitale liegen in der xy-Ebene und bilden Winkel von 120° miteinander.

Zentralatom zur Ausbildung von Bindungen sp^2-Hybridorbitale benutzt, haben trigonal ebene Gestalt. Ein Beispiel ist das Molekül BCl$_3$. Im angeregten Zustand hat Bor die Konfiguration $1s^2 2s^1 2p^2$. Durch Hybridisierung entstehen drei sp^2-Hybridorbitale, die mit je einem Elektron besetzt sind. Bor kann daher drei gleiche σ-Bindungen bilden, die in einer Ebene liegen und Winkel von 120° miteinander bilden (Abb. 2.34).

Hybridisierung unter Beteiligung von d-Orbitalen

Sind an der Hybridbildung auch d-Orbitale beteiligt, gibt es eine Reihe weiterer Hybridisierungsmöglichkeiten. Hier sollen nur zwei häufig auftretende Hybridisierungen besprochen werden.

d^{2}sp^3-Hybridorbitale. Die sechs Hybridorbitale sind auf die Ecken eines Oktaeders ausgerichtet. Sie entstehen durch Kombination der Orbitale s, p$_x$, p$_y$, p$_z$, d$_{x^2-y^2}$, d$_{z^2}$ (Abb. 2.35). d^{2}sp^3-Hybridorbitale werden z. B. im Molekül SF$_6$ zur Ausbildung von sechs oktaedrisch ausgerichteten σ-Bindungen benutzt (Abb. 2.36).

2.2 Die Atombindung

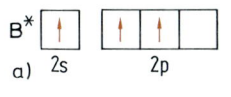

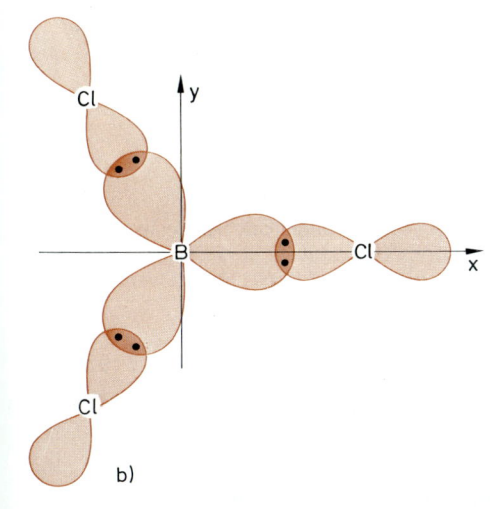

B* | ↑ | | ↑ | ↑ | |
a) 2s   2p

b)

Abb. 2.34 a) Elektronenkonfiguration der Valenzelektronen des angeregten B-Atoms.
b) Schematische Darstellung der Bindungen im Molekül BCl$_3$. B bildet unter Benutzung von drei sp^2-Hybridorbitalen drei σ-Bindungen mit den 3p-Orbitalen der Cl-Atome. Das Molekül ist eben. Die Cl—B—Cl-Bindungswinkel betragen 120°.

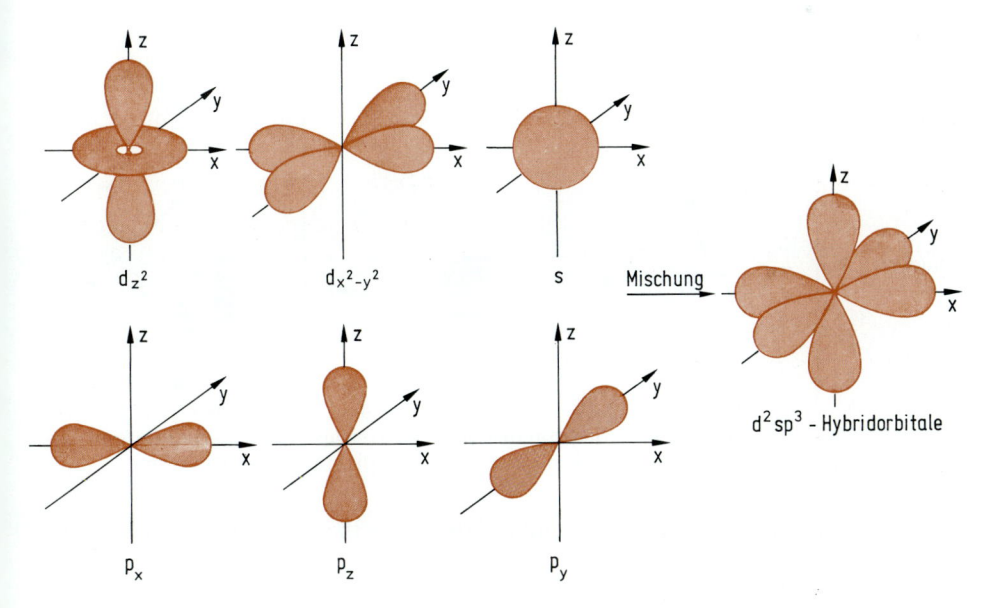

Abb. 2.35 Schematische Darstellung der Bildung der sechs d^{2}sp^3-Hybridorbitale aus den Atomorbitalen d$_{z^2}$, d$_{x^2-y^2}$, s, p$_x$, p$_y$, p$_z$.

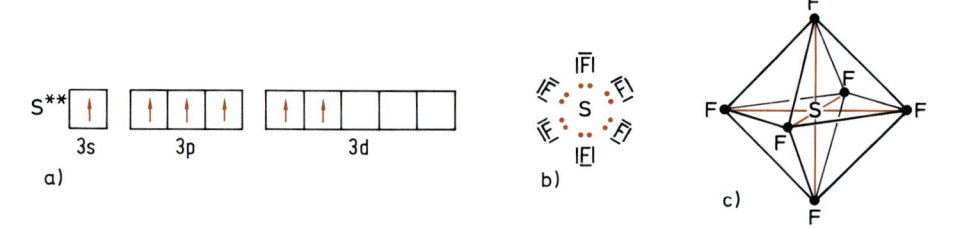

Abb. 2.36 a) Valenzelektronenkonfiguration des zweifach angeregten S-Atoms.
b) Lewisformel von SF_6.
c) Geometrische Anordnung der Atome im Molekül SF_6. S bildet mit den sechs F-Atomen sechs σ-Bindungen, die oktaedrisch ausgerichtet sind. Es benutzt dazu die sechs d^2sp^3-Hybridorbitale, die von den Valenzelektronen des doppelt angeregten S-Atoms gebildet werden.

dsp^3-Hybridorbitale. Die Kombination der Orbitale s, p_x, p_y, p_z, d_{z^2} führt zu fünf Hybridorbitalen, die auf die Ecken einer trigonalen Bipyramide gerichtet sind. Mit diesen Orbitalen werden z.B. in den Molekülen PF_5, SF_4 und ClF_3 σ-Bindungen gebildet. Bei SF_4 ist ein einsames Elektronenpaar, bei ClF_3 sind zwei einsame Elektronenpaare in die Hybridisierung einbezogen (Abb. 2.37).

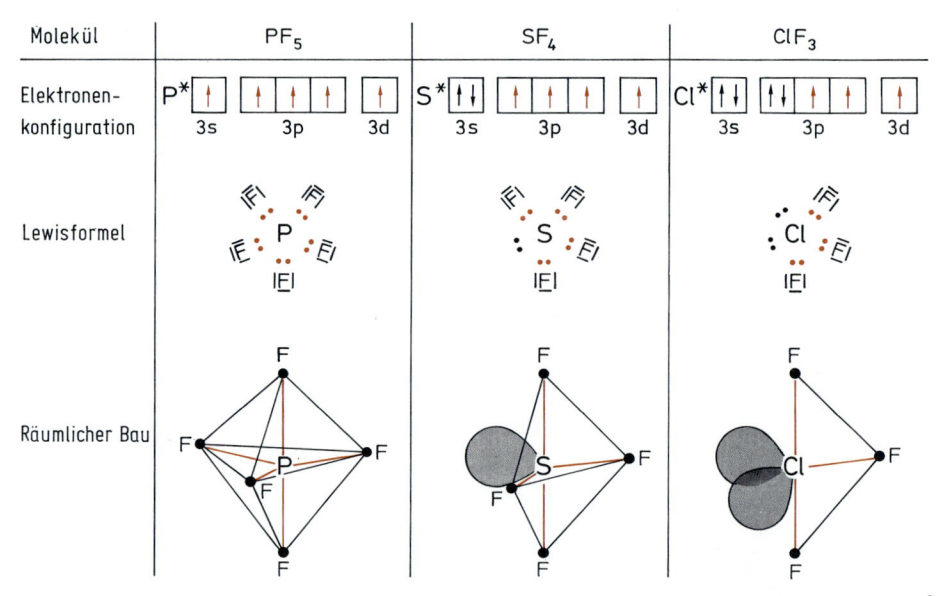

Abb. 2.37 Bei allen Molekülen werden von den fünf Elektronenpaaren des Zentralatoms dsp^3-Hybridorbitale gebildet, die auf die Ecken einer trigonalen Bipyramide gerichtet sind.

Es soll noch einmal zusammenfassend auf die wesentlichen Merkmale der Hybridisierung hingewiesen werden.

Die Anzahl gebildeter Hybridorbitale ist gleich der Anzahl der Atomorbitale, die an der Hybridbildung beteiligt sind.

2.2 Die Atombindung

Es kombinieren nur solche Atomorbitale zu Hybridorbitalen, die ähnliche Energien haben, z. B.: 2s, 2p; 3s, 3p, 3d; 3d, 4s, 4p.

Die Hybridisierung führt zu einer völlig neuen räumlichen Orientierung der Elektronenwolken.

Hybridorbitale besitzen größere Elektronenwolken als die nicht hybridisierten Orbitale. Eine Bindung mit Hybridorbitalen führt daher zu einer stärkeren Überlappung (Abb. 2.38) und damit *zu einer stärkeren Bindung*. Der Gewinn an zusätzlicher Bindungsenergie ist der eigentliche Grund für die Hybridisierung.

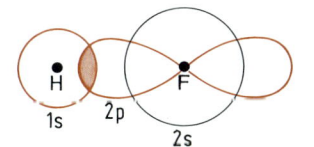

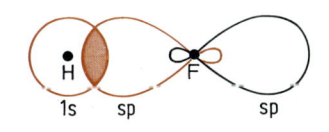

Abb. 2.38 Das 1s-Orbital von H überlappt mit einem sp-Hybridorbital von F stärker als mit einem 2p-Orbital von F, da die Elektronenwolke des sp-Orbitals in Richtung des H-Atoms größer ist als die des p-Orbitals. Hybrididisierung führt zu einem Gewinn an Bindungsenergie.

Der hybridisierte Zustand ist aber *nicht ein an einem isolierten Atom tatsächlich herstellbarer und beobachtbarer Zustand* wie z. B. der angeregte Zustand. Das Konzept der Hybridisierung hat nur für gebundene Atome eine Berechtigung. Bei der Verbindungsbildung treten im ungebundenen Atom weder der angeregte Zustand noch der hybridisierte Zustand als echte Zwischenprodukte auf. Es ist aber zweckmäßig, die Verbindungsbildung gedanklich in einzelne Schritte zu zerlegen und für die Atome einen hypothetischen *Valenzzustand* zu formulieren.

Für das Siliciumatom beispielsweise erhält man den Valenzzustand durch folgende Schritte aus dem Grundzustand.

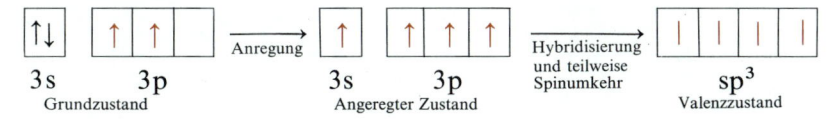

Im Valenzzustand sind die Spins der Valenzelektronen statistisch verteilt. Dies wird durch „Pfeile ohne Spitze" symbolisiert.

Das Hybridisierungsmodell ist anschaulich, es liefert richtige Voraussagen über die Struktur von Molekülen, aber man darf nicht vergessen, daß es wie alle Modelle Grenzen hat und den wirklichen Zustand nicht vollständig erfaßt. Experimentelle und theoretische Gründe sprechen dafür, daß der Anteil der d-Orbitale der Hauptgruppenelemente an den σ-Bindungen geringer ist als es das Hybridisierungsmodell annimmt. Für die Strukturen von PF_5 und SF_6 liefert z. B. das

MO-Modell (Abschn. 2.2.9) eine viel geringere d-Orbitalbeteiligung an den Bindungen.

2.2.6 π-Bindung

Im Molekül N_2 sind die beiden Stickstoffatome durch eine Dreifachbindung aneinander gebunden. Dadurch erreichen beide Stickstoffatome ein Elektronenoktett

|N≡N|

Die drei Bindungen im N_2-Molekül sind nicht gleichartig. Dies geht aus der Lewis-Formel nicht hervor, wird aber sofort klar, wenn man die Überlappung der an der Bindung beteiligten Orbitale betrachtet. Jedem N-Atom stehen drei p-Elektronen für Bindungen zur Verfügung. In der Abb. 2.39 sind die p-Orbitale

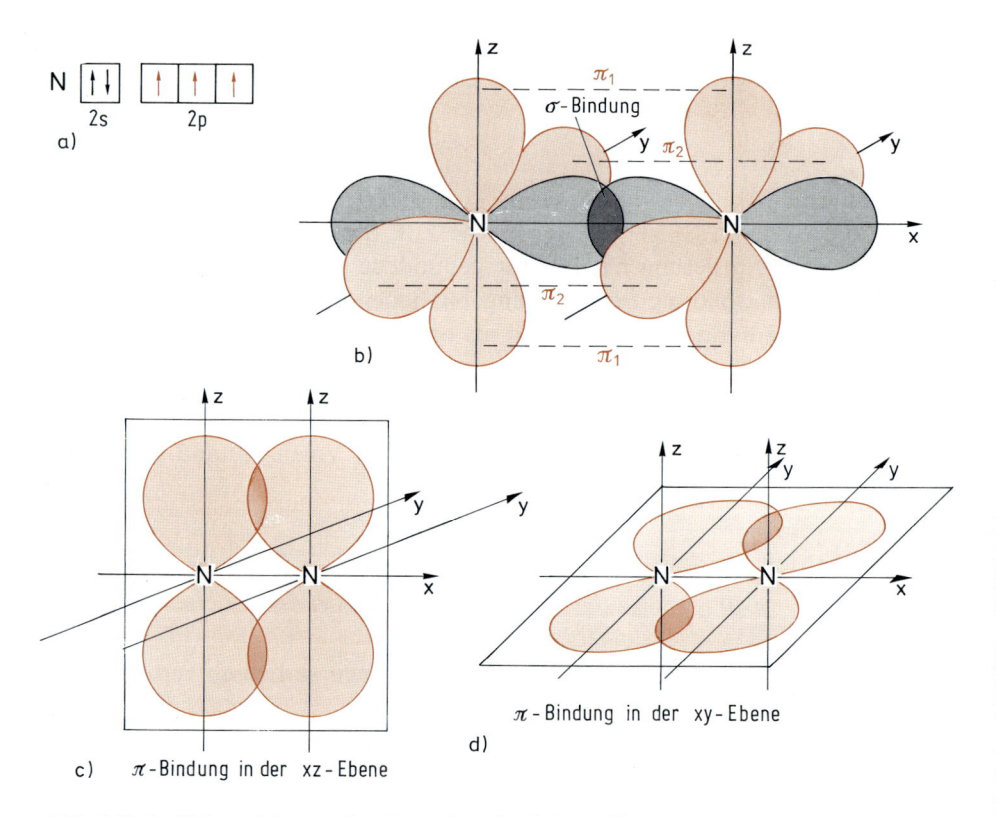

Abb. 2.39 a) Valenzelektronenkonfiguration des Stickstoffatoms.
b) Die p_x-Orbitale der N-Atome bilden durch Überlappung eine σ-Bindung.
c), d) Durch Überlappung der beiden p_z-Orbitale und der beiden p_y-Orbitale werden zwei π-Bindungen gebildet, die senkrecht zueinander orientiert sind. p-Orbitale, die π-Bindungen bilden liegen nicht rotationssymmetrisch zur Kernverbindungsachse.

2.2 Die Atombindung

der beiden N-Atome und ihre gegenseitige Orientierung zueinander dargestellt. Durch Überlappung der p_x-Orbitale, die in Richtung der Molekülachse liegen, wird eine σ-Bindung gebildet. Bei den senkrecht zur Molekülachse stehenden p_y- und p_z-Orbitalen kommt es zu einer anderen Art der Überlappung, die als π-Bindung bezeichnet wird. Die Dreifachbindung im N_2-Molekül besteht aus einer σ-Bindung und zwei äquivalenten π-Bindungen. Die beiden π-Bindungen sind senkrecht zueinander orientiert.

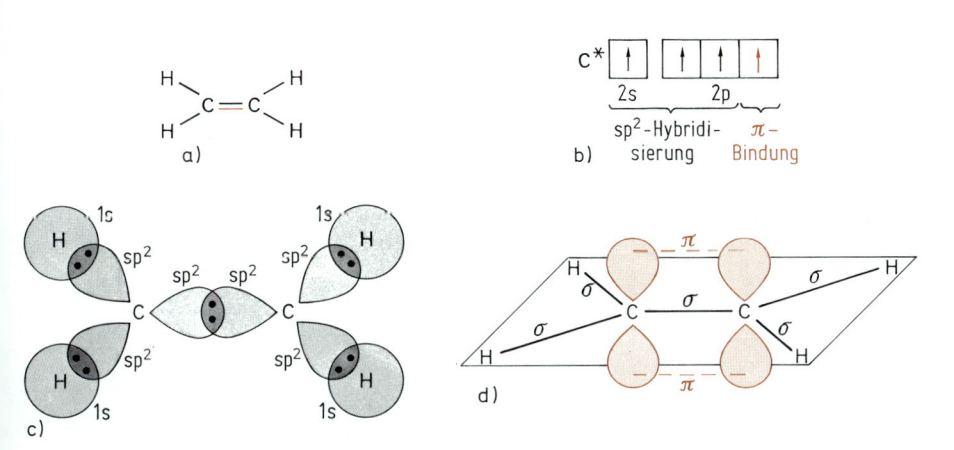

Abb. 2.40 Bindung in Ethen, C_2H_4.
a) Lewisformel.
b) Valenzelektronenkonfiguration des angeregten C-Atoms. Drei Valenzelektronen bilden sp^2-Hybridorbitale.
c) Jedes C-Atom bildet mit seinen drei sp^2-Hybridorbitalen drei σ-Bindungen.
d) Die p-Orbitale, die senkrecht zur Molekülebene stehen, bilden eine π-Bindung.

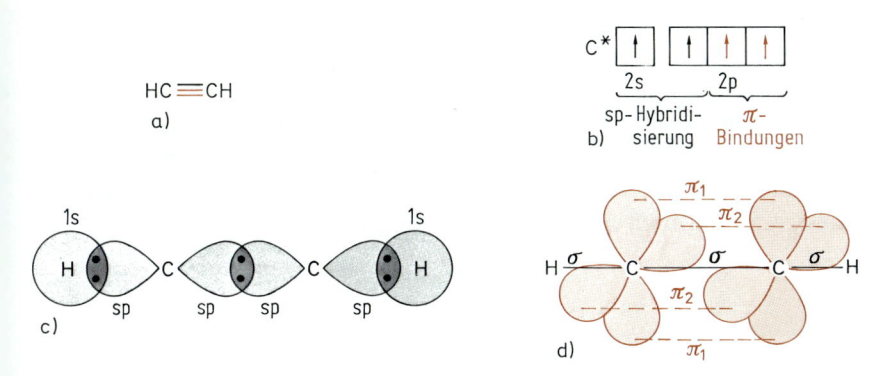

Abb. 2.41 Bindung in Ethin, C_2H_2.
a) Lewisformel.
b) Valenzelektronenkonfiguration des angeregten C-Atoms. Zwei Valenzelektronen bilden sp-Hybridorbitale.
c) Jedes C-Atom kann mit seinen zwei sp-Hybridorbitalen zwei σ-Bindungen bilden.
d) Die senkrecht zur Molekülebene stehenden p-Orbitale überlappen unter Ausbildung von zwei π-Bindungen.

Große Bedeutung haben π-Bindungen bei Kohlenstoffverbindungen. In den Abb. 2.40 und 2.41 sind die Bindungsverhältnisse für die Moleküle Ethen H$_2$C=CH$_2$ und Ethin (Acetylen) HC≡CH dargestellt.

Für das Auftreten von π-Bindungen gilt:

Einfachbindungen sind σ-Bindungen. Doppelbindungen bestehen aus einer σ-Bindung und einer π-Bindung, Dreifachbindungen aus einer σ-Bindung und zwei π-Bindungen. π-Bindungen, die durch Überlappung von p-Orbitalen gebildet werden, treten bevorzugt zwischen den Atomen C, O und N auf, also bei Elementen der 2. Periode (Doppelbindungsregel). Bei Atomen höherer Perioden ist die Neigung zu (p-p)π-Bindungen geringer, sie bilden häufig Einfachbindungen oder Doppelbindungen unter Beteiligung von d-Orbitalen.

Beispiele zur Doppelbindungsregel:

|N≡N| P₄-Tetraeder

Stickstoff besteht aus N$_2$-Molekülen, in denen die N-Atome durch eine σ-Bindung und zwei π-Bindungen aneinander gebunden sind. Weißer Phosphor besteht aus P$_4$-Molekülen, in denen jedes P-Atom drei σ-Bindungen ausbildet.

O=O   S$_8$-Ring

Sauerstoff besteht aus O$_2$-Molekülen. Die O-Atome sind durch eine σ- und eine π-Bindung aneinander gebunden (Zur Beschreibung des Moleküls O$_2$ mit der MO-Theorie vgl. Abschn. 2.2.9). Im Schwefel sind ringförmige Moleküle vorhanden, in denen die S-Atome durch σ-Bindungen verknüpft sind.

O=C=O   SiO$_2$-Struktur

2.2 Die Atombindung

Kohlenstoffdioxid besteht aus einzelnen CO_2-Molekülen. Das Kohlenstoffatom ist an die beiden Sauerstoffatome durch je eine σ- und eine π-Bindung gebunden. Im Gegensatz dazu besteht Siliciumdioxid nicht aus einzelnen SiO_2-Molekülen, sondern aus einem hochpolymeren Kristallgitter, in dem die Atome durch Einfachbindungen verbunden sind.

Von den Elementen der dritten Periode und höherer Perioden können Doppelbindungen unter Beteiligung von d-Orbitalen gebildet werden. Beispiele sind H_3PO_4, H_2SO_4 und $HClO_4$. Die Bindungsverhältnisse in diesen Verbindungen werden bei der Besprechung der Nichtmetalle behandelt.

Als *Bindungslänge* einer kovalenten Bindung wird der Abstand zwischen den Kernen der aneinander gebundenen Atome bezeichnet. Die Bindungslänge einer Einfachbindung zwischen zwei Atomen A und B ist in verschiedenen Verbindungen nahezu konstant und hat eine für diese Bindung charakteristische Größe. So wird z. B. für die C—C-Bindung in verschiedenen Verbindungen eine Bindungslänge von 154 pm gefunden. Die Bindungslängen hängen natürlich von der Größe der Atome ab: F—F < Cl—Cl < Br—Br < I—I; H—F < H—Cl < H—Br < H—I. Die Bindungslängen nehmen mit der Zahl der Bindungen ab. Doppelbindungen sind kürzer als Einfachbindungen, Dreifachbindungen kürzer als Doppelbindungen. In der Tabelle 2.9 sind einige Werte angegeben.

Für die kovalenten Bindungen lassen sich charakteristische mittlere *Bindungsenergien* ermitteln. Bei gleichen Bindungspartnern gilt für die Bindungsenergien: Einfachbindung < Doppelbindung < Dreifachbindung. Außer von der Bindungsordnung hängt die Bindungsenergie von der Bindungslänge und der Bindungspolarität ab. Die Reihe H—H, Cl—Cl, Br—Br, I—I ist ein Beispiel für die abnehmende Bindungsenergie mit zunehmender Bindungslänge. Die Zunahme der Bindungsenergie mit zunehmender Bindungspolarität wird im Abschn. 2.2.11 Elektronegativität diskutiert.

Tabelle 2.9 Bindungslängen in 10^{-10} m und Bindungsenergien bei 298 K in $kJ mol^{-1}$ einiger kovalenter Bindungen

Bindung	Bindungslänge	Bindungsenergie	Bindung	Bindungslänge	Bindungsenergie
H—H	0,74	436	C—H	1,09	416
F—F	1,42	158	N—H	1,01	391
Cl—Cl	1,99	244	O—H	0,96	463
Br—Br	2,28	193	F—H	0,92	565
I—I	2,67	151	Cl—H	1,27	429
C—C	1,54	345	Br—H	1,41	365
C=C	1,34	615	I—H	1,61	297
C≡C	1,20	811	C—O	1,43	358
O=O	1,21	498	C=O	1,20	708
N≡N	1,10	945	C—N	1,47	305

Auffallend klein ist die Bindungsenergie von F—F. Trotz der kleineren Bindungslänge ist die Bindungsenergie von F—F kleiner als die der Homologen Cl—Cl und Br—Br und fast gleich der von I—I. Hauptursache ist die gegenseitige Abstoßung der nichtbindenden Elektronenpaare, die wegen des kleinen Kernabstands wirksam wird. Aus demselben Grund sind auch die Bindungsenergien —O—O—, $>$N—N$<$ klein. Diese Anomalie ist eine wesentliche Ursache dafür, daß F_2 sehr reaktionsfähig ist und H_2O_2 und N_2H_4 thermodynamisch instabil sind.

2.2.7 Mesomerie

Statt Mesomerie ist auch der Begriff Resonanz gebräuchlich. Eine Reihe von Molekülen und Ionen werden durch eine einzige Lewis-Formel unzureichend beschrieben. Dies soll am Beispiel des Ions CO_3^{2-} diskutiert werden.

Lewis-Formel von CO_3^{2-}:

Ein s- und zwei p-Orbitale des angeregten C-Atoms hybridisieren zu drei sp^2-Hybridorbitalen. Durch Überlappung mit den p-Orbitalen der drei Sauerstoffatome entstehen drei σ-Bindungen. In Übereinstimmung damit ergeben die Experimente, daß CO_3^{2-} ein planares Ion mit O—C—O-Winkeln von 120° ist. Das dritte p-Elektron bildet mit einem Sauerstoffatom eine π-Bindung.

Die Experimente zeigen jedoch, daß alle C—O-Bindungen gleich sind, und daß alle O-Atome die gleiche negative Ladung besitzen. Zur Beschreibung des Ions reicht eine einzige Lewis-Formel nicht aus, man muß drei Lewis-Strukturen kombinieren, die man als *mesomere Formen (Grenzstrukturen, Resonanzstrukturen)* bezeichnet:

Das bedeutet nicht, daß das CO_3^{2-}-Ion ein Gemisch aus drei durch die Formeln wiedergegebenen Ionensorten ist. *Real ist nur ein Zustand. Das Zeichen ↔ bedeutet, daß dieser eine wirkliche Zustand nicht durch eine der Formeln allein beschrieben werden kann, sondern einen Zwischenzustand darstellt, den man sich am besten durch die Überlagerung mehrerer Grenzstrukturen vorstellen kann.*

Das heißt im Fall des CO_3^{2-}-Ions, daß die tatsächliche Elektronenverteilung zwischen den Elektronenverteilungen der Grenzformeln liegt. Sowohl die Dop-

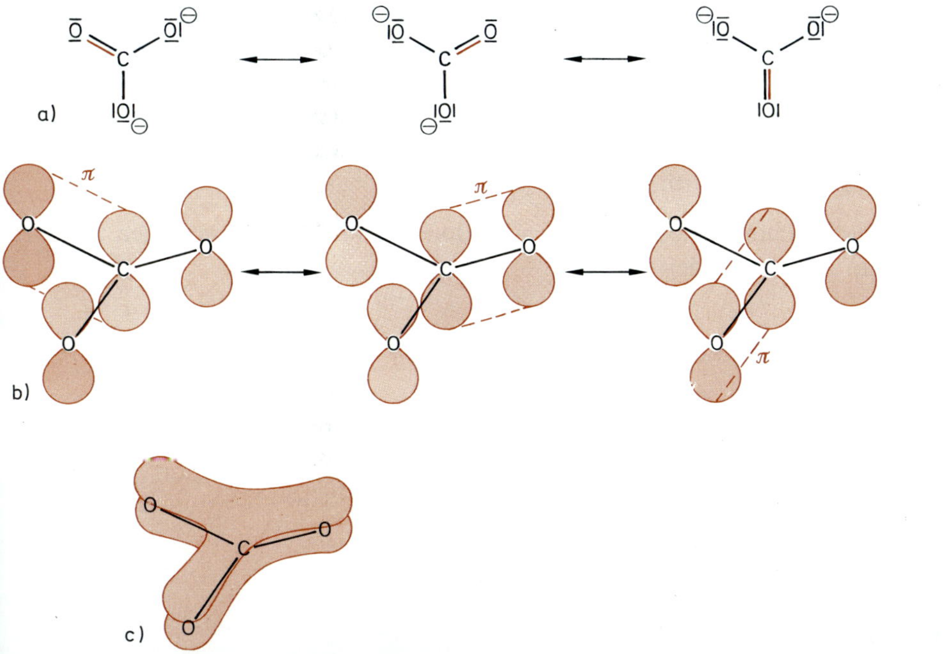

2.2 Die Atombindung

Abb. 2.42 a) Grenzstrukturen des CO_3^{2-}-Ions.
b) Die Darstellung der zur π-Bindung geeigneten p-Orbitale zeigt, daß eine Überlappung des Kohlenstoff-p-Orbitals mit den p-Orbitalen aller drei Sauerstoffatome gleich wahrscheinlich ist.
c) zeigt, daß durch diese Überlappung ein über das gesamte Ion delokalisiertes π-Bindungssystem entsteht.

pelbindung als auch die negativen Ladungen sind über das ganze Ion verteilt, sie sind delokalisiert (Abb. 2.42 b, c). Die Bindungslängen der C—O-Einfachbindung und der C=O-Doppelbindung betragen 143 pm bzw. 120 pm. Die Bindungslänge im CO_3^{2-}-Ion liegt mit 131 pm dazwischen.

Weitere Beispiele für Mesomerie:

Salpetersäure

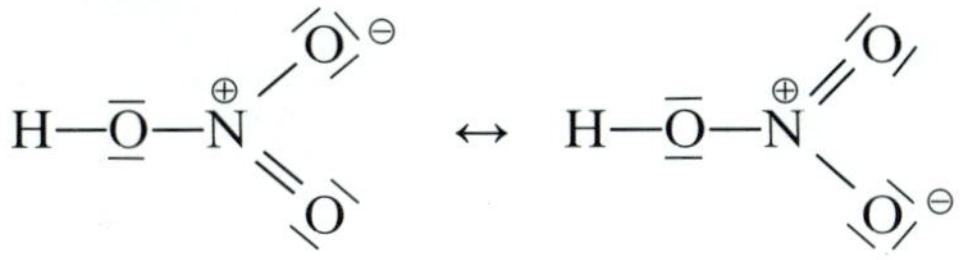

Kohlendioxid

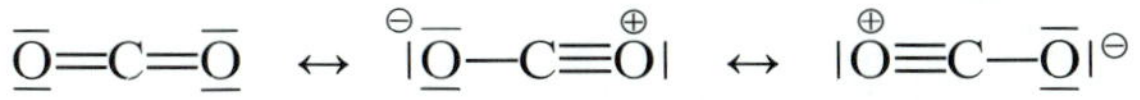

Benzol

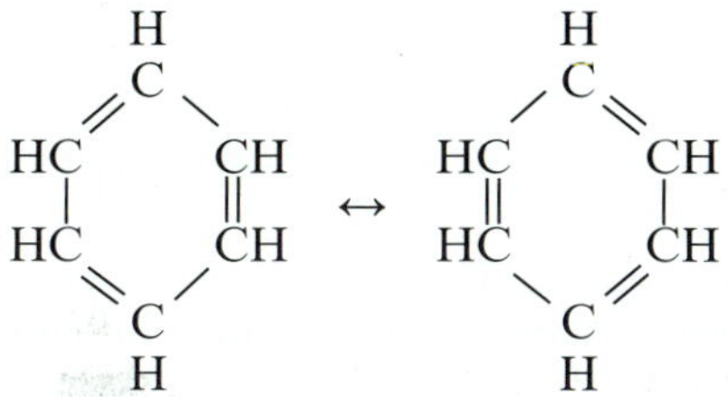

Die Resonanzstrukturen eines Moleküls dürfen sich nur in den Elektronenverteilungen unterscheiden, die Anordnung der Atomkerne muß dieselbe sein. Durch Mesomerie erfolgt eine Stabilisierung des Moleküls. Der Energieinhalt des tatsächlichen Moleküls ist kleiner als der jeder Grenzstruktur. Die Stabilisierungsenergie relativ zur energieärmsten Grenzstruktur wird Resonanzenergie genannt. Sie beträgt z. B. für Benzol 151 kJ/mol.

Die Beschreibung delokalisierter π-Bindungen mit Molekülorbitalen wird in Abschn. 2.2.9 behandelt.

2.2.8 Atomkristalle, Molekülkristalle

In einem Atomkristall sind die Gitterbausteine Atome, sie sind durch kovalente Bindungen dreidimensional verknüpft. Die Elemente der 4. Hauptgruppe C, Si, Ge, Sn kristallisieren in einem Atomgitter mit tetraedrischer Koordination der Atome. Nach der Kohlenstoffmodifikation Diamant wird dieser Gittertyp als **Diamant-**

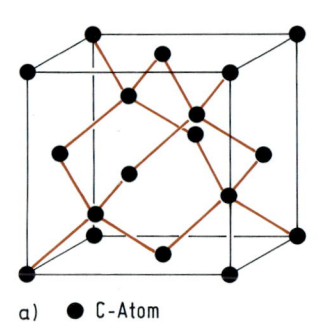

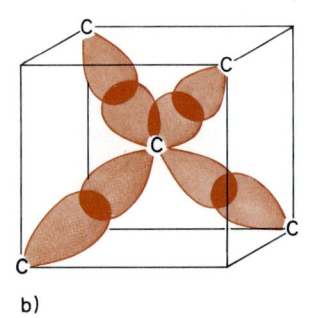

a) ● C-Atom   b)

Abb. 2.43 a) Diamantgitter. Jedes C-Atom ist von vier C-Atomen tetraedrisch umgeben.
b) Jedes C-Atom ist durch vier σ-Bindungen an Nachbaratome gebunden. Die C—C-Bindungen kommen durch Überlappung tetraedrisch ausgerichteter sp³-Hybridorbitale zustande.

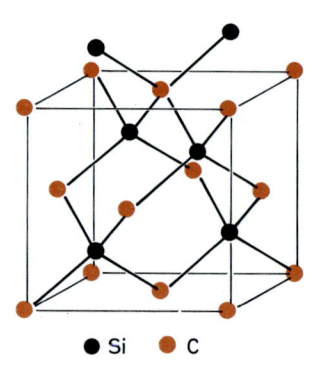

● Si   ● C

Abb. 2.44 Zinkblendegitter. Jedes Si-Atom ist tetraedrisch von vier C-Atomen umgeben, ebenso jedes C-Atom von vier Si-Atomen. Die Bindungen entstehen durch Überlappung von sp³-Hybridorbitalen.

2.2 Die Atombindung

Struktur bezeichnet (Abb. 2.43a). In der Diamant-Struktur ist jedes Atom durch vier σ-Bindungen an seine Nachbaratome gebunden. Die Bindungen kommen durch Überlappung tetraedrisch ausgerichteter sp³-Hybridorbitale zustande (2.43b). Die Koordinationszahl ist also durch die Zahl der Atombindungen festgelegt. Da die C—C-Bindungen sehr fest sind, ist Diamant eine hochschmelzende, sehr harte, nichtleitende Substanz. Eng verwandt mit der Diamant-Struktur ist die **Zinkblende-Struktur** (Abb. 2.44). In einem Atomgitter mit Zinkblende-Struktur kristallisieren z. B. SiC, AlP, AlAs, BN, ZnS, CuI. In diesen Verbindungen ist die Summe der Valenzelektronen beider Atome acht. Jedes Atom ist wie im Diamant durch vier sp³-Hybridorbitale an die Nachbaratome gebunden. Im zweidimensionalen Bild lassen sich die Bindungsverhältnisse folgendermaßen darstellen:

$$
\begin{array}{c}
\overset{|}{-P^\oplus}-\overset{|}{Al^\ominus}- \\
\overset{|}{-P^\oplus}-\overset{|}{Al^\ominus}-\overset{|}{P^\oplus}-\overset{|}{Al^\ominus}- \\
\overset{|}{-P^\oplus}-\overset{|}{Al^\ominus}-
\end{array}
$$

Kovalente Bindungen sind gerichtet, ihre Wirkung beschränkt sich auf die Atome, die durch gemeinsame Elektronenpaare aneinander gebunden sind. In Molekülen sind daher die Atome bindungsmäßig abgesättigt. Zwischen den Molekülen können keine Atombindungen gebildet werden. *Molekülkristalle sind aus Molekülen aufgebaut, zwischen denen nur schwache zwischenmolekulare Bindungskräfte existieren.* Molekülkristalle haben daher niedrige Schmelzpunkte und sind meist weich. Molekülkristalle sind Nichtleiter. Die Natur der zwischenmolekularen Bindungskräfte wird in Abschn. 2.3 näher besprochen.

Abb. 2.45 zeigt als Beispiel das Molekülgitter von CO_2. Innerhalb der CO_2-Moleküle sind starke Atombindungen vorhanden, zwischen den CO_2-Mole-

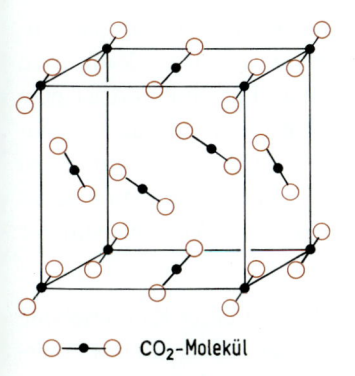

O—•—O CO_2-Molekül

Abb. 2.45 Molekülgitter von CO_2. Zwischen den CO_2-Molekülen sind nur schwache zwischenmolekulare Bindungskräfte vorhanden, während innerhalb der CO_2-Moleküle starke Atombindungen auftreten.

külen nur schwache Anziehungskräfte. Festes CO_2 sublimiert daher schon bei $-78\,°C$. Dabei verlassen CO_2-Moleküle die Oberfläche des Kristalls und bilden ein Gas aus CO_2-Molekülen.

Sind Atome durch kovalente Bindungen eindimensional verknüpft, entstehen *Kettenstrukturen*. Innerhalb der Ketten sind starke Atombindungen vorhanden, zwischen den Ketten schwache van der Waals-Kräfte. Sind Atome durch kovalente Bindungen zweidimensional verknüpft, entstehen *Schichtenstrukturen*. Die Schichten sind durch schwache van der Waals-Kräfte aneinander gebunden. Beispiele sind die Elemente der 6. und 5. Hauptgruppe (vgl. Abb. 4.2 und Abb. 4.5).

2.2.9* Molekülorbitale

Die Valenzbindungstheorie geht von einzelnen Atomen aus, berücksichtigt die Wechselwirkung der Atome bei ihrer Annäherung und erklärt die Bindung durch die Überlappung bestimmter dafür geeigneter Atomorbitale.

Die Molekülorbitaltheorie geht von einem einheitlichen Elektronensystem des Moleküls aus. Die Elektronen halten sich nicht in Atomorbitalen auf, die zu bestimmten Kernen gehören, sondern in Molekülorbitalen, die sich über das ganze Molekül erstrecken und die sich im Feld mehrerer Kerne befinden.

Hält sich ein Elektron gerade in der Nähe eines Kernes auf, so wird es von den anderen Kernen wenig beeinflußt werden. Bei Vernachlässigung dieses Einflusses verhält sich das Elektron so, als ob es sich in einem Atomorbital des Kerns befände. Das Molekülorbital in der Nähe des Kerns ist näherungsweise gleich einem Atomorbital. *Molekülorbitale sind* daher *in der einfachsten Näherung Linearkombinationen von Atomorbitalen.* Man nennt diese Methode, Molekülorbitale aufzufinden, abgekürzt LCAO-Näherung (linear combination of atomic orbitals).

Die Ermittlung der Molekülorbitale für das Wasserstoffmolekül H_2 ist anschaulich in der Abb. 2.46 dargestellt. Die 1s-Orbitale der beiden H-Atome kann man auf zwei Arten miteinander kombinieren. Die erste Linearkombination ist eine Addition. Sie führt zu einem Molekülorbital, in dem die Elektronendichte zwischen den Kernen der Wasserstoffatome konzentriert ist. Dadurch kommt es zu einer starken Anziehung zwischen den Kernen und den Elektronen. Man nennt dieses Molekülorbital daher *bindendes MO*. Elektronen in diesem MO sind stabiler als in den 1s-Atomorbitalen (Abb. 2.47).

Die Subtraktion der 1s-Atomorbitale führt zu einem MO mit einer Knotenebene zwischen den Kernen. Die Elektronen halten sich bevorzugt außerhalb des Überlappungsbereiches auf, das Energieniveau des Molekülorbitals liegt über denen der 1s-Atomorbitale. Dieses MO nennt man daher *antibindendes MO*. Antibindende Molekülorbitale werden mit einem * bezeichnet.

2.2 Die Atombindung

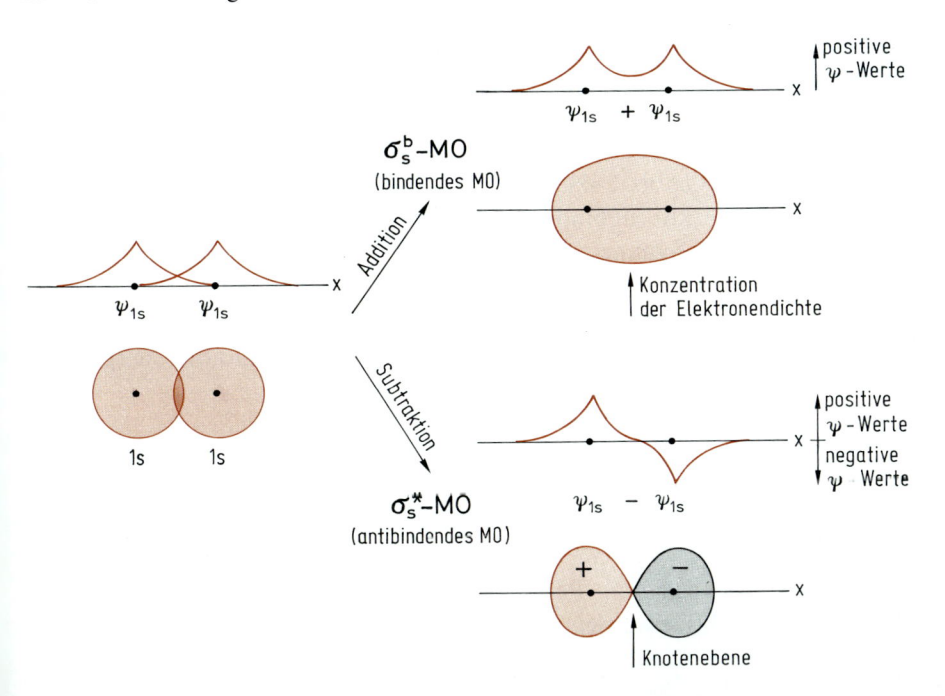

Abb. 2.46 Linearkombination von 1s-Atomorbitalen zu Molekülorbitalen. Dargestellt ist sowohl der Verlauf der Wellenfunktion ψ als auch die räumliche Form der Elektronenwolken der Molekülorbitale. Beide MOs besitzen σ-Symmetrie, d.h. sie sind rotationssymmetrisch in Bezug auf die x-Achse.

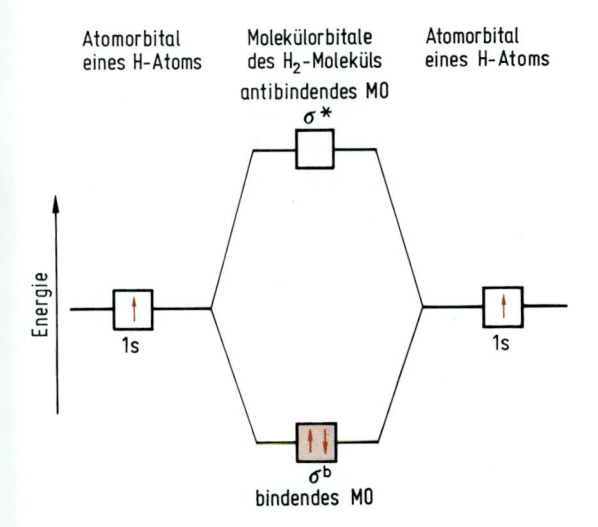

Abb. 2.47 Energieniveaudiagramm des H_2-Moleküls. Durch Linearkombination der 1s-Orbitale der H-Atome entstehen ein bindendes und ein antibindendes MO. Im Grundzustand besetzen die beiden Elektronen des H_2-Moleküle das σ^b-MO. Dies entspricht einer σ-Bindung.

Die Besetzung der Molekülorbitale mit den Elektronen des Moleküls erfolgt unter Berücksichtigung des Pauli-Prinzips und der Hundschen Regel. Aufgrund des Pauli-Verbots kann jedes MO nur mit zwei Elektronen antiparallelen Spins besetzt werden. Das H_2-Molekül besitzt zwei Elektronen. Sie besetzen das energieärmere bindende MO (Abb. 2.47). Die Elektronenkonfiguration ist $(\sigma^b)^2$. Es existiert also im H_2-Molekül ein bindendes Elektronenpaar mit antiparallelen Spins in einem Orbital mit σ-Symmetrie. Die Ergebnisse der MO-Theorie und der VB-Theorie sind äquivalent: Im H_2-Molekül existiert eine σ-Bindung, die durch ein gemeinsames, zum gesamten Molekül gehörendes Elektronenpaar zustandekommt (vgl. Abschn. 2.2.4). Mit beiden Theorien kann die Bindungsenergie richtig berechnet werden.

Das Energieniveaudiagramm der Abb. 2.47 erklärt, warum ein Molekül He_2 nicht existiert. Da sowohl das bindende als auch das antibindende Molekülorbital mit je zwei Elektronen besetzt sein müßten, tritt keine Bindungsenergie auf.

Bei den Elementen der zweiten Periode müssen außer den s-Orbitalen auch die p-Orbitale berücksichtigt werden. *Es lassen sich nicht beliebige Atomorbitale zu Molekülorbitalen kombinieren, sondern nur Atomorbitale vergleichbarer Energie und gleicher Symmetrie bezüglich der Kernverbindungsachse.* Die Kombination eines p_x-Orbitals mit einem p_z-Orbital z.B. ergibt kein MO, die Gesamtüberlappung ist null, es tritt keine bindende Wirkung auf (Abb. 2.48). Die möglichen Linearkombinationen zweier p-Atomorbitale sind in der Abb. 2.49 dargestellt. Es entstehen zwei Gruppen von Molekülorbitalen, die sich in der Symmetrie ihrer Elektronenwolken unterscheiden.

Bei den aus p_x-Orbitalen gebildeten Molekülorbitalen ist die Symmetrie ebenso wie bei den aus s-Orbitalen gebildeten MOs rotationssymmetrisch in bezug auf die Kernverbindungsachse des Moleküls. Als Kernverbindungsachse ist die x-Achse gewählt. Wegen der gleichen Symmetrie werden diese MOs gemeinsam als *σ-Molekülorbitale* bezeichnet. Die Linearkombination der p_y und der p_z-Atom-

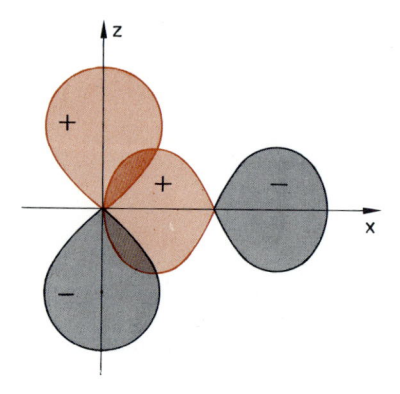

Abb. 2.48 Die Kombination eines p_z- und eines p_x-Orbitals ergibt kein MO. Die Gesamtüberlappung ist null (vgl. Kap. 2.2.4).

2.2 Die Atombindung

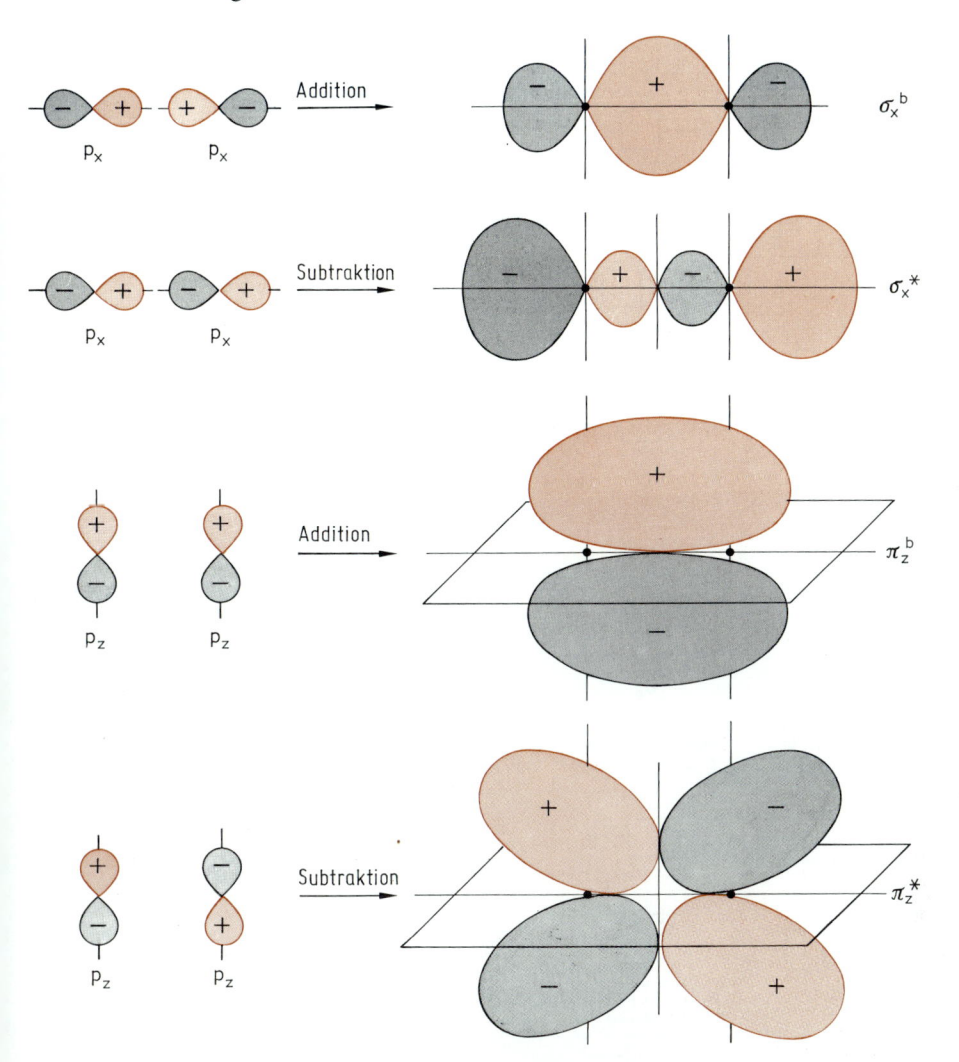

Abb. 2.49 Bildung von Molekülorbitalen aus p-Atomorbitalen. Nur die σ-MOs sind rotationssymmetrisch zur Kernverbindungsachse. Die durch Linearkombination der p_z-Orbitale gebildeten π_z^b- und π_z^*-MOs sind den π_y^b- und π_y^*-MOs äquivalent und bilden mit diesen Winkel von 90°. Bei den bindenden MOs ist die Elektronendichte zwischen den Kernen erhöht, bei den antibindenden MOs sind zwischen den Kernen Knotenflächen vorhanden.

orbitale führt zu einem anderen MO-Typ. Die Ladungswolken sind nicht mehr rotationssymmetrisch zur x-Achse. Diese MOs werden *π-Molekülorbitale* genannt.

Bei allen Linearkombinationen führt die Addition zu den stabilen, bindenden Molekülorbitalen, bei denen die Elektronendichte zwischen den Kernen konzentriert ist. Die π_y- und π_z-Molekülorbitale haben Ladungswolken gleicher Gestalt, die nur um 90° gegeneinander verdreht sind. Bei der Bildung der bindenden π_y^b-

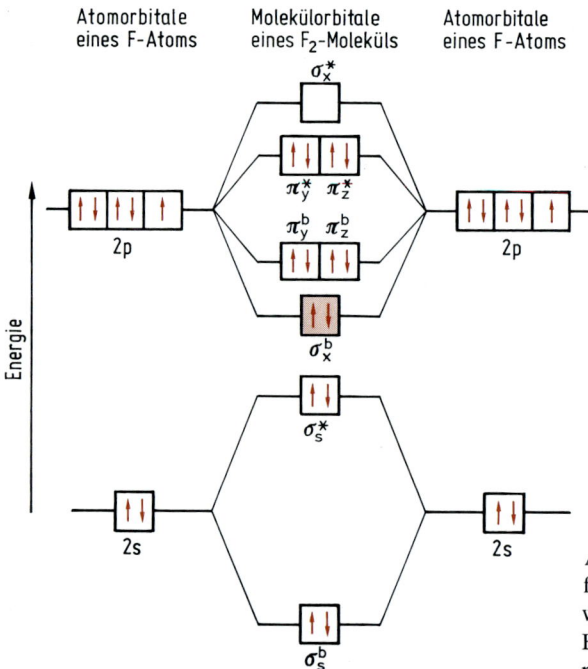

Abb. 2.50 Energieniveaudiagramm für das F_2-Molekül. Ein Energiegewinn entsteht nur durch die Besetzung des σ_x^b-MOs, das aus den p_x-Orbitalen gebildet wird.

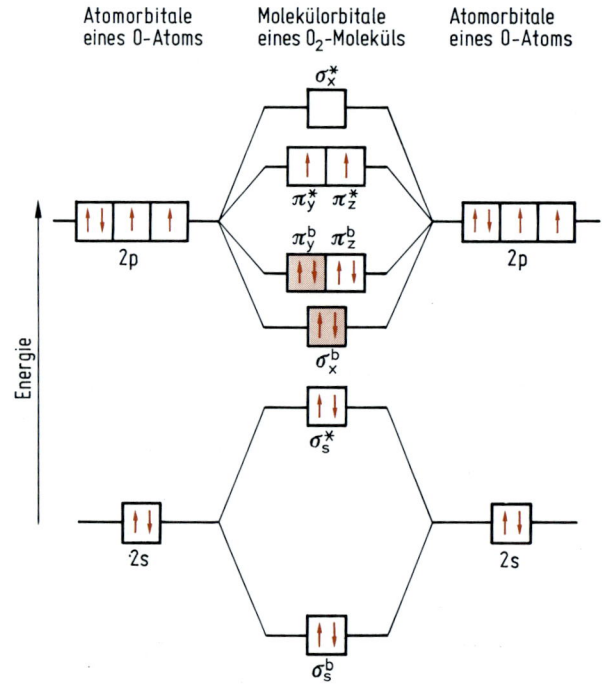

Abb. 2.51 Energieniveaudiagramm für das O_2-Molekül. Bindungsenergie entsteht durch die Besetzung des σ_x^b- und eines π^b-Orbitals. Die ungepaarten Elektronen im π_y^*- und π_z^*-MO sind für den Paramagnetismus des O_2-Moleküls verantwortlich.

2.2 Die Atombindung

und π_z^b-MOs erfolgt daher dieselbe Energieerniedrigung, bei der Bildung der antibindenden π_y^*- und π_z^*-MOs dieselbe Energieerhöhung.

In den Abb. 2.50 und 2.51 sind die Energieniveaudiagramme für die Moleküle F_2 und O_2 dargestellt. Da beim Fluor und beim Sauerstoff die Energiedifferenz zwischen den 2s- und den 2p-Atomorbitalen groß ist, erfolgt keine Wechselwirkung zwischen den 2s- und 2p$_x$-Orbitalen. Die 2s-Orbitale kombinieren daher nur miteinander zu den σ_s^b- und σ_s^*-MOs und die 2p$_x$-Orbitale miteinander zu den σ_x^b- und σ_x^*-MOs. Bei gleichem Kernabstand und gleicher Orbitalenergie ist die Überlappung zweier σ-Orbitale stärker als die zweier π-Orbitale, das σ_x^b-MO ist daher stabiler als die entarteten $\pi_{y,z}^b$-MOs.

Die 14 Valenzelektronen des F_2-Moleküls besetzen die 7 energieärmsten Molekülorbitale. F_2 hat die Elektronenkonfiguration

$$(\sigma_s^b)^2 (\sigma_s^*)^2 (\sigma_x^b)^2 (\pi_{y,z}^b)^4 (\pi_{y,z}^*)^4$$

Die Bindungsenergie entsteht durch die Besetzung des σ_x^b-Molekülorbitals. In Übereinstimmung mit der Valenzbindungstheorie gibt es eine σ-Bindung.

Das O_2-Molekül hat die Elektronenkonfiguration

$$(\sigma_s^b)^2 (\sigma_s^*)^2 (\sigma_x^b)^2 (\pi_{y,z}^b)^4 (\pi_y^*)^1 (\pi_z^*)^1$$

Die Bindungsenergie entsteht durch die Besetzung des σ_x^b- und eines π^b-Molekülorbitals. Die Elektronen im π_y^*- und im π_z^*-MO haben aufgrund der Hundschen Regel den gleichen Spin. Substanzen mit ungepaarten Elektronen sind paramagnetisch. Die MO-Theorie kann im Gegensatz zur VB-Theorie den experimentell festgestellten Paramagnetismus des O_2-Moleküls erklären (vgl. Abschn. 4.5.2).

Bei kleinen Energiedifferenzen 2s–2p tritt eine Wechselwirkung zwischen den 2s- und den 2p-Orbitalen auf. Die σ^b- und σ^*-MOs besitzen jetzt keinen reinen s- oder p-Charakter mehr, sondern sind s-p-Hybridorbitale. Die Hybridisierung führt zu einer Stabilisierung der σ_s-MOs und zu einer Destabilisierung der σ_x-MOs, dadurch werden die $\pi_{y,z}^b$-MOs stabiler als das σ_x^b-MO. Die Energiedifferenz 2s–2p nimmt vom Neonatom zum Boratom von 25 eV auf 3 eV ab. Für das N_2-Molekül erhält man daher das unter Berücksichtigung der 2s-2p-Wechselwirkung aufgestellte Energieniveaudiagramm der Abb. 2.52. Die Elektronenkonfiguration ist

$$(\sigma_s^b)^2 (\sigma_s^*)^2 (\pi_{y,z}^b)^4 (\sigma_x^b)^2$$

Im N_2-Molekül gibt es in Übereinstimmung mit der VB-Theorie eine σ-Bindung und zwei π-Bindungen.

Im Abschnitt 2.2.7 sahen wir, daß zur *Beschreibung delokalisierter π-Bindungen* eine einzige Lewis-Formel nicht ausreicht, sondern mehrere mesomere Grenzstrukturen notwendig sind. Beispielsweise gibt es im CO_3^{2-}-Ion eine π-Bindung, die über das ganze Ion verteilt ist und dementsprechend drei Grenzstrukturen:

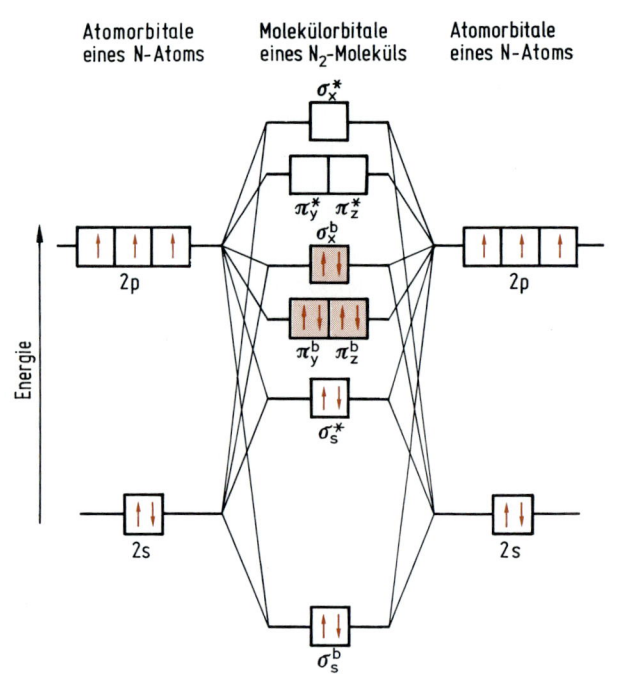

Abb. 2.52 Energieniveauschema des N_2-Moleküls. Die Besetzung der MOs zeigt, daß im N_2-Molekül eine σ-Bindung und zwei π-Bindungen existieren. Auf Grund der Wechselwirkung zwischen den 2s- und den $2p_x$-Orbitalen sind das π_y^b- und das π_z^b-MO stabiler als das σ_x^b-MO.

Nach der Molekülorbitaltheorie befindet sich das delokalisierte Elektronenpaar, das alle vier Atome aneinander bindet (Mehrzentrenbindung), in einem Molekülorbital, das sich über das ganze Ion erstreckt. In der Abb. 2.42c ist dieses π-MO anschaulich dargestellt.

Im Benzolmolekül bilden die sechs senkrecht zur Molekülebene stehenden p_z-Orbitale sechs sich über das gesamte Benzolmolekül erstreckende π-Molekülorbitale (Abb. 2.53). Davon sind im Grundzustand die drei energieärmsten bindenden MOs mit je einem Elektronenpaar besetzt (Abb. 2.53c), die drei π-Bindungen sind vollständig delokalisiert. Die folgenden Strukturformeln bringen dies zum Ausdruck.

2.2 Die Atombindung

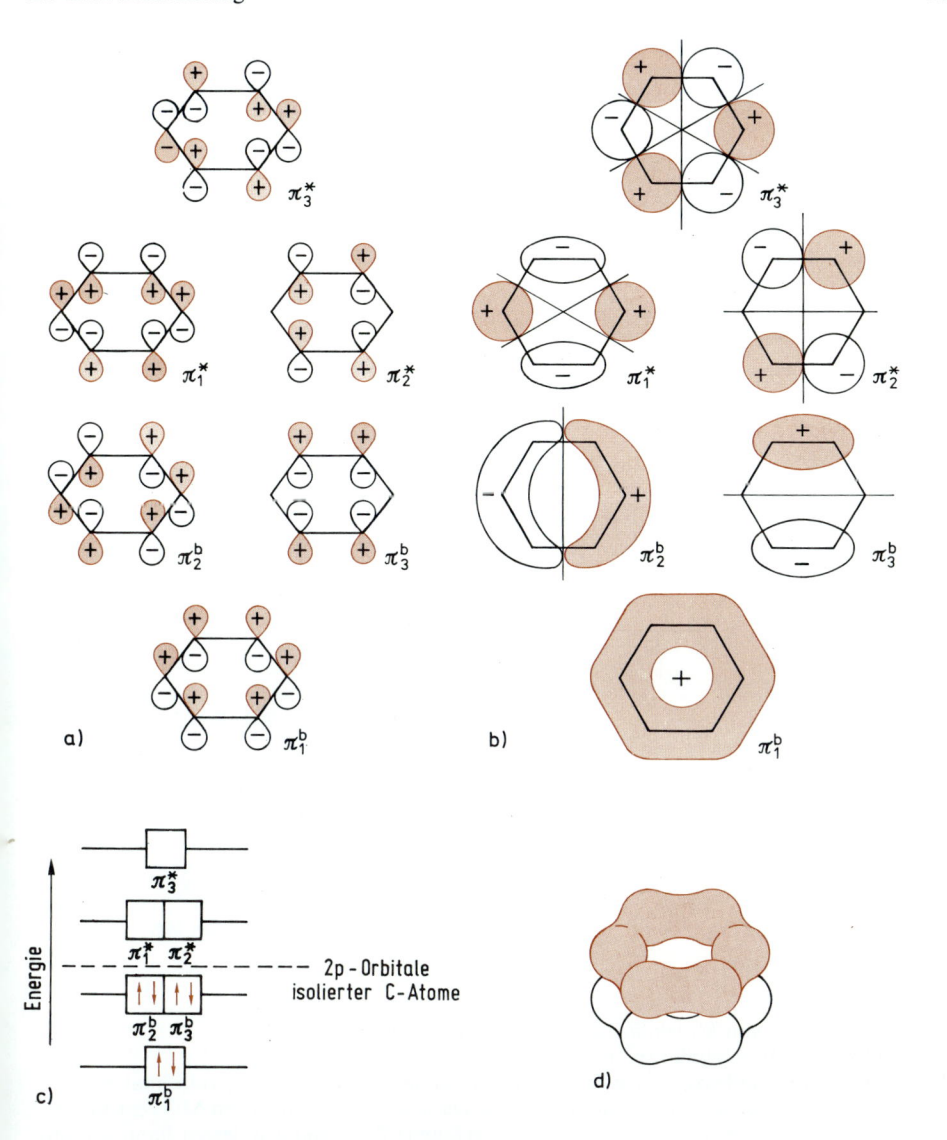

Abb. 2.53 π-Molekülorbitale des Benzolmoleküls.
a) Zur Kombination geeignete π-Atomorbitale des Benzols.
b) Aufsicht auf die sechs π-Molekülorbitale des Benzols. Alle MOs haben eine Knotenebene in der Papierebene. Unterhalb dieser Knotenebene befinden sich dieselben Elektronenwolken, die Wellenfunktion hat das entgegengesetzte Vorzeichen.
c) Energieniveaudiagramm und Besetzung der π-MOs.
d) Räumliche Darstellung der beiden ringförmigen Ladungswolken des π_1^b-Molekülorbitals.

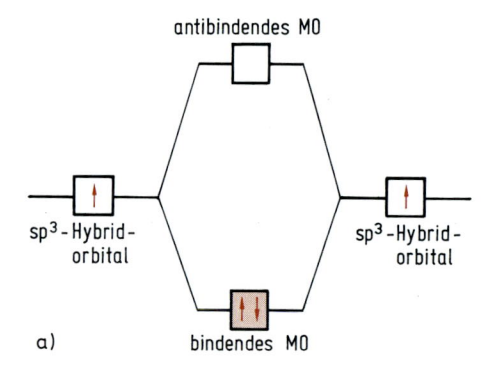

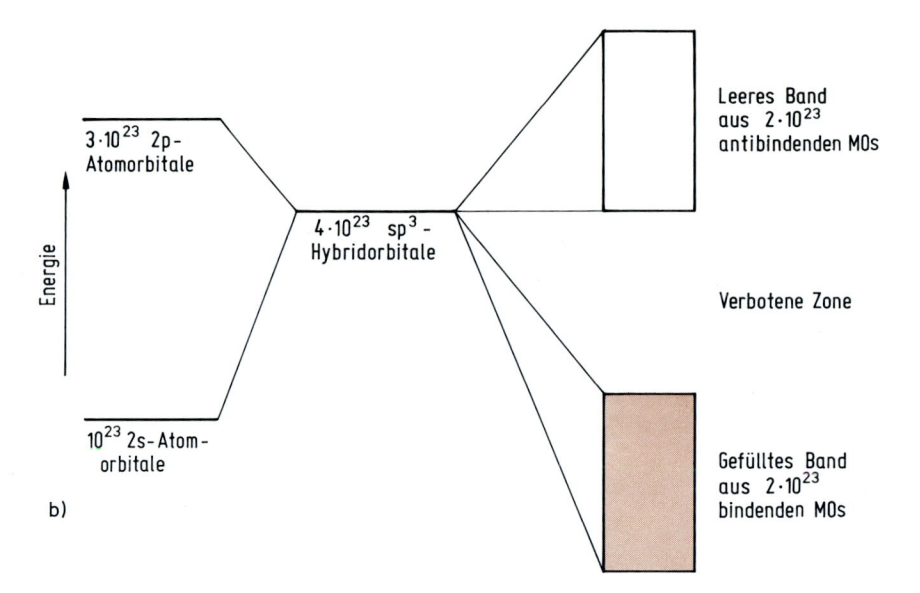

Abb. 2.54 Bildung von Molekülorbitalen im Diamantkristall.
a) Linearkombination zweier sp³-Hybridorbitale.
b) Im Diamantkristall spalten die durch Linearkombination von sp³-Hybridorbitalen der C-Atome gebildeten Molekülorbitale in Bänder auf. Da das aus den bindenden MOs entstandene Band vollständig besetzt und durch eine breite verbotene Zone von dem leeren Band der antibindenden MOs getrennt ist, ist Diamant ein Isolator.

Der Energiegewinn aufgrund der Delokalisierung der π-Elektronen – die Mesomerieenergie – ist im Falle des Benzols besonders hoch, er beträgt 151 kJ mol⁻¹ und erklärt die große Stabilität dieses aromatischen Systems.

In Festkörpern erstrecken sich die Molekülorbitale über den gesamten Kristall. Im Graphit bilden die senkrecht zu einer ebenen Schicht des Gitters stehenden p-Orbitale π-Molekülorbitale, die über die gesamte Schicht ausgedehnt sind (vgl. Abb. 4.8 und Abschn. 4.7.2). Das Zustandekommen der Molekülorbitale im Dia-

2.2 Die Atombindung

mantkristall (vgl. Abb. 2.43, Abschn. 2.2.8 und Abschn. 4.7.2) ist schematisch in der Abb. 2.54 dargestellt. Bei der Linearkombination von sp^3-Hybridorbitalen zweier C-Atome entstehen ein bindendes und ein antibindendes MO. Sind in einem Diamantkristall 10^{23} C-Atome vorhanden, die miteinander in Wechselwirkung treten, so erhält man aus den vier pro C-Atom vorhandenen sp^3-Hybridorbitalen $4 \cdot 10^{23}$ Molekülorbitale, die sich über den gesamten Kristall erstrecken. Davon bilden $2 \cdot 10^{23}$ eine dichte Folge bindender MOs (Valenzband), die anderen $2 \cdot 10^{23}$ ein Band, das aus antibindenden MOs besteht (Leitungsband). Die bindenden MOs des Valenzbandes sind vollständig besetzt und durch eine 5 eV breite Lücke (verbotene Zone) von den unbesetzten MOs des Leitungsbandes getrennt. Diamant ist daher ein Isolator. In Eigenhalbleitern sind die bindenden und die antibindenden MOs nur durch eine schmale verbotene Zone getrennt, und einige Elektronen des Valenzbandes besitzen genügend thermische Energie, um die verbotene Zone zu überspringen und in das Leitungsband zu gelangen. In Metallkristallen bilden die Molekülorbitale ein einheitliches Band, das nur teilweise mit Elektronen besetzt ist. In Stoffen mit nur zum Teil besetzten Bändern können sich die Elektronen durch den gesamten Kristall bewegen, sie sind daher Elektronenleiter. Das Energiebändermodell von Metallen, Isolatoren und Halbleitern wird im Abschn. 5.4 ausführlich behandelt.

2.2.10 Polare Atombindung, Dipole

Die Atombindung und die Ionenbindung sind Grenztypen der chemischen Bindung. In den meisten Verbindungen sind Übergänge zwischen diesen beiden Bindungsarten vorhanden.

Eine unpolare kovalente Bindung tritt in Molekülen mit gleichen Atomen auf, z. B. bei F_2 und H_2. Die Elektronenwolke des bindenden Elektronenpaares ist gleichmäßig zwischen den beiden Atomen verteilt, die Bindungselektronen gehören beiden Atomen zu gleichen Teilen.

Bei Molekülen mit verschiedenen Atomen, z. B. HF *werden die bindenden Elektronen von den beiden Atomen unterschiedlich stark angezogen.* Das F-Atom zieht die Elektronenwolke des bindenden Elektronenpaares stärker an sich heran als das H-Atom. Die Elektronendichte am F-Atom ist daher größer als am H-Atom. Am F-Atom entsteht die negative Partialladung $\delta-$, am H-Atom die positive Partialladung $\delta+$.

$$\overset{\delta+}{H} : \overset{\delta-}{F}$$

Im Gegensatz zur formalen Ladung gibt die Partialladung δ eine tatsächlich auftretende Ladung an. Die Atombindung zwischen H und F enthält einen ionischen Anteil, sie ist eine polare Atombindung. Moleküle, in denen die Ladungsschwerpunkte der positiven Ladung und der negativen Ladung nicht zusammenfallen, stellen einen Dipol dar.

Beispiele:

Molekül: $\overset{\delta+}{H}-\overset{\delta-}{F}$ $\overset{\overset{\delta+}{H}}{\underset{\overset{\delta+}{H}}{}}\!\!\!>\!\!\overset{\delta-}{O}$ $\overset{\overset{\delta+}{H}}{\underset{\overset{\delta+}{H}}{}}\!\!\!>\!\!\overset{\overset{\delta+}{H}}{N}\!-\!\overset{\delta-}{}$

Dipol: | + | − | | + | − | | + | − |

Symmetrische Moleküle sind trotz polarer Bindungen keine Dipole, da die Ladungsschwerpunkte zusammenfallen.

Beispiele:

$\overset{-\delta}{\underline{O}}=\overset{+\delta}{C}=\overset{-\delta}{\underline{O}}$ $\overset{-\delta}{F}\diagdown\overset{+\delta}{B}\diagup\overset{-\delta}{F}$ mit $F^{-\delta}$ unten

Beim Grenzfall der Ionenbindung, z. B. bei LiF, wird das Valenzelektron des Li-Atoms vollständig vom F-Atom an sich gezogen, es hält sich nur noch in einem Orbital des Fluoratoms auf. Dadurch entstehen die Ionen Li^+ und F^-.

2.2.11 Die Elektronegativität

Ein Maß für die Fähigkeit eines Atoms, in einer Atombindung das bindende Elektronenpaar an sich zu ziehen, ist die Elektronegativität x.

Die erste Elektronegativitätsskala wurde von Pauling aus Bindungsenergien abgeleitet. Die polare Bindung eines Moleküls AB kann durch die Mesomerie einer kovalenten und einer ionischen Grenzstruktur beschrieben werden.

$$A - B \leftrightarrow A^+B^-$$

Die Dissoziationsenergie eines Moleküls AB mit einer polaren Atombindung ist größer als der Mittelwert der Dissoziationsenergien der Moleküle A_2 und B_2 mit

Tabelle 2.10 Dissoziationsenergien in kJ/mol und Ionenbindungsanteil von Wasserstoffhalogeniden

AB	$E_D(AB)$	$\frac{1}{2}E_D(A_2)$	$\frac{1}{2}E_D(B_2)$	Δ	Δx	Ionenbindungsanteil in %
HF	565	218	77	270	1,9	43
HCl	432	218	122	92	0,9	17
HBr	367	218	96	53	0,7	13
HI	297	218	75	4	0,4	7

2.2 Die Atombindung

unpolaren Bindungen

$$E_D(AB) = \tfrac{1}{2}E_D(A_2) + \tfrac{1}{2}E_D(B_2) + \Delta$$

Δ hängt von der Bindungspolarität ab. Je polarer eine Bindung ist, je größer also der Anteil der ionischen Grenzstruktur ist, um so größer ist Δ. In der Tabelle 2.10 sind als Beispiel die Δ-Werte der Wasserstoffhalogenide angegeben.

Pauling postulierte, daß Δ dem Quadrat der Elektronegativitätsdifferenz der Atome A und B proportional sei

$$\Delta = 96\,(x_A - x_B)^2$$

Der Faktor 96 entsteht durch Umrechnung des Δ-Wertes von kJ/mol in eV. Der x-Wert von Fluor wird willkürlich zu $x_F = 4{,}0$ festgesetzt, aus den Δ-Werten erhält man dann die x-Werte aller anderen Elemente (vgl. Tabelle 3, Anhang ?).

Eine andere Elektronegativitätsskala, die zu ähnlichen Werten führt, stammt von Mulliken. Er postulierte, daß die Elektronegativität eines Atoms der Differenz seiner Ionisierungsenergie und Elektronenaffinität proportional sei. Dies bedeutet anschaulich, daß die Tendenz eines gebundenen Atoms, die Bindungselektronen an sich zu ziehen, um so größer ist, je größer die Fähigkeit des freien Atoms ist, sein eigenes Elektron festzuhalten und ein zusätzliches Elektron aufzunehmen.

Im PSE nimmt die Elektronegativität mit wachsender Ordnungszahl in den Hauptgruppen ab, in den Perioden zu. Die elektronegativsten Elemente sind also die

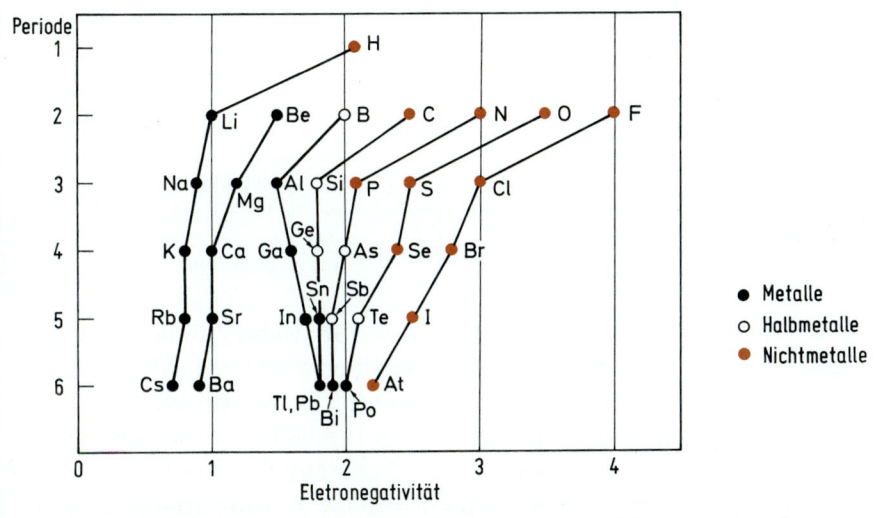

Abb. 2.55 Elektronegativität der Hauptgruppenelemente. Mit steigender Ordnungszahl Z nimmt innerhalb der Perioden die Elektronegativität zu, innerhalb der Gruppen ab. Rechts oben im PSE stehen daher die Elemente mit ausgeprägtem Nichtmetallcharakter, links unten die typischen Metalle.

Nichtmetalle der rechten oberen Ecke des PSE. Das elektronegativste Element ist Fluor. Die am wenigsten elektronegativen Elemente sind die Metalle der linken unteren Ecke des PSE (Abb. 2.55).

Aus der Differenz der Elektronegativitäten der Bindungspartner kann man die Polarität einer Bindung abschätzen (Abb. 2.56). Je größer Δx ist, um so ionischer ist die Bindung (vgl. Tabelle 2.10). Wenig polar ist z. B. die C—H-Bindung, H—Cl hat einen Ionenbindungsanteil von etwa 20%.

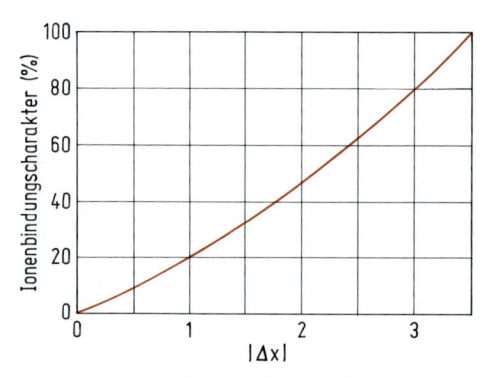

Abb. 2.56 Beziehung zwischen dem prozentualen Ionenbindungscharakter und der Elektronegativitätsdifferenz. Die Kurve gehorcht der Beziehung Ionenbindungscharakter (%) = $= 16|\Delta x| + 3,5|\Delta x|^2$.

Für den Kristalltyp und die charakteristischen physikalischen Eigenschaften einer Verbindung ist jedoch nicht nur der Bindungscharakter maßgebend. Bei den Fluoriden der Elemente der 2. Periode erfolgt ein kontinuierlicher Übergang von einer Ionenbindung zu einer kovalenten Bindung.

Verbindung	LiF	BeF$_2$	BF$_3$	CF$_4$	NF$_3$	OF$_2$	F$_2$
Elektronegativitätsdifferenz	3,0	2,5	2,0	1,5	1,0	0,5	0
Kristalltyp	Ionenkristall		Molekülkristall				
Aggregatzustand bei Raumtemperatur	fest		gasförmig				

LiF und BeF$_2$ sind hochschmelzende Ionenkristalle. BF$_3$ ist bei Zimmertemperatur ein Gas und bildet im festen Zustand kein Ionengitter, sondern ein Molekülgitter, obwohl die Elektronegativitätsdifferenz ebenso groß ist wie bei NaCl. Ursache für die sprunghafte Änderung der physikalischen Eigenschaften ist nicht die Änderung des Bindungscharakters, sondern die Änderung der Koordinationsverhältnisse. Von Li$^+$ über Be^{2+} zu B^{3+} ändern sich die Koordinationszahlen von 6 über 4 auf 3. Ein Raumgitter aus Ionen kann daher nur noch für BeF$_2$ mit den Koordinationszahlen 4:2 aufgebaut werden. BF$_3$ mit den Koordinationszahlen 3:1 bildet ein Molekülgitter mit isolierten BF$_3$-Baugruppen.

2.2.12 Das Valenzschalen-Elektronenpaar-Abstoßungs-Modell

Zur Deutung der Molekülgeometrie wurde von Gillespie und Nyholm das Modell der Valenzschalen-Elektronenpaar-Abstoßung entwickelt (VSEPR-Modell, nach valence shell electron pair repulsion). Es beruht auf vier Regeln.

In Molekülen des Typs AB_n ordnen sich die Elektronenpaare in der Valenzschale des Zentralatoms so an, daß der Abstand möglichst groß wird.

Die Elektronenpaare verhalten sich so, als ob sie einander abstoßen. Dies hat zur Folge, daß sich die Elektronenpaare den kugelförmig um das Zentralatom gedachten Raum gleichmäßig aufteilen. Wenn jedes Elektronenpaar durch einen Punkt symbolisiert und auf der Oberfläche einer Kugel angeordnet wird, deren Mittelpunkt das Zentralatom A darstellt, dann entstehen Anordnungen mit maximalen Abständen der Punkte. Für die Moleküle des Typs AB_n erhält man die

Tabelle 2.11 Molekülgeometrie nach dem VSEPR-Modell
(X einfach gebundenes Atom)

Anzahl der Elektronenpaare	Geometrie der Elektronenpaare	Molekültyp	Molekülgestalt	Beispiele
2	linear	AB_2	linear	ZnX_2, $BeCl_2$
3	dreieckig	AB_3	dreieckig	BX_3
		AB_2E	V-förmig	$SnCl_2$
4	tetraedrisch	AB_4	tetraedrisch	BX_4^-, CX_4, NX_4^+, SiX_4,
		AB_3E	trigonal-pyramidal	NX_3, OH_3^+, PX_3, AsX_3, SbX_3, P_4O_6
		AB_2E_2	V-förmig	OX_2, SX_2, SeX_2, TeX_2
5	trigonal-bipyramidal	AB_5	trigonal-bipyramidal	PCl_5, PF_5
		AB_4E	tetraedrisch verzerrt	SF_4, SCl_4
		AB_3E_2	T-förmig	ClF_3
		AB_2E_3	linear	I_3^-, XeF_2
5	quadratisch-pyramidal	AB_5	quadratisch-pyramidal	SbF_5
6	oktaedrisch	AB_6	oktaedrisch	SF_6, SiF_6^{2-}
		AB_5E	quadratisch-pyramidal	ClF_5, BrF_5
		AB_4E_2	quadratisch-planar	XeF_4
7	pentagonal-bipyramidal	AB_7	pentagonal-bipyramidal	IF_7

in der Abb. 2.57 dargestellten geometrischen Strukturen. Beispiele dafür sind in der Tabelle 2.11 zu finden. Wie die Geometrien der schon im Abschn. 2.2.5 Hybridisierung besprochenen Moleküle $BeCl_2$, BF_3, CH_4, PF_5 und SF_6 zeigen, führen das VSEPR- und das Hybridisierungsmodell zum gleichen Ergebnis.

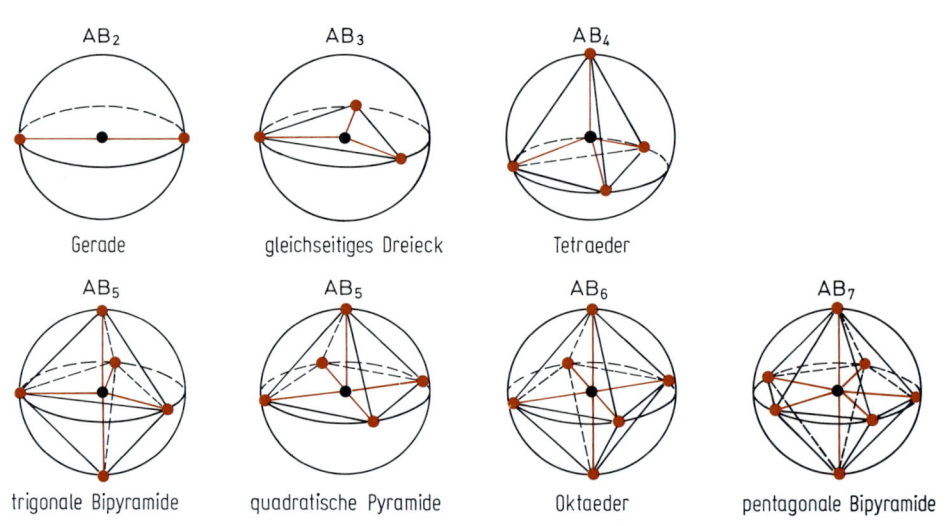

Abbildung 2.57 Anordnungen von Punkten (Elektronenpaare bzw. Liganden) auf einer Kugeloberfläche, bei denen die Punkte maximale Abstände besitzen. Bei fünf Liganden gibt es zwei Lösungen. Die meisten Moleküle AB_5 bevorzugen die trigonale Bipyramide. Die drei äquatorialen Positionen sind den beiden axialen Positionen nicht äquivalent.

Mit dem VSEPR-Modell können auch solche Molekülstrukturen verstanden werden, bei denen im Molekül freie Elektronenpaare, unterschiedliche Substituenten oder Mehrfachbindungen vorhanden sind.

Die freien Elektronenpaare E in einem Molekül vom Typ AB_1E_m befinden sich im Gegensatz zu den bindenden Elektronenpaaren im Feld nur eines Atomkerns. Sie *beanspruchen* daher *mehr Raum als die bindenden Elektronenpaare und verringern dadurch die Bindungswinkel*

Beispiele für die tetraedrischen Strukturen AB_4, AB_3E und AB_2E_2 sind CH_4, NH_3 und H_2O

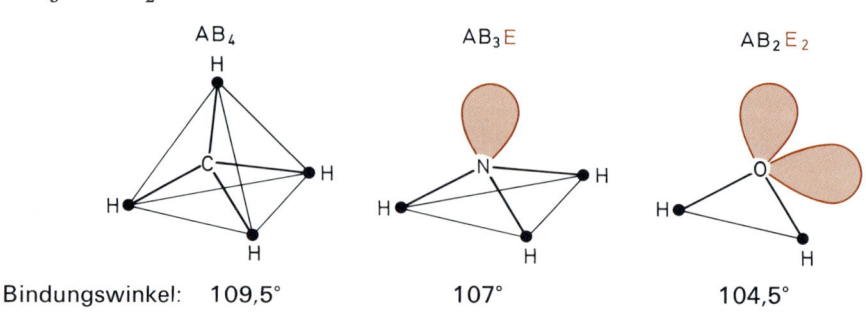

Bindungswinkel: 109,5°   107°   104,5°

2.2 Die Atombindung

Gibt es für freie Elektronenpaare in einem Molekül mehrere mögliche Positionen, so werden solche Positionen eingenommen, bei denen die gegenseitige Abstoßung am kleinsten ist und die Wechselwirkung mit den bindenden Elektronenpaaren möglichst klein ist.

In den oktaedrischen Strukturen AB_4E_2 besetzen die beiden Elektronenpaare daher trans-Positionen, es liegt ein planares Molekül vor.

Beispiele für die oktaedrischen Strukturen AB_6, AB_5E und AB_4E_2 sind SF_6, BrF_5 und XeF_4.

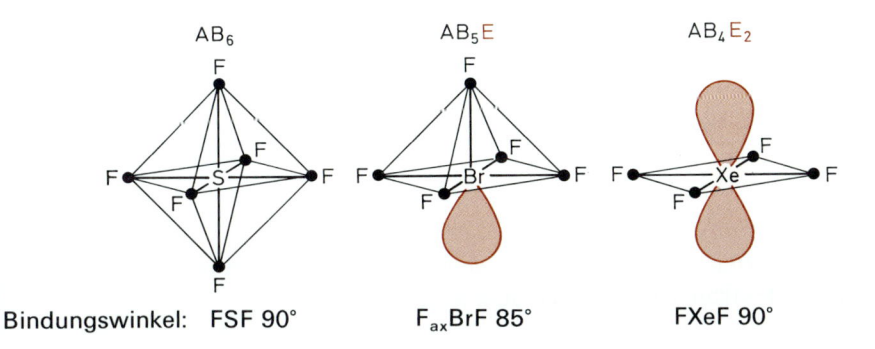

Bindungswinkel: FSF 90° $F_{ax}BrF$ 85°   FXeF 90°

In trigonal-bipyramidalen Strukturen besetzen freie Elektronenpaare die äquatorialen Positionen. Ursache: Die Valenzwinkel in der äquatorialen Ebene betragen 120°, die Winkel zu den Pyramidenspitzen nur 90°. Der Abstand zu einem Nachbaratom in der Äquatorebene ist daher größer als zu einem Nachbaratom in der Pyramidenspitze.

Beispiele für die trigonal-bipyramidalen Strukturen AB_5, AB_4E, AB_3E_2, AB_2E_3 sind PF_5, SF_4, ClF_3 und XeF_2.

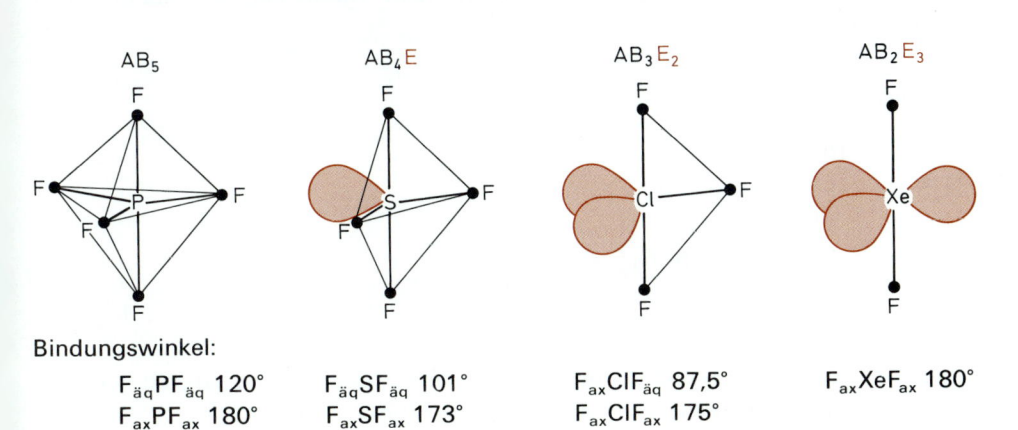

Bindungswinkel:

$F_{äq}PF_{äq}$ 120° $F_{äq}SF_{äq}$ 101° $F_{ax}ClF_{äq}$ 87,5° $F_{ax}XeF_{ax}$ 180°
$F_{ax}PF_{ax}$ 180° $F_{ax}SF_{ax}$ 173° $F_{ax}ClF_{ax}$ 175°

Der größere Raumbedarf der freien Elektronenpaare verringert die idealen Bindungswinkel 90°, 120°, 180° der trigonalen Bipyramide. In den trigonal-bipyramidalen Molekülen sind die äquatorialen Abstände um 5 bis 15% kleiner als die axialen Abstände. In der Ebene sind die Atome also fester gebunden.

Ein Beispiel für die pentagonal-bipyramidale Struktur AB_7 ist IF_7

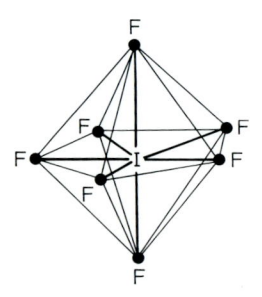

Elektronegative Substituenten ziehen bindende Elektronenpaare stärker an sich heran und vermindern damit deren Raumbedarf Die Valenzwinkel nehmen daher mit wachsender Elektronegativität der Substituenten ab.

Beispiele:

PI_3	102°	AsI_3	101°
PBr_3	101°	$AsBr_3$	100°
PCl_3	100°	$AsCl_3$	98°
PF_3	98°	AsF_3	96°

$x_F > x_{Cl} > x_{Br} > x_I$

Bei gleichen Substituenten, aber abnehmender Elektronegativität des Zentralatoms, nehmen die freien Elektronenpaare mehr Raum ein, die Valenzwinkel verringern sich.

Beispiele:

H_2O	104°	NF_3	102°
H_2S	92°	PF_3	98°
H_2Se	91°	AsF_3	96°
H_2Te	89°	SbF_3	88°

$x_O > x_S > x_{Se} > x_{Te}$ $x_N > x_P > x_{As} > x_{Sb}$

In der trigonalen Bipyramide besetzen die elektronegativeren Atome – da sie weniger Raum beanspruchen – die axialen Positionen.

2.3 Van der Waals-Kräfte

Beispiele:

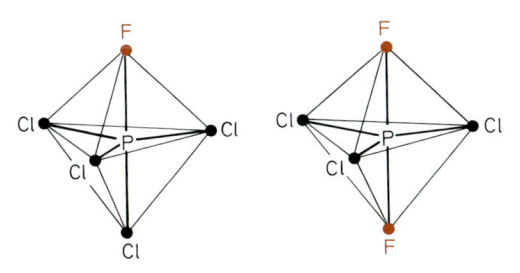

Mehrfachbindungen beanspruchen mehr Raum als Einfachbindungen und verringern die Bindungswinkel der Einfachbindungen.

Ist neben der Doppelbindung auch ein freies Elektronenpaar vorhanden, verstärkt sich die Abnahme des Bindungswinkels. Sind mehrere Doppelbindungen vorhanden, ist der Winkel zwischen diesen der größte des Moleküls.

Beispiele:

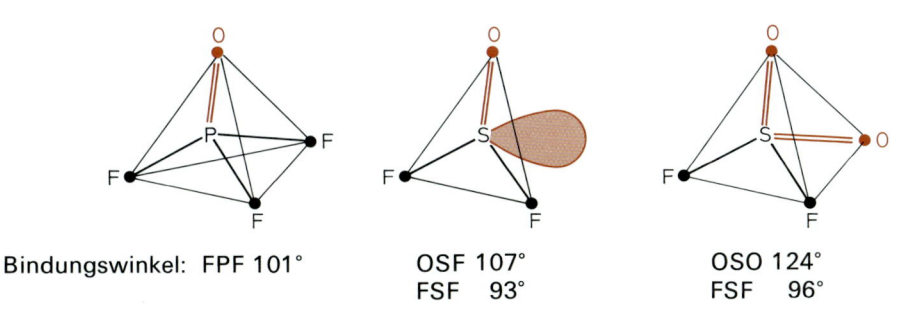

Bindungswinkel: FPF 101°   OSF 107°   OSO 124°
              FSF 93°   FSF 96°

Das VSEPR-Modell setzt eine Äquivalenz der Elektronenpaare voraus. Es ignoriert die Unterschiedlichkeit der Energien und räumlichen Orientierungen der Atomorbitale. Mit wenigen an der Erfahrung orientierten Regeln liefert es aber eine anschauliche und leicht verständliche Systematik der Molekülstrukturen. Für Nebengruppenelemente ist es jedoch in der Regel nicht anwendbar.

2.3 Van der Waals-Kräfte

Die Edelgase und viele Stoffe, die aus Molekülen aufgebaut sind, lassen sich erst bei tiefen Temperaturen verflüssigen und zur Kristallisation bringen (Tabelle 2.12).

Zwischen den Molekülen und zwischen den Edelgasatomen existieren nur schwache ungerichtete Anziehungskräfte, die als van der Waals-Kräfte bezeichnet werden. *Die van der Waals-Anziehungskräfte kommen durch Wechselwirkung zwischen Dipolen zustande.* In allen Atomen und Molekülen entsteht durch Schwan-

Tabelle 2.12 Siedepunkt einiger flüchtiger Stoffe in °C

He	− 269	F$_2$	− 188	N$_2$	− 196
Ne	− 246	Cl$_2$	− 34	O$_2$	− 183
Ar	− 189	Br$_2$	+ 59	HCl	− 85
Kr	− 157	I$_2$	+ 184	NH$_3$	− 33
Xe	− 112				

kungen in der Ladungsdichte der Elektronenhülle ein fluktuierender Dipol. Im Nachbaratom wird ein gleichgerichteter Dipol induziert, so daß eine Anziehung entsteht (Dispersionseffekt) (Abb. 2.58). Bei Dipolmolekülen kommt es außerdem zu einer Anziehung zwischen den permanenten Dipolen (Dipoleffekt). Da *mit zunehmender Größe der Atome bzw. Moleküle* die Elektronen leichter verschiebbar sind, *lassen sich leichter Dipole induzieren, daher nimmt die van der Waals-Anziehung zu.* Die thermischen Daten z. B. der Edelgase und Halogene ändern sich als Folge davon gesetzmäßig mit der Ordnungszahl (vgl. Tabelle 2.12).

"momentaner" Dipol   induzierter Dipol

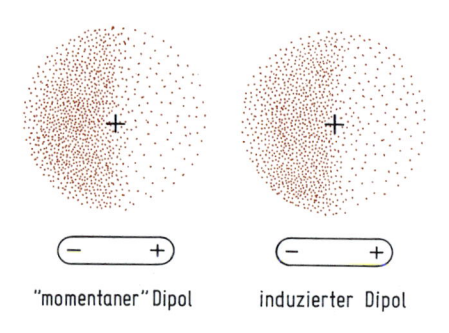

Abb. 2.58 Anziehung momentaner Dipol – induzierter Dipol auf Grund synchronisierter statistischer Schwankungen der Ladungsdichte der Elektronenhüllen. Die Ladungsdichte ändert sich dauernd. Die Abbildung ist eine Momentaufnahme.

Die van der Waals-Kräfte sind zwischen allen Atomen, Ionen und Molekülen wirksam. Sie tragen auch zur Gitterenergie von Kristallen und zur Bindungsenergie kovalenter Bindungen bei (vgl. Abschn. 2.1.4).

Verglichen mit der Gitterenergie von Ionenkristallen und Atomkristallen ist jedoch die Gitterenergie von Molekülkristallen klein und nur von der Größenordnung 20 kJ/mol.

2.4 Vergleich der Bindungsarten

Für die bisher behandelten Bindungsarten werden in der folgenden Tabelle 2.13 die wichtigsten Merkmale zusammengefaßt und verglichen.

Tabelle 2.13 Vergleich zwischen Ionenbindung, Atombindung und zwischenmolekularer Bindung

	Ionenbindung	Atombindung	Zwischenmolekulare Bindung
Teilchen, zwischen denen die Bindung wirksam ist	Ionen	Atome	Moleküle
Bindungskräfte	elektrostatische Kräfte zwischen Ionen, ungerichtet, stark	kovalente Bindungen durch gemeinsame Elektronenpaare, gerichtet, stark	van der Waals-Kräfte (Dipol-Dipol-Anziehung), ungerichtet, schwach
Entstehende Strukturen	Ionenkristalle, meist große KZ	Moleküle mit „abgesättigten" Valenzelektronen, Atomkristalle, kleine KZ	Molekülkristalle, komplizierte Strukturen, niedrigsymmetrisch
Eigenschaften kristalliner Feststoffe	hoher Schmelzpunkt, hart, Ionenleitung in der Schmelze und in Lösung	hoher Schmelzpunkt, hart, Isolator oder Halbleiter	niedriger Schmelzpunkt, weich, Isolator
Beispiele kristalliner Feststoffe	NaCl, BaO, CaF_2	Diamant, SiC, AlP	H_2, Cl_2, CO_2, CCl_4

2.5 Oxidationszahl

Statt der mehrdeutigen Begriffe „Wertigkeit" oder „Valenz" eines Elements wird heute der Begriff Oxidationszahl oder Oxidationsstufe verwendet.

1. Die Oxidationszahl eines Atoms im elementaren Zustand ist null.

$\overset{0}{H_2}$ $\overset{0}{O_2}$ $\overset{0}{Cl_2}$ $\overset{0}{S_8}$ $\overset{0}{Al}$

2. In Ionenverbindungen ist die Oxidationszahl eines Elements identisch mit der Ionenladung.

Verbindung	Auftretende Ionen	Oxidationszahlen
NaCl	Na^{1+}, Cl^{1-}	$\overset{+1}{Na}\overset{-1}{Cl}$
LiF	Li^{1+}, F^{1-}	$\overset{+1}{Li}\overset{-1}{F}$
CaO	Ca^{2+}, O^{2-}	$\overset{+2}{Ca}\overset{-2}{O}$
LiH	Li^{1+}, H^{1-}	$\overset{+1}{Li}\overset{-1}{H}$
Fe_3O_4	$2Fe^{3+}$, Fe^{2+}, $4O^{2-}$	$\overset{+8/3}{Fe_3}\overset{-2}{O_4}$

Treten bei einem Element gebrochene Oxidationszahlen auf, sind die Atome dieses Elements in verschiedenen Oxidationszahlen vorhanden.

3. Bei kovalenten Verbindungen wird die Verbindung gedanklich in Ionen aufgeteilt. Die Aufteilung erfolgt so, daß die Bindungselektronen dem elektronegativeren Partner zugeteilt werden. Bei gleichen Bindungspartnern erhalten beide die Hälfte der Bindungselektronen. Die Oxidationszahl ist dann identisch mit der erhaltenen Ionenladung.

Verbindung	Lewisformel	fiktive Ionen	Oxidationszahlen
HCl	$H(|\overline{Cl}|)$	H^+, Cl^-	$\overset{+1}{H} \overset{-1}{Cl}$
H_2O	$H(|\overline{O}|)H$	H^+, O^{2-}, H^+	$\overset{+1}{H_2} \overset{-2}{O}$
SF_6	(Lewisstruktur)	$6F^-, S^{6+}$	$\overset{+6}{S} \overset{-1}{F_6}$
HNO_3	(Lewisstruktur)	$H^+, N^{5+}, 3O^{2-}$	$\overset{+1}{H} \overset{+5}{N} \overset{-2}{O_3}$
K_2SO_4	(Lewisstruktur)	$2K^+, S^{6+}, 4O^{2-}$	$\overset{+1}{K_2} \overset{+6}{S} \overset{-2}{O_4}$

Die Oxidationszahlen der Elemente hängen von ihrer Stellung im PSE ab.

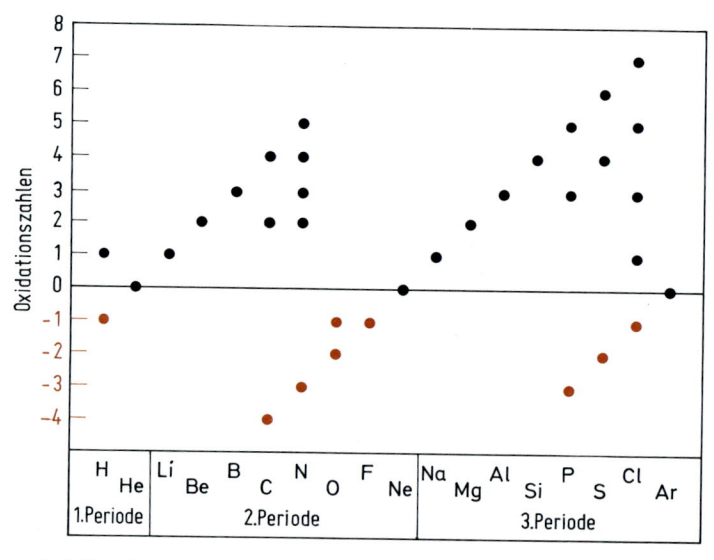

Abb. 2.59 Wichtige Oxidationszahlen der Elemente der ersten drei Perioden.

2.5 Oxidationszahl

Die positive Oxidationszahl eines Elements kann nicht größer sein als die Gruppennummer dieses Elements (Ausnahme 1. Nebengruppe).

Beispiele: Alkalimetalle +1; Erdalkalimetalle +2; C +4; N +5; Cl +7.

Die maximale negative Oxidationszahl beträgt Gruppennummer −8.

Beispiele: Halogene −1; Chalkogene −2; N, P −3.

Aufgrund seiner besonderen Stellung im PSE kann Wasserstoff mit den Oxidationszahlen +1, 0, −1 auftreten. Als elektronegativstes Element kann Fluor keine positiven Oxidationszahlen haben.

Die meisten Elemente treten in mehreren Oxidationszahlen auf. Der Bereich der Oxidationszahlen kann für ein Element maximal acht Einheiten betragen (vgl. Abb. 2.59). Die Oxidationsstufen des Elements Stickstoff z. B. reichen von −3 in NH_3 bis +5 in HNO_3. Bei den Metallen kommen besonders die Übergangsmetalle in sehr unterschiedlichen Oxidationszahlen vor. Mn z. B. hat in MnO die Oxidationszahl +2, in $KMnO_4$ +7 (vgl. Kap. 5, Abb. 5.5).

Die wichtigsten Oxidationszahlen der Elemente der ersten drei Perioden des PSE sind in der Abb. 2.59 zusammengestellt.

3 Die chemische Reaktion

An chemischen Reaktionen sind eine Vielzahl von Teilchen beteiligt. Die Gesetzmäßigkeiten chemischer Reaktionen sind Gesetzmäßigkeiten des Kollektivverhaltens vieler Teilchen. Zur quantitativen Beschreibung benötigen wir zunächst Definitionen über die an der Reaktion beteiligten Stoffportionen.

3.1 Stoffmenge, Konzentration, Anteil

Für einen abgegrenzten Materiebereich wird der Begriff Stoffportion (nicht Stoffmenge) verwendet. Die Stoffportion ist qualitativ durch die Bezeichnung des Stoffes gekennzeichnet, quantitativ durch Größen wie Masse m, Volumen V, Teilchenanzahl N oder Stoffmenge n.

Die SI-Einheit der **Stoffmenge** n(X) ist das Mol (Einheitenzeichen mol)

Ein Mol ist diejenige Menge einer Substanz X, in der so viele Teilchen enthalten sind wie Atome in 12 g des Kohlenstoffnuklids ^{12}C. Die Teilchen können Atome, Moleküle, Ionen, Elektronen oder Formeleinheiten sein. Die Teilchenanzahl, die ein Mol eines jeden Stoffes enthält, beträgt

$$N_A = 6{,}02217 \cdot 10^{23} \, mol^{-1}$$

Sie wird als Avogadro-Konstante bezeichnet.

Beispiele:

$n(Na) = 12 \, mol$

$n(CO_2) = 3 \, mol$

Die Stoffmenge von Natrium beträgt 12 mol, die von Kohlenstoffdioxid 3 mol. Der Chemiker rechnet normalerweise mit der Stoffmenge und nicht mit der Masse. Der Vorteil ist, daß gleiche Stoffmengen verschiedener Stoffe die gleiche Teilchenanzahl enthalten. Bei chemischen Reaktionen ist die Teilchenanzahl wichtig.

Die **molare Masse** M(X) eines Stoffes X ist der Quotient aus der Masse m(X) und der Stoffmenge n(X) dieses Stoffes.

$$M(X) = \frac{m(X)}{n(X)}$$

Die SI-Einheit ist $kg \, mol^{-1}$, die übliche Einheit $g \, mol^{-1}$.

Beispiele:

$M(Na) = 22{,}99 \, g \, mol^{-1}$

$M(CO_2) = 44{,}01 \, g \, mol^{-1}$

$M(NaCl) = 58{,}44 \, g \, mol^{-1}$

3.1 Stoffmenge, Konzentration, Anteil

Die relative Atommasse A_r und die relative Molekülmasse M_r eines Stoffes in g sind gerade 1 mol. Die relative Molekülmasse ist gleich der Summe der relativen Atommassen der im Molekül enthaltenen Atome. Besteht die Verbindung nicht aus Molekülen, wie z. B. bei Ionenverbindungen, so wird der Begriff Formelmasse verwendet.

Beispiele:

$$M_r(CO_2) = A_r(C) + 2A_r(O) = 12{,}01 + 2 \cdot 16{,}00 = 44{,}01$$
$$M_r(NaCl) = A_r(Na) + A_r(Cl) = 22{,}99 + 35{,}45 = 58{,}44$$

Die **Stoffmengenkonzentration** $c(X)$ (oder einfacher Konzentration) ist die Stoffmenge $n(X)$, die in einem Volumen V vorhanden ist.

$$c(X) = \frac{n(X)}{V}$$

Die SI-Einheit ist mol/m³, die übliche Einheit mol/l.

Beispiel:

Sind in einem Liter einer HCl-Lösung 0,2 mol gasförmiges HCl gelöst, beträgt die Konzentration $c(HCl) = 0{,}2$ mol/l. Man benutzt für die Konzentration auch die Schreibweise $[HCl] = 0{,}2$ mol/l.

Die **Molalität** b ist der Quotient aus der Stoffmenge $n(X)$ und der Masse des Lösungsmittels.

$$b(X) = \frac{n(X)}{m}$$

Die SI-Einheit und die übliche Einheit ist mol/kg.

Beispiel:

$$b(NaOH) = 0{,}1 \text{ mol/kg}$$

In der NaOH-Lösung ist 0,1 mol NaOH in 1 kg Wasser gelöst.

Die Molalität hat gegenüber der Stoffmengenkonzentration den Vorteil, daß sie unabhängig von thermisch bedingten Volumenänderungen ist.

Der **Massenanteil** $w(X)$ eines Stoffes X in einer Substanzportion ist die Masse $m(X)$ des Stoffes bezogen auf die Gesamtmasse.

$$w(X) = \frac{m(X)}{\Sigma m}$$

Beispiel:

Eine verdünnte Schwefelsäure hat den Massenanteil $w(H_2SO_4) = 9\%$. 100 g der verdünnten Schwefelsäure enthalten 9 g H_2SO_4 und 91 g H_2O.

Der **Stoffmengenanteil** (Molenbruch) $x(X)$ eines Stoffes X in einer Substanzportion ist die Stoffmenge $n(X)$ bezogen auf die Gesamtstoffmenge.

$$x(X) = \frac{n(X)}{n}$$

3.2 Ideale Gase

Da an vielen chemischen Reaktionen Gase teilnehmen, ist die Beschreibung des Gaszustandes wichtig. Im Gaszustand sind die Moleküle oder Atome, aus denen das Gas besteht, in regelloser Bewegung. *Ein Gas verhält sich ideal, wenn zwischen den Gasteilchen keine Anziehungskräfte wirksam sind und wenn das Volumen der Gasteilchen vernachlässigbar klein ist gegen das Volumen des Gasraums.*
Für diesen Grenzfall gilt das *ideale Gasgesetz*

$$pV = nRT$$

Es bedeuten: p Druck des Gases, V Gasvolumen, n Stoffmenge, T thermodynamische Temperatur.

Zwischen der thermodynamischen Temperatur T in Kelvin und der Celsiustemperatur t in °C besteht der Zusammenhang

$$T/K = t/°C + 273,15$$

Dem absoluten Nullpunkt mit der Temperatur 0 K entspricht also die Temperatur $t = -273,15\,°C$.

Die SI-Einheit des Drucks ist das Pascal (Pa). Auch die Einheit Bar (bar) darf verwendet werden.

$$1\,Pa = 1\,Nm^{-2}$$
$$1\,bar = 10^5\,Pa$$

In der Chemie sind eine Reihe von Größen auf einen *Standarddruck* bezogen. Die bislang gebräuchlichste Druckeinheit war die Atmosphäre (atm). Als Standarddruck wurde deshalb 1 atm gewählt.

$$1\,atm = 1,013\,bar$$

Im SI-System beträgt der Standarddruck 1,013 bar. R nennt man *universelle Gaskonstante*. Sie hat den Wert

$$R = 0,083143\,bar\,l\,K^{-1}\,mol^{-1}$$

Für konstante Temperaturen geht das ideale Gasgesetz in das Boyle-Mariottsche Gesetz über (Abb. 3.1).

$$pV = const$$

Nach Gay-Lussac gilt für konstante Drücke

$$V = const\,T$$

3.2 Ideale Gase

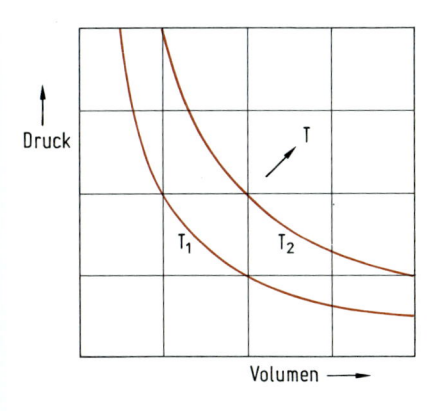

Abb. 3.1 Boyle-Mariottsches Gesetz. Bei konstanter Temperatur gilt für ideale Gase $pv = $ const.

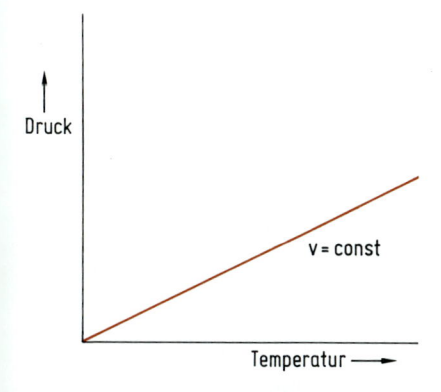

Abb. 3.2 Gay-Lussacsches Gesetz. Bei konstantem Volumen gilt für ideale Gase $p = $ const T.

und für konstante Volumina (Abb. 3.2)

$$p = \text{const } T$$

Für ein Mol eines idealen Gases (n = 1) gilt

$$V = \frac{RT}{p}$$

Bei allen idealen Gasen nimmt daher bei 1,013 bar = 1 atm und 0 °C ein Mol ein Volumen von 22,414 l ein. Dieses Volumen wird *molares Normvolumen* (früher Molvolumen) des idealen Gases genannt. Es enthält N_A Teilchen, da ja ein Mol jeder Substanz N_A Teilchen enthält (vgl. Abschn. 3.1).

Je kleiner der Druck eines Gases und je höher seine Temperatur ist, um so besser sind die Voraussetzungen für ein ideales Verhalten erfüllt. Bei Drücken $p \leq 1$ bar und Temperaturen $T \geq 273$ K gehorchen beispielsweise Wasserstoff, Stickstoff, Sauerstoff, Chlor, Methan, Kohlenstoffdioxid, Kohlenstoffmonooxid und die Edelgase dem idealen Gasgesetz.

In einer Mischung aus idealen Gasen übt jede einzelne Komponente einen Druck aus, der als *Partialdruck* bezeichnet wird. Der Partialdruck einer Komponente

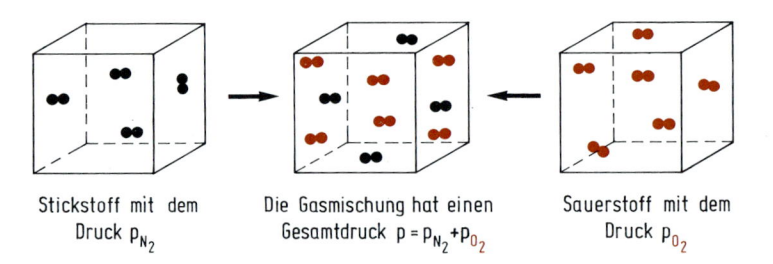

Abb. 3.3 Stickstoff und Sauerstoff werden bei konstanter Temperatur und unter Konstanthaltung der Volumina der Gase vermischt. In der Gasmischung übt jede Komponente denselben Druck aus wie vor der Vermischung. Den Druck einer Komponente in der Gasmischung nennt man Partialdruck. Der Gesamtdruck des Gasgemisches ist daher gleich der Summe der Partialdrücke von Stickstoff und Sauerstoff.

eines Gasgemisches entspricht dem Druck, den diese Komponente ausüben würde, wenn sie sich allein in dem betrachteten Gasraum befände. Der Gesamtdruck des Gasgemisches p_{gesamt} ist gleich der Summe der Partialdrücke der einzelnen Komponenten (Abb. 3.3)

$$p_{gesamt} = p_A + p_B + p_C + \ldots$$

wobei p_A, p_B, p_C die Partialdrücke der Komponenten A, B, C bedeuten.

Beispiel: Ein Liter Sauerstoff mit einem Druck von 0,2 bar und ein Liter Stickstoff mit einem Druck von 0,8 bar wird bei der konstanten Temperatur von 300 K in einem Gefäß von einem Liter vermischt. Die Partialdrücke betragen: $p_{O_2} = 0{,}2$ bar, $p_{N_2} = 0{,}8$ bar. Das Gasgemisch hat einen Gesamtdruck von 1 bar.

Für eine Mischung aus idealen Gasen mit den Komponenten A und B gilt das ideale Gasgesetz sowohl für die einzelnen Komponenten als auch für die Gasmischung.

$$p_A V = n_A RT$$
$$p_B V = n_B RT$$

$$\underbrace{(p_A + p_B)}_{p} V = \underbrace{(n_A + n_B)}_{n} RT$$

n_A und n_B sind die Stoffmengen von A und B, p_A und p_B die Partialdrücke, p der Gesamtdruck, n die Gesamtstoffmenge.

Aus dem Gasgesetz folgt das *Chemische Volumengesetz* von Gay-Lussac (1808): Die Volumina gasförmiger Stoffe, die miteinander zu chemischen Verbindungen reagieren, stehen im Verhältnis einfacher ganzer Zahlen zueinander. So verbinden sich z. B. zwei Volumenteile Wasserstoff mit einem Volumenteil Sauerstoff.

3.2 Ideale Gase

Das ist natürlich eine Konsequenz der Tatsache, daß alle idealen Gase bei gleicher Temperatur und gleichem Druck in gleichen Volumina gleich viele Teilchen enthalten. Der Umsatz führt zu zwei Volumenteilen H_2O-Gas. Daraus schloß Avogadro, daß Sauerstoff und Wasserstoff im Gaszustand nicht aus Atomen, sondern aus den Molekülen H_2 und O_2 bestehen. Wären im Gaszustand H-Atome und O-Atome vorhanden, dann könnte sich nur ein Volumenteil H_2O bilden (Abb. 3.4).

Die makroskopischen Gaseigenschaften Druck und Temperatur können auf die mechanischen Eigenschaften der einzelnen Gasteilchen zurückgeführt werden. Dies geschieht in der *kinetischen Gastheorie.* Die Gasteilchen befinden sich in dauernder schneller Bewegung. Sowohl zwischen den einzelnen Teilchen als auch zwischen den Teilchen und der Gefäßwand des Gases kommt es zu elastischen Zusammenstößen. In gasförmigem Wasserstoff unter Normalbedingungen erfährt z. B. ein H_2-Molekül durchschnittlich 10^{10} Zusammenstöße pro Sekunde. Der Druck des Gases entsteht durch den Aufprall der Gasmoleküle auf die Gefäßwand. Je größer die Zahl der Moleküle pro Volumeneinheit ist und je höher die durchschnittlichen Molekülgeschwindigkeiten sind, um so größer ist der Druck eines Gases. Die Temperatur eines Gases ist ein Maß für die mittlere kinetische Energie $\frac{1}{2}mv^2$ der Moleküle. Je höher die Temperatur eines Gases ist, um so größer ist demnach die mittlere Geschwindigkeit der Gasteilchen. Da die Moleküle aller idealen Gase bei gegebener Temperatur die gleiche mittlere kinetische Energie besitzen, haben leichte Gasteilchen eine höhere mittlere Geschwindigkeit als schwere Gas-

2 Volumeneinheiten Wasserstoff bestehend aus H-Atomen + 1 Volumeneinheit Sauerstoff bestehend aus O-Atomen müßten 1 Volumeneinheit H_2O-Dampf ergeben

2 Volumeneinheiten Wasserstoff bestehend aus H_2-Molekülen + 1 Volumeneinheit Sauerstoff bestehend aus O_2-Molekülen ergeben 2 Volumeneinheiten H_2O-Dampf

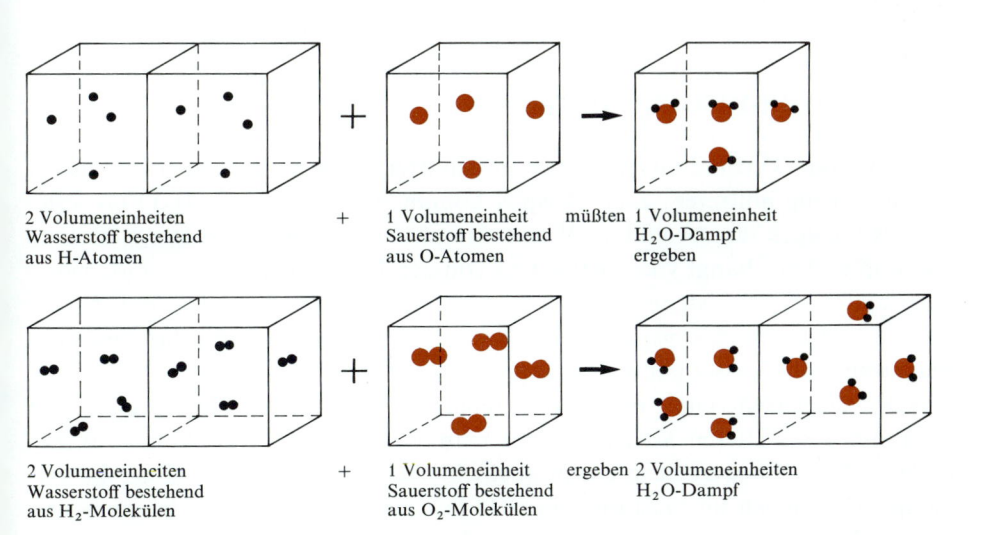

Abb. 3.4 Gleiche Volumina idealer Gase enthalten bei gleichem Druck und gleicher Temperatur dieselbe Anzahl Teilchen. Eine Volumeneinheit Sauerstoff reagiert mit zwei Volumeneinheiten Wasserstoff zu zwei Volumeneinheiten Wasserdampf. Wasserstoff und Sauerstoff müssen daher aus zweiatomigen Molekülen bestehen.

teilchen. Die mittlere Geschwindigkeit beträgt bei 20 °C z. B. für H_2 1760 ms^{-1}, für O_2 440 ms^{-1}. Die Gasteilchen haben eine von der Temperatur abhängige charakteristische Geschwindigkeitsverteilung. Abb. 3.5 enthält dafür Beispiele.

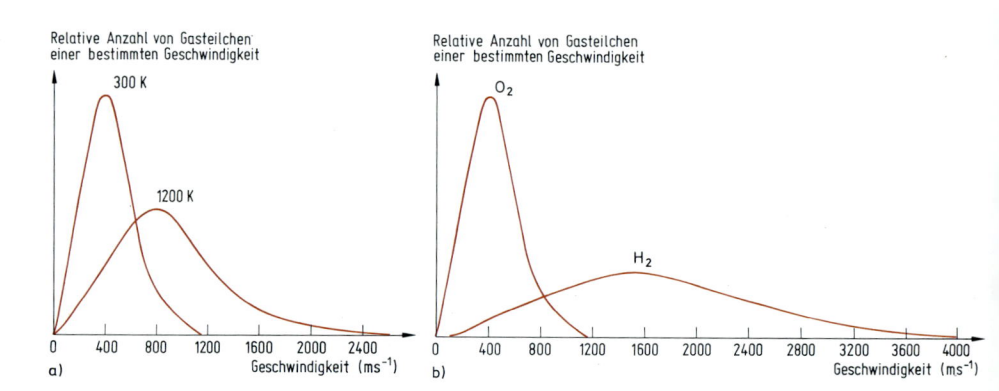

Abb. 3.5 a) Geschwindigkeitsverteilung von Sauerstoffmolekülen bei zwei Temperaturen. Mit wachsender Temperatur erhöht sich die mittlere Geschwindigkeit der Moleküle. Gleichzeitig wird die Geschwindigkeitsverteilung diffuser: der Geschwindigkeitsbereich verbreitert sich, die Anzahl von Molekülen mit Geschwindigkeiten im Bereich der mittleren Geschwindigkeit wird kleiner.
b) Geschwindigkeitsverteilung von Sauerstoffmolekülen und Wasserstoffmolekülen bei 300 K. Die mittlere Geschwindigkeit der leichteren Moleküle ist größer, die Geschwindigkeitsverteilung diffuser.

3.3 Zustandsdiagramme

Elemente und Verbindungen können in den drei Aggregatzuständen fest, flüssig und gasförmig auftreten. Zum Beispiel kommt die Verbindung H_2O als festes Eis, als flüssiges Wasser und als Wasserdampf vor. In welchem Aggregatzustand ein Stoff auftritt, hängt vom Druck und von der Temperatur ab. *Der Zusammenhang zwischen Aggregatzustand, Druck und Temperatur eines Stoffes läßt sich anschaulich in einem Zustandsdiagramm darstellen.* Als Beispiel soll das Zustandsdiagramm von Wasser (Abb. 3.6) besprochen werden.

Aus der Oberfläche einer Flüssigkeit treten Moleküle dieser Flüssigkeit in den Gasraum über. Diesen Vorgang nennt man Verdampfung (vgl. Abb. 3.7a). Befindet sich die Flüssigkeit in einem abgeschlossenen Gefäß, dann üben die verdampften Teilchen im Gasraum einen Druck aus, den man *Dampfdruck* nennt. Natürlich kehren aus der Gasphase auch Moleküle wieder in die Flüssigkeit zurück (Kondensation). Solange die Zahl der die Flüssigkeitsoberfläche verlassenden Teilchen größer als die der zurückkehrenden ist, findet noch Verdampfung statt. Sobald aber die Zahl der kondensierenden Moleküle und die Zahl der ver-

3.3 Zustandsdiagramme 135

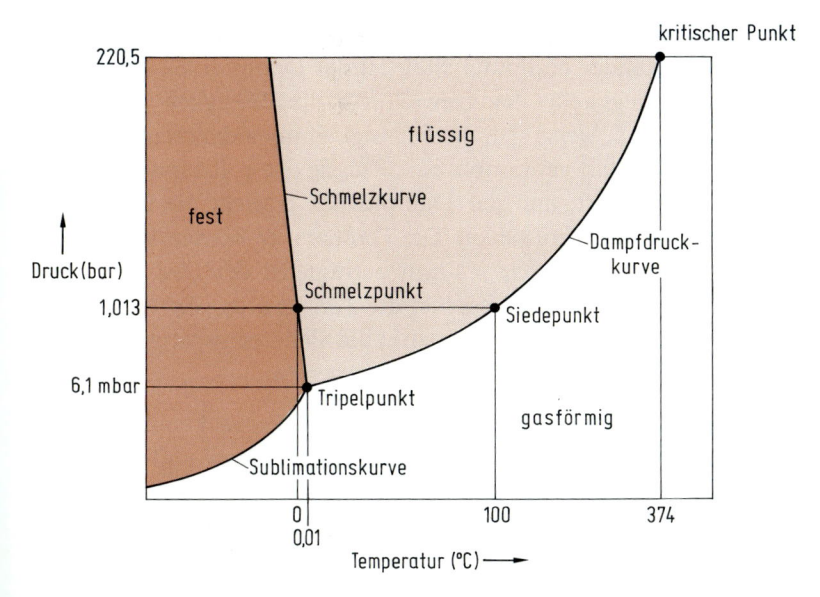

Abb. 3.6 Zustandsdiagramm von Wasser (nicht maßstabsgerecht).

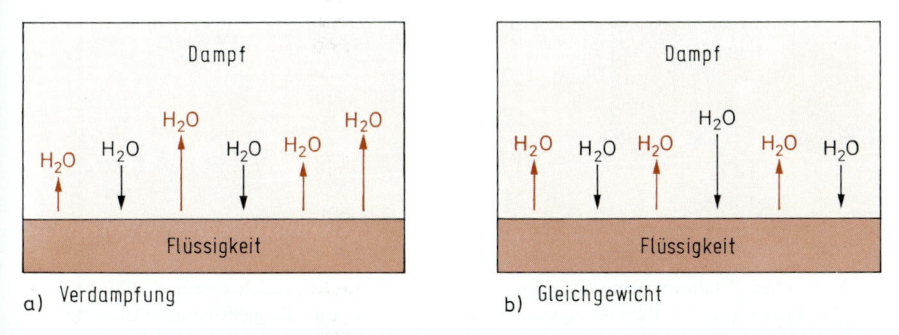

Abb. 3.7 a) Es verdampfen mehr H_2O-Moleküle als kondensieren. Der Dampfdruck ist kleiner als der Sättigungsdampfdruck. Ein verdampfendes H_2O-Molekül ist durch H_2O ↑, ein kondensierendes durch H_2O ↓ symbolisiert.

b) Die Zahl verdampfender und kondensierender H_2O-Moleküle ist gleich. Es herrscht ein dynamisches Gleichgewicht zwischen flüssiger Phase und Gasphase. Der im Gleichgewichtszustand vorhandene Dampfdruck heißt Sättigungsdampfdruck.

dampfenden Moleküle gleich geworden ist, befinden sich Flüssigkeit und Gasphase im dynamischen Gleichgewicht (Abb. 3.7 b). Der im Gleichgewichtszustand auftretende Dampfdruck heißt *Sättigungsdampfdruck*. Er hängt von der Temperatur ab und steigt mit wachsender Temperatur. Den Zusammenhang zwischen Temperatur und Sättigungsdampfdruck gibt die *Dampfdruckkurve* an (Abb. 3.6).

Für eine bestimmte Temperatur gibt es nur einen Druck, bei dem die flüssige Phase und die Gasphase nebeneinander beständig sind. Ist der Dampfdruck kleiner als der Sättigungsdampfdruck, liegt kein Gleichgewicht vor, die Flüssigkeit verdampft. Dies ist beispielsweise der Fall, wenn sich die Flüssigkeit in einem offenen Gefäß befindet. In einem offenen Gefäß verdampft eine Flüssigkeit vollständig. Erhitzt man eine Flüssigkeit an der Luft, und der Dampfdruck erreicht die Größe des Luftdrucks, beginnt die Flüssigkeit zu sieden. Die Temperatur, bei der der Dampfdruck einer Flüssigkeit gleich 1,013 bar = 1 atm beträgt, ist der *Siedepunkt* der Flüssigkeit. Für den Siedepunkt von Wasser ist die Temperatur von 100 °C festgelegt worden. Wird der Luftdruck verringert, sinkt die Siedetemperatur. In einem evakuierten Gefäß siedet Wasser schon bei Raumtemperatur.

Bei sehr hohen Dampfdrücken erreicht der Dampf die gleiche Dichte wie die Flüssigkeit (vgl. Abb. 3.8). Der Unterschied zwischen der Gasphase und der flüssigen Phase verschwindet, es existiert nur noch eine einheitliche Phase. Der Punkt, bei dem die einheitliche Phase entsteht und an dem die Dampfdruckkurve endet

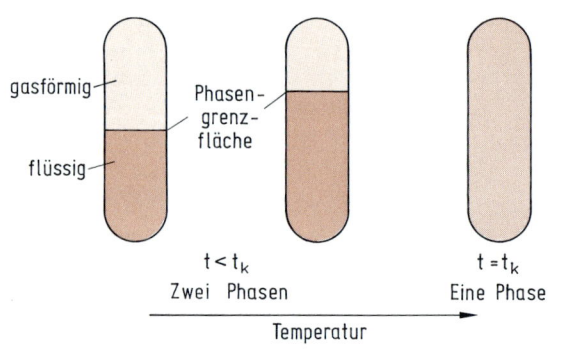

Abb. 3.8 Kritischer Zustand. Eine Flüssigkeit wird in einem abgeschlossenen Gefäß erhitzt. Unterhalb der kritischen Temperatur t_k existieren die flüssige und die gasförmige Phase nebeneinander. Die flüssige Phase hat eine größere Dichte als die Gasphase. Wird die kritische Temperatur erreicht, verschwindet die Phasengrenzfläche. Es entsteht eine einheitliche Phase mit einer einheitlichen Dichte. Der bei der kritischen Temperatur auftretende Druck heißt kritischer Druck.

Tabelle 3.1 Kritische Daten einiger Substanzen

Substanz	Kritischer Druck p_K in bar	Kritische Temperatur t_K in °C
H_2O	220,5	+374
CO_2	73,7	+ 31
N_2	33,9	−147
H_2	13,0	−240
O_2	50,3	−119

3.3 Zustandsdiagramme

(vgl. Abb. 3.6), heißt *kritischer Punkt*. Der zum kritischen Punkt gehörige Druck heißt kritischer Druck p_K, die zugehörige Temperatur kritische Temperatur t_K. *Oberhalb der kritischen Temperatur können daher Gase auch bei beliebig hohen Drücken nicht verflüssigt werden.* In der Tabelle 3.1 sind für einige Stoffe die kritischen Daten angegeben.

Feste Phasen haben ebenfalls einen allerdings geringeren Dampfdruck. Die Verdampfung einer festen Phase nennt man Sublimation. Den Gleichgewichtsdampfdruck für verschiedene Temperaturen gibt die *Sublimationskurve* an. Sie verläuft steiler als die Dampfdruckkurve.

Das Zustandsdiagramm von CO_2 z. B. (Abb. 3.9) zeigt, daß bei 1 bar festes CO_2 (Trockeneis) nicht verflüssigt werden kann. Der Übergang in die Gasphase erfolgt ohne Schmelzen durch Sublimation. Eine flüssige CO_2-Phase kann erst oberhalb 5,2 bar auftreten. Auch bei festem H_2O, z. B. Schnee, kann man beobachten, daß er bei tieferen Temperaturen ohne zu schmelzen durch Sublimation verschwindet.

Die Gleichgewichtskurve zwischen fester und flüssiger Phase wird *Schmelzkurve* genannt. Die Temperatur, bei der die feste Phase unter einem Druck von 1,013 bar schmilzt, wird als *Schmelzpunkt* bezeichnet. Für den Schmelzpunkt von Eis ist die Temperatur 0 °C festgelegt worden. Der Schmelzpunkt ist mit dem Gefrierpunkt identisch. Die Schmelztemperatur von Eis sinkt mit steigendem Druck. Dies wird nur bei wenigen Substanzen wie Antimon, Wismut und Wasser beobachtet und ist eine Folge der Tatsache, daß sich die flüssige Phase beim Gefrieren ausdehnt (vgl. Abb. 3.6 und Abb. 3.9). Eis kann daher durch Druck verflüssigt werden. Beim Schlittschuhlaufen z. B. wird das Eis durch Druck gleitfähig.

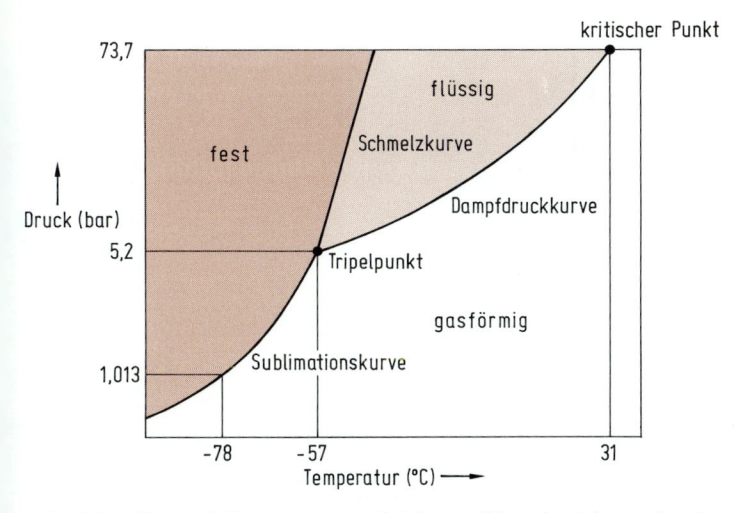

Abb. 3.9 Zustandsdiagramm von Kohlenstoffdioxid (nicht maßstabsgerecht).

Der Punkt, in dem sich Dampfdruckkurve, Sublimationskurve und Schmelzkurve treffen, heißt *Tripelpunkt*. Am Tripelpunkt sind alle drei Phasen nebeneinander beständig. Für H_2O liegt der Tripelpunkt bei 6,10 mbar und 0,01 °C, für CO_2 bei 5,2 bar und -57 °C.

Zum Verdampfen, Schmelzen und Sublimieren muß Energie zugeführt werden. Die dafür notwendigen Energiebeträge bezeichnet man als *Verdampfungswärme Schmelzwärme* und *Sublimationswärme*.

Energieumsätze von Vorgängen, die bei konstantem Druck ablaufen, heißen Enthalpieänderungen. Zugeführte Energien erhalten definitionsgemäß ein positives Vorzeichen (vgl. Kap. 3.4). Für 1 mol H_2O beträgt die Schmelzenthalpie $+6,0$ kJ, die Verdampfungsenthalpie $+40,7$ kJ.

Den Übergang von der Gasphase in die flüssige Phase nennt man Kondensation, den Übergang von der flüssigen Phase in die feste Phase Kristallisation oder Erstarrung. Dabei wird Energie frei. Freiwerdende Energien erhalten ein negatives Vorzeichen. Für 1 mol Wasser beträgt die Kondensationsenthalpie $-40,7$ kJ und die Kristallisationsenthalpie $-6,0$ kJ.

Die Änderung des Energieinhalts von H_2O in Abhängigkeit von der Temperatur ist in der Abb. 3.10 dargestellt.

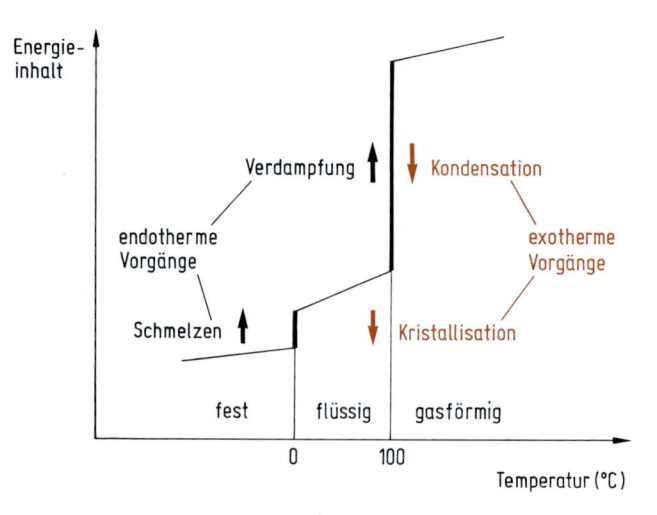

Abb. 3.10 Änderung des Energieinhalts von Wasser in Abhängigkeit von der Temperatur. Bei den Phasenübergängen ändert sich der Energieinhalt sprunghaft. Schmelzen und Verdampfung sind endotherme Vorgänge, es muß Energie zugeführt werden. Kondensation und Kristallisation (Gefrieren) sind exotherme Vorgänge, bei denen Energie frei wird.

Phasengesetz

Es lautet: *Anzahl der Phasen P + Anzahl der Freiheitsgrade F = Anzahl der Komponenten K + 2*

$$P + F = K + 2$$

Beispiel Wasser:

Es gibt nur eine stoffliche Komponente: $K = 1$. Das Phasengesetz heißt dann $P + F = 3$

Freiheitsgrade sind veränderliche Bestimmungsgrößen, also Druck, Temperatur, Konzentration. Wir können drei Fälle unterscheiden (vgl. Abb. 3.6).

$P = 3$, $F = 0$. Die drei Phasen Wasserdampf, flüssiges Wasser, Eis können nur bei einer einzigen Temperatur und einem einzigen Druck nebeneinander existieren (Tripelpunkt). Es existieren keine Freiheitsgrade.
$P = 2$, $F = 1$. Nur eine Größe, Druck oder Temperatur ist frei wählbar, wenn sich zwei Phasen im Gleichgewicht befinden (Dampfdruckkurve, Schmelzkurve, Sublimationskurve).
$P = 1$, $F = 2$. Innerhalb des Existenzbereiches einer Phase können sowohl Druck als auch Temperatur variiert werden.

Dampfdruckerniedrigung von Lösungen

Wenn man durch Auflösen nichtflüchtiger Stoffe in einem Lösungsmittel eine Lösung herstellt, so ist der Dampfdruck der Lösung kleiner als der des Lösungs-

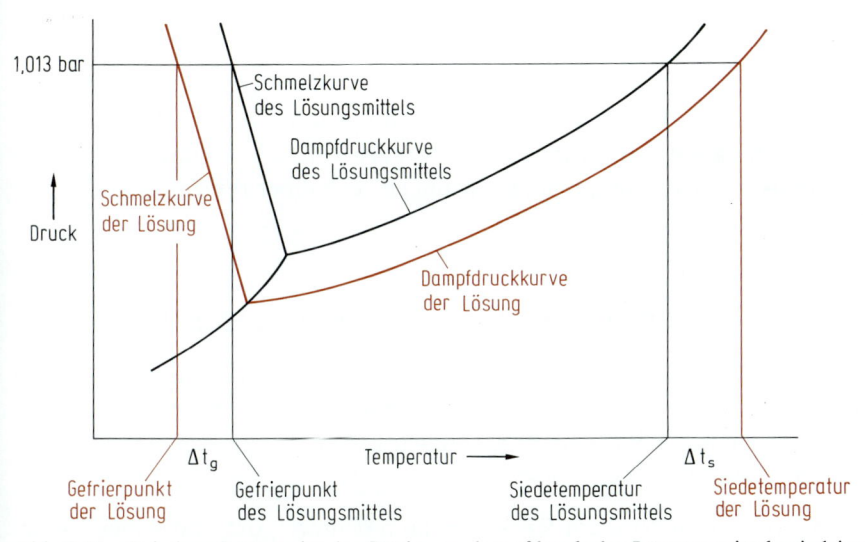

Abb. 3.11 Bei einer Lösung ist der Sättigungsdampfdruck des Lösungsmittels niedriger als bei einem reinen Lösungsmittel. Dies hat eine Siedepunktserhöhung Δt_s und eine Gefrierpunktserniedrigung Δt_g der Lösung zur Folge.

mittels. Die Dampfdruckerniedrigung wächst mit zunehmender Konzentration der Lösung. *Als Folge der Dampfdruckerniedrigung tritt bei einer Lösung eine Gefrierpunktserniedrigung und eine Siedepunktserhöhung auf.* Dieser Effekt läßt sich mit Hilfe der Abb. 3.11 verstehen.

Verglichen mit dem reinen Lösungsmittel, wird wegen der Dampfdruckerniedrigung bei einer Lösung der Dampfdruck von 1,013 bar erst bei einer höheren Temperatur erreicht. Dies bedeutet eine Erhöhung des Siedepunktes. Die Temperatur des Koexistenzgleichgewichts zwischen fester und flüssiger Phase ist bei der Lösung niedriger als beim reinen Lösungsmittel. Dies bedeutet, daß der Gefrierpunkt (= Schmelzpunkt) erniedrigt wird. Die Verschiebung des Gefrierpunktes bzw. des Siedepunktes ist proportional der Molalität, also proportional der Zahl gelöster Teilchen:

Gefrierpunktserniedrigung $\quad \Delta t_g = E_g b$

Siedepunktserhöhung $\quad \Delta t_s = E_s b$

E_g und E_s sind die molale Gefrierpunktserniedrigung bzw. die molale Siedepunktserhöhung. Es sind die Temperaturverschiebungen, die auftreten, wenn 1 mol Substanz in 1 kg Lösungsmittel gelöst sind. E_g und E_s sind Lösungsmittelkonstanten und unabhängig vom gelösten Stoff. Für Wasser beträgt $E_s = 0{,}51$ K kg mol^{-1} und $E_g = -1{,}86$ K kg mol^{-1}. b (Einheit mol/kg) ist die Zahl der Mole gelösten Stoffes pro 1 kg Lösungsmittel.

Beim Lösen von Salzen ist die Dissoziation zu beachten. Im Falle einer NaCl-Lösung entstehen durch Dissoziation zwei Teilchen. Für die Gefrierpunktserniedrigung erhält man dadurch

$\Delta t_g = 2 E_g b_{NaCl}$.

Aufgrund der Gefrierpunktserniedrigung, die durch Lösen von Salzen in Wasser auftritt, kann man aus Eis und Salz Kältemischungen herstellen. Die Verhinderung der Eisbildung auf den Straßen durch Streuen von Salz beruht ebenfalls auf der Gefrierpunktserniedrigung von Salzlösungen gegenüber reinem Wasser.

3.4 Reaktionsenthalpie, Standardbildungsenthalpie

Bei einer chemischen Reaktion findet eine Umverteilung von Atomen statt. Dabei erfolgt nicht nur eine stoffliche Veränderung, sondern damit verbunden ist gleichzeitig ein Energieumsatz. Mit den energetischen Effekten chemischer Reaktionen befaßt sich die *Chemische Thermodynamik*.

Mit dem Begriff *System* wird ein Reaktionsraum definiert, der von seiner Umgebung durch physikalische oder nur gedachte Wände abgegrenzt ist und bei dem nur kontrollierte Einflüsse der Umgebung zugelassen sind. Man unterscheidet:

3.4 Reaktionsenthalpie, Standardbildungsenthalpie

Isolierte oder abgeschlossene Systeme. Es findet weder ein Stoffaustausch noch ein Energieaustausch mit der Umgebung statt (Beispiel Ideale Thermosflasche).
Geschlossene Systeme. Es wird zwar Energie, aber keine Materie mit der Umgebung ausgetauscht.
Offene Systeme. Sowohl Energie- als auch Stoffaustausch ist möglich (Pflanzen, Tiere).
Der jeweilige Zustand eines Systems kann mit *Zustandsgrößen* beschrieben werden. Zustandsgrößen sind z. B. Druck, Temperatur, Volumen, Konzentration. Sie hängen nicht davon ab, auf welchem Wege der Zustand erreicht wurde.

Beispiel:

Für 1 mol eines idealen Gases gilt die Zustandsgleichung $pV = RT$. Der Zustand des Systems ist durch zwei Zustandsgrößen eindeutig bestimmt.

Eine wichtige Zustandsgröße ist der „Energieinhalt" eines Systems, seine *innere Energie* U. Die innere Energie ändert sich, wenn vom System Wärme Q aus der Umgebung aufgenommen bzw. an die Umgebung abgegeben wird oder wenn vom System bzw. am System Arbeit W geleistet wird.

1. Hauptsatz der Thermodynamik: Die von einem geschlossenen System mit der Umgebung ausgetauschte Summe von Arbeit und Wärme ist gleich der Änderung der inneren Energie des Systems.

$$\Delta U = Q + W$$

ΔU bedeutet $U_{Endzustand} - U_{Anfangszustand}$. Werden Wärme und Arbeit vom System abgegeben, so ist Q und W negativ und die innere Energie U nimmt ab; werden sie dem System zugeführt, ist Q und W positiv und U nimmt zu.
Für ein abgeschlossenes System gilt

$$\Delta U = 0 \quad \text{und} \quad U = \text{const.}$$

Energie kann nicht vernichtet werden oder neu entstehen (Energieerhaltungssatz). Ändert sich das Volumen eines Systems, so wird die *Volumenarbeit*

$$W = -p\Delta V$$

geleistet (Ist ΔV positiv, erfolgt Volumenzunahme, ist ΔV negativ, Volumenabnahme). Volumenarbeit ist bei solchen chemischen Reaktionen von Bedeutung, bei denen der Druck konstant bleibt. Wenn zur Konstanthaltung des Drucks z. B. eine Volumenzunahme um ΔV erfolgen muß, wird gegen den äußeren Druck p die Arbeit $p\Delta V$ geleistet.

Berücksichtigt man nur Volumenarbeit, so folgt aus dem 1. Hauptsatz

$$\Delta U = Q_v \quad \text{für } V = \text{const}$$
$$\Delta U = Q_p - p\Delta V \quad \text{für } p = \text{const}$$

Nimmt die innere Energie des Systems ab, so wird bei konstantem Volumen ΔU nur in Form von Wärme abgegeben. Bei konstantem Druck und Volumenzunahme des Systems kann nur noch ein Teil als Wärme abgegeben werden, der Rest muß für Volumenarbeit zur Verfügung stehen, um den Druck konstant zu halten. Man definiert daher eine neue Zustandsgröße, die *Enthalpie* H

$$H = U + pV$$

Für Enthalpieänderungen bei konstantem Druck erhält man

$$\Delta H = \Delta U + p\Delta V = Q_p$$

Die vom System bei konstantem Druck abgegebene Wärme ist nun gleich der Enthalpieabnahme ΔH des Systems. Es gibt chemische Reaktionen, bei denen Energie freigesetzt wird und andere, bei denen Energie verbraucht wird. *Die bei einer chemischen Reaktion pro Formelumsatz entwickelte oder verbrauchte Wärmemenge heißt Reaktionswärme.* Im SI werden normalerweise die Reaktionswärmen in kJ angegeben, die vorher übliche Einheit war die kcal

$$1 \text{ kcal} = 4{,}187 \text{ kJ}$$

Die Reaktionswärme einer chemischen Reaktion, die bei konstantem Druck abläuft, bezeichnet man als Reaktionsenthalpie. Das Symbol für die Reaktionsenthalpie ist ΔH. Die übliche Einheit der Reaktionsenthalpie ist kJ/mol.

Beispiele:

Unter einem Formelumsatz versteht man z. B. bei der Reaktion $3H_2 + N_2 \rightarrow 2NH_3$ den gesamten Umsatz von 3 mol Wasserstoff und 1 mol Stickstoff zu 2 mol Ammoniak. Dabei wird eine Reaktionswärme von 92,3 kJ entwickelt und an die Umgebung abgegeben. Die Reaktionsenthalpie $\Delta H = -92{,}3$ kJ/mol. Wird die Reaktionswärme an die Umgebung abgegeben, erhält der ΔH-Wert definitionsgemäß ein negatives Vorzeichen. Die gesamte Reaktionsgleichung mit Stoff- und Energiebilanz lautet:

$$3H_2 + N_2 \rightarrow 2NH_3 \qquad \Delta H = -92{,}3 \text{ kJ/mol} \qquad (3.1)$$

Bei der Bildung von 2 mol Stickstoffoxid aus 1 mol Stickstoff und 1 mol Sauerstoff wird eine Reaktionswärme von 180,6 kJ verbraucht, also der Umgebung entzogen. Die aus der Umgebung aufgenommene Reaktionswärme erhält ein positives Vorzeichen. Die Reaktionsgleichung lautet:

$$N_2 + O_2 \rightarrow 2NO \qquad \Delta H = +180{,}6 \text{ kJ/mol} \qquad (3.2)$$

Reaktionen, bei denen ΔH negativ ist, nennt man exotherm, Reaktionen, bei denen ΔH positiv ist, endotherm (Abb. 3.12).

Für eine bestimmte Reaktion bezieht sich die Größe der Reaktionsenthalpie natürlich immer auf die dazugehörige Gleichung, in der durch die stöchiometrischen Zahlen der jeweilige Formelumsatz angegeben wird.

3.4 Reaktionsenthalpie, Standardbildungsenthalpie 143

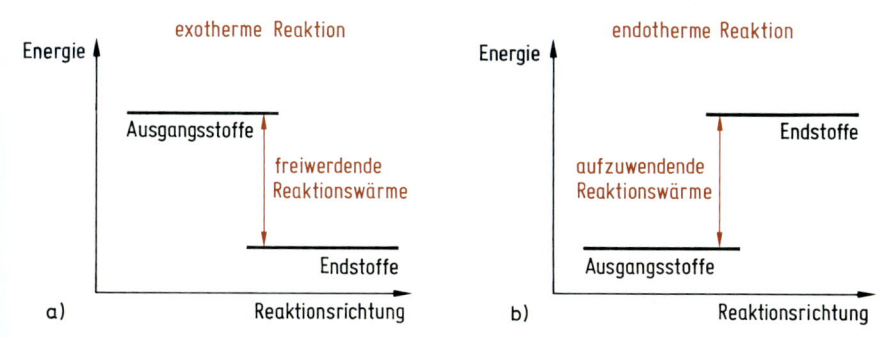

Abb. 3.12 Schematische Energiediagramme.
a) Exotherme Reaktion. Der Energieinhalt der Endstoffe ist kleiner als der der Ausgangsstoffe, die Differenz wird als Reaktionswärme frei. ΔH ist negativ.
b) Endotherme Reaktion. Der Energieinhalt der Endstoffe ist größer als der der Ausgangsstoffe. Diese Energiedifferenz muß während der Reaktion zugeführt werden. ΔH ist positiv.

Beispiel:

$$H_2 + Cl_2 \rightarrow 2\,HCl \qquad \Delta H = -184{,}8 \text{ kJ/mol}$$
$$\tfrac{1}{2}H_2 + \tfrac{1}{2}Cl_2 \rightarrow HCl \qquad \Delta H = -92{,}4 \text{ kJ/mol}$$

Die Größe der Reaktionsenthalpie ΔH hängt von der Temperatur und dem Druck ab, bei denen die Reaktion abläuft. *Man gibt daher die Reaktionsenthalpie für einen definierten Anfangs- und Endzustand der Reaktionsteilnehmer, den sogenannten Standardzustand an. Als Standardzustände wählt man bei Gasen den idealen Zustand, bei festen und flüssigen Stoffen den Zustand der reinen Phase, jeweils bei 1,013 bar = 1 atm Druck. Für die Standardreaktionsenthalpie wird das Symbol $\Delta H°$ verwendet.* Die jeweilige Reaktionstemperatur wird als Index angegeben. $\Delta H°_{293}$ bedeutet also die Standardreaktionsenthalpie bei 293 K. Im allgemeinen gibt man $\Delta H°$ für die Standardtemperatur 25 °C an: $\Delta H°_{298}$. $\Delta H°$-Werte, bei denen zur Vereinfachung der Schreibweise die Temperaturangabe weggelassen ist, beziehen sich im folgenden immer auf die Standardtemperatur 25 °C.

Satz von Heß[1])

Eine Verbindung kann auf verschiedenen Reaktionswegen entstehen. Betrachten wir als Beispiel die Bildung von Kohlenstoffdioxid (vgl. Abb. 3.13). CO_2 kann direkt aus Kohlenstoff und Sauerstoff gebildet werden:

Weg 1 $\quad C + O_2 \rightarrow CO_2 \qquad \Delta H° = -393{,}8 \text{ kJ/mol}$

Ein anderer Reaktionsweg führt in zwei Reaktionsschritten über die Zwischenverbindung Kohlenstoffmonooxid zu CO_2.

Weg 2 Schritt 1 $\quad C + \tfrac{1}{2}O_2 \rightarrow CO \qquad \Delta H° = -110{,}6 \text{ kJ/mol}$
Schritt 2 $\quad CO + \tfrac{1}{2}O_2 \rightarrow CO_2 \qquad \Delta H° = -283{,}2 \text{ kJ/mol}$

[1]) Der Satz von Heß ist ein Spezialfall des 1. Hauptsatzes der Thermodynamik.

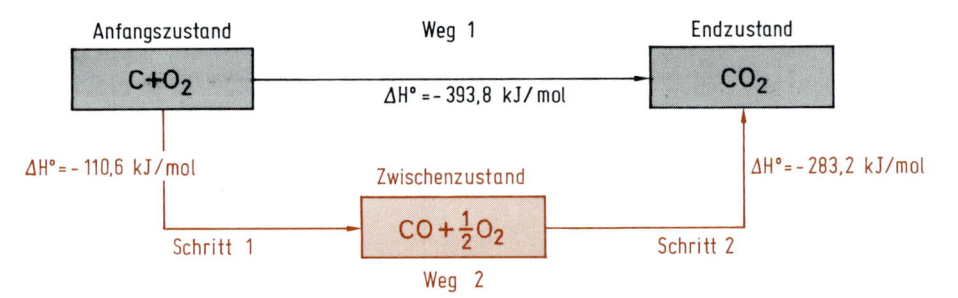

Abb. 3.13 Nach dem Satz von Heß ist die Reaktionsenthalpie ΔH eine Zustandsgröße, die nicht vom Reaktionsweg abhängig ist: $\Delta H°_{Weg1} = \Delta H°_{Weg2}$.

Nach dem Satz von Heß hängt die Reaktionsenthalpie nicht davon ab, auf welchem Weg CO_2 entsteht. *Bei gleichem Anfangs- und Endzustand der Reaktion ist die Reaktionsenthalpie für jeden Reaktionsweg gleich groß* und unabhängig davon, ob die Reaktion direkt oder in verschiedenen, getrennten Schritten durchgeführt wird. Für die Bildung von CO_2 gilt danach

$$\Delta H°_{Weg1} = \Delta H°_{Weg2}$$

Größen, die nur vom Zustand abhängen, aber nicht vom Weg, auf dem dieser Zustand erreicht wird, werden als *Zustandsgrößen* bezeichnet.

Der Satz von Heß lautet einfacher: ΔH ist eine Zustandsgröße.

Aufgrund des Heßschen Satzes können experimentell schwer bestimmbare Reaktionsenthalpien rechnerisch ermittelt werden. Die Reaktionsenthalpie der Reaktion $C + \frac{1}{2}O_2 \rightarrow CO$ ist experimentell schwierig zu bestimmen, kann aber aus den gut meßbaren Reaktionsenthalpien der Oxidation von C und CO zu CO_2 berechnet werden.

Standardbildungsenthalpie

Da ΔH eine Zustandsgröße ist, können wir die Reaktionsenthalpien von chemischen Reaktionen berechnen, wenn wir die Enthalpien der Endstoffe und Ausgangsstoffe kennen.

$$\Delta H = \Sigma H(\text{Endstoffe}) - \Sigma H(\text{Ausgangsstoffe})$$

Unglücklicherweise lassen sich aber nur Enthalpieänderungen messen, der Absolutwert der Enthalpie (Wärmeinhalt) eines Stoffes ist nicht meßbar. Man muß daher eine Enthalpieskala mit Relativwerten der Enthalpien aufstellen. Für diese Enthalpieskala ist es notwendig einen willkürlichen Nullpunkt festzulegen. Er ist folgendermaßen definiert. *Die stabilste Form eines Elements bei 25°C und einem Druck von 1,013 bar = 1 atm besitzt die Enthalpie null* (vgl. Abb. 3.14). Die Enthalpie einer Verbindung erhält man nun aus der Reaktionswärme, die bei ihrer

3.4 Reaktionsenthalpie, Standardbildungsenthalpie

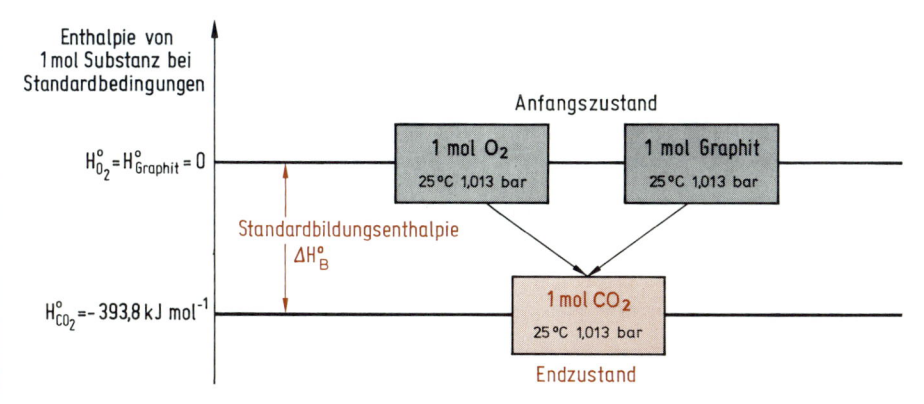

[Abbildung: Enthalpiediagramm mit Anfangszustand (1 mol O₂ und 1 mol Graphit bei 25°C, 1,013 bar) und Endzustand (1 mol CO₂ bei 25°C, 1,013 bar); $H^\circ_{O_2} = H^\circ_{Graphit} = 0$; $H^\circ_{CO_2} = -393{,}8$ kJ mol^{-1}; Standardbildungsenthalpie ΔH°_B]

Abb. 3.14 Die Standardbildungsenthalpie ΔH°_B tritt auf, wenn 1 mol einer Verbindung im Standardzustand aus den Elementen bei Standardbedingungen entsteht. Bei Elementen mit mehreren Modifikationen ist ΔH°_B auf die bei 298 K und 1,013 bar thermodynamisch stabile Modifikation bezogen.

Bildung aus den Elementen auftritt. Die pro Mol der Verbindung unter Standardbedingungen auftretende Reaktionsenthalpie nennt man Standardbildungsenthalpie.

Die Standardbildungsenthalpie ΔH°_B einer Verbindung ist die Reaktionsenthalpie, die bei der Bildung von 1 mol der Verbindung im Standardzustand aus den Elementen im Standardzustand bei der Reaktionstemperatur 25°C auftritt. Für eine Verbindung ist die Standardbildungsenthalpie also keine Absolutgröße, sondern eine willkürlich definierte Relativgröße.

Beispiel:

Die Standardbildungsenthalpie von CO_2

$$\Delta H^\circ_B(CO_2) = -394 \text{ kJ/mol}$$

Dies bedeutet: Läßt man bei 25°C 1 mol Sauerstoffmoleküle von 1,013 bar Druck und 1 mol Kohlenstoff unter 1,013 bar Druck zu 1 mol CO_2 mit dem Druck 1,013 bar reagieren, so tritt die exotherme Reaktionsenthalpie von 394 kJ auf. Kohlenstoff muß als Graphit vorliegen, da bei 298 K und 1,013 bar die beständige Kohlenstoffmodifikation der Graphit und nicht der Diamant ist (vgl. Abb. 3.14).

In den Reaktionsgleichungen 3.1 und 3.2 sind die Standardreaktionsenthalpien für 298 K pro Formelumsatz angegeben. Die Standardbildungsenthalpien von NH_3 und NO, also jeweils für 1 mol Verbindung, sind daher (vgl. Abb. 3.14):

$$\Delta H^\circ_B(NH_3) = -46{,}1 \text{ kJ/mol}$$
$$\Delta H^\circ_B(NO) = +90{,}3 \text{ kJ/mol}$$

Weitere Standardbildungsenthalpien sind in der Tabelle 3.2 angegeben. *Mit den*

ΔH_B°-*Werten kann man die Reaktionsenthalpien einer Vielzahl von Reaktionen berechnen.* Für die allgemeine Reaktion

$$aA + bB \rightarrow cC + dD$$

mit den Verbindungen A, B, C, D beträgt die Reaktionsenthalpie

$$\Delta H_{298}^\circ = d\Delta H_B^\circ(D) + c\Delta H_B^\circ(C) - b\Delta H_B^\circ(B) - a\Delta H_B^\circ(A)$$

Tabelle 3.2 Standardbildungsenthalpien einiger Verbindungen (ΔH_B^0 in kJ/mol)

$H_2O(g)$	−242,0	$SO_3(g)$	−396,0	α-Al_2O_3(f)	−1676,9
H_2O(fl)	−286,0	H_2S	− 20,6	α-Fe_2O_3(f)	− 824,8
O_3	+142,8	NO	+ 90,3	SiO_2(f)	− 911,6
HF	−271,3	NH_3	− 46,1	CuO(f)	− 157,4
HCl	− 92,4	CO	−110,6	NaF(f)	− 569,4
HBr	− 36,4	CO_2	−393,8	NaCl(f)	− 411,3
HI	+ 26,5	MgO(f)	−602,3		
SO_2	−297,0	CaO(f)	−636,0		

(g) = gasförmig, (fl) = flüssig, (f) = fest.

Beispiel:

Für die Reaktion

$$Fe_2O_3(f) + 3\,CO(g) \rightarrow 2\,Fe(f) + 3\,CO_2(g)$$

erhält man die Reaktionswärme

$$\Delta H_{298}^\circ = 3\Delta H_B^\circ(CO_2) - \Delta H_B^\circ(Fe_2O_3) - 3\Delta H_B^\circ(CO)$$
$$\Delta H_{298}^\circ = 3(-393,8\text{ kJ mol}^{-1}) - 1(-824,8\text{ kJ mol}^{-1})$$
$$\quad - 3(-110,6\text{ kJ mol}^{-1})$$
$$\Delta H_{298}^\circ = -24,8\text{ kJ/mol}$$

Die Bildungsenthalpie von Fe ist definitionsgemäß null.

3.5 Das chemische Gleichgewicht

3.5.1 Allgemeines

Läßt man Wasserstoffmoleküle und Iodmoleküle miteinander reagieren, bildet sich Hydrogeniodid.

$$H_2 + I_2 \rightarrow 2\,HI$$

Es reagieren aber nicht alle H_2- und I_2-Moleküle miteinander zu HI-Molekülen, sondern die Reaktion verläuft unvollständig. Bringt man in ein Reaktionsgefäß

3.5 Das chemische Gleichgewicht

1 mol H_2 und 1 mol I_2, so bilden sich z. B. bei 490 °C nur 1,544 mol HI im Gemisch mit 0,228 mol H_2 und 0,228 mol I_2, die nicht miteinander weiterreagieren.

Bringt man in das Reaktionsgefäß 2 mol HI, so erfolgt ein Zerfall von HI-Molekülen in H_2- und I_2-Moleküle nach der Reaktionsgleichung

$$2 HI \rightarrow H_2 + I_2$$

Auch diese Reaktion läuft nicht vollständig ab. Bei 490 °C zerfallen nur solange HI-Moleküle bis im Reaktionsgefäß wiederum ein Gemisch von 0,228 mol H_2, 0,228 mol I_2 und 1,544 mol HI vorliegt.

Zwischen den Molekülen H_2, I_2 und HI bildet sich also *ein Zustand, bei dem keine weitere Änderung der Zusammensetzung des Reaktionsgemisches erfolgt*. Diesen Zustand *nennt man chemisches Gleichgewicht*. Wenn bei 490 °C im Reaktionsraum 0,228 mol H_2, 0,228 mol I_2 und 1,544 mol HI nebeneinander vorhanden sind, liegt ein Gleichgewichtszustand vor. Dies ist in der Abb. 3.15 schematisch dargestellt.

Der Gleichgewichtszustand ist kein Ruhezustand. Nur makroskopisch sind im Gleichgewichtszustand keine Veränderungen feststellbar. Tatsächlich erfolgt aber auch im Gleichgewichtszustand dauernd Zerfall und Bildung von HI-Teilchen. Wie sich im Verlauf der Reaktion die Zahl der pro Zeiteinheit gebildeten und zerfallenen HI-Moleküle ändert, zeigt schematisch Abb. 3.16.

Zu Beginn der Reaktion ist die Zahl entstehender HI-Moleküle groß, sie sinkt im Verlauf der Reaktion, da die Konzentrationen der reagierenden H_2- und I_2-

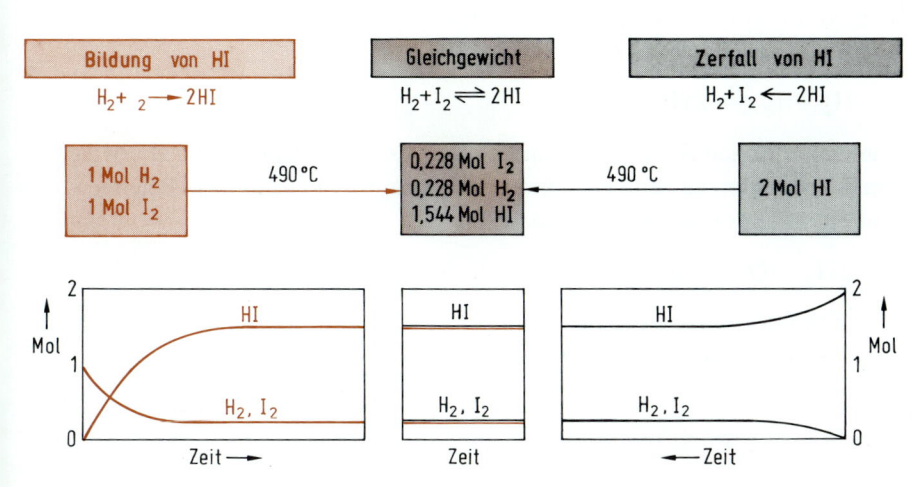

Abb. 3.15 Chemisches Gleichgewicht. Bildung und Zerfall von HI führen zum gleichen Endzustand. Im Endzustand sind die drei Reaktionsteilnehmer in bestimmten Konzentrationen nebeneinander vorhanden. Diese Konzentrationen verändern sich mit fortschreitender Zeit nicht mehr. Ein solcher Zustand wird chemisches Gleichgewicht genannt.

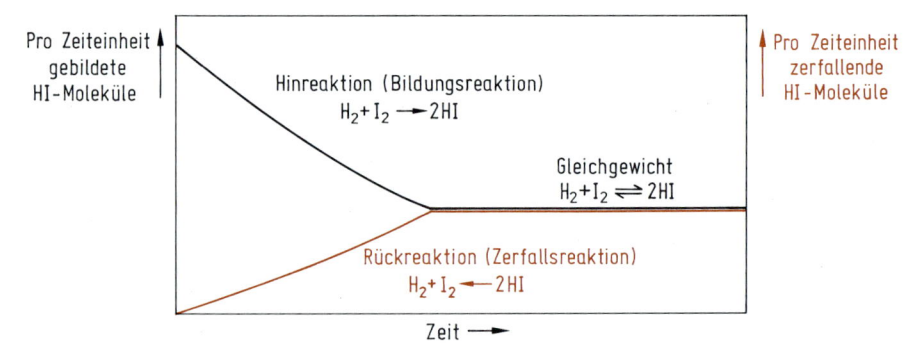

Abb. 3.16 Bei der Reaktion von H_2 mit I_2 zu HI werden nicht nur HI-Moleküle gebildet, sondern gleichzeitig zerfallen auch gebildete HI-Moleküle wieder. Vor Erreichen des Gleichgewichtszustandes bilden sich pro Zeitintervall aber mehr HI-Moleküle als zerfallen, die Bildungsreaktion ist schneller als die Zerfallsreaktion. Im Gleichgewichtszustand ist die Zahl sich bildender und zerfallender HI-Moleküle gleich groß geworden.

Moleküle abnehmen. Die Zahl zerfallender HI-Moleküle ist zu Beginn der Reaktion natürlich null, da noch keine HI-Teilchen vorhanden sind. Je größer die Konzentration der HI-Moleküle im Verlauf der Reaktion wird, um so mehr HI-Moleküle zerfallen. Bildungskurve und Zerfallskurve nähern sich im Verlauf der Reaktion, bis schließlich die Zahl zerfallender und gebildeter HI-Moleküle pro Zeiteinheit gleich groß ist, es ist Gleichgewicht erreicht. In der folgenden Zeit tritt keine makroskopisch wahrnehmbare Veränderung mehr ein.

Das Auftreten eines Gleichgewichts wird bei der Formulierung von Reaktionsgleichungen durch einen Doppelpfeil $\rightleftharpoons$ wiedergegeben, wobei $\rightarrow$ die Hinreaktion und $\leftarrow$ die Rückreaktion symbolisieren.

$$H_2 + I_2 \rightleftharpoons 2HI$$

Bei vielen chemischen Reaktionen sind allerdings im Gleichgewicht überwiegend die Komponenten einer Seite vorhanden. Man sagt dann, daß das Gleichgewicht ganz auf einer Seite liegt. Bei der Reaktion

$$2H_2 + O_2 \rightleftharpoons 2H_2O$$

z. B. liegt das Gleichgewicht ganz auf der rechten Seite, d. h. im Gleichgewichtszustand sind praktisch nur H_2O-Moleküle vorhanden.

3.5.2 Das Massenwirkungsgesetz (MWG)[1]

Die Lage eines chemischen Gleichgewichts wird durch das Massenwirkungsgesetz beschrieben. Es lautet für die Gleichgewichtsreaktion

$$H_2 + I_2 \rightleftharpoons 2\,HI \tag{3.3}$$

$$\frac{c_{HI}^2}{c_{H_2} \cdot c_{I_2}} = K_c$$

c_{HI}, c_{I_2} und c_{H_2} sind die Stoffmengenkonzentrationen von HI, I_2 und H_2 im Gleichgewichtszustand. Eine große Konzentration bedeutet eine große Teilchenzahl pro Volumen. K_c wird *Gleichgewichtskonstante* oder *Massenwirkungskonstante* genannt. Sie *ist definiert als Produkt der Konzentrationen der Endstoffe ("Rechtsstoffe") dividiert durch das Produkt der Konzentrationen der Ausgangsstoffe ("Linksstoffe"). Die Gleichgewichtskonstante hängt nur von der Reaktionstemperatur ab.*

Für die Reaktion 3.3 erhält man den Wert der Gleichgewichtskonstante K_c für die Temperatur 490 °C aus den in Abschn. 3.5.1 angegebenen Gleichgewichtskonzentrationen. Hat das dort beschriebene Reaktionsgefäß ein Volumen von 1 Liter, erhält man

$$K_c = \frac{1{,}544^2 \; mol^2/l^2}{0{,}228 \; mol/l \cdot 0{,}228 \; mol/l} = 45{,}9$$

Es gibt natürlich beliebig viele Kombinationen der H_2-, I_2- und HI-Konzentrationen für die das MWG erfüllt ist. Läßt man z.B. 1 mol I_2 mit 0,5 mol H_2 reagieren, dann sind bei 490 °C im Gleichgewichtszustand 0,930 mol HI, 0,535 mol I_2 und 0,035 mol H_2 nebeneinander vorhanden

$$K_c = \frac{0{,}9296^2 \; mol^2/l^2}{0{,}5352 \; mol/l \cdot 0{,}0352 \; mol/l} = 45{,}9$$

Für Gasreaktionen ist es zweckmäßig, das MWG in der Form

$$\frac{p_{HI}^2}{p_{H_2} \cdot p_{I_2}} = K_p$$

zu schreiben. p_{HI}, p_{H_2} und p_{I_2} sind die Partialdrücke (vgl. Abschn. 3.2) von HI, H_2 und I_2 im Gleichgewichtszustand.

Für die allgemein geschriebene Reaktionsgleichung

$$aA + bB \rightleftharpoons cC + dD$$

lautet das MWG

---

[1] Das MWG wurde 1867 von Guldberg und Waage empirisch gefunden. Es kann aber auf Grund thermodynamischer Gesetze exakt abgeleitet werden (vgl. Kap. 3.5.4).

$$\frac{[C]^c[D]^d}{[A]^a[B]^b} = K_c$$

In dieser Schreibweise wird die Konzentration durch das Symbol [ ] wiedergegeben. Für die Konzentration eines Stoffes, z. B. HI, sind die beiden Schreibweisen c_{HI} oder [HI] üblich.

Im MWG sind die Konzentrationen der Stoffe multiplikativ verknüpft, die stöchiometrischen Zahlen a, b, c und d treten daher als Exponenten der Konzentrationen auf. Dies wird sofort klar, wenn man die Reaktion 3.3 in der Form $H_2 + I_2 \rightleftharpoons HI + HI$ schreibt. Das MWG lautet dann

$$K_c = \frac{[HI][HI]}{[H_2][I_2]} = \frac{[HI]^2}{[H_2][I_2]}$$

Die Gleichgewichtskonstanten verschiedener chemischer Reaktionen können sehr unterschiedliche Werte haben.

Ist $K \gg 1$, läuft die Reaktion nahezu vollständig in Richtung der Endprodukte ab. Die Ausgangsstoffe sind im Gleichgewicht in so geringer Konzentration vorhanden, daß diese oft nicht mehr meßbar sind.

Beispiel:

$$2H_2 + O_2 \rightleftharpoons 2H_2O(g)$$

$$\frac{p_{H_2O}^2}{p_{H_2}^2 \cdot p_{O_2}} = K_p$$

Bei 25 °C beträgt $K_p = 10^{80}$ bar^{-1}. Wasser zersetzt sich bei Normaltemperatur nicht.

Ist $K \sim 1$, liegen im Gleichgewichtszustand alle Reaktionsteilnehmer in vergleichbar großen Konzentrationen vor. Ein Beispiel ist die schon besprochene Reaktion $H_2 + I_2 \rightleftharpoons 2HI$. Bei 490 °C ist $K_p = 45{,}9$.

Wenn $K \ll 1$ ist, läuft die Reaktion praktisch nicht ab. Im Gleichgewichtszustand sind ganz überwiegend die Ausgangsprodukte vorhanden.

Beispiel:

$$N_2 + O_2 \rightleftharpoons 2NO$$

$$\frac{p_{NO}^2}{p_{N_2} \cdot p_{O_2}} = K_p$$

Bei 25 °C beträgt $K_p = 10^{-30}$.

In der Luft sind praktisch nur N_2- und O_2-Moleküle vorhanden.

3.5 Das chemische Gleichgewicht

Gleichgewichtskonstanten beziehen sich auf eine Reaktion mit bestimmter Stöchiometrie. Bei der Benutzung von Zahlenwerten muß man darauf achten, für welche Reaktion die Gleichgewichtskonstante angegeben ist.

Beispiel:

$$N_2 + O_2 \rightleftharpoons 2\,NO \qquad \frac{p_{NO}^2}{p_{N_2} \cdot p_{O_2}} = K_p(1) = 10^{-30}$$

$$\tfrac{1}{2}N_2 + \tfrac{1}{2}O_2 \rightleftharpoons NO \qquad \frac{p_{NO}}{p_{N_2}^{1/2} \cdot p_{O_2}^{1/2}} = K_p(2) = 10^{-15}$$

$$K_p(1) = K_p^2(2).$$

Homogene Gleichgewichte sind Gleichgewichte, bei denen alle an der Reaktion beteiligten Stoffe in derselben Phase vorhanden sind.

Beispiele für Reaktionen bei denen alle Reaktionsteilnehmer gasförmig vorliegen:

Reaktion MWG

$$3H_2 + N_2 \rightleftharpoons 2\,NH_3 \qquad \frac{c_{NH_3}^2}{c_{H_2}^3 \cdot c_{N_2}} = K_c \quad \text{oder} \quad \frac{[NH_3]^2}{[H_2]^3[N_2]} = K_c$$

$$2SO_2 + O_2 \rightleftharpoons 2\,SO_3 \qquad \frac{[SO_3]^2}{[SO_2]^2[O_2]} = K_c \quad \text{oder} \quad \frac{p_{SO_3}^2}{p_{SO_2}^2 \cdot p_{O_2}} = K_p$$

$$H_2 \rightleftharpoons 2\,H \qquad \frac{c_H^2}{c_{H_2}} = K_c \quad \text{oder} \quad \frac{p_H^2}{p_{H_2}} = K_p$$

Im MWG stehen die Konzentrationen solcher Teilchen, die in der Reaktionsgleichung auftreten. Bei der Oxidation von SO_2 mit Sauerstoff tritt im MWG die Konzentration von Sauerstoffmolekülen $[O_2]$ auf und nicht die von Sauerstoffatomen $[O]$. Bei der Dissoziation von Wasserstoffmolekülen treten im MWG sowohl die Konzentrationen von Wasserstoffmolekülen $[H_2]$ als auch die von Wasserstoffatomen $[H]$ auf.

Heterogene Gleichgewichte sind Gleichgewichte, an denen mehrere Phasen beteiligt sind.

Beispiele für Reaktionen, bei denen feste (f) und gasförmige (g) Reaktionsteilnehmer auftreten:

Reaktion MWG

$$C(f) + O_2(g) \rightleftharpoons CO_2(g) \qquad \frac{[CO_2]}{[O_2]} = K_c$$

$$C(f) + CO_2(g) \rightleftharpoons 2\,CO(g) \qquad \frac{p_{CO}^2}{p_{CO_2}} = K_p$$

$$CaCO_3(f) \rightleftharpoons CaO(f) + CO_2(g) \qquad p_{CO_2} = K_p$$

Die Gegenwart fester Stoffe wie C, CaO, CaCO₃ ist zwar für den Ablauf der Reaktionen notwendig, aber es ist gleichgültig, in welcher Menge sie bei der Reaktion vorliegen. Sie haben keine veränderlichen Konzentrationen, *es treten* daher *im MWG für feste reine Phasen keine Konzentrationsglieder auf.*

Der Zusammenhang zwischen den Gleichgewichtskonstanten K_c und K_p läßt sich mit Hilfe des idealen Gasgesetzes ableiten. Betrachten wir zunächst die Reaktion $H_2 + I_2 \rightleftharpoons 2HI$. Nach dem idealen Gasgesetz pv = nRT besteht zwischen der Konzentration und dem Partialdruck von H_2 die Beziehung (vgl. Abschn. 3.2).

$$p_{H_2} = \frac{n_{H_2}}{v} RT = c_{H_2} RT$$

Entsprechend gilt für I_2 und HI

$$p_{I_2} = c_{I_2} RT$$

und $\quad p_{HI} = c_{HI} RT$

Setzt man diese Beziehungen in das MWG ein, erhält man

$$K_p = \frac{p_{HI}^2}{p_{I_2} \cdot p_{H_2}} = \frac{c_{HI}^2 (RT)^2}{c_{I_2} RT \, c_{H_2} RT} = K_c$$

Für Reaktionen, bei denen auf beiden Seiten der Reaktionsgleichung die Gesamtstoffmenge der im MWG auftretenden Komponenten gleich groß ist, ist $K_c = K_p$. Dies ist dann der Fall, wenn die Summen der stöchiometrischen Zahlen dieser Komponenten auf beiden Seiten gleich groß sind. In allen anderen Fällen ist K_c ungleich K_p. Ein Beispiel dafür ist die Reaktion $H_2 \rightleftharpoons 2H$.

$$K_p = \frac{p_H^2}{p_{H_2}} = \frac{c_H^2 (RT)^2}{c_{H_2} RT}$$

$$K_p = K_c RT$$

3.5.3 Verschiebung der Gleichgewichtslage, Prinzip von Le Chatelier

Die Gleichgewichtslage chemischer Reaktionen kann durch Änderung folgender Größen beeinflußt werden: 1. Änderung der Konzentrationen bzw. der Partialdrücke der Reaktionsteilnehmer. 2. Temperaturänderung. 3. Bei Reaktionen, bei denen sich die Gesamtstoffmenge der gasförmigen Reaktionspartner ändert, durch Änderung des Gesamtdrucks.

Nur im ersten Fall erfolgt eine Änderung der Gleichgewichtslage durch Stoffaustausch des Reaktionssystems mit seiner Umgebung. Die Temperaturänderung und Druckänderung sind Zustandsänderungen, die im geschlossenen System (vgl. Abschn. 3.4) zu Änderungen der Gleichgewichtslage führen.

Die Verschiebung der Gleichgewichtslage durch Konzentrationsänderung soll am Beispiel der Reaktion $SO_2 + \frac{1}{2} O_2 \rightleftharpoons SO_3$ erläutert werden. Die Anwendung

3.5 Das chemische Gleichgewicht

des MWG auf diese Reaktion ergibt

$$\frac{[SO_3]}{[SO_2][O_2]^{1/2}} = K_c$$

oder umgeformt

$$\frac{[SO_3]}{[SO_2]} = K_c[O_2]^{1/2} \tag{3.4}$$

Wenn man die Konzentration von Sauerstoff erhöht, muß sich, wie Gleichung 3.4 zeigt, das Konzentrationsverhältnis $[SO_3]/[SO_2]$ im Gleichgewicht ebenfalls erhöhen. Man kann also eine Verschiebung des Gleichgewichts in Richtung auf das erwünschte Reaktionsprodukt SO_3 (erhöhter Umsatz von SO_2) durch einen Sauerstoffüberschuß erreichen.

Die Gleichgewichtskonstanten K_p und K_c ändern sich mit der Temperatur. Durch Temperaturänderung verschiebt sich daher auch das Gleichgewicht. Bei Reaktionen mit Stoffmengenänderung hängt die Gleichgewichtslage vom Druck ab, bei dem die Reaktion abläuft. Die Gleichgewichtskonstanten K_c und K_p selbst sind aber nicht vom Druck abhängig. Die Temperatur- und Druckabhängigkeit der Gleichgewichtslage wird qualitativ durch das Le Cateliersche Prinzip beschrieben:

Übt man auf ein System, das im Gleichgewicht ist, durch Druckänderung oder Temperaturänderung einen Zwang aus, so verschiebt sich das Gleichgewicht, und zwar so, daß sich ein neues Gleichgewicht einstellt, bei dem dieser Zwang vermindert ist.

Das Le Cateliersche Prinzip, auch Prinzip des kleinsten Zwangs genannt, soll auf die Reaktionen

$$3H_2 + N_2 \rightleftharpoons 2NH_3 \qquad \Delta H° = -92\,kJ/mol \tag{3.5}$$

und

$$C(f) + CO_2 \rightleftharpoons 2CO \qquad \Delta H° = +173\,kJ/mol \tag{3.6}$$

angewendet werden.

Erfolgt eine Temperaturerhöhung, so versucht das System, dem Zwang der Temperaturerhöhung auszuweichen. Der Temperaturerhöhung wird entgegengewirkt, wenn das Gleichgewicht sich so verschiebt, daß dabei Wärme verbraucht wird. Bei der Reaktion 3.5 wird Wärme verbraucht, wenn NH_3 in H_2 und N_2 zerfällt. Das Gleichgewicht verschiebt sich also in Richtung der Ausgangsstoffe. Bei der Reaktion 3.6 wird Wärme verbraucht, wenn sich CO bildet, das Gleichgewicht verschiebt sich in Richtung der Endprodukte.

Allgemein gilt: *Temperaturerhöhung führt bei exothermen chemischen Reaktionen zu einer Verschiebung des Gleichgewichts in Richtung der Ausgangsstoffe, bei endothermen Reaktionen in Richtung der Endprodukte.*

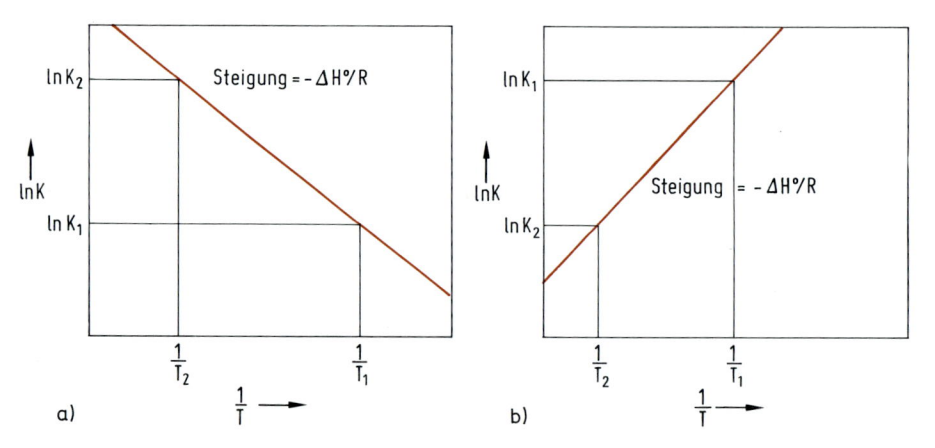

Abb. 3.17 Abhängigkeit der Gleichgewichtskonstante von der Temperatur.
a) endotherme Reaktionen, $\Delta H°$ ist positiv.
b) exotherme Reaktionen, $\Delta H°$ ist negativ.

Quantitativ wird die Temperaturabhängigkeit der Gleichgewichtskonstante K_p durch die Gleichung

$$\frac{d \ln K_p}{dT} = \frac{\Delta H°}{RT^2} \tag{3.7}$$

beschrieben (vgl. Abschn. 3.5.4). Nimmt man in erster Näherung an, daß $\Delta H°$ temperaturunabhängig ist, so erhält man durch Integration (vgl. Abb. 3.17)

$$\ln \frac{K_2}{K_1} = -\frac{\Delta H°}{R} \left(\frac{1}{T_2} - \frac{1}{T_1} \right)$$

Beispiel:

Für die Reaktion

$$H_2 + \tfrac{1}{2} O_2 \rightleftharpoons H_2O(g) \qquad \Delta H_B° = -242 \text{ kJ/mol}$$

beträgt bei 300 K die Gleichgewichtskonstante K_1

$$\frac{p_{H_2O}}{p_{H_2} \cdot p_{O_2}^{1/2}} = K_1 = 10^{40} \text{ bar}^{-1/2}$$

Für die Gleichgewichtskonstante K_2 bei 1000 K erhält man:

$$\lg \frac{K_2}{K_1} = -\frac{-242 \text{ kJ mol}^{-1}}{2{,}30 \cdot 0{,}00831 \text{ kJ K}^{-1} \text{mol}^{-1}} \left(\frac{1}{1000 \text{ K}} - \frac{1}{300 \text{ K}} \right) = -29{,}5$$

$$\lg K_2 = -29{,}5 + \lg K_1 = -29{,}5 + 40 = 10{,}5$$

$$K_2 \approx 10^{10} \text{ bar}^{-1/2}.$$

3.5 Das chemische Gleichgewicht

Die Gleichgewichtskonstante verringert sich um 30 Zehnerpotenzen, die Gleichgewichtslage verschiebt sich in Richtung der Ausgangsstoffe.

Bei großen Temperaturänderungen muß für genaue Berechnungen die Temperaturabhängigkeit von $\Delta H°$ berücksichtigt werden (vgl. Abschn. 3.5.4).

Aus der Gleichung 3.7 läßt sich leicht das folgende Schema ableiten, das natürlich auch aus dem Prinzip von Le Chatelier folgt.

ΔT	$\Delta H°$	ΔK	Verschiebung des Gleichgewichts
+	+	+	→
+	−	−	←

Die Reaktionen 3.5 und 3.6 verlaufen unter Stoffmengenänderung. Bei der Reaktion 3.5 entstehen aus 4 mol der Ausgangsstoffe 2 mol Endprodukt. Dem Zwang einer Druckerhöhung kann das System durch Verschiebung des Gleichgewichts in Richtung des Endprodukts ausweichen, denn dadurch wird die Gesamtzahl von Teilchen im Reaktionsraum und damit der Druck vermindert. Umgekehrt entstehen bei der Reaktion 3.6 aus 1 mol gasförmigen Ausgangsprodukts 2 mol gasförmigen Endprodukts. Durch eine Druckerhöhung wird das Gleichgewicht nun in Richtung der Ausgangsstoffe verschoben. Bei Reaktionen ohne Stoffmengenänderung verschiebt sich die Gleichgewichtslage bei verändertem Druck nicht. Ein Beispiel dafür ist die Reaktion $H_2 + I_2 \rightleftharpoons 2\,HI$.

Allgemein gilt: *Bei Reaktionen mit Molzahländerung der gasförmigen Komponenten verschiebt sich durch Druckerhöhung das Gleichgewicht in Richtung der Seite mit der kleineren Stoffmenge.*

Δp	$\Delta n = n_{Endst.} - n_{Ausg. St.}$	Verschiebung des Gleichgewichts
+	+	←
+	0	keine
+	−	→

Den quantitativen Einfluß der Druckänderung auf die Gleichgewichtslage kann man mit Hilfe des MWG berechnen.

Beispiel:

Für die Reaktion

$$C + CO_2 \rightleftharpoons 2\,CO$$

beträgt bei 700 °C die Gleichgewichtskonstante

$$\frac{p_{CO}^2}{p_{CO_2}} = K_p = 0{,}81 \text{ bar}$$

Wir wollen die Änderung der Gleichgewichtspartialdrücke p_{CO} und p_{CO_2} bei Änderung des Gesamtdrucks p berechnen. Aus der Kombination der Beziehung

$$p_{CO} + p_{CO_2} = p$$

mit dem MWG erhalten wir

$$p_{CO}^2 + p_{CO} K_p - p K_p = 0$$

und daraus

$$p_{CO} = -\frac{K_p}{2} + \left(\frac{K_p^2}{4} + p K_p\right)^{\frac{1}{2}}$$

Für p = 1 bar und p = 10 bar erhält man unter Annahme der Gültigkeit des idealen Gasgesetzes die folgenden Werte:

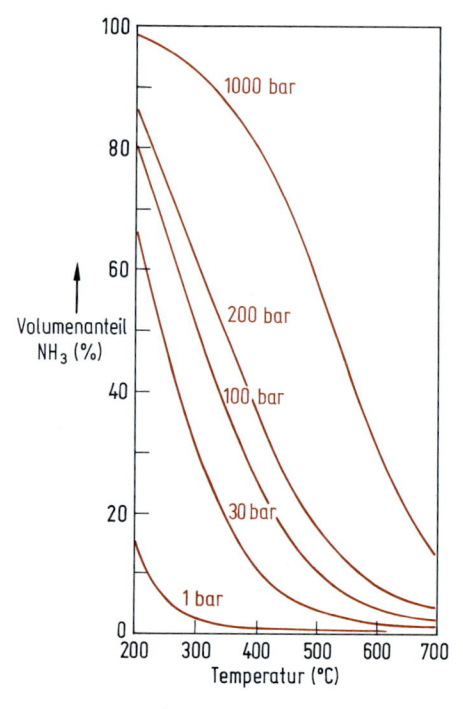

Abb. 3.18 Druck- und Temperaturabhängigkeit der Gleichgewichtslage der Reaktion $3H_2 + N_2 \rightleftharpoons 2NH_3$.

3.5 Das chemische Gleichgewicht 157

t in °C	p in bar	p_{CO} in bar	p_{CO_2} in bar	p_{CO_2}/p_{CO}	K_p in bar
700	1	0,58	0,42	0,72	0,81
700	10	2,47	7,53	3,05	0,81

In der Abb. 3.18 ist die Druck- und Temperaturabhängigkeit der Gleichgewichtslage der Reaktion $3H_2 + N_2 \rightleftharpoons 2NH_3$ graphisch dargestellt. Abb. 3.19 zeigt die Temperaturabhängigkeit des Gleichgewichts der Reaktion $C + CO_2 \rightleftharpoons 2CO$.

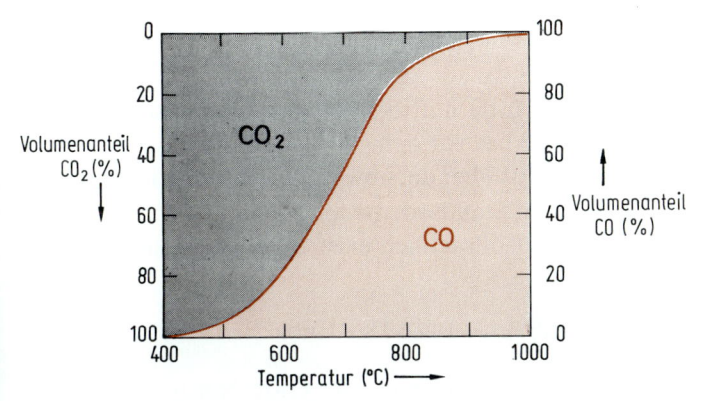

Abb. 3.19 Temperaturabhängigkeit der Gleichgewichtslage der Reaktion $CO_2 + C \rightleftharpoons 2CO$ beim Druck von 1 bar.

3.5.4* Berechnung von Gleichgewichtskonstanten

Entropie

Wir wissen aus Erfahrung, daß es Vorgänge gibt, die freiwillig nur in einer bestimmten Richtung ablaufen. So wird z. B. Wärme von einem wärmeren zu einem kälteren Körper übertragen, nie umgekehrt. Zwei Gase vermischen sich freiwillig, aber sie entmischen sich nicht wieder. Solche Prozesse sind irreversible Prozesse. Bei irreversiblen Prozessen nimmt der Ordnungsgrad ab. Eine Gasmischung z. B. befindet sich in einem Zustand größerer Unordnung als vor der Vermischung. Der Ordnungsgrad eines Stoffes oder eines Systems kann durch eine Zustandsgröße (vgl. Abschn. 3.4), die Entropie S, bestimmt werden. Je geringer der Ordnungsgrad eines Systems ist, um so größer ist seine Entropie. Aufgrund des *2. Hauptsatz*es der Thermodynamik gilt das folgende fundamentale Naturgesetz. *In einem energetisch und stofflich abgeschlossenen Reaktionsraum können nur Vorgänge ablaufen, bei denen die Entropie wächst. Ein solches System strebt einem Zustand maximaler Entropie, also maximaler Unordnung entgegen.*

Im Gegensatz zur Enthalpie (vgl. Abschn. 3.4) können für die Entropie Absolutwerte berechnet werden, denn auf Grund des *3. Hauptsatz*es *der Thermodynamik* gilt: *Am absoluten Nullpunkt ist die Entropie einer idealen, kristallinen Substanz null. Als Standardentropie $S°$ ist die Entropie von einem Mol einer reinen Phase bei 25°C und 1,013 bar = 1 atm festgelegt worden. Für Gase wird ideales Verhalten vorausgesetzt.* Tabelle 3.3 enthält die $S°$-Werte einiger Stoffe. Mit den Standardentropien können die Entropieänderungen von Vorgängen bei Standardbedingungen berechnet werden.

Beispiele für Entropieänderungen bei Phasenumwandlungen

$$H_2O(fl) \rightarrow H_2O(g)$$
$$\Delta S°_{298} = S°(H_2O(g)) - S°(H_2O(fl))$$
$$\Delta S°_{298} = 188,8 \, JK^{-1} mol^{-1} - 70,0 \, JK^{-1} mol^{-1} = 118,8 \, JK^{-1} mol^{-1}$$

Die errechnete Entropieänderung würde auftreten, wenn der Phasenübergang $H_2O(fl) \rightarrow H_2O(g)$ bei 25 °C und 1,013 bar vor sich ginge. Man gibt also die Entropie von Wasserdampf für 25 °C und 1,013 bar an, obwohl Wasser bei diesen Bedingungen flüssig ist. In der Tab. 3.3 sind Standardentropien auch für andere fiktive, nur rechnerisch erfaßbare, aber nicht tatsächlich existierende Standardzustände angegeben.

$$I_2(f) \rightarrow I_2(g) \qquad \Delta S°_{298} = 144,6 \, JK^{-1} mol^{-1}$$

Ein Festkörper mit einer regelmäßigen Anordnung der Gitterbausteine hat einen höheren Ordnungsgrad als ein Gas mit unregelmäßig angeordneten, frei beweglichen Teilchen. Bei den Phasenübergängen fest-flüssig (Schmelzen), flüssig-gasförmig (Verdampfung) und fest-gasförmig (Sublimation) nimmt der Unordnungsgrad und damit die Entropie sprunghaft zu.

$$C_{Diamant} \rightarrow C_{Graphit} \qquad \Delta S°_{298} = 3,4 \, JK^{-1} mol^{-1}$$
$$P_{weiss} \rightarrow P_{rot} \qquad \Delta S°_{298} = -18,3 \, JK^{-1} mol^{-1}$$

Die Modifikationen mit der höheren Gitterordnung Diamant und roter Phosphor besitzen die niedrigere Entropie.

Beispiele für Entropieänderungen bei chemischen Reaktionen

$$\tfrac{1}{2} H_2 + \tfrac{1}{2} Cl_2 \rightleftharpoons HCl$$
$$\Delta S°_{298} = S°(HCl) - \tfrac{1}{2} S°(H_2) - \tfrac{1}{2} S°(Cl_2)$$
$$\Delta S°_{298} = 186,9 \, JK^{-1} mol^{-1} - \tfrac{1}{2} \cdot 130,7 \, JK^{-1} mol^{-1} - \tfrac{1}{2} \cdot 223,1 \, JK^{-1} mol^{-1}$$
$$\Delta S°_{298} = 10,0 \, JK^{-1} mol^{-1}$$

$$C(f) + O_2 \rightleftharpoons CO_2 \qquad \Delta S°_{298} = 2,9 \, JK^{-1} mol^{-1}$$
$$\tfrac{1}{2} H_2 \rightleftharpoons H \qquad \Delta S°_{298} = 49,4 \, JK^{-1} mol^{-1}$$
$$\tfrac{1}{2} O_2 + \tfrac{1}{2} C(f) \rightleftharpoons CO \qquad \Delta S°_{298} = 92,2 \, JK^{-1} mol^{-1}$$
$$\tfrac{1}{2} N_2 + \tfrac{3}{2} H_2 \rightleftharpoons NH_3 \qquad \Delta S°_{298} = -99,3 \, JK^{-1} mol^{-1}$$
$$Ca(f) + \tfrac{1}{2} O_2 \rightleftharpoons CaO(f) \qquad \Delta S°_{298} = -104,5 \, JK^{-1} mol^{-1}$$

3.5 Das chemische Gleichgewicht

Tabelle 3.3 Standardentropien einiger Stoffe (S° in JK^{-1} mol^{-1})

Gasförmiger Zustand				Flüssiger Zustand	
H	114,7	O$_3$	239,0	H$_2$O	70,0
H$_2$	130,7	H$_2$O	188,8	Fester Zustand	
F	158,8	H$_2$S	205,8	C$_{Graphit}$	5,7
F$_2$	202,8	SO$_2$	248,3	C$_{Diamant}$	2,4
Cl	165,2	SO$_3$	256,8	Ca	41,7
Cl$_2$	223,1	CO	197,7	Fe	27,3
I	180,8	CO$_2$	213,8	I$_2$	116,2
I$_2$	260,8	NH$_3$	192,5	P$_{weiss}$	41,1
N	153,3	NO	210,8	P$_{rot}$	22,8
N$_2$	191,6	NO$_2$	240,1	S	31,8
O	161,1	HF	173,8	CaO	39,8
O$_2$	205,2	HCl	186,9	α-Fe$_2$O$_3$	87,5
		HJ	206,6		

Große Entropieänderungen treten auf, wenn bei der Reaktion eine Änderung der Stoffmenge der gasförmigen Reaktionsteilnehmer erfolgt. Bei abnehmender Stoffmenge gasförmiger Stoffe nimmt die Entropie ab, bei zunehmender Stoffmenge nimmt sie zu. Aus der Änderung der Stoffmenge der gasförmigen Komponenten kann man ohne Kenntnis der Entropiewerte abschätzen, ob bei einer chemischen Reaktion eine Entropiezunahme oder eine Entropieabnahme erfolgt.

Bei Vorgängen, bei denen die Entropie abnimmt, muß die Entropie der Umgebung zunehmen, damit insgesamt eine Entropiezunahme erfolgt. Wird bei einer chemischen Reaktion die Reaktionswärme ΔH bei der Temperatur T an die Umgebung abgegeben (ΔH negativ), so nimmt die Entropie der Umgebung um den Betrag $\Delta S = -\dfrac{\Delta H}{T}$ zu.

Freie Reaktionsenthalpie, freie Standardbildungsenthalpie

Die Gleichgewichtslage einer chemischen Reaktion hängt sowohl von der Reaktionsenthalpie ΔH als auch von der Reaktionsentropie ΔS ab. Entropie und Enthalpie werden daher zu einer neuen Zustandsfunktion, der freien Enthalpie G verknüpft. Für eine chemische Reaktion, die bei der Temperatur T abläuft, ist die freie Reaktionsenthalpie

$$\Delta G = \Delta H - T\Delta S$$

Wenn alle Reaktionsteilnehmer im Standardzustand (vgl. Abschn. 3.4) vorliegen, ist die pro Formelumsatz auftretende Änderung der freien Reaktionsenthalpie

$$\Delta G° = \Delta H° - T\Delta S° \tag{3.8}$$

ΔG° ist die *freie Standardreaktionsenthalpie*

Gewinnt man bei einem chemischen Prozeß Arbeit, so kann bei einer isotherm (T = const) und isobar (p = const) ablaufenden chemischen Reaktion ihr Betrag maximal ΔG sein *(maximale Arbeit)*. Dies ergibt sich aus folgender Überlegung. Nimmt bei einer Reaktion die Entropie um ΔS ab, dann muß der Umgebung mindestens die Entropie ΔS zugeführt werden, damit insgesamt keine Entropieabnahme erfolgt. Von der freiwerdenden Reaktionsenthalpie ΔH muß daher mindestens der Anteil TΔS an die Umgebung abgegeben werden, und nur der Rest steht zur Arbeitsleistung zur Verfügung. Nimmt bei einer Reaktion die Entropie um ΔS zu, so kann bei insgesamt konstanter Entropie auch noch die der Umgebung entnommene Wärme TΔS in Arbeit umgewandelt werden. Da bei allen tatsächlich ablaufenden Vorgängen die Entropie wächst, ist die maximale Arbeit ein praktisch nicht erreichbarer Grenzwert. Bei elektrochemischen Reaktionen ist die maximale Arbeit mit der elektromotorischen Kraft (EMK) ΔE der Reaktion wie folgt verknüpft (vgl. Abschn. 3.8.3).

$$\Delta G = -zF\Delta E \tag{3.9}$$

zF ist die bei vollständigem Umsatz transportierte Ladungsmenge (vgl. Abschn. 3.8.4). Für Standardbedingungen erhält man aus ΔG° die Standard-EMK (vgl. Abschn. 3.8.8).

$$\Delta G° = -zF\Delta E° \tag{3.10}$$

Ebenso wie Absolutwerte der Enthalpie (vgl. Abschn. 3.4) sind auch Absolutwerte der freien Enthalpie nicht meßbar. Man setzt daher die freie Enthalpie der Elemente in ihren Standardzuständen null und bestimmt die freie Bildungsenthalpie chemischer Verbindungen, die bei ihrer Bildung aus den Elementen auftritt. *Die freie Standardbildungsenthalpie $\Delta G_B°$ ist die freie Bildungsenthalpie, die bei der Bildung von 1 mol einer Verbindung im Standardzustand aus den Elementen im Standardzustand auftritt.*

Beispiel:

$$C + O_2 \rightleftharpoons CO_2 \qquad \Delta G_B° = -394,6 \text{ kJ mol}^{-1}$$

Die Aussage $\Delta G_B° = -394 \text{ kJ mol}^{-1}$ bedeutet, daß die freie Enthalpie von 1 mol CO_2 bei 25 °C und 1,013 bar um 394 kJ kleiner ist als die Summe der freien Enthalpie von 1 mol $C_{Graphit}$ und 1 mol O_2 unter gleichen Bedingungen (vgl. Abb. 3.14).

Tabelle 3.4 Freie Standardbildungsenthalpien ($\Delta G_B°$ in kJ/mol)

H_2O(g)	−228,7	SO_3	−371,3	α-Fe_2O_3(f)	−742,8
H_2O(fl)	−237,3	NO	+86,6	α-Al_2O_3(f)	−1583,5
H_2S	−33,6	NO_2	+51,3	NaCl(f)	−384,3
O_3	+163,3	NH_3	−16,5	H	+203,4
HF	−273,4	CO	−137,2	O	+231,9
HCl	−95,4	CO_2	−394,6	F	+62,0
HI	+1,7	S_8(g)	+49,7	Cl	+105,8
SO_2	−300,4	P_4(g)	+24,5	N	+455,9

3.5 Das chemische Gleichgewicht

Die ΔG_B°-Werte einiger Verbindungen sind in der Tabelle 3.4 angegeben. Mit den ΔG_B°-Werten lassen sich die freien Enthalpien ΔG° chemischer Reaktionen für Standardbedingungen berechnen.

Beispiel:

$\frac{1}{2}CO_2 + \frac{1}{2}C \rightleftharpoons CO$

$\Delta G_{298}^\circ = \Delta G_B^\circ(CO) - \frac{1}{2}\Delta G_B^\circ(C) - \frac{1}{2}\Delta G_B^\circ(CO_2)$

$\Delta G_{298}^\circ = 1(-137{,}2 \text{ kJ mol}^{-1}) - 0 - \frac{1}{2}(-394{,}6 \text{ kJ mol}^{-1})$

$\Delta G_{298}^\circ = 60{,}1 \text{ kJ mol}^{-1}$.

In einem abgeschlossenen System (die Systemgrenzen sind für Energie und Materie undurchlässig) sind nur Vorgänge möglich, bei denen die Entropie zunimmt. Ein chemisches Reaktionssystem ist normalerweise nicht abgeschlossen, mit der Umgebung kann Energie ausgetauscht werden. Bei isotherm und isobar ablaufenden chemischen Reaktionen führt der Austausch der Reaktionsenthalpie zu einer Entropieänderung der Umgebung um

$$\Delta S_{Umgebung} = -\frac{\Delta H_{Reaktion}}{T}$$

An die Umgebung abgegebene Reaktionsenthalpie (ΔH negativ) führt zu einer Entropiezunahme der Umgebung (ΔS positiv). Ist die Reaktion endotherm (ΔH positiv), nimmt die Entropie der Umgebung ab (ΔS negativ). Für die Entropie des Gesamtsystems gilt

$$\Delta S_{Gesamtsystem} = \Delta S_{Reaktion} + \Delta S_{Umgebung} > 0$$

Für das chemische Reaktionssystem folgt daraus

$$\Delta S_{Reaktion} - \frac{\Delta H_{Reaktion}}{T} > 0$$

und

$$\Delta G_{Reaktion} < 0$$

Die Entropie des Gesamtsystems kann nur zunehmen, wenn die freie Reaktionsenthalpie ΔG negativ ist. Die Größe von ΔG, die sich nur auf das chemische Reaktionssystem und nicht auch auf seine Umgebung bezieht, entscheidet also darüber, ob eine Reaktion möglich ist.

Bei konstanter Temperatur und konstantem Druck kann eine chemische Reaktion nur dann freiwillig ablaufen, wenn dabei die freie Enthalpie G abnimmt.

$\Delta G < 0$	Die Reaktion läuft freiwillig ab, es kann Arbeit gewonnen werden.
$\Delta G > 0$	Die Reaktion kann nur durch Zufuhr von Arbeit erzwungen werden.
$\Delta G = 0$	Es herrscht Gleichgewicht.

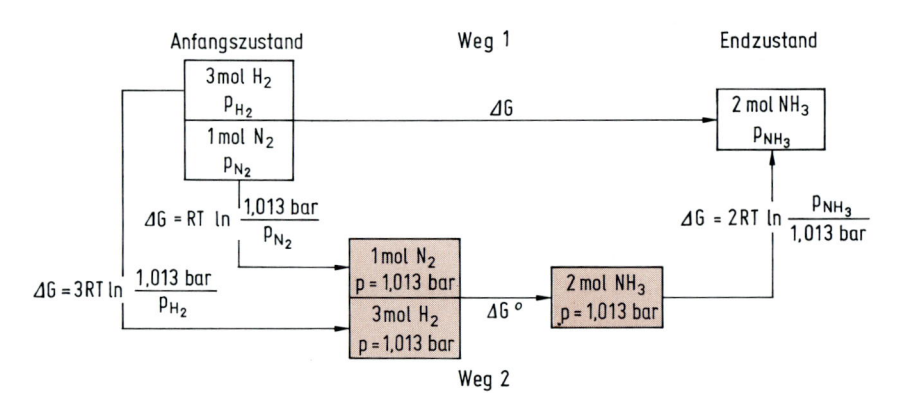

Abb. 3.20 Sind in einem Reaktionsgemisch p_{H_2}, p_{N_2} und p_{NH_3} Gleichgewichtspartialdrücke, dann existiert für die Reaktion $3H_2 + N_2 \rightleftharpoons 2NH_3$ keine Triebkraft, und $\Delta G = 0$. Da ΔG eine Zustandsgröße ist, erhält man unter der Voraussetzung, daß die Partialdrücke des Anfangs- und des Endzustandes Gleichgewichtspartialdrücke sind, als Bilanz der freien Enthalpien für die beiden Reaktionswege die wichtige Beziehung $\Delta G° = -RT \ln K_p$, in der freie Standardreaktionsenthalpie und Gleichgewichtskonstante verknüpft sind.

Mit Hilfe dieser Gleichgewichtsbedingung kann man das MWG und eine Beziehung zwischen K_p und $\Delta G°$ ableiten.

Wir betrachten dazu die Reaktion

$$3H_2 + N_2 \rightleftharpoons 2NH_3$$

Der Endzustand soll bei konstanter Temperatur auf zwei verschiedenen Wegen erreicht werden (Abb. 3.20). Auf dem Weg 1 erfolgt beim Umsatz von 3 mol H_2 mit dem Druck p_{H_2} und 1 mol N_2 mit dem Druck p_{N_2} zu 2 mol NH_3 mit dem Druck p_{NH_3} eine Änderung der freien Enthalpie um ΔG. Auf dem Weg 2 werden zunächst N_2 und H_2 in den Standardzustand überführt. Bei der isothermen Expansion oder Kompression eines idealen Gases ändert sich die freie Enthalpie um

$$\Delta G = nRT \ln \frac{p_{\text{Endzustand}}}{p_{\text{Anfangszustand}}}$$

Stickstoff und Wasserstoff im Standardzustand werden zu Ammoniak im Standardzustand umgesetzt, dabei tritt die freie Standardreaktionsenthalpie $\Delta G°$ auf. NH_3 wird aus dem Standardzustand in den Endzustand überführt. Da die freie Enthalpie eine Zustandsgröße ist, gilt

$$\Delta G_{\text{Weg 1}} = \Delta G_{\text{Weg 2}}$$

und

$$\Delta G = RT \ln \frac{p°_{N_2}}{p_{N_2}} + 3RT \ln \frac{p°_{H_2}}{p_{H_2}} + \Delta G° + 2RT \ln \frac{p_{NH_3}}{p°_{NH_3}}$$

$$\Delta G = \Delta G° + RT \ln \frac{p_{NH_3}^2 \cdot p_{H_2}^{°\,3} \cdot p°_{N_2}}{p_{H_2}^3 \cdot p_{N_2} \cdot p_{NH_3}^{°\,2}}$$

3.5 Das chemische Gleichgewicht

Wird p in bar angegeben, dann betragen die Standarddrücke $p_{N_2}^\circ = p_{H_2}^\circ = p_{NH_3}^\circ = 1{,}013$ bar.

Wählt man die Drücke p_{N_2}, p_{H_2} und p_{NH_3} so, daß die freie Enthalpie des Anfangszustand gleich der des Endzustands ist ($\Delta G = 0$), dann sind diese Drücke gleich den Partialdrücken eines Reaktionsgemisches, das sich im Gleichgewicht befindet. Bei der Bildung oder dem Zerfall von NH_3 unter Gleichgewichtsbedingungen tritt keine freie Enthalpie auf, $\Delta G = 0$. Dies wäre z. B. in einem sehr großen Reaktionsraum möglich, in dem sich bei der Reaktion die Gleichgewichtspartialdrücke nicht ändern. Für Gleichgewichtsbedingungen gilt also

$$\Delta G^\circ = -RT \ln \frac{p_{NH_3}^2 \cdot p_{H_2}^{\circ 3} \cdot p_{N_2}^\circ}{p_{H_2}^3 \cdot p_{N_2} \cdot p_{NH_3}^{\circ 2}}$$

Da ΔG° nur von der Temperatur abhängt, folgt daraus das Massenwirkungsgesetz

$$\frac{p_{NH_3}^2}{p_{H_2}^3 \cdot p_{N_2}} = K_p$$

und $\quad \Delta G^\circ = -RT \ln \dfrac{K_p}{K_p^\circ}$ \hfill (3.11)

Aus den Beziehungen 3.8 und 3.11 folgt:

Je mehr Reaktionswärme frei wird und je mehr die Entropie zunimmt, um so weiter liegt bei einer chemischen Reaktion das Gleichgewicht auf der Seite der Endstoffe.

Die Gleichgewichtskonstante K hängt von der Wahl der Standardzustände ab. Bei Gasen ist der Standardzustand durch den Druck 1,013 bar festgelegt, die Gleichgewichtskonstante $K = K_p$ wird durch die Partialdrücke der Reaktionsteilnehmer in bar ausgedrückt. Bei Reaktionen in Lösungen ist der Standardzustand als eine Lösung der Konzentration $c = 1$ mol/l bei 25 °C definiert, die Massenwirkungskonstante $K = K_c$ ist durch die Konzentrationen der Reaktionsteilnehmer in mol l^{-1} gegeben. Für die Beziehung zwischen ΔG° und K_c gilt

$$\Delta G^\circ = -RT \ln \frac{K_c}{K_c^\circ} \quad (3.12)$$

Damit in den Gleichungen 3.11 und 3.12 als Argument des Logarithmus nur Zahlenwerte auftreten, müssen die Massenwirkungskonstanten durch K_p° bzw. K_c° dividiert werden, die sich aus der Reaktionsgleichung und den Standarddrücken $p^\circ = 1{,}013$ bar bzw. den Standardkonzentrationen $c^\circ = 1$ mol l^{-1} ergeben.

Für elektrochemische Prozesse erhält man unter Berücksichtigung der Gleichungen 3.9 und 3.10 für die elektromotorische Kraft einer Reaktion (vgl. Abschn. 3.8.4 und 3.8.8)

$$\Delta E = \Delta E^\circ - \frac{RT}{zF} \ln \frac{K}{K^\circ}$$

Beispiel:

$$N_2 + 3H_2 \rightleftharpoons 2NH_3$$
$$\Delta G_B^\circ(NH_3) = -16{,}5 \text{ kJ mol}^{-1}$$
$$\Delta G_{298}^\circ = -33{,}0 \text{ kJ mol}^{-1}$$

Aus Gl. 3.11 erhält man

$$\lg \frac{K_p}{K_p^\circ}(298) = -\frac{\Delta G^\circ}{2{,}303 \cdot RT} = 5{,}78$$
$$K_p(298) = 6 \cdot 10^5 \text{ bar}^{-2}.$$

Für den Umsatz von 3 mol H_2 und 1 mol N_2 zu NH_3 bei Standardbedingungen (298 K; 1,013 bar) erhält man aus K_p die Partialdrücke und Stoffmengen der Komponenten im Gleichgewichtszustand

	Partialdrücke p in bar	n in mol
NH_3	0,9522	1,938
H_2	0,0456	0,093
N_2	0,0152	0,031
	1,013	2,062

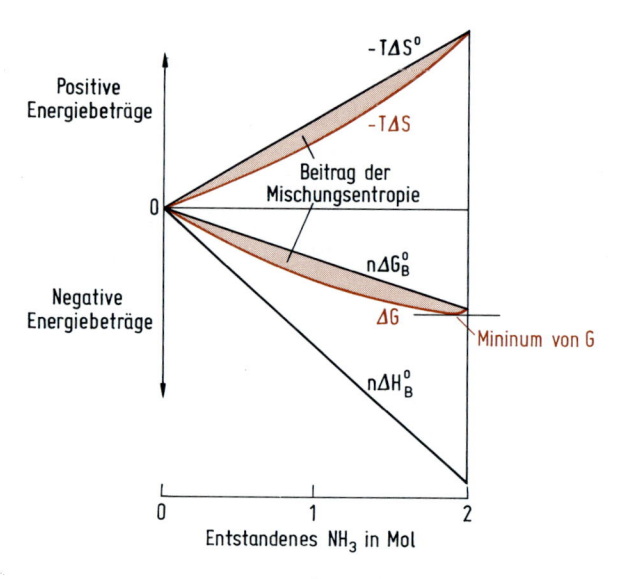

Abb. 3.21 Umsatz von ΔH, $T\Delta S$ und ΔG im Verlauf der bei T = 298 K und p = 1,013 bar ablaufenden Reaktion $3H_2 + N_2 \rightleftharpoons 2NH_3$. $\Delta G = n\Delta H_B^\circ - T\Delta S$. Sobald G ein Minimum erreicht, besitzt die Reaktion keine Triebkraft mehr, es herrscht Gleichgewicht. Der Grund dafür, daß die Reaktion nicht vollständig abläuft und für G ein Minimum existiert, ist der durch die Mischungsentropie verursachte Beitrag zu ΔG.

3.5 Das chemische Gleichgewicht

Die Umsätze von ΔG, ΔH und $-T\Delta S$ im Verlauf der Reaktion sind in der Abb. 3.21 dargestellt. Der Gleichgewichtszustand ist der Endzustand, bei dem die gewonnene freie Enthalpie ΔG am größten ist, G erreicht ein Minimum. Zur Berechnung von ΔG zerlegt man die Reaktion gedanklich in einzelne Schritte. Zunächst erfolgt Bildung von n mol NH_3 bei Standardbedingungen, dabei wird $n\Delta G_B^\circ$ frei. Aus den im Standardzustand vorliegenden Gasen wird eine Gasmischung hergestellt. Bei der Vermischung von Gasen wächst die Unordnung, die Entropie erhöht sich. Bei der Überführung eines Gases aus dem Standardzustand mit $p^\circ = 1,013$ bar in das Reaktionsgemisch mit dem Partialdruck p wächst die Entropie um

$$\Delta S = nR \ln \frac{p^\circ}{p}$$

Bei der Vermischung von idealen Gasen bleibt die Enthalpie konstant, $\Delta H = 0$, die freie Enthalpie verringert sich daher um

$$\Delta G = -T\Delta S = nRT \ln \frac{p}{p^\circ}$$

Danach erhält man beim Übergang vom Anfangszustand in den Gleichgewichtszustand

$$\Delta G = n_{NH_3}\Delta G_B^\circ + n_{NH_3}RT \ln \frac{p_{NH_3}}{p^\circ_{NH_3}} + n_{H_2}RT \ln \frac{p_{H_2}}{p^\circ_{H_2}} + n_{N_2}RT \ln \frac{p_{N_2}}{p^\circ_{N_2}}$$

$\Delta G = 1,938$ mol $\Delta G_B^\circ + 1,938$ mol RT ln 0,94 + 0,093 molRT ln 0,045 +
         + 0,031 mol RT ln 0,015

$\Delta G_{298} = -31,98$ kJ $- 0,30$ kJ $- 0,71$ kJ $- 0,32$ kJ

$\Delta G_{298} = -33,31$ kJ

Verglichen mit dem Endzustand bei vollständigem Umsatz, erhält man beim Umsatz bis zum Gleichgewichtszustand einen zusätzlichen Gewinn an freier Enthalpie von $\Delta G = -0,31$ kJ. Daher sind Reaktionen mit positiven Standardreaktionsenthalpien ΔG°, z. B. die Zersetzung von NH_3, möglich; die bei der Reaktion entstehende Mischphase führt zu einem Entropiezuwachs und damit zu einem Gewinn an ΔG. Bei der Zersetzung von 2 mol NH_3 sind im Gleichgewichtszustand 0,062 mol NH_3 zu 0,031 mol N_2 und 0,093 mol H_2 zerfallen. Die freie Enthalpie setzt sich aus den folgenden Beträgen zusammen:

$\Delta G = 0,062$ mol $\Delta G_B^\circ + 1,938$ mol RT ln 0,94 + 0,093 molRT ln 0,045 +
         + 0,031 mol RT ln 0,015

$\Delta G_{298} = +1,02$ kJ $- 0,30$ kJ $- 0,71$ kJ $- 0,32$ kJ

$\Delta G_{298} = -0,31$ kJ

Chemische Reaktionen mit großen negativen ΔG°-Werten laufen nahezu vollständig ab, bei solchen mit großen positiven ΔG°-Werten findet nahezu keine

Reaktion statt. Liegt $\Delta G°$ im Bereich von etwa -5 kJ/mol bis $+5$ kJ/mol, dann existieren Gleichgewichte, bei denen alle Reaktionsteilnehmer in Konzentrationen gleicher Größenordnung vorhanden sind.

Aus den $\Delta G_B°$-Werten erkennt man daher sofort, ob sich bei Normaltemperatur eine Verbindung aus den Elementen bilden kann.

Beispiele:

$$\Delta G_B°(NO) = +86{,}6 \text{ kJ mol}^{-1}.$$

Zwischen N_2 und O_2 findet keine Reaktion statt. NO ist bei Zimmertemperatur thermodynamisch instabil.

$$\Delta G_B°(HCl) = -95{,}4 \text{ kJ mol}^{-1}$$

Ein Gemisch aus H_2 und Cl_2 ist thermodynamisch instabil. Das Gleichgewicht liegt auf der Seite von HCl.

Die ΔG-Werte sagen aber nichts darüber aus, wie schnell eine Reaktion abläuft. Oft erfolgt die Gleichgewichtseinstellung sehr langsam, so daß thermodynamisch instabile Zustände beständig sind. NO ist bei Zimmertemperatur beständig, und auch das Gemisch aus H_2 und Cl_2 reagiert nicht (vgl. Abschn. 3.6.5).

Temperatur und Gleichgewichtslage

Bei einer genauen Berechnung der Temperaturabhängigkeit von K_p muß man die Temperaturabhängigkeit von $\Delta H°$ und $\Delta S°$ berücksichtigen. In erster Näherung kann man aber annehmen, daß die Reaktionsentropie und die Reaktionsenthalpie unabhängig von T und gleich der Standardreaktionsentropie und der Standardreaktionsenthalpie bei 25°C sind. Für die Temperatur T erhält man dann

$$\Delta G_T° = \Delta H_{298}° - T\Delta S_{298}° \tag{3.13}$$

und

$$\Delta G_T° = -RT \ln \frac{K_p(T)}{K_p°} \tag{3.14}$$

Aus den Beziehungen 3.13 und 3.14 erhält man für die Temperaturen T_2 und T_1 die Gleichungen

$$\ln \frac{K_p(T_2)}{K_p°} = -\frac{\Delta H_{298}°}{RT_2} + \frac{\Delta S_{298}°}{R} \tag{3.15}$$

$$\ln \frac{K_p(T_1)}{K_p°} = -\frac{\Delta H_{298}°}{RT_1} + \frac{\Delta S_{298}°}{R} \tag{3.16}$$

3.5 Das chemische Gleichgewicht

Die Kombination von 3.15 und 3.16 ergibt

$$\ln \frac{K_p(T_2)}{K_p(T_1)} = -\frac{\Delta H^\circ_{298}}{R}\left(\frac{1}{T_2} - \frac{1}{T_1}\right)$$

Wenn die Gleichgewichtskonstante bei T_1 bekannt ist, kann man bei Kenntnis von ΔH°_{298} die Gleichgewichtskonstante für die Temperatur T_2 berechnen (vgl. Rechenbeisp. Abschn. 3.5.3 und Abb. 3.1.7).

Beispiel:

Dissoziationsgleichgewicht von Wasserdampf: $2H_2O \rightleftharpoons 2H_2 + O_2$

$\Delta H^\circ_B(H_2O(g)) = -242{,}0 \text{ kJ mol}^{-1}$

$\Delta H^\circ_{298} = +484{,}0 \text{ kJ mol}^{-1}$

$\Delta S^\circ_{298} = 2S^\circ(H_2) + S^\circ(O_2) - 2S^\circ(H_2O(g))$

$\Delta S^\circ_{298} = 2 \cdot 130{,}7 \text{ JK}^{-1}\text{mol}^{-1} + 1 \cdot 205{,}2 \text{ JK}^{-1}\text{mol}^{-1} - 2 \cdot 188{,}85 \text{ JK}^{-1}\text{mol}^{-1}$

$\Delta S^\circ_{298} = +0{,}0889 \text{ kJK}^{-1}\text{mol}^{-1}$

$\Delta G^\circ_T = \Delta H^\circ_{298} - T\Delta S^\circ_{298}$

$\Delta G^\circ_{298} = +484{,}0 \text{ kJ mol}^{-1} - 298 \text{ K} \cdot 0{,}0889 \text{ kJK}^{-1}\text{mol}^{-1} = 457{,}5 \text{ kJ mol}^{-1}$

$\lg \dfrac{K_p(T)}{K^\circ_p} = -\dfrac{\Delta G^\circ_T}{2{,}303 \, RT}$

$\lg \dfrac{K_p(298)}{K^\circ_p} = -\dfrac{457{,}5 \text{ kJ mol}^{-1}}{2{,}303 \cdot 298 \text{ K} \cdot 0{,}008314 \text{ kJK}^{-1}\text{mol}^{-1}} = -80{,}2$

$\Delta G^\circ_{1500} = +484{,}0 \text{ kJ mol}^{-1} - 1500 \text{ K} \cdot 0{,}0889 \text{ kJK}^{-1}\text{mol}^{-1} = 350{,}6 \text{ kJ mol}^{-1}$

$\lg \dfrac{K_p(1500)}{K^\circ_p} = -\dfrac{350{,}6 \text{ kJ mol}^{-1}}{2{,}303 \cdot 1500 \text{ K} \cdot 0{,}008314 \text{ kJK}^{-1}\text{mol}^{-1}} = -12{,}2$

Einen Vergleich berechneter und experimentell bestimmter K_p-Werte zeigt die folgende Tabelle.

T (°K)	lg K_p/K°_p (ber)	lg K_p/K°_p (gem)
290	−82,5	−82,3
298	−80,2	−
1500	−12,2	−11,4
2505	−5,4	−4,3

Selbst bei hohen Temperaturen liefert die einfache Näherung relativ gute Werte.

Mit der Gleichung

$$\Delta G = \Delta H - T\Delta S$$

kann man die Beziehung zwischen ΔS, ΔH, T und Gleichgewichtslage diskutieren. Bei sehr niedrigen Temperaturen ist $T\Delta S \ll \Delta H$, daraus folgt

$$\Delta G \sim \Delta H \tag{3.17}$$

Bei tiefen Temperaturen laufen nur exotherme Reaktionen freiwillig ab. Bei sehr hohen Temperaturen ist $T\Delta S \gg \Delta H$ und demnach

$$\Delta G \sim -T\Delta S \tag{3.18}$$

Bei sehr hohen Temperaturen können nur solche Reaktionen ablaufen, bei denen die Entropie der Endstoffe größer als die der Ausgangsstoffe ist.

Nach den Vorzeichen von $\Delta H°$ und $\Delta S°$ lassen sich chemische Reaktionen in verschiedene Gruppen einteilen (Energiegrößen in kJ mol^{-1}).

1. $\Delta H°$ negativ, $\Delta S°$ positiv

Reaktion	$\Delta H°_{298}$	$-T\Delta S°_{298}$		$\Delta G°_{298}$	$\Delta G°_{1300}$	lg $K_p/K_p°$	
		298 K	1300 K			298 K	1300 K
$\frac{1}{2}H_2 + \frac{1}{2}Cl_2 \rightleftharpoons HCl$	$-92,4$	$-3,0$	$-13,0$	$-95,4$	$-105,4$	$+16,7$	$+4,2$
$C + O_2 \rightleftharpoons CO_2$	$-393,8$	$-0,9$	$-3,8$	$-394,6$	$-397,4$	$+69,2$	$+15,9$

Die Gleichgewichtslage verschiebt sich zwar mit steigender Temperatur in Richtung der Ausgangsstoffe, aber bis zu hohen Temperaturen sind die Verbindungen thermodynamisch stabil.

2. $\Delta H°$ positiv, $\Delta S°$ negativ

Reaktion	$\Delta H°_{298}$	$-T\Delta S°_{298}$		$\Delta G°_{298}$	$\Delta G°_{1300}$	lg $K_p/K_p°$	
		298 K	1300 K			298 K	1300 K
$\frac{1}{2}Cl_2 + O_2 \rightleftharpoons ClO_2$	$+102,6$	$+17,9$	$+77,9$	$+120,6$	$+180,5$	$-21,1$	$-7,2$
$\frac{3}{2}O_2 \rightleftharpoons O_3$	$+142,8$	$+20,5$	$+89,4$	$+163,6$	$+232,2$	$-28,6$	$-9,3$
$\frac{1}{2}N_2 + O_2 \rightleftharpoons NO_2$	$+33,2$	$+18,1$	$+79,2$	$+51,3$	$+112,4$	$-9,0$	$-4,5$

Das Gleichgewicht liegt bei allen Temperaturen weitgehend auf der Seite der Ausgangsstoffe. ClO_2, O_3 und NO_2 sind bei allen Temperaturen thermodynamisch instabil und bei tieferen Temperaturen nur deswegen existent, weil die Zersetzungsgeschwindigkeit sehr klein ist (vgl. Abschn. 3.6). Wird bei höherer Temperatur die Zersetzungsgeschwindigkeit ausreichend groß, dann zerfallen diese Verbindungen rasch oder sogar explosionsartig.

3. $\Delta H°$ und $\Delta S°$ haben das gleiche Vorzeichen.

3.5 Das chemische Gleichgewicht   169

Reaktion	$\Delta H°_{298}$	$-T\Delta S°_{298}$ 298 K	1300 K	$\Delta G°_{298}$	$\Delta G°_{1300}$	lg $K_p/K_p°$ 298 K	1300 K
$\frac{1}{2}H_2 \rightleftharpoons 2H$	+218,1	−14,7	− 64,2	+203,4	+153,9	− 35,6	− 6,2
$\frac{1}{2}N_2 + \frac{1}{2}O_2 \rightleftharpoons NO$	+ 90,3	− 3,7	− 16,1	+ 86,6	+ 74,2	− 15,2	− 3,0
$\frac{1}{2}CO_2 + \frac{1}{2}C \rightleftharpoons CO$	+ 86,3	−26,2	−114,4	+ 60,1	− 28,1	− 10,5	+ 1,1
$\frac{1}{2}N_2 + \frac{3}{2}H_2 \rightleftharpoons NH_3$	− 46,1	+29,6	+129,1	− 16,5	+ 83,0	+ 2,9	− 3,3
$H_2 + \frac{1}{2}O_2 \rightleftharpoons H_2O$	−242,1	+13,2	+ 57,7	−228,8	−184,3	+40,1	+ 7,4

Wenn $\Delta H°$ und $\Delta S°$ das gleiche Vorzeichen haben, dann wirken sie auf die Gleichgewichtslage gegensätzlich. Je nach Temperatur können Ausgangsstoffe oder Endstoffe stabil sein (Abb. 3.22). Bei tiefen Temperaturen bestimmt ΔH die Gleichgewichtslage, bei hohen Temperaturen ΔS (vgl. Gleichungen 3.17 und 3.18). Stark endotherme Reaktionen mit Entropieerhöhung laufen teilweise erst bei sehr hohen Temperaturen ab. Zum Beispiel ist bei 2000 °C nur 1% NO im Gleichgewicht mit N_2 und O_2. Beim Boudouard-Gleichgewicht (vgl. Abb. 3.19) ist schon bei 1300 K CO_2 weitgehend zu CO umgesetzt, da wegen des größeren $\Delta S°$-Wertes $\Delta G°_{1300}$ bereits negativ ist.

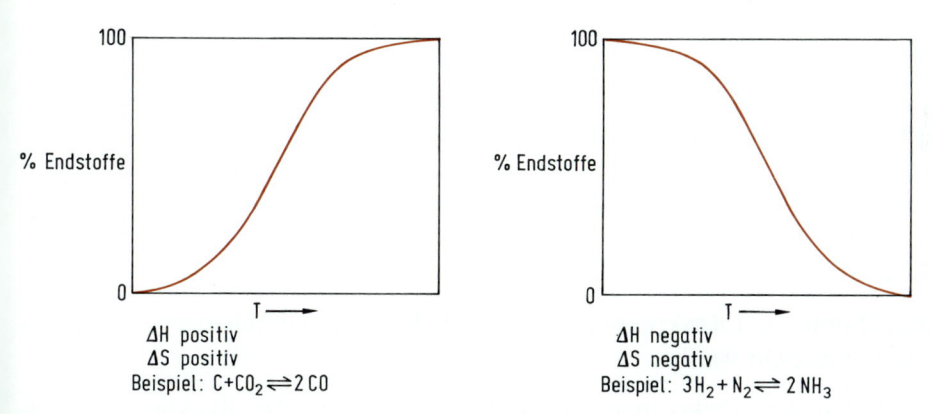

Abb. 3.22 Temperaturabhängigkeit der Gleichgewichtslage für Reaktionen mit gleichen Vorzeichen der Reaktionsenthalpie und Reaktionsentropie.

Verbindungen, bei denen $\Delta H°$ negativ ist, zersetzen sich bei hoher Temperatur, wenn bei der Zersetzung die Entropie wächst. Bei 1 bar ist schon bei 500 °C nur noch 0,1% NH_3 im Gleichgewicht mit N_2 und H_2 (vgl. Abb. 3.18). Die thermische Zersetzung von H_2O erfolgt erst bei weit höheren Temperaturen (vgl. Rechenbeispiel), da $\Delta H°$ erst bei höheren Temperaturen von $T\Delta S°$ kompensiert wird.

3.6 Die Geschwindigkeit chemischer Reaktionen

3.6.1 Allgemeines

Chemische Reaktionen verlaufen mit sehr unterschiedlicher Geschwindigkeit. Je nach Reaktionsgeschwindigkeit wird daher die Gleichgewichtslage bei verschiedenen chemischen Reaktionen in sehr unterschiedlichen Zeiten erreicht.

Beispiele sind die Reaktionen

$$H_2 + F_2 \rightleftharpoons 2HF \qquad (3.19)$$
und
$$H_2 + Cl_2 \rightleftharpoons 2HCl \qquad (3.20)$$

Bei beiden Reaktionen liegt das Gleichgewicht ganz auf der rechten Seite. Wasserstoffmoleküle reagieren mit Fluormolekülen sehr schnell zu Fluorwasserstoff, so daß die Gleichgewichtslage der Reaktion 3.19 momentan erreicht wird. Chlormoleküle und Wasserstoffmoleküle reagieren bei Normalbedingungen nicht miteinander, so daß bei der Reaktion 3.20 sich das Gleichgewicht nicht einstellt. Die Gleichgewichtslage hat also keinen Einfluß auf die Reaktionsgeschwindigkeit.

Für die praktische Durchführung chemischer Reaktionen, besonders technisch wichtiger Prozesse, muß nicht nur die Lage des Gleichgewichts günstig sein, sondern auch die Reaktionsgeschwindigkeit ausreichend schnell sein. Wodurch nun kann man die Reaktionsgeschwindigkeit einer Reaktion in gewünschter Weise beeinflussen?

Die Erfahrung zeigt, daß die Reaktionsgeschwindigkeit von der Konzentration der Reaktionsteilnehmer und von der Temperatur abhängt. So erfolgt z. B. in reinem Sauerstoff schnellere Oxidation als in Luft. Bei Erhöhung der Temperatur wächst die Oxidationsgeschwindigkeit. Nach einer Faustregel wächst die Geschwindigkeit einer Reaktion um das 2–4fache, wenn die Temperatur um 10 K erhöht wird.

Eine Erhöhung der Reaktionsgeschwindigkeit kann auch durch sogenannte Katalysatoren erreicht werden.

Mit der Geschwindigkeit und den Mechanismen chemischer Reaktionen befaßt sich die *Chemische Kinetik*.

3.6.2 Konzentrationsabhängigkeit der Reaktionsgeschwindigkeit

In welcher Weise die Geschwindigkeit einer Reaktion von der Konzentration der Reaktionspartner abhängt, muß experimentell ermittelt werden.

Für die Spaltung von Distickstoffoxid N_2O in Sauerstoff und Stickstoff entsprechend der Reaktionsgleichung

$$2N_2O \rightarrow O_2 + 2N_2 \qquad (3.21)$$

gilt die Geschwindigkeitsgleichung

$$r = -\frac{1}{2}\frac{d[N_2O]}{dt} = k[N_2O]$$

Diese Gleichung sagt aus, daß die Abnahme der Konzentration von N_2O pro Zeiteinheit proportional der Konzentration an N_2O ist. In der Geschwindigkeitsgleichung tritt also die Konzentration mit dem Exponenten +1 auf. Reaktionen, die diesem Zeitgesetz gehorchen, werden als *Reaktionen erster Ordnung* bezeichnet. Der radioaktive Zerfall ist ebenfalls eine Reaktion erster Ordnung (vgl. Abschn. 1.3.1). k wird als *Geschwindigkeitskonstante* der Reaktion bezeichnet. Sie ist für eine bestimmte Reaktion eine charakteristische Größe und kann für verschiedene Reaktionen sehr unterschiedlich groß sein.

Der Zerfall von Hydrogeniodid in Iod und Wasserstoff erfolgt nach der Gleichung

$$2HI \rightarrow I_2 + H_2$$

Die dafür gefundene Geschwindigkeitsgleichung lautet:

$$r = -\frac{1}{2}\frac{d[HI]}{dt} = k[HI]^2$$

Hier tritt die Konzentration mit dem Exponenten 2 auf, es liegt eine *Reaktion zweiter Ordnung* vor.

Chemische Bruttogleichungen geben nur die Anfangs- und Endprodukte einer Reaktion an, also die Stoffbilanz, *aber nicht den molekularen Ablauf,* den Mechanismus der Reaktion. Trotz ähnlicher Bruttogleichungen zerfallen N_2O und HI nach verschiedenen Reaktionsmechanismen.

N_2O reagiert in zwei Schritten:

$2N_2O \rightarrow 2N_2 + 2O$ langsame Reaktion
$O + O \rightarrow O_2$ schnelle Reaktion
$\overline{2N_2O \rightarrow O_2 + 2N_2}$ Bruttoreaktion

Liegt eine Folge von Reaktionsschritten vor, bestimmt der langsamste Reaktionsschritt die Geschwindigkeit der Gesamtreaktion. Geschwindigkeitsbestimmender Reaktionsschritt für die Reaktion 3.21 ist der Zerfall von N_2O in $N_2 + O$. Bei diesem Reaktionsschritt erfolgt an einer Goldoberfläche spontaner Zerfall von N_2O-Molekülen (vgl. Abb. 3.23). Für den Zerfall ist ein Zusammenstoß mit anderen Molekülen nicht erforderlich. Solche Reaktionen nennt man *monomolekulare Reaktionen*. Monomolekulare Reaktionen sind Reaktionen erster Ordnung. Der Zerfall von N_2O verläuft daher nach einem Zeitgesetz erster Ordnung.

Da HI nach einem Zeitgesetz zweiter Ordnung zerfällt, liegt beim HI-Zerfall offenbar ein anderer Reaktionsmechanismus vor. Der geschwindigkeitsbestimmende Schritt ist die Reaktion zweier HI-Moleküle zu H_2 und I_2 durch einen Zusammen-

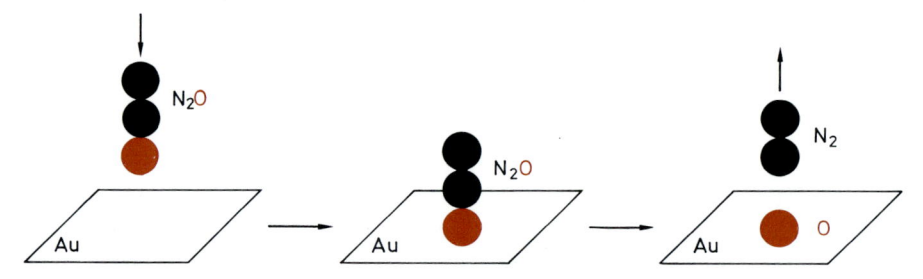

Abb. 3.23 Beispiel einer monomolekularen Reaktion. N_2O-Moleküle zerfallen nach Anlagerung an einer Goldoberfläche in N_2-Moleküle und O-Atome. Die Reaktionsgeschwindigkeit dieses Zerfalls ist proportional der N_2O-Konzentration. Monomolekulare Reaktionen sind Reaktionen erster Ordnung.

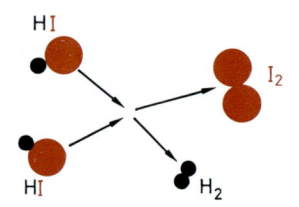

Abb. 3.24 Beispiel einer bimolekularen Reaktion. Zwei HI-Moleküle reagieren beim Zusammenstoß zu einem H_2- und einem I_2-Molekül. Die Reaktionsgeschwindigkeit des HI-Zerfalls ist proportional dem Quadrat der HI-Konzentration. Bimolekulare Reaktionen sind Reaktionen zweiter Ordnung.

stoß der beiden HI-Moleküle, einen Zweierstoß: $HI + HI \rightarrow H_2 + I_2$. Eine solche Reaktion nennt man *bimolekulare Reaktion* (vgl. Abb. 3.24). Das Zeitgesetz dafür hat die Ordnung zwei.

Bei einer *trimolekularen Reaktion* erfolgt ein gleichzeitiger Zusammenstoß dreier Teilchen. Da Dreierstöße weniger wahrscheinlich sind als Zweierstöße, sind trimolekulare Reaktionen als geschwindigkeitsbestimmender Schritt selten.

Aus der experimentell bestimmten Reaktionsordnung kann nicht ohne weiteres auf den Reaktionsmechanismus geschlossen werden. Eine experimentell bestimmte Reaktionsordnung kann durch verschiedene Mechanismen erklärt werden, und zwischen den möglichen Mechanismen muß aufgrund zusätzlicher Experimente entschieden werden.

Ein Beispiel ist die HI-Bildung aus H_2 und I_2. Als Zeitgesetz wird eine Reaktion zweiter Ordnung gefunden. Dieses Zeitgesetz könnte durch die bimolekulare Reaktion

$$H_2 + I_2 \rightarrow 2HI \tag{3.22}$$

3.6 Die Geschwindigkeit chemischer Reaktionen

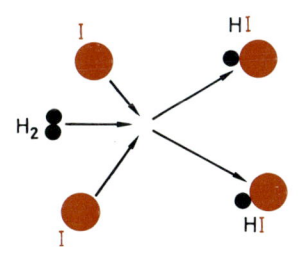

Abb. 3.25 Beispiel einer trimolekularen Reaktion. Bei einem Dreierstoß zwischen einem H_2-Molekül und zwei I-Atomen bilden sich zwei HI-Moleküle. Trimolekulare Reaktionen sind Reaktionen dritter Ordnung.

als geschwindigkeitsbestimmmender Schritt zustande kommen. Wie die folgenden Gleichungen zeigen, ist der Reaktionsmechanismus aber komplizierter.

$I_2 \rightleftharpoons 2I$ schnelle Gleichgewichtseinstellung
$2I + H_2 \rightarrow 2HI$ geschwindigkeitsbestimmender Schritt

Zunächst erfolgt als schnelle Reaktion die Dissoziation eines I_2-Moleküls in I-Atome, wobei sich ein Gleichgewicht zwischen I_2 und I ausbildet. Es folgt als geschwindigkeitsbestimmender Schritt eine langsame trimolekulare Reaktion, also ein Dreierstoß von zwei I-Atomen und einem H_2-Molekül (Abb. 3.25). Die Konzentration der I-Atome ist durch das MWG gegeben.

$$\frac{[I]^2}{[I_2]} = K \qquad (3.23)$$

Die Geschwindigkeitsgleichung der trimolekularen Reaktion ist 3. Ordnung und lautet:

$$\frac{1}{2}\frac{d[HI]}{dt} = k[I]^2[H_2] \qquad (3.24)$$

Setzt man 3.23 in 3.24 ein, erhält man

$$\frac{1}{2}\frac{d[HI]}{dt} = k\,K\,[I_2][H_2] = k'[I_2][H_2] \qquad (3.25)$$

Gleichung 3.25 ist identisch mit der Geschwindigkeitsgleichung, die für die Reaktion 3.22 bei einem bimolekularen Reaktionsmechanismus zu erwarten wäre.

3.6.3 Temperaturabhängigkeit der Reaktionsgeschwindigkeit

Die Geschwindigkeit chemischer Reaktionen nimmt mit wachsender Temperatur stark zu. Die Temperaturabhängigkeit der Reaktionsgeschwindigkeitskonstante wird durch die Arrhenius-Gleichung beschrieben.

$$k = k_o \, e^{-E_A/RT}$$

k_o und E_A sind für jede chemische Reaktion charakteristische Konstanten. Für die Geschwindigkeitsgleichung des HI-Zerfalls z. B. erhält man danach

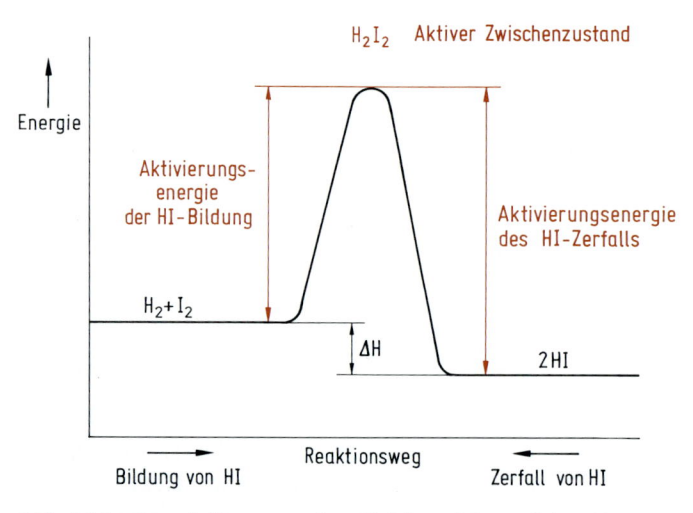

$$r = k_o \, e^{-E_A/RT} [HI]^2$$

Abb. 3.26 Energiediagramm der Gleichgewichtsreaktion $H_2 + I_2 \rightleftharpoons 2HI$. Beim Zusammenstoß von Teilchen im Gasraum kann nur dann eine Reaktion stattfinden, wenn sich ein energiereicher aktiver Zwischenzustand ausbildet. Nur solche Zusammenstöße sind erfolgreich, bei denen die Teilchen die dazu notwendige Aktivierungsenergie besitzen. Dies gilt für beide Reaktionsrichtungen.

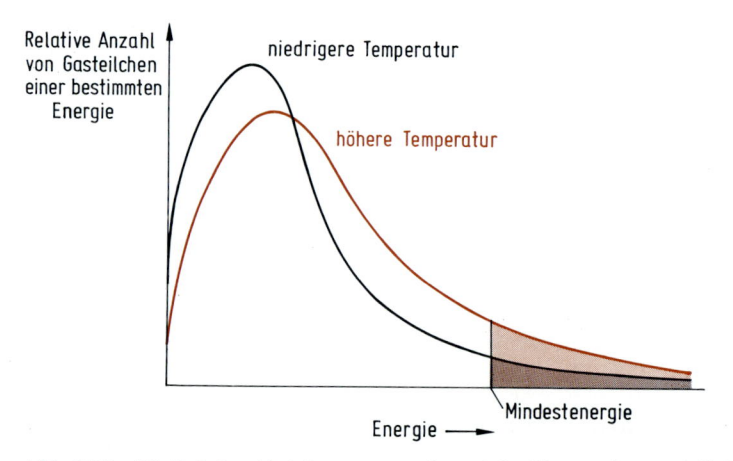

Abb. 3.27 Einfluß der Aktivierungsenergie und der Temperatur auf die Reaktionsgeschwindigkeit. Nur ein Bruchteil der Moleküle besitzt die notwendige Mindestenergie um bei einem Zusammenstoß einen aktiven Zwischenzustand zu bilden. Mit zunehmender Temperatur wächst der Anteil dieser Moleküle, die Reaktionsgeschwindigkeit erhöht sich.

3.6 Die Geschwindigkeit chemischer Reaktionen

Diese Gleichung kann folgendermaßen interpretiert werden: Würde bei jedem Zusammenstoß zweier HI-Moleküle im Gasraum eine Reaktion zu H_2 und I_2 erfolgen, wäre die Reaktionsgeschwindigkeit die größtmögliche. Die Reaktionsgeschwindigkeit müßte dann aber viel höher sein als beobachtet wird. Tatsächlich führt nur ein Teil der Zusammenstöße zur Reaktion. Dabei spielen zwei Faktoren eine Rolle, die Aktivierungsenergie und der sterische Faktor.

Es können nur solche HI-Moleküle miteinander reagieren, die beim Zusammenstoß einen aktiven Zwischenzustand bilden, der eine um E_A größere Energie besitzt als der Durchschnitt der Moleküle. Man nennt diesen Energiebetrag E_A daher *Aktivierungsenergie* der Reaktion (vgl. Abb. 3.26). Die Reaktionsgeschwindigkeit wird dadurch um den Faktor $e^{-E_A/RT}$ verkleinert. Je kleiner E_A und je größer T ist, um so mehr Zusammenstöße sind erfolgreiche Zusammenstöße, die zur Reaktion führen.

Der Einfluß der Aktivierungsenergie und der Temperatur auf die Reaktionsgeschwindigkeit ist mit der schon behandelten Geschwindigkeitsverteilung der Gasmoleküle anschaulich zu verstehen. In der Abb. 3.27 ist die Energieverteilung für ein Gas bei zwei Temperaturen dargestellt. *Bei einer bestimmten Temperatur besitzt nur ein Teil der Moleküle die zu einer Reaktion notwendige Mindestenergie. Je größer die Aktivierungsenergie ist, um so weniger Moleküle sind zur Reaktion befähigt. Erhöht man die Temperatur, wächst die Zahl der Moleküle, die die zur Reaktion notwendige Aktivierungsenergie besitzen, die Reaktionsgeschwindigkeit nimmt zu.*

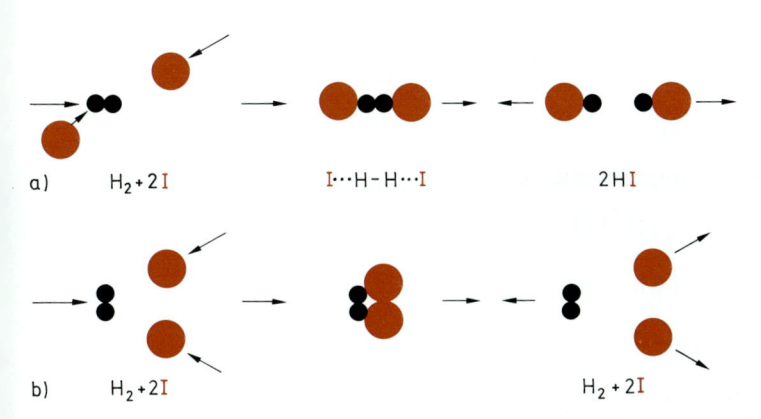

Abb. 3.28 Einfluß sterischer Bedingungen auf die Reaktionsgeschwindigkeit.
a) Erfolgreicher Zusammenstoß zwischen einem H_2-Molekül und zwei I-Atomen. Aufgrund der günstigen räumlichen Orientierung der Teilchen zueinander erfolgt Reaktion zu zwei HI-Molekülen.
b) Unwirksamer Zusammenstoß zwischen einem H_2-Molekül und zwei I-Atomen. Bei einer ungünstigen räumlichen Orientierung bilden sich trotz ausreichend vorhandener Aktivierungsenergie keine HI-Moleküle.

Der Faktor $e^{-E_A/RT}$ gibt den Bruchteil der Zusammenstöße an, bei denen die Energie gleich oder größer als die Aktivierungsenergie E_A ist. Die Größe des Einflusses der Aktivierungsenergie und der Temperatur auf die Reaktionsgeschwindigkeit der Reaktion $2HI \rightarrow H_2 + I_2$ zeigen die folgenden Zahlenwerte.

Reaktion	E_A in kJ mol^{-1}	k_0 in l mol^{-1} s^{-1}	$e^{-E_A/RT}$		
			300 K	600 K	900 K
$2HI \rightarrow H_2 + I_2$	184	10^{11}	10^{-32}	10^{-16}	10^{-11}

Bei einer Konzentration von 1 mol/l HI würde das Gleichgewicht in 10^{-11} s erreicht, wenn alle Zusammenstöße der HI-Moleküle zur Reaktion führten. Die Aktivierungsenergie verringert die Reaktionsgeschwindigkeit so drastisch, daß bei 300 K praktisch keine Reaktion stattfindet. Bei 600 K zerfallen 10^{-5} mol l^{-1} s^{-1}, bei 900 K wird das Gleichgewicht in etwa 1s erreicht.

Aber nicht alle Zusammenstöße bei denen eine ausreichende Aktivierungsenergie vorhanden ist, führen zur Reaktion. Die zusammenstoßenden Moleküle müssen auch in einer bestimmten räumlichen Orientierung aufeinandertreffen (Abb. 3.28). Beim HI-Zerfall führen nur etwa 50% der Zusammenstöße mit ausreichender Aktivierungsenergie zur Reaktion.

3.6.4 Reaktionsgeschwindigkeit und chemisches Gleichgewicht

Im Gleichgewichtszustand bleiben die Konzentrationen der Reaktionsteilnehmer konstant. Die Geschwindigkeit der Hinreaktion muß also gleich der Geschwindigkeit der Rückreaktion sein. Für die Gleichgewichtsreaktion

$$H_2 + I_2 \rightleftharpoons 2HI$$

findet man für die Bildungsgeschwindigkeit $r_{Bildung}$ von HI die Beziehung

$$r_{Bildung} = k_{Bildung} [H_2][I_2]$$

und für die Zerfallsgeschwindigkeit $r_{Zerfall}$ von HI

$$r_{Zerfall} = k_{Zerfall} [HI]^2$$

Im Gleichgewichtszustand gilt daher

$$k_{Zerfall} [HI]^2 = k_{Bildung} [H_2][I_2] \qquad (3.26\,a)$$

Daraus folgt

$$\frac{[HI]^2}{[H_2][I_2]} = \frac{k_{Bildung}}{k_{Zerfall}} = K_c \qquad (3.26\,b)$$

3.6 Die Geschwindigkeit chemischer Reaktionen

Danach ist die Massenwirkungskonstante K_c durch das Verhältnis der Geschwindigkeitskonstanten gegeben. *Das MWG läßt sich* also *kinetisch deuten*. Ist die Geschwindigkeitskonstante der Hinreaktion viel größer als die der Rückreaktion, dann wird K_c groß, das Gleichgewicht liegt auf der rechten Seite. Dies bedeutet, daß die kinetische Bedingung des Gleichgewichts der Gleichung 3.26a dadurch erreicht wird, daß die kleinere Geschwindigkeitskonstante des Zerfalls mit einer hohen Konzentration der Endstoffe multipliziert werden muß, die größere Geschwindigkeitskonstante der Bildung mit einer kleineren Konzentration der Ausgangsstoffe.

Da die Aktivierungsenergien E_A für die Bildung und den Zerfall von HI verschieden sind, ist die Temperaturabhängigkeit der Geschwindigkeitskonstanten $k_{Bildung}$ und $k_{Zerfall}$ unterschiedlich. Daher ist der Quotient und damit K_c temperaturabhängig.

3.6.5 Metastabile Systeme

Ist die Aktivierungsenergie E_A einer Reaktion sehr groß, so kann bei Normaltemperatur die Reaktionsgeschwindigkeit nahezu null werden. Bei den Reaktionen

$$H_2 + \tfrac{1}{2}O_2 \rightleftharpoons H_2O$$
und $\quad \tfrac{1}{2}H_2 + \tfrac{1}{2}Cl_2 \rightleftharpoons HCl$

liegen die Gleichgewichte ganz auf der rechten Seite (vgl. Abschn. 3.5.4). Wegen der sehr kleinen Reaktionsgeschwindigkeiten sind aber bei Normaltemperatur Mischungen aus H_2 und O_2 (Knallgas) und Mischungen aus H_2 und Cl_2 (Chlorknallgas) beständig und reagieren nicht zu H_2O bzw. HCl, wie es aufgrund der Gleichgewichtslage zu erwarten wäre. Im Unterschied zu stabilen Systemen, die sich im Gleichgewicht befinden, nennt man solche Systeme metastabil. *Metastabile Systeme sind* also *kinetisch gehemmte Systeme* (vgl. Abb. 3.29). Sie lassen sich aber durch Aktivierung zur Reaktion bringen und in den stabilen Gleichgewichtszustand überführen. *Die Aufhebung der kinetischen Hemmung, die Aktivierung, kann durch Zuführung von Energie oder durch Katalysatoren erfolgen.*

Bei der Zündung von Knallgas mit einer Flamme erfolgt explosionsartige Reaktion. Diese explosionsartige Reaktion kann bei Normaltemperatur auch durch einen Platinkatalysator ausgelöst werden. Die Bildung von HCl aus Chlorknallgas erfolgt durch eine Kettenreaktion, bei der die folgenden Reaktionsschritte auftreten:

a) $Cl_2 \rightarrow 2\,Cl$ \hspace{1em} Startreaktion
b) $Cl + H_2 \rightarrow HCl + H$ ⎫
c) $H + Cl_2 \rightarrow HCl + Cl$ ⎬ Kettenfortpflanzung
d) $Cl + Cl \rightarrow Cl_2$ \hspace{1em} Kettenabbruch

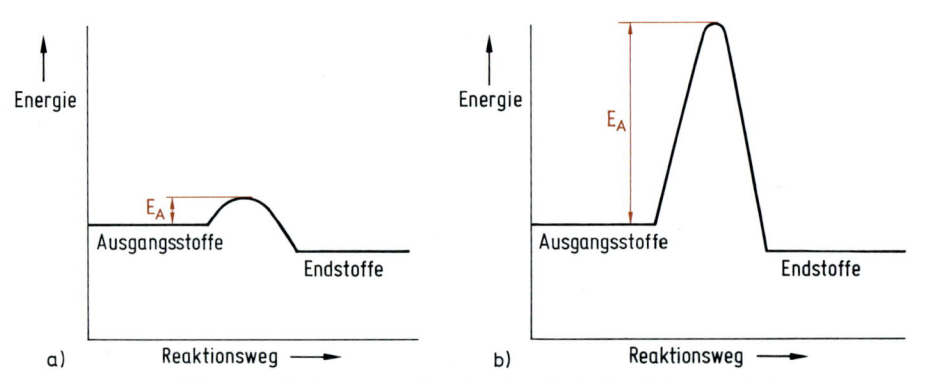

Abb. 3.29 Mögliche Energiediagramme für eine chemische Reaktion. Im Fall a) ist auf Grund der kleinen Aktivierungsenergie die Reaktionsgeschwindigkeit groß, so daß sich das Gleichgewicht rasch einstellt. Im Fall b) ist die Aktivierungsenergie sehr groß und bei Normaltemperatur die Reaktionsgeschwindigkeit so gering, daß sich der Gleichgewichtszustand nicht einstellt. Solche kinetisch gehemmten Systeme nennt man metastabil.

Als erster Reaktionsschritt erfolgt eine Spaltung von Cl_2-Molekülen in Cl-Atome (a). Dazu ist eine Aktivierungsenergie von 243 kJ/mol erforderlich. Die Cl-Atome reagieren schnell mit H_2-Molekülen nach b) weiter. Die bei der Reaktion b) entstehenden H-Atome reagieren mit Cl_2-Molekülen nach c) weiter. Die beiden Schritte b) und c) wiederholen sich solange (Kettenfortpflanzung) bis durch zufällige Reaktion zweier Cl-Atome miteinander die Kette abbricht (d). In einer Reaktionskette werden durch Kettenfortpflanzung etwa 10^6 Moleküle HCl gebildet. Die Aktivierungsenergie für die Startreaktion kann in Form von Wärmeenergie oder in Form von Lichtquanten (vgl. Abschn. 1.4.2) zugeführt werden. Lichtquanten haben die erforderliche Energie bei Wellenlängen kleiner 480 nm. Bestrahlt man Chlorknallgas mit blauem Licht (450 nm), erfolgt explosionsartige Reaktion zu HCl.

Analog verläuft die Bildung von HBr aus H_2 und Br_2. Bei HI verläuft die radikalische HI-Bildung erst oberhalb 500 °C, da die Reaktion $I + H_2 \rightarrow HI + H$ stark endotherm ist. Unterhalb 500 °C erfolgt die HI-Bildung nach dem im Abschn. 3.6.2 beschriebenen Mechanismus.

Ursache von *Explosionen*. Bei sehr rasch ablaufenden exothermen Reaktionen kann die frei werdende Reaktionswärme nicht mehr abgeleitet werden. Es kommt zu einer fortlaufenden Temperaturerhöhung und Steigerung der Reaktionsgeschwindigkeit (Zerfall von O_3 und ClO_2). Eine andere Ursache für explosionsartig ablaufende Reaktionen sind Kettenreaktionen mit Kettenverzweigung, bei denen sich dadurch die Reaktionsgeschwindigkeit exponentiell steigert (vgl. Knallgas Abschn. 4.2.2).

Eine große Zahl chemischer Verbindungen sind bei Normaltemperatur nur deswegen existent, weil sie metastabil sind. Ein Beispiel ist Stickstoffmonooxid

NO, das bei Normaltemperatur nicht zerfällt, obwohl das Gleichgewicht $2\,NO \rightleftharpoons N_2 + O_2$ fast vollständig auf der rechten Seite liegt (vgl. Abschn. 3.5.2).

Diamant ist die bei Normalbedingungen metastabile Modifikation von Kohlenstoff. Die stabile Modifikation ist Graphit (vgl. Abschn. 4.7.2).

3.6.6 Katalyse

Manche Reaktionen können beschleunigt werden, wenn man dem Reaktionsgemisch einen Katalysator zusetzt. *Katalysatoren sind Stoffe, die in den Reaktionsmechanismus eingreifen, aber selbst durch die Reaktion nicht verbraucht werden* und die daher in der Bruttoreaktionsgleichung nicht auftreten. *Die Lage des Gleichgewichts wird durch einen Katalysator nicht verändert.*

Die Wirkungsweise eines Katalysators besteht darin, daß er den Mechanismus der Reaktion verändert. Die katalysierte Reaktion besitzt eine kleinere Aktivierungsenergie als die nichtkatalysierte (Abb. 3.30), *dadurch wird die Reaktionsgeschwindigkeitskonstante größer und die Reaktionsgeschwindigkeit erhöht.*

Ein Beispiel ist die Oxidation von Schwefeldioxid SO_2 mit Sauerstoff O_2 zu Schwefeltrioxid SO_3. Diese Reaktion wird durch Stickstoffmonooxid NO katalytisch beschleunigt. Die katalytische Wirkung von NO kann schematisch durch die folgenden Gleichungen beschrieben werden:

$$NO + \tfrac{1}{2}O_2 \rightarrow NO_2 \qquad (3.27)$$
$$SO_2 + NO_2 \rightarrow SO_3 + NO \qquad (3.28)$$
$$\overline{SO_2 + \tfrac{1}{2}O_2 \rightarrow SO_3 \text{ (Bruttogleichung)}} \qquad (3.29)$$

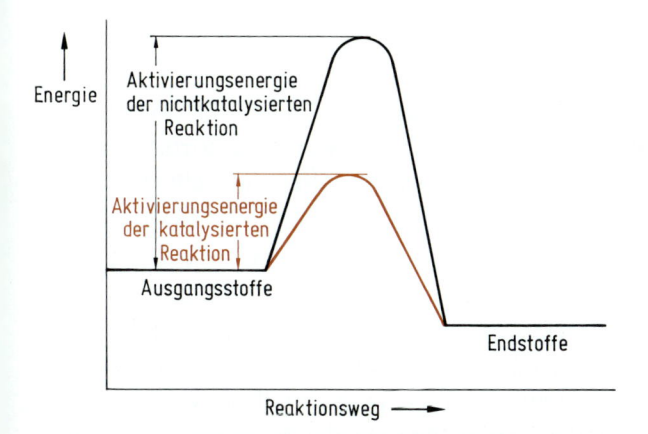

Abb. 3.30 Energiediagramm einer katalysierten und einer nichtkatalysierten Reaktion. Durch die Gegenwart eines Katalysators wird der Mechanismus der Reaktion verändert. Die katalysierte Reaktion besitzt eine kleinere Aktivierungsenergie als die nichtkatalysierte. Dadurch steigt die Zahl der Moleküle, die die zur Reaktion notwendige Aktivierungsenergie besitzen, stark an, die Reaktionsgeschwindigkeit erhöht sich.

Die Oxidation von SO_2 erfolgt in Gegenwart des Katalysators nicht direkt mit O_2, sondern durch NO_2 als Sauerstoffüberträger. Der Ausgangsstoff O_2 bildet mit dem Katalysator NO die reaktionsfähige Zwischenverbindung NO_2, die dann mit dem zweiten Reaktionspartner unter Freisetzung von NO zum Reaktionsprodukt SO_3 weiterreagiert. Die Teilreaktionen 3.27 und 3.28 verlaufen schneller als die direkte Reaktion, da die Aktivierungsenergien der Reaktionen 3.27 und 3.28 kleiner sind als die Aktivierungsenergie der Reaktion 3.29. Bereits Anfang des 19. Jh. wurde diese Katalyse für die Herstellung von Schwefelsäure mit dem Bleikammerverfahren industriell genutzt.

Man unterscheidet *homogene Katalyse* und *heterogene Katalyse*. Bei der homogenen Katalyse liegen die reagierenden Stoffe und der Katalysator in der gleichen Phase vor. Das Bleikammerverfahren ist eine homogene Katalyse. Bei der heterogenen Katalyse werden Gasreaktionen und Reaktionen in Lösungen durch feste Katalysatoren (*Kontakte*) beschleunigt. Dabei spielt die Oberflächenbeschaffenheit des Katalysators eine Rolle. Die Wirksamkeit von festen Katalysatoren wird durch große Oberflächen erhöht. Die katalytisch wirksame Substanz wird daher auf ein Trägermaterial mit großer Oberfläche (Al_2O_3, SiO_2) aufgebracht. Zusätze zum Katalysator (*Promotoren*) verbessern die Katalysatoraktivität. Häufig können kleine Fremdstoffmengen Katalysatoren unwirksam machen (*Kontaktgifte*). Dabei werden wahrscheinlich die aktiven Stellen der Katalysatoroberfläche blockiert. Typische Katalysatorgifte sind H_2S, As, Pb, Hg.

Ein wichtiger fester Katalysator ist fein verteiltes Platin. Platinkatalysatoren beschleunigen die meisten Reaktionen mit Wasserstoff. Ein Gemisch von Wasserstoff und Sauerstoff, das bei Normaltemperatur nicht reagiert, explodiert in Gegenwart eines Platinkatalysators. Die Wirkung des Katalysators besteht darin, daß bei den an der Katalysatoroberfläche angelagerten Wasserstoffmolekülen die H—H-Bindung gelöst wird. Es erfolgt also nicht nur eine physikalische Anlagerung der H_2-Moleküle an der Oberfläche (Adsorption), sondern außerdem eine chemische Aktivierung der adsorbierten Teilchen (*Chemisorption*). Für die Reaktion von Sauerstoffmolekülen mit dem vom Katalysator chemisorbierten Wasserstoff ist nun die Aktivierungsenergie so weit herabgesetzt, daß eine viel schnellere Reaktion erfolgen kann als mit Wasserstoffmolekülen in der Gasphase.

Im Gegensatz zur Adsorption erfolgt die Chemisorption stoffspezifisch und erst bei höherer Temperatur, da zur Chemisorption eine relativ hohe Aktivierungsenergie benötigt wird. Für jede chemische Reaktion müssen spezifische Katalysatoren gefunden werden, die im allgemeinen erst bei höheren Temperaturen wirksam sind. Wirksame Katalysatoren müssen auf experimentellem Wege gefunden werden und in vielen Fällen sind die Vorgänge bei der heterogenen Katalyse noch ungeklärt.

Das Zusammenspiel zwischen Gleichgewichtslage und Reaktionsgeschwindigkeit ist für die Durchführung von chemischen Reaktionen in der Technik ganz

3.6 Die Geschwindigkeit chemischer Reaktionen

wesentlich. Dabei sind Katalysatoren von größter Bedeutung. Ein wichtiges Beispiel ist die großtechnische **Synthese von Ammoniak**. Sie erfolgt nach der Reaktion

$$N_2 + 3H_2 \rightleftharpoons 2NH_3 \qquad \Delta H° = -92 \text{ kJ mol}^{-1}$$

Diese Reaktion ist exotherm, die Stoffmenge verringert sich. Nach dem Prinzip von Le Chatelier verschiebt sich das Gleichgewicht durch Temperaturerniedrigung und durch Druckerhöhung in Richtung NH_3. Die Gleichgewichtslage in Abhängigkeit von Druck und Temperatur zeigt Abb. 3.18. Bei 20 °C ist die NH_3-Ausbeute groß (Ausbeute = Volumenanteil NH_3 in % im Reaktionsraum), die Reaktionsgeschwindigkeit aber ist nahezu null. Eine ausreichende Reaktionsgeschwindigkeit durch Temperaturerhöhung wird erst bei Temperaturen erreicht, bei der die NH_3-Ausbeute fast null ist. Auch Katalysatoren wirken erst ab 400 °C genügend beschleunigend, so daß Synthesetemperaturen von 500 °C notwendig sind. Bei 500 °C und 1 bar beträgt die NH_3-Ausbeute nur 0,1 %. Um eine wirtschaftliche Ausbeute zu erhalten, muß trotz technischer Aufwendigkeit die Synthese bei hohen Drücken durchgeführt werden (Haber-Bosch-Verfahren). Ursprünglich wurde bei 200 bar gearbeitet, die NH_3-Ausbeute beträgt dann 17,6 %. Wirtschaftlich günstig ist der Druckbereich 250–350 bar, es werden aber auch Anlagen bei Drücken bis 1000 bar betrieben. Als Katalysator wird α-Fe verwendet. Für die katalytische Wirkung ist der entscheidende Schritt die dissoziative Chemisorption von Stickstoff zu einem Oberflächennitrid, das dann schrittweise zu NH_3 hydriert wird. Die Hydrierung erfolgt durch chemisorbierte Wasserstoffatome. Kleine Zusätze der Oxide von Aluminium, Calcium und Kalium wirken als Promotoren. Die Al_2O_3- und CaO-Zusätze verhindern das Zusammensintern des feinteiligen Katalysators (Strukturpromotor).

Ein weiteres Beispiel ist die **Synthese von Schwefeltrioxid** nach dem Kontaktverfahren. SO_3 wird als Zwischenprodukt der Schwefelsäuresynthese großtechnisch hergestellt. Die Herstellung erfolgt nach der Reaktion

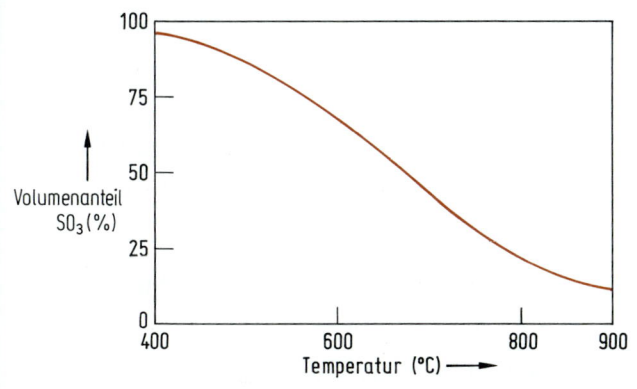

Abb. 3.31 Temperaturabhängigkeit der Gleichgewichtslage der Reaktion $SO_2 + \frac{1}{2}O_2 \rightleftharpoons SO_3$.

$$SO_2 + \tfrac{1}{2}O_2 \rightleftharpoons SO_3 \qquad \Delta H° = -99 \text{ kJ mol}^{-1}$$

Da diese Reaktion exotherm ist, verschiebt sich das Gleichgewicht mit fallender Temperatur in Richtung SO_3. Die SO_3-Ausbeute in Abhängigkeit von der Temperatur zeigt Abb. 3.31. Um hohe Ausbeuten zu erhalten, muß bei möglichst tiefen Temperaturen gearbeitet werden. In Gegenwart von Pt-Katalysatoren ist die Reaktionsgeschwindigkeit bei 400 °C, bei Verwendung von Vanadiumoxidkatalysatoren bei 400–500°C ausreichend schnell (vgl. Abschn. 4.5.4).

Wie diese Beispiele zeigen, muß für die Durchführung von chemischen Reaktionen nicht nur die Gleichgewichtslage günstig sein, sondern diese muß auch ausreichend schnell erreicht werden. Es ist also sehr entscheidend für die Durchführbarkeit einer Reaktion, wenn nötig Katalysatoren zu finden, die eine ausreichende Reaktionsgeschwindigkeit bewirken. 75 % der Produkte der chemischen Industrie werden unter Verwendung von Katalysatoren hergestellt.

Häufig können gleiche Ausgangsstoffe zu unterschiedlichen Produkten reagieren. Es ist möglich mit Hilfe von Katalysatoren den Reaktionsweg auf ein gewünschtes Produkt zu lenken (*Katalysatorselektivität*). Die Selektivität des Reaktionsablaufs wird dadurch erreicht, daß der Katalysator nur die Geschwindigkeit der Reaktion zum gewünschten Produkt erhöht und dadurch die Entstehung der anderen Produkte unterdrückt wird.

Beispiel:

$$CO + H_2 \begin{cases} \xrightarrow{Ni} & \text{Methan } CH_4 \\ \xrightarrow{CuO, Cr_2O_3} & \text{Methanol } CH_3OH \\ \xrightarrow{Fe, Co} & \text{Benzin } C_nH_{2n+2} \end{cases}$$

Je nach Katalysator laufen aus kinetischen Gründen unterschiedliche Reaktionen ab.

3.7 Gleichgewichte von Salzen, Säuren und Basen

3.7.1 Lösungen, Elektrolyte

Lösungen sind homogene Mischungen. Am häufigsten und wichtigsten sind flüssige Lösungen. Feste Lösungen werden im Abschnitt 5.5 behandelt.

Die im Überschuß vorhandene Hauptkomponente einer Lösung bezeichnet man als *Lösungsmittel*, die Nebenkomponenten als *gelöste Stoffe*.

3.7 Gleichgewichte von Salzen, Säuren und Basen

Wir wollen nur solche Lösungen behandeln, bei denen das Lösungsmittel Wasser ist. Diese Lösungen nennt man wäßrige Lösungen. Verbindungen wie Zucker oder Alkohol, deren wäßrige Lösungen den elektrischen Strom nicht leiten, bezeichnen wir als Nichtelektrolyte. In diesen Lösungen sind die gelösten Teilchen einzelne Moleküle, die von Wassermolekülen umhüllt sind.

Viele polare Verbindungen lösen sich in Wasser unter Bildung frei beweglicher Ionen.
Dies wird vereinfacht durch die folgenden Reaktionsgleichungen wiedergegeben:

$$Na^+ Cl^- \xrightarrow{Wasser} Na^+ + Cl^-$$
$$HCl + H_2O \rightarrow H_3O^+ + Cl^-$$
$$NH_3 + H_2O \rightarrow NH_4^+ + OH^-$$

Diese Stoffe nennt man Elektrolyte, da ihre Lösungen den elektrischen Strom leiten. Träger des elektrischen Stroms sind die Ionen (im Gegensatz zu metallischen Leitern, wo der Stromtransport durch Elektronen erfolgt). Die positiv geladenen Ionen (Kationen) wandern im elektrischen Feld zur Kathode (negative Elektrode), die negativ geladenen Ionen (Anionen) zur Anode (positive Elektrode) (Abb. 3.32). Eine besonders große Ionenbeweglichkeit haben H_3O^+- und OH^--Ionen.

In Ionenkristallen liegen im festen Zustand bereits Ionen in bestimmten geometrischen Anordnungen vor. Beim Lösungsvorgang geht die geometrische Ordnung des Ionenkristalls verloren, es erfolgt eine Separierung in einzelne Ionen, eine Ionendissoziation. Bei den kovalenten Verbindungen wie HCl und NH_3 entstehen die Ionen erst durch Reaktion mit dem Lösungsmittel.

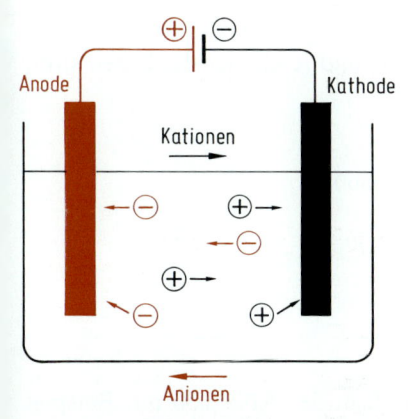

Abb. 3.32 Polare Verbindungen lösen sich in Wasser unter Bildung beweglicher Ionen. Solche Lösungen leiten den elektrischen Strom. Im elektrischen Feld wandern die positiv geladenen Ionen (Kationen) an die negative Elektrode (Kathode), die negativ geladenen Ionen (Anionen) an die positive Elektrode (Anode).

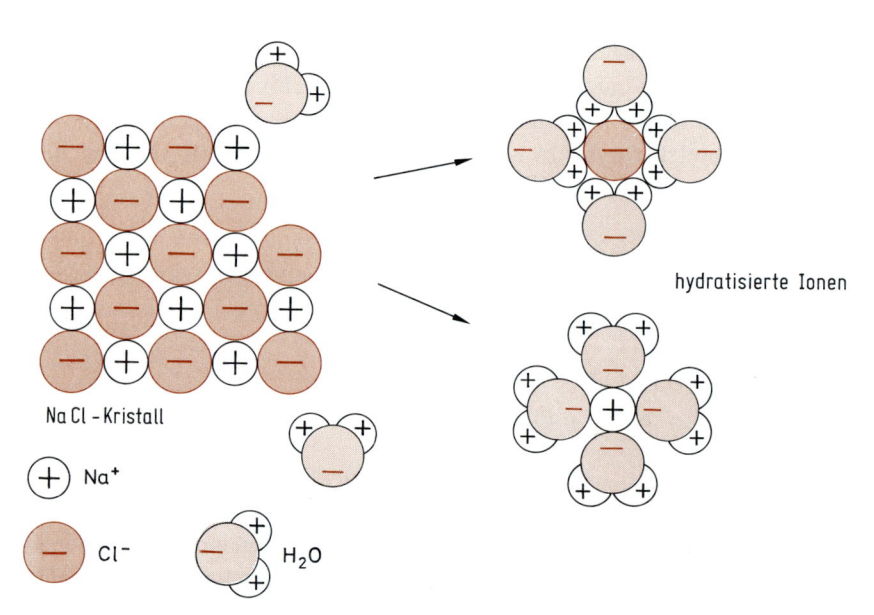

Abb. 3.33 Zweidimensionale Darstellung der Auflösung eines NaCl-Kristalls in Wasser. Zwischen den Ionen des Kristalls und den Dipolen des Wassers existieren starke Anziehungskräfte. Da die Ionen-Dipol-Anziehung für die Ionen der Kristalloberfläche stärker ist als die Ionen-Ionen-Anziehung, verlassen die Ionen den Kristall und wechseln in die wäßrige Phase über. Die in Lösung gegangenen Ionen sind mit einer Hülle von Wassermolekülen umgeben, sie sind hydratisiert.

In wäßriger Lösung sind die Ionen mit einer Hülle von Wassermolekülen umgeben, die Ionen sind hydratisiert, da zwischen den elektrischen Ladungen der Ionen und den Dipolen des Wassers Anziehungskräfte auftreten (vgl. Abb. 3.33).

Cu^{2+} z. B. liegt in Wasser als $[Cu(H_2O)_4]^{2+}$-Ion vor, Co^{2+} bildet das Ion $[Co(H_2O)_6]^{2+}$. Bei der *Hydratation* wird Energie frei. Die Hydratationsenergie ist um so größer, je höher die Ladung der Ionen ist und je kleiner die Ionen sind. Beispiele zeigt Tabelle 3.5.

Tabelle 3.5 Hydratationsenthalpien einiger Ionen (in kJ/mol)

H^+	−1092	Ca^{2+}	−1577	Cl^-	−381
Li^+	− 519	Ba^{2+}	−1305	Br^-	−347
Na^+	− 406	Al^{3+}	−4665	I^-	−305
K^+	− 322	F^-	− 515		

Die Auflösung eines Ionenkristalls ist schematisch in der Abb. 3.33 am Beispiel von NaCl dargestellt. Die dafür benötigte Gitterenergie von 778 kJ/mol wird durch die Hydratationsenthalpie von 787 kJ/mol geliefert. Bei schwerlöslichen Salzen ist die Gitterenergie größer als die Hydratationsenthalpie.

3.7 Gleichgewichte von Salzen, Säuren und Basen   185

In den folgenden Kapiteln werden chemische Gleichgewichte von wäßrigen Elektrolytlösungen behandelt. *Die in wäßrigen Elektrolytlösungen ablaufenden Reaktionen sind Ionenreaktionen. Die Geschwindigkeit, mit der Ionenreaktionen ablaufen, ist so groß, daß die Gleichgewichtseinstellung sofort erfolgt.*

3.7.2 Aktivität

Ist in einer Lösung die Ionenkonzentration sehr klein, dann sind die Ionen so weit voneinander entfernt, daß zwischen ihnen keine Wechselwirkungskräfte existieren. Solche Lösungen sind ideale Lösungen. Werden die Lösungen konzentrierter, müssen Wechselwirkungskräfte berücksichtigt werden.

Aufgrund der interionischen Wechselwirkung ist die „wirksame Konzentration" oder Aktivität der Lösung kleiner als die wirkliche Konzentration. Man erhält die Aktivität a durch Multiplikation der auf die Standardkonzentration $c^° = 1$ mol/l bezogenen molaren Konzentration c mit dem Aktivitätskoeffizienten f, durch den die Wechselwirkungskräfte berücksichtigt werden.

$$a = f \cdot \frac{c}{c^°}$$

Für ideale Lösungen ist $a = c/c^°$, also $f = 1$. Die Aktivität einer Ionensorte hängt von der Konzentration aller in der Lösung vorhandenen Ionen ab. Die Berechnung von Aktivitätskoeffizienten ist daher schwierig, sie können aber empirisch bestimmt werden.

Bei der Anwendung des MWG auf Ionengleichgewichte in wäßrigen Lösungen darf nur bei idealen Lösungen die Ionenkonzentration in das MWG eingesetzt werden, bei konzentrierteren Lösungen ist die Aktivität einzusetzen. In den folgenden Abschnitten werden bei der Behandlung von Ionengleichgewichten nur Konzentrationen verwendet. Man muß sich aber darüber klar sein, daß die abgeleiteten Beziehungen dann exakt nur für ideale Lösungen gelten. Zur Vereinfachung der Schreibweise werden manchmal nur die Zahlenwerte der Konzentrationen angegeben, ihre Einheit ist immer mol/l.

3.7.3 Löslichkeit, Löslichkeitsprodukt, Nernstsches Verteilungsgesetz

Die maximale Menge eines Stoffes, die sich bei einer bestimmten Temperatur in einem Lösungsmittel, z.B. Wasser, löst, ist eine charakteristische Eigenschaft dieses Stoffes und wird seine Löslichkeit genannt. Enthält eine Lösung die maximal lösliche Stoffmenge, ist die Lösung gesättigt. Lösungen sind gesättigt, wenn ein fester Bodenkörper des löslichen Stoffes mit der Lösung im Gleichgewicht ist.

Bei einer gesättigten wäßrigen Lösung eines Salzes der allgemeinen Zusammensetzung AB ist fester Bodenkörper AB im Gleichgewicht mit den Ionen A^+ und B^- (vgl. Abb. 3.34).

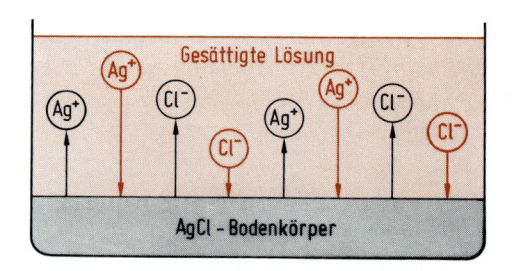

Abb. 3.34 Schematische Darstellung einer gesättigten AgCl-Lösung. Festes AgCl befindet sich im Gleichgewicht mit der AgCl-Lösung: AgCl $\rightleftharpoons$ Ag$^+$ + Cl$^-$. Im Gleichgewichtszustand muß nach dem MWG das Produkt der Ionenkonzentrationen konstant sein. $[Ag^+][Cl^-] = L_{AgCl}$.

$$\text{Bodenkörper} \rightleftharpoons \text{Ionen in Lösung}$$
$$AB \rightleftharpoons A^+ + B^-$$

Beim Lösungsvorgang treten die Ionen A$^+$ und B$^-$ aus dem Kristall in die Lösung über, dabei werden sie hydratisiert. Da sowohl der Kristall AB als auch die Lösung elektrisch neutral sein müssen, gehen immer eine gleiche Zahl A$^+$- und B$^-$-Ionen in Lösung. Im Gleichgewichtszustand werden pro Zeiteinheit ebenso viel Ionenpaare A$^+$ + B$^-$ aus der Lösung im Kristallgitter AB eingebaut, wie aus dem Gitter in Lösung gehen. Durch Anwendung des MWG auf den Lösungsvorgang erhält man:

$$[A^+][B^-] = L_{AB}$$

$[A^+]$ und $[B^-]$ sind die molaren Konzentrationen der Ionen A$^+$ und B$^-$ in der gesättigten Lösung.

L_{AB} ist eine Konstante, sie wird Löslichkeitsprodukt des Stoffes AB genannt. L_{AB} ist temperaturabhängig. *Im Gleichgewichtszustand ist* also *bei gegebener Temperatur das Produkt der Ionenkonzentrationen konstant.* Wie schon bei anderen heterogenen Gleichgewichten erläutert wurde (vgl. Abschn. 3.5.2), treten im MWG die Konzentrationen reiner fester Stoffe nicht auf. Auch bei Lösungsgleichgewichten hat die vorhandene Menge des festen Bodenkörpers keinen Einfluß auf das Gleichgewicht. Es spielt keine Rolle, ob als ungelöster Bodenkörper 20 g oder nur 0,2 g vorhanden ist, wesentlich ist nur, daß er überhaupt zugegen ist.

Für die Lösungen eines schwerlöslichen Salzes AB, z.B. AgCl, sind drei Fälle möglich.

1. Gesättigte Lösung

$$[A^+][B^-] = L_{AB}$$
$$[Ag^+][Cl^-] = L_{AgCl}$$

3.7 Gleichgewichte von Salzen, Säuren und Basen

Die Lösung ist gesättigt. Bei 25 °C beträgt

$$L_{AgCl} = 10^{-10} \text{ mol}^2/\text{l}^2$$

In einer gesättigten Lösung von AgCl in Wasser ist also

$$[Ag^+] = [Cl^-] = 10^{-5} \text{ mol/l}$$

2. Übersättigte Lösung

$$[A^+][B^-] > L_{AB}$$
$$[Ag^+][Cl^-] > L_{AgCl}$$

Bringt man in die gesättigte Lösung von AgCl zusätzlich Ag^+- oder Cl^--Ionen, so ist die Lösung übersättigt. Das Löslichkeitsprodukt ist überschritten, und es bildet sich solange festes AgCl (AgCl fällt als Niederschlag aus) bis die Lösung gerade wieder gesättigt ist, also $[Ag^+][Cl^-] = 10^{-10} \text{ mol}^2/\text{l}^2$ beträgt. Setzt man zum Beispiel der gesättigten Lösung Cl^--Ionen zu, bis die Konzentration $[Cl^-] = 10^{-2}$ mol/l erreicht wird, dann fällt solange AgCl aus, bis $[Ag^+] = 10^{-8}$ mol/l beträgt. In der gesättigten Lösung ist dann $[Ag^+][Cl^-] = 10^{-8} \cdot 10^{-2} = 10^{-10} \text{ mol}^2/\text{l}^2$. Die gesättigte Lösung von AgCl in Wasser mit $[Ag^+] = [Cl^-] = 10^{-5}$ mol/l ist also nur ein spezieller Fall einer gesättigten Lösung.

3. Ungesättigte Lösung

$$[A^+][B^-] < L_{AB}$$
$$[Ag^+][Cl^-] < L_{AgCl}$$

Das gesamte AgCl ist gelöst, das Produkt der Ionenkonzentrationen ist kleiner als das Löslichkeitsprodukt, die Lösung ist ungesättigt. Eine ungesättigte Lösung erhält man durch Verdünnen einer gesättigten Lösung. Sie entsteht auch dann, wenn man einer gesättigten Lösung Ionen durch Komplexbildung entzieht. So bildet z. B. Ag^+ mit NH_3 das komplexe Ion $[Ag(NH_3)_2]^+$, so daß durch Zugabe von NH_3 einer gesättigten AgCl-Lösung Ag^+-Ionen entzogen werden. Als Folge davon geht der im Gleichgewicht befindliche AgCl-Bodenkörper in Lösung. Die Löslichkeit vieler Salze kann durch Zugabe komplexbildender Ionen oder Moleküle sehr wesentlich beeinflußt werden (vgl. Abschn. 5.7).

Für Salze der allgemeinen Zusammensetzung AB_2 und A_2B_3 erhält man durch Anwendung des MWG die in den folgenden Gleichungen formulierten Löslichkeitsprodukte.

$$AB_2 \rightleftharpoons A^{2+} + 2B^- \qquad [A^{2+}][B^-]^2 = L_{AB_2}$$
$$A_2B_3 \rightleftharpoons 2A^{3+} + 3B^{2-} \qquad [A^{3+}]^2[B^{2-}]^3 = L_{A_2B_3}$$

Es ist zu beachten, daß die Koeffizienten der Reaktionsgleichungen im MWG als Potenzen der Konzentrationen auftreten.

Die Löslichkeitsprodukte von einigen schwerlöslichen Verbindungen sind in der Tabelle 3.6 angegeben.

Tabelle 3.6 Löslichkeitsprodukte einiger schwerlöslicher Stoffe in Wasser bei 25 °C

Halogenide		Sulfate		Sulfide	
AgCl	$2 \cdot 10^{-10}$	CaSO$_4$	$2 \cdot 10^{-5}$	HgS	10^{-54}
AgBr	$5 \cdot 10^{-13}$	BaSO$_4$	10^{-9}	CuS	10^{-36}
AgI	$8 \cdot 10^{-17}$	PbSO$_4$	10^{-8}	CdS	10^{-28}
PbCl$_2$	$2 \cdot 10^{-5}$			PbS	10^{-28}
CaF$_2$	$4 \cdot 10^{-11}$	Hydroxide		ZnS	10^{-22}
		Mg(OH)$_2$	10^{-11}	FeS	10^{-19}
Carbonate		Al(OH)$_3$	10^{-33}	NiS	10^{-21}
CaCO$_3$	$5 \cdot 10^{-9}$	Fe(OH)$_2$	10^{-15}	MnS	10^{-15}
BaCO$_3$	$2 \cdot 10^{-9}$	Fe(OH)$_3$	10^{-38}	Ag$_2$S	10^{-50}
		Cr(OH)$_3$	10^{-30}		

Schwerlösliche Salze spielen in der analytischen Chemie eine wichtige Rolle, da viele Ionen durch Bildung schwerlöslicher, oft typisch gefärbter Salze nachgewiesen werden können. Beispiele typischer Fällungsreaktionen zum Nachweis der Ionen Cl$^-$, SO$_4^{2-}$ und Cu^{2+} sind:

$$Cl^- + Ag^+ \rightarrow AgCl \text{ (weiß)}$$
$$SO_4^{2-} + Ba^{2+} \rightarrow BaSO_4 \text{ (weiß)}$$
$$Cu^{2+} + S^{2-} \rightarrow CuS \text{ (schwarz)}$$

Für die Verteilung eines gelösten Stoffes in zwei nichtmischbaren Lösungsmitteln gilt für ideale Lösungen das *Verteilungsgesetz von Nernst*. Bei gegebener Temperatur stellt sich bei der Verteilung eines Stoffes A in zwei nichtmischbaren Flüssigkeiten ein Gleichgewicht ein

$$A_{\text{Phase 1}} \rightleftharpoons A_{\text{Phase 2}}$$

Das Verhältnis der Konzentration des Stoffes A im Lösungsmittel 2 zur Konzentration von A im Lösungsmittel 1 ist konstant

$$\frac{c(A \text{ in Phase 1})}{c(A \text{ in Phase 2})} = K$$

K wird Verteilungskoeffizient genannt. Er ist natürlich gleich dem Verhältnis der Sättigungskonzentrationen des Stoffes A in beiden Phasen.

Beispiel: Extraktion von Iod

Da der Verteilungskoeffizient $K = \dfrac{c(I_2 \text{ in Chloroform})}{c(I_2 \text{ in Wasser})} = 120$ beträgt, ist die I$_2$-Konzentration in Chloroform 120mal größer als die I$_2$-Konzentration in der wäß-

3.7 Gleichgewichte von Salzen, Säuren und Basen

rigen Phase. Es gelingt daher, Iod aus wäßriger Lösung mit Chloroform zu extrahieren, d. h. weitgehend in die Chloroform-Phase zu überführen.

Das Nernstsche Verteilungsgesetz ist aber nur gültig, wenn in beiden Phasen die gleichen Teilchen, also z. B. I_2-Moleküle, gelöst sind.

3.7.4 Säuren und Basen

Die erste allgemeingültige Säure-Base-Theorie stammt von Arrhenius (1883). Danach sind Säuren Wasserstoffverbindungen, die in wäßriger Lösung durch Dissoziation H^+-Ionen bilden.

Beispiele:

$$HCl \xrightarrow{\text{Dissoziation}} H^+ + Cl^-$$

$$H_2SO_4 \xrightarrow{\text{Dissoziation}} 2H^+ + SO_4^{2-}$$

Basen sind Hydroxide, sie bilden durch Dissoziation in wäßriger Lösung OH^--Ionen.

Beispiele:

$$NaOH \xrightarrow{\text{Dissoziation}} Na^+ + OH^-$$

$$Ba(OH)_2 \xrightarrow{\text{Dissoziation}} Ba^{2+} + 2\,OH^-$$

Arrhenius erkannte, daß die sauren Eigenschaften einer Lösung durch H^+-Ionen, die basischen Eigenschaften durch OH^--Ionen zustande kommen.

Vereinigt man eine Säure mit einer Base, z. B. 1 mol HCl mit 1 mol NaOH, so entsteht aufgrund der Reaktion

$$H^+ + Cl^- + Na^+ + OH^- \rightarrow Na^+ + Cl^- + H_2O$$

eine Lösung, die weder basisch noch sauer reagiert. Es entsteht eine neutrale Lösung, die sich so verhält wie eine Lösung von Kochsalz NaCl in Wasser.

Die Umsetzung

$$\text{Säure} + \text{Base} \rightarrow \text{Salz} + \text{Wasser}$$

wird daher als *Neutralisation* bezeichnet. Die eigentliche chemische Reaktion jeder Neutralisation ist die Vereinigung von H^+- und OH^--Ionen zu Wassermolekülen. Dabei entsteht eine Neutralisationswärme von 57,4 kJ pro Mol H_2O.

$$H^+ + OH^- \rightarrow H_2O \qquad \Delta H^\circ = -57{,}4 \text{ kJ mol}^{-1}$$

Die Arrhenius-Theorie wurde 1923 von Brönsted erweitert.

Nach der Theorie von Brönsted sind Säuren solche Stoffe, die H^+-Ionen (Protonen) abspalten können, Basen sind Stoffe, die H^+-Ionen (Protonen) aufnehmen können.

Die Verbindung HCl z. B. ist eine Säure, da sie Protonen abspalten kann. Das dabei entstehende Cl^--Ion ist eine Base, da es Protonen aufnehmen kann. Die durch Protonenabspaltung aus einer Säure entstehende Base bezeichnet man als konjugierte Base. Cl^- ist die konjugierte Base der Säure HCl.

$$HCl \rightleftharpoons Cl^- + H^+ \qquad \text{Säure-Base-Paar 1} \qquad (3.30)$$
Säure — konjugierte Base — Proton

Säure und konjugierte Base bilden zusammen ein *Säure-Base-Paar*.

$$\text{Säure} \rightleftharpoons \text{Base} + \text{Proton}$$

Die Abspaltung eines Protons kann jedoch nicht als isolierte Reaktion vorsichgehen, sondern sie muß mit einer zweiten Reaktion gekoppelt sein, bei der das Proton verbraucht wird, da in gewöhnlicher Materie freie Protonen nicht existieren können. In wäßriger Lösung lagert sich das Proton an ein H_2O-Molekül an, H_2O wirkt als Base. Durch die Aufnahme eines Protons entsteht dabei die Säure H_3O^+.

$$H_2O + H^+ \rightleftharpoons H_3O^+ \qquad \text{Säure-Base-Paar 2} \qquad (3.31)$$
konjugierte Base — Proton — Säure

Faßt man die Teilreaktionen 3.30 und 3.31 zusammen, erhält man als Gesamtreaktion:

$$HCl + H_2O \rightleftharpoons H_3O^+ + Cl^- \qquad \text{Protolysereaktion}$$
Säure 1 — konj. Base 2 — Säure 2 — konj. Base 1

Bei der Auflösung von HCl in Wasser erfolgt also die Übertragung eines Protons von einem HCl-Molekül auf ein H_2O-Molekül. Bei der Protonenübertragung von der Säure HCl auf die Base H_2O entsteht aus der Säure HCl die Base Cl^- und aus der Base H_2O die Säure H_3O^+. *An einer Protonenübertragungsreaktion* (Protolysereaktion) *sind immer zwei Säure-Base-Paare beteiligt, zwischen denen ein Gleichgewicht existiert.*

Beispiele für Protolysereaktionen:

	Säure 1		Base 2		Säure 2		Base 1	
	HCl	+	H_2O	$\rightleftharpoons$	H_3O^+	+	Cl^-	
wachsende	H_2SO_4	+	H_2O	$\rightleftharpoons$	H_3O^+	+	HSO_4^-	wachsende
Stärke	HSO_4^-	+	H_2O	$\rightleftharpoons$	H_3O^+	+	SO_4^{2-}	Stärke
der	NH_4^+	+	H_2O	$\rightleftharpoons$	H_3O^+	+	NH_3	der
Säure	HCO_3^-	+	H_2O	$\rightleftharpoons$	H_3O^+	+	CO_3^{2-}	Base
	H_2O	+	H_2O	$\rightleftharpoons$	H_3O^+	+	OH^-	

3.7 Gleichgewichte von Salzen, Säuren und Basen

Wenn nur Wasser als Lösungsmittel berücksichtigt wird, tritt immer das Säure-Base-Paar H_3O^+/H_2O auf.

Ist die Tendenz zur Abgabe von Protonen groß, wie z.B. bei HCl, sind die Säuren starke Säuren, da viel H_3O^+-Ionen entstehen, die für die saure Reaktion verantwortlich sind. Die konjugierte Base Cl^- ist dann eine schwache Base, die Tendenz zur Protonenaufnahme ist nur gering. Umgekehrt ist bei einer schwachen Säure wie HCO_3^- die konjugierte Base CO_3^{2-} eine starke Base.

Die Brönstedsche Säure-Base-Theorie ist in folgenden Punkten allgemeiner als die Theorie von Arrhenius.

Säuren und Basen sind nicht fixierte Stoffklassen, sondern nach ihrer Funktion definiert. Der Unterschied zeigt sich deutlich bei Stoffen, die je nach dem Reaktionspartnern sowohl als Säure als auch als Base reagieren können. Man bezeichnet sie als Ampholyte. Das HSO_4^--Ion kann als Base ein Proton anlagern und in ein H_2SO_4-Molekül übergehen, oder es kann als Säure ein Proton abspalten und in das Ion SO_4^{2-} übergehen. Dasselbe gilt für das Molekül H_2O, das ebenfalls als Säure oder als Base reagieren kann.

Nicht nur neutrale Moleküle, sondern auch Kationen oder Anionen können als Säuren und Basen fungieren. Beispiele: H_3O^+ und NH_4^+ sind Kationensäuren, HSO_4^- und HCO_3^- sind Anionensäuren, CO_3^{2-} und CN^- Anionenbasen.

Basen sind nicht nur die Metallhydroxide (bei ihnen ist die wirksame Base das OH^--Ion), sondern auch Stoffe, die keine Hydroxidionen enthalten, z.B. CO_3^{2-}, S^{2-} und NH_3.

Die Protolysereaktion eines Ions mit Wasser wird auch als Hydrolyse bezeichnet. Zweckmäßig ist die Verwendung des Begriffs Hydrolyse für die Spaltung kovalenter Bindungen mit Wasser, also z.B. für die Reaktion

$$\text{\textgreater}P\text{---}Cl + H_2O \rightarrow \text{\textgreater}P\text{---}OH + HCl$$

3.7.5 pH-Wert, Ionenprodukt des Wassers

Je mehr H_3O^+-Ionen eine Lösung enthält, um so saurer ist sie. Als Maß des Säuregrades, der Acidität der Lösung, wird aber nicht die H_3O^+-Konzentration selbst benutzt, da man dann unpraktische Zahlenwerte erhalten würde, sondern der pH-Wert. *Der pH-Wert ist der negative dekadische Logarithmus des Zahlenwertes der H_3O^+-Konzentration* (genauer der H_3O^+-Aktivität).

$$pH = -\lg\left(\frac{[H_3O^+]}{1\,\text{mol}\,l^{-1}}\right)$$

Da Logarithmen nur von reinen Zahlen gebildet werden können, muß die in mol/l angegebene Konzentration durch die Standardkonzentration 1 mol/l dividiert werden. Es ist aber üblich vereinfachend pH = $-\lg[H_3O^+]$ zu schreiben. Bei analogen Definitionen (vgl. S. 193) wird ebenso verfahren.

Im Wasser ist das Protolysegleichgewicht

$$H_2O + H_2O \rightleftharpoons H_3O^+ + OH^-$$

vorhanden. Darauf kann das MWG angewendet werden.

$$\frac{[H_3O^+][OH^-]}{[H_2O]^2} = K_c$$

Da das Gleichgewicht weit auf der linken Seite liegt, reagieren nur so wenige H_2O-Moleküle miteinander, daß ihre Konzentration (55,55 mol/l) praktisch konstant bleibt und in die Gleichgewichtskonstante einbezogen werden kann.

$$[H_3O^+][OH^-] = K_c[H_2O]^2 = K_W \qquad (3.32)$$

K_W wird Ionenprodukt des Wassers genannt. Bei 25°C beträgt

$$K_W = 1,0 \cdot 10^{-14} \, mol^2/l^2$$

In wäßrigen Lösungen ist also *das Produkt der Konzentrationen der H_3O^+- und OH^--Ionen konstant.* Nach Logarithmieren folgt mit pOH = $-\lg[OH^-]$

$$pH + pOH = 14$$

Für reines Wasser ist

$$[H_3O^+] = [OH^-] = \sqrt{K_W} = 10^{-7} \, mol/l$$

Hat eine wäßrige Lösung eine H_3O^+-Konzentration $[H_3O^+] = 10^{-2}$ mol/l (pH = 2), so ist nach Gleichung (3.32) die OH^--Konzentration

$$[OH^-] = \frac{K_W}{[H_3O^+]} = \frac{10^{-14}}{10^{-2}}$$

$$[OH^-] = 10^{-12} \, mol/l$$

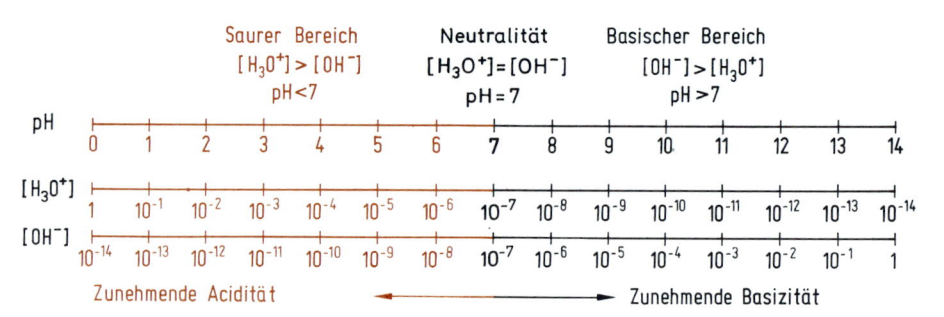

	Saurer Bereich $[H_3O^+] > [OH^-]$ pH < 7	Neutralität $[H_3O^+] = [OH^-]$ pH = 7	Basischer Bereich $[OH^-] > [H_3O^+]$ pH > 7
pH	0 1 2 3 4 5	6 7 8	9 10. 11 12 13 14
$[H_3O^+]$	1 10^{-1} 10^{-2} 10^{-3} 10^{-4} 10^{-5}	10^{-6} 10^{-7} 10^{-8}	10^{-9} 10^{-10} 10^{-11} 10^{-12} 10^{-13} 10^{-14}
$[OH^-]$	10^{-14} 10^{-13} 10^{-12} 10^{-11} 10^{-10} 10^{-9}	10^{-8} 10^{-7} 10^{-6}	10^{-5} 10^{-4} 10^{-3} 10^{-2} 10^{-1} 1
	Zunehmende Acidität ←		→ Zunehmende Basizität

Abb. 3.35 Acidität wäßriger Lösungen. Für wäßrige Lösungen gilt das Ionenprodukt des Wassers. Es beträgt bei 25°C $[H_3O^+][OH^-] = 10^{-14} \, mol^2 \, l^{-2}$.

In dieser Lösung überwiegen die H_3O^+-Ionen gegenüber den OH^--Ionen, sie reagiert sauer. Für wäßrige Lösungen verschiedener pH-Werte erhält man das Schema der Abb. 3.35.

3.7.6 Säurestärke, pK_S-Wert, Berechnung des pH-Wertes von Säuren

Liegt bei der Reaktion einer Säure HA mit Wasser das Gleichgewicht

$$HA + H_2O \rightleftharpoons H_3\dot{O}^+ + A^-$$

weit auf der rechten Seite, dann ist HA eine starke Säure. Liegt das Gleichgewicht weit auf der linken Seite, ist HA eine schwache Säure. Ein quantitatives Maß für die Stärke einer Säure ist die Massenwirkungskonstante der Protolysereaktion.

$$\frac{[H_3O^+][A^-]}{[HA]} = K_S$$

K_S wird *Säurekonstante* genannt. Da in verdünnten wäßrigen Lösungen die H_2O-Konzentration annähernd konstant ist, kann $[H_2O]$ in die Konstante einbezogen werden. Statt des K_S-Wertes wird meist der negative dekadische Logarithmus des Zahlenwertes der Säurenkonstante K_S (Säureexponent) benutzt.

$$pK_S = -\lg K_S$$

Tabelle 3.7 enthält die pK_S-Werte einiger Säure-Base-Paare. Zu den starken Säuren gehören HCl, H_2SO_4 und $HClO_4$. Da $K_S > 100$ ist, reagieren fast alle Säuremoleküle mit Wasser.

Bei den schwachen Säuren CH_3COOH, H_2S und HCN liegt das Gleichgewicht so weit auf der linken Seite, daß nahezu alle Säuremoleküle unverändert in der wäßrigen Lösung vorliegen.

Säuren, die mehrere Protonen abspalten können, nennt man mehrbasige Säuren. H_2SO_4 ist eine zweibasige, H_3PO_4 eine dreibasige Säure. Für die verschiedenen Protonen mehrbasiger Säuren ist die Tendenz der Abgabe verschieden groß (Tab. 3.7), z. B. ist die Säurenkonstante K_S von H_2SO_4 größer als die von HSO_4^-.

Für die einzelnen Protolyseschritte mehrbasiger Säuren gilt allgemein $K_S(I) > K_S(II) > K_S(III)$. Aus einem neutralen Molekül ist ein Proton leichter abspaltbar als aus einem einfach negativen Ion und aus diesem leichter als aus einem zweifach negativen Ion.

Das Protolysegleichgewicht einer starken Säure, z. B. von HCl, liegt sehr weit auf der rechten Seite:

$$HCl + H_2O \rightarrow H_3O^+ + Cl^-$$

Praktisch reagieren alle HCl-Moleküle mit H_2O, so daß pro HCl-Molekül ein

Tabelle 3.7   pK_S-Werte einiger Säure-Base-Paare bei 25 °C   pK_S = $-\lg K_S$

	Säure	Base	pK_S	
	$HClO_4$	ClO_4^-	-10	
	HCl	Cl^-	$-6,1$	
	H_2SO_4	HSO_4^-	$-3,0$	
	H_3O^+	H_2O	$-1,74$	
	HNO_3	NO_3^-	$-1,37$	
Stärke	HSO_4^-	SO_4^{2-}	$+1,96$	
der Säure	H_2SO_3	HSO_3^-	$+1,90$	
nimmt zu	H_3PO_4	$H_2PO_4^-$	$+2,16$	
	$[Fe(H_2O)_6]^{3+}$	$[Fe(OH)(H_2O)_5]^{2+}$	$+2,46$	
↑	HF	F^-	$+3,18$	↓
	CH_3COOH	CH_3COO^-	$+4,75$	
	$[Al(H_2O)_6]^{3+}$	$[Al(OH)(H_2O)_5]^{2+}$	$+4,97$	Stärke
	$CO_2 + H_2O$	HCO_3^-	$+6,35$	der Base
	H_2S	HS^-	$+6,99$	nimmt zu
	HSO_3^-	SO_3^{2-}	$+7,20$	
	$H_2PO_4^-$	HPO_4^{2-}	$+7,21$	
	HCN	CN^-	$+9,21$	
	NH_4^+	NH_3	$+9,25$	
	HCO_3^-	CO_3^{2-}	$+10,33$	
	H_2O_2	HO_2^-	$+11,65$	
	HPO_4^{2-}	PO_4^{3-}	$+12,32$	
	HS^-	S^{2-}	$+12,89$	
	H_2O	OH^-	$+15,74$	
	OH^-	O^{2-}	$+29$	

H_3O^+-Ion entsteht. Die H_3O^+-Konzentration in der Lösung ist demnach gleich der Konzentration der Säure HCl, und der pH-Wert kann nach der Beziehung

$$pH = -\lg c_{Säure}$$

berechnet werden.

Beispiele:

Eine HCl-Lösung der Konzentration $c(HCl) = 0,1$ mol/l hat auch die Konzentration $[H_3O^+] = 10^{-1}$ mol/l.

$$pH = 1$$

Perchlorsäure $HClO_4$ der Konzentration $c(HClO_4) = 0,5$ mol/l hat die Konzentration $[H_3O^+] = 5 \cdot 10^{-1}$ mol/l.

$$pH = -\lg 5 \cdot 10^{-1} = -(-1 + 0,7) = 0,3$$

Bei Säuren, die nicht vollständig protolysiert sind, muß zur Berechnung des pH-Wertes das MWG auf das Protolysegleichgewicht angewendet werden.

3.7 Gleichgewichte von Salzen, Säuren und Basen

Beispiel Essigsäure:

$$CH_3COOH + H_2O \rightleftharpoons H_3O^+ + CH_3COO^-$$

$$\frac{[H_3O^+][CH_3COO^-]}{[CH_3COOH]} = K_S = 1,8 \cdot 10^{-5} \text{ mol/l} \quad (3.33)$$

Da, wie die Reaktionsgleichung zeigt, aus einem Molekül CH_3COOH ein H_3O^+-Ion und ein CH_3COO^--Ion entstehen, sind die Konzentrationen der beiden Ionensorten in der Lösung gleich groß:

$$[H_3O^+] = [CH_3COO^-]$$

Damit erhält man aus Gleichung 3.33

$$[H_3O^+]^2 = K_S[CH_3COOH]$$
$$[H_3O^+] = \sqrt{K_S[CH_3COOH]} \quad (3.34)$$

$[CH_3COOH]$ ist die Konzentration der CH_3COOH-Moleküle im Gleichgewicht. Sie ist gleich der Gesamtkonzentration an Essigsäure $c_{Säure}$, vermindert um die Konzentration der durch Reaktion umgesetzten Essigsäuremoleküle:

$$[CH_3COOH] = c_{Säure} - [H_3O^+]$$

Da die Protolysekonstante K_S sehr klein ist, ist $[H_3O^+] \ll c_{Säure}$ und $[CH_3COOH] \approx c_{Säure}$. Man erhält aus 3.34 als Näherungsgleichung

$$[H_3O^+] = \sqrt{K_S c_{Säure}}$$

und $\quad \text{pH} = \dfrac{\text{p}K_S - \lg c_{Säure}}{2}$

Für eine Essigsäurelösung der Konzentration $c = 10^{-1}$ mol/l erhält man

$$\text{pH} = \frac{4,75 + 1,0}{2} = 2,87$$

Diese Essigsäurelösung hat, wie zu erwarten ist, einen größeren pH-Wert als eine Lösung der stärkeren Säure HCl gleicher Konzentration.

3.7.7 Protolysegrad, Ostwaldsches Verdünnungsgesetz

Für die Protolysereaktion

$$HA + H_2O \rightleftharpoons H_3O^+ + A^- \quad (3.35)$$

kann definiert werden

Protolysegrad $\alpha = \dfrac{\text{Konzentration protolysierter HA-Moleküle}}{\text{Konzentration der HA-Moleküle vor der Protolyse}}$

$$\alpha = \frac{c - [HA]}{c} = \frac{[H_3O^+]}{c} = \frac{[A^-]}{c} \quad (3.36)$$

Es bedeuten: c die Gesamtkonzentration HA, [HA] die Konzentration von HA-Molekülen im Gleichgewicht.

α kann Werte von 0 bis 1 annehmen. Bei starken Säuren ist α = 1 (100%ige Protolyse). Wendet man auf die Reaktion 3.35 das MWG an und substituiert $[H_3O^+]$, $[A^-]$ und [HA] durch 3.36, so erhält man

$$K_S = \frac{[H_3O^+][A^-]}{[HA]} = \frac{\alpha^2 c^2}{c - \alpha c} = c \frac{\alpha^2}{1 - \alpha} \tag{3.37}$$

Diese Beziehung heißt Ostwaldsches Verdünnungsgesetz. Für schwache Säuren ist $\alpha \ll 1$, und man erhält aus 3.37 die Näherungsgleichung

$$\alpha = \sqrt{\frac{K_S}{c}}$$

Diese Beziehung zeigt, *daß der Protolysegrad einer schwachen Säure mit abnehmender Konzentration, also wachsender Verdünnung, wächst.*

Für eine Essigsäure der Konzentration 0,1 mol/l ist α = 0,0134, nimmt die Konzentration auf 0,001 mol/l ab, so ist α = 0,125, die Protolyse nimmt von 1,34% auf 12,5% zu.

Bei sehr verdünnten schwachen Säuren kann der Protolysegrad so große Werte erreichen, daß die Näherungsgleichung pH = $\frac{1}{2}$(pK$_S$ − lg c$_{Säure}$) zur pH-Berech-

Tabelle 3.8 Formeln zur Berechnung des pH-Wertes

	Säuren	pH = −lg $[H_3O^+]$
exakte Berechnung	Näherungen	
$\frac{[H_3O^+]^2}{c_{Säure} - [H_3O^+]} = K_S$	$c_{Säure} \geq K_S$ $\alpha \leq 0{,}62$ pH = $\frac{1}{2}$(pK$_S$ − lg c$_{Säure}$) Maximaler Fehler bei $c_{Säure} = K_S$: −0,2 pH-Einheiten	$c_{Säure} \leq K_S$ $\alpha \geq 0{,}62$ pH = −lg c$_{Säure}$
	Basen	pOH = −lg $[OH^-]$ pOH + pH = 14
pK$_S$ + pK$_B$ = 14		
exakte Berechnung	Näherungen	
$\frac{[OH^-]^2}{c_{Base} - [OH^-]} = K_B$	$c_{Base} \geq K_B$ $\alpha \leq 0{,}62$ pOH = $\frac{1}{2}$(pK$_B$ − lg c$_{Base}$) Maximaler Fehler bei $c_{Base} = K_B$: −0,2 pOH-Einheiten	$c_{Base} \leq K_B$ $\alpha \geq 0{,}62$ pOH = −lg c$_{Base}$
	Salze	
Kationensäuren + schwache Anionenbasen Berechnung wie bei Säuren, $c_{Salz} = c_{Säure}$	Anionenbasen + schwache Kationensäuren Berechnung wie bei Basen, $c_{Salz} = c_{Base}$	

3.7 Gleichgewichte von Salzen, Säuren und Basen

nung nicht mehr anwendbar ist. Mit dieser Gleichung kann man rechnen, wenn

$$c_{\text{Säure}} \geq K_S$$

ist. Der Protolysegrad ist in diesem Bereich

$$\alpha \leq 0{,}62$$

Als größten Fehler erhält man für den Fall $c_{\text{Säure}} = K_S$ einen um 0,2 pH-Einheiten zu kleinen Wert.

Im Bereich

$$c_{\text{Säure}} \leq K_S$$
$$\alpha \geq 0{,}62$$

ist die Beziehung

$$\text{pH} = -\lg c_{\text{Säure}}$$

die geeignete Näherung (vgl. Tab. 3.8).

3.7.8 pH-Berechnung von Basen und Salzlösungen

Die Teilchen S^{2-}, PO_4^{3-}, NH_3, CH_3COO^- (vgl. Tabelle 3.7) reagieren in wäßriger Lösung basisch. Die Reaktion einer Base A^- mit Wasser führt zum Protolysegleichgewicht

$$A^- + H_2O \rightleftharpoons OH^- + HA$$

Den H_2O-Molekülen werden von den A^--Ionen Protonen entzogen, dadurch entstehen OH^--Ionen. Das MWG lautet

$$\frac{[OH^-][HA]}{[A^-]} = K_B$$

K_B bezeichnet man als *Basenkonstante* und den negativen dekadischen Logarithmus als Basenexponent.

$$pK_B = -\lg K_B$$

Zwischen K_S und K_B eines Säure-Base-Paares besteht ein einfacher Zusammenhang. K_S und K_B sind die Massenwirkungskonstanten der Protolysereaktionen einer Säure HA und ihrer konjugierten Base A^-.

$$HA + H_2O \rightleftharpoons H_3O^+ + A^- \qquad K_S = \frac{[H_3O^+][A^-]}{[HA]}$$

$$A^- + H_2O \rightleftharpoons OH^- + HA \qquad K_B = \frac{[OH^-][HA]}{[A^-]}$$

Multipliziert man K_S mit K_B, erhält man das Ionenprodukt des Wassers K_W,

$$K_S K_B = \frac{[H_3O^+][A^-][OH^-][HA]}{[HA][A^-]} = [H_3O^+][OH^-] = K_W$$

Für eine Säure und ihre konjugierte Base gilt daher immer

$$K_B = \frac{K_W}{K_S}$$

und

$$pK_S + pK_B = 14$$

Beispiel $NaCH_3COO$:

$NaCH_3COO$ dissoziiert beim Lösen in Wasser vollständig in die Ionen Na^+ und CH_3COO^-.

Das Ion Na^+ reagiert nicht mit Wasser. CH_3COO^- ist die konjugierte Base von CH_3COOH. Es findet daher die Protolysereaktion

$$CH_3COO^- + H_2O \rightleftharpoons CH_3COOH + OH^- \tag{3.38}$$

statt. Den H_2O-Molekülen werden von den CH_3COO^--Ionen Protonen entzogen, dadurch entstehen OH^--Ionen. Eine $NaCH_3COO$-Lösung reagiert also basisch. Die Anwendung des MWG führt zu

$$K_B = \frac{[CH_3COOH][OH^-]}{[CH_3COO^-]}$$

$$[CH_3COOH] = [OH^-]$$

$$[OH^-] = \sqrt{K_B [CH_3COO^-]}$$

Wenn das Gleichgewicht der Reaktion 3.38 so weit auf der linken Seite liegt, daß die Gleichgewichtskonzentration von CH_3COO^- annähernd gleich der Konzentration an gelöstem Salz $NaCH_3COO$ ist, erhält man

$$[OH^-] = \sqrt{K_B c_{Base}}$$

und

$$pOH = \frac{pK_B - \lg c_{Base}}{2}$$

bzw.

$$pOH = \frac{pK_B - \lg c_{Salz}}{2}$$

3.7 Gleichgewichte von Salzen, Säuren und Basen

Der pK_B-Wert von CH_3COO^- beträgt

$$pK_B = 14 - 4{,}75 = 9{,}25$$

Das Protolysegleichgewicht 3.38 liegt danach tatsächlich so weit auf der linken Seite, daß näherungsweise $[CH_3COO^-] = c_{NaCH_3COO}$ gilt (vgl. Tabelle 3.8).

Für eine $NaCH_3COO$-Lösung der Konzentration $c_{NaCH_3COO} = 0{,}1$ mol/l erhält man

$$pOH = \frac{9{,}2 + 1}{2} = 5{,}1$$

und

$$pH = 14 - 5{,}1 = 8{,}9$$

Mit der Näherung $pOH = -\lg c_{Base}$ kann man rechnen, wenn $c_{Base} \leq K_B$ ist (vgl. Tabelle 3.8). Sie ist aber nur auf verdünnte Lösungen weniger Anionenbasen wie S^{2-} und PO_4^{3-} anwendbar.

Löst man ein Salz in Wasser, so zerfällt es in einzelne Ionen. Außer der Hydratation erfolgt in vielen Fällen keine weitere Reaktion der Ionen mit den Wassermolekülen. Die Lösung reagiert neutral. In der Lösung sind wie in reinem Wasser je 10^{-7} mol/l H_3O^+- und OH^--Ionen vorhanden. Dafür ist NaCl ein gutes Beispiel.

Viele Salze jedoch lösen sich unter Änderung des pH-Wertes. Zum Beispiel reagiert eine wäßrige Lösung von NH_4Cl sauer, Lösungen von Na_2CO_3 und $NaCH_3COO$ reagieren basisch.

Beispiel NH_4Cl:

Beim Lösen dissoziiert NH_4Cl in die Ionen NH_4^+ und Cl^-. Cl^- reagiert nicht mit Wasser, es ist eine extrem schwache Brönsted-Base. NH_4^+ ist eine Brönsted-Säure (vgl. Tab. 3.7), es erfolgt daher die Protolysereaktion

$$NH_4^+ + H_2O \rightleftharpoons H_3O^+ + NH_3$$

NH_4^+ gibt unter Bildung von H_3O^+-Ionen Protonen an die Wassermoleküle ab. Eine NH_4Cl-Lösung reagiert daher sauer. Der pH-Wert kann in gleicher Weise berechnet werden wie der von Essigsäure (vgl. Abschn. 3.7.6 und Tab. 3.8). Die Anwendung des MWG führt zu

$$\frac{[H_3O^+][NH_3]}{[NH_4^+]} = K_S$$

Wegen $[H_3O^+] = [NH_3]$ folgt

$$[H_3O^+] = \sqrt{K_S[NH_4^+]} \qquad (3.39)$$

Da NH$_4$Cl vollständig in Ionen aufgespalten wird und von den entstandenen NH$_4^+$-Ionen nur ein vernachlässigbar kleiner Teil mit Wasser reagiert (pK$_S$ = 9,25), ist die NH$_4^+$-Konzentration im Gleichgewicht nahezu gleich der Konzentration des gelösten Salzes:

$$[NH_4^+] = c_{NH_4Cl}$$

Damit erhält man aus Gleichung 3.39

$$[H_3O^+] = \sqrt{K_S c_{Salz}}$$

und

$$pH = \frac{pK_S - \lg c_{Salz}}{2}$$

Für eine NH$_4$Cl-Lösung der Konzentration c_{NH_4Cl} = 0,1 mol/l erhält man daraus pH = 5,1.

Lösungen von Salzen, deren Anionen starke Anionenbasen und deren Kationen schwache Kationensäuren sind, reagieren basisch. Beispiele sind Na$_2$CO$_3$, NaCN und Na$_2$S. Lösungen von Salzen aus starken Kationensäuren und schwachen Anionenbasen reagieren sauer. Solche Salze sind (NH$_4$)$_2$SO$_4$ und AlCl$_3$ (s. Tab. 3.9).

Tabelle 3.9 Protolysereaktionen von Salzen in wäßriger Lösung

Salz	Charakter der Ionen in Lösung	Reaktion des Salzes in wäßriger Lösung
AlCl$_3$ (NH$_4$)$_2$SO$_4$	Kationensäure + sehr schwache Anionenbase	sauer
NaCl KCl NaNO$_3$	sehr schwache Kationensäure + sehr schwache Anionenbase	neutral
K$_2$CO$_3$ Na$_2$S KCN	Anionenbase + sehr schwache Kationensäure	basisch

3.7.9 Pufferlösungen

Pufferlösungen sind Lösungen, die auch bei Zugabe erheblicher Mengen Säure oder Base ihren pH-Wert nur wenig ändern. Sie bestehen aus einer schwachen Säure (Base) und einem Salz dieser schwachen Säure (Base).

Beispiele: Der Acetatpuffer enthält CH$_3$COOH und CH$_3$COONa (Pufferbereich bei pH 5). Der Ammoniakpuffer enthält NH$_3$ und NH$_4$Cl (Pufferbereich bei pH 9).

3.7 Gleichgewichte von Salzen, Säuren und Basen

Wie eine Pufferlösung funktioniert, kann durch Anwendung des MWG auf die Protolysereaktion

$$HA + H_2O \rightleftharpoons H_3O^+ + A^- \tag{3.40}$$

erklärt werden.

$$K_S = \frac{[H_3O^+][A^-]}{[HA]} \tag{3.41}$$

$$[H_3O^+] = K_S \frac{[HA]}{[A^-]}$$

$$pH = pK_S + \lg \frac{[A^-]}{[HA]} \tag{3.42}$$

In der Abb. 3.36 ist die Beziehung 3.42 für den Acetatpuffer graphisch dargestellt. Ist das Verhältnis $[A^-]/[HA] = 1$ (äquimolare Mischung), dann gilt pH = pK_S. Ändert sich das Verhältnis $[A^-]/[HA]$ auf 10, wächst der pH-Wert nur um eine Einheit, ändert es sich auf 0,1, dann sinkt der pH-Wert um eins. Erst wenn $[A^-]/[HA]$ größer als 10 oder kleiner als 0,1 ist, ändert sich der pH-Wert drastisch.

Versetzt man eine Pufferlösung mit H_3O^+-Ionen, dann müssen, damit die Konstante in Gleichung 3.41 erhalten bleibt, die H_3O^+-Ionen mit den A^--Ionen zu

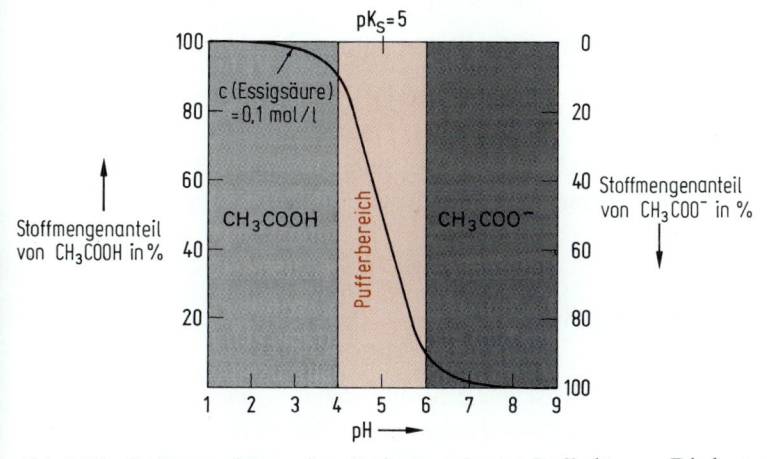

Abb. 3.36 Pufferungskurve einer Essigsäure-Acetat-Pufferlösung. Die beste Pufferwirkung hat eine 1:1-Mischung (pH = 4,75). H_3O^+-Ionen werden von CH_3COO^--Ionen, OH^--Ionen von CH_3COOH gepuffert:

$$CH_3COOH + H_2O \underset{\text{Pufferung von } H_3O^+}{\overset{\text{Pufferung von } OH^-}{\rightleftharpoons}} CH_3COO^- + H_3O^+$$

Solange dabei das Verhältnis CH_3COOH/CH_3COO^- im Bereich 0,1 bis 10 bleibt, ändert sich der pH-Wert nur wenig.

HA reagieren. Das Protolysegleichgewicht 3.40 verschiebt sich nach links, die H_3O^+-Ionen werden durch die A^--Ionen gepuffert, und der pH-Wert nimmt nur geringfügig ab. Die Lösung puffert solange, bis das Verhältnis $[A^-]/[HA] \sim 0{,}1$ erreicht ist. Erst dann erfolgt durch weitere Zugabe von H_3O^+ eine starke Abnahme des Verhältnisses $[A^-]/[HA]$ und entsprechend eine starke Abnahme des pH-Wertes. Fügt man der Pufferlösung OH^--Ionen zu, so reagieren diese mit HA zu A^- und H_2O, das Gleichgewicht 3.40 verschiebt sich nach rechts. Erst wenn das Verhältnis $[A^-]/[HA] \sim 10$ erreicht ist, wächst bei weiterer Zugabe von OH^--Ionen der pH-Wert rasch an.

Die beste Pufferwirkung haben äquimolare Mischungen, ihr Pufferbereich liegt bei $pH = pK_S$. Je konzentrierter eine Pufferlösung ist, desto wirksamer puffert sie.

Beispiel: Ein Liter eines Acetatpuffers, der 1 mol CH_3COOH und 1 mol CH_3COONa enthält, hat nach Gleichung 3.42 einen pH von 4,75. Wie ändert sich der pH-Wert der Pufferlösung, wenn sie außerdem noch 0,1 mol HCl enthält? Die durch Protolyse des HCl entstandenen 0,1 mol H_3O^+-Ionen reagieren praktisch vollständig mit den CH_3COO^--Ionen zu $CH_3COOH + H_2O$.

$$H_3O^+ + CH_3COO^- \rightarrow CH_3COOH + H_2O$$

Die Konzentration der CH_3COO^--Ionen wird damit $(1-0{,}1)$ mol/l, die Konzentration der CH_3COOH-Moleküle $(1+0{,}1)$ mol/l. Nach 3.42 erhält man

$$pH = pK_{CH_3COOH} + \lg \frac{[CH_3COO^-]}{[CH_3COOH]} = 4{,}75 + \lg \frac{1-0{,}1}{1+0{,}1} = 4{,}66$$

Der HCl-Zusatz senkt den pH-Wert des Puffers also nur um etwa 0,1.

Ein Liter einer Lösung, die nur 1 mol CH_3COOH und außerdem 0,1 mol HCl enthält, hat dagegen einen pH von ungefähr 1. Das Gleichgewicht 3.40 liegt bei der Essigsäure so weit auf der linken Seite, daß nahezu keine CH_3COO^--Ionen zur Reaktion mit den H_3O^+-Ionen der HCl zur Verfügung stehen. Reine Essigsäure puffert daher nicht.

3.7.10 Säure-Base-Indikatoren

Säure-Base-Indikatoren sind organische Farbstoffe, deren Lösungen bei Änderung des pH-Wertes ihre Farbe wechseln. Die Farbänderung erfolgt für einen bestimmten Indikator in einem für ihn charakteristischen pH-Bereich, daher werden diese Indikatoren zur pH-Wert-Anzeige verwendet.

Säure-Base-Indikatoren sind Säure-Base-Paare, bei denen die Indikatorsäure eine andere Farbe hat als die konjugierte Base. In wäßriger Lösung existiert das pH-Wert-abhängige Gleichgewicht

$$HInd + H_2O \rightleftharpoons H_3O^+ + Ind^-$$

3.7 Gleichgewichte von Salzen, Säuren und Basen

Beispiel Phenolphtalein:

Indikatorsäure HInd	konjug. Indikatorbase Ind⁻
farblos	rot
liegt vor in saurem Milieu	liegt vor in stark basischem Milieu

Die Anwendung des MWG ergibt

$$K_S(HInd) = \frac{[H_3O^+][Ind^-]}{[HInd]}$$

$$pH = pK_S(HInd) + \lg \frac{[Ind^-]}{[HInd]}.$$

Ist das Verhältnis $[Ind^-]/[HInd] = 10$, ist für das Auge nur die Farbe von Ind⁻ wahrnehmbar. Ist das Verhältnis $[Ind^-]/[HInd] = 0,1$, so zeigt die Lösung nur die Farbe von HInd. Bei dazwischen liegenden Verhältnissen treten Mischfarben auf. Den pH-Bereich, in dem Mischfarben auftreten, nennt man Umschlagbereich des Indikators. Der Umschlagbereich liegt also ungefähr bei

$$pH = pK_S(HInd) \pm 1$$

Bei größeren oder kleineren pH-Werten tritt nur die Farbe von Ind⁻ bzw. HInd auf, der Indikator ist umgeschlagen. Der Umschlag erfolgt also wie erwünscht in einem kleinen pH-Intervall (Abb. 3.37).

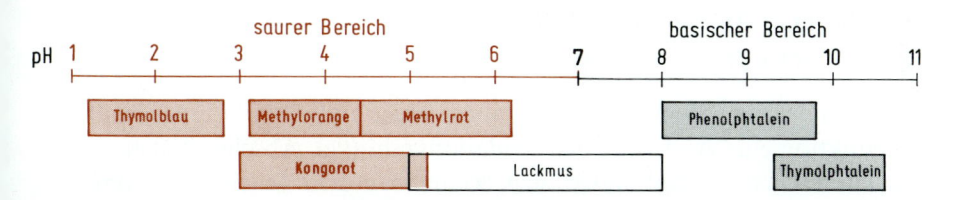

Abb. 3.37 Umschlagbereiche einiger Indikatoren. Im Umschlagbereich ändert der Indikator seine Farbe. Indikatoren sind daher zur pH-Anzeige geeignet.

Tabelle 3.10 Farben und Umschlagbereiche einiger Indikatoren

Indikator	Umschlagbereich pH	Farbe Indikatorsäure	Indikatorbase
Thymolblau	1,2– 2,8	rot	gelb
Methylorange	3,1– 4,4	rot	gelb-orange
Kongorot	3,0– 5,2	blau	rot
Methylrot	4,4– 6,2	rot	gelb
Lackmus	5,0– 8,0	rot	blau
Phenolphtalein	8,0– 9,8	farblos	rot-violett
Thymolphtalein	9,3–10,6	farblos	blau

In der Tabelle 3.10 sind Farben und Umschlagbereiche einiger Indikatoren angegeben.

Der ungefähre pH-Wert einer Lösung kann mit einem *Universalindikatorpapier* bestimmt werden. Es ist ein mit mehreren Indikatoren imprägniertes Filterpapier, das je nach pH-Wert der Lösung eine bestimmte Farbe annimmt, wenn man etwas Lösung auf das Papier bringt.

3.8 Redoxvorgänge

3.8.1 Oxidation, Reduktion

Lavoisier erkannte, daß bei allen Verbrennungen Sauerstoff verbraucht wird. Er führte für Vorgänge, bei denen sich eine Substanz mit Sauerstoff verbindet, den Begriff Oxidation ein.

Beispiele:

$$2\,Mg + O_2 \rightarrow 2\,MgO$$
$$S + O_2 \rightarrow SO_2$$

Der Begriff Reduktion wurde für den Entzug von Sauerstoff verwendet.

Beispiel:

$$Fe_2O_3 + 3\,C \rightarrow 2\,Fe + 3\,CO$$
$$CuO + H_2 \rightarrow Cu + H_2O$$

Man verwendet diese Begriffe jetzt viel allgemeiner und versteht unter Oxidation und Reduktion eine Änderung der Oxidationszahl (vgl. Abschn. 2.5) eines Teilchens. Die Oxidationszahl ändert sich, wenn man dem Teilchen – Atom, Ion, Molekül – Elektronen zuführt oder Elektronen entzieht.

Bei einer Oxidation werden Elektronen abgegeben, die Oxidationszahl erhöht sich:

$$\overset{m}{A} \rightarrow \overset{m+z}{A} + z\,e^-$$

Beispiele:

$$\overset{0}{Fe} \rightarrow \overset{+2}{Fe} + 2\,e^-$$
$$\overset{0}{Na} \rightarrow \overset{+1}{Na} + e^-$$
$$\overset{+2}{Fe} \rightarrow \overset{+3}{Fe} + e^-$$

Bei einer Reduktion werden Elektronen aufgenommen, die Oxidationszahl erniedrigt sich: $\overset{m}{B} + z\,e^- \rightarrow \overset{m-z}{B}$

3.8 Redoxvorgänge

Beispiele:

$$\overset{0}{Cl_2} + 2e^- \rightarrow 2\overset{-1}{Cl}$$
$$\overset{0}{O_2} + 4e^- \rightarrow 2\overset{-2}{O}$$
$$\overset{+1}{Na} + e^- \rightarrow \overset{0}{Na}$$
$$\overset{+3}{Fe} + e^- \rightarrow \overset{+2}{Fe}$$

Schreibt man diese Reaktionen als Gleichgewichtsreaktionen, dann erfolgt je nach der Richtung, in der die Reaktion abläuft, eine Oxidation oder eine Reduktion.

$$Na \underset{\text{Reduktion}}{\overset{\text{Oxidation}}{\rightleftharpoons}} \overset{+1}{Na} + e^-$$

$$\overset{+2}{Fe} \underset{\text{Reduktion}}{\overset{\text{Oxidation}}{\rightleftharpoons}} \overset{+3}{Fe} + e^-$$

Allgemein kann man schreiben

$$\text{reduzierte Form} \rightleftharpoons \text{oxidierte Form} + ze^-$$

Die oxidierte Form und die reduzierte Form bilden zusammen ein korrespondierendes *Redoxpaar*. Na/Na^+, $\overset{+2}{Fe}/\overset{+3}{Fe}$, $2Cl^-/Cl_2$ sind solche Redoxpaare.

Da bei chemischen Reaktionen keine freien Elektronen auftreten können, kann eine Oxidation oder eine Reduktion nicht isoliert vorkommen. Eine Oxidation, z.B. $Na \rightarrow Na^+ + e^-$, bei der Elektronen entstehen, muß stets mit einer Reduktion gekoppelt sein, bei der diese Elektronen aufgenommen werden, z.B. mit $Cl_2 + 2e^- \rightarrow 2Cl^-$.

$$2Na \xrightarrow{\text{Oxidation}} 2Na^+ + 2e^- \qquad \text{Redoxpaar 1}$$

$$Cl_2 + 2e^- \xrightarrow{\text{Reduktion}} 2Cl^- \qquad \text{Redoxpaar 2}$$

$$2\overset{0}{Na} + \overset{0}{Cl_2} \rightarrow 2\overset{+1}{Na}\overset{-1}{Cl} \qquad \text{Redoxreaktion} \qquad (3.43)$$

Reaktionen mit gekoppelter Oxidation und Reduktion nennt man Redoxreaktionen. Bei Redoxreaktionen erfolgt eine Elektronenübertragung. Bei der Redoxreaktion 3.43 werden Elektronen von Natriumatomen auf Chloratome übertragen.

An einer Redoxreaktion sind immer zwei Redoxpaare beteiligt.

Redoxpaar 1	$Red\,1 \rightleftharpoons Ox\,1 + e^-$
Redoxpaar 2	$Red\,2 \rightleftharpoons Ox\,2 + e^-$
Redoxreaktion	$Red\,1 + Ox\,2 \rightleftharpoons Ox\,1 + Red\,2$

Je stärker bei einem Redoxpaar die Tendenz der reduzierten Form ist, Elektronen abzugeben, um so schwächer ist die Tendenz der korrespondierenden oxidierten Form, Elektronen aufzunehmen. Man kann die Redoxpaare nach dieser Tendenz in einer Redoxreihe anordnen.

Je höher in der Redoxreihe ein Redoxpaar steht, um so stärker ist die reduzierende Wirkung der reduzierten Form. Man bezeichnet daher Na, Zn, Fe als Reduktionsmittel. Je tiefer ein Redoxpaar steht, um so stärker ist die oxidierende Wirkung der oxidierten Form. Cl_2, Br_2 bezeichnet man entsprechend als Oxidationsmittel. *Freiwillig laufen nur Redoxprozesse zwischen einer reduzierten Form mit einer in der Redoxreihe darunter stehenden oxidierten Form ab.*

Redoxreihe

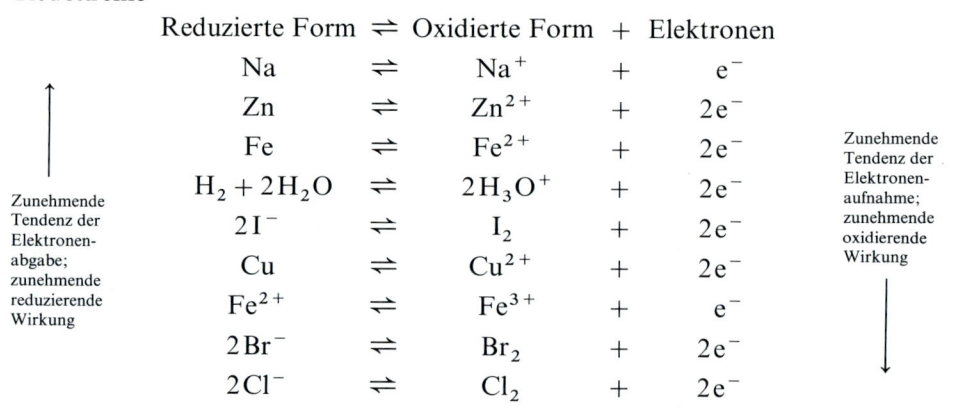

	Reduzierte Form	⇌	Oxidierte Form	+	Elektronen	
↑ Zunehmende Tendenz der Elektronen- abgabe; zunehmende reduzierende Wirkung	Na	⇌	Na^+	+	e^-	Zunehmende Tendenz der Elektronen- aufnahme; zunehmende oxidierende Wirkung ↓
	Zn	⇌	Zn^{2+}	+	$2e^-$	
	Fe	⇌	Fe^{2+}	+	$2e^-$	
	$H_2 + 2H_2O$	⇌	$2H_3O^+$	+	$2e^-$	
	$2I^-$	⇌	I_2	+	$2e^-$	
	Cu	⇌	Cu^{2+}	+	$2e^-$	
	Fe^{2+}	⇌	Fe^{3+}	+	e^-	
	$2Br^-$	⇌	Br_2	+	$2e^-$	
	$2Cl^-$	⇌	Cl_2	+	$2e^-$	

Beispiele für in wäßriger Lösung ablaufende Redoxreaktionen.

$$Zn + Cu^{2+} \rightarrow Zn^{2+} + Cu$$
$$Fe + Cu^{2+} \rightarrow Fe^{2+} + Cu$$
$$2Na + 2H_3O^+ \rightarrow 2Na^+ + H_2 + 2H_2O$$
$$2I^- + Br_2 \rightarrow I_2 + 2Br^-$$
$$2Br^- + Cl_2 \rightarrow Br_2 + 2Cl^-$$

Bei allen Beispielen können die Redoxreaktionen nur von links nach rechts verlaufen, nicht umgekehrt. Nicht möglich ist auch die Reaktion

$$Cu + 2H_3O^+ \rightarrow Cu^{2+} + H_2 + 2H_2O$$

Man kann demnach Cu nicht in HCl lösen.

3.8.2 Aufstellen von Redoxgleichungen

Das Aufstellen einer Redoxgleichung bezieht sich nur auf das Auffinden der stöchiometrischen Zahlen einer Redoxreaktion. Die Ausgangs- und Endstoffe der Reaktion müssen bekannt sein.

Beispiel:

Bei der Auflösung von Kupfer in Salpetersäure entstehen Cu^{2+}-Ionen und Stickstoffmonoxid NO.

$$Cu + H_3O^+ + NO_3^- \rightarrow Cu^{2+} + NO$$

Wie lautet die Redoxgleichung? Bei komplizierteren Redoxvorgängen ist es zweckmäßig, zunächst die beiden beteiligten Redoxsysteme getrennt zu formulieren.

Redoxsystem 1 $\qquad Cu \rightleftharpoons Cu^{2+} + 2e^-$

Wie man etwas unübersichtlichere Redoxsysteme aufstellen kann, sei am Beispiel des Redoxsystems 2 erläutert.

1. Auffinden der Oxidationszahlen der oxidierten und reduzierten Form.

$$\overset{+5}{N}O_3^- \rightleftharpoons \overset{+2}{N}O$$

2. Aus der Differenz der Oxidationszahlen erhält man die Zahl auftretender Elektronen.

$$\overset{+5}{N}O_3^- + 3e^- \rightleftharpoons \overset{+2}{N}O$$

3. Prüfung der Elektroneutralität. Auf beiden Seiten muß die Summe der elektrischen Ladungen gleich groß sein. Die Differenz wird bei Reaktionen in saurer Lösung durch H_3O^+-Ionen ausgeglichen.

$$4H_3O^+ + NO_3^- + 3e^- \rightleftharpoons NO$$

In basischen Lösungen erfolgt der Ladungsausgleich durch OH^--Ionen.

4. Stoffbilanz. Auf beiden Seiten der Reaktionsgleichung muß die Anzahl der Atome jeder Atomsorte gleich groß sei. Der Ausgleich erfolgt durch H_2O.

$$4H_3O^+ + NO_3^- + 3e^- \rightleftharpoons NO + 6H_2O$$

Die Redoxgleichung erhält man durch Kombination der beiden Redoxsysteme.

Redoxsystem 1	$Cu \rightarrow Cu^{2+} + 2e^-$	x3
Redoxsystem 2	$4H_3O^+ + NO_3^- + 3e^- \rightarrow NO + 6H_2O$	x2
Redoxgleichung	$3Cu + 8H_3O^+ + 2NO_3^- \rightarrow 3Cu^{2+} + 2NO + 12H_2O$	

3.8.3 Galvanische Elemente

Taucht man einen Zinkstab in eine Lösung, die Cu^{2+}-Ionen enthält, findet die Redoxreaktion

$$Cu^{2+} + Zn \rightarrow Cu + Zn^{2+}$$

statt. Auf dem Zinkstab scheidet sich metallisches Kupfer ab, Zn löst sich unter Bildung von Zn^{2+}-Ionen (Abb. 3.38).

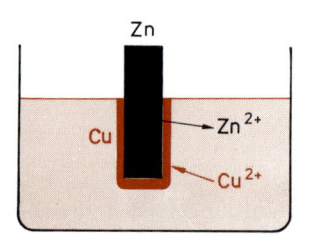

Abb. 3.38 Auf einem Zinkstab, der in eine CuSO$_4$-Lösung taucht, scheidet sich Cu ab, aus Zn bilden sich Zn^{2+}-Ionen. Es findet die Redoxreaktion Cu^{2+} + Zn → Cu + Zn^{2+} statt.

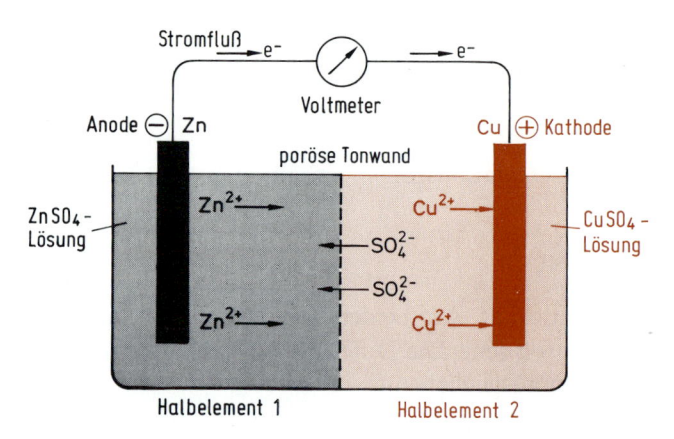

Abb. 3.39 Daniell-Element. In diesem galvanischen Element sind die Redoxpaare Zn/Zn^{2+} und Cu/Cu^{2+} gekoppelt. Da Zn leichter Elektronen abgibt als Cu, fließen Elektronen von Zn zu Cu. Zn wird oxidiert, Cu^{2+} reduziert.

Redoxpaar 1 (Halbelement 1)
Zn → Zn^{2+} + 2e$^-$

Redoxpaar 2 (Halbelement 2)
Cu^{2+} + 2e$^-$ → Cu

Gesamtreaktion
$$Zn + Cu^{2+} \rightarrow Zn^{2+} + Cu$$

Redoxpotential 1
$$E_{Zn} = E_{Zn}^\circ + \frac{0{,}059}{2} \lg[Zn^{2+}]$$

Redoxpotential 2
$$E_{Cu} = E_{Cu}^\circ + \frac{0{,}059}{2} \lg[Cu^{2+}]$$

Gesamtpotential
$$\Delta E = E_{Cu} - E_{Zn} = E_{Cu}^\circ - E_{Zn}^\circ + \frac{0{,}059}{2} \lg \frac{[Cu^{2+}]}{[Zn^{2+}]}$$

Diese Redoxreaktion kann man in einer Anordnung ablaufen lassen, die galvanisches Element genannt wird (Abb. 3.39).

Ein metallischer Stab aus Zink taucht in eine Lösung, die Zn^{2+}- und SO$_4^{2-}$-Ionen enthält. Dadurch wird im Reaktionsraum 1 das Redoxpaar Zn/Zn^{2+} gebildet. Im Reaktionsraum 2 taucht ein Kupferstab in eine Lösung, in der Cu^{2+}- und SO$_4^{2-}$-

3.8 Redoxvorgänge

Ionen vorhanden sind. Es entsteht das Redoxpaar Cu/Cu^{2+}. Die beiden Reaktionsräume sind durch ein Diaphragma, das aus porösem durchlässigen Material besteht, voneinander getrennt. Verbindet man den Zn- und den Cu-Stab mit einem elektrischen Leiter, so fließen Elektronen vom Zn-Stab zum Cu-Stab. Zn wird in der gegebenen Anordnung zu einer negativen Elektrode, Cu zu einer positiven Elektrode. Zwischen den beiden Elektroden tritt eine Potentialdifferenz auf. Die Spannung des galvanischen Elements wird *EMK, elektromotorische Kraft*, genannt. *Aufgrund der auftretenden EMK kann das galvanische Element elektrische Arbeit leisten* (vgl. Abschn. 3.5.4). Dabei laufen in den beiden Reaktionsräumen folgende Reaktionen ab:

Raum 1 mit Redoxpaar 1: $Zn \rightarrow Zn^{2+} + 2e^-$ Oxidation
Raum 2 mit Redoxpaar 2: $Cu^{2+} + 2e^- \rightarrow Cu$ Reduktion
Gesamtreaktion: $Zn + Cu^{2+} \rightarrow Zn^{2+} + Cu$ Redoxreaktion

Zn-Atome der Zinkelektrode gehen als Zn^{2+}-Ionen in Lösung, die dadurch im Zn-Stab zurückbleibenden Elektronen fließen zur Kupferelektrode und reagieren dort mit den Cu^{2+}-Ionen der Lösung, die sich als neutrale Cu-Atome am Cu-Stab abscheiden. Durch diese Vorgänge entstehen in der Lösung des Reaktionsraums 1 überschüssige positive Ladungen, im Raum 2 entsteht ein Defizit an positiven Ladungen. Durch Wanderung von negativen SO_4^{2-}-Ionen aus dem Raum 2 in den Raum 1 durch das Diaphragma erfolgt Ladungsausgleich.

Zn steht in der Redoxreihe oberhalb von Cu. *Das größere Bestreben von Zn, Elektronen abzugeben, bestimmt die Richtung des Elektronenflusses im galvanischen Element und damit die Reaktionsrichtung.*

3.8.4 Berechnung von Redoxpotentialen: Nernstsche Gleichung

Die verschiedenen Redoxsysteme Red $\rightleftharpoons$ Ox + ze$^-$ zeigen ein unterschiedlich starkes Reduktions- bzw. Oxidationsvermögen. Ein Maß dafür ist das *Redoxpotential* E eines Redoxsystems. Es wird durch die Nernstsche Gleichung

$$E = E° + \frac{RT}{zF} \ln \frac{[Ox]}{[Red]} \tag{3.44}$$

beschrieben. Es bedeuten: R Gaskonstante; T Temperatur; F Faraday-Konstante, sie beträgt 96 487 As mol^{-1} (vgl. Abschn. 3.8.9); z Zahl der bei einem Redoxsystem auftretenden Elektronen; [Red], [Ox] sind die auf die Standardkonzentration 1 mol/l bezogenen Konzentrationen der reduzierten Form bzw. der oxidierten Form. In die Nernstsche Gleichung sind also nur die Zahlenwerte der Konzentrationen einzusetzen (vgl. Abschn. 3.8.6). Bei nichtidealen Lösungen muß statt der Konzentration die Aktivität eingesetzt werden (vgl. Abschn. 3.7.2).

Für T = 298 K (25 °C) erhält man aus Beziehung 3.44 durch Einsetzen der Zahlenwerte für die Konstanten und Berücksichtigung des Umwandlungsfaktors von ln in lg

$$E(V) = E°(V) + \frac{0{,}059(V)}{z} \lg \frac{[Ox]}{[Red]} \qquad (3.45)$$

Beträgt $[Ox] = 1$ und $[Red] = 1$, folgt aus 3.45

$$E = E°$$

E° wird *Normalpotential* oder *Standardpotential* genannt. *Die Standardpotentiale haben für die verschiedenen Redoxsysteme charakteristische Werte. Sie sind ein Maß für die Stärke der reduzierenden bzw. oxidierenden Wirkung eines Redoxsystems* (vgl. Tab. 3.11).

Während das erste Glied der Nernstschen Gleichung E° eine für jedes Redoxsystem charakteristische Konstante ist, wird durch das zweite Glied die Konzentrationsabhängigkeit des Potentials eines Redoxsystems beschrieben.

Mit der Nernstschen Gleichung kann die Spannung (EMK) eines galvanischen Elements berechnet werden.

Beispiel Daniell-Element:

Redoxpaar	Redoxpotential bei 25 °C	Standardpotential
$Zn \rightleftharpoons Zn^{2+} + 2e^-$	$E_{Zn} = E°_{Zn} + \frac{0{,}059}{2} \lg[Zn^{2+}]$	$E°_{Zn} = -0{,}76\,V$
$Cu \rightleftharpoons Cu^{2+} + 2e^-$	$E_{Cu} = E°_{Cu} + \frac{0{,}059}{2} \lg[Cu^{2+}]$	$E°_{Cu} = +0{,}34\,V$

Wie im MWG treten auch in der Nernstschen Gleichung die Konzentrationen reiner fester Phasen nicht auf. Die EMK des galvanischen Elements erhält man aus der Differenz der Redoxpotentiale der Halbelemente.

$$\Delta E = E_{Cu} - E_{Zn} = E°_{Cu} - E°_{Zn} + \frac{0{,}059}{2} \lg \frac{[Cu^{2+}]}{[Zn^{2+}]} \qquad (3.46)$$

Für $[Cu^{2+}] = 1\,mol/l$ und $[Zn^{2+}] = 1\,mol/l$ erhält man aus 3.46

$$\Delta E = E_{Cu} - E_{Zn} = E°_{Cu} - E°_{Zn} = 1{,}10\,V$$

Die Spannung des Elements ist dann gleich der Differenz der Standardpotentiale. Während des Betriebs wächst die Zn^{2+}-Konzentration, die Cu^{2+}-Konzentration, sinkt, die Spannung des Elements muß daher, wie Gleichung 3.46 zeigt, abnehmen.

3.8.5 Konzentrationsketten, Elektroden zweiter Art

Da das Elektrodenpotential von der Ionenkonzentration abhängt, kann ein galvanisches Element aufgebaut werden, dessen Elektroden aus dem gleichen Material bestehen und die in Lösungen unterschiedlicher Ionenkonzentrationen eintauchen. Eine solche Anordnung nennt man Konzentrationskette. Abb. 3.40 zeigt schematisch eine Silberkonzentrationskette. Sowohl im Reaktionsraum 1 als auch im Reaktionsraum 2 taucht eine Silberelektrode in eine Lösung mit Ag^+-Ionen. In Reaktionsraum 1 ist jedoch die Ag^+-Konzentration größer als im Reaktionsraum 2. Das Potential des Halbelements 2 ist daher negativer als das des Halbelements 1. Im Reaktionsraum 2 gehen Ag-Atome als Ag^+-Ionen in Lösung, die dabei freiwerdenden Elektronen fließen zum Halbelement 1 und entladen dort Ag^+-Ionen der Lösung. Der Ladungsausgleich durch die Anionen erfolgt über eine Salzbrücke, die z. B. KNO_3-Lösung enthalten kann.

Die EMK der Kette ist gleich der Differenz der Potentiale der beiden Halbelemente

$$\Delta E = E_{Ag}(1) - E_{Ag}(2) = 0{,}059 \; \lg \frac{[Ag^+]_1}{[Ag^+]_2}$$

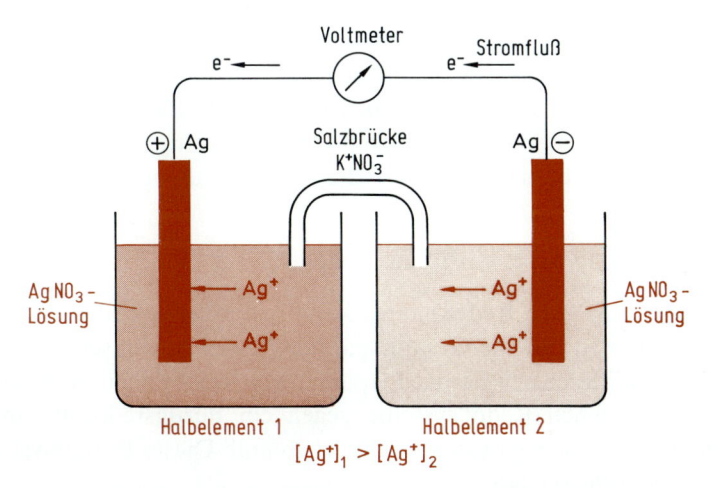

Abb. 3.40 Konzentrationskette. Ag-Elektroden tauchen in Lösungen mit unterschiedlicher Ag^+-Konzentration. Lösungen verschiedener Konzentration haben das Bestreben ihre Konzentrationen auszugleichen. Im Halbelement 2 gehen daher Ag^+-Ionen in Lösung, im Halbelement 1 werden Ag^+-Ionen abgeschieden, Elektronen fließen vom Halbelement 2 zum Halbelement 1.

Reaktion im Halbelement 1
$Ag^+ + e^- \rightarrow Ag$

Reaktion im Halbelement 2
$Ag \rightarrow Ag^+ + e^-$

Redoxpotential 1
$E_{Ag1} = E°_{Ag} + 0{,}059 \lg [Ag^+]_1$

Redoxpotential 2
$E_{Ag2} = E°_{Ag} + 0{,}059 \lg [Ag^+]_2$

$$\Delta E = E_{Ag1} - E_{Ag2} = 0{,}059 \lg \frac{[Ag^+]_1}{[Ag^+]_2}$$

Die EMK der Kette kommt also nur durch die Konzentrationsunterschiede in den beiden Halbelementen zustande und ist eine Folge des Bestrebens verschieden konzentrierter Lösungen, ihre Konzentrationen auszugleichen. Leistet das Element Arbeit, wird der Konzentrationsunterschied kleiner, die EMK nimmt ab.

Setzt man einem Ag/Ag$^+$-Halbelement Anionen zu, die mit Ag$^+$-Ionen ein schwerlösliches Salz bilden, z. B. Cl$^-$-Ionen, dann wird das Potential nicht mehr durch die Ag$^+$-Konzentration, sondern durch die Cl$^-$-Konzentration bestimmt. Solche Elektroden nennt man Elektroden zweiter Art.

Das Potential einer solchen Elektrode erhält man durch Kombination der Gleichung

$$E = E°_{Ag} + 0,059 \lg [Ag^+]$$

mit dem Löslichkeitsprodukt

$$[Ag^+][Cl^-] = L$$

$$E = E°_{Ag} + 0,059 \lg \frac{L}{[Cl^-]}$$

Elektroden zweiter Art eignen sich als Vergleichselektroden, da sie sich leicht herstellen lassen und ihr Potential gut reproduzierbar ist. Eine in der Praxis häufig benutzte Vergleichselektrode ist die *Kalomel-Elektrode.* Sie besteht aus Quecksilber, das mit festem Hg_2Cl_2 (Kalomel) bedeckt ist. Als Elektrolyt dient eine KCl-Lösung bekannter Konzentration, die mit Hg_2Cl_2 gesättigt ist. In das Quecksilber taucht ein Platindraht, der als elektrische Zuleitung dient.

3.8.6   Die Standardwasserstoffelektrode

Das Potential eines einzelnen Redoxpaares kann experimentell nicht bestimmt werden. Exakt meßbar ist nur die Gesamtspannung eines galvanischen Elementes, also die Potentialdifferenz zweier Redoxpaare. Man mißt daher die Potentialdifferenz der verschiedenen Redoxsysteme gegen ein Bezugsredoxsystem und setzt das Potential dieses Bezugssystems willkürlich null. Dieses Bezugssystem ist die Standardwasserstoffelektrode.

Abb. 3.41 zeigt den Aufbau einer Wasserstoffelektrode. Eine platinierte – mit elektrolytisch abgeschiedenem, fein verteiltem Platin überzogene – Platinelektrode taucht in eine Lösung, die H_3O^+-Ionen enthält und wird von Wasserstoffgas umspült. An der Pt-Elektrode stellt sich das Potential des Redoxsystems

$$H_2 + 2H_2O \rightleftharpoons 2H_3O^+ + 2e^-$$

ein. Bei 25 °C beträgt das Potential

$$E_H = E°_H + \frac{0,059}{2} \lg \frac{a^2_{H_3O^+}}{p_{H_2}}$$

3.8 Redoxvorgänge

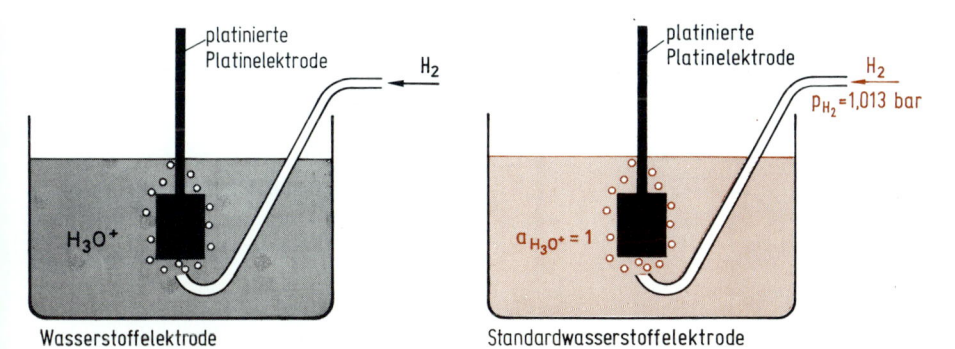

Abb. 3.41 Schematischer Aufbau einer Wasserstoffelektrode.

Redoxsystem $\quad H_2 + 2H_2O \rightleftharpoons 2H_3O^+ + 2e^-$

Redoxpotential $\quad E_H = E_H^\circ + \dfrac{0,059}{2} \lg \dfrac{a_{H_3O^+}^2}{p_{H_2}}$

Das Standardpotential einer Wasserstoffelektrode wird willkürlich null gesetzt. Für die Standardwasserstoffelektrode ist daher $E_H = 0$.

Treten in einem Redoxsystem Gase auf, so ist in der Nernstschen Gleichung der Partialdruck der Gase einzusetzen. Da das Standardpotential für den Standarddruck 1 atm festgelegt ist, muß in die Nernstsche Gleichung der auf 1 atm bezogene Partialdruck eingesetzt werden. Im SI wird der Druck in bar angegeben. Der Standarddruck beträgt 1,013 bar, in die Nernstsche Gleichung wird der auf 1,013 bar bezogene Partialdruck eingesetzt:

$$\dfrac{p_{H_2}(\text{atm})}{1\,(\text{atm})} = \dfrac{p_{H_2}(\text{bar})}{1,013\,(\text{bar})}$$

In wäßrigen Lösungen bleibt die Konzentration von H_2O nahezu konstant, sie wird in das Standardpotential einbezogen.

Bei einer Standardwasserstoffelektrode beträgt $a_{H_3O^+} = 1$ und $p_{H_2} = 1$ atm $= 1,013$ bar. Man erhält daher

$$E_H = E_H^\circ$$

Das Standardpotential der Wasserstoffelektrode E_H° wird willkürlich null gesetzt, das Potential einer Standardwasserstoffelektrode ist also ebenfalls null (vgl. Abb. 3.41).

Die Standardpotentiale von Redoxsystemen erhält man durch Messung der EMK eines galvanischen Elements, bei dem ein Standardhalbelement gegen eine Standardwasserstoffelektrode geschaltet ist. *Standardpotentiale sind* also *Relativwerte bezogen auf die Standardwasserstoffelektrode, deren Standardpotential willkürlich null gesetzt wurde.*

Der Aufbau von galvanischen Elementen, mit denen die Standardpotentiale von Zink und Kupfer bestimmt werden können, ist in der Abb. 3.42 dargestellt.

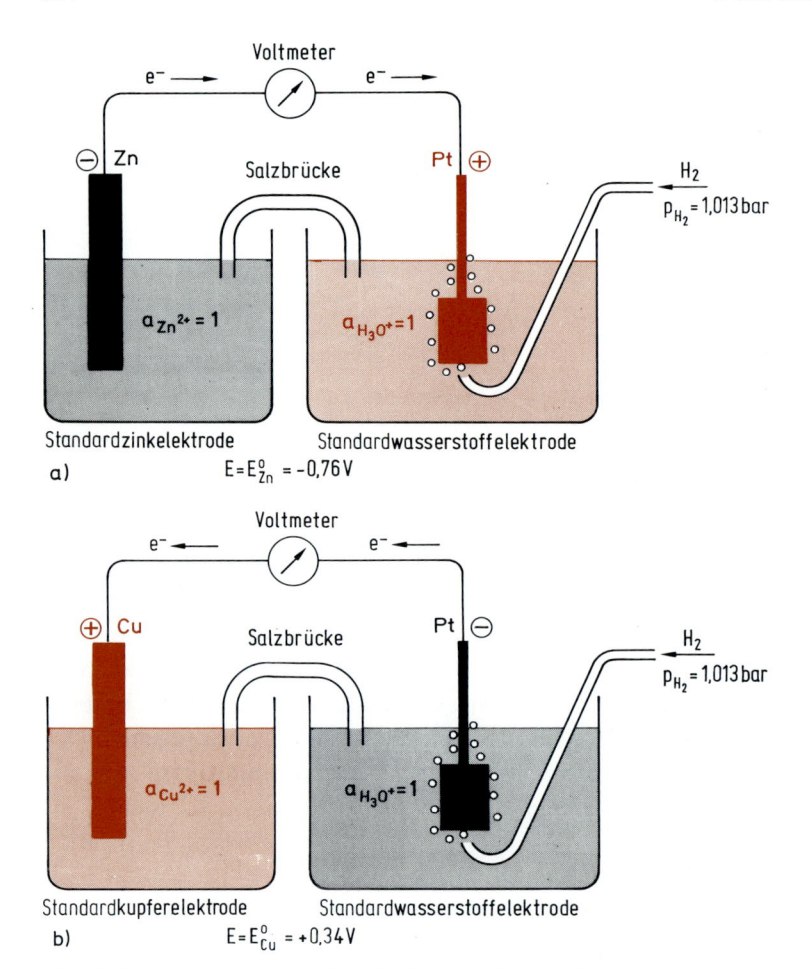

Abb. 3.42 Bestimmung von Standardpotentialen. Als Bezugselektrode dient eine Standardwasserstoffelektrode. Die Standardwasserstoffelektrode hat das Potential null, da ihr Standardpotential willkürlich mit null festgesetzt wird. Die gesamte EMK der Anordnung a) ist also gleich dem Elektrodenpotential der Zn-Elektrode: $\Delta E = E_{Zn} = E^\circ_{Zn} + \dfrac{0,059}{2} \lg a_{Zn^{2+}}$. Beträgt die Aktivität von Zn^{2+} eins ($a_{Zn^{2+}} = 1$), so ist die EMK gleich dem Standardpotential von Zink. Entsprechend ist die EMK des in b) dargestellten Elements gleich dem Standardpotential von Cu. Standardpotentiale sind Relativwerte bezogen auf die Standardwasserstoffelektrode.

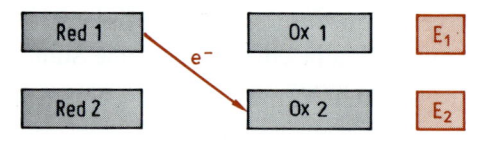

Abb. 3.43 Das Potential E_1 des Redoxsystems 1 ist negativer als das Potential E_2 des Redoxsystems 2. Die reduzierte Form 1 kann Elektronen an die oxidierte Form 2 abgeben, nicht aber die reduzierte Form 2 an die oxidierte Form 1. Es läuft die Reaktion Red 1 + Ox 2 → Ox 1 + + Red 2 ab.

3.8.7 Die elektrochemische Spannungsreihe

Die Standardpotentiale sind ein Maß für das Redoxverhalten eines Redoxsystems in wäßriger Lösung. Man ordnet daher die Redoxsysteme nach der Größe ihrer Standardpotentiale und erhält eine Redoxreihe, die als Spannungsreihe bezeichnet wird (Tab. 3.11). *Mit Hilfe der Spannungsreihe läßt sich voraussagen, welche Redoxreaktionen möglich sind. Die reduzierte Form eines Redoxsystems gibt Elektronen nur an die oxidierte Form von solchen Redoxsystemen ab, die in der Spannungsreihe darunter stehen.* Einfacher ausgedrückt: Es reagieren Stoffe links oben mit Stoffen rechts unten (Abb. 3.43).

Tabelle 3.11 Spannungsreihe

Reduzierte Form	⇌	Oxidierte Form	$+ ze^-$	Standardpotential $E°$ in V
Li	⇌	Li^+	$+ e^-$	$-3{,}04$
K	⇌	K^+	$+ e^-$	$-2{,}92$
Ca	⇌	Ca^{2+}	$+2e^-$	$-2{,}87$
Na	⇌	Na^+	$+ e^-$	$-2{,}71$
Al	⇌	Al^{3+}	$+3e^-$	$-1{,}68$
Mn	⇌	Mn^{2+}	$+2e^-$	$-1{,}19$
Zn	⇌	Zn^{2+}	$+2e^-$	$-0{,}76$
S^{2-}	⇌	S	$+2e^-$	$-0{,}48$
Fe	⇌	Fe^{2+}	$+2e^-$	$-0{,}41$
Cd	⇌	Cd^{2+}	$+2e^-$	$-0{,}40$
Sn	⇌	Sn^{2+}	$+2e^-$	$-0{,}14$
Pb	⇌	Pb^{2+}	$+2e^-$	$-0{,}13$
$H_2 + 2H_2O$	⇌	$2H_3O^+$	$+2e^-$	0
Sn^{2+}	⇌	Sn^{4+}	$+2e^-$	$+0{,}15$
Cu	⇌	Cu^{2+}	$+2e^-$	$+0{,}34$
$2I^-$	⇌	I_2	$+2e^-$	$+0{,}54$
Fe^{2+}	⇌	Fe^{3+}	$+ e^-$	$+0{,}77$
Ag	⇌	Ag^+	$+ e^-$	$+0{,}80$
$NO + 6H_2O$	⇌	$NO_3^- + 4H_3O^+$	$+3e^-$	$+0{,}96$
$2Br^-$	⇌	Br_2	$+2e^-$	$+1{,}07$
$6H_2O$	⇌	$O_2 + 4H_3O^+$	$+4e^-$	$+1{,}23$
$2Cr^{3+} + 21H_2O$	⇌	$Cr_2O_7^{2-} + 14H_3O^+$	$+6e^-$	$+1{,}33$
$2Cl^-$	⇌	Cl_2	$+2e^-$	$+1{,}36$
$Pb^{2+} + 6H_2O$	⇌	$PbO_2 + 4H_3O^+$	$+2e^-$	$+1{,}46$
Au	⇌	Au^{3+}	$+3e^-$	$+1{,}5$
$Mn^{2+} + 12H_2O$	⇌	$MnO_4^- + 8H_3O^+$	$+5e^-$	$+1{,}51$
$2F^-$	⇌	F_2	$+2e^-$	$+2{,}87$

Es ist natürlich zu beachten, daß diese Voraussage nur aufgrund der Standardpotentiale geschieht und nur für solche Konzentrationsverhältnisse richtig ist, bei denen das Gesamtpotential nur wenig vom Standardpotential verschieden ist.

Beispiele für Redoxreaktionen:

Reaktionen von Metallen

$$Fe + Cu^{2+} \rightarrow Fe^{2+} + Cu$$
$$Zn + 2Ag^+ \rightarrow Zn^{2+} + 2Ag$$
$$Cu + Hg^{2+} \rightarrow Cu^{2+} + Hg$$

Reaktionen von Nichtmetallen

$$2I^- + Br_2 \rightarrow I_2 + 2Br^-$$
$$2Br^- + Cl_2 \rightarrow Br_2 + 2Cl^-$$

Reaktionen von Metallen mit Säuren und Wasser

In starken Säuren ist nach

$$E_H = E_H^\circ + \frac{0,059}{2} \lg \frac{[H_3O^+]^2}{p_{H_2}} \qquad (3.47)$$

das Redoxpotential H_2/H_3O^+ ungefähr null. Alle Metalle mit negativem Potential, also alle Metalle, die in der Spannungsreihe oberhalb von Wasserstoff stehen, können daher Elektronen an die H_3O^+-Ionen abgeben und Wasserstoff entwickeln. Beispiele:

$$Zn + 2H_3O^+ \rightarrow Zn^{2+} + H_2 + 2H_2O$$
$$Fe + 2H_3O^+ \rightarrow Fe^{2+} + H_2 + 2H_2O$$

Man bezeichnet diese Metalle als *unedle Metalle*. Metalle mit positivem Potential, die in der Spannungsreihe unterhalb von Wasserstoff stehen, wie Cu, Ag, Au, können sich nicht in Säuren unter H_2-Entwicklung lösen und sind z. B. in HCl unlöslich. Man bezeichnet sie daher als *edle Metalle*

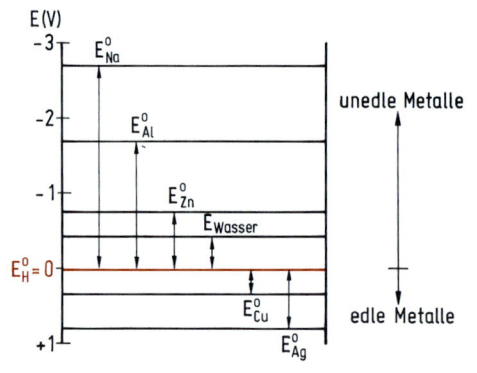

Abb. 3.44 Unedle Metalle besitzen ein negatives, edle Metalle ein positives Standardpotential. Nur unedle Metalle lösen sich daher in Säuren unter Wasserstoffentwicklung.

3.8 Redoxvorgänge

Für neutrales Wasser mit $[H_3O^+] = 10^{-7}$ mol/l erhält man aus 3.47

$$E_H = 0 + 0{,}03 \lg 10^{-14} = -0{,}41 \text{ V}$$

Mit Wasser sollten daher alle Metalle unter Wasserstoffentwicklung reagieren können, deren Potential negativer als $-0{,}41$ V ist (Abb. 3.44). Beispiele:

$$2\,Na + 2\,HOH \rightarrow 2\,Na^+ + 2\,OH^- + H_2$$
$$Ca + 2\,HOH \rightarrow Ca^{2+} + 2\,OH^- + H_2$$

Einige Metalle verhalten sich gegenüber Wasser und Säuren anders als nach der Spannungsreihe zu erwarten wäre. Obwohl z.B. das Standardpotential von Aluminium $E^\circ_{Al} = -1{,}7$ V beträgt, wird Al von Wasser nicht gelöst. Man bezeichnet diese Erscheinung als *Passivität*. Die Ursache der Passivität ist die Bildung einer festen unlöslichen, oxidischen Schutzschicht. In stark basischen Lösungen löst sich diese Schutzschicht unter Komplexbildung auf. Das Potential des Redoxsystems H_3O^+/H_2 in einer Lösung mit pH = 13 beträgt $E_H = -0{,}77$ V. Aluminium wird daher von Laugen unter H_2-Entwicklung gelöst.

Auch bei einer Reihe anderer Redoxsysteme sind die Potentiale sehr stark vom pH-Wert abhängig, und das Redoxverhalten solcher Systeme kann nicht mehr aus den Standardpotentialen allein vorausgesagt werden.

Beispiel:

$$12\,H_2O + Mn^{2+} \rightleftharpoons MnO_4^- + 8\,H_3O^+ + 5\,e^-$$

$$E = E^\circ + \frac{0{,}059}{5} \lg \frac{[MnO_4^-][H_3O^+]^8}{[Mn^{2+}]}; \quad E^\circ = 1{,}51 \text{ V}$$

Im Zähler des konzentrationsabhängigen Teils der Nernstschen Gleichung stehen die Produkte der Konzentrationen der Teilchen der oxidierenden, im Nenner die Produkte der Konzentrationen der Teilchen der reduzierenden Seite des Redoxsystems. Wie beim MWG treten die stöchiometrischen Faktoren als Exponenten der Konzentrationen auf. Bei Reaktionen in wäßrigen Lösungen werden im Vergleich zu der Gesamtzahl der H_2O-Teilchen so wenig H_2O-Moleküle verbraucht oder gebildet, daß die Konzentration von H_2O annähernd konstant bleibt. Die Konzentration von H_2O wird daher in die Konstante E° einbezogen und erscheint nicht im Konzentrationsglied der Nernstschen Gleichung.

Berechnet man E unter Annahme der Konzentrationen $[MnO_4^-] = 0{,}1$ mol/l und $[Mn^{2+}] = 0{,}1$ mol/l, so erhält man für verschieden saure Lösungen:

pH	$[H_3O^+]$ in mol/l	E in V
0	1	1,51
5	10^{-5}	1,04
7	10^{-7}	0,85

Die Oxidationskraft von MnO_4^- verringert sich also stark mit wachsendem pH. Ein weiteres Beispiel ist das Redoxsystem

$$6H_2O + NO \rightleftharpoons NO_3^- + 4H_3O^+ + 3e^-$$

Die Nernstsche Gleichung lautet dafür

$$E = E° + \frac{0{,}059}{3} \lg \frac{[NO_3^-][H_3O^+]^4}{p_{NO}}; \quad E° = 0{,}96 \text{ V}$$

Berechnet man E unter der Annahme $p_{NO} = 1$ atm = 1,013 bar und $[NO_3^-] =$ = 1 mol/l für pH = 0 und pH = 7, so erhält man:

pH	$[H_3O^+]$ in mol/l	E in V
0	1	+0,96
7	10^{-7}	+0,41

Für das Redoxsystem Ag/Ag^+ beträgt $E° = +0{,}80$ V, für Hg/Hg^{2+} ist $E° = +0{,}85$ V. Man kann daher mit Salpetersäure Ag und Hg in Lösung bringen, nicht aber mit einer neutralen NO_3^--Lösung.

Das Redoxpotential kann auch durch Komplexbildung wesentlich beeinflußt werden. Gold löst sich nicht in Salpetersäure, ist aber in Königswasser, einem Gemisch aus Salzsäure und Salpetersäure, löslich. In Gegenwart von Cl^--Ionen bilden die Au^{3+}-Ionen die Komplexionen $[AuCl_4]^-$. Durch die Komplexbildung wird die Konzentration von Au^{3+} und damit das Redoxpotential Au/Au^{3+} so stark erniedrigt, daß eine Oxidation von Gold möglich wird.

Eine Reihe von Redoxprozessen laufen nicht ab, obwohl sie aufgrund der Redoxpotentiale möglich sind. Bei diesen Reaktionen ist die Aktivierungsenergie so groß, daß die Reaktionsgeschwindigkeit nahezu null ist, sie sind kinetisch gehemmt. Die wichtigsten Beispiele dafür sind Redoxreaktionen, bei denen sich Wasserstoff oder Sauerstoff bilden. So sollte sich metallisches $Zn(E°_{Zn} = -0{,}76$ V) unter Entwicklung von H_2 in Säuren lösen. Reines Zn löst sich jedoch nicht. MnO_4^- oxidiert H_2O nicht zu O_2, obwohl es auf Grund der Redoxpotentiale zu erwarten wäre (vgl. Tab. 3.11).

Die Redoxpotentiale erlauben nur die Voraussage, ob ein Redoxprozeß überhaupt möglich ist, nicht aber, ob er auch wirklich abläuft.

3.8.8 Gleichgewichtslage bei Redoxprozessen

Auch Redoxreaktionen sind Gleichgewichtsreaktionen. Bei einem Redoxprozeß Red 1 + Ox 2 ⇌ Ox 1 + Red 2 liegt Gleichgewicht vor, wenn die Potentiale der beiden Redoxpaare gleich groß sind.

$$E_1^\circ + \frac{RT}{zF} \ln \frac{[Ox\,1]}{[Red\,1]} = E_2^\circ + \frac{RT}{zF} \ln \frac{[Ox\,2]}{[Red\,2]}$$

$$E_2^\circ - E_1^\circ = \frac{RT}{zF} \ln \frac{[Ox\,1][Red\,2]}{[Red\,1][Ox\,2]}$$

$$E_2^\circ - E_1^\circ = \frac{RT}{zF} \ln K$$

Bei 25 °C erhält man daraus

$$(E_2^\circ - E_1^\circ) \frac{z}{0{,}059} = \lg K$$

Je größer die Differenz der Standardpotentiale ist, um so weiter liegt das Gleichgewicht auf einer Seite.

Beispiele:

$$Zn + Cu^{2+} \rightarrow Zn^{2+} + Cu$$

$$(0{,}34\,V + 0{,}76\,V) \frac{2}{0{,}059\,V} = \lg \frac{[Zn^{2+}]}{[Cu^{2+}]}.$$

Gleichgewicht liegt vor, wenn die Gleichgewichtskonstante

$$K = \frac{[Zn^{2+}]}{[Cu^{2+}]} = 10^{37}$$

beträgt. Die Reaktion läuft also vollständig nach rechts ab.

$$2\,Br^- + Cl_2 \rightarrow Br_2 + 2\,Cl^-$$

$$\frac{2(1{,}36\,V - 1{,}07\,V)}{0{,}059\,V} = \lg K$$

Obwohl die Differenz der Standardpotentiale nur 0,3 V beträgt, erhält man für K = 10^{10}, das Gleichgewicht liegt sehr weit auf der rechten Seite.

3.8.9 Die Elektrolyse

In galvanischen Elementen laufen Redoxprozesse freiwillig ab, galvanische Elemente können daher elektrische Arbeit leisten. *Redoxvorgänge, die nicht freiwillig ablaufen, können durch Zuführung einer elektrischen Arbeit erzwungen werden. Dies geschieht bei der Elektrolyse.*

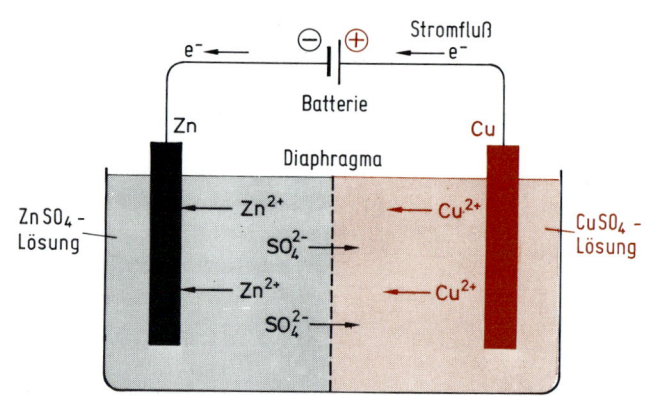

Abb. 3.45 Elektrolyse. Durch Anlegen einer Gleichspannung wird die Umkehrung der im Daniell-Element freiwillig ablaufenden Reaktion $Zn + Cu^{2+} \rightarrow Zn^{2+} + Cu$ erzwungen. Zn^{2+} wird reduziert, Cu oxidiert.

$$\text{Elektrodenvorgänge}$$
$$Zn^{2+} + 2e^- \rightarrow Zn \qquad\qquad Cu \rightarrow Cu^{2+} + 2e^-$$
$$\text{Gesamtreaktion}$$
$$Zn^{2+} + Cu \rightarrow Zn + Cu^{2+}$$

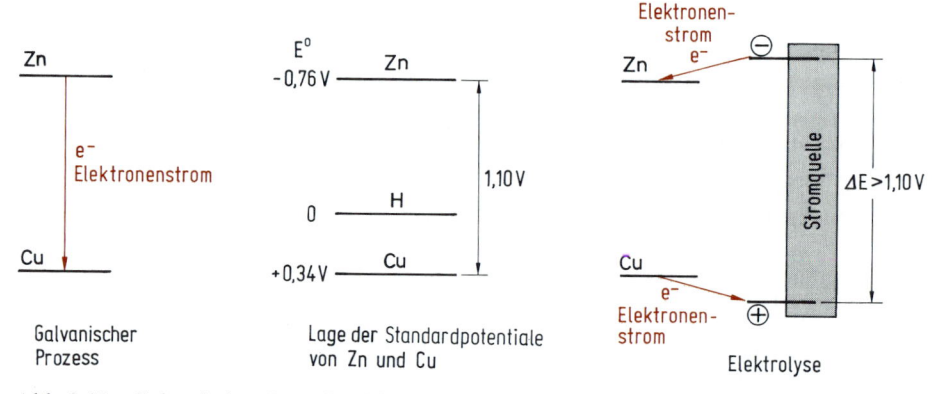

Abb. 3.46 Galvanischer Prozeß. Elektronen fließen freiwillig von der negativen Zn-Elektrode zur positiven Cu-Elektrode (Daniell-Element). Da sie von einem Niveau höherer Energie auf ein Niveau niedrigerer Energie übergehen, können sie elektrische Arbeit leisten.
Elektrolyse. Der negative Pol der Stromquelle muß negativer sein als die Zn-Elektrode, damit Elektronen zum Zn hinfließen können. Von der Cu-Elektrode fließen Elektronen zum positiven Pol der Stromquelle. Bei der Elektrolyse werden Elektronen auf ein Niveau höherer Energie gepumpt. Dazu ist eine Spannung erforderlich, die größer sein muß als die EMK der freiwillig ablaufenden Redoxreaktion

Als Beispiel betrachten wir den Redoxprozeß

$$Zn + Cu^{2+} \underset{\text{erzwungen}}{\overset{\text{freiwillig}}{\rightleftharpoons}} Zn^{2+} + Cu$$

Im Daniell-Element läuft die Reaktion freiwillig nach rechts ab. Durch Elektro-

3.8 Redoxvorgänge

lyse kann der Ablauf der Reaktion von rechts nach links erzwungen werden (Abb. 3.45).

Dazu wird an die beiden Elektroden eine Gleichspannung gelegt. Der negative Pol liegt an der Zn-Elektrode. Elektronen fließen von der Stromquelle zur Zn-Elektrode und entladen dort Zn^{2+}-Ionen. An der Cu-Elektrode gehen Cu^{2+}-Ionen in Lösung, die freiwerdenden Elektronen fließen zum positiven Pol der Stromquelle. Die Richtung des Elektronenflusses und damit die Reaktionsrichtung wird durch die Richtung des angelegten elektrischen Feldes bestimmt.

Damit eine Elektrolyse stattfinden kann, muß die angelegte Gleichspannung mindestens so groß sein wie die Spannung, die das galvanische Element liefert. Diese für eine Elektrolyse notwendige *Zersetzungsspannung* kann aus der Differenz der Redoxpotentiale berechnet werden. Sind die Aktivitäten der Zn^{2+}- und Cu^{2+}-Ionen gerade eins, dann ist die Zersetzungsspannung der beschriebenen Elektrolysezelle 1,10 V (vgl. Abb. 3.46).

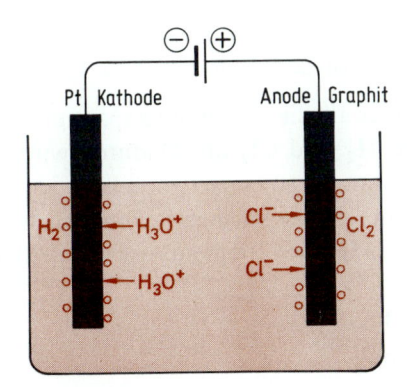

Abb. 3.47 Elektrolyse von Salzsäure.

Kathodenreaktion
$H_3O^+ + e^- \rightarrow \frac{1}{2} H_2 + H_2O$

Anodenreaktion
$Cl^- \rightarrow \frac{1}{2} Cl_2 + e^-$

Gesamtreaktion
$H_3O^+ + Cl^- \rightarrow \frac{1}{2} H_2 + \frac{1}{2} Cl_2 + H_2O$

In der Praxis zeigt sich jedoch, daß zur Elektrolyse eine höhere Spannung als die berechnete angelegt werden muß. Eine der Ursachen dafür ist, daß zur Überwindung des elektrischen Widerstandes der Zelle eine zusätzliche Spannung benötigt wird. Ein anderer Effekt, der zur Erhöhung der Elektrolysespannung führen kann, wird später besprochen. Zunächst soll ein weiteres Beispiel, die Elektrolyse einer HCl-Lösung, behandelt werden (Abb. 3.47).

In eine HCl-Lösung tauchen eine Platinelektrode und eine Graphitelektrode. Wenn man die an die Elektroden angelegte Spannung allmählich steigert, tritt erst oberhalb einer bestimmten Spannung, der Zersetzungsspannung, ein merklicher

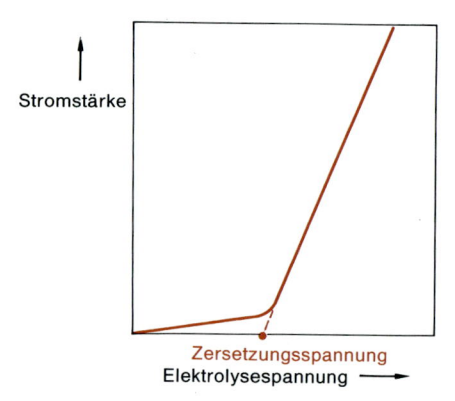

Abb. 3.48 Stromstärke-Spannungskurve bei einer Elektrolyse. Die Elektrolyse beginnt erst oberhalb der Zersetzungsspannung. Die Zersetzungsspannung von Salzsäure der Konzentration 1 mol/l (Abb. 3.47) ist gleich dem Standardpotential des Redoxpaares Cl^-/Cl_2. Sie beträgt 1,36 V.

Stromfluß auf und erst dann setzt eine sichtbare Entwicklung von H_2 an der Kathode und von Cl_2 an der Anode ein (Abb. 3.48). Die Elektrodenreaktionen und die Gesamtreaktion der Elektrolyse sind in der Abb. 3.47 formuliert.

Ist die angelegte Spannung kleiner als die Zersetzungsspannung, scheiden sich an den Elektroden kleine Mengen H_2 und Cl_2 ab. Dadurch wird die Kathode zu einer Wasserstoffelektrode, die Anode zu einer Chlorelektrode. Es entsteht also ein galvanisches Element mit einer der angelegten Spannung entgegengerichteten gleich großen Spannung. Die EMK des Elements ist gleich der Differenz der Elektrodenpotentiale.

Kathode $\qquad E_H = 0{,}059 \lg \dfrac{[H_3O^+]}{p_{H_2}^{1/2}}$

Anode $\qquad E_{Cl} = E_{Cl}^\circ + 0{,}059 \lg \dfrac{p_{Cl_2}^{1/2}}{[Cl^-]}$

EMK $\qquad E_{Cl} - E_H = E_{Cl}^\circ + 0{,}059 \lg \dfrac{p_{Cl_2}^{1/2} p_{H_2}^{1/2}}{[Cl^-][H_3O^+]}$

Mit wachsendem Druck von H_2 und Cl_2 steigt die Spannung des galvanischen Elements. Der Druck von Cl_2 und H_2 kann maximal den Wert des Außendrucks von 1,013 bar = 1 atm erreichen, dann können die Gase unter Blasenbildung entweichen. Bei p_{H_2} = 1 atm = 1,013 bar und p_{Cl_2} = 1 atm = 1,013 bar ist also die maximale EMK erreicht. Erhöht man nun die äußere Spannung etwas über diesen Wert, so kann die Gegenspannung nicht mehr mitwachsen, und die Elektrolyse setzt ein. Mit steigender äußerer Spannung wächst dann die Stromstärke linear an.

Die Zersetzungsspannung ist also gleich der Differenz der Redoxpotentiale beim Standarddruck p = 1,013 bar.

$$E_{Cl} - E_H = E°_{Cl} + 0{,}059 \lg \frac{1}{[Cl^-][H_3O^+]}$$

Elektrolysiert man eine Salzsäure der Konzentration $c_{HCl} = 1$ mol/l, erhält man daraus die Zersetzungsspannung $E°_{Cl} = +1{,}36$ V.

In vielen Fällen, besonders wenn bei der Elektrolyse Gase entstehen, ist die gemessene Zersetzungsspannung größer als die Differenz der Elektrodenpotentiale. Man bezeichnet diese Spannungserhöhung als *Überspannung*.

Zersetzungsspannung = Differenz der Redoxpotentiale + Überspannung.

Die Überspannung wird durch eine kinetische Hemmung der Elektrodenreaktionen hervorgerufen. Damit die Reaktion mit ausreichender Geschwindigkeit abläuft, ist eine zusätzliche Spannung erforderlich. Die Größe der Überspannung hängt vom Elektrodenmaterial, der Oberflächenbeschaffenheit der Elektrode und der Stromdichte an der Elektrodenfläche ab. Die Überspannung ist für Wasserstoff besonders an Zink-, Blei- und Quecksilberelektroden groß. Z. B. ist zur Abscheidung von H_3O^+ an einer Hg-Elektrode bei einer Stromdichte von 10^{-2} A cm^{-2} eine Überspannung von 1,12 V erforderlich. An platinierten Platinelektroden ist die Überspannung von Wasserstoff null. Die Überspannung von Sauerstoff ist besonders an Platinelektroden groß. Bei der Elektrolyse einer HCl-Lösung müßte sich aufgrund der Redoxpotentiale an der Anode eigentlich Sauerstoff bilden und nicht Chlor. Aufgrund der Überspannung entsteht jedoch an der Anode Cl_2.

Elektrolysiert man eine wäßrige Lösung, die verschiedene Ionensorten enthält, so scheiden sich mit wachsender Spannung die einzelnen Ionensorten nacheinander ab. An der Kathode wird zuerst die Kationensorte mit dem positivsten Potential entladen. Je edler ein Metall ist, um so leichter sind seine Ionen reduzierbar. *An der Anode werden zuerst diejenigen Ionen oxidiert, die die negativsten Redoxpotentiale haben.*

In wäßrigen Lösungen mit pH = 7 beträgt das Redoxpotential von H_2/H_3O^+ $-0{,}41$ V. Kationen, deren Redoxpotentiale negativer als $-0{,}41$ V sind (Na$^+$, Al^{3+}), können daher normalerweise nicht aus wäßrigen Lösungen elektrolytisch abgeschieden werden, da H_3O^+ zu H_2 reduziert wird. Aufgrund der hohen Überspannung von Wasserstoff gelingt es jedoch, in einigen Fällen an der Kathode Metalle abzuscheiden, deren Potentiale negativer als $-0{,}41$ V sind. So kann z. B. Zn^{2+} an einer Zn-Elektrode sogar aus sauren Lösungen abgeschieden werden. Ohne die Überspannung wäre die Umkehrung der im Daniell-Element ablaufenden Reaktion nicht möglich. Bei der Elektrolyse würden statt der Zn^{2+}-Ionen H_3O^+-Ionen entladen. Die Abscheidung von Na$^+$-Ionen aus wäßrigen Lösungen ist möglich, wenn man eine Quecksilberelektrode verwendet. Durch die Wasserstoffüberspannung am Quecksilber wird das Wasserstoffpotential so weit nach der negativen Seite, durch die Bildung von Natriumamalgam (Amalgame sind Quecksilberlegierungen) das Natriumpotential so weit nach der positiven Seite hin verschoben, daß Natrium und Wasserstoff in der Redoxreihe ihre Plätze tauschen.

Elektrolytische Verfahren sind von großer technischer Bedeutung. Die Gewinnung von Aluminium und die Raffination von Kupfer (vgl. Kap. 5.6.1) z. B. erfolgen durch Elektrolyse. An dieser Stelle soll die Elektrolyse wäßriger NaCl-Lösungen besprochen werden.

Chloralkali-Elektrolyse
Diaphragmaverfahren (Abb. 3.49). Bei der Elektrolyse einer NaCl-Lösung mit einer Eisenkathode und einer Titananode (früher Graphit) laufen folgende Reaktionen an den Elektroden ab:

Kathode $\quad 2H_2O + 2e^- \rightarrow H_2 + 2OH^-$

Anode $\quad 2Cl^- \rightarrow Cl_2 + 2e^-$

Gesamtvorgang
$$2Na^+ + 2Cl^- + 2H_2O \rightarrow H_2 + Cl_2 + 2Na^+ + 2OH^-$$

Bei der Chloralkali-Elektrolyse entstehen also Natronlauge, Chlor und Wasserstoff. Um eine möglichst Cl^--freie NaOH-Lösung zu erhalten, wird der Anodenraum vom Kathodenraum durch ein Diaphragma getrennt. Durch das Diaphragma wandern auch Cl^--Ionen in den Kathodenraum und OH^--Ionen in den Anodenraum. Man erzeugt daher nur eine verdünnte Lauge (bis 15%). Beim Eindampfen der verdünnten Lauge fällt das NaCl fast vollständig aus und wird erneut elektrolysiert.

Quecksilberverfahren. Die Anode besteht aus Graphit oder bevorzugt aus Titan. Als Kathode wird statt Eisen Quecksilber verwendet. Wegen der hohen Wasserstoffüberspannung bildet sich an der Kathode kein Wasserstoffgas, sondern es werden Na^+-Ionen zu Na-Metall reduziert, das sich als Natriumamalgam (Amalgame sind Quecksilberlegierungen) in der Kathode löst.

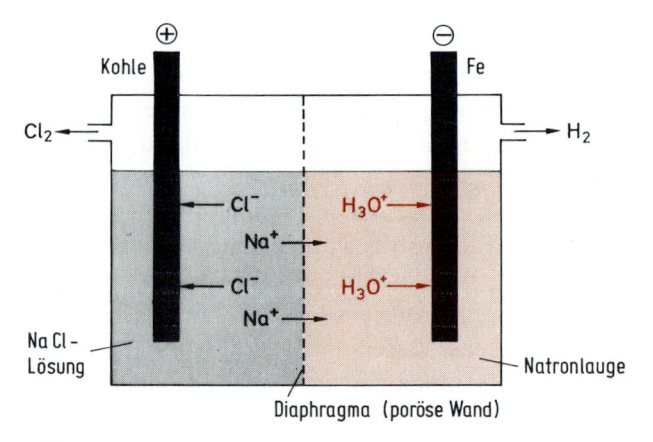

Abb. 3.49 Elektrolyse einer NaCl-Lösung mit dem Diaphragmaverfahren.

3.8 Redoxvorgänge

Kathode $\quad$ Na$^+$ + e$^-$ $\to$ Na-Amalgam
Anode $\quad\;\;$ Cl$^-$ $\to$ $\frac{1}{2}$Cl$_2$ + e$^-$

Das Amalgam wird mit Wasser unter Bildung von Natronlauge und Wasserstoff zersetzt.

$$\mathrm{Na + H_2O \to Na^+ + OH^- + \tfrac{1}{2}H_2}$$

Mit dem Quecksilberverfahren erhält man eine chloridfreie Natronlauge.

Zur Zeit sind beide Verfahren etwa zu gleichen Teilen an der Gesamtproduktion beteiligt. Ein neues drittes Verfahren, das Membranverfahren, gewinnt zunehmend technische Bedeutung. Von den 1990 erzeugten $37 \cdot 10^6$ t NaOH wurden bereits 20% damit hergestellt.

Membranverfahren. An der Anode und Kathode laufen die gleichen Prozesse ab wie beim Diaphragmaverfahren. Kathoden- und Anodenraum sind durch eine ionenselektive Membran getrennt, die nur für Na$^+$-Ionen durchlässig ist. Das Verfahren liefert eine chloridfreie Natronlauge (bis 35%), und die Umweltbelastung durch Hg entfällt. Nachteilig ist die noch ungenügende Lebensdauer der Membranen.

Äquivalent, Faraday-Gesetz

Für Neutralisations- und Redoxreaktionen ist der Begriff des Äquivalentteilchens oder kurz des Äquivalents zweckmäßig. Ein **Äquivalent** ist der Bruchteil $\dfrac{1}{z^*}$ eines Teilchens X. z^* wird Äquivalentzahl genannt. Man unterscheidet:

Säure-Base-Äquivalent (Neutralisationsäquivalent). Es liefert oder bindet ein Proton

Beispiele:

$$\tfrac{1}{2}H_2SO_4,\; \tfrac{1}{2}Ba(OH)_2,\; \tfrac{1}{3}H_3PO_4$$

Redoxäquivalent. Es nimmt ein Elektron auf oder gibt ein Elektron ab.

Beispiele:

$$\tfrac{1}{5}KMnO_4,\; \tfrac{1}{6}K_2Cr_2O_7$$

Ionenäquivalent. Es ist der Bruchteil eines Ions, der eine positive oder negative Elementarladung trägt.

Beispiele:

$$\tfrac{1}{3}Fe^{3+},\; \tfrac{1}{2}Mg^{2+},\; \tfrac{1}{2}SO_4^{2-}$$

Stoffmenge von Äquivalenten $n\left(\dfrac{1}{z^*}X\right)$. Die Stoffmenge bezogen auf Äquivalente ist gleich dem Produkt aus Äquivalentzahl z^* und der Stoffmenge, bezogen auf die Teilchen X. Die Einheit ist mol.

$$n\left(\frac{1}{z^*}X\right) = z^* n(X)$$

Beispiel:

Der Stoffmenge $n(H_2SO_4) = 0{,}1$ mol entspricht die Äquivalent-Stoffmenge $n(\frac{1}{2}H_2SO_4) = 0{,}2$ mol.

Für die **Äquivalentkonzentration** (übliche Einheit mol/l) gilt:

$$c\left(\frac{1}{z^*}X\right) = \frac{n\left(\frac{1}{z^*}X\right)}{V} = z^* c(X)$$

Beispiel:

Eine KMnO$_4$-Lösung der Konzentration $c(KMnO_4) = 0{,}04$ mol/l hat die Äquivalentkonzentration $c(\frac{1}{5}KMnO_4) = 0{,}2$ mol/l.

Die *Faraday-Konstante* F ist gerade die Elektrizitätsmenge von 1 mol Elektronen.

$$N_A \cdot e^- = F = 96.487 \text{ As mol}^{-1}$$

Das **Faraday-Gesetz** sagt aus, daß durch die Ladungsmenge von einem Faraday 1 mol Ionenäquivalente abgeschieden wird. Bei einer Elektrolyse werden also durch die Ladungsmenge 1 F gerade 1 mol Me$^+$-Ionen (Na$^+$, Ag$^+$), $\frac{1}{2}$ mol Me^{2+}-Ionen (Cu^{2+}, Zn^{2+}) und $\frac{1}{3}$ mol Me^{3+}-Ionen (Al^{3+}, Fe^{3+}) abgeschieden.

3.8.10 Elektrochemische Spannungsquellen

Galvanische Elemente sind Energieumwandler, in denen chemische Energie direkt in elektrische Energie umgewandelt wird. Man unterscheidet *Primärelemente* und *Sekundärelemente*. Bei beiden ist die Energie in den Elektrodensubstanzen gespeichert, durch deren Beteiligung an Redoxreaktionen wird Strom erzeugt.

Sekundärelemente (Akkumulatoren) sind galvanische Elemente, bei denen sich die bei der Stromentnahme (Entladen) ablaufenden chemischen Vorgänge durch Zufuhr elektrischer Energie (Laden) umkehren lassen.

Der **Bleiakkumulator** besteht aus einer Bleielektrode und einer Bleidioxidelektrode. Als Elektrolyt wird 20%ige Schwefelsäure verwendet. Die Potentialdifferenz zwischen den beiden Elektroden beträgt 2,04 V. Wird elektrische Energie entnommen (Entladung), laufen an den Elektroden die folgenden Reaktionen ab:

Negative Elektrode $\quad \overset{0}{Pb} + SO_4^{2-} \xrightarrow{\text{Entladung}} \overset{+2}{Pb}SO_4 + 2e^-$

Positive Elektrode $\quad \overset{+4}{Pb}O_2 + SO_4^{2-} + 4H_3O^+ + 2e^- \xrightarrow{\text{Entladung}} \overset{+2}{Pb}SO_4 + 6H_2O$

Gesamtreaktion $\quad \overset{0}{Pb} + \overset{+4}{Pb}O_2 + 2H_2SO_4 \underset{\text{Ladung}}{\overset{\text{Entladung}}{\rightleftarrows}} 2\overset{+2}{Pb}SO_4 + 2H_2O$

Bei der Stromentnahme wird H_2SO_4 verbraucht und H_2O gebildet, die Schwefelsäure wird verdünnt. Der Ladungszustand des Akkumulators kann daher durch Messung der Dichte der Schwefelsäure kontrolliert werden. Durch Zufuhr elektrischer Energie (Laden) läßt sich die chemische Energie des Akkumulators wieder erhöhen. Der Ladungsvorgang ist eine Elektrolyse. Dabei erfolgt wegen der Überspannung von Wasserstoff an Blei am negativen Pol keine Wasserstoffentwicklung. Bei Verunreinigung des Elektrolyten wird die Überspannung aufgehoben, und der Akku kann nicht mehr aufgeladen werden.

Der **Natrium-Schwefel-Akkumulator** besteht aus einer Natrium- und einer Schwefelelektrode, die bei der Betriebstemperatur von 300–350 °C flüssig sind. Sie sind durch einen Festelektrolyten voneinander getrennt, der für Na^+-Ionen durchlässig ist. Beim Stromfluß wandern Na^+-Ionen durch den Festelektrolyten und reagieren dann mit Schwefel unter Elektronenaufnahme zu Natriumpolysulfid.

Gesamtreaktion $\qquad 2\,Na + \dfrac{n}{8}\,S_8 \rightarrow Na_2S_n$

Der Na/S-Akku liefert eine Spannung von 2,08 V, pro Masse fünfmal soviel Energie wie ein Bleiakku und er ist langlebiger als dieser. Er wird in Elektroautos verwendet.

Der **Nickel-Cadmium-Akkumulator** liefert eine EMK von etwa 1,3 V. Beim Entladen laufen folgende Elektrodenreaktionen ab:

Negative Elektrode $\quad \overset{0}{Cd} + 2\,OH^- \rightarrow \overset{+2}{Cd}(OH)_2 + 2\,e^-$

Positive Elektrode $\quad 2\,\overset{+3}{Ni}O(OH) + 2\,H_2O + 2\,e^- \rightarrow 2\,\overset{+2}{Ni}(OH)_2 + 2\,OH^-$

Das **Leclanché-Element** ist das verbreitetste Primärelement. Es besteht aus einer Zinkanode, einer mit MnO_2 umgebenen Kohlekathode und einer mit Stärke verdickten NH_4Cl-Lösung als Elektrolyt. Es liefert eine EMK von 1,5 V. Schematisch lassen sich die Vorgänge bei der Stromentnahme durch die folgenden Reaktionen beschreiben.

Negative Elektrode $\quad Zn \rightarrow Zn^{2+} + 2\,e^-$

Positive Elektrode $\quad 2\,MnO_2 + 2\,H_2O + 2\,e^- \rightarrow 2\,MnO(OH) + 2\,OH^-$

Elektrolyt $\qquad\qquad\; 2\,NH_4Cl + 2\,OH^- + Zn^{2+} \rightarrow Zn(NH_3)_2Cl_2 + 2\,H_2O$

Gesamtreaktion $\quad\; 2\,MnO_2 + Zn + 2\,NH_4Cl \rightarrow 2\,MnO(OH) + Zn(NH_3)_2Cl_2$

Eine Variante der Leclanché-Zelle ist die **Zinkchlorid-Zelle**, die als Elektrolyt eine Zinkchlorid-Lösung enthält.

Zellreaktion $\qquad 8\,MnO_2 + 4\,Zn + ZnCl_2 + 9\,H_2O \rightarrow 8\,MnO(OH) +$
$\qquad\qquad\qquad\qquad\qquad\qquad\qquad\qquad\qquad\qquad\; + ZnCl_2 \cdot 4\,ZnO \cdot 5\,H_2O$

Die Zinkchlorid-Zelle besitzt eine bessere Auslaufsicherheit, weil bei der Zellreaktion Wasser verbraucht wird.

Einige Zellen werden sowohl als Primär- als auch als Sekundärelemente verwendet.

In der **Alkali-Mangan-Zelle** wird Kalilauge als Elektrolyt verwendet. Sie arbeitet bis $-35\,°C$. Reaktionen bei der Stromentnahme:

Negative Elektrode	$Zn \to Zn^{2+} + 2e^-$
Positive Elektrode	$2\,MnO_2 + 2\,H_2O + 2e^- \to 2\,MnO(OH) + 2\,OH^-$
Gesamtreaktion	$2\,MnO_2 + Zn + H_2O \to 2\,MnO(OH) + ZnO$

In anderen alkalischen Zellen mit Kalilauge als Elektrolyt werden als positive Elektroden HgO oder AgO, als negative Elektroden Cd oder Zn verwendet.

Ein Beispiel ist die **Silber-Zink-Zelle**, die eine Spannung von etwa 1,5 V liefert.

Negative Elektrode	$Zn + 2\,OH^- \to Zn(OH)_2 + 2e^-$
Positive Elektrode	$AgO + H_2O + 2e^- \to Ag + 2\,OH^-$
Gesamtreaktion	$AgO + Zn + H_2O \to Ag + Zn(OH)_2$

4 Nichtmetalle

4.1 Häufigkeit der Elemente in der Erdkruste

Die Erdkruste reicht bis in eine Tiefe von 30–40 km. Die Häufigkeit der Elemente in der Erdkruste ist sehr unterschiedlich. Die zehn häufigsten Elemente ergeben bereits einen Massenanteil an der Erdkruste von 99,5 %. Die zwanzig häufigsten Elemente sind in der Tabelle 4.1 angegeben. Sie machen 99,9 % aus, den Rest von 0,1 % bilden die übrigen Elemente. Sehr selten sind daher so wichtige Elemente wie Au, Pt, Se, Ag, I, Hg, W, Sn, Pb.

Tabelle 4.1 Häufigkeit der Elemente in der Erdkruste

Element	Massenanteil in %	Element	Massenanteil in %
O	45,50	P	0,112
Si	27,20	Mn	0,106
Al	8,30	F	0,054
Fe	6,20	Ba	0,039
Ca	4,66	Sr	0,038
Mg	2,76	S	0,034
Na	2,27	C	0,018
K	1,84	Zr	0,016
Ti	0,63	V	0,014
H	0,15	Cl	0,013
	99,51		0,444

Die Zahl der Mineralarten in der Erdkruste beträgt etwa 3 500. 91,5 % der Erdkruste besteht aus Si—O-Verbindungen (hauptsächlich Silicate von Al, Fe, Ca, Na, Mg), 3,5 % aus Eisenerzen (vorwiegend Eisenoxide), 1,5 % aus $CaCO_3$. Alle anderen Mineralarten machen nur noch 3,5 % aus.

4.2 Wasserstoff

4.2.1 Allgemeine Eigenschaften

Ordnungszahl Z	1
Elektronenkonfiguration	$1s^1$
Ionisierungsenergie in eV	13,6
Elektronegativität	2,1
Schmelzpunkt in °C	−259
Siedepunkt in °C	−253

Wasserstoff nimmt unter den Elementen eine Ausnahmestellung ein. Das Wasserstoffatom ist das kleinste aller Atome und hat die einfachste Struktur aller Atome. Die Elektronenhülle besteht aus einem einzigen Elektron, die Elektronenkonfiguration ist $1\,s^1$. *Wasserstoff gehört zu keiner Gruppe des Periodensystems.* Verglichen mit den anderen s^1-Elementen, den Alkalimetallen, hat Wasserstoff eine doppelt so hohe Ionisierungsenergie und eine wesentlich größere Elektronegativität, und er ist ein typisches Nichtmetall.

Die durch Abgabe der 1s-Valenzelektronen gebildeten H^+-Ionen sind Protonen. In kondensierten Phasen existieren H^+-Ionen nie isoliert, sondern sie sind immer mit anderen Molekülen oder Atomen assoziiert. In wäßrigen Lösungen bilden sich H_3O^+-Ionen.

Wie bei den Halogenatomen entsteht aus einem Wasserstoffatom durch Aufnahme eines Elektrons ein Ion mit Edelgaskonfiguration. Von den Halogenen unterscheidet sich Wasserstoff aber durch seine kleinere Elektronenaffinität und Elektronegativität, der Nichtmetallcharakter ist beim Wasserstoff wesentlich weniger ausgeprägt. Verbindungen mit H^--Ionen wie KH und CaH_2 werden daher nur von den stark elektropositiven Metallen gebildet.

Da Wasserstoffatome nur ein Valenzelektron besitzen, können sie nur eine kovalente Bindung ausbilden. Im elementaren Zustand besteht Wasserstoff aus zweiatomigen Molekülen H_2, in denen die H-Atome durch eine σ-Bindung aneinander gebunden sind. Zwischen stark polaren Molekülen wie HF und H_2O treten Wasserstoffbindungen auf (vgl. Abschn. 4.3.4).

4.2.2 Physikalische und chemische Eigenschaften

Wasserstoff ist bei Zimmertemperatur ein farbloses, geruchloses Gas. Es ist das leichteste aller Gase und hat von allen Gasen das größte Wärmeleitvermögen, die größte spezifische Wärmekapazität und die größte Diffusionsgeschwindigkeit. Die Wasserstoffmoleküle besitzen eine relativ große Bindungsenergie, Wasserstoff ist daher chemisch nicht sehr reaktionsfähig.

$$H_2 \rightleftharpoons 2H \qquad \Delta H^\circ = +436 \text{ kJ/mol}$$

Atomarer Wasserstoff bildet sich durch thermische Dissoziation bei hohen Temperaturen oder durch photochemische Dissoziation. Er ist sehr reaktionsfähig und hat ein hohes Reduktionsvermögen.
Molekularer Wasserstoff wirkt nur bei höherer Temperatur auf die Oxide schwach elektropositiver Metalle (Cu, Fe, Sn, W) reduzierend.

$$Cu_2O + H_2 \rightarrow 2Cu + H_2O$$

Bei Normaltemperatur reagiert molekularer Wasserstoff nur dann mit Sauerstoff, wenn die Reaktion gezündet wird (vgl. Abschn. 3.6.5). Die exotherme Reaktion

$$H_2 + \tfrac{1}{2}O_2 \rightleftharpoons H_2O(g) \qquad \Delta H_B^\circ = -242 \text{ kJ/mol}$$

läuft dann explosionsartig nach einem Kettenmechanismus ab.

$$H_2 \rightarrow 2H \qquad \text{Startreaktion (Zündung)}$$

$$\left.\begin{array}{l} H + O_2 \rightarrow OH + O \\ OH + H_2 \rightarrow H_2O + H \\ O + H_2 \rightarrow OH + H \end{array}\right\} \text{Kettenreaktion mit Kettenverzweigung}$$

Aufgrund der großen Verbrennungswärme kann man diese Reaktion zur Erzeugung hoher Temperaturen benutzen (Knallgasgebläse). Damit keine Explosion erfolgen kann, leitet man die Gase getrennt in den Verbrennungsraum.

4.2.3 Vorkommen und Darstellung

Wasserstoff ist das häufigste Element des Kosmos. Etwa $\tfrac{2}{3}$ der Gesamtmasse des Weltalls besteht aus Wasserstoff. In der Erdkruste ist er das zehnthäufigste Element.

Wasserstoff entsteht bei der Reaktion von stark elektropositiven Metallen mit Wasser

$$2\,Na + 2\,H_2O \rightarrow H_2\uparrow + 2\,Na^+ + 2\,OH^-$$

oder durch Reaktion elektropositiver Metalle mit Säuren

$$Zn + 2\,HCl \rightarrow H_2\uparrow + Zn^{2+} + 2\,Cl^-$$

Ausgangsstoffe für die technische Herstellung von Wasserstoff sind Kohlenwasserstoffe und Wasser. Die wichtigsten Verfahren sind:

Steam-Reforming-Verfahren. Methan aus Erdgasen oder leichte Erdölfraktionen (niedere Kohlenwasserstoffe) werden bei Temperaturen zwischen 700 und 830 °C und bei Drücken bis 40 bar mit Wasserdampf in Gegenwart von Ni-Katalysatoren umgesetzt.

$$CH_4 + H_2O \rightarrow 3\,H_2 + CO \qquad \Delta H^\circ = +206 \text{ kJ/mol}$$

Partielle Oxidation von schwerem Heizöl. Schweres Heizöl und Erdölrückstände werden ohne Katalysator bei Temperaturen zwischen 1200 und 1500 °C und einem Druck von 30 bis 40 bar partiell mit Sauerstoff oxidiert.

$$2\,C_nH_{2n+2} + n\,O_2 \rightarrow 2n\,CO + 2(n+1)\,H_2$$

Kohlevergasung. Wasserdampf wird mit Koks reduziert.

$$C + H_2O(g) \rightleftharpoons \underbrace{CO + H_2}_{\text{Wassergas}} \qquad \Delta H^\circ = +131 \text{ kJ/mol}$$

Die Erzeugung von Wassergas ist ein endothermer Prozeß. Die dafür benötigte Reaktionswärme erhält man durch Kombination mit dem exothermen Prozeß der Kohleverbrennung.

$$C + O_2 \rightarrow CO_2 \qquad \Delta H_B^\circ = -394 \text{ kJ/mol}$$

Bei allen drei Verfahren erfolgt anschließend eine *Konvertierung von Kohlenstoffmonooxid*. CO reagiert in Gegenwart von Katalysatoren mit Wasserdampf zu CO_2. Es stellt sich das sogenannte Wassergasgleichgewicht ein.

$$CO + H_2O(g) \rightleftharpoons CO_2 + H_2 \qquad \Delta H^\circ = -41 \text{ kJ/mol}$$

Bei 1000 °C liegt das Gleichgewicht auf der linken Seite, unterhalb 500 °C praktisch vollständig auf der rechten Seite. CO_2 wird unter Druck durch physikalische Absorption (z. B. mit Methanol) oder durch chemische Absorption (z. B. mit wäßrigen K_2CO_3-Lösungen) aus dem Gasgemisch entfernt.

Wasserstoff fällt auch als Nebenprodukt bei der Chloralkalielektrolyse (vgl. Abschn. 3.8.9) und beim Crackverfahren zur Gewinnung von Benzin aus Erdöl an.

Der größte Teil des technisch hergestellten Wasserstoffs wird für Synthesen (NH_3, CH_3OH, HCN, HCl, Fetthärtung) verwendet, mehr als die Hälfte für die NH_3-Synthese. Außerdem benötigt man Wasserstoff als Raketentreibstoff, als Heizgas, zum autogenen Schneiden und Schweißen, sowie als Reduktionsmittel zur Darstellung bestimmter Metalle (W, Mo, Ge, Co) aus Metalloxiden.

4.2.4 Wasserstoffverbindungen

Wasserstoff bildet mit fast allen Elementen Verbindungen. Nach der Bindungsart können drei Gruppen von Wasserstoffverbindungen unterschieden werden.

1. Kovalente Wasserstoffverbindungen. Dazu gehören die flüchtigen Hydride, die mit Nichtmetallen ähnlicher Elektronegativität (z. B. CH_4, SiH_4) und größerer Elektronegativität (z. B. NH_3, H_2O, HCl) gebildet werden.

Die wichtigsten kovalenten Wasserstoffverbindungen werden bei den entsprechenden Elementen behandelt.

2. Salzartige Hydride. Sie werden von stark elektropositiven Metallen (Alkalimetalle, Erdalkalimetalle) gebildet und kristallisieren in Ionengittern. Li^+H^- z. B. kristallisiert in der Natriumchlorid-Struktur, der Ionenradius des H^--Ions beträgt 154 pm. Salzartige Hydride entstehen durch Erhitzen der Metalle im Wasserstoffstrom.

$$Ca + H_2 \rightarrow CaH_2$$

Sie sind starke Reduktionsmittel, und sie werden von Wasser unter Entwicklung von H_2 zersetzt.

$$Li\overset{-1}{H} + \overset{+1}{H}OH \rightarrow \overset{0}{H}_2 + Li^+ + OH^-$$

In schwer zugänglichen Gebieten werden sie zur H$_2$-Darstellung verwendet (z. B. Füllung von Wetterballons in Polarregionen). CaH$_2$ dient zur Trocknung von Lösungsmitteln.

Vielseitig als Hydrierungsmittel wird Lithiumaluminiumhydrid LiAlH$_4$ verwendet, das man durch Hydrierung von AlCl$_3$ mit LiH erhält

$$4\,\text{LiH} + \text{AlCl}_3 \rightarrow \text{LiAlH}_4 + 3\,\text{LiCl}$$

3. Legierungsartige Hydride. Die meisten Übergangsmetalle können im Metallgitter Wasserstoffatome in fester Lösung einlagern. Solche Hydride sind meist nicht stöchiometrisch zusammengesetzt und in ihrem Charakter metallartig (vgl. Abschn. 5.5.2).

4.3 Die Halogene

4.3.1 Gruppeneigenschaften

	Fluor F	Chlor Cl	Brom Br	Iod I
Ordnungszahl Z	9	17	35	53
Elektronenkonfiguration	$1s^2 2s^2 2p^5$	$[\text{Ne}]3s^2 3p^5$	$[\text{Ar}]3d^{10}4s^2 4p^5$	$[\text{Kr}]4d^{10}5s^2 5p^5$
Elektronegativität	4,0	3,0	2,8	2,5
Elektronenaffinität in eV	−3,4	−3,6	−3,4	−3,1
Nichtmetallcharakter	$\longrightarrow$	nimmt ab	$\longrightarrow$	
Reaktionsfähigkeit	$\longrightarrow$	nimmt ab	$\longrightarrow$	

Die Halogene (Salzbildner) sind untereinander recht ähnlich. Sie sind ausgeprägte Nichtmetalle, sie gehören zu den elektronegativsten und reaktionsfähigsten Elementen. Fluor ist das elektronegativste und reaktionsfähigste Element überhaupt. Es reagiert mit nahezu allen Elementen, mit Wasserstoff sogar bei −250°C. Die Halogene stehen im PSE direkt vor den Edelgasen. Wie die Elektronenaffinitäten zeigen, ist die Anlagerung eines Elektrons ein stark exothermer Prozeß. In Ionenverbindungen treten daher die einfach negativ geladenen Halogenidionen X$^-$ mit Edelgaskonfiguration auf.

Die Halogene besitzen im Grundzustand ein ungepaartes Elektron, sie sind daher zur Ausbildung einer kovalenten Bindung befähigt. Cl, Br und I können durch Anregung von Elektronen in die d-Orbitale mit elektronegativen Partnern bis zu sieben kovalente Bindungen ausbilden.

4.3.2 Die Elemente

	Fluor	Chlor	Brom	Iod
Aussehen	schwach gelbliches Gas	grünes Gas	braune Flüssigkeit; Dampf rotbraun	blauschwarze Kristalle; Dampf violett
Schmelzpunkt in °C	−220	−101	−7	113
Siedepunkt in °C	−188	−35	59	184
Dissoziationsenergie $X_2 \to 2X$ in kJ/mol	158	244	193	151
Oxidationsvermögen $X_2 + 2e^- \to 2X^-$ (aq)	$\longrightarrow$ nimmt ab $\longrightarrow$			

Aufgrund der Valenzelektronenkonfiguration $s^2 p^5$ bestehen die elementaren Halogene in allen Aggregatzuständen aus zweiatomigen Molekülen. Zwischen den Molekülen sind in erster Linie nur schwache van der Waals-Kräfte wirksam, die Schmelz- und Siedetemperaturen sind daher z.T. sehr niedrig. Innerhalb der Gruppe steigen sie als Folge der wachsenden van der Waals-Kräfte regelmäßig an. Fluor und Chlor sind starke Oxidationsmittel. Fluor ist – abgesehen von Xe(VIII)-Verbindungen und KrF_2 – das stärkste Oxidationsmittel überhaupt. Obwohl die Elektronenaffinität von Chlor größer als die von Fluor ist, ist Fluor das wesentlich stärkere Oxidationsmittel. Dies liegt an der erheblich kleineren Dissoziationsenergie von F_2 und an der größeren Hydratationsenergie der kleineren F^--Ionen. Da innerhalb der Gruppe das Oxidationsvermögen abnimmt, kann Fluor alle anderen Halogene aus ihren Verbindungen verdrängen.

$$F_2 + 2\,Cl^- \to 2\,F^- + Cl_2$$
$$F_2 + 2\,Br^- \to 2\,F^- + Br_2$$

Chlor kann Brom und Iod, Brom nur Iod in Freiheit setzen.

$$Cl_2 + 2\,Br^- \to 2\,Cl^- + Br_2$$
$$Br_2 + 2\,I^- \to 2\,Br^- + I_2$$

In unpolaren Lösungsmitteln wie CS_2, CCl_4 löst sich Iod violett. Diese Lösungen enthalten I_2-Moleküle. Andere Lösungsmittel wie Alkohol bilden mit I_2 Additionsverbindungen. Solche Lösungen sind braun. In Wasser löst sich nur wenig Iod. Gut löslich ist es in KI-Lösungen. Es entstehen braune Lösungen, die das Polyhalogenidion I_3^- enthalten. Mit Stärke bildet I_2 eine blauschwarze Additionsverbindung, die zum Nachweis von Iod dient.

Alle Halogene sind starke Atemgifte. Elementares Fluor verursacht gefährliche Verätzungen der Haut.

4.3.3 Vorkommen und Darstellung

Wegen ihrer großen Reaktionsfähigkeit kommen die Halogene in der Natur nicht elementar vor. Die wichtigsten natürlichen Verbindungen finden sich in *Salzlagern*. Dazu gehören CaF_2 Flußspat, Na_3AlF_6 Kryolith, NaCl Steinsalz, KCl Sylvin, $KCl \cdot MgCl_2 \cdot 6H_2O$ Carnallit. Die größten Chlormengen befinden sich im Wasser der Ozeane, das 2 % Chloridionen enthält.

Brom kommt als Begleiter von Chlor im Carnallit vor, Iod findet sich in Meeresalgen und im Chilesalpeter in Form von $Ca(IO_3)_2$.

Fluor muß durch Elektrolyse wasserfreier Schmelzen von Fluoriden hergestellt werden, denn es gibt kein chemisches Oxidationsmittel, das Fluor aus seinen Verbindungen in Freiheit setzt, und in Gegenwart von Wasser würde sich Fluor nach der Reaktion $F_2 + H_2O \rightarrow 2HF + \frac{1}{2}O_2$ umsetzen.

Chlor wird in technischem Maßstab durch Elektrolyse wäßriger NaCl-Lösungen gewonnen (vgl. Abschn. 3.8.9).

$$2Na^+ + 2Cl^- + 2H_2O \xrightarrow{\text{Elektrolyse}} 2Na^+ + 2OH^- + H_2\uparrow + Cl_2\uparrow$$

Brom erhält man durch Einleiten von Cl_2 in Bromidlösungen.

$$MgBr_2 + Cl_2 \rightarrow MgCl_2 + Br_2$$

4.3.4 Verbindungen von Halogenen mit der Oxidationszahl −1: Halogenide

Hydrogenfluorid HF, Hydrogenchlorid HCl, Hydrogenbromid HBr und Hydrogeniodid HI sind farblose, stechend riechende Gase. Einige Eigenschaften der sehr ähnlichen Verbindungen sind in der Tabelle 4.2 angegeben.

Tabelle 4.2 Eigenschaften von Hydrogenhalogeniden

	HF	HCl	HBr	HI
Bildungsenthalpie ΔH_B° in kJ/mol	−271	−92	−36	+27
Schmelzpunkt in °C	−83	−115	−87	−51
Siedepunkt in °C	+20	−85	−67	−35
Verdampfungsenthalpie in kJ/mol	30	16	18	20
Säurecharakter	$\longrightarrow$ nimmt zu $\longrightarrow$			

Die Hydrogenhalogenide bilden sich in direkter Reaktion aus den Elementen.

$$H_2 + X_2 \rightleftharpoons 2HX$$

Die Reaktionen mit Fluor und Chlor (vgl. Abschn. 3.6.5) verlaufen explosionsartig. Die Bildungsenthalpien und die thermische Stabilität nehmen von HF nach HI stark ab. HI zersetzt sich bereits bei mäßig hohen Temperaturen zum Teil in die Elemente. In den Hydrogenhalogenidmolekülen liegen polare Einfachbindungen vor. Die Polarität der Bindung wächst entsprechend der zunehmenden Elektronegativitätsdifferenz von HI nach HF.

$$\overset{\delta+}{H} - \overset{\delta-}{\underline{\underline{X}}}|$$

Zwischen den HX-Molekülen wirken nur schwache van der Waals-Kräfte, daher sind alle Verbindungen flüchtig. HF zeigt aber anomal hohe Werte des Schmelzpunktes, des Siedepunktes und der Verdampfungswärme. Die Ursache dafür ist die sogenannte *Wasserstoffbindung*.

Zwischen den stark polaren HF-Molekülen kommt es zu einer elektrostatischen Anziehung, und es bilden sich geordnete Assoziate, in denen die Bindung zwischen den Molekülen über Wasserstoffbrücken erfolgt.

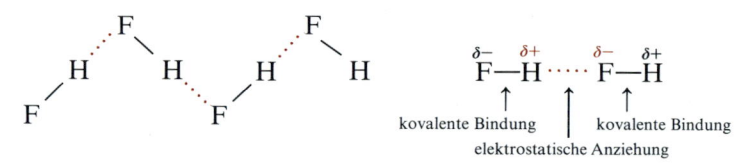

Die Bindungsenergie ist verglichen mit der kovalenten Bindung klein, sie beträgt für HF etwa 30 kJ/mol. Die Größe der Assoziate nimmt mit wachsender Temperatur ab. Wasserstoffbindungen treten auch bei anderen Wasserstoffverbindungen mit stark elektronegativen Bindungspartnern, z. B. bei H_2O und NH_3, auf. Eine große Rolle spielen Wasserstoffbindungen in organischen Substanzen, z. B. den Proteinen.

Alle Hydrogenhalogenide lösen sich gut in Wasser. Da sie dabei Protonen abgeben, fungieren sie als Säuren.

$$HX + H_2O \rightleftharpoons H_3O^+ + X^-$$

Die Säurestärke nimmt von HF nach HI zu.

Flußsäure HF ätzt Glas, dabei bildet sich gasförmiges SiF_4.

$$SiO_2 + 4\,HF \rightarrow SiF_4\uparrow + 2\,H_2O$$

Salzsäure ist eine starke, nichtoxidierende Säure (konzentrierte Salzsäure enthält einen Massenanteil von etwa 36% HCl-Gas). Sie löst daher nur unedle Metalle wie Zn, Al, Fe, nicht aber Cu, Ag und Au.

$$Zn + 2\,HCl \rightarrow H_2\uparrow + ZnCl_2$$

Die Halogenide der Alkalimetalle und der Erdalkalimetalle sind typische Salze,

4.3 Die Halogene

die überwiegend in Ionengittern kristallisieren (NaCl, LiF, BaCl$_2$). Aus den Fluoriden und Chloriden können mit konzentrierter Schwefelsäure die Wasserstoffverbindungen hergestellt werden.

$$CaF_2 + H_2SO_4 \rightarrow CaSO_4 + 2\,HF\uparrow$$
$$NaCl + H_2SO_4 \rightarrow NaHSO_4 + HCl\uparrow$$

Die technische Herstellung von HCl erfolgt nach dem Chlorid-Schwefelsäureverfahren oder durch Synthese aus den Elementen.

Mit Nichtmetallen bilden die Halogene flüchtige kovalente Halogenide, die in Molekülgittern kristallisieren.

Beispiele:

BF$_3$, SiF$_4$, SF$_4$, PF$_5$, CF$_4$ Gase (bei 25 °C)
SCl$_2$, PCl$_3$, CCl$_4$, SiBr$_4$ Flüssigkeiten (bei 25 °C)

Die schwerlöslichen Silbersalze AgCl, AgBr und AgI werden durch Licht zu metallischem Silber zersetzt. AgBr wird daher als lichtempfindliche Substanz bei der *Photographie* verwendet. Durch Belichtung entstehen Silberkeime (Latentes Bild), diese werden durch Reduktionsmittel vergrößert (Entwickeln). Das unbelichtete AgBr wird mit Natriumthiosulfat, Na$_2$S$_2$O$_3$ (Fixiersalz) unter Bildung eines löslichen Komplexes entfernt (Fixieren).

$$AgBr + 2\,Na_2S_2O_3 \rightarrow [Ag(S_2O_3)_2]^{3-} + 4\,Na^+ + Br^-$$

4.3.5 Verbindungen mit positiven Oxidationszahlen: Oxide und Sauerstoffsäuren von Chlor

Fluor kann als elektronegativstes Element nur in der Oxidationszahl -1 auftreten. In Verbindungen mit Sauerstoff, z.B. in $\overset{-1}{F_2}\overset{+2}{O}$, hat Sauerstoff eine positive Oxidationszahl, daher sind diese Verbindungen nicht als Oxide, sondern als Sauerstofffluoride zu bezeichnen. In den Oxiden von Chlor, Brom und Jod, z.B. $\overset{+4}{Cl}\overset{-2}{O_2}$, haben die Halogene positive Oxidationszahlen, Sauerstoff ist der elektronegativere Partner. Die Oxide der Halogene sind zersetzliche oder sogar explosive Substanzen. ClO$_2$ z.B. zerfällt beim Erwärmen explosionsartig in die Elemente.

$$ClO_2 \rightarrow \tfrac{1}{2}Cl_2 + O_2 \qquad \Delta H^\circ = -103 \text{ kJ/mol}$$

In verdünnter Form ist ClO$_2$ ein beständiges Gas und dient zum Bleichen (Mehl, Cellulose) und als Desinfektionsmittel. Wichtiger sind die Chlorsauerstoffsäuren und ihre Salze. Man kennt vier Sauerstoffsäuren des Chlors. Ihre Formeln, die Nomenklatur und die Bindungsverhältnisse sind in der tabellarischen Zusammenstellung auf S. 237 angegeben.

Durch Anregung von Elektronen in die leeren d-Orbitale stehen den Chloratomen maximal sieben ungepaarte Elektronen für Bindungen zur Verfügung. Die d-

HClO$_n$	HClO	HClO$_2$	HClO$_3$	HClO$_4$
Name	Hypochlorige Säure	Chlorige Säure	Chlorsäure	Perchlorsäure
Salze MeClO$_n$	Hypochlorite	Chlorite	Chlorate	Perchlorate
Oxidationszahl von Cl	+1	+3	+5	+7
Lewisformel der Anionen	$\lvert\overline{\underline{O}}-\overline{\underline{Cl}}\rvert^{\ominus}$	$^{\ominus}\lvert\overline{\underline{O}}{-}Cl{=}\overline{\underline{O}}\rvert$	$^{\ominus}\lvert\overline{\underline{O}}{-}Cl({=}\overline{\underline{O}})_2$	$\overline{\underline{O}}{=}Cl({=}\overline{\underline{O}})_2{-}\overline{\underline{O}}\rvert^{\ominus}$
Mesomere Grenzstrukturen	–	2	3	4
Valenzzustand von Chlor	↑↓ ↑↓↑↓↑ s p	↑↓ ↑↓↑ ↑ ↑ s p d Hybridisierung	↑↓ ↑ ↑ ↑ ↑ ↑ s p d Hybridisierung	↑ ↑ ↑ ↑ ↑ ↑ ↑ s p d Hybridisierung
Räumlicher Bau	–	gewinkelt	pyramidal	tetraedrisch
σ-Bindungen π-Bindungen	1 0	2 1	3 2	4 3

Orbitale des Chlors überlappen mit p-Orbitalen des Sauerstoffs unter Ausbildung von p-d-π-Bindungen.

Hypochlorige Säure HClO entsteht durch Einleiten von Cl$_2$ in Wasser.

$$Cl_2 + H_2O \rightleftharpoons H\overset{-1}{Cl} + H\overset{+1}{Cl}O$$

Dabei geht Chlor mit der Oxidationszahl 0 in eine höhere (+1) und eine niedrigere (−1) Oxidationsstufe über. Solche Reaktionen bezeichnet man als *Disproportionierungen*. Das Gleichgewicht der Reaktion liegt aber ganz auf der linken Seite (Chlorwasser). Eine Verschiebung des Gleichgewichts nach rechts erfolgt, wenn man Cl$_2$ in alkalische Lösungen einleitet.

$$Cl_2 + 2\,NaOH \rightarrow Na\overset{-1}{Cl} + Na\overset{+1}{Cl}O$$

Brom bzw. Iod reagiert analog mit NaOH zu Hypobromit bzw. Hypoiodit.

HClO ist nur in verdünnter wäßriger Lösung bekannt und ein starkes Oxidationsmittel (Desinfektion von Trinkwasser). **Hypochlorite** sind schwächere Oxidationsmittel als HClO und werden als Bleich- und Desinfektionsmittel verwendet.

Chlorate sind starke Oxidationsmittel. $KClO_3$ dient als Oxidationsmittel in Zündhölzern und in der Feuerwerkerei, $NaClO_3$ als Herbizid (Unkrautvertilgungsmittel). Mit Schwefel, Phosphor und organischen Substanzen reagieren Chlorate explosiv. Reine **Perchlorsäure** ist explosiv, in wäßriger Lösung ist $HClO_4$ stabil. $HClO_4$ ist eine der stärksten Säuren und die stabilste Chlorsauerstoffsäure.

4.3.6 Pseudohalogene

Einige anorganische Verbindungen haben Ähnlichkeit mit den Halogenen, man bezeichnet sie daher als Pseudohalogene. Dazu gehören Dicyan $(CN)_2$ und Dirhodan $(SCN)_2$. Sie sind flüchtig und giftig. Die Pseudohalogene bilden wie die Halogene Wasserstoffverbindungen, deren Säurecharakter aber schwächer ist. Am bekanntesten ist die stark giftige Blausäure HCN (vgl. Abschn. 4.7.5).

4.4 Die Edelgase

4.4.1 Gruppeneigenschaften

	Helium He	Neon Ne	Argon Ar	Krypton Kr	Xenon Xe
Ordnungszahl Z	2	10	18	36	54
Elektronenkonfiguration	$1s^2$	$1s^2 2s^2 p^6$	$[Ne]3s^2 3p^6$	$[Ar]3d^{10}4s^2 4p^6$	$[Kr]4d^{10}5s^2 5p^6$
Ionisierungsenergie in eV	24,5	21,6	15,8	14,0	12,1
Promotionsenergie in eV, $ns^2 np^6 \rightarrow ns^2 np^5 (n+1)s^1$		16,6	11,5	9,9	8,3
Schmelzpunkt in °C	−272	−249	−189	−157	−112
Siedepunkt in °C	−269	−246	−186	−153	−108

Die Edelgase stehen in der 8. Hauptgruppe des PSE. Sie haben die Valenzelektronenkonfigurationen $s^2 p^6$ bzw. s^2, also abgeschlossene Elektronenkonfigurationen ohne ungepaarte Elektronen. Sie sind daher chemisch sehr inaktiv. Wie die hohen Ionisierungsenergien zeigen, sind Edelgaskonfigurationen sehr stabile Elektronenkonfigurationen. Viele Elemente bilden daher Ionen mit Edelgaskonfiguration und in zahlreichen kovalenten Verbindungen besteht die Valenzschale der Atome aus acht Elektronen (Oktettregel). Wegen des Fehlens ungepaarter Elektronen sind die Edelgase als einzige Elemente im elementaren Zustand atomar. Bei Zimmertemperatur sind die Edelgase einatomige Gase. Zwischen den Edelgasatomen existieren nur schwache van der Waals-Anziehungskräfte. Dementsprechend sind die Schmelzpunkte und Siedepunkte sehr niedrig. Sie nehmen mit wachsender Ordnungszahl systematisch zu, da mit größer werdender Elektronenhülle die van der Waals-Anziehungskräfte stärker werden.

Edelgasatome können nur kovalente Bindungen ausbilden, wenn vorher durch Promotion ungepaarte Valenzelektronen entstehen. Die Promotionsenergie ist bei Edelgasen sehr hoch, sie nimmt aber vom Neon zum Xenon auf die Hälfte ab, und Verbindungsbildung ist am ehesten bei den schweren Edelgasen zu erwarten. Tatsächlich gibt es bisher nur beständige Verbindungen von Kr und Xe mit den elektronegativsten Elementen F, O und Cl.

4.4.2 Vorkommen, Eigenschaften und Verwendung

Edelgase sind Bestandteile der Luft. Ihr Volumenanteil in der Luft beträgt etwa 0,935%. Im einzelnen ist die Zusammensetzung der Luft in der Tabelle 4.3 angegeben.

Tabelle 4.3 Zusammensetzung der Luft (Volumenanteile in %)

N_2	78,09	Ne	$1,6 \cdot 10^{-3}$
O_2	20,95	He	$5 \cdot 10^{-4}$
Ar	0,93	Kr	$1 \cdot 10^{-4}$
CO_2	0,03	Xe	$8 \cdot 10^{-6}$

Die Edelgase werden durch fraktionierende Destillation verflüssigter Luft, Helium hauptsächlich aus Erdgasen gewonnen. Die Edelgase sind farblose, geruchlose, ungiftige und unbrennbare Gase. Wegen ihrer chemischen Inaktivität dienen sie als Schutzgase. Argon wird z.B. als Schutzgas beim Umschmelzen von Titan benutzt. Ar, Kr und Xe werden als Füllgase für Glühlampen verwendet, da dann die Temperatur des Glühfadens und damit die Lichtausbeute gesteigert werden kann. Gasentladungsröhren mit Edelgasfüllungen dienen als Lichtreklame.

Helium hat den tiefsten Siedepunkt aller bekannten Substanzen und wird daher in der Tieftemperaturtechnik verwendet. Unterhalb 2,2 K bildet sich Helium II, das eine extrem niedrige Viskosität und eine extrem hohe Wärmeleitfähigkeit besitzt (Supraflüssigkeit).

4.4.3 Edelgasverbindungen

Edelgasverbindungen sind seit 1962 bekannt. Stabile Verbindungen werden nur von Kr und Xe gebildet (abgesehen vom radioaktiven Edelgas Radon). Die meisten Edelgasverbindungen sind Xenonverbindungen. Von Krypton ist nur das Fluorid KrF_2 bekannt.

Direkt reagiert Xenon nur mit Fluor schrittweise zu XeF_2, XeF_4 und XeF_6. Sauerstoffverbindungen entstehen durch Hydrolyse aus Fluorverbindungen: $XeF_6 + 3\,H_2O \rightarrow XeO_3 + 6\,HF$. Xe tritt in den Oxidationszahlen $+2$, $+4$, $+6$ und $+8$ auf. Xe(VIII)-Verbindungen sind sehr starke Oxidationsmittel. Einige Xenonverbindungen und ihre Eigenschaften sind in der Tabelle 4.4 aufgeführt.

Tabelle 4.4 Eigenschaften einiger Xenonverbindungen

Verbindung	Oxidations- zahl von Xe	Aussehen	Schmelz- punkt in °C	Beständigkeit
XeF_2	$+2$	farblose Kristalle	129	stabil $\Delta H_B^\circ = -164$ kJ/mol
XeF_4	$+4$	farblose Kristalle	117	stabil $\Delta H_B^\circ = -278$ kJ/mol
XeF_6	$+6$	farblose Kristalle	49	stabil $\Delta H_B^\circ = -361$ kJ/mol
XeO_3	$+6$	farblose Kristalle	–	explosiv $\Delta H_B^\circ = +402$ kJ/mol
XeO_4	$+8$	farbloses Gas	–	explosiv $\Delta H_B^\circ = +643$ kJ/mol

In festem Zustand sind Xenonverbindungen Molekülkristalle. Innerhalb der Moleküle sind kovalente Bindungen vorhanden, an denen 5d-Orbitale des Xenons beteiligt sind. Das linear gebaute Molekül XeF_2 beispielsweise kann man mit der Lewis-Formel

$$|\overline{\underline{F}} - \underline{Xe} - \overline{\underline{F}}|$$

beschreiben. Bei der Verbindungsbildung wird ein Elektron aus dem 5p-Orbital in das 5d-Orbital angeregt. Die Bindungen im Molekül können durch ein lineares p-d-Hybrid am Xenonatom gedeutet werden.

Die Molekülgeometrie von XeF_2 und XeF_4 nach dem VSEPR-Modell ist im Abschn. 2.2.12 behandelt.

4.5 Die Elemente der 6. Hauptgruppe (Chalkogene)

4.5.1 Gruppeneigenschaften

	Sauerstoff O	Schwefel S	Selen Se	Tellur Te
Ordnungszahl Z	8	16	34	52
Elektronenkonfiguration	$1s^2 2s^2 2p^4$	$[Ne]3s^2 3p^4$	$[Ar]3d^{10}4s^2 4p^4$	$[Kr]4d^{10}5s^2 5p^4$
Elektronegativität	3,5	2,5	2,4	2,1
Nichtmetallcharakter		$\longrightarrow$ nimmt ab $\longrightarrow$		

Die Chalkogene (Erzbildner) unterscheiden sich in ihren Eigenschaften stärker als die Halogene. Sauerstoff und Schwefel sind typische Nichtmetalle, Selen und Tellur besitzen bereits metallische Modifikationen mit Halbleitereigenschaften, deswegen werden sie zu den Halbmetallen gerechnet. In ihren chemischen Eigenschaften verhalten sie sich aber überwiegend wie Nichtmetalle.

Sauerstoff hat wie die meisten Elemente der ersten Achterperiode eine Sonderstellung. Er ist wesentlich elektronegativer als die anderen Elemente der Gruppe, nach Fluor ist er das elektronegativste Element. Die Sauerstoffatome besitzen keine d-Orbitale in ihrer Valenzschale und können deshalb nicht mehr als 8 Elektronen in ihrer Valenzschale aufnehmen.

Die Chalkogene stehen zwei Gruppen vor den Edelgasen. Durch Aufnahme von zwei Elektronen entstehen Ionen mit Edelgaskonfiguration. Die meisten Metalloxide sind ionisch aufgebaut. Wegen der wesentlich geringeren Elektronegativität von Schwefel sind nur noch die Sulfide der elektropositivsten Elemente Ionenverbindungen.

Aufgrund ihrer Elektronenkonfiguration können alle Chalkogenatome zwei kovalente Bindungen ausbilden. Sie erreichen dabei Edelgaskonfiguration.

Bei Schwefel, Selen und Tellur können d-Orbitale zur Ausbildung kovalenter Bindungen herangezogen werden. In diesen Verbindungen sind hauptsächlich die Oxidationsstufen +4 und +6 von Bedeutung.

4.5.2 Die Elemente

	Sauerstoff	Schwefel	Selen	Tellur
Schmelzpunkt in °C	−219	119*	220**	452
Siedepunkt in °C	−183	445	685	1390

* monokliner Schwefel
** graues Selen

Sauerstoff ist das häufigste Element der Erdkruste. Es kommt elementar mit einem Volumenanteil von 21 % in der Luft vor, gebunden im Wasser und vielen weiteren Verbindungen (Silicate, Carbonate, Oxide). Unter Normalbedingungen ist elementarer Sauerstoff ein farbloses Gas, das aus O_2-Molekülen besteht. Verflüssigt oder in dickeren Schichten sieht Sauerstoff blau aus. In Wasser ist O_2 etwas besser löslich (0,049 l in 1 l Wasser bei 0 °C und 1 bar) als N_2.

Im O_2-Molekül sind die Sauerstoffatome durch eine σ-Bindung und eine π-Bindung aneinander gebunden. Die Lewis-Formel

$$\overline{\underline{O}}=\overline{\underline{O}}$$

beschreibt aber das Molekül unzureichend, da Sauerstoff paramagnetisch ist und zwei ungepaarte Elektronen besitzt. Eine befriedigendere Beschreibung gelingt mit der Molekülorbitaltheorie (vgl. Abschn. 2.2.9).

Technisch wird Sauerstoff in großem Umfang durch fraktionierende Destillation verflüssigter Luft dargestellt. Durch Einwirkung elektrischer Entladungen oder von UV-Strahlung auf O_2 entsteht die Sauerstoffmodifikation **Ozon**, O_3. Ozon kommt daher in Spuren in der oberen Atmosphäre vor. Da es selbst UV-Strahlung absorbiert, ist diese Ozonschicht wichtig als UV-Schutzschirm für die Erde (siehe Kap. 6). Ozon ist ein charakteristisch riechendes Gas (Sdp. −112 °C), ist extrem giftig und ein sehr starkes Oxidationsmittel (Desinfektion von Trinkwasser).

Seine Bildungsreaktion ist endotherm.

$$\tfrac{3}{2} O_2 \rightarrow O_3 \qquad \Delta H_B^\circ = 143 \text{ kJ/mol}$$

Reines Ozon ist explosiv. Das Molekül ist gewinkelt, die beiden O—O-Abstände sind gleich lang, es ist daher eine delokalisierte π-Bindung anzunehmen.

$$\underset{O}{\diagup}\overset{\overline{O}^{\oplus}}{\diagdown}\underset{O^{\ominus}}{\diagdown} \leftrightarrow \underset{\ominus O}{\diagup}\overset{\overline{O}^{\oplus}}{\diagdown}\underset{O}{\diagdown}$$

Schwefel kommt in der Natur elementar in ausgedehnten Lagerstätten vor. Verbindungen des Schwefels, vor allem die Schwermetallsulfide, besitzen größte Bedeutung als Erzlagerstätten. Einige wichtige Mineralien sind: Pyrit FeS_2, Zinkblende ZnS, Bleiglanz PbS, Kupferkies $CuFeS_2$, Zinnober HgS, Schwerspat $BaSO_4$, Gips $CaSO_4 \cdot 2\,H_2O$. Aus den Lagerstätten von Elementarschwefel wird er nach dem Frasch-Verfahren gewonnen. Der elementar vorkommende Schwefel wird mit Heißdampf unter Tage geschmolzen und mit Preßluft an die Erdoberfläche gedrückt. Den größten Teil des Schwefels erhält man jedoch aus H_2S-haltigen Gasen (Kokereigas, Erdgas, Synthesegas) durch Oxidation von H_2S (Claus-Prozeß) in Gegenwart von Katalysatoren.

$$H_2S + \frac{1}{2}O_2 \rightarrow S + H_2O \qquad \Delta H^\circ = -221 \text{ kJ/mol}$$

85–90 % des Schwefels wird zur Herstellung von Schwefelsäure verwendet.
Selen und Tellur sind chemisch gebunden in geringen Konzentrationen in sulfidischen Erzen vorhanden. Man gewinnt sie beim Abrösten (Oxidation) dieser Erze als Nebenprodukte.

Fester Schwefel kristallisiert in allen Modifikationen in Molekülgittern. Natürlicher Schwefel kristallisiert rhombisch (α-S). Er enthält ringförmige S_8-Moleküle (Abb. 4.1) und wandelt sich bei 96° reversibel in monoklinen Schwefel (β-S) um, der ebenfalls aus S_8-Molekülen besteht. Synthetisch lassen sich Modifikationen mit Ringmolekülen S_n, n = 6, 7, 9, 10, 11, 12, 13, 18, 20 herstellen.

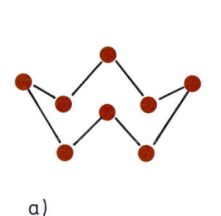

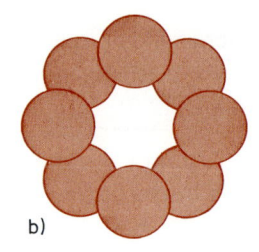

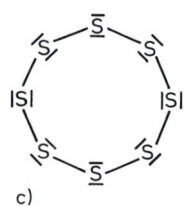

Abb. 4.1 a) Anordnung der Atome im S_8-Molekül.
b) Der S_8-Ring von oben gesehen.
c) Strukturformel des S_8-Ringes.

Schmilzt man Schwefel, entsteht eine hellgelbe Flüssigkeit, die im wesentlichen aus S_8-Molekülen besteht. Ab 160 °C wird die Schmelze hochviskos und dunkelrot. Aus den aufgebrochenen Ringen bilden sich hochpolymere Ketten mit Kettenlängen bis zu 10^6 Atomen. Mit steigender Temperatur werden die Moleküle thermisch gecrackt, die Schmelze wird wieder dünnflüssig. In der Gasphase (Sdp. 445 °C) lassen sich Moleküle S_n mit n = 1 bis 8 nachweisen. S-Atome überwiegen erst bei 2200 °C.

Selen bildet wie Schwefel Molekülkristalle mit Se_8-Molekülen. Stabil ist jedoch graues, metallisches Selen, dessen Gitter aus spiraligen Se-Ketten besteht (Abb. 4.2). **Tellur** kristallisiert in demselben Gitter. Graues Selen ist ein Halbleiter, dessen

4.5 Die Elemente der 6. Hauptgruppe   245

Leitfähigkeit durch Licht verstärkt wird und findet technische Anwendung in Selengleichrichtern und Photoelementen.

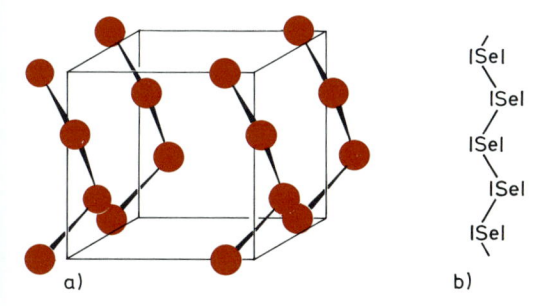

a) b)

Abb. 4.2 a) Struktur des grauen Selens. Das Gitter besteht aus unendlichen spiraligen Selenketten. In diesem Gitter kristallisiert auch Tellur.
b) Strukturformel einer Selenkette.

Sauerstoffatome können untereinander p-p-π-Bindungen ausbilden. Bei Schwefel-, Selen- und Telluratomen erfolgt die Valenzabsättigung durch zwei σ-Bindungen. Sie bilden daher eindimensionale Moleküle (Ringe oder Ketten) und sind im Gegensatz zum Sauerstoff bei Normaltemperatur kristalline Festkörper.

4.5.3 Wasserstoffverbindungen

Wasser H_2O ist die bei weitem wichtigste Wasserstoffverbindung. Das H_2O-Molekül ist gewinkelt, die Bindungen lassen sich am besten mit einem sp^3-Hybrid am O-Atom beschreiben (vgl. Abb. 2.30).

Die Bindungen sind stark polar, es treten wie beim HF zwischen den H_2O-Molekülen Wasserstoffbindungen auf (vgl. Abschn. 4.3.4). Wasser hat daher verglichen mit den anderen Hydriden der Gruppe einen anomal hohen Schmelzpunkt (0 °C) und Siedepunkt (100 °C). H_2S z. B. ist unter Normalbedingungen gasförmig.

Von H_2O sind sieben kristalline Phasen bekannt. Die Struktur der bei Normaldruck auftretenden Modifikation Eis I ist in der Abb. 4.3 dargestellt. Jedes Wassermolekül ist tetraedrisch von vier anderen umgeben. Jedes Sauerstoffatom ist an zwei Wasserstoffatome durch kovalente Bindungen und an zwei weitere durch Wasserstoffbindungen gebunden. Die Wasserstoffbrücken sind die Ursache dafür, daß die Struktur sehr locker ist (H_2S z. B. kristallisiert in einer dichteren Packung). Die Dichte bei 0 °C beträgt 0,92 g/cm³. Beim Schmelzen bricht die Gitterordnung zusammen, die Moleküle können sich dichter zusammenlagern,

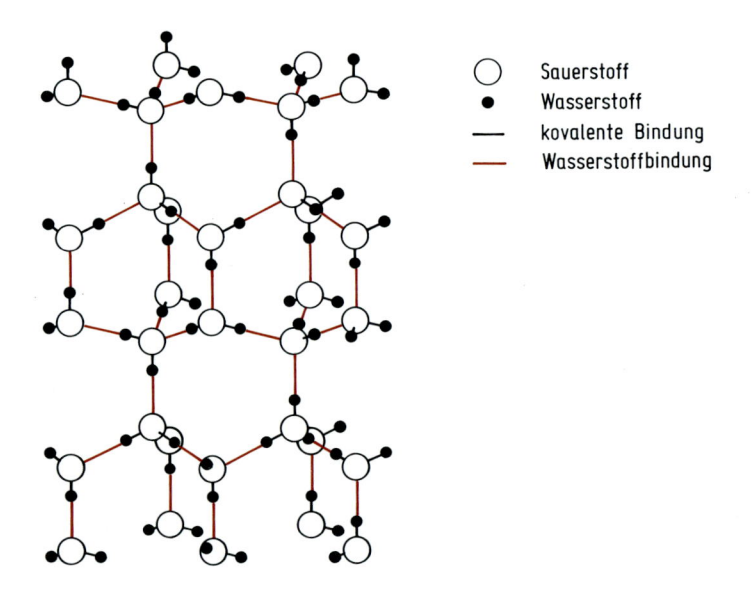

Abb. 4.3 Struktur von Eis I.

Wasser bei 0 °C hat daher eine höhere Dichte als Eis. Das Dichtemaximum von Wasser liegt bei 4 °C. Diese *Anomalie des Wassers* ist in der Natur von großer Bedeutung. Da Eis auf Wasser schwimmt, frieren die Gewässer nicht vollständig zu, dies ermöglicht das Weiterleben von Fauna und Flora. Für die Gleitfähigkeit des Eises (Gletscherbewegung, Eislaufen) ist wichtig, daß Eis unter Druck bei Temperaturen unter 0 °C schmilzt (vgl. Zustandsdiagramm, Abb. 3.6).

Wasser ist eine sehr beständige Verbindung. Bei 2000 °C sind nur 2 % Wassermoleküle thermisch in H_2- und O_2-Moleküle gespalten.

Die Autoprotolyse und das Lösungsvermögen von H_2O, sowie die Protolysegleichgewichte in H_2O wurden bereits in Abschn. 3.7 behandelt.

Wasserstoffperoxid H_2O_2 ist eine farblose Flüssigkeit (Sdp. 150 °C, Smp. $-0,4$ °C). Sie ist instabil und zersetzt sich nach der Disproportionierungsreaktion

$$H_2\overset{-1}{O}_2 \rightarrow H_2\overset{-2}{O} + \tfrac{1}{2}\overset{0}{O}_2$$

die durch Metallspuren katalytisch beschleunigt wird. Hochkonzentriertes H_2O_2 kann explosiv zerfallen. Handelsüblich ist eine 3%ige Lösung, eine 30%ige Lösung heißt Perhydrol.

H_2O_2 hat die Strukturformel H—$\overline{O}$—$\overline{O}$—H. Die O—O-Bindung (Peroxidbindung) besitzt eine geringe Bindungsenergie (vgl. Abschn. 2.2.6). H_2O_2 ist ein starkes Oxidationsmittel.

$$2\,Fe^{2+} + H_2\overset{-1}{O}_2 + 2\,H_3O^+ \rightarrow 2\,Fe^{3+} + 4\,H_2\overset{-2}{O}$$

4.5 Die Elemente der 6. Hauptgruppe

Wegen seiner Oxidationswirkung dient es als Bleichmittel (in Waschmitteln als Perborat $NaBO_2 \cdot H_2O_2 \cdot 3H_2O$). Gegenüber starken Oxidationsmitteln wirkt H_2O_2 reduzierend

$$2\overset{+7}{Mn}O_4^- + 6H_3O^+ + 5H_2\overset{-1}{O}_2 \rightarrow 2Mn^{2+} + 14H_2O + 5\overset{0}{O}_2$$

H_2O_2 ist eine schwache zweibasige Säure. Salze dieser Säure sind die ionischen **Peroxide** Na_2O_2 und BaO_2, die das Ion O_2^{2-} enthalten. O_2^{2-} ist eine starke Anionenbase.

Peroxide sind kräftige Oxidationsmittel, mit Wasser setzen sie sich zu H_2O_2 um. Von Peroxiden zu unterscheiden sind die **Hyperoxide**, z. B. KO_2, die bei der Oxidation schwerer Alkalimetalle entstehen. Sie kristallisieren in Ionengittern und enthalten das paramagnetische Ion O_2^-.

Schwefelwasserstoff (Monosulfan) H_2S ist ein farbloses, sehr giftiges, übelriechendes Gas. Es entsteht bei der Reaktion von Sulfiden mit Säuren

$$FeS + 2HCl \rightarrow H_2S + FeCl_2$$

H_2S ist eine schwache zweibasige Säure (vgl. Tab. 3.7).

$$H_2S + H_2O \rightleftharpoons H_3O^+ + HS^-$$
$$HS^- + H_2O \rightleftharpoons H_3O^+ + S^{2-}$$

Polysulfane H_2S_n sind Hydride mit Schwefelketten, die aber alle instabil sind. So zerfällt das Polysulfid $(NH_4)_2S_n$ beim Ansäuern in H_2S und Schwefel.

Nur die **Sulfide** der Alkalimetalle sind Ionenverbindungen. Die Schwermetallsulfide kristallisieren in Strukturen mit überwiegend kovalenten Bindungen. ZnS,

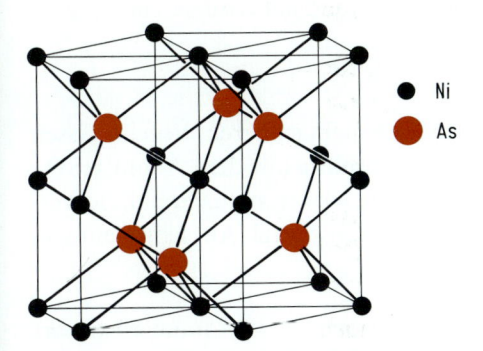

Abb. 4.4 Die Nickelarsenid-Struktur. Die Ni-Atome haben 6 oktaedrisch angeordnete As-Nachbarn, die As-Atome sind von 6 Ni-Atomen in Form eines trigonalen Prismas umgeben. Die Ni-Atome haben außerdem längs der vertikalen Achsen zwei Ni-Nachbarn. Zusätzlich zu den kovalenten Bindungen treten daher auch Metall-Metall-Bindungsanteile auf.

CdS, HgS, MnS kristallisieren in der Zinkblende-Struktur, TiS, VS, NbS, FeS, CoS, NiS in der weit verbreiteten Nickelarsenid-Struktur (Abb. 4.4).

Die Schwerlöslichkeit der Metallsulfide (vgl. Tabelle 3.6) benutzt man in der analytischen Chemie zur Trennung von Metallen. Die am wenigsten löslichen Sulfide fallen mit H_2S schon in stark saurer Lösung aus, in denen die S^{2-}-Konzentration größer ist (siehe Schwefelwasserstoff).

4.5.4 Sauerstoffverbindungen von Schwefel

Schwefeldioxid $\overset{+4}{S}O_2$ ist ein farbloses, stechend riechendes Gas (Sdp. $-10\,°C$). Technisch wird SO_2 durch Verbrennen von Schwefel

$$S + O_2 \rightarrow SO_2 \qquad \Delta H_B^\circ = -297\ kJ/mol$$

und durch Erhitzen sulfidischer Erze an der Luft (Abrösten)

$$4\,FeS_2 + 11\,O_2 \rightarrow 2\,Fe_2O_3 + 8\,SO_2$$

hergestellt und zu Schwefelsäure verarbeitet. Fossile Brennstoffe enthalten Schwefel. Bei ihrer Verbrennung entsteht SO_2, das besonders in Ballungsräumen zu Umweltbelastungen führt (siehe Kap. 6).

Das Molekül ist gewinkelt.

Die beiden σ-Bindungen werden von sp^2 Hybridorbitalen des S-Atoms gebildet, für die beiden π-Bindungen stehen ein p- und ein d-Orbital zur Verfügung.

SO_2 löst sich gut in Wasser, die Lösung reagiert sauer und hat reduzierende Eigenschaften.

$$SO_2 + 2\,H_2O \rightleftharpoons H_3O^+ + HSO_3^-$$

Die hypothetische schweflige Säure H_2SO_3 läßt sich nicht isolieren. Von ihr lassen sich zwei Reihen von Salzen ableiten, die **Hydrogensulfite** mit dem Anion HSO_3^- und die **Sulfite**, die das Anion SO_3^{2-} enthalten. Sulfite wirken reduzierend, sie werden zum Bleichen (Wolle, Papier) und als Desinfektionsmittel (Ausschwefeln von Weinfässern) verwendet.

Schwefeltrioxid $\overset{+6}{S}O_3$ kommt in mehreren Modifikationen vor. Monomer existiert es nur im Gaszustand im Gleichgewicht mit S_3O_9-Molekülen.

$$3\,SO_3 \rightleftharpoons S_3O_9$$

Das SO_3-Molekül ist trigonal-planar gebaut.

4.5 Die Elemente der 6. Hauptgruppe

S₃O₉ besteht aus gewellten Ringen, in denen die S-Atome tetraedrisch von Sauerstoff umgeben sind.

Eisartiges, kristallines γ-SO₃ besteht aus S₃O₉-Molekülen. Zwei asbestartige Modifikationen (α-SO₃, β-SO₃) bestehen aus Ketten.

SO₃ ist eine sehr reaktive Verbindung, ein starkes Oxidationsmittel und das Anhydrid der Schwefelsäure (d. h. SO₃ bildet mit H₂O die Säure H₂SO₄).

Schwefelsäure H_2SO_4 ist eines der wichtigsten großtechnischen Produkte (Weltjahresproduktion 1989 160 Millionen Tonnen). Sie wird fast ausschließlich nach dem *Kontaktverfahren* hergestellt. SO_2 wird mit Luftsauerstoff zu SO_3, dem Anhydrid der Schwefelsäure, oxidiert.

$$SO_2 + \tfrac{1}{2}O_2 \rightleftharpoons SO_3 \qquad \Delta H° = -99 \text{ kJ/mol}$$

Mit zunehmender Temperatur verschiebt sich das Gleichgewicht in Richtung SO_2, da die Reaktion exotherm ist.

Temperatur in °C	400	600	800	900
% SO₃ im Gleichgewicht	97	68	22	12

Bei Raumtemperatur reagieren SO_2 und O_2 praktisch nicht miteinander. Bei höherer Temperatur stellt sich zwar das Gleichgewicht schnell ein, es liegt aber dann auf der Seite von SO_2. Damit die Reaktion bei günstiger Gleichgewichtslage mit gleichzeitig ausreichender Reaktionsgeschwindigkeit abläuft, müssen Katalysatoren verwendet werden. Beim Kontaktverfahren benutzt man V_2O_5 auf SiO_2 als Träger und arbeitet bei etwa 420–440 °C. Bei der Sauerstoffübertragung durch den Katalysator laufen schematisch folgende Reaktionen ab:

$$V_2O_5 + SO_2 \rightarrow V_2O_4 + SO_3$$
$$V_2O_4 + \tfrac{1}{2}O_2 \rightarrow V_2O_5$$

SO_3 reagiert langsam mit Wasser, löst sich aber rasch in H_2SO_4 unter Bildung von **Dischwefelsäure**, die anschließend mit Wasser zu H_2SO_4 umgesetzt werden kann.

$$SO_3 + H_2SO_4 \rightarrow H_2S_2O_7$$
$$H_2S_2O_7 + H_2O \rightarrow 2H_2SO_4$$

Schwefelsäure ist eine ölige schwere Flüssigkeit (Smp. 10°C), die konzentrierte Säure des Handels ist 98%ig. (Sdp. 338°C). Konzentrierte H_2SO_4 wirkt wasserentziehend und wird als Trocknungsmittel verwendet (Gaswaschflaschen, Exsiccatoren). Auf viele organische Stoffe wirkt konz. H_2SO_4 verkohlend. Beim Vermischen mit Wasser tritt eine hohe Lösungswärme auf. Konz. H_2SO_4 wirkt oxidierend; heiße Säure löst z.B. Kupfer, Silber und Quecksilber. Gold und Platin werden nicht angegriffen.

$$2\overset{+6}{H_2S}O_4 + \overset{0}{Cu} \rightarrow \overset{+2}{Cu}SO_4 + \overset{+4}{S}O_2 + 2H_2O$$

Verdünnte H_2SO_4 ist weitgehend protolysiert (vgl. Tab. 3.7). Die Salze der Schwefelsäure heißen **Sulfate**. Schwerlöslich sind Bariumsulfat $BaSO_4$ und Bleisulfat $PbSO_4$.

H_2SO_4, SO_4^{2-} und $H_2S_2O_7$ können mit den folgenden Strukturformeln beschrieben werden:

Die S—O-Abstände im tetraedrisch gebauten SO_4^{2-}-Ion sind gleich, die π-Bindungen also delokalisiert.

Thioschwefelsäure $H_2S_2O_3$ ist nur bei tiefen Temperaturen beständig. Stabil sind ihre Salze, die Thiosulfate. Sie entstehen beim Kochen von Sulfitlösungen mit Schwefel.

$$S + SO_3^{2-} \rightarrow S_2O_3^{2-}$$

Die Struktur läßt sich vom SO_4^{2-}-Ion ableiten, wobei ein Sauerstoffatom durch ein Schwefelatom ersetzt wird.

$$\left[\begin{array}{c} O \\ | \\ O-S-S \\ | \\ O \end{array}\right]^{2-}$$

Die mittlere Oxidationszahl der beiden Schwefelatome beträgt $+2$.

Praktische Bedeutung hat Natriumthiosulfat, $Na_2S_2O_3 \cdot 5H_2O$ in der Photographie (vgl. Abschn. 4.3.4).

4.6 Die Elemente der 5. Hauptgruppe

4.6.1 Gruppeneigenschaften

	Stickstoff N	Phosphor P	Arsen As	Antimon Sb	Bismut Bi
Ordnungszahl Z	7	15	33	51	83
Elektronen-konfiguration	$[He]2s^22p^3$	$[Ne]3s^23p^3$	$[Ar]3d^{10}$ $4s^24p^3$	$[Kr]4d^{10}$ $5s^25p^3$	$[Xe]4f^{14}5d^{10}$ $6s^26p^3$
Ionisierungsenergie in eV	14,5	11,0	10,0	8,6	8,0
Elektronegativität	3,0	2,1	2,0	1,9	1,9
Nichtmetallcharakter		$\longrightarrow$ nimmt ab $\longrightarrow$			

Die Elemente der 5. Hauptgruppe zeigen in ihren Eigenschaften ein weites Spektrum. Mit wachsender Ordnungszahl nimmt der metallische Charakter stark zu, und es erfolgt ein Übergang von dem typischen Nichtmetall Stickstoff zu dem rein metallischen Element Wismut. Dieser Trend ist auch an den Werten der Ionisierungsenergie und der Elektronegativität zu erkennen.

Aufgrund der Valenzelektronenkonfiguration s^2p^3 sind in den Verbindungen die häufigsten Oxidationszahlen der Elemente -3, $+3$ und $+5$.

Stickstoff nimmt innerhalb der Gruppe eine Sonderstellung ein. Dafür sind mehrere Gründe maßgebend.

Stickstoff ist wesentlich elektronegativer als die anderen Elemente, beim Übergang vom Stickstoff zum Phosphor ändert sich die Elektronegativität sprunghaft.

Stickstoff besitzt im Unterschied zu den anderen Elementen in der Valenzschale keine d-Orbitale und kann daher höchstens vierbindig sein. Die übrigen Elemente der Gruppe können d-Orbitale zur Ausbildung kovalenter Bindungen heranziehen.

Stickstoff bildet im elementaren Zustand und in vielen Verbindungen p-p-π-Bindungen. In den Verbindungen der anderen Elemente der Gruppe sind p-p-π-Bindungen seltener, und in den elementaren Modifikationen treten nur Einfachbindungen auf.

4.6.2 Die Elemente

Die Elemente treten im elementaren Zustand in einer Reihe unterschiedlicher Strukturen auf. In allen Strukturen bilden die Atome aufgrund ihrer Valenzelektronenkonfiguration drei kovalente Bindungen aus.

Stickstoff ist bei Raumtemperatur ein Gas und der Hauptbestandteil der Luft, in der er mit einem Volumenanteil von 78 % enthalten ist. Stickstoff besteht aus N_2-Molekülen.

$$|N\equiv N|$$

Die Stickstoffatome sind durch eine σ-Bindung und zwei π-Bindungen aneinander gebunden (vgl. Abb. 2.39), die Bindungsenergie ist daher ungewöhnlich hoch.

$$N_2 \rightleftharpoons 2N \qquad \Delta H° = +946 \text{ kJ/mol}$$

Die N_2-Moleküle sind dementsprechend chemisch sehr stabil und Stickstoff wird oft als Inertgas bei chemischen Reaktionen verwendet. Man erhält Stickstoff durch fraktionierende Destillation verflüssigter Luft.

Stickstoff bildet als einziges Element der Gruppe Moleküle mit p-p-π-Bindungen. Bei den Strukturen der anderen Elemente sind die Atome daher durch Einfachbindungen jeweils an drei Nachbaratome gebunden.

Phosphor tritt in mehreren festen Modifikationen auf. **Weißer Phosphor** entsteht bei der Kondensation von Phosphordampf. Er besteht aus tetraedrischen P_4-Molekülen.

Weißer Phosphor ist sehr reaktionsfähig und metastabil. An der Luft wird weißer Phosphor unter Entzündung zu P_4O_{10} oxidiert und muß daher unter Wasser aufbewahrt werden. Er ist sehr giftig.

4.6 Die Elemente der 5. Hauptgruppe

Roter Phosphor Beim Erhitzen unter Luftabschluß wandelt sich weißer Phosphor in den polymeren, amorphen roten Phosphor um. Er ist ungiftig und luftstabil. Er wird in der Zündholzindustrie in den Reibflächen für Zündhölzer verwendet.

Schwarzer Phosphor ist die unter Normalbedingungen thermodynamisch stabile Modifikation. Er entsteht aus weißem Phosphor beim Erhitzen unter Druck, ist ein elektrischer Halbleiter und kristallisiert in einem Schichtengitter.

Phosphor kann aus Calciumphosphat mit Quarzsand und Koks bei 1400 °C im Lichtbogenofen hergestellt werden, wobei der Phosphor als Dampf entweicht und als weißer Phosphor gewonnen wird.

$$2\,Ca_3(PO_4)_2 + 6\,SiO_2 + 10\,C \rightarrow 6\,CaSiO_3 + 10\,CO + P_4$$

Arsen und **Antimon** kommen in mehreren Modifikationen vor. Am beständigsten sind die metallischen Modifikationen des grauen Arsens und des grauen Antimons, die in einer Schichtenstruktur kristallisieren (Abb. 4.5). Sie haben ein metallisches Aussehen und leiten den elektrischen Strom. In demselben Gitter kristallisiert **Bismut**, das nur in dieser Modifikation auftritt.

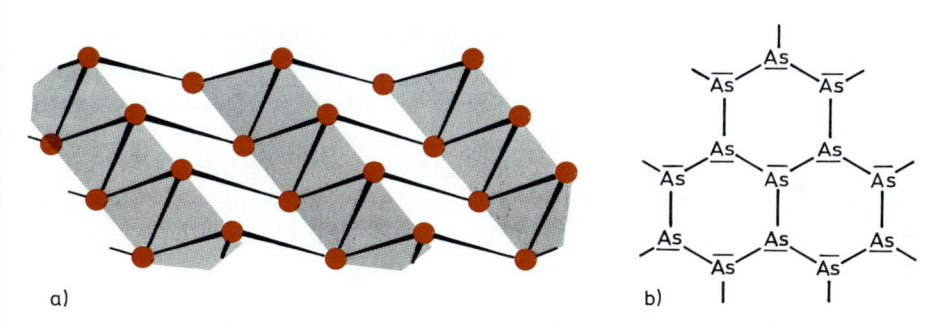

Abb. 4.5 a) Anordnung der Atome in einer Schicht des Gitters von grauem Arsen. In demselben Gitter kristallisieren graues Antimon und Wismut.
b) Strukturformel einer Arsenschicht.

4.6.3 Wasserstoffverbindungen von Stickstoff

Die weitaus wichtigste Wasserstoffverbindung ist Ammoniak.

Ammoniak $\overset{-3}{N}H_3$ ist ein farbloses, charakteristisch riechendes Gas (Smp. −78 °C, Sdp. −33 °C). Das NH_3-Molekül ist pyramidenförmig gebaut. Die Bindungswinkel von 107° lassen sich mit einem sp³-Hybrid am Stickstoffatom deuten (vgl. Abb. 2.30 a).

Aufgrund des freien Elektronenpaars lagert NH_3 leicht Protonen an, es ist daher eine Base

$$NH_3 + H_2O \rightleftharpoons NH_4^+ + OH^-$$

NH_3 löst sich gut in Wasser (in 1 *l* Wasser lösen sich bei 15 °C 772 Liter NH_3).

Das tetraedrisch gebaute stabile Ammoniumion NH_4^+ (sp^3-Hybrid) ähnelt den Alkalimetallionen. Es bildet Salze, die in der Caesiumchlorid- oder der Natriumchlorid-Struktur kristallisieren.

$$NH_3 + HCl \rightleftharpoons NH_4^+Cl^-$$

NH_3 wird großtechnisch durch Synthese aus den Elementen hergestellt.

$$\tfrac{3}{2}H_2 + \tfrac{1}{2}N_2 \rightleftharpoons NH_3 \qquad \Delta H_B^\circ = -46 \text{ kJ/mol}$$

Auch bei Verwendung von Katalysatoren ist die Reaktionsgeschwindigkeit erst bei 400–500 °C ausreichend groß. Bei diesen Temperaturen liegt das Gleichgewicht aber weit auf der linken Seite. Um eine ausreichende NH_3-Ausbeute zu erhalten, muß man daher hohe Drücke anwenden (vgl. Abb. 3.18) (*Haber-Bosch-Verfahren*). Der wirtschaftlich optimale Druckbereich liegt bei 250–350 bar, es werden aber auch Anlagen bis 1000 bar betrieben. Die Synthese ist ein Kreislaufprozeß. Die Umsetzung erfolgt in einem Druckreaktor, das gebildete NH_3 wird durch Kondensation aus dem Kreislauf entfernt und das unverbrauchte Synthesegas in den Reaktor zurückgeführt. Der Druckreaktor besteht aus Cr—Mo-Stahl, der gegen Wasserstoff beständig ist. Die Herstellung des Synthesewasserstoffs wurde bereits in Abschn. 4.2.3 behandelt. Der Synthesestickstoff wird heute überwiegend durch fraktionierende Destillation verflüssigter Luft hergestellt. Chemisch kann er durch Umsetzung von Luft mit Koks erzeugt werden.

$$\underbrace{4N_2 + O_2}_{\text{Luft}} \rightleftharpoons \underbrace{2CO + 4N_2}_{\text{Generatorgas}} \qquad \Delta H^\circ = -221 \text{ kJ/mol}$$

Die Entfernung von CO aus dem Gasgemisch erfolgt nach den auf S. 232 beschriebenen Verfahren.

Als Katalysator wird α-Fe eingesetzt. Der geschwindigkeitsbestimmende Schritt bei der Katalyse ist die Aktivierung von N_2 an der Eisenoberfläche. Es erfolgt dann schnelle Reaktion mit H_2 zu NH_3 und Desorption (Näheres siehe Abschn. 3.3.6).

Die NH_3-Synthese ist das einzige technisch bedeutsame Verfahren, bei dem die reaktionsträgen N_2-Moleküle der Luft in eine chemische Verbindung überführt werden. Diese Reaktion hat daher eine zentrale Bedeutung in der Stickstoffindustrie. NH_3 wird in riesigen Mengen erzeugt und hauptsächlich zu Düngemitteln verarbeitet. Nur wenige Mikroorganismen sind in der Lage Luftstickstoff enzymatisch aufzunehmen und zum Aufbau von Aminosäuren zu verwenden.

Hydrazin $\overset{-2}{H_2N}-\overset{-2}{NH_2}$ ist eine rauchende, farblose Flüssigkeit, die trotz ihrer positiven Bildungsenthalpie relativ beständig ist. Beim Erhitzen zerfällt sie explosionsartig in NH_3 und N_2. Wäßrige Lösungen lassen sich gefahrlos handhaben. Aufgrund der exothermen Reaktion

$$N_2H_4 + O_2 \rightarrow N_2 + 2H_2O \qquad \Delta H° = -623 \text{ kJ/mol}$$

wird Hydrazin als Raketentreibstoff verwendet. In basischer Lösung wirkt Hydrazin stark reduzierend.

Stickstoffwasserstoffsäure HN_3 ist eine stark endotherme Flüssigkeit, die zu explosionsartigem Zerfall neigt.

$$\text{Strukturformel:} \quad H-\overset{\ominus}{\underline{N}}-\overset{\oplus}{N}\equiv N| \leftrightarrow H-\overline{N}=\overset{\oplus}{N}=\overset{\ominus}{\overline{N}}\rangle$$

Schwermetallazide, z. B. AgN_3, explodieren auf Schlag (Initialzünder).

4.6.4 Sauerstoffverbindungen von Stickstoff

Es sind die Oxide $\overset{+1}{N_2}O$, $\overset{+2}{N}O$, $\overset{+3}{N_2}O_3$, $\overset{+4}{N}O_2$ und $\overset{+5}{N_2}O_5$ bekannt.

Mit Ausnahme von N_2O_5 sind es metastabile, endotherme Verbindungen, die beim Erhitzen in die Elemente zerfallen. NO und NO_2 besitzen ein ungepaartes Elektron, sind also Radikale, die bei tiefen Temperaturen Dimere bilden.

Distickstoffmonooxid N_2O (Lachgas, da es eingeatmet Lachlust hervorruft) ist ein farbloses, reaktionsträges Gas. Es wird als Anästhetikum verwendet, unterhält aber die Atmung nicht.

Stickstoffmonooxid NO ist ein farbloses Gas, das aus N_2 und O_2 in endothermer Reaktion entsteht

$$\tfrac{1}{2}N_2 + \tfrac{1}{2}O_2 \rightleftharpoons NO \qquad \Delta H_B° = +90 \text{ kJ/mol}$$

Bei Zimmertemperatur liegt das Gleichgewicht vollständig auf der linken Seite, bei 2000 °C ist erst ein Volumenanteil von 1% NO im Gleichgewicht mit N_2 und O_2. Durch Abschrecken kann man NO unterhalb von etwa 400 °C metastabil erhalten.

Früher wurde NO durch „Luftverbrennung" in einem elektrischen Flammenbogen großtechnisch hergestellt. Die technische Darstellung erfolgt heute mit dem billigeren „*Ostwald-Verfahren*", bei dem NH_3 in exothermer Reaktion katalytisch zu NO oxidiert wird.

$$4NH_3 + 5O_2 \xrightarrow[600-900°C]{Pt} 4NO + 6H_2O \qquad \Delta H° = -906 \text{ kJ/mol}$$

Ein NH$_3$-Luft-Gemisch wird über einen Platinnetz-Katalysator geleitet. Die Kontaktzeit am Katalysator beträgt nur etwa $^1/_{1000}$ s. Dadurch wird NO sofort aus der heißen Reaktionszone entfernt und auf Temperaturen abgeschreckt, bei denen das metastabile NO nicht mehr in die Elemente zerfällt.

Mit Sauerstoff setzt sich NO spontan zu NO$_2$ um.

$$2\,NO + O_2 \rightarrow 2\,NO_2 \qquad \Delta H° = -114\,kJ/mol$$

Stickstoffdioxid NO$_2$ ist ein braunes giftiges Gas, das zu farblosem N$_2$O$_4$ dimerisiert

$$2\,NO_2 \rightleftharpoons N_2O_4 \qquad \Delta H° = -57\,kJ/mol$$

Bei 27° sind 20%, bei 100° 89% N$_2$O$_4$ dissoziiert. Bei $-11\,°C$ erhält man farblose Kristalle von N$_2$O$_4$.

Salpetrige Säure $H\overset{+3}{N}O_2$ ist in reinem Zustand nicht darstellbar, sondern nur in verdünnten Lösungen einige Zeit haltbar. Sie zersetzt sich unter Disproportionierung nach

$$3\,H\overset{+3}{N}O_2 \rightarrow H\overset{+5}{N}O_3 + 2\,\overset{+2}{N}O + H_2O$$

Beständig sind ihre Salze, die **Nitrite**.

Strukturformel von NO$_2^-$:

$$\overset{\bar{N}}{\underset{\bar{O}\bar{O}^\ominus}{\diagup\diagdown}} \leftrightarrow \overset{\bar{N}}{\underset{{}^\ominus\bar{O}\bar{O}}{\diagup\diagdown}}$$

Salpetersäure $H\overset{+5}{N}O_3$ ist ein großtechnisch wichtiges Produkt, die normale konzentrierte Säure hat einen Massenanteil von 69% HNO$_3$. Das HNO$_3$-Molekül ist planar gebaut und kann mit den beiden Grenzstrukturen

$$H-\bar{O}-\overset{\oplus}{N}\diagup^{\bar{O}^\ominus}_{\diagdown \bar{O}} \leftrightarrow H-\bar{O}-\overset{\oplus}{N}\diagup^{O}_{\diagdown \bar{O}^\ominus} \qquad N^\oplus \;\boxed{\uparrow}\;\boxed{\uparrow\;\uparrow\;\uparrow}$$

$$\underbrace{}_{s}\;\underbrace{}_{p}$$

sp^2-Hybrid π-Bindung

beschrieben werden.

Wäßrige Salpetersäure wird durch Einleiten von NO$_2$ in Wasser hergestellt, wobei zur Oxidation noch Sauerstoff erforderlich ist.

$$2\,NO_2 + \tfrac{1}{2}O_2 + H_2O \rightarrow 2\,HNO_3$$

Letztlich wird also Salpetersäure in mehreren Schritten aus dem Stickstoff der Luft hergestellt.

$$N_2 \rightarrow NH_3 \rightarrow NO \rightarrow NO_2 \rightarrow HNO_3$$

4.6 Die Elemente der 5. Hauptgruppe

Bei Lichteinwirkung zersetzt sich Salpetersäure unter Braunfärbung nach

$$4\,HNO_3 \rightarrow 4\,NO_2 + 2\,H_2O + O_2$$

Salpetersäure wird daher in braunen Flaschen aufbewahrt. HNO_3 ist eine starke Säure (vgl. Tab. 3.7) und ein starkes Oxidationsmittel. Die konzentrierte Säure löst Kupfer, Quecksilber und Silber, nicht aber Gold und Platin (vgl. Tab. 3.11).

$$3\,Cu + 2\,NO_3^- + 8\,H_3O^+ \rightarrow 3\,Cu^{2+} + 2\,NO + 12\,H_2O$$

Einige unedle Metalle (Cr, Al, Fe) werden von konzentrierter Salpetersäure nicht gelöst, da sich auf ihnen eine dichte Oxidhaut bildet, die das Metall vor weiterer Säureeinwirkung schützt (Passivierung).

Die Mischung aus konzentrierter Salpetersäure und konzentrierter Salzsäure im Volumenverhältnis 1 : 3 heißt **Königswasser**. Sie wirkt stark oxidierend und löst auch Gold und Platin (vgl. Abschn. 3.8.7).

Die Salze der Salpetersäure heißen **Nitrate**. Das Nitration NO_3^- ist planar gebaut, die Bindungswinkel betragen 120°, es kann durch drei mesomere Grenzstrukturen beschrieben werden.

Wie beim HNO_3-Molekül ist das N-Atom sp^2-hybridisiert, die völlige Delokalisierung des π-Elektronenpaares führt zu einer Stabilisierung des NO_3^--Ions, daher ist das NO_3^--Ion stabiler als das HNO_3-Molekül.

Nitrate sind in Wasser leicht löslich. $NaNO_3$ (Chilesalpeter) und NH_4NO_3 sind wichtige Düngemittel. KNO_3 (Salpeter) ist im ältesten Exlosivstoff „Schwarzpulver" enthalten, der aus einer Mischung von Schwefel, Holzkohle und Salpeter besteht.

4.6.5 Sauerstoffverbindungen von Phosphor

Phosphor(III)-oxid P_4O_6 entsteht bei der Oxidation von Phosphor mit der stöchiometrischen Menge Sauerstoff

$$P_4 + 3\,O_2 \rightarrow P_4O_6$$

als wachsartige, giftige Masse. Die Struktur läßt sich aus dem P_4-Molekül ableiten, die P—P-Bindungen sind durch P—O—P-Bindungen ersetzt (Abb. 4.6).

Phosphor(V)-oxid P_4O_{10} entsteht bei der Verbrennung von Phosphor in überschüssigem Sauerstoff als weißes, geruchloses Pulver, das bei 359 °C sublimiert. Es ist eine der stärksten wasserentziehenden Substanzen und wird als Trocken-

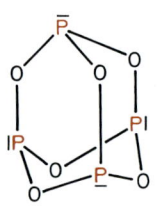

Abb. 4.6   Struktur von P_4O_6.

mittel verwendet. Die Struktur leitet sich ebenfalls vom P_4-Tetraeder ab. Jedes P-Atom ist tetraedrisch von Sauerstoffatomen umgeben (Abb. 4.7). Das angeregte P-Atom ist sp^3-hybridisiert, es bildet 4 tetraedrische σ-Bindungen und eine p-d-π-Bindung. Im Gegensatz dazu gilt für Stickstoff die Oktettregel streng, und das N-Atom kann höchstens vier Kovalenzbindungen eingehen. Das N_2O_5-Molekül hat daher die Struktur

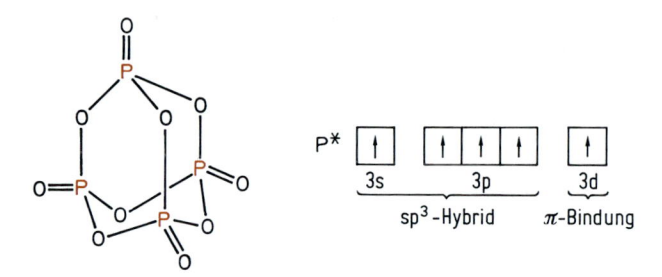

Abb. 4.7   Struktur von P_4O_{10}.

Phosphorsäuren. P_4O_{10} reagiert mit einem Überschuß an Wasser zu **Orthophosphorsäure** H_3PO_4. Wasserfreie H_3PO_4 bildet farblose Kristalle (Smp. 42 °C), die sich leicht in Wasser lösen. Handelsüblich ist eine 85–90%ige H_3PO_4. H_3PO_4 ist eine mittelstarke dreiprotonige Säure, sie bildet daher drei Reihen von Salzen:

NaH_2PO_4,   primäres Phosphat oder Dihydrogenphosphat
Na_2HPO_4,   sekundäres Phosphat oder Hydrogenphosphat
Na_3PO_4,   tertiäres Phosphat oder Orthophosphat.

Das PO_4^{3-}-Ion ist tetraedrisch gebaut, die Sauerstoffatome sind gleichartig gebunden. Die Bindungen lassen sich mit einem sp^3-Hybrid am P-Atom und einer delokalisierten d-p-π-Bindung deuten.

4.6 Die Elemente der 5. Hauptgruppe

Phosphate sind als *Düngemittel* wichtig. Die natürlich vorkommenden Phosphate sind aber unlöslich und müssen in lösliche Phosphate umgewandelt werden. Beim Umsatz von unlöslichem $Ca_3(PO_4)_2$ mit H_2SO_4 entsteht lösliches $Ca(H_2PO_4)_2$ und unlösliches $CaSO_4$. Dieses Gemisch heißt „Superphosphat".

$$Ca_3(PO_4)_2 + 2H_2SO_4 \rightarrow Ca(H_2PO_4)_2 + 2CaSO_4$$

Zur Erzeugung von Superphosphat wird etwa 60% der Welterzeugung von Schwefelsäure verbraucht.

Erfolgt der Aufschluß mit H_3PO_4, entsteht „Doppelsuperphosphat", das keine unlöslichen $CaSO_4$-Beimengungen enthält.

$$Ca_3(PO_4)_2 + 4H_3PO_4 \rightarrow 3Ca(H_2PO_4)_2$$

Orthophosphorsäure neigt zur Kondensation (intermolekulare Wasserabspaltung).

Kettenförmige **Polyphosphorsäuren** ($H_{n+2}P_nO_{3n+1}$) sind bis n = 12 bekannt. **Metaphosphorsäuren** $(HPO_3)_n$ sind cyclisch kondensierte Phosphorsäuren.

Trimetaphosphorsäure

Niedermolekulare **Polyphosphate** werden als Wasserenthärter verwendet, da die Anionen mit Ca^{2+}-Ionen lösliche Komplexe bilden. Pentanatriumtriphosphat $Na_5P_3O_{10}$ war mit einem Massenanteil von bis 40% lange Zeit Bestandteil von Waschmitteln. Da es umweltschädigend wirkt (Eutrophierung von Gewässern) ist es durch Zeolithe ersetzt worden (siehe Kap. 6).

H_3PO_3 ist im Gegensatz zu HNO_3 polymer, da Phosphor weniger zu p-p-π-Bindungen befähigt ist als Stickstoff.

4.7 Die Elemente der 4. Hauptgruppe

4.7.1 Gruppeneigenschaften

	Kohlenstoff C	Silicium Si	Germanium Ge	Zinn Sn	Blei Pb
Ordnungszahl Z	6	14	32	50	82
Elektronenkonfiguration	[He]$2s^2 2p^2$	[Ne]$3s^2 3p^2$	[Ar]$3d^{10}$ $4s^2 4p^2$	[Kr]$4d^{10}$ $5s^2 5p^2$	[Xe]$4f^{14} 5d^{10}$ $6s^2 6p^2$
Ionisierungsenergie in eV	11,3	8,1	8,1	7,4	7,4
Elektronegativität	2,5	1,8	1,8	1,8	1,8
Nichtmetallcharakter		⟶ nimmt ab ⟶			

Auch in dieser Gruppe erfolgt ein Übergang von nichtmetallischen zu metallischen Elementen. Kohlenstoff und Silicium sind Nichtmetalle, Germanium ist ein Halbmetall, Zinn und Blei sind Metalle. Diese Zuordnung ist jedoch nicht eindeutig, denn in den Strukturen der Elemente ist beim Zinn noch der nichtmetallische Charakter, beim Silicium schon der metallische Charakter erkennbar.

Die gemeinsame Valenzelektronenkonfiguration ist $s^2 p^2$. Für die meisten Verbindungen der Nichtmetalle C und Si ist jedoch der angeregte Zustand maßgebend.

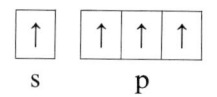

↑		↑	↑	↑
s			p	

Erfolgt eine sp^3-Hybridisierung, dann können die Elemente vier kovalente Bindungen in tetraedrischer Anordnung ausbilden.

Charakteristisch für das C-Atom ist seine Fähigkeit, mit anderen Nichtmetallatomen Mehrfachbindungen einzugehen, z. B.:

$$\diagup C = C \diagdown \qquad -C\equiv C- \qquad -C\equiv N| \qquad \diagdown C = \overline{O}$$

Das mehrfach gebundene C-Atom ist sp^2-hybridisiert, wenn es eine π-Bindung bildet und sp-hybridisiert, wenn es zwei π-Bindungen bildet.

Von allen Elementen besitzt Kohlenstoff die größte Tendenz zur Verkettung gleichartiger Atome. Kohlenstoff bildet daher mehr Verbindungen als alle anderen Elemente, abgesehen von Wasserstoff. Die Fülle dieser Verbindungen ist Gegenstand der organischen Chemie. Zum Stoffgebiet der anorganischen Chemie zählen traditionsgemäß nur die Modifikationen und einige einfache Verbindungen des Kohlenstoffs.

4.7.2 Die Elemente

	Kohlenstoff	Silicium	Germanium	Zinn	Blei
Schmelzpunkt in °C	3800*	1410	947	232	327

* Graphit

Kohlenstoff kristallisiert in den Modifikationen, Diamant und Graphit. Beide kommen in der Natur vor.

Im **Diamant** ist jedes C-Atom tetraedrisch von vier C-Atomen umgeben (Abb. 2.43). Die Bindungen entstehen durch Überlappung von sp^3-Hybridorbitalen der C-Atome. Auf Grund der hohen C—C-Bindungsenergie (348 kJ/mol) ist Diamant sehr hart (er ist der härteste natürliche Stoff). Alle Valenzelektronen sind in den sp^3-Hybridorbitalen lokalisiert, Diamantkristalle sind daher farblos und nichtleitend. Diamant ist metastabil, er wandelt sich aber erst bei 1500 °C unter Luftabschluß in den thermodynamisch stabilen Graphit um. In Gegenwart von Luft verbrennt er bei 800 °C zu CO_2.

Graphit kristallisiert in Schichtstrukturen. Die bei gewöhnlichem Graphit auftretende Struktur ist in der Abb. 4.8a dargestellt. Innerhalb der Schichten ist jedes C-Atom von drei Nachbarn in Form eines Dreiecks umgeben. Die C-Atome sind sp^2-hybridisiert und bilden mit jedem Nachbarn eine σ-Bindung. Das vierte Elektron befindet sich in einem p-Orbital, dessen Achse senkrecht zur Schichtebene steht (Abb. 4.8c). Diese p-Orbitale bilden delokalisierte p-p-π-Bindungen aus, die sich über die gesamte Schicht erstrecken (vgl. Abschn. 2.2.9). Der C—C-Abstand im Diamant beträgt 154 pm, innerhalb der Graphitschichten nur noch 142 pm.

Die innerhalb der Schichten gut beweglichen π-Elektronen verursachen den metallischen Glanz, die schwarze Farbe und die gute elektrische Leitfähigkeit parallel zu den Schichten ($10^4 \, \Omega^{-1} \, cm^{-1}$). Senkrecht zu den Schichten ist die Leitfähigkeit 10^4 mal schlechter.

Zwischen den Schichten sind nur schwache van der Waals-Kräfte wirksam. Dies hat einen Abstand der Schichten von 335 pm zur Folge und erklärt die leichte Verschiebbarkeit der Schichten gegeneinander. Graphit wird daher als Schmiermittel verwendet. Die gute elektrische Leitfähigkeit ermöglicht seine Verwendung als Elektrodenmaterial.

Zwischen den Schichten des Graphitgitters können zahlreiche Atome und Verbindungen eingelagert werden. Es gibt daher viele polymere *Graphitverbindungen*.

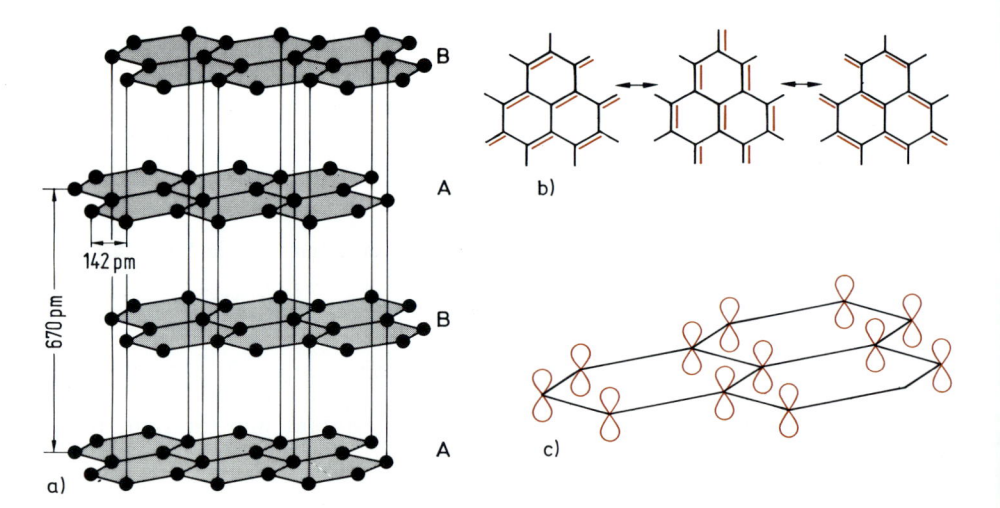

Abb. 4.8 a) Struktur von hexagonalem Graphit. Die Schichtenfolge ist ABAB....
b) Mesomere Grenzstrukturen eines Ausschnittes einer Graphitschicht.
c) Darstellung der zu delokalisierten π-Bindungen befähigten p-Orbitale.

Typisch sind CF und C_8K. Die F-Atome in CF bilden mit den π-Elektronen des Graphits kovalente Bindungen. CF ist daher farblos und nichtleitend. In C_8K geben die K-Atome ihr Valenzelektron an das Graphitgitter ab. Die Verbindung ist metallisch leitend und hat die ionische Struktur $C_8^-K^+$.

Diamantsynthesen. Bei hohen Drücken ist Diamant thermodynamisch stabiler und Graphit läßt sich in den dichteren Diamant umwandeln. Ausreichende Umwandlungsgeschwindigkeiten erreicht man bei 1500 °C und 60 kbar in Gegenwart von Metallen, z. B. Fe, Co, Ni, Mn oder Pt. Wahrscheinlich bildet sich auf dem Graphit ein Metallfilm in dem sich Graphit bis zur Sättigung löst und aus dem dann der weniger gut lösliche Diamant – in bezug auf Diamant ist die Lösung übersättigt – ausgeschieden wird.

Synthetische Diamanten mit Kristallgrößen bis 1 mm werden mit dieser Hochdrucksynthese seit 1955 hergestellt, sie decken etwa die Hälfte des industriellen Bedarfs.

Offenbar sind auch natürliche Diamanten unter hohem Druck entstanden, denn die primären Diamantvorkommen finden sich in Tiefengesteinen, die an die Erdoberfläche gelangt sind. Der größte bisher gefundene Diamant („Cullinan", Südafrika 1905) hatte eine Masse von 3106 Karat (1 Karat = 0,2 g).

In den achtziger Jahren wurde die CVD-Diamantsynthese (CVD von chemical vapour deposition) entwickelt. Im Unterschied zur Hochdrucksynthese gelingt bei dieser Niederdrucksynthese die Herstellung dünner Filme und freistehender

Membrane aus polykristallinem Diamant. Gasmischungen mit Kohlenwasserstoffen werden in reaktive Radikale und Molekülbruchstücke zerlegt, aus denen sich auf einem heißen Substrat (z. B. Si, W) Diamant abscheidet. Die in der Gasphase erzeugten H-Atome reagieren mit entstandenem Graphit und amorphem Kohlenstoff, jedoch wenig mit Diamant, so daß der unter diesen Bedingungen matastabile Diamant entsteht.

Zur Erzeugung des reaktiven Gasgemisches verwendet man beheizte Drähte (W, Ta), ein durch Mikrowellen oder Gleichstrombogenentladung erzeugtes Plasma und Acetylen-Schweißbrenner.

Künstlicher Graphit entsteht aus Koks bei Temperaturen von 2800–3000 °C. Koks, Ruß, Holzkohle bestehen aus mehr oder weniger verunreinigtem mikrokristallinem Graphit. Aktivkohle ist eine feinkristalline lockere Graphitform mit großer Oberfläche (ca. 1000 m^2/g), die ein hohes Adsorptionsvermögen besitzt (Gasmaskeneinsatz, Kohletabletten in der Medizin).

Faserkohlenstoff entsteht durch Pyrolyse synthetischer oder natürlicher Fasern. Durch Streckung während der Pyrolyse richten sich die Graphitschichten parallel zur Faserachse aus. Die Graphitfasern besitzen hohe Zugfestigkeit und Elastizität bei geringer Masse (Tennisschläger, Motorradhelme, Verbundwerkstoff im Flugzeugbau).

Andere Materialien, die man durch Graphitierung erhält, sind: Glaskohlenstoff, eine leichte, spröde, sehr harte, isotrope Keramik (Laborgeräte, Medizin). Graphitfolien mit anisotropen Eigenschaften (Auskleidungen, Dichtungen).

Fullerene

Durch Verdampfen von Graphit in einer Heliumatmosphäre entstehen große Moleküle mit Hohlkugelgestalt, die Fullerene C_{60}, C_{70}, C_{74}, C_{76}, C_{78}, C_{82}, C_{84}, C_{86}, C_{88}, C_{90}, C_{94}. (Sie sind nach dem Architekten Buckminster Fuller benannt, der 1967 in Montreal eine Kuppelkonstruktion aus sechseckigen und fünfeckigen Zellen gebaut hatte.) 1985 wurde C_{60} entdeckt und seine Struktur erkannt (Abb. 4.9), 1990 gelang es C_{60} zu isolieren. In dieser dritten Kohlenstoffmodifikation sind die C_{60}-Moleküle kubisch-dichtest gepackt (vgl. Abschn. 5.2). Die Kristalle sind plättchenförmig, von geringer Dichte, metallisch glänzend und rötlich braun. Inzwischen sind weitere Kohlenstoffmodifikationen (C_{70}, C_{76}, C_{84}, C_{84}, C_{90}, C_{94}) isoliert worden.

Das C_{60}-Molekül ist zu vielseitigen Reaktionen befähigt. Es reagiert mit den Alkalimetallen K und Rb, dem Halogen F und mit Radikalen. Es kann andere Atome z. B. La im Kugelinneren beherbergen. Die Reaktionen führen zu erstaunlichen Eigenschaften. C_{60} ist ein Isolator, K_3C_{60} ein Supraleiter, K_6C_{60} wieder ein Isolator. Durch Reaktion mit organischen Reduktionsmitteln entsteht bei tiefen Temperaturen Ferromagnetismus.

Silicium, Germanium und **graues Zinn** kristallisieren ebenfalls im Diamantgitter. Die Bindungsstärke nimmt in Richtung Sn ab. Im Gegensatz zum Diamant ist daher ein kleiner Bruchteil der Valenzelektronen nicht mehr in den bindenden Orbitalen lokalisiert, sondern im Gitter frei beweglich. Si, Ge und graues Sn sind Eigenhalbleiter. Da die Zahl freier Elektronen in Richtung Sn zunimmt, erhöht sich zum Zinn hin die Leitfähigkeit (vgl. Abschn. 5.4.3). Durch Dotierung (z. B. mit As oder Ga) werden aus hochreinem Silicium und Germanium Störstellenhalbleiter hergestellt (vgl. Abschn. 5.4.4).

Zur *Darstellung extrem reinen Siliciums* wird technisches Silicium mit HCl zu SiHCl$_3$ (Trichlorsilan) umgesetzt, dieses durch Destillation gereinigt und dann zu Si reduziert.

$$Si + 3\,HCl \underset{1000\,°C}{\overset{300\,°C}{\rightleftharpoons}} HSiCl_3 + H_2$$

Man erhält polykristallines Silicium einer Reinheit von 10^{-8} %. Daraus züchtet man Einkristalle mit dem Zonenschmelzverfahren (vgl. Abschn. 5.5.1) oder mit dem jetzt meist eingesetzten Czochralski-Verfahren. Bei letzterem wird das polykristalline Silicium in einem Quarztiegel geschmolzen, in die Schmelze wird ein Impfkristall eingetaucht, an dem das Silicium auskristallisiert. Der wachsende Einkristall wird langsam aus der Schmelze herausgezogen (ca. 30 cm dick, 1 m lang).

Nichtmetallisches graues Zinn ist nur unterhalb 13 °C beständig, bei höheren Temperaturen ist metallisches Zinn stabiler.

$$\alpha\text{-Sn} \underset{}{\overset{13\,°C}{\rightleftharpoons}} \beta\text{-Sn}$$

grau   weiß
nichtmetallisch   metallisch

Abb. 4.9 Das C$_{60}$-Molekül (Buckyball). Die Oberfläche ist die eines 60-eckigen Fußballs. Es gibt 12 isolierte Fünfecke und 20 Sechsecke. Das kugelförmige Molekül hat einen Durchmesser von 700 pm, die mittleren C—C-Abstände betragen 141 pm und sind denen im Graphit fast gleich. Wie im Graphit ist jedes C-Atom sp^2-hybridisiert und bildet mit jedem der 3 Nachbarn eine σ-Bindung. Da die Atome auf einer Kugeloberfläche liegen ist die mittlere Winkelsumme auf 348° verringert. Beide Oberflächen der Kugel sind mit π-Elektronenwolken bedeckt. Die π-Elektronen sind aber nicht wie im Graphit delokalisiert, sondern bevorzugt in den Bindungen zwischen den Sechsecken lokalisiert.

Blei kristallisiert in einer typischen Metallstruktur, nämlich in der kubisch dichtesten Packung (vgl. Abschn. 5.2).

Nur beim Kohlenstoff ist im elementaren Zustand eine Verknüpfung der Atome unter Beteiligung von π-Bindungen möglich. Im Gegensatz zur Diamantstruktur tritt die Graphitstruktur daher bei den anderen Elementen der Gruppe nicht auf.

4.7.3 Carbide

Carbide sind Verbindungen des Kohlenstoffs mit Metallen und den Halbmetallen B und Si. Kohlenstoff ist also der elektronegativere Reaktionspartner.

Die Carbide können in kovalente, salzartige und metallische Carbide eingeteilt werden.

Siliciumcarbid SiC (Carborund) ist eine sehr harte, thermisch und chemisch resistente Substanz und wie Silicium ein Eigenhalbleiter. Es dient als Schleifmittel, zur Herstellung feuerfester Steine und von Heizwiderständen (Silitstäbe), sowie für hochtemperaturfeste Teile im Maschinen- und Apparatebau. SiC kommt in mehreren Modifikationen vor, in allen sind die Atome tetraedrisch von vier Atomen der anderen Art umgeben und durch kovalente Bindungen verknüpft. Eine der Modifikationen kristallisiert in der diamantähnlichen Zinkblende-Struktur (vgl. Abb. 2.44).

Calciumcarbid CaC_2 kristallisiert in einem Ionengitter, das aus Ca^{2+}- und $[|C\equiv C|]^{2-}$-Ionen aufgebaut ist. Mit Wasser erfolgt Zersetzung zu Acetylen, es hat daher großtechnische Bedeutung.

$$CaC_2 + 2H_2O \rightarrow Ca(OH)_2 + HC\equiv CH$$

Außer den ionischen Carbiden, die als Salze des Acetylens aufzufassen sind, gibt es solche, die sich von Methan ableiten und die C^{4-}-Ionen enthalten. Bei der Umsetzung mit Wasser entwickeln sie Methan

$$Al_4C_3 + 12H_2O \rightarrow 4Al(OH)_3 + 3CH_4$$

Die metallischen Carbide, bei denen Kohlenstoffatome die Lücken von Metallgittern besetzen, werden an anderer Stelle besprochen. (Abschn. 5.5.2).

4.7.4 Sauerstoffverbindungen von Kohlenstoff

Kohlenstoffmonooxid CO ist ein farbloses, geruchloses, sehr giftiges Gas (Smp. $-204\,°C$ Sdp. $-191,5\,°C$). Die Moleküle CO und N_2 sind isoelektronisch, in beiden Molekülen sind die Atome durch eine σ-Bindung und zwei π-Bindungen verbunden.

$$|\overset{\ominus}{C}\equiv\overset{\oplus}{O}|$$

CO verbrennt an der Luft zu Kohlenstoffdioxid.

$$CO + \tfrac{1}{2}O_2 \rightarrow CO_2 \qquad \Delta H° = -283 \text{ kJ/mol}$$

Technisch entsteht CO bei der Erzeugung von Wassergas (vgl. Abschn. 4.2.3). CO ist Bestandteil des Leuchtgases, das aus H_2, CO, CH_4 und etwas CO_2 und N_2 besteht.

CO besitzt reduzierende Eigenschaften, die technisch bei der Metallgewinnung ausgenutzt werden (vgl. Abschn. 5.6.2). Mit Übergangsmetallen bildet CO eine Vielzahl von Carbonylkomplexen, z. B. Tetracarbonylnickel (vgl. Abschn. 5.7).

$$Ni + 4\,CO \rightleftharpoons Ni(CO)_4$$

Kohlenstoffdioxid CO_2 ist ein farbloses, geruchloses Gas, das nicht brennt und die Verbrennung nicht unterhält (Verwendung als Feuerlöschmittel). Es ist anderthalbmal dichter als Luft und sammelt sich daher in geschlossenen Räumen (Höhlen, Gärkeller) am Boden (Erstickungsgefahr). Das CO_2-Molekül ist linear gebaut.

$$\overline{\underline{O}}{=}C{=}\overline{\underline{O}}$$

Das Kohlenstoffatom ist sp-hybridisiert, die beiden verbleibenden p-Orbitale bilden π-Bindungen.

Im festen Zustand bildet CO_2 Molekülkristalle (vgl. Abb. 2.45). Festes CO_2 sublimiert bei Normaldruck bei $-78\,°C$. Das Zustandsdiagramm ist in der Abb. 3.9 angegeben.

CO_2 entsteht bei der vollständigen Verbrennung von Kohlenstoff.

$$C + O_2 \rightarrow CO_2 \qquad \Delta H°_B = -394 \text{ kJ/mol}$$

Zwischen Kohlenstoffdioxid, Kohlenstoffmonooxid und Kohlenstoff existiert das sogenannte *Boudouard-Gleichgewicht* (vgl. Abb. 3.19).

$$CO_2 + C(f) \rightleftharpoons 2\,CO \qquad \Delta H° = +173 \text{ kJ/mol}$$

Mit abnehmender Temperatur verschiebt sich die Gleichgewichtslage in Richtung CO_2. Unter Normalbedingungen ist CO daher thermodynamisch instabil, aber die Disproportionierung in CO_2 und C ist kinetisch gehemmt, CO ist daher metastabil existent.

CO_2 ist für die belebte Natur von großer Bedeutung. Mensch und Tier atmen es als Verbrennungsprodukt aus. Beim *Assimilationsprozeß* nehmen Pflanzen CO_2 auf und wandeln es mit Lichtenergie in Kohlenhydrate um.

Die Atmosphäre enthält einen Volumenanteil von 0,035 % CO_2. Dieser ist für den *Wärmehaushalt der Erdoberfläche* wesentlich und der Anstieg des CO_2-Gehalts ein globales Umweltproblem (siehe Kap. 6).

4.7 Die Elemente der 4. Hauptgruppe

Kohlensäure und Carbonate. CO_2 ist das Anhydrid der Kohlensäure H_2CO_3. Eine wäßrige Lösung von CO_2 reagiert schwach sauer (pH 4–5). Es treten nebeneinander folgende Gleichgewichte auf:

$$CO_2 + H_2O \rightleftharpoons H_2CO_3 \qquad pK = 2{,}6$$
$$H_2CO_3 + H_2O \rightleftharpoons H_3O^+ + HCO_3^- \qquad pK_S = 3{,}8$$
$$HCO_3^- + H_2O \rightleftharpoons H_3O^+ + CO_3^{2-} \qquad pK_S = 10{,}3$$

Das erste Gleichgewicht liegt weitgehend auf der Seite von CO_2, 99,8 % des gelösten Kohlenstoffdioxids liegen als physikalisch gelöste CO_2-Moleküle vor. H_2CO_3 ist eine mittelstarke Säure. Da aber nur wenige CO_2-Moleküle mit Wasser zu H_2CO_3 reagieren, wirkt die Gesamtlösung als schwache Säure. Durch Zusammenfassung der ersten beiden Gleichgewichte erhält man die Säurekonstante bezogen auf CO_2.

$$CO_2 + 2H_2O \rightleftharpoons H_3O^+ + HCO_3^- \qquad pK_S = 6{,}4$$

Reines H_2CO_3 läßt sich aus wäßriger Lösung nicht isolieren, bei der Entwässerung zersetzt sich H_2CO_3, und CO_2 entweicht. Als zweibasige Säure bildet Kohlensäure zwei Reihen von Salzen, **Hydrogencarbonate** („Bicarbonate") mit den Anionen HCO_3^- und **Carbonate** mit den Anionen CO_3^{2-}. CO_3^{2-} ist eine starke Anionenbase. Die CO_3^{2-}-Anionen sind trigonal-planar gebaut, das C-Atom ist sp^2-hybridisiert, die π-Bindung ist delokalisiert (vgl. Abschn. 2.2.7).

In der Natur weit verbreitet sind $CaCO_3$ (Kalkstein, Marmor, Kreide) und $CaMg(CO_3)_2$ (Dolomit). In Wasser schwer lösliches $CaCO_3$ wird durch CO_2-haltige Wässer in lösliches Calciumhydrogencarbonat überführt.

$$CaCO_3 + H_2O + CO_2 \rightleftharpoons Ca^{2+} + 2HCO_3^-$$

Auf diese Weise entsteht die Carbonathärte (*temporäre Härte*) des Wassers. Beim Erhitzen verschiebt sich das Gleichgewicht infolge des Entweichens von CO_2 nach links, und $CaCO_3$ fällt aus. Darauf beruht die Ausscheidung des „Kesselsteins" und die Bildung von „Tropfsteinen". Die Sulfathärte (*permanente Härte*) wird durch gelöstes $CaSO_4$ verursacht, sie kann nicht durch Kochen beseitigt werden. Die Gesamthärte wird in Härtegraden gemessen. 1° deutscher Härte entspricht 10 mg CaO/l. Sehr harte Wässer haben Härtegrade > 21, weiche Wässer < 7.

Zur Enthärtung des Wassers verwendet man Polyphosphate (vgl. Abschn. 4.6.5) oder *Ionenaustauscher.* Ionenaustauscher aus Kunstharzen bestehen aus einem lockeren dreidimensionalen Gerüst, in dem saure ($-SO_3H$) oder basische

(—N(CH$_3$)$_3$OH) Gruppen eingebaut sind. Die Gruppen sind Haftstellen für Kationen (Kationenaustauscher) und Anionen (Anionenaustauscher).

$$—SO_3H + Me^+ + H_2O \rightleftharpoons —SO_3Me + H_3O^+$$
$$—N(CH_3)_3OH + X^- \rightleftharpoons N(CH_3)_3X + OH^-$$

Läßt man z. B. Wasser durch einen Kationenaustauscher fließen, so werden Ca^{2+}- und Mg^{2+}-Ionen gegen H$_3$O$^+$-Ionen ausgetauscht, anschließend können im Anionenaustauscher die SO$_4^{2-}$- und CO$_3^{2-}$-Ionen gegen OH$^-$-Ionen ausgetauscht werden, so daß vollsalzes Wasser entsteht. Der Austausch ist umkehrbar, mit Kationen und Anionen beladene Austauscher können durch Säure bzw. Lauge wieder regeneriert werden. Als Ionenaustauscher sind auch Silicate (Permutit) geeignet (siehe auch Kap. 6).

4.7.5 Stickstoffverbindungen des Kohlenstoffs

Wichtig ist das Cyanidion, CN$^-$. Es ist isoelektronisch mit N$_2$ und CO und enthält wie diese eine Dreifachbindung.

$$|\overset{\ominus}{C}\equiv N|$$

CN$^-$ besitzt eine ausgeprägte Tendenz zur Ausbildung von Komplexen mit Übergangsmetallionen. Beispiele sind [Fe(CN)$_6$]$^{4-}$, [Fe(CN)$_6$]$^{3-}$ (vgl. Abschn. 5.7) und [Ag(CN)$_2$]$^-$ (vgl. Abschn. 5.6.4 und 5.7). Cyanide bilden mit Säuren Cyanwasserstoff HCN (Blausäure). HCN ist eine nach bitteren Mandeln riechende Flüssigkeit (Sdp. 26 °C) und eine sehr schwache Säure. Blausäure und Cyanide sind äußerst giftig.

4.7.6 Sauerstoffverbindungen von Silicium

Siliciumdioxid SiO$_2$ ist im Gegensatz zu CO$_2$ ein polymerer, harter Festkörper mit sehr hohem Schmelzpunkt. Die Si-Atome bilden nicht wie die C-Atome mit O-Atomen p-p-π-Bindungen. Die Si-Atome sind sp^3-hybridisiert und tetraedrisch mit vier O-Atomen verbunden. Jedes O-Atom hat zwei Si-Nachbarn, die SiO$_4$-Tetraeder sind über gemeinsame Ecken verknüpft.

$$\begin{array}{ccccc} & | & & | & \\ & |\underline{O}| & & |\underline{O}| & \\ & | & & | & \\ —\underline{\overline{O}}— & Si & —\underline{\overline{O}}— & Si & —\underline{\overline{O}}— \\ & | & & | & \\ & |\underline{O}| & & |\underline{O}| & \\ & | & & | & \end{array}$$

Zusätzlich zu den stark polaren Einfachbindungen existieren Wechselwirkungen zwischen den freien p-Elektronenpaaren des Sauerstoffs und den leeren d-Orbitalen des Siliciums. Diese d-p-π-Bindungsanteile erklären die außergewöhnlich hohe Bindungsenergie der Si—O-Bindung.

4.7 Die Elemente der 4. Hauptgruppe

$$-\underset{|}{\overset{|}{Si}}-\overline{O}- \leftrightarrow -\underset{|}{\overset{|}{Si}}=\overset{\oplus}{\underset{}{\overline{O}}}-$$

SiO$_2$ existiert in verschiedenen Modifikationen, die sich in der dreidimensionalen Anordnung der SiO$_4$-Tetraeder unterscheiden.

$$\alpha\text{-Quarz} \underset{}{\overset{573\,°C}{\rightleftharpoons}} \beta\text{-Quarz} \underset{}{\overset{870\,°C}{\rightleftharpoons}} \beta\text{-Tridymit} \underset{}{\overset{1470\,°C}{\rightleftharpoons}} \beta\text{-Cristobalit} \underset{}{\overset{1725\,°C}{\rightleftharpoons}} \text{Schmelze}$$

$$ \Updownarrow 120\,°C \Updownarrow 270\,°C$$

$$ \alpha\text{-Tridymit} \alpha\text{-Cristobalit}$$

Die Umwandlungen zwischen Quarz, Tridymit und Cristobalit (vgl. Abb. 2.12) verlaufen nur sehr langsam, da dabei die Bindungen aufgebrochen werden müssen. Außer dem bei Normaltemperatur thermodynamisch stabilen α-Quarz sind daher auch alle anderen Modifikationen metastabil existent. Bei der Umwandlung von den α-Formen in die β-Formen ändern sich nur die Si—O—Si-Bindungswinkel, sie verlaufen daher schnell und bei relativ niedrigen Temperaturen. Nur bei sehr langsamem Abkühlen erhält man aus der Schmelze Cristobalit. Beim raschen Abkühlen erstarrt eine SiO$_2$-Schmelze glasig (vgl. Gläser). Quarzglas ist bei Normaltemperatur metastabil und kristallisiert erst beim Tempern (1100 °C) allmählich. In der Hochdruckmodifikation Stishovit kristallisiert SiO$_2$ im Rutilgitter, Si hat darin die ungewöhnliche Koordinationszahl 6.

Gut ausgebildete Quarzkristalle werden als Schmucksteine verwendet (Bergkristall, Amethyst, Rosenquarz, Citrin). Mikrokristalliner Quarz wird als Chalcedon bezeichnet (Varietäten Achat, Onyx, Jaspis, Feuerstein). Amorph und wasserhaltig sind Opale. Quarz ist der Bestandteil vieler Gesteine (Quarzsand, Granit, Sandstein).

Quarz ist piezoelektrisch: durch eine angelegte Wechselspannung wird der Kristall zu Schwingungen angeregt. Auf der hohen Frequenzgenauigkeit der Eigenschwingungen ($\Delta v/v = 10^{-8}$) beruht der Bau von Quarzuhren.

Synthetische Quarzkristalle hoher Reinheit werden nach dem *Hydrothermalverfahren* hergestellt. Im Druckautoklaven wird bei 400 °C eine wäßrige Lösung mit SiO$_2$ gesättigt. Im kühleren Autoklaventeil ist die Lösung übersättigt und bei 380 °C scheidet sich Quarz an einem Impfkristall aus.

SiO$_2$ ist chemisch sehr widerstandsfähig, von HF (vgl. Abschn. 4.3.4) und starken Laugen wird es angegriffen.

Kieselsäuren, Silicate. Die einfachste Sauerstoffsäure des Siliciums, die **Orthokieselsäure** H$_4$SiO$_4$, ist nicht beständig. Sie kondensiert spontan zu Polykieselsäuren.

$$\text{HO}-\underset{\underset{\text{OH}}{|}}{\overset{\overset{\text{OH}}{|}}{\text{Si}}}-\boxed{\text{OH} \text{H}}\,\text{O}-\underset{\underset{\text{OH}}{|}}{\overset{\overset{\text{OH}}{|}}{\text{Si}}}-\boxed{\text{OH} \text{H}}\,\text{O}-\underset{\underset{\text{OH}}{|}}{\overset{\overset{\text{OH}}{|}}{\text{Si}}}-\text{OH}$$

Das Endprodukt der dreidimensionalen Kondensation ist SiO_2. Die als Zwischenprodukte auftretenden Kieselsäuren sind unbeständig und nicht isolierbar. Eine hochkondensierte wasserreiche Polykieselsäure ist Kieselgel. Entwässertes Kieselgel ist Silicagel, ein polymerer Stoff mit großer Oberfläche, der zur Adsorption von Gasen und Dämpfen geeignet ist und daher als Trockenmittel dient.

Als Hauptbestandteil der Erdkruste, aber auch als technische Produkte sind die Salze der Kieselsäuren, die Silicate, von größter Bedeutung. In allen Silicaten hat Silicium die Koordinationszahl vier und bildet mit Sauerstoff SiO_4-Tetraeder. Die Tetraeder sind nur über gemeinsame Ecken verknüpft, nicht über Kanten oder Flächen. Sie sind die Baueinheiten der Silicate, und die Einteilung der Silicate erfolgt nach der Anordnung der SiO_4-Tetraeder. Die wichtigsten in den Silicaten auftretenden Anionen sind in der Abb. 4.10 dargestellt.

1. Inselsilicate (Nesosilicate) sind Silicate mit isolierten $[SiO_4]^{4-}$-Tetraedern, die nur durch Kationen miteinander verbunden sind. Dazu gehören Zirkon, $Zr[SiO_4]$, Granat $Ca_3Al_2[SiO_4]_3$ und Olivin $(Fe, Mg)_2[SiO_4]$. Tetraederfremde Anionen enthält der Topas $Al_2[SiO_4](F, OH)_2$. Es sind harte Substanzen mit hoher Brechzahl.

2. Gruppensilicate (Sorosilicate) enthalten Doppeltetraeder $[Si_2O_7]^{6-}$. Ein Vertreter ist Thortveitit $Sc_2[Si_2O_7]$.

3. Ringsilicate (Cyclosilicate). Dreierringe $[Si_3O_9]^{6-}$ treten im Benitoit $BaTi[Si_3O_9]$, Sechserringe $[Si_6O_{18}]^{12-}$ im Beryll $Al_2Be_3[Si_6O_{18}]$ auf. Abarten des Berylls sind Aquamarin und Smaragd.

4. Kettensilicate (Inosilicate). Die Tetraeder sind zu unendlichen Ketten oder Bändern verknüpft. Aus Ketten mit den Struktureinheiten $[Si_2O_6]^{4-}$ bestehen die Pyroxene, aus Bändern mit den Struktureinheiten $[Si_4O_{11}]^{6-}$ die Amphibole. Es gibt aber auch andere Anordnungen der Tetraeder zu Ketten und Bändern.

Die kettenförmigen Anionen liegen parallel zueinander, zwischen ihnen sind die Kationen eingebaut, die durch elektrostatische Kräfte den Kristall zusammenhalten. Zu den Pyroxenen gehört z. B. das wichtigste Lithiummineral Spodumen, $LiAl[Si_2O_6]$.

Die Kettensilicate zeigen parallel zu den Ketten bevorzugte Spaltbarkeit, die Kristalle sind faserig oder nadelig ausgebildet.

5. Schichtsilicate (Phyllosilicate). Jedes SiO_4-Tetraeder ist über drei Ecken mit Nachbartetraedern verknüpft. Es entstehen unendlich zweidimensionale Schichten $[Si_4O_{10}]^{4-}$. Im allgemeinen erfolgt die Verknüpfung zu sechsgliedrigen Ringen. Wichtige Schichtsilicate sind die Tonmineralien und die Glimmer. In den Glimmern werden die Schichten durch Metallkationen zusammengehalten. Diese Bindung ist schwächer als innerhalb der Schichten und parallel zu den Schichten

Inselsilicate
[SiO$_4$]$^{4-}$

Gruppensilicate
[Si$_2$O$_7$]$^{6-}$

Ringsilicate
[Si$_3$O$_9$]$^{6-}$ [Si$_6$O$_{18}$]$^{12-}$

Schichtsilicate
[Si$_4$O$_{10}$]$^{4-}$

● Silicium
○ Sauerstoff

Kettensilicate
[Si$_2$O$_6$]$^{4-}$ [Si$_4$O$_{11}$]$^{6-}$

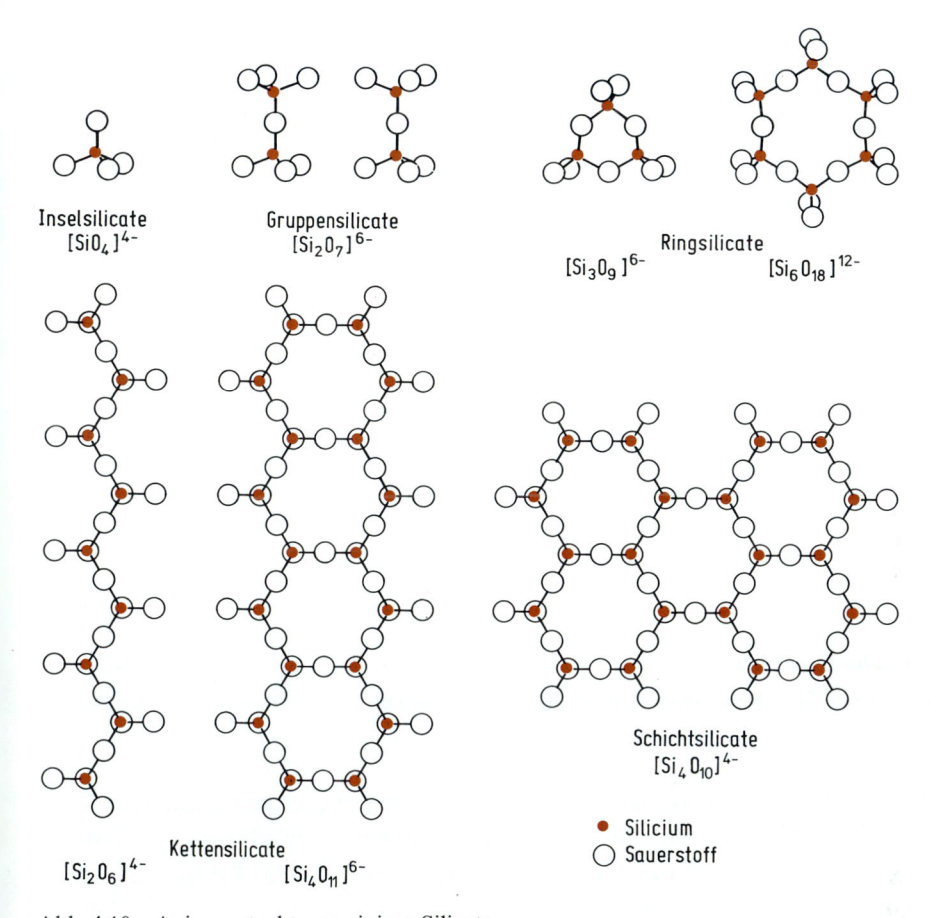

Abb. 4.10 Anionenstrukturen einiger Silicate.

existiert daher leichte Spaltbarkeit. Im Talk und dem wichtigsten Rohstoff für keramische Produkte, dem Tonmineral Kaolinit existieren zwischen den Schichten nur van der Waals-Kräfte. Die Schichten sind daher leicht gegeneinander verschiebbar und das Quellvermögen der Tone beruht auf der Wassereinlagerung zwischen den Schichten.

6. Gerüstsilicate (Tektosilicate). Wie in SiO$_2$ sind die SiO$_4$-Tetraeder über alle vier Ecken mit Nachbartetraedern verknüpft, so daß ein dreidimensionales Gerüst entsteht. Ein Teil des Si ist durch Al ersetzt, das Gitter enthält dreidimensionale unendliche Anionen und die zur Ladungskompensation entsprechende Zahl von Kationen, meist Alkalimetalle und Erdalkalimetalle. Silicate, in denen Si durch Al substituiert ist, heißen Alumosilicate. Weit verbreitet sind die Feldspate: Albit Na[AlSi$_3$O$_8$], Orthoklas K[AlSi$_3$O$_8$], Anorthit Ca$_2$[Al$_2$Si$_2$O$_8$]. Die Strukturgerüste der Tektosilicate sind locker gepackt. In den Zeolithen treten Hohlräume auf, in denen die Kationen und Wasser eingelagert sind. Die Kationen sind nicht fest gebunden und können ausgetauscht werden. Zeolithe eignen sich daher als Kationenaustauscher (Permutite) (vgl. Abschn. 4.7.4). In synthetischen Zeolithen lassen sich Kanäle bestimmter Größe herstellen. Solche Zeolithe dienen als selektive Adsorptionsmittel (Molekularsiebe). Nur solche Moleküle werden adsorptiv zurückgehalten, die durch die engen Kanäle in größere Hohlräume des Gitters gelangen können (vgl. Kap. 6).

Die außerordentliche Vielfalt der Silicatstrukturen ist natürlich schon durch die zahlreichen Anordnungsmöglichkeiten der SiO_4-Tetraeder bedingt. Hinzu kommen aber weitere Gründe. Nicht nur bei den Tektosilicaten ist Si durch Al substituierbar. Alumosilicate treten auch bei den anderen Strukturen auf, z. B. bei den Glimmern. Ein Beispiel ist Muskovit, $KAl_2[Si_3AlO_{10}](OH)_2$. Aluminium kommt in den Silicaten sowohl mit der Koordinationszahl sechs als auch vier vor. Ionen mit gleicher Koordinationszahl sind in weiten Grenzen austauschbar, z. B. Mg^{2+}, Fe^{2+} oder Na^+, Ca^{2+}. Dieser diadoche Ersatz führt häufig zu variablen und unbestimmten Zusammensetzungen. In vielen Silicaten sind außerdem noch tetraederfremde Anionen wie OH^-, F^-, O^{2-} vorhanden.

Technische Produkte

Gläser sind ohne Kristallisation erstarrte Schmelzen. *Im Unterschied zu der regelmäßigen dreidimensionalen Anordnung der Bausteine in Kristallen (Fernordnung) sind in den Gläsern nur Ordnungen in kleinen Bezirken vorhanden (Nahordnung)* (Abb. 4.11). Beim Erwärmen schmelzen sie daher nicht bei einer bestimmten Temperatur, sondern erweichen allmählich. Die Fähigkeit, glasig amorph zu erstarren, besitzen außer SiO_2 und den Silicaten auch die Oxide GeO_2, P_2O_5, As_2O_5 und B_2O_3. Glas im engeren Sinne sind Silicate, die aus SiO_2 und basischen Oxiden wie Na_2O, K_2O und CaO bestehen. SiO_2 bildet das dreidimensionale Netzwerk aus eckenverknüpften SiO_4-Tetraedern (Netzwerkbildner). Die basischen Oxide (Netzwerkwandler) trennen die Si—O—Si-Brücken (Abb. 4.11c). Gewöhnliches Gebrauchsglas (Fensterglas, Flaschenglas) besteht aus Na_2O, CaO und SiO_2. Durch Zusätze von K_2O erhält man schwerer schmelzbare Gläser (Thüringer-Glas). Ein Zusatz von B_2O_3 erhöht die chemische Resistenz und die Festigkeit, Al_2O_3 verbessert Festigkeit und chemische Resistenz, vermindert die Entglasungsneigung und verringert den Ausdehnungskoeffizienten, das Glas wird dadurch unempfindlicher gegen Temperaturschwankungen. Bekannte Gläser mit diesen Zusätzen sind Jenaer Glas, Pyrexglas und Supremaxglas. Ein Zusatz von PbO erhöht das Lichtbrechungsvermögen. Bleikristallglas und Flintglas (optisches Glas) sind Kali-Blei-Gläser.

Unempfindlich gegen Temperaturschwankungen ist Quarzglas (Kieselgel). Es kann von Rotglut auf Normaltemperatur abgeschreckt werden. Färbungen von Gläsern erzielt man durch Zusätze von Metalloxiden (Fe(II)-oxid färbt grün, Fe(III)-oxid braun, Co(II)-oxid blau) oder durch kolloidale Metalle (Goldrubin-

4.7 Die Elemente der 4. Hauptgruppe

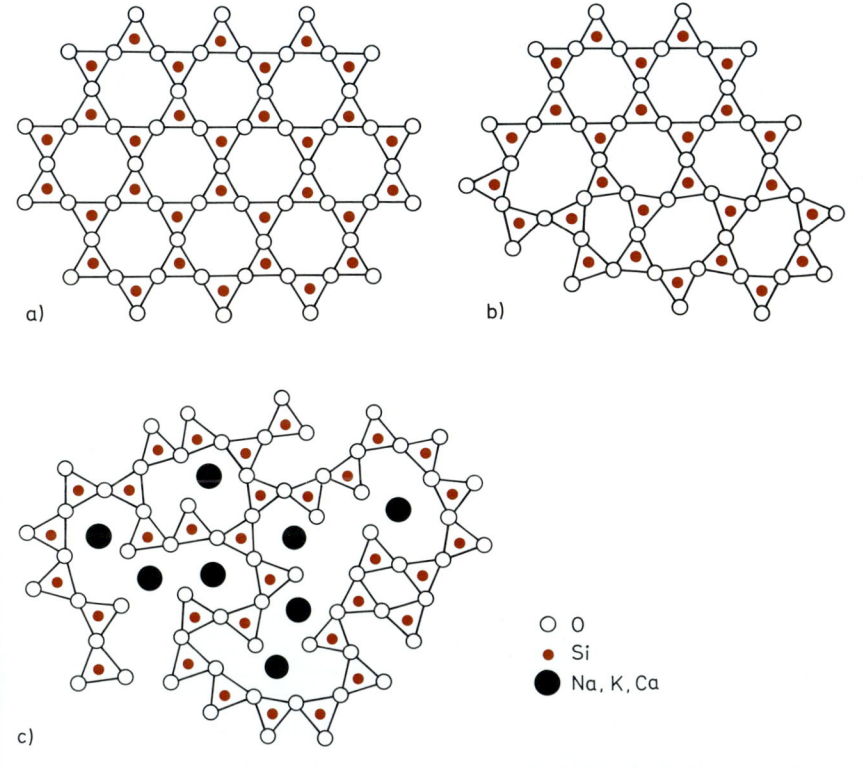

Abb. 4.11 Schematische zweidimensionale Darstellung der Anordnung von SiO$_4$-Tetraedern in kristallinem (a) und in glasigem SiO$_2$ (b) und mit eingebauten Netzwerkwandlern (c).

glas). Getrübte Gläser wie Milchglas erhält man durch Einlagerung kleiner fester Teilchen. Dazu eignen sich Ca$_3$(PO$_4$)$_2$ oder SnO$_2$.

Glasfasern, die für Lichtleitkabel verwendet werden, bestehen aus einem Kern, dessen Brechungsindex etwas größer ist als der des Fasermantels. Das Licht wird durch Totalreflexion am Mantel weitergeleitet.

Glaskeramik entsteht durch eine gesteuerte teilweise Entglasung. Glasphase und kristalline Phase bilden ein feinkörniges Gefüge. Glaskeramiken mit hoher Temperaturbeständigkeit und Temperaturwechselbeständigkeit werden aus Lithiumaluminiumsilicaten hergestellt.

Tonkeramik entsteht durch Brennen von Tonen. Die wichtigsten Bestandteile der Tone sind Schichtsilicate (Kaolinit, Montmorillonit). Reiner Ton ist der Kaolin, der überwiegend aus Kaolinit besteht und zur Herstellung von Porzellan dient. Weniger reine Tone dienen zur Herstellung von Steingut, Steinzeug, Fayence und Majolika. Sie enthalten als Verunreinigung Quarz, Glimmer und Eisenoxide. Man unterscheidet Tonzeug mit einem dichten wasserundurchlässigen Scherben (Porzellan, Steinzeug) und Tongut mit einem wasserdurchlässigen Scherben, das für die meisten Gebrauchszwecke glasiert wird (Steingut, Fayence, Majolika).

Hochleistungskeramik. Dazu gehören chemisch hergestellte hochreine Oxide, Nitride, Carbide und Boride genau definierter Zusammensetzung, die durch Pressen und Sintern zu Kompaktkörpern verarbeitet werden. Hervorragende Eigenschaften sind Festigkeit und Härte auch bei Temperaturen oberhalb 1000 °C und ausgezeichnete chemische Beständigkeit, daher besonders verwendbar für hochbeanspruchte, hochtemperaturfeste Teile im Maschinen- und Apparatebau. Man unterscheidet: Nichtoxidkeramik SiC (vgl. Abschn. 4.7.3.), Si_3N, B_4C, BN, AlN; Oxidkeramik Al_2O_3, ZrO_2, BeO.

Silicone sind Kunststoffe, in denen die Stabilität der Si—O—Si-Bindung und die chemische Resistenz der Si—CH_3-Bindung ausgenutzt wird.

$$
\begin{array}{c}
|\\
CH_3OCH_3\\
|||\\
CH_3-Si-O-Si-O-Si-O-\\
|||\\
CH_3CH_3O\\
|
\end{array}
$$

Sie sind beständig gegen höhere Temperaturen, Oxidation und Wettereinflüsse, sind hydrophobierend, elektrisch nicht leitend und physiologisch indifferent. Je nach Polymerisationsgrad entstehen dünnflüssige, fettartige oder kautschukartige Substanzen, die vielseitig verwendbar sind (Schmier- und Isoliermaterial, Dichtungen, Imprägniermittel, Lackrohstoff, Schläuche, Kabel).

5 Metalle

5.1 Stellung im Periodensystem, Eigenschaften von Metallen

$4/5$ der Elemente sind Metalle. In den Hauptgruppen des Periodensystems stehen die Metalle links von den Elementen B, Si, Ge, Sb, At (Abb. 5.1). Die Abgrenzung zu den Nichtmetallen ist jedoch nicht scharf. Einige Elemente zeigen weniger typische metallische Eigenschaften und werden als *Halbmetalle* bezeichnet. Dazu gehören B, Si, Ge, As, Sb, Se, Te. Außerdem gibt es Elemente, bei denen sich nur bestimmte Modifikationen einer dieser Gruppen zuordnen lassen. Graues Zinn kristallisiert im Diamantgitter und ist ein Halbmetall, es wandelt sich oberhalb $+13\,°C$ in das metallische weiße Zinn um. Weißer und roter Phosphor sind nichtmetallische Modifikationen, schwarzer Phosphor hat Halbmetalleigenschaften.
Der metallische Charakter der Elemente wächst in den Hauptgruppen von oben nach unten und in den Perioden von rechts nach links. Alle Nebengruppenelemente, die Lanthanoide und die Actinoide sind Metalle.

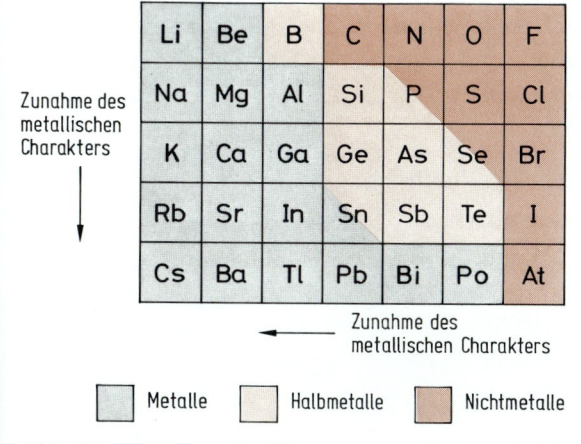

Abb. 5.1 Einteilung der Hauptgruppenelemente in Metalle, Halbmetalle und Nichtmetalle.

Für die Metalle sind also Elektronenkonfigurationen der Atome mit nur wenigen Elektronen auf der äußersten Schale typisch. Die Ionisierungsenergie der Metallatome ist niedrig (<10 eV), sie bilden daher leicht positive Ionen.
Die Nichtmetalle sind in ihren Eigenschaften sehr differenziert, Metalle sind untereinander viel ähnlicher. Mit Ausnahme von Quecksilber sind alle Metalle bei Zimmertemperatur fest. Die Schmelzpunkte sind sehr unterschiedlich. Sie reichen von $-39\,°C$ (Quecksilber) bis $3380\,°C$ (Wolfram), mit steigender Ordnungszahl ändern

sie sich periodisch (Abb. 5.2). Die Schmelzpunktsmaxima treten bei den Elementen der 6. Nebengruppe (Cr, Mo, W) auf.

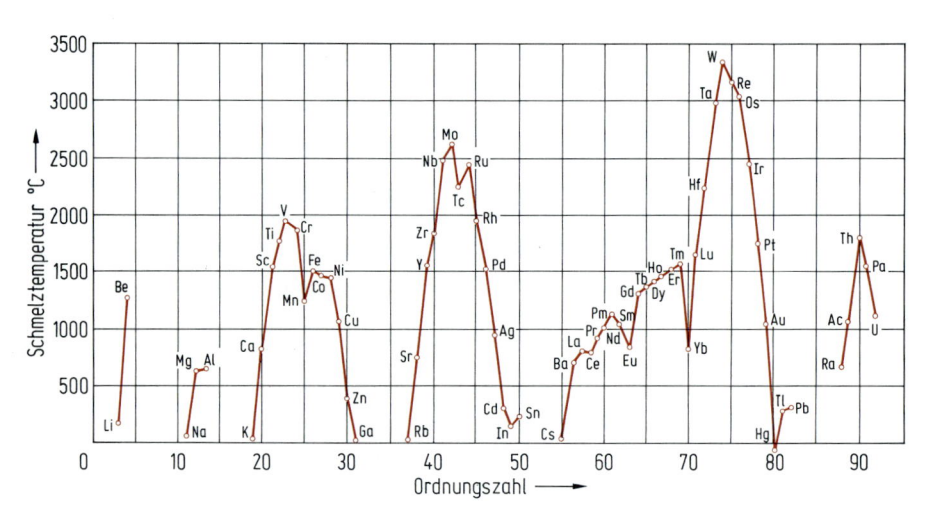

Abb. 5.2   Schmelzpunkte der Metalle.

Die metallischen Eigenschaften bleiben im flüssigen Zustand erhalten – ein bekanntes Beispiel dafür ist Quecksilber – und gehen erst im Dampfzustand verloren. Sie *sind* also *an die Existenz größerer Atomverbände gebunden.* Typische Eigenschaften von Metallen sind:

1. Metallischer Glanz der Oberfläche, Undurchsichtigkeit
2. Dehnbarkeit und plastische Verformbarkeit
3. Gute elektrische ($>10^6 \, \Omega^{-1} \, m^{-1}$) und thermische Leitfähigkeit (Abb. 5.3). Bei

Li 11,8	Be 18												
Na 23	Mg 25										Al 40		
K 15,9	Ca 23	Sc 1,6	Ti 1,2	V 0,6	Cr 6,5	Mn 20	Fe 11,2	Co 16	Ni 16	Cu 65	Zn 18	Ga 2,2	
Rb 8,6	Sr 3,3	Y 1,7	Zr 2,4	Nb 4,4	Mo 23	Tc	Ru 8,5	Rh 22	Pd 10	Ag 66	Cd 15	In 12	Sn 10	Sb 2,8
Cs 5,6	Ba 1,7	La 1,7	Hf 3,4	Ta 7,2	W 20	Re 5,3	Os 11	Ir 20	Pt 10	Au 49	Hg 4,4	Tl 7,1	Pb 5,2	Bi 1

Abb. 5.3   Elektrische Leitfähigkeit der Metalle bei 0 °C in $10^6 \, \Omega^{-1} \, m^{-1}$.

5.1 Stellung im Periodensystem, Eigenschaften von Metallen

Metallen nimmt mit steigender Temperatur die Leitfähigkeit ab, bei Halbmetallen nimmt sie zu.

Die metallischen Eigenschaften können mit den Kristallstrukturen der Metalle und den Bindungsverhältnissen in metallischen Substanzen erklärt werden.

In den chemischen Eigenschaften gibt es zwischen den Hauptgruppenmetallen und den Nebengruppenmetallen charakteristische Unterschiede. Bei den *Hauptgruppenmetallen* stehen für chemische Bindungen nur s- und p-Elektronen zur Verfügung, d-Elektronen sind entweder nicht oder nur in vollbesetzten Unterschalen vorhanden. Die Hauptgruppenmetalle treten daher überwiegend in einer einzigen Oxidationsstufe auf, bei einigen kommen zwei Oxidationsstufen vor (Abb. 5.4). Die Ionen haben meist Edelgaskonfiguration. Sie sind farblos und diamagnetisch. Die Hauptgruppenmetalle sind fast alle unedle Metalle. Bei den *Nebengruppenmetallen* werden die d-Orbitale der zweitäußersten Schale aufgefüllt. Außer den

s^1	s^2	s^2p^1	s^2p^2	s^2p^3
Li +1	Be +2			
Na +1	Mg +2	Al +3		
K +1	Ca +2	Ga +3		
Rb +1	Sr +2	In +1 +3	Sn +2 +4	
Cs +1	Ba +2	Tl +1 +3	Pb +2 +4	Bi +3 +5

Abb. 5.4 Oxidationsstufen der Hauptgruppenmetalle.

Sc $3d^1 4s^2$	Ti $3d^2 4s^2$	V $3d^3 4s^2$	Cr $3d^5 4s^1$	Mn $3d^5 4s^2$	Fe $3d^6 4s^2$	Co $3d^7 4s^2$	Ni $3d^8 4s^2$	Cu $3d^{10} 4s^1$	Zn $3d^{10} 4s^2$
+3	+2 +3 +4	+2 +3 +4 +5	+2 +3 +6	+2 +3 +4 +7	+2 +3	+2 +3	+2	+1 +2	+2
Sc_2O_3	TiO Ti_2O_3 TiO_2	VO V_2O_3 VO_2 V_2O_5	$FeCr_2O_4$ K_2CrO_4	MnO $ZnMn_2O_4$ MnO_2 $KMnO_4$	FeO Fe_2O_3	CoO $ZnCo_2O_4$	NiO	Cu_2O CuO	ZnO

Abb. 5.5 Wichtige Oxidationsstufen der 3d-Elemente. Als Beispiele sind einige Sauerstoffverbindungen aufgeführt.

s-Elektronen der äußersten Schale können auch die d-Elektronen als Valenzelektronen wirken. Die Übergangsmetalle treten daher in vielen Oxidationsstufen auf. Die wichtigsten Oxidationsstufen der 3d-Elemente sind in der Abb. 5.5 angegeben. Die meisten Ionen der Übergangsmetalle haben teilweise besetzte d-Niveaus. Solche Ionen sind gefärbt und paramagnetisch und besitzen eine ausgeprägte Neigung zur Komplexbildung (vgl. Abschn. 5.7). Unter den Nebengruppenmetallen finden sich die typischen Edelmetalle.

5.2 Kristallstrukturen der Metalle

Es treten vorwiegend drei Strukturen auf. Ihr Zustandekommen ist zu verstehen, wenn man annimmt, daß die Metallatome starre Kugeln sind und daß zwischen ihnen ungerichtete Anziehungskräfte existieren, so daß sich die Kugeln möglichst dicht zusammenlagern. Es entstehen dichteste Packungen. Abb. 5.6a zeigt eine

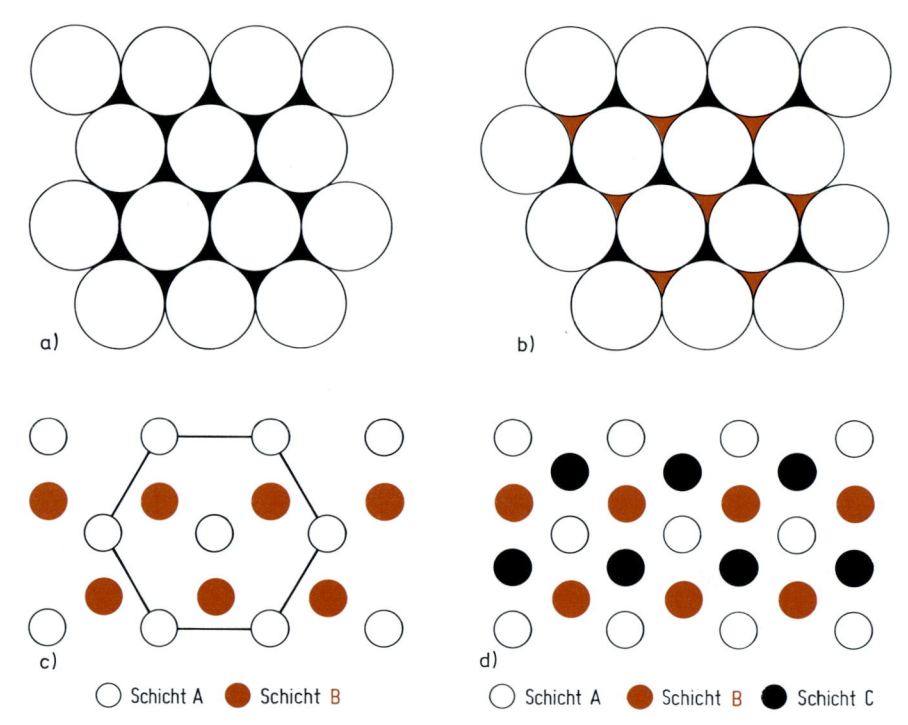

Abb. 5.6 Dichteste Kugelpackungen.
a) Eine einzelne Schicht mit dichtest gepackten Kugeln.
b) Eine Schicht dichtester Packung besitzt zwei verschiedene Sorten von Lücken (▲ und ▼), in die eine zweite darüber liegende Schicht dichtester Packung einrasten kann. Für diese Schicht gibt es daher zwei mögliche Positionen.
c) Hexagonal dichteste Packung. Die Schichtenfolge ist ABAB... Die dritte Schicht liegt genau über der ersten Schicht.
d) Kubisch dichteste Packung. Die Schichtenfolge ist ABCABC... erst die vierte Schicht liegt genau über der ersten Schicht.

5.2 Kristallstrukturen der Metalle

Schicht mit Kugeln in dichtester Packung. Die Atome sind in gleichseitigen Dreiecken bzw. Sechsecken angeordnet. Packt man auf eine solche Schicht Kugeln, dann ist die Packung am dichtesten, wenn sie in Lücken liegen, die durch drei Kugeln der darunter liegenden Schicht gebildet werden. Wird eine Kugelschicht dichtester Packung raumsparend auf eine darunter liegende Schicht gepackt, gibt es für die obere Schicht zwei mögliche Lagen (vgl. Abb. 5.6b).

Es treten daher unterschiedliche Schichtenfolgen auf. 1. Die Schichtenfolge ABAB. Die dritte Schicht liegt so auf der zweiten Schicht, daß die Kugeln genau über denen der ersten Schicht liegen (Abb. 5.6c und Abb. 5.7a). 2. Die Schichtenfolge ABCABC. Die Kugeln der dritten Schicht liegen in anderen Positionen als die der ersten Schicht. Erst die vierte Schicht liegt wieder genau über der ersten (vgl. Abb. 5.6d und Abb. 5.7b). Es gibt weitere Schichtenfolgen, die aber hier nicht näher diskutiert werden sollen.

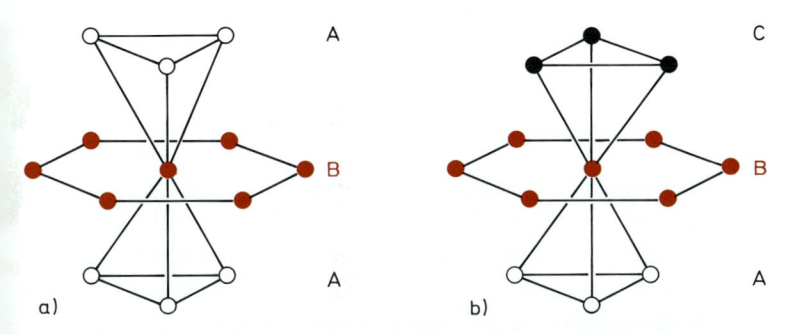

Abb. 5.7 a) Hexagonal dichteste Packung. Schichtenfolge ABAB...
b) Kubisch dichteste Packung. Schichtenfolge ABCABC...

Bei der Schichtenfolge ABAB liegt eine *hexagonal-dichteste Packung* (hdp) vor. Abb. 5.8 zeigt die hexagonale Elementarzelle dieser Struktur. Bei der *kubisch-*

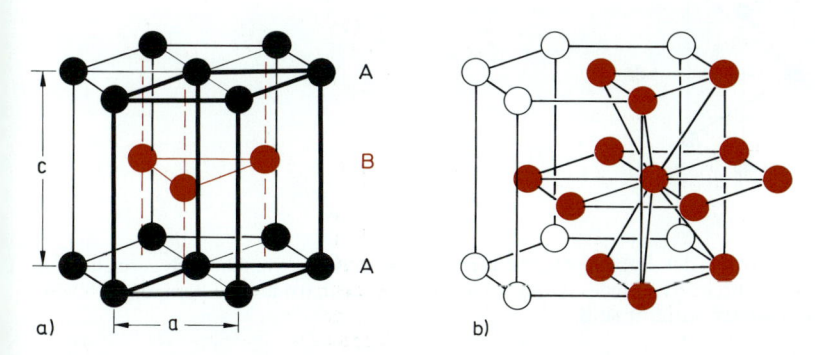

Abb. 5.8 Hexagonal-dichteste Kugelpackung (hdp).
a) Atomlagen. Die dick gezeichneten Kanten umschließen die Elementarzelle. c/a = 1,633.
b) Koordinationszahl. Jedes Atom hat 12 Nachbarn im gleichen Abstand.

dichtesten Packung (kdp) mit der Schichtenfolge ABCABC entsteht eine Struktur mit einer flächenzentrierten kubischen Elementarzelle. Die kleinste Einheit dieser Struktur ist also ein Würfel, dessen Ecken und Flächenmitten mit Atomen besetzt sind. Jeweils senkrecht zu den vier Raumdiagonalen des Würfels liegen die dichtest gepackten Schichten mit der Folge ABCABC (Abb. 5.9).

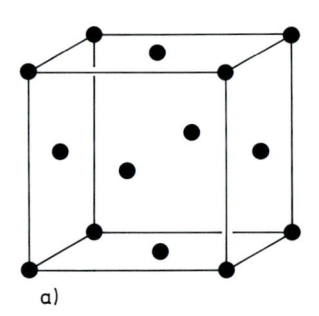

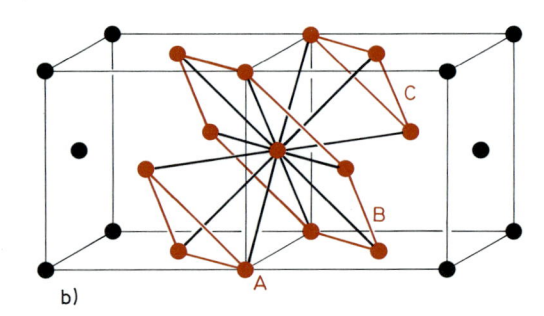

Abb. 5.9   Kubisch-dichteste Packung (kdp).
a)   Flächenzentrierte kubische Elementarzelle.
b)   Die Schichten dichtester Packung liegen senkrecht zu den Raumdiagonalen der Elementarzelle. Jedes Atom hat 12 Nachbarn im gleichen Abstand.

Die dritte häufige Struktur ist die *kubisch-raumzentrierte Struktur* (krz). Die Elementarzelle ist ein Würfel, dessen Eckpunkte und dessen Zentrum mit Atomen besetzt sind. Die Koordinationszahl beträgt 8. Zusammen mit den übernächsten Nachbarn, die nur 15 % weiter entfernt sind, ist die Zahl der Nachbaratome 14 (Abb. 5.10). Die kubisch-raumzentrierte Struktur ist etwas weniger dicht gepackt (Raumausfüllung 68 %) als die kubisch-dichteste und die hexagonal-dichteste Packung (Raumausfüllung 74 %).

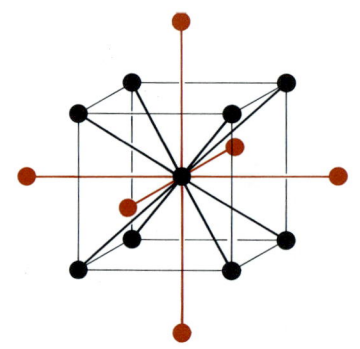

Abb. 5.10   Elementarzelle der kubisch-raumzentrierten Struktur (krz). Die rot gezeichneten Atome gehören zu Nachbarzellen. Jedes Atom hat 8 nächste Nachbarn und 6 übernächste Nachbarn, die nur 15 % weiter entfernt sind.

80 % der metallischen Elemente kristallisieren in einer der drei Strukturen. Abb. 5.11 zeigt, wie sich die Gittertypen über das Periodensystem verteilen.

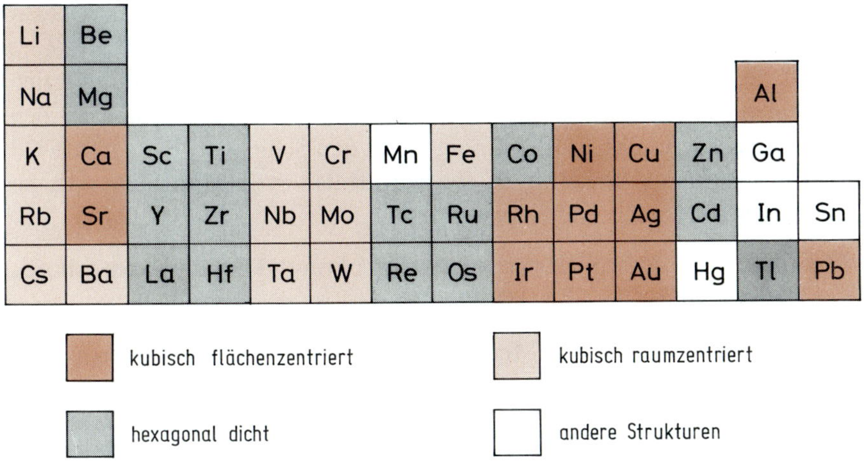

5.2 Kristallstrukturen der Metalle

Li	Be										
Na	Mg										Al
K	Ca	Sc	Ti	V	Cr	Mn	Fe	Co	Ni	Cu	Zn	Ga
Rb	Sr	Y	Zr	Nb	Mo	Tc	Ru	Rh	Pd	Ag	Cd	In	Sn
Cs	Ba	La	Hf	Ta	W	Re	Os	Ir	Pt	Au	Hg	Tl	Pb

■ kubisch flächenzentriert   ■ kubisch raumzentriert

■ hexagonal dicht   □ andere Strukturen

Abb. 5.11 Kristallstrukturen der Metalle bei Normalbedingungen. Eine Reihe von Metallen kommt in mehreren Strukturen vor. Bei einer für das jeweilige Metall charakteristischen Temperatur findet eine Strukturumwandlung statt.

In der kubisch-raumzentrierten Struktur kristallisieren die Alkalimetalle und die Elemente der 5. und 6. Nebengruppe. *In der kubisch-flächenzentrierten Struktur kristallisieren die wichtigen Gebrauchsmetalle γ-Fe, Al, Pb, Ni, Cu und die Edelmetalle.*

Viele Metalle sind polymorph, sie kommen in mehreren Strukturen vor. Eisen z. B. kommt in drei Modifikationen vor.

$$\alpha\text{-Fe(krz)} \xrightleftharpoons{906\,°C} \gamma\text{-Fe(kdp)} \xrightleftharpoons{1401\,°C} \delta\text{-Fe(krz)} \xrightleftharpoons{1536\,°C} \text{Schmelze}$$

Bei den Nichtmetallen führen gerichtete Atombindungen zu kleinen Koordinationszahlen. In Ionenkristallen sind die Bindungskräfte ungerichtet; aufgrund der Radienverhältnisse Kation:Anion sind die häufigsten Koordinationszahlen 4, 6 und 8. Bei beiden Bindungsarten ist eine große Strukturmannigfaltigkeit vorhanden. *Bei den Metallen führen die ungerichteten Bindungskräfte wegen der gleich großen Bausteine zu wenigen, geometrisch einfachen Strukturen mit großen Koordinationszahlen.*

Dichtest gepackte Strukturen (kdp und hdp) besitzen daher auch die Edelgase, bei denen zwischen den kugelförmigen Edelgasatomen ungerichtete van der Waals-Kräfte vorhanden sind.

Das Modell starrer Kugeln trifft jedoch nur in erster Näherung zu. Das Auftreten mehrerer typischer Metallstrukturen deutet auf einen individuellen Einfluß der Atome hin. Bisher gelang es aber nicht generell, theoretisch abzuleiten, welches der drei Metallgitter bei einem Metall auftritt. Bei einigen Metallen mit hexagonal-dichtester Packung hat das c/a-Verhältnis nicht den idealen Wert 1,633. Beispiele sind: Be 1,58; Seltenerdmetalle 1,57; Zn 1,86; Cd 1,88. Bei Be und den Seltenerdmetallen sind demnach die Abstände zwischen den Atomen in den Schichten dichtester Packung größer als zwischen den Schichten. Bei Zn und Cd ist es umgekehrt. Diese Abweichungen von der idealen Struktur zeigen, daß gerichtete Bindungskräfte eine Rolle spielen.

Zu den Metallen, die in komplizierteren Metallstrukturen kristallisieren, gehören Ga, In, Sn, Hg und Mn.

Die *plastische Verformbarkeit* von Metallen (Ziehen, Walzen, Hämmern) beruht darauf, daß in ausgezeichneten Ebenen eine Gleitung möglich ist. Gleitebenen sind besonders Ebenen dichtester Packung, da innerhalb der Ebenen der Zusammenhalt stark ist. In der kubisch-flächenzentrierten Struktur existieren senkrecht zu den vier Raumdiagonalen der kubischen Elementarzelle vier Scharen dichtgepackter Ebenen, bei der hexagonal-dichtesten Packung existiert nur eine solche Ebenenschar. Meist besteht ein Metallstück aus vielen regellos angeordneten Kriställchen, es ist polykristallin. Die Ebenen dichtester Packung liegen in den Kristalliten regellos auf alle Raumrichtungen verteilt. Bei polykristallinen Metallen mit kubisch-dichtester Packung ist wegen der größeren Zahl an Gleitebenen die Wahrscheinlichkeit, daß Gleitebenen der einzelnen Kristallite in eine günstige Lage zur Verformungskraft kommen, größer als bei polykristallinen Metallen mit hexagonal-dichtester Packung. Die Metalle mit kubisch-dichtester Packung (Cu, Ag, Au, Pt, Al, Pb, γ-Fe) sind daher relativ weiche, gut zu bearbeitende (duktile) Metalle, während Metalle mit hexagonal-dichtester Packung und besonders kubisch-raumzentrierte Metalle (Cr, V, W, Mo) eher spröde sind. Fe tritt in zwei Strukturen auf und ist in der γ-Form duktiler und leichter bearbeitbar als in der α-Form.

Im Metallgitter eingebaute Fremdatome erschweren die Gleitung und mindern die Duktilität. Legierungen enthalten Fremdatome und sind daher härter als das Wirtsmetall, oft sogar spröd oder brüchig.

Es soll noch erwähnt werden, daß bei der plastischen Verformung von Metallen Fehlordnungen im Metallgitter (Stufenversetzungen und Schraubenversetzungen) eine wesentliche Rolle spielen. Gleitebenen sind Ebenen mit hoher Versetzungsdichte.

5.3 Atomradien von Metallen

Der Atomradius eines Metalls wird als halber Abstand der im Metallgitter benachbarten Metallatome definiert. Aus den dichtest-gepackten Strukturen erhält man Metallradien für 12-fach koordinierte Metallatome, aus den kubisch-raumzentrierten Strukturen solche für 8-fach koordinierte Metallatome. Aus Untersuchungen polymorpher Metalle und von Legierungssystemen läßt sich die folgende Abhängigkeit der Metallradien von der Koordinationszahl ermitteln:

Koordinationszahl	12	8	6	4
Metallradius	1,00	0,97	0,96	0,88

Li 1,57	Be 1,12										
Na 1,91	Mg 1,60										Al 1,43
K 2,35	Ca 1,97	Sc 1,64	Ti 1,47	V 1,35	Cr 1,29	Mn 1,37	Fe 1,26	Co 1,25	Ni 1,25	Cu 1,28	Zn 1,37	Ga 1,53
Rb 2,50	Sr 2,15	Y 1,82	Zr 1,60	Nb 1,47	Mo 1,40	Tc 1,35	Ru 1,34	Rh 1,34	Pd 1,37	Ag 1,44	Cd 1,52	In 1,67	Sn 1,58
Cs 2,72	Ba 2,24	La 1,88	Hf 1,59	Ta 1,47	W 1,41	Re 1,37	Os 1,35	Ir 1,36	Pt 1,39	Au 1,44	Hg 1,55	Tl 1,71	Pb 1,75	Bi 1,82

Abb. 5.12 Atomradien von Metallen für die Koordinationszahl 12 in 10^{-10} m.

In der Abb. 5.12 sind Metallradien für die Koordinationszahl 12 angegeben. Die Atomradien der Metalle sind sehr viel größer als die Ionenradien (vgl. Tab. 2.2). Sie liegen im Bereich 110–270 pm. Mit steigender Ordnungszahl ändern sie sich periodisch. In jeder Periode haben die Alkalimetalle die größten Radien. In jeder Übergangsmetallreihe haben einige Elemente der zweiten Hälfte sehr ähnliche Radien (z. B. Fe, Co, Ni, Cu), da dort ein Minimum auftritt. Die Radien homologer 4d- und 5d-Elemente sind nahezu gleich (Mo, W; Nb, Ta; Pd, Pt; Ag, Au). Ursache dafür ist die sogenannte *Lanthanoidenkontraktion*. Bei den auf das Lanthan folgenden 14 Lanthanoiden werden die inneren 4f-Niveaus aufgefüllt. Dabei erfolgt eine stetige Abnahme des Atomradius, so daß die auf die Lanthanoide folgenden 5d-Elemente den annähernd gleichen Radius besitzen, wie die homologen 4d-Elemente.

5.4 Die metallische Bindung

5.4.1 Elektronengas

Bereits um 1900 wurde von Drude und Lorentz ein Modell der metallischen Bindung entwickelt, das auf klassischen Gesetzen beruht. Danach sind in Metallen die Gitterplätze durch positive Ionenrümpfe besetzt, die Valenzelektronen bewegen sich frei im Metallgitter. *Im Gegensatz zu anderen Bindungsarten sind die Va-*

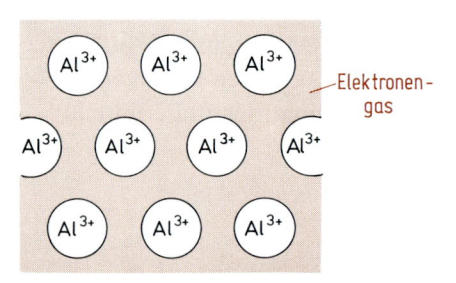

Abb. 5.13 Schnitt durch einen Aluminiumkristall. Eine Schicht von Al^{3+}-Rümpfen in der Anordnung dichtester Packung ist in Elektronengas eingebettet. In Ionenkristallen und Atomkristallen sind die Valenzelektronen fest gebunden. In Metallen sind die Valenzelektronen nicht lokalisiert, sondern im Metallgitter frei beweglich.

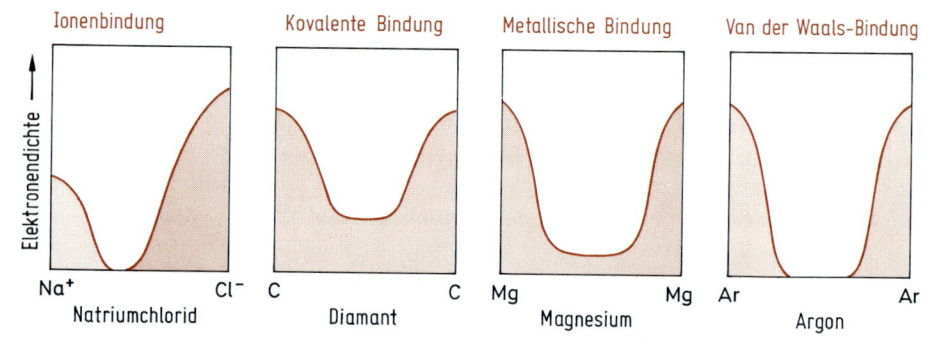

Abb. 5.14 Schematischer Verlauf der Elektronendichte zwischen benachbarten Gitterbausteinen in Kristallgittern mit unterschiedlichen Bindungsarten.

lenzelektronen also nicht an ein bestimmtes Atom gebunden, sondern *delokalisiert*, und ähnlich wie sich Gasatome im gesamten Gasraum frei bewegen können, können sich die Valenzelektronen der Metallatome im gesamten Metallgitter frei bewegen. Diese frei beweglichen Elektronen werden daher als Elektronengas bezeichnet.

In Aluminium z. B. nehmen die kugelförmigen Al^{3+}-Rümpfe nur etwa 18% des Gesamtvolumens des Metalls ein, während das Elektronengas 82% des Volumens beansprucht (Abb. 5.13).

Die Untersuchung der Elektronendichteverteilung bestätigte, daß zwischen den Atomen im Metallgitter eine endliche Elektronendichte vorhanden ist, die durch das Elektronengas zustande kommt (Abb. 5.14).

Mit diesem Modell kann man viele Eigenschaften der Metalle – zumindest qualitativ – befriedigend erklären.

5.4 Die metallische Bindung

Strukturelle und mechanische Eigenschaften:

Der Zusammenhalt der Atome in Metallen kommt durch die Anziehungskräfte zwischen den positiven Atomrümpfen und dem Elektronengas zustande. Diese Bindungskräfte sind ungerichtet, und sie erklären das bevorzugte Auftreten dichtgepackter Metallstrukturen.

Beim Gleiten der Gitterebenen bleiben die Bindungskräfte erhalten, Metalle sind daher plastisch verformbar (Abb. 5.15). Bei Ionenkristallen führt dagegen Gleitung zum Bruch, wenn bei der Verschiebung der Gitterebenen gleichartig geladene Ionen übereinander zu liegen kommen und Abstoßung auftritt. Ionenkristalle sind daher spröde und nicht plastisch verformbar (Abb. 5.16). Bei Atomkristallen werden durch mechanische Deformation Elektronenpaarbindungen zerstört, so daß ein Kristall in kleinere Bruchstücke zerfällt. Diamant und Silicium z. B. sind spröde.

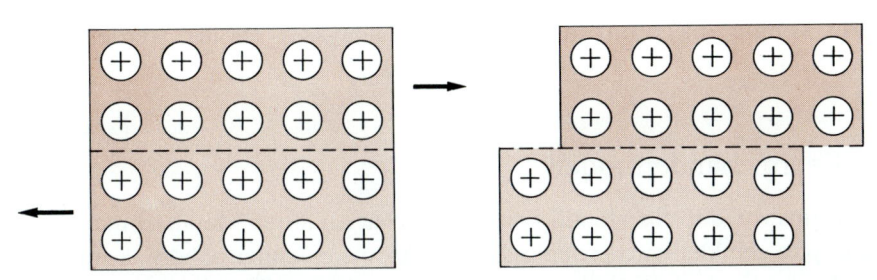

Abb. 5.15 Bei der plastischen Verformung von Metallen führt die Verschiebung der Gitterebenen gegeneinander nicht zu Abstoßungskräften.

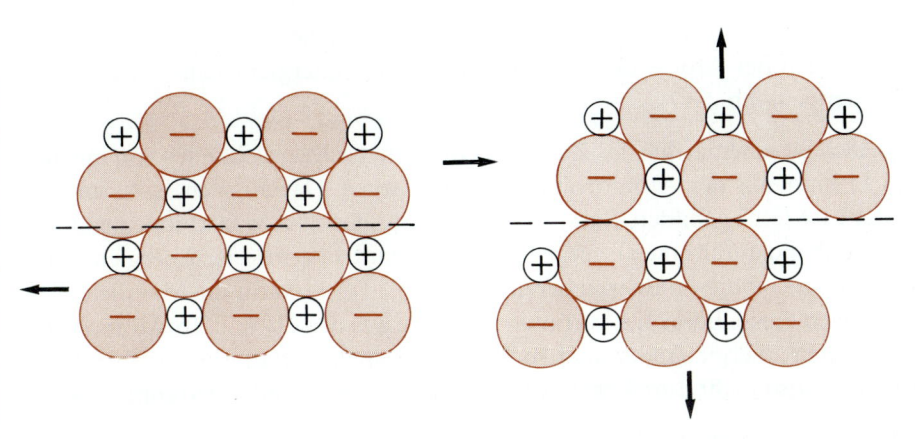

Abb. 5.16 Die dargestellte Verschiebung der Schichten eines Ionenkristalls führt zu starken Abstoßungskräften.

Elektronische Eigenschaften:

Die Existenz des Elektronengases erklärt die gute elektrische und thermische Leitfähigkeit der Metalle. Beim Anlegen einer Spannung wandern die Elektronen des Elektronengases im Kristall in Richtung der Anode. Mit steigender Temperatur sinkt die Leitfähigkeit, da durch die mit wachsender Temperatur zunehmenden Schwingungen der positiven Atomrümpfe eine wachsende Störung der freien Beweglichkeit der Elektronen erfolgt.

Da freie Elektronen Licht aller Wellenlängen absorbieren können, sind Metalle undurchsichtig. Das grau-weißliche Aussehen der Oberfläche kommt durch Reflexion von Licht aller Wellenlängen zustande.

Mit den klassischen Gesetzen ließ sich jedoch nicht das thermodynamische Verhalten von Metallen erklären. Im Gegensatz zu anderen einatomigen Gasen, beispielsweise den Edelgasen, nimmt das Elektronengas bei einer Temperaturerhöhung nahezu keine Energie auf. *Die Wärmekapazität des Elektronengases ist annähernd null. Man bezeichnet das Elektronengas daher als entartet.* Erst mit Hilfe der Quantentheorie konnte die Entartung des Elektronengases erklärt werden (vgl. Abschn. 5.4.3).

5.4.2 Energiebändermodell

Stellen wir uns vor, daß ein Metallkristall aus vielen isolierten Metallatomen eines Metalldampfes gebildet wird. Sobald sich die Atome einander nähern, kommt es zu einer Wechselwirkung zwischen ihnen. Aufgrund dieser Wechselwirkung entsteht im Metallkristall aus den äquivalenten Atomorbitalen der einzelnen isolierten Atome, die ja die gleiche Energie besitzen, eine sehr dichte Folge von Energiezuständen (vgl. S. 114). Man sagt, daß die Atomorbitale in einem Metall zu einem *Energieband* aufgespalten sind. Wird ein Metallkristall aus 10^{20} Atomen gebildet – 1 g Lithium enthält 10^{23} Atome – dann entstehen aus 10^{20} äquivalenten Atomorbitalen der Atome des Metalldampfes 10^{20} Energieniveaus unterschiedlicher Energie (Abb. 5.17).

Abb. 5.18 zeigt schematisch das Zustandekommen der Energiebänder von metallischem Lithium aus den Atomorbitalen der Li-Atome. Das aus den 1s-Atomorbitalen der Li-Atome gebildete Band ist von dem aus den 2s-Atomorbitalen gebildeten Energieband durch einen Energiebereich getrennt, in dem keine Energieniveaus liegen. Man nennt diesen Energiebereich *verbotene Zone*, da für die Metallelektronen Energien dieses Bereiches verboten sind. Die aus den 2s- und 2p-Atomorbitalen gebildeten Energiebänder sind so stark aufgespalten, daß die beiden Bänder überlappen, also nicht durch eine verbotene Zone voneinander getrennt sind.

Da die Energiebreite der Bänder in der Größenordnung von eV liegt, ist der Abstand der Energieniveaus innerhalb der Bänder von der Größenordnung

5.4 Die metallische Bindung

10^{-20} eV, also sehr klein. Wegen der geringen Abstände der Energieniveaus ändert sich in den Bändern die Energie quasikontinuierlich, aber man darf nicht vergessen, daß die Energiebänder aus einer begrenzten Zahl von Energiezuständen bestehen.

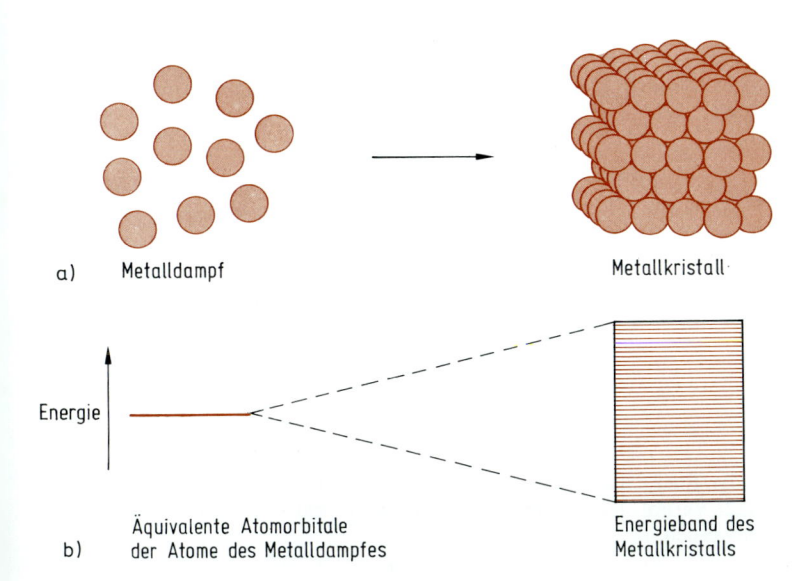

Abb. 5.17 a) Aus isolierten Atomen eines Metalldampfes bildet sich ein Metallkristall.
b) Aufspaltung von Atomorbitalen zu einem Energieband im Metallkristall. Aus 10^{20} äquivalenten Atomorbitalen von 10^{20} isolierten Atomen eines Metalldampfes entsteht im festen Metall ein Energieband mit 10^{20} Energiezuständen unterschiedlicher Energie (vgl. Bildung von Molekülorbitalen, Abschn. 2.2.9).

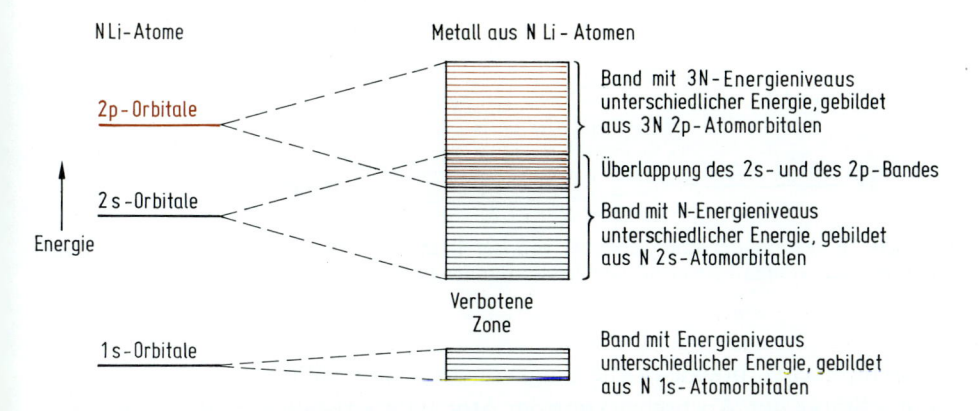

Abb. 5.18 Schematische Darstellung des Zustandekommens der Energiebänder vom Lithium aus Atomorbitalen. Die Energiebreite stark aufgespaltener Bänder liegt in der Größenordnung eV, der Abstand der Energieniveaus in den Bändern hat die Größenordnung 10^{-20} eV, wenn N = 10^{20} beträgt.

Für die Besetzung der Energieniveaus von Energiebändern mit Elektronen gilt genauso wie für die Besetzung der Orbitale einzelner Atome das Pauli-Prinzip (vgl. Abschn. 1.4.7). Jedes Energieniveau kann also nur mit zwei Elektronen entgegengesetzten Spins besetzt werden. Für die Metalle Lithium und Beryllium ist die Besetzung der Energiebänder in den Abb. 5.19 und 5.20 dargestellt.

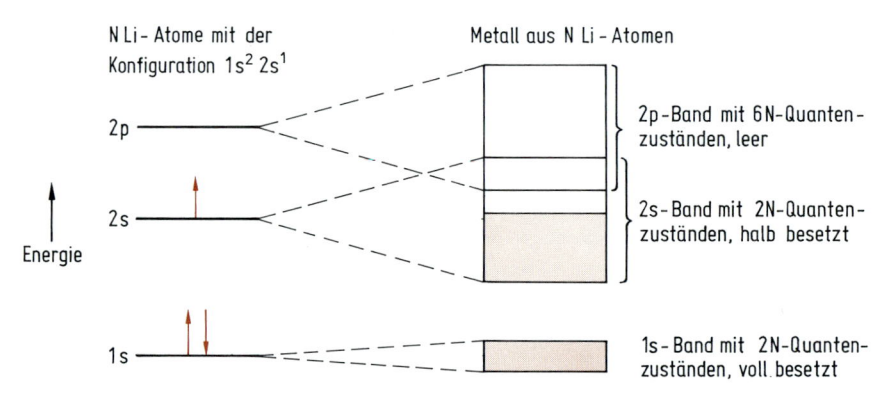

Abb. 5.19 Besetzung der Energiebänder von Lithium. Für die Besetzung der Energieniveaus der Bänder gilt das Pauli-Verbot. Jedes Energieniveau kann nur mit zwei Elektronen entgegengesetzten Spins besetzt werden.

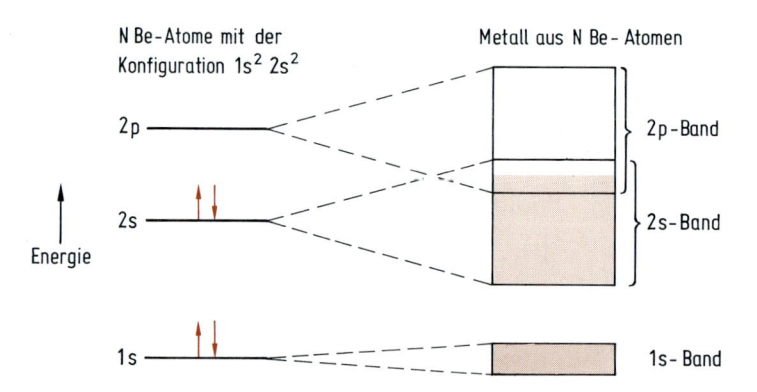

Abb. 5.20 Besetzung der Energiebänder von Beryllium. Im Überlappungsbereich des 2s- und des 2p-Bandes werden Energieniveaus beider Bänder besetzt.

Die Breite einer verbotenen Zone hängt von der Energiedifferenz der Atomorbitale und der Stärke der Wechselwirkung der Atome im Kristallgitter ab. Je mehr sich die Atome im Kristallgitter einander nähern, um so stärker wird die Wechselwirkung der Elektronen, die Breite der Energiebänder wächst, und die Breite der verbotenen Zonen nimmt ab, bis schließlich die Bänder überlappen. Abb. 5.21 zeigt

5.4 Die metallische Bindung   289

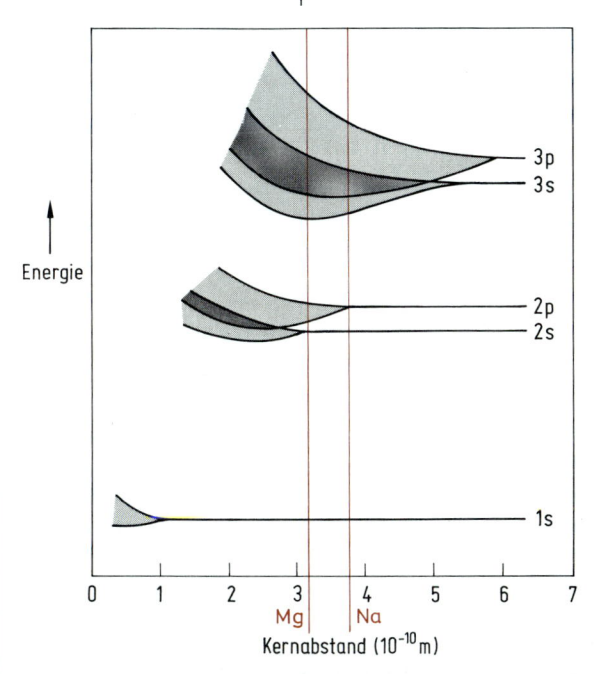

Abb. 5.21 Aufspaltung der Atomorbitale in Abhängigkeit vom Atomabstand. Die 3p- und 3s-Orbitale der Na- und Mg-Atome sind in den Metallen zu breiten, sich überlappenden Energiebändern aufgespalten.

am Beispiel von Natrium und Magnesium die Aufspaltung der Atomorbitale in Abhängigkeit vom Atomabstand.

Innere, an die Atomkerne fest gebundene Elektronen zeigen im Festkörper nur eine schwache Wechselwirkung. Ihre Energiezustände sind praktisch ungestört und daher scharf. *Die inneren Elektronen bleiben lokalisiert und sind an bestimmte Atomrümpfe gebunden.*

Die Energieniveaus der äußeren Elektronen, der Valenzelektronen, spalten stark auf. Die Breite der Energiebänder liegt in der Größenordnung von eV. Ist ein solches Band nur teilweise mit Elektronen besetzt, dann können sich die Elektronen quasifrei durch den Kristall bewegen, sie sind nicht an bestimmte Atomrümpfe gebunden (Elektronengas). Beim Anlegen einer Spannung ist elektrische Leitung möglich.

5.4.3 Metalle, Isolatoren, Eigenhalbleiter

Mit dem Energiebändermodell läßt sich erklären, welche Festkörper metallische Leiter, Isolatoren oder Halbleiter sind. *Bei den Metallen überlappt das von den Orbitalen der Valenzelektronen gebildete Valenzband immer mit dem nächsthöheren Band* (Abb. 5.22a,b). Beim Anlegen einer Spannung ist eine Elektronenbewegung möglich, da den Valenzelektronen zu ihrer Bewegung ausreichend viele unbesetzte Energiezustände zur Verfügung stehen. Solche Stoffe sind daher gute elektrische Leiter.

Bei den Alkalimetallen ist das Valenzband nur halb besetzt (Abb. 5.19). Auch ohne Überlappung mit dem darüberliegenden p-Band wäre eine elektrische Leitung möglich. Die Erdalkalimetalle (Abb. 5.20) wären ohne diese Überlappung keine Metalle, da dann das Valenzband vollständig aufgefüllt wäre.

Da in Metallen auch bei der Temperatur T = 0K die Elektronen wegen des Pauli-Verbots Quantenzustände höherer Energie besetzen müssen, haben die Elektronen bei T = 0K einen Energieinhalt. Die obere Energiegrenze, bis zu der bei T = 0K die Energieniveaus besetzt sind, heißt *Fermi-Energie* E_F. Sie beträgt für Lithium 4,7 eV. Bei einer Temperaturerhöhung können nur solche Elektronen Energie aufnehmen, die dabei in unbesetzte Energieniveaus gelangen. Da dies nur wenige Elektronen sind, nämlich die, deren Energieniveaus dicht unterhalb der Fermi-Energie liegen, ändert sich die Energie des Elektronengases mit wachsender Temperatur nur wenig, es ist entartet. Ein einatomiges Gas, für das klassische Gesetze gelten, hat dagegen bei der Temperatur T = 0K die Energie null, und die Energie des Gases nimmt mit der Temperatur linear zu (Abb. 5.23).

In einem Isolator ist das Leitungsband leer, es enthält keine Elektronen und ist vom darunterliegenden, mit Elektronen voll bestzten Valenzband durch eine breite verbotene Zone getrennt (Abb. 5.22c). In einem voll besetzten Band findet beim Anlegen einer Spannung keine Leitung statt, da für eine Elektronenbeweglichkeit freie Quantenzustände vorhanden sein müssen, in die die Elektronen bei der Zuführung elektrischer Energie gelangen können. *Ist die verbotene Zone zwischen dem leeren Leitungsband und dem vollen Valenzband schmal, tritt Eigenhalbleitung auf* (Abb. 5.22d). Durch Energiezufuhr (thermische oder optische Anregung) können nun Elektronen aus dem Valenzband in das Leitungsband gelangen. Im Leitungsband findet Elektronenleitung statt. Im Valenzband entstehen durch das Fehlen von Elektronen positiv geladene Stellen. Eine Elektronenbewegung im nahezu vollen Valenzband führt zur Wanderung der positiven Löcher in entgegengesetzter Richtung (Löcherleitung). Man beschreibt daher zweckmäßig die Leitung im Valenzband so, als ob positive Teilchen der Ladungsgröße eines Elektrons für die Leitung verantwortlich seien. Diese fiktiven Teilchen nennt man *Defektelektronen*. Mit steigender Temperatur nimmt die Zahl der Ladungsträger stark zu. Dadurch erhöht sich die Leitfähigkeit viel stärker als sie durch die mit steigender Temperatur wachsenden Gitterschwingungen vermindert wird. Im Gegensatz zu Metallen nimmt daher die Leitfähigkeit mit steigender Temperatur stark zu.

Ein Beispiel für einen Isolator ist der Diamant (vgl. Abb. 2.54). Das vollständig gefüllte Valenzband ist durch eine 5 eV breite verbotene Zone vom leeren Leitungsband getrennt. In den ebenfalls im Diamantgitter kristallisierenden homologen Elementen Si, Ge, Sn_{grau} wird die verbotene Zone schmaler, es entsteht Eigenhalbleitung.

5.4 Die metallische Bindung

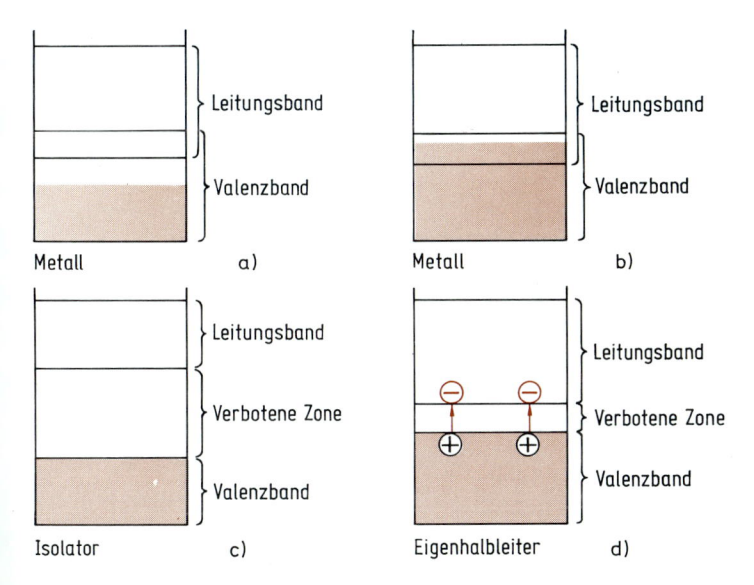

Abb. 5.22 Schematische Energiebänderdiagramme. Es ist nur das oberste besetzte und das unterste leere Band dargestellt, da die anderen Bänder für die elektrischen Eigenschaften ohne Bedeutung sind.
a), b) Bei allen Metallen überlappt das Valenzband mit dem nächsthöheren Band. In der Abb. a) ist das Valenzband teilweise besetzt. Dies trifft für die Alkalimetalle zu, bei denen das Valenzband gerade halb besetzt ist (vgl. Abb. 5.19). In der Abb. b) ist das Valenzband fast aufgefüllt und der untere Teil des Leitungsbandes besetzt. Dies ist bei den Erdalkalimetallen der Fall (vgl. Abb. 5.20).
c) Bei Isolatoren ist das voll besetzte Valenzband vom leeren Leitungsband durch eine breite verbotene Zone getrennt. Elektronen können nicht aus dem Valenzband in das Leitungsband gelangen.
d) Bei Eigenhalbleitern ist die verbotene Zone schmal. Durch thermische Anregung gelangen Elektronen aus dem Valenzband in das Leitungsband. Im Valenzband entstehen Defektelektronen. In beiden Bändern ist elektrische Leitung möglich.

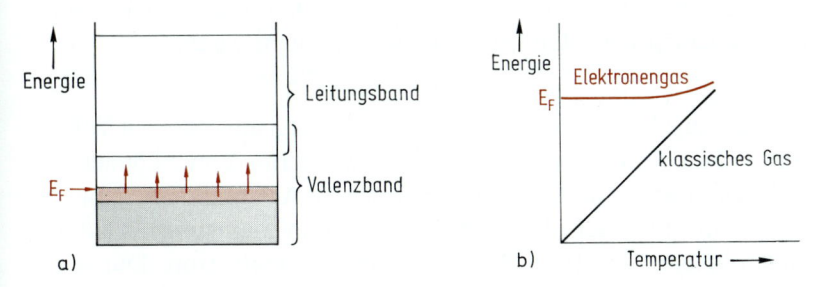

Abb. 5.23 a) Bei $T = 0\,\text{K}$ sind alle Energiezustände unterhalb E_F besetzt, alle Energiezustände oberhalb E_F unbesetzt. Bei der Temperatur T können nur Elektronen des rot gekennzeichneten Bereichs thermische Energie aufnehmen und unbesetzte Energieniveaus oberhalb E_F besetzen. Mit steigender Temperatur wird dieser Bereich breiter.
b) Da nur ein kleiner Teil der Valenzelektronen thermische Energie aufnehmen kann, nimmt die Energie des Elektronengases nur wenig zu.

Eigenhalbleiter sind auch die III-V-Verbindungen (vgl. Abschn. 2.2.8), die in der vom Diamantgitter ableitbaren Zinkblende-Struktur kristallisieren. Die Breite der verbotenen Zone ist in der Tabelle 5.1 angegeben. GaAs ist als schneller Halbleiter technisch interessant. Er besitzt eine sehr viel höhere Elektronenbeweglichkeit als Silicium.

Tabelle 5.1   Breite der verbotenen Zone von Elementen der 4. Hauptgruppe und einigen III-V-Verbindungen

Diamant-Struktur	Verbotene Zone in eV	Zinkblende-Struktur	Verbotene Zone in eV
Diamant	5,3		
Silicium	1,1	AlP	3,0
Germanium	0,72	GaAs	1,34
graues Zinn	0,08	InSb	0,18

Mit abnehmender Breite der verbotenen Zone nimmt die Energie ab, die erforderlich ist, Bindungen aufzubrechen und Elektronen aus den sp^3-Hybridorbitalen zu entfernen. Beim grauen, nichtmetallischen Zinn sind die Bindungen bereits so schwach, daß bei 13 °C Umwandlung in die metallische Modifikation erfolgt.

5.4.4   Dotierte Halbleiter (Störstellenhalbleiter)

In das Siliciumgitter lassen sich Fremdatome einbauen. Fremdatome von Elementen der 5. Hauptgruppe, beispielsweise As-Atome, besitzen ein Valenzelektron mehr als die Si-Atome. Dieses überschüssige Elektron ist nur schwach am As-Rumpf gebunden und kann viel leichter in das Leitungsband gelangen als die fest gebundenen Valenzelektronen der Si-Atome. Solche Atome nennt man Donatoratome. Im Energiebändermodell liegen daher die Energieniveaus der Donatoratome in der verbotenen Zone dicht unterhalb des Leitungsbandes. Schon durch Zufuhr kleiner Energiemengen werden Elektronen in das Leitungsband überführt. Es entsteht Elektronenleitung. Halbleiter dieses Typs nennt man *n-Halbleiter* (Abb. 5.24b).

In das Siliciumgitter eingebaute Fremdatome der 3. Hauptgruppe, die ein Valenzelektron weniger haben als die Si-Atome, beispielsweise In-Atome, können nur drei Atombindungen bilden. Zur Ausbildung der vierten Atombindung kann das In-Atom ein Elektron von einem benachbarten Si-Atom aufnehmen. Dadurch entsteht am Si-Atom eine Elektronenleerstelle, ein Defektelektron. Durch die Dotierung mit Acceptoratomen entsteht Defektelektronenleitung. Im Energiebändermodell liegen die Energieniveaus der Akzeptoratome dicht oberhalb des Valenzbandes. Elektronen des Valenzbandes können durch geringe Energiezufuhr Acceptorniveaus besetzen, im Valenzband entstehen Defektelektronen. Diese Halbleiter nennt man *p-Halbleiter* (Abb. 5.24c).

5.4 Die metallische Bindung

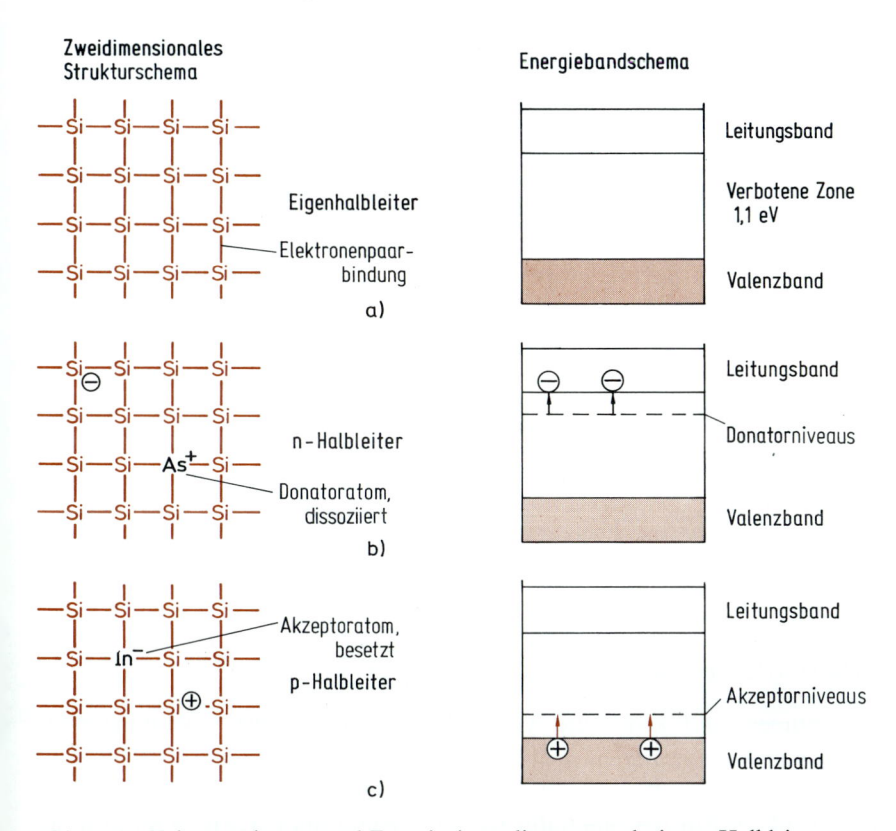

Abb. 5.24 Valenzstrukturen und Energieniveaudiagramme dotierter Halbleiter.
a) Den bindenden Elektronenpaaren der Valenzstrukturen entsprechen im Energiebandschema die Elektronen im Valenzband. Der Übergang eines Elektrons aus dem Valenzband in das Leitungsband bedeutet, daß eine Si—Si-Bindung aufgebrochen wird.
b) Das an den Elektronenpaarbindungen nicht beteiligte As-Valenzelektron ist nur schwach an den As-Rumpf gebunden und kann leicht in das Gitter wandern. Dieser Dissoziation des As-Atoms entspricht im Bandschema der Übergang eines Elektrons von einem Donatorterm in das Leitungsband. Die Donatorniveaus der As-Atome haben einen Abstand von 0,04 eV zum Leitungsband.
c) Ein Elektron einer Si—Si-Bindung kann unter geringem Energieaufwand an ein In-Atom angelagert werden. Dies bedeutet, daß ein Elektron des Valenzbandes ein Akzeptorniveau besetzt. Die Akzeptorniveaus von In liegen 0,1 eV über dem Valenzband.

Wie bei den Eigenhalbleitern, nimmt auch bei den dotierten Halbleitern die Leitfähigkeit mit steigender Temperatur zu. Da nur in sehr geringen Konzentrationen dotiert wird, muß das zur Herstellung von Si- und Ge-Halbleitern verwendete Silicium bzw. Germanium extrem rein sein. Die Konzentration der Störstellen beträgt meist 10^{21} bis 10^{26} m^{-3}, die der Gitteratome ist ca. 10^{28} m^{-3}. Die Darstellung des für Halbleiter verwendeten Siliciums ist im Abschn. 4.7.2 beschrieben.

5.4.5 Supraleiter

Bei Supraleitern erfolgt unterhalb einer charakteristischen Temperatur, der Sprungtemperatur, das schlagartige Abfallen des elektrischen Widerstands auf den Wert Null, außerdem der Übergang in den diamagnetischen Zustand. Supraleitung ist von 40 Elementen und ca. 10 000 Legierungen bekannt. Revolutionierend war die Entdeckung von oxidischen *Hochtemperatursupraleiter*n (1986). Ein solcher ist $YBa_2Cu_3O_7$, dessen Sprungtemperatur 94 K beträgt, also höher ist als der Siedepunkt von flüssigem Stickstoff (77 K). Vorher war die höchste bekannte Sprungtemperatur 23 K (Nb_3Ge). Die technische Verwendung solcher Substanzen, z. B. von NbZr und NbTi als supraleitende Spulen, ist aufwendig, da zur Kühlung flüssiges Helium (Sdp. 4 K) erforderlich ist. $Y^{3+}Ba_2^{2+}Cu_2^{2+}Cu^{3+}O_7$ kristallisiert in einer verzerrten Perowskitstruktur. Auch die anderen, bisher bekannten Hochtemperatursupraleiter sind Verbindungen mit Strukturen, die sich vom Perowskittyp ableiten und die Cu^{2+}- und Cu^{3+}-Ionen enthalten. Der Mechanismus der Supraleitung in diesen Verbindungen ist noch unklar, ihre technische Anwendung noch beschränkt.

5.5 Intermetallische Systeme

Ionenverbindungen und kovalente Verbindungen sind meist stöchiometrisch zusammengesetzt. *Bei Verbindungen zwischen Metallen ist das Gesetz der konstanten Proportionen häufig nicht erfüllt,* die Zusammensetzung kann innerhalb weiter Grenzen schwanken. Ein Beispiel dafür ist die Verbindung Cu_5Zn_8. Die verwendete Formel gibt nur eine idealisierte Zusammensetzung mit einfachen Zahlenverhältnissen an. Die Zusammensetzung kann jedoch innerhalb der Grenzen $Cu_{0,34}Zn_{0,66} - Cu_{0,42}Zn_{0,58}$ liegen. Treten in intermetallischen Systemen stöchiometrisch zusammengesetzte intermetallische Verbindungen wie Na_2K oder Cu_3Au auf, so entsteht die Stöchiometrie nicht aufgrund der chemischen „Wertigkeit" der Bindungspartner, sondern meist aufgrund der geometrischen Anordnung der Bausteine im Gitter. Aus diesen Gründen wird oft der Begriff intermetallische Verbindung vermieden und statt dessen die Bezeichnung *intermetallische Phase* verwendet.

Metallische Mehrstoffsysteme werden *Legierungen* genannt. Homogene Legierungen bestehen aus einer Phase mit einem einheitlichen Kristallgitter. Heterogene Legierungen bestehen aus einem Gefüge mehrerer Kristallarten, also aus mehreren metallischen Phasen.

5.5.1 Schmelzdiagramme von Zweistoffsystemen

Schmelzdiagramme sind Zustandsdiagramme bei konstantem Druck, aus denen abgelesen werden kann, wie sich feste Stoffe untereinander verhalten. Hier sollen nur Grundtypen metallischer Zweistoffsysteme (binäre Systeme) behandelt werden.

5.5 Intermetallische Systeme

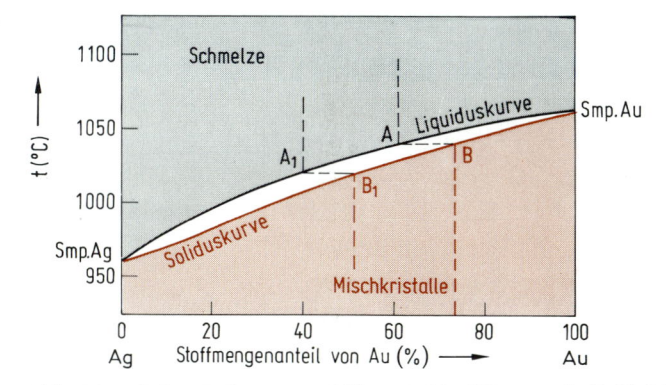

Abb. 5.25 Schmelzdiagramm Silber-Gold. Silber und Gold bilden eine lückenlose Mischkristallreihe. Die Schnittpunkte einer Isotherme mit der Liquidus- und der Soliduskurve geben die Zusammensetzungen der Schmelze und des Mischkristalls an, die bei dieser Temperatur miteinander im Gleichgewicht stehen.

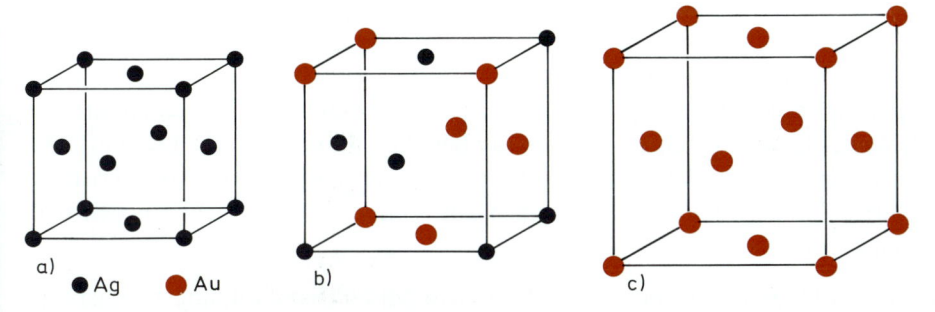

Abb. 5.26 a) Elementarzelle des kubisch flächenzentrierten Gitters von Silber.
b) Elementarzelle eines Silber-Gold-Mischkristalls. Die Gitterplätze des kubisch flächenzentrierten Gitters sind statistisch mit Gold- und Silberatomen besetzt.
c) Elementarzelle des kubisch flächenzentrierten Gitters von Gold.

Unbegrenzte Mischbarkeit im festen und flüssigen Zustand

Beispiel: Silber – Gold (Abb. 5.25).

Silber und Gold kristallisieren beide kubisch flächenzentriert und bilden miteinander *Mischkristalle*. In den Mischkristallen sind die Gitterplätze des kubisch flächenzentrierten Gitters sowohl mit Ag- als auch mit Au-Atomen besetzt (Abb. 5.26). Die Besetzung ist ungeordnet, statistisch. Da in den Mischkristallen jedes beliebige Ag/Au-Verhältnis auftreten kann, ist die Mischkristallreihe lückenlos (vgl. Abschn. 5.5.2). Mischkristalle werden auch feste Lösungen genannt. Im System Ag—Au existiert daher bei allen Zusammensetzungen nur eine feste Phase mit demselben Kristallgitter. Aus einer Ag—Au-Schmelze kristallisiert beim Erreichen der Erstarrungstemperatur (Liquiduskurve) ein Mischkristall aus, der eine von der Schmelze unterschiedliche Zusammensetzung hat und in dem die schwerer schmelzbare Komponente Au angereichert ist. Die Zusammensetzung einer Schmelze und die Zusammensetzung des Mischkristalls, der mit dieser

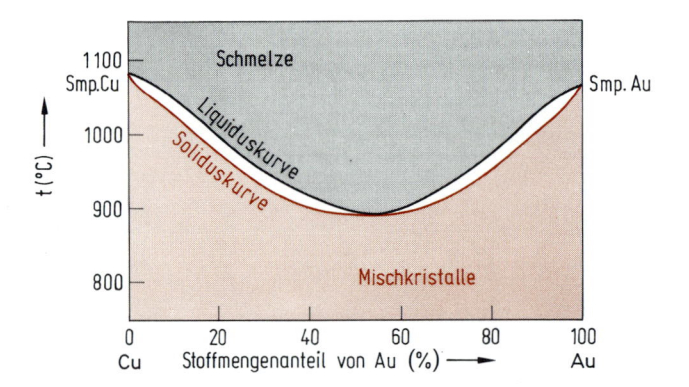

Abb. 5.27 Schmelzdiagramm Kupfer-Gold. Kupfer und Gold bilden eine lückenlose Mischkristallreihe mit einem Schmelzpunktsminimum.

Schmelze im Gleichgewicht steht, wird durch die Schnittpunkte einer Isotherme mit der *Liquiduskurve* und der *Soliduskurve* angegeben (z. B. A—B, A_1—B_1). Infolge der Anreicherung von Au in der festen Phase verarmt die Schmelze an Au, dadurch sinkt die Erstarrungstemperatur, und es kristallisieren immer Au-ärmere Mischkristalle aus, bis im Falle einer raschen Abkühlung zum Schluß reines Ag auskristallisiert. Es bilden sich also inhomogen zusammengesetzte Mischkristalle, die durch Tempern (längeres Erwärmen auf höhere Temperatur) homogenisiert werden können.

Im System Cu—Au ist ebenfalls unbegrenzte Mischkristallbildung möglich. Es tritt jedoch ein Schmelzpunktsminimum auf (Abb. 5.27).

Beim langsamen Abkühlen von Mischkristallen kann aus der ungeordneten Verteilung der Atome auf den Gitterplätzen eine geordnete Verteilung der Atome entstehen. Die geordneten Phasen werden *Überstrukturen* genannt.

Im System Cu—Au treten zwei Überstrukturen auf (Abb. 5.28). Beim Stoffmengenverhältnis 1 : 3 von Gold und Kupfer bildet sich unterhalb 390 °C, beim Ver-

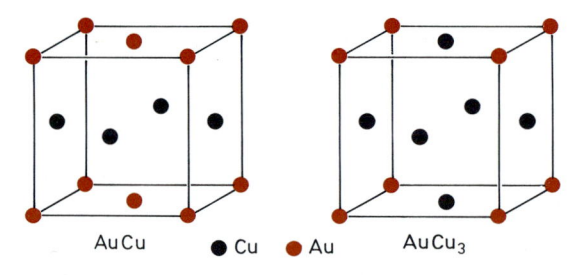

Abb. 5.28 Überstrukturen im System Kupfer-Gold. Aus Mischkristallen der Zusammensetzungen AuCu und $AuCu_3$ mit ungeordneter Verteilung der Atome auf den Gitterplätzen entstehen beim langsamen Abkühlen geordnete Verteilungen.

hältnis 1 : 1 unterhalb 420 °C eine geordnete Struktur. Die Ordnung entsteht aufgrund der unterschiedlichen Metallradien von Cu (128 pm) und Au (144 pm) (Differenz 12%). Beim schnellen Abkühlen (Abschrecken) ungeordneter Mischkristalle bleibt die statistische Verteilung erhalten (der Unordnungszustand wird eingefroren). Bei Zimmertemperatur ist die Beweglichkeit der Atome im Kristallgitter so gering, daß sich der Ordnungszustand nicht ausbilden kann.

Im System Ag—Au mit nahezu identischen Radien der Komponenten bilden sich keine Überstrukturen.

In Mischkristallen ist, verglichen mit den reinen Metallen, eine Abnahme der typischen Metalleigenschaften zu beobachten, z. B. eine Abnahme der elektrischen Leitfähigkeit und der plastischen Verformbarkeit (Abb. 5.29). Bei den Überstrukturen sind, verglichen mit den ungeordneten Mischkristallen, die metallischen Eigenschaften ausgeprägter. Die elektrische Leitfähigkeit ist höher (Abb. 5.29), Härte und Zugfähigkeit sind geringer. Die geordnete CuAu-Phase z. B. ist weich wie Cu, während der ungeordnete Mischkristall hart und spröde ist.

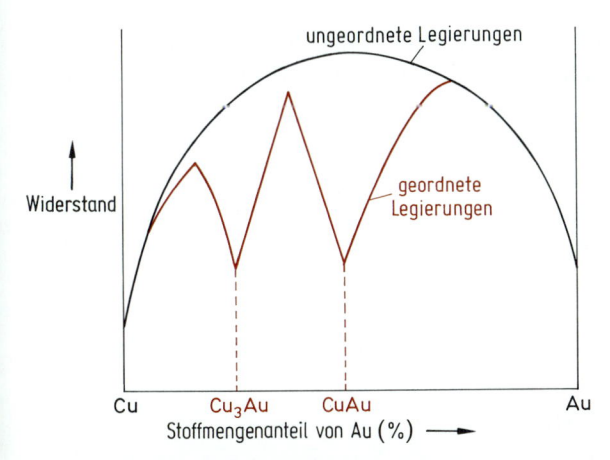

Abb. 5.29 Elektrischer Widerstand im System Cu-Au. Legierungen haben einen höheren elektrischen Widerstand als die reinen Metalle. Die geordneten Legierungen leiten besser als die ungeordneten Legierungen.

Mischbarkeit im flüssigen Zustand, Nichtmischbarkeit im festen Zustand

Beispiel: Bismut—Cadmium (Abb. 5.30).

Bismut und Cadmium sind im flüssigen Zustand in allen Verhältnissen mischbar, bilden aber miteinander keine Mischkristalle. Aus Schmelzen mit den Stoffmengenanteilen von 0–45% Bi scheidet sich am Erstarrungspunkt reines Cd aus. Kühlt man z. B. eine Schmelze der Zusammensetzung 20% Bi und 80% Cd ab, so kristallisiert bei 250 °C aus der Schmelze reines Cd aus. In der Schmelze reichert sich dadurch Bi an, und die Erstarrungstemperatur sinkt unter immer weiterer

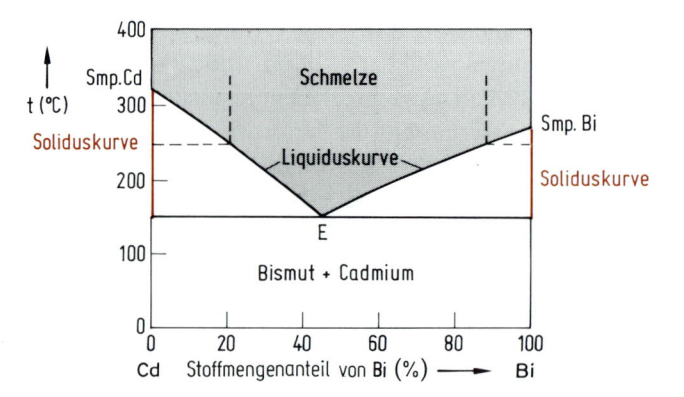

Abb. 5.30 Schmelzdiagramm Bismut-Cadmium. Bi und Cd bilden keine Mischkristalle. Aus Schmelzen der Zusammensetzungen Cd-E kristallisiert Cd aus, aus Schmelzen des Bereichs Bi-E reines Bi.

Anreicherung von Bi längs der Kurve Cd—E. Aus Schmelzen mit einem Stoffmengenanteil von 45–100 % Bi scheidet sich am Erstarrungspunkt reines Bi aus. Zum Beispiel kristallisiert aus einer Schmelze mit 90 % Bi und 10 % Cd bei etwa 250 °C Bi aus, die Schmelze reichert sich dadurch an Cd an, und die Erstarrungstemperatur sinkt längs der Kurve Bi—E. Am eutektischen Punkt E erstarrt die gesamte Schmelze zu einem Gemisch von Bi- und Cd-Kristallen, das 45 % Bi und 55 % Cd enthält (eutektisches Gemisch oder *Eutektikum*). Die Temperatur von 144 °C, bei der das eutektische Gemisch auskristallisiert, ist die tiefste Erstarrungstemperatur des Systems. Wegen des dichten Gefüges ist das Eutektikum besonders gut bearbeitbar.

Unbegrenzte Mischbarkeit im flüssigen Zustand, begrenzte Mischbarkeit im festen Zustand

Beispiel: Kupfer—Silber (Abb. 5.31).

Häufiger als lückenlose Mischkristallreihen sind Systeme, bei denen zwei Metalle nur in einem begrenzten Bereich Mischkristalle bilden.

Im System Cu—Ag ist die Löslichkeit der Metalle ineinander bei der eutektischen Temperatur (779 °C) am größten. In Cu sind maximal 4,9% Ag löslich, in Ag maximal 14,1% Cu. Bei tieferen Temperaturen wird der Löslichkeitsbereich etwas enger. Bei 500 °C sind z. B. nur noch 3% Cu in Ag löslich. Beim Abkühlen einer Schmelze der Zusammensetzung A kristallisieren zunächst die Ag-reicheren Mischkristalle der Zusammensetzung B aus. Die Schmelze reichert sich dadurch an Cu an. Mit Schmelzen des Bereichs A—E sind Mischkristalle der Zusammensetzungen B—C im Gleichgewicht. Aus Schmelzen der Zusammensetzungen Cu—E kristallisieren die damit im Gleichgewicht befindlichen Mischkristalle der Zusammensetzungen Cu—F aus. Bei der Zusammensetzung des Eutektikums E erstarrt die gesamte

5.5 Intermetallische Systeme

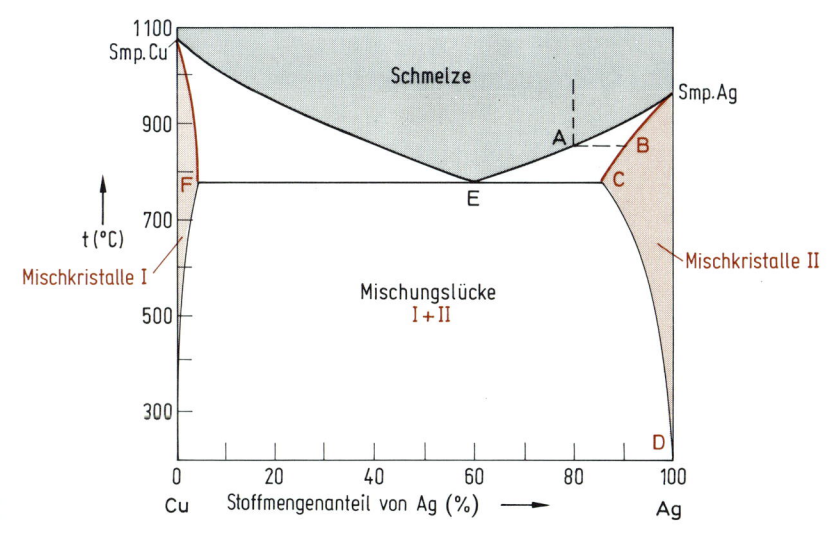

Abb. 5.31 Schmelzdiagramm Kupfer-Silber. Silber und Kupfer sind im festen Zustand nur begrenzt ineinander löslich. Im Bereich der Mischungslücke existieren keine Mischkristalle. Zur Liquiduskurve Cu-E gehört die Soliduskurve Cu-F, zur Liqidskurve Ag-E die Soliduskuve Ag-C.

Schmelze. Dabei bildet sich ein Gemisch der Mischkristalle C (14,1% Cu gelöst in Ag) und F (4,9% Ag gelöst in Cu). Mischkristalle der Zusammensetzungen 4,9–85,9% Ag können also nicht erhalten werden. In diesem Bereich liegt eine *Mischungslücke*. Beim Abkühlen des eutektischen Gemisches tritt wegen der breiter werdenden Mischungslücke Entmischung auf. Dabei scheiden sich z. B. längs der Linie C—D aus den silberreichen Mischkristallen silberhaltige Cu-Kristalle aus. Durch Abschrecken kann die Entmischung vermieden werden, und der größere Löslichkeitsbereich bleibt metastabil erhalten.

Mischbarkeit im flüssigen Zustand, keine Mischbarkeit im festen Zustand, aber Bildung einer neuen festen Phase

Beispiel: Magnesium—Germanium (Abb. 5.32).

In den bisher besprochenen Systemen traten entweder Gemische der Komponenten A und B oder Mischkristalle zwischen ihnen auf, also immer nur Kristalle mit dem Gittertyp von A und B. Es gibt jedoch zahlreiche Systeme, bei denen A und B eine Phase mit einem neuen Kristallgitter bilden. Dies ist im System Mg—Ge der Fall. Außer den Kristallindividuen von Mg und Ge existieren noch Kristalle der Phase Mg_2Ge.

Ge und Mg sind nicht ineinander löslich, bilden also keine Mischkristalle. Bei der Zusammensetzung Mg_2Ge tritt ein Schmelzpunktmaximum auf. Dadurch entstehen zwei Eutektika. Im Bereich der Zusammensetzungen Mg—E_1 kristallisiert aus der Schmelze reines Mg aus, zwischen E_1 und E_2 Mg_2Ge und im Bereich

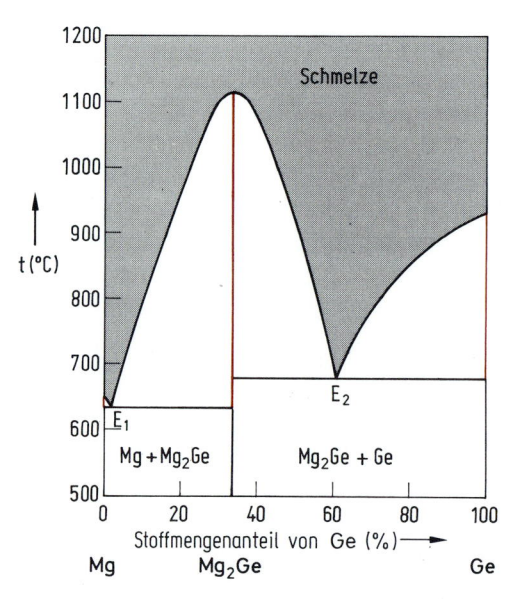

Abb. 5.32 Schmelzdiagramm Magnesium-Germanium. Das System besitzt ein Schmelzpunktsmaximum, das durch die Existenz der intermetallischen Verbindung Mg_2Ge zustande kommt. Mg, Ge und Mg_2Ge bilden miteinander keine Mischkristalle.

E_2—Ge reines Ge. Am Eutektikum E_1 scheidet sich ein Kristallgemisch von Mg und Mg_2Ge aus, am Eutektikum E_2 ein Gemisch von Ge und Mg_2Ge. Mg kristallisiert in der hexagonal dichtesten Packung, Ge in der Diamant-Struktur. Die intermetallische Phase Mg_2Ge kristallisiert in der Fluorit-Struktur.

Mg_2Ge kann unzersetzt geschmolzen werden (*kongruentes Schmelzen*): Intermetallische Phasen, die bei gleichzeitiger Zersetzung teilweise schmelzen, werden *inkongruent schmelzende Phasen* genannt. Ein Beispiel dafür ist die Phase Na_2K des Systems Na—K (Abb. 5.33). Na_2K ist nur unterhalb 6,9 °C beständig. Bei 6,9 °C zerfällt Na_2K in festes Na und eine Schmelze der Zusammensetzung A. Der Zersetzungspunkt wird *Peritektikum* genannt. Bei Zusammensetzungen zwischen Na und A scheidet sich aus der Schmelze festes Na aus, zwischen A und E entsteht beim Abkühlen Na_2K. Am eutektischen Punkt E kristallisiert ein Gemisch aus K und Na_2K aus.

Nichtmischbarkeit im festen und flüssigen Zustand

Beispiel: Eisen—Blei.

Fe und Pb sind auch im geschmolzenen Zustand nicht mischbar. Das spezifisch leichtere Fe schwimmt auf der Pb-Schmelze. Kühlt man die Schmelze ab, dann kristallisiert bei Erreichen des Schmelzpunkts von Fe (1536 °C) zunächst das gesamte Eisen aus. Sobald der Schmelzpunkt von Blei (327 °C) erreicht ist, erstarrt auch Blei.

5.5 Intermetallische Systeme

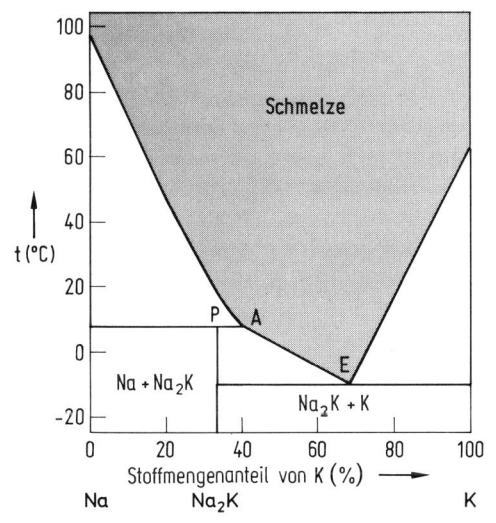

Abb. 5.33 Schmelzdiagramm Natrium-Kalium. Na und K bilden die inkongruent schmelzende intermetallische Phase Na_2K.

Die meisten binären Schmelzdiagramme sind komplizierter, und es treten Kombinationen der behandelten Grundtypen auf.

Das Zonenschmelzverfahren

Zur Reinstdarstellung vieler Substanzen, insbesondere von Halbleitern (Si, Ge, GaAs) wird das Zonenschmelzverfahren (Pfann 1952) benutzt. Man läßt durch das zu reinigende stabförmige Material eine schmale Schmelzzone wandern. Bei der Kristallisation reichern sich die Verunreinigungen in der Schmelze an und wandern mit der Schmelzzone durch die Substanz. Durch mehrfaches Schmelzen und Rekristallisieren erhält man hochreine Substanzen. Neben der Reinigung ermöglicht das Zonenschmelzverfahren gleichzeitig die Gewinnung von Einkristallen.

5.5.2 Häufige intermetallische Phasen

Man kann die Metalle nach ihrer Stellung im Periodensystem in drei Gruppen einteilen.

Typische Metalle										Weniger typische Metalle			
T_1		T_2								B			
Li	Be												
Na	Mg										(Al)		
K	Ca	Sc	Ti	V	Cr	Mn	Fe	Co	Ni	Cu	Zn	Ga	
Rb	Sr	Y	Zr	Nb	Mo	Tc	Ru	Rh	Pd	Ag	Cd	In	Sn
Cs	Ba	La	Hf	Ta	W	Re	Os	Ir	Pt	Au	Hg	Tl	Pb	Bi

Zur Gruppe T_1 gehören typische Metalle der Hauptgruppen, zur Gruppe T_2 typische Metalle der Nebengruppen, die Lanthanoide und die Actinoide. In der Gruppe B stehen weniger typische Metalle. Hg, Ga, In, Tl und Sn kristallisieren nicht in einer der charakteristischen Metallstrukturen. Bei Cd und Zn treten Abweichungen von der idealen hexagonal-dichtesten Packung auf (vgl. Abschn. 5.2). Al gehört eher zur T_1-Gruppe.

Diese Einteilung der Metalle ermöglicht eine Klassifikation intermetallischer Systeme, die in dem folgenden Schema zusammengefaßt ist, mit der aber nur ein Teil der intermetallischen Phasen erfaßt ist.

Metall-gruppe	T_1	T_2	B
T_1	Feste Lösungen Überstrukturen Laves-Phasen		Zintl-Phasen
T_2			Hume-Rothery-Phasen
B	–	–	Feste Lösungen

Mischkristalle, Überstrukturen

Lückenlose Mischkristallbildung zwischen zwei Metallen erfolgt nur, wenn die folgenden Bedingungen erfüllt sind:

1. Beide Metalle müssen im gleichen Gittertyp kristallisieren (Isotypie).

Tabelle 5.2 Beispiele für unbegrenzte Mischkristallbildung zwischen zwei Metallen

System	Unterschied der Atomradien in %	Struktur	Metall-gruppe
K—Rb	6	krz	T_1
K—Cs	13	krz	T_1
Rb—Cs	8	krz	T_1
Ca—Sr	9	kdp	T_1
Mg—Cd	5	hdp	T_1—B
Cu—Au	12	kdp	T_2
Ag—Au	<1	kdp	T_2
Ag—Pd	5	kdp	T_2
Au—Pt	4	kdp	T_2
Ni—Pd	9	kdp	T_2
Ni—Pt	11	kdp	T_2
Pd—Pt	1	kdp	T_2
Cu—Ni	2	kdp	T_2
Cr—Mo	8	krz	T_2
Mo—W	1	krz	T_2

5.5 Intermetallische Systeme

2. Die Atomradien beider Metalle dürfen nicht zu verschieden sein. Die Differenz muß kleiner als etwa 15% sein.
3. Die beiden Metalle dürfen nicht zu unterschiedliche Elektronegativitäten besitzen.

Beispiele für unbegrenzte Mischkristallbildung zwischen zwei Metallen sind in der Tabelle 5.2 angegeben.

In einer Mischkristallreihe ändern sich häufig die Gitterkonstanten (Abmessungen der Elementarzelle) linear mit der Zusammensetzung (Vegardsche Regel) (Abb. 5.34).

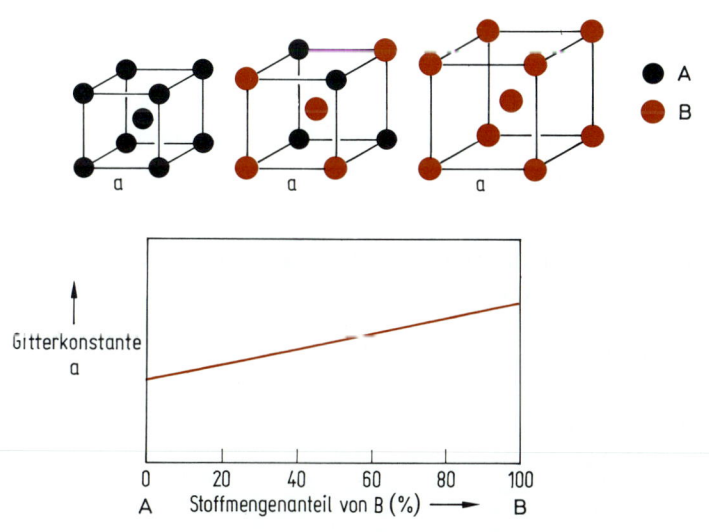

Abb. 5.34 Vegardsche Regel. In vielen Mischkristallreihen nimmt bei der Substitution von A-Atomen durch größere B-Atome die Gitterkonstante linear mit der Zusammensetzung zu. Im oberen Teil der Abbildung sind die Elementarzellen eines Mischkristallsystems mit A_2-Struktur dargestellt.

Wenn diese Bedingungen nicht erfüllt sind, sind zwei Metalle entweder nur begrenzt mischbar oder sogar völlig unmischbar. Dies soll mit einigen Beispielen illustriert werden.

System	Struktur	Gruppe	Differenz der Radien in %	Mischkristall-bildung
Na—K	krz	T_1	25	keine
Ca—Al	kdp	T_1	38	keine
Pb—Sn	kdp—X	B	10	begrenzt
Cr—Ni	krz—kdp	T_2	3	begrenzt
Ag—Al	kdp	$T_2 - T_1$	1	begrenzt
Mg—Pb	hdp—kdp	$T_1 - B$	9	begrenzt
Cu—Zn	kdp—hdp	$T_2 - B$	7	begrenzt

X Keine der drei typischen Metallstrukturen.

Außerdem spielen individuelle Faktoren eine Rolle. Im System Ag—Pt tritt eine Mischungslücke auf, obwohl beide Metalle in der Struktur kdp kristallisieren und die Differenz der Atomradien nur 4% beträgt. Ag und Pd mit der nahezu gleichen Radiendifferenz von 5% sind dagegen unbegrenzt mischbar. Entsprechendes gilt für die Systeme Cu—Au und Cu—Ag. (Vgl. Abb. 5.27 und Abb. 5.31).

Aus ungeordneten Mischkristallen können Überstrukturen mit geordneten Atomanordnungen entstehen. Beispiele dafür sind die Überstrukturen AuCu, AuCu$_3$ (vgl. Abb. 5.28) und CuZn (vgl. Abb. 5.36).

Laves-Phasen

Laves-Phasen sind sehr häufig auftretende intermetallische Phasen der Zusammensetzung AB$_2$. Sie werden überwiegend von typischen Metallen der T-Gruppen gebildet, bei denen das Verhältnis der Atomradien r_A/r_B nur wenig vom Idealwert 1,22 abweicht (Tabelle 5.3). Laves-Phasen werden also von Metallen gebildet, bei denen aufgrund der zu großen Radiendifferenzen keine Mischkristallbildung möglich ist. Ein typisches Beispiel dafür ist die Phase KNa$_2$.

Die Laves-Phasen treten in drei nahe verwandten Strukturen auf, in denen die gleichen Koordinationszahlen vorhanden sind. Abb. 5.35 zeigt die kubische Struktur des MgCu$_2$-Typs. Jedes Cu-Atom ist von 6 Cu- und 6 Mg-Atomen umgeben.

Tabelle 5.3   Beispiele für Laves-Phasen

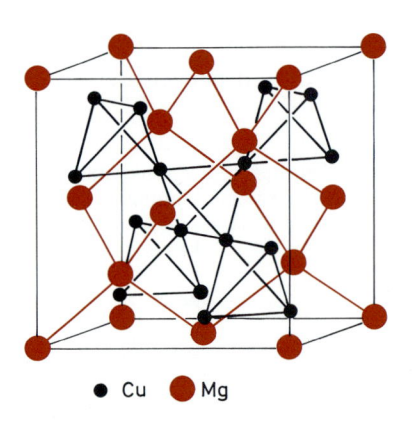

Phase	r_A/r_B	Phase	r_A/r_B
KNa$_2$	1,23	NaAu$_2$	1,33
CaMg$_2$	1,23	MgNi$_2$	1,28
MgZn$_2$	1,17	CaAl$_2$	1,38
MgCu$_2$	1,25	WFe$_2$	1,12
AgBe$_2$	1,29	TiCo$_2$	1,18
TiFe$_2$	1,17	VBe$_2$	1,20

Abb. 5.35   Kristallstruktur der kubischen Laves-Phase MgCu$_2$. Für diese AB$_2$-Struktur ist das Verhältnis $r_A/r_B = 1{,}225$.

Jedes Mg-Atom ist von 4 Mg- und 12 Cu-Atomen koordiniert. Daraus ergibt sich eine mittlere Koordinationszahl von $13\frac{1}{3}$, die Packungsdichte beträgt 71%.

Laves-Phasen sind dicht gepackte Strukturen mit stöchiometrischer Zusammensetzung, deren Auftreten durch geometrische Faktoren bestimmt wird und nicht von der Elektronenkonfiguration oder Elektronegativität der Elemente abhängt. Die Bindung ist wie in reinen Metallen echt metallisch ohne heteropolare oder homöopolare Bindungstendenzen.

Hume-Rothery-Phasen

Hume-Rothery-Phasen treten bei intermetallischen Systemen auf, die von den Übergangsmetallen T_2 mit B-Metallen gebildet werden. Ein typisches Beispiel ist das System Cu—Zn (Messing). Bei Raumtemperatur treten im System Cu—Zn die folgenden Phasen auf (Abb. 5.36):

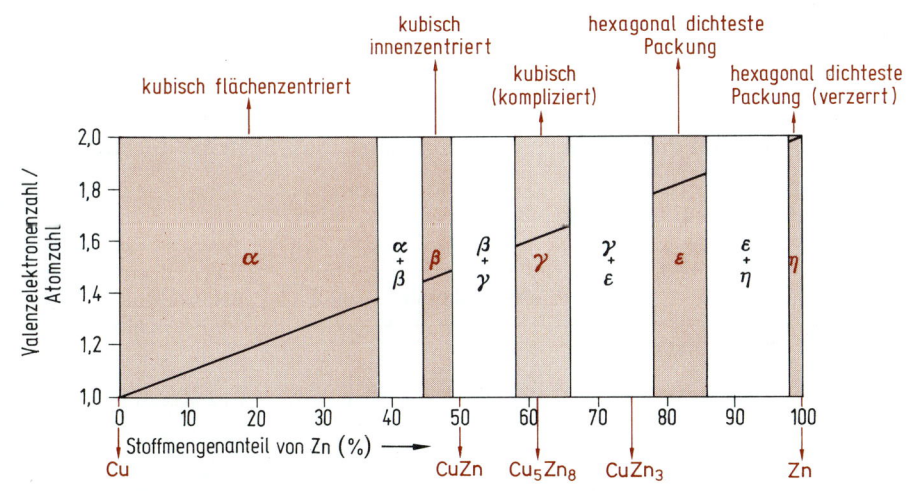

Abb. 5.36 Phasenfolge im System Kupfer-Zink bei Raumtemperatur. Für die Bildung der Hume-Rothery-Phasen ist ein bestimmtes Verhältnis der Anzahl der Valenzelektronen zur Anzahl der Atome erforderlich.

α-Phase: Im kubisch flächenzentrierten Cu-Gitter können sich 38% Zn lösen. Es bilden sich Substitutionsmischkristalle.

β-Phase: Stabil im Bereich 45–49% Zn; die ungefähre Zusammensetzung ist CuZn. Unterhalb 470 °C hat CuZn die Caesiumchlorid-Struktur, darüber ein kubisch innenzentriertes Gitter mit einer statistischen Verteilung der Cu- und Zn-Atome auf den Plätzen des Caesiumchloridgitters.

γ-Phase: 58–66% Zn; annähernde Zusammensetzung Cu_5Zn_8; komplizierte kubische Struktur.

ε-Phase: 78–86% Zn; Zusammensetzung nahe bei $CuZn_3$; hexagonal dichteste Packung.

η-Phase: Das Zn-Gitter kann nur 2% Cu unter Mischkristallbildung aufnehmen; verzerrt hexagonal dichteste Packung (vgl. Abschn. 5.2).

Während reines Cu weich und schmiegsam ist, zeigen die Messinglegierungen mit wachsendem Zn-Gehalt zunehmende Härte. Die γ- und die ε-Phase sind hart und spröde.

Technisch wichtige Messinglegierungen liegen im Bereich bis 41% Zn. Zu hoch legiertes Cu versprödet.

Hume-Rothery-Phasen sind nicht stöchiometrisch zusammengesetzt wie die Laves-Phasen, sondern haben eine relativ große Phasenbreite. Die angegebenen Formeln geben nur die idealisierte Zusammensetzung der Phasen an, sie sind nicht wie bei heteropolaren und homöopolaren Verbindungen durch Valenzregeln bestimmt. Bei anderen T_2-B-Systemen treten die analogen Phasen auf, aber die korrespondierenden β-, γ-, ε-Phasen haben ganz unterschiedliche Zusammensetzungen (Tabelle 5.4). Die Stöchiometrie spielt also für das Auftreten der Hume-Rothery-Phasen keine Rolle. Nach Hume-Rothery wird die Zusammensetzung durch das Verhältnis der Zahl der Valenzelektronen zur Gesamtzahl der Atome bestimmt. In der Tabelle 5.4 sind diese Zahlenverhältnisse für einige Systeme angegeben.

Tabelle 5.4 Beispiele für Hume-Rothery-Phasen

Phase	Zusammensetzung	Valenzelektronenzahl	Atomzahl	Valenzelektronenzahl: Atomzahl
β-Phase	CuZn, AgCd	1 + 2	2	
	$CoZn_3$	0 + 6	4	
	Cu_3Al	3 + 3	4	3 : 2 = 21 : 14 = 1,50
	FeAl	0 + 3	2	
	Cu_5Sn	5 + 4	6	
γ-Phase	Cu_5Zn_8, Ag_5Cd_8	5 + 16	13	
	Fe_5Zn_{21}	0 + 42	26	21 : 13 = 1,62
	Cu_9Al_4	9 + 12	13	
	$Cu_{31}Sn_8$	31 + 32	39	
ε-Phase	$CuZn_3$, $AgCd_3$	1 + 6	4	
	Ag_5Al_3	5 + 9	8	7 : 4 = 21 : 12 = 1,75
	Cu_3Sn	3 + 4	4	

Die Zahl der Valenzelektronen der Metalle der 8. Nebengruppe muß null gesetzt werden.

Auch die Phasenbreite der α-Phase wird durch die Zahl der Valenzelektronen zur Zahl der Atome bestimmt (Tab. 5.5).

Ausschlaggebend für das Auftreten der Hume-Rothery-Phasen ist offenbar eine bestimmte Konzentration des Elektronengases. Wird diese Elektronenkonzentration überschritten, so ist die Struktur nicht mehr beständig und es bildet sich eine neue Phase.

5.5 Intermetallische Systeme

Tabelle 5.5 Löslichkeit von Metallen mit unterschiedlicher Valenzelektronenzahl in Kupfer

System	Löslichkeit in % (Stoffmengenanteil)	Valenzelektronenzahl: Atomzahl	
Cu—Zn	38,4	1,38	
Cu—Al	20,4	1,41	
Cu—Ga	20,3	1,41	$21:15 = 1,4$
Cu—Ge	12,0	1,36	
Cu—Sn	9,3	1,28	

Zintl-Phasen

Zwischen den stark elektropositiven Metallen der T_1-Gruppe und den weniger elektropositiven Metallen der B-Gruppe ist die Elektronegativitätsdifferenz bereits so groß, daß sich intermetallische Phasen mit heteropolarem Bindungscharakter bilden. Daher kommt es zur Bildung stöchiometrischer Phasen oder Phasen mit nur geringer Phasenbreite. Zu der großen Zahl dieser Phasen gehören auch Verbindungen mit den Halbmetallen der 4. und 5. Hauptgruppe (Si, Ge, As, Sb). Häufig treten die für Ionenkristalle typischen Strukturen von Caesiumchlorid und Calciumfluorid auf (Tabelle 5.6).

Tabelle 5.6 Beispiele für Phasen aus T_1- und B-Metallen

Gittertyp	Beispiele	Gittertyp	Beispiele	Gittertyp	Beispiele
CsCl	LiHg	CaF_2	Mg_2Sn	NaTl	LiAl
	LiAg		Mg_2Pb		LiGa
	LiTl		Mg_2Ge		LiIn
	MgTl		Mg_2Si		NaIn
	MgAg	$AuCu_3$	$CaSn_3$		NaTl
	CaTl		$CaPb_3$		
	CaHg		$CaTl_3$		
	CaCd		$NaPb_3$		
	SrTl		$SrBi_3$		

Bei den im CsCl-Gitter auftretenden Zintl-Phasen ist das Verhältnis Valenzelektronenzahl: Atomzahl nicht wie bei den β-Hume-Rothery-Phasen 3:2.

Als Zintl-Phasen bezeichnet man solche heteropolare Phasen auf die das Zintl-Klemm-Konzept anwendbar ist. Danach gibt das unedlere Metall Elektronen an das edlere Metall ab. Mit den dann vorhandenen Valenzelektronen der ionischen Grenzstruktur werden Anionenteilgitter aufgebaut, deren Atomanordnung dem Element entspricht, das die gleiche Valenzelektronenkonfiguration besitzt.

● Tl   ● Na

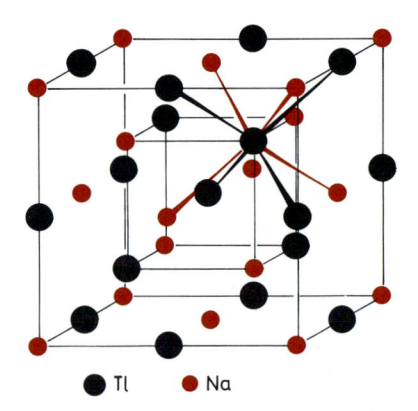

Abb. 5.37 Gitter von NaTl. Jedes Atom des Gitters ist von vier Tl- und vier Na-Atomen jeweils tetraedrisch umgeben. Die acht Nachbarn bilden zusammen einen Würfel.

Das bekannteste Beispiel ist der nur in dieser Verbindungsklasse auftretende NaTl-Gittertyp (Tabelle 5.6, Abb. 5.37). Das Gitter von NaTl besteht aus zwei ineinandergestellten Na- und Tl-Untergittern mit Diamantstruktur. Sowohl Na als auch Tl ist von 4 Na und 4 Tl jeweils tetraedrisch umgeben. Tl hat einen Radius wie im reinen Metall, während der Na-Radius zwischen dem Metall- und dem Ionenradius liegt. Der ionische Bindungsanteil kann durch die Grenzstruktur Na^+Tl^- zum Ausdruck gebracht werden. Tl^- hat dieselbe Valenzelektronenkonfiguration wie C, also die Bindigkeit vier und kann wie dieses ein Diamantteilgitter aufbauen, dessen Ladung durch die in den Lücken sitzenden Na^+-Ionen neutralisiert wird.

Bei den intermetallischen Phasen mit Fluoritstruktur (Tabelle 5.6; vgl. auch Abb. 5.32) hat die anionische Komponente der ionischen Grenzstruktur Edelgaskonfiguration und daher die Bindigkeit null, die Atome sind im Gitter isoliert und nur von der anderen Atomsorte umgeben.

Beispiele, bei denen die Bauprinzipien des Anionengitters durch die Bindigkeiten zwei bzw. drei der Anionen bestimmt werden:

NaPb, KGe. Auf Grund der Bindigkeit drei bilden die Anionen isolierte Tetraeder (analog P_4).
$CaSi_2$. Die Si-Atome bilden gewellte Schichten (analog As).

CaSn, BaPb. Auf Grund der Bindigkeit zwei werden von den anionischen Metallen Zickzack-Ketten gebildet.

LiAs, NaSb. Die anionischen Metalle liegen als geschraubte Ketten vor (analog Se, Te).
Bei den heteropolaren intermetallischen Phasen mit CsCl-Struktur und Cu_3Au-Struktur (vgl. Abb. 5.28) ist das Zintl-Klemm-Konzept nicht anwendbar.

5.5 Intermetallische Systeme

Einlagerungsverbindungen

Die kleinen Nichtmetallatome H, B, C, N können in Metallgittern Zwischengitterplätze besetzen, wenn für die Atomradien die Bedingung $r_{Nichtmetall} : r_{Metall} \leq 0{,}59$ gilt. Die dabei entstehenden Phasen werden Einlagerungsverbindungen genannt. Diese Phasen behalten metallischen Charakter, man spricht daher von legierungsartigen Hydriden, Boriden, Carbiden und Nitriden. Sie werden von Metallen der 4.–8. Nebengruppe, den Lanthanoiden und Actinoiden gebildet. Andere Metalle bilden diese Verbindungen auch bei passender Atomgröße und Elektronegativität nicht. In der elektrischen Leitfähigkeit und im Glanz ähneln die Einlagerungsverbindungen den Metallen. Die Phasenbreite ist meist groß. Unähnlich den Metallen und Legierungen entstehen spröde Substanzen mit sehr hoher Härte und sehr hohen Schmelzpunkten, die daher technisch interessant sind (Hartstoffe). Ein bekanntes Beispiel ist WC, Widia (hart wie Diamant), weitere Beispiele zeigt Tabelle 5.7.

Tabelle 5.7 Beispiele für Einlagerungsverbindungen

Carbide				Nitride	
	Schmelz-punkt in °C		Schmelz-punkt in °C		Schmelz-punkt in °C
TiC	2940–3070	β-Mo$_2$C	2485–2520	TiN	2950
ZrC	3420	WC	2720–2775	ZrN	2985
VC	2650–2680	UC	2560	TaN	3095
NbC	3610	UC$_2$	2500	Mo$_2$N	Zersetzung
TaC	3825–3985			W$_2$N	Zersetzung

Die Mohs-Härte liegt meist bei 8–10. Die härteste Substanz mit der Härte 10 ist Diamant.

Technisch von großer Bedeutung sind Hartmetalle. Es sind Sinterlegierungen aus Hartstoffen und Metallen, z. B. WC und Co, die bei relativ niedrigen Temperaturen gesintert werden können und in denen die Härte und die Zähigkeit der beiden Komponenten kombiniert sind.

Die Strukturen der Einlagerungsverbindungen leiten sich von dicht gepackten Metallgittern ab (vgl. Abb. 5.38). Die N- und C-Atome besetzen die größeren Oktaederlücken, die H-Atome auch die kleineren Tetraederlücken des Metallgitters. Die Lücken können auch teilweise besetzt sein. Es wird aber immer nur die eine Lückensorte besetzt. Tabelle 5.8 zeigt Beispiele für einige stöchiometrische Phasen und die Strukturen, in denen sie auftreten, wenn die Metallatome kubisch-dichtest gepackt sind. Bei anderen Einlagerungsstrukturen sind die Metallatome hexagonal-dichtest gepackt oder kubisch-raumzentriert angeordnet. Weitere Strukturen entstehen durch Erniedrigung der kubischen Symmetrie als Folge von Gitterverzerrungen. Metallboride haben komplizierte Strukturen.

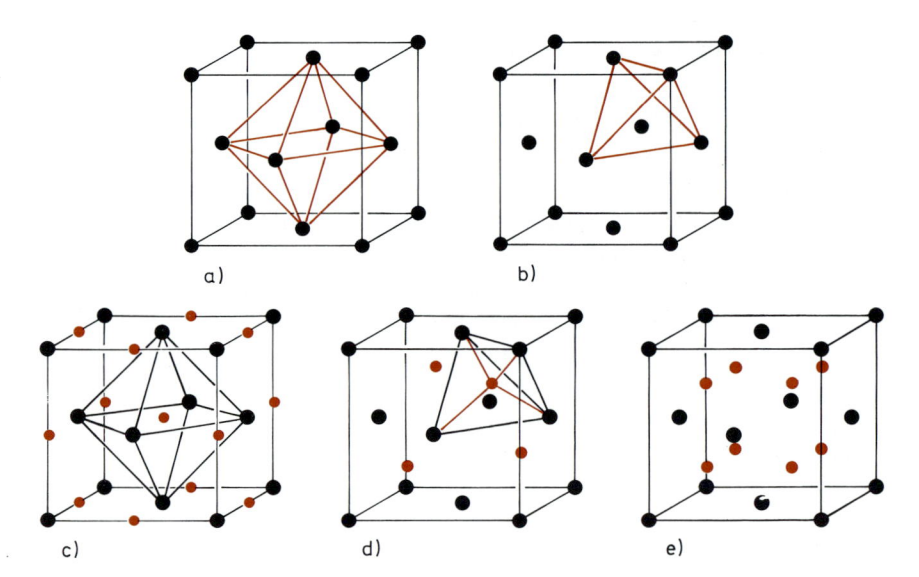

Abb. 5.38 Kubisch dicht gepackte Metallatome bilden zwei Sorten von Hohlräumen. Metallatome, die ein Oktaeder bilden, umschließen eine oktaedrische Lücke (a). Pro Metallatom ist eine Oktaederlücke vorhanden. Metallatome, die ein Tetraeder bilden, umschließen eine tetraedrische Lücke (b). Pro Metallatom gibt es zwei Tetraederlücken. Bei der Natriumchlorid-Struktur sind alle Oktaederlücken der kubisch dicht gepackten Metallatome mit einer Atomsorte besetzt (c). Die Besetzung aller Tetraederlücken führt zur Fluorit-Struktur (e). Bei der geordneten Besetzung der Hälfte der Tetraederlücken entsteht die Zinkblende-Struktur (d).

Tabelle 5.8 Beispiele für Einlagerungsverbindungen, bei denen die Metallatome eine kubisch dichte Packung besitzen

Nichtmetallatome besetzen	Anteil besetzter Lücken in %	Struktur	Beispiele
Oktaederlücken	100	Natriumchlorid	TiC, ZrC, VC, NbC TaC, UC, TiN, ZrN VN, UN, CrN, PdH,
	50		W_2N, Mo_2N
	25 (geordnet)		Mn_4N, Fe_4N
Tetraederlücken	100	Fluorit	CrH_2, TiH_2, VH_2, GdH_2

Die NaCl-Struktur entsteht auch dann häufig, wenn das Ausgangsmetall in der krz- oder kdp-Struktur kristallisiert. Da die Einlagerung der Nichtmetallatome trotz der Vergrößerung des Metall-Metall-Abstandes eine Erhöhung der Härte und des Schmelzpunktes bewirkt und außerdem eine strukturelle Änderung des Metallgitters zur Folge haben kann, müssen starke Bindungen zwischen den Metall- und den Nichtmetallatomen vorhanden sein.

5.6 Gewinnung von Metallen

Die Weltproduktion einiger Metalle ist in der Abb. 5.39 dargestellt. Die Menge produzierten Roheisens ist mehr als zehnmal so groß wie die aller anderen Metalle zusammen. Stahl wird fünfzigmal mehr hergestellt als Aluminium, das in der Weltproduktion den zweiten Platz einnimmt. Die stürmische industrielle Entwicklung der letzten 40 Jahre ist auch im Anwachsen der Weltproduktion der Metalle abzulesen (Abb. 5.40). Verglichen mit 1945 ist die Aluminiumproduktion fünfzehnmal größer, die Produktion von Kupfer, Zink und Blei ist fast auf das Vierfache gewachsen.

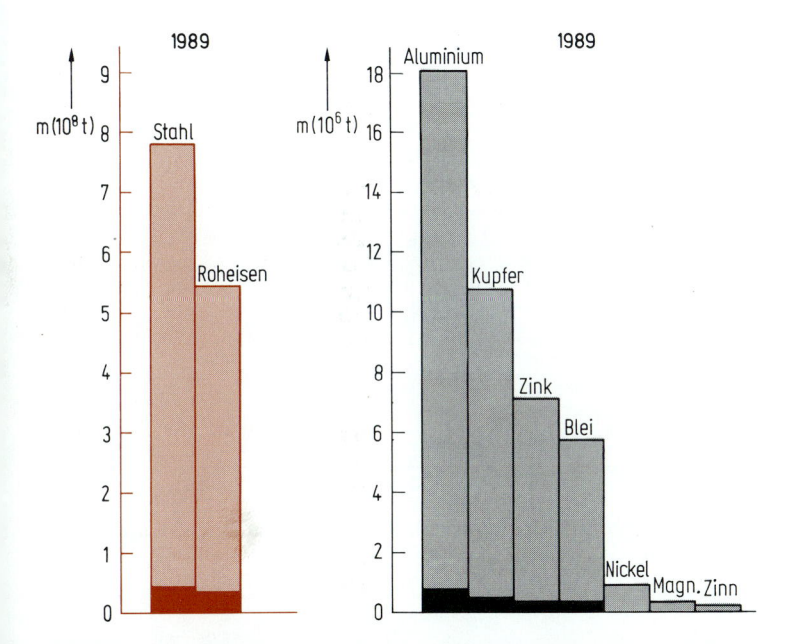

Abb. 5.39 Weltproduktion einiger Metalle. Im unteren Teil des Diagramms ist der Produktionsanteil der Bundesrepublik Deutschland angegeben.

5.6.1 Elektrolytische Verfahren

Schmelzflußelektrolyse

Unedle Metalle werden durch elektrochemische Reduktion gewonnen. Durch Elektrolyse wäßriger Lösungen ist ihre Gewinnung jedoch nicht möglich, da die unedlen Metalle hohe negative Normalpotentiale haben und sich daher Wasserstoff und nicht das Metall abscheidet (vgl. Tab. 3.11). *Man elektrolysiert daher geschmolzene Salze,* die die betreffenden Metalle als Kationen enthalten. Durch Schmelzflußelektrolyse werden technisch die Alkalimetalle, Erdkalimetalle und Aluminium hergestellt.

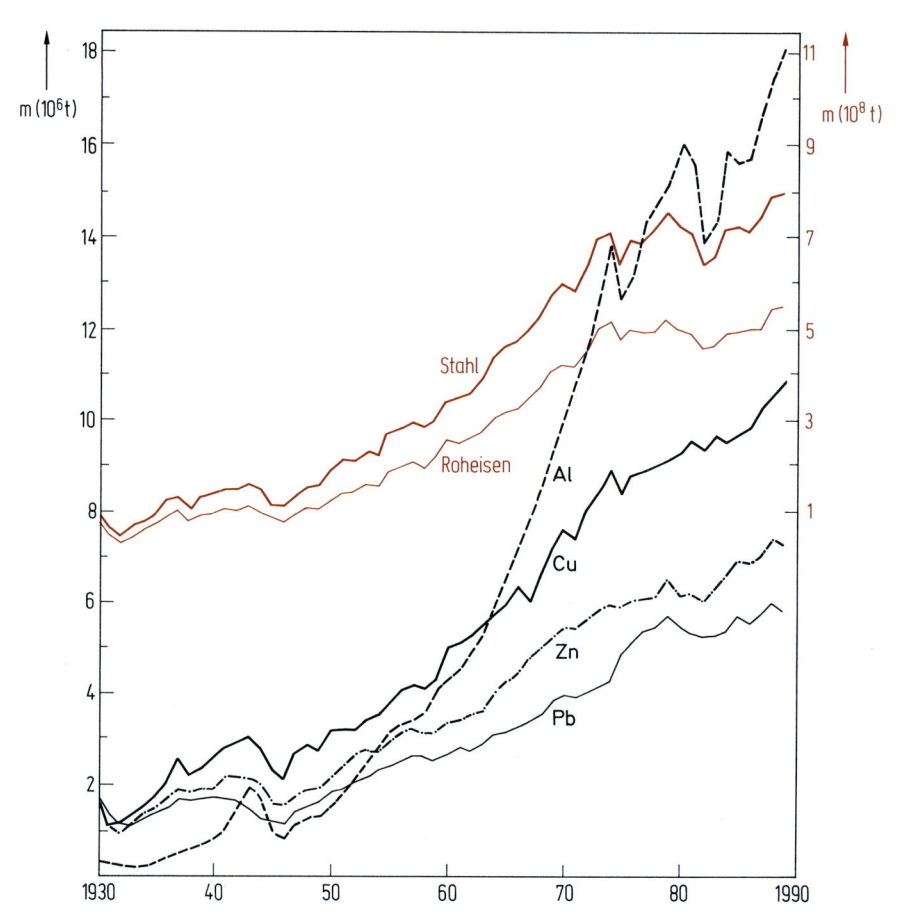

Abb. 5.40 Entwicklung der Weltproduktion von Stahl, Roheisen, Aluminium, Kupfer, Zink und Blei in den letzten 60 Jahren.

Herstellung von Aluminium. Ausgangsmaterial zur Herstellung von Aluminium ist Bauxit, der überwiegend AlO(OH) enthält. Bauxit ist mit Fe_2O_3 verunreinigt. Fe_2O_3 muß vor der Schmelzflußelektrolyse entfernt werden, da sich bei der Elektrolyse Eisen an der Kathode abscheiden würde. Für die Aufarbeitung zu reinem Al_2O_3 gibt es mehrere Verfahren.

Bei allen Verfahren wird der amphotere Charakter von $Al(OH)_3$ ausgenutzt. Amphotere Stoffe lösen sich sowohl in Säuren als auch in Basen. Bauxit kann daher mit basischen Stoffen in das lösliche Komplexsalz $Na[Al(OH)_4]$ überführt werden. Fe_2O_3 ist in Basen unlöslich und wird von der $Na[Al(OH)_4]$-Lösung durch Filtration abgetrennt. Die einzelnen Reaktionsschritte des nassen Aufschlußverfahrens (Bayer-Verfahren) sind in folgendem Schema dargestellt:

5.6 Gewinnung von Metallen

$$\text{Bauxit} + \text{NaOH} \xrightarrow[\text{Druck}]{170\,°C} \text{Na[Al(OH)}_4] + \text{Fe}_2\text{O}_3$$
$$\downarrow \text{Impfen}$$
$$\text{Al}_2\text{O}_3 + \text{H}_2\text{O} \xleftarrow{1200\,°C} \text{Al(OH)}_3 + \text{NaOH}$$

AlO(OH) wird mit Natronlauge in Lösung gebracht und durch Filtration von Fe_2O_3 getrennt. Durch Impfen mit Al(OH)_3-Kriställchen wird aus dem Hydroxokomplex Al(OH)_3 ausgeschieden. Nach erneuter Filtration wird Al(OH)_3 bei hohen Temperaturen zum Oxid entwässert.

Al_2O_3 hat einen Schmelzpunkt von 2050°C. Zur Schmelzpunktserniedrigung wird Kryolith Na_3AlF_6 zugesetzt. Na_3AlF_6 schmilzt bei 1000°C und bildet mit Al_2O_3 ein Eutektikum (vgl. Abb. 5.30), das bei 960°C schmilzt und die Zusammensetzung 10,5% Al_2O_3 und 89,5% Na_3AlF_6 hat. Man kann daher die Elektrolyse mit einer Schmelze annähernd eutektischer Zusammensetzung bei 970°C durchführen (Abb. 5.41). Weitere Zusätze sind AlF_3, CaF_2 und LiF. Als Elektrodenmaterial wird Kohle verwendet. Schematisiert spielen sich die folgenden Vorgänge ab:

Dissoziation in der Schmelze: $\text{Al}_2\text{O}_3 \rightleftharpoons 2\text{Al}^{3+} + 3\text{O}^{2-}$

Reaktion an der Kathode: $2\text{Al}^{3+} + 6e^- \rightarrow 2\text{Al}$

Reaktionen an der Anode: $3\text{O}^{2-} \rightarrow 1,5\text{O}_2 + 6e^-$
$1,5\text{O}_2 + 3\text{C} \rightarrow 3\text{CO}$

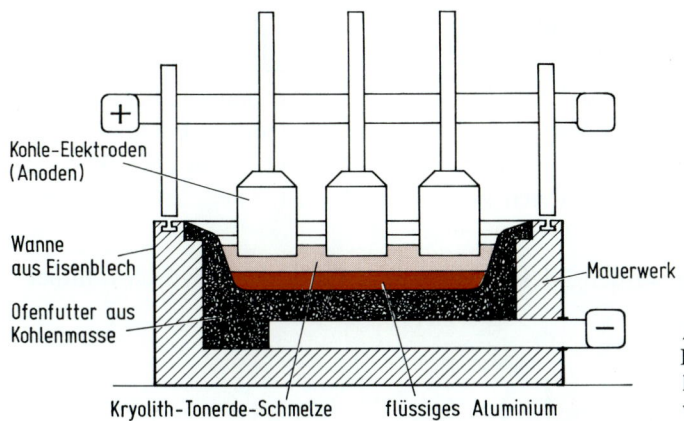

Abb. 5.41 Schematische Darstellung eines Elektrolyseofens zur Herstellung von Aluminium.

Die chemischen Vorgänge bei der Schmelzflußelektrolyse sind komplizierter und nur zum Teil geklärt.[1] Das abgeschiedene Aluminium ist spezifisch schwerer als die Schmelze und sammelt sich flüssig am Boden des Elektrolyseofens. Der Schmelzpunkt von Aluminium beträgt 660°C. Durch die Schmelze wird Aluminium vor Oxidation geschützt. Man elektrolysiert mit 4–5 V und bis 180000 A. Zur Herstellung von 1 t Aluminium benötigt man 5 t Bauxit, 0,6 t Elektroden-

---
[1] Siehe z.B. Riedel, Anorganische Chemie, 3. Aufl., de Gruyter 1994.

kohle und eine Energiemenge von $15 \cdot 10^3$ kWh. Die wirtschaftliche Aluminiumherstellung erfordert billige elektrische Energie.

Wichtige Aluminium-Legierungen: Magnalium (10–30% Mg), Hydronalium (3–12% Mg; seewasserfest), Duralumin (2,5–5,5% Cu; 0,5–2% Mg; 0,5–1,2% Mn; 0,2–1% Si; läßt sich kalt walzen, ziehen und schmieden).

Herstellung von Natrium. Die Herstellung von Natrium erfolgt durch Elektrolyse von geschmolzenem NaCl. Der Schmelzpunkt von NaCl beträgt 801 °C. Durch Zusatz von $CaCl_2$ wird die Elektrolysetemperatur auf 610 °C herabgesetzt.

Kathodenreaktion: $2 Na^+ + 2 e^- \rightarrow 2 Na$
Anodenreaktion: $2 Cl^- \rightarrow Cl_2 + 2 e^-$

Herstellung und Reinigung von Metallen durch Elektrolyse wäßriger Lösungen

Zink. Durch Elektrolyse schwefelsaurer $ZnSO_4$-Lösungen wird 99,95%iges Zink gewonnen. Das Verfahren ist wegen der Überspannung von Wasserstoff am Zn möglich (vgl. Abschn. 3.8.9), verlangt aber sehr reine $ZnSO_4$-Lösungen zur Aufrechterhaltung der Überspannung.

Auf gleichem Wege wird Elektrolyt**cadmium** hergestellt.

Raffination von Kupfer. Man elektrolysiert eine schwefelsaure $CuSO_4$-Lösung mit einer Rohkupferanode und einer Reinkupferkathode (Abb. 5.42). An der Anode geht Cu in Lösung, an der Kathode scheidet sich reines Cu ab. Unedle Verunreinigungen (Zn, Fe) gehen an der Anode ebenfalls in Lösung, scheiden sich aber nicht an der Kathode ab, da sie ein negativeres Redoxpotential als Cu haben. Edle Metalle (Ag, Au, Pt) gehen an der Anode nicht in Lösung, sondern setzen sich bei der Auflösung der Anode als Anodenschlamm ab, aus dem die Edelmetalle gewonnen werden. Man benötigt zur Elektrolyse Spannungen von etwa 0,3 V, da nur der Widerstand des Elektrolyten zu überwinden ist. Das Elektrolytkupfer enthält ca. 99,95% Cu.

In analogen Verfahren werden **Nickel**, **Silber** und **Gold** elektrolytisch raffiniert.

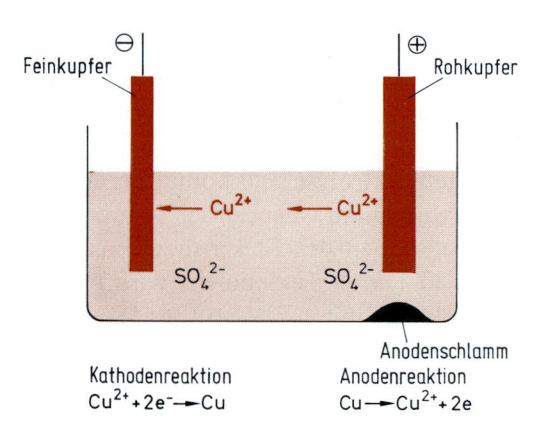

Abb. 5.42 Elektrolytische Raffination von Kupfer.

5.6.2 Reduktion mit Kohlenstoff

Durch Reduktion der Metalloxide mit Kohlenstoff werden die Metalle **Magnesium, Zinn, Blei, Bismut, Zink** und das wichtigste Gebrauchsmetall **Eisen** hergestellt.

Erzeugung von Roheisen

Roheisen wird im Hochofen (Abb. 5.43) durch Reduktion von oxidischen Eisenerzen mit Koks hergestellt. Sulfidische Eisenerze müssen zur Verhüttung durch Oxidation in Oxide überführt werden. Der Hochofen wird von oben abwechselnd mit Schichten aus Koks und Erz beschickt. Den Erzen werden Zuschläge zugesetzt, die während des Hochofenprozesses mit den Erzbeimengungen (Gangart) leicht schmelzbare Calciumaluminiumsilicate (Schlacken) bilden. Ist die Gangart Al_2O_3- und SiO_2-haltig, setzt man CaO-haltige Zuschläge zu (Kalkstein, Dolomit). Bei CaO-haltigen Gangarten müssen die Zuschläge SiO_2-haltig sein (Feldspat). In den Hochofen wird von unten erhitzte Luft (Wind) eingeblasen. Die unterste Koksschicht verbrennt zu CO.

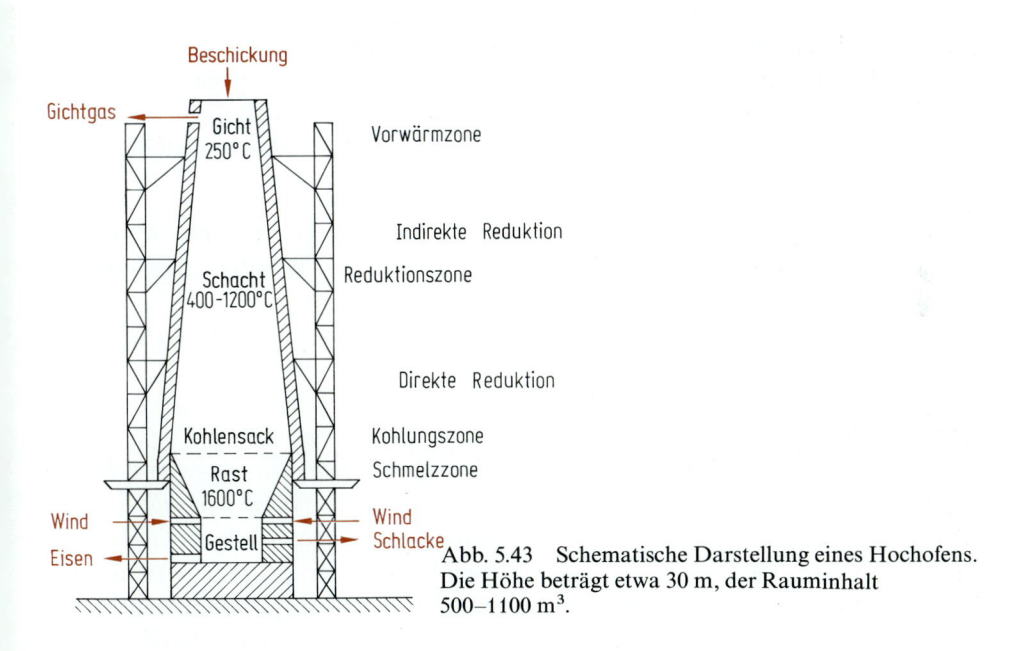

Abb. 5.43 Schematische Darstellung eines Hochofens. Die Höhe beträgt etwa 30 m, der Rauminhalt 500–1100 m^3.

$$2C + O_2 \rightarrow 2CO \qquad \Delta H° = -221 \text{ kJ/mol}$$

Die Temperatur steigt dadurch im untersten Teil des Hochofens auf 1600 °C. In den Erzschichten werden die Eisenoxide stufenweise reduziert. Im unteren Teil des Hochofens wird der schon teilreduzierte Wüstit „FeO" zu Eisen reduziert.

$$FeO + CO \rightarrow Fe + CO_2 \qquad \Delta H° = -17 \text{ kJ/mol}$$

In der darüber liegenden Koksschicht wandelt sich das CO_2 auf Grund des Boudouard-Gleichgewichts (vgl. Abb. 3.19)

$$CO_2 + C \rightleftharpoons 2\,CO \qquad \Delta H° = +173 \text{ kJ/mol}$$

in CO um, dieses wirkt in der folgenden Erzschicht erneut reduzierend usw. Insgesamt findet also die Reaktion

$$2\,FeO + C \rightarrow 2\,Fe + CO_2 \qquad \Delta H° = +138 \text{ kJ/mol}$$

statt („direkte Reduktion"). Sobald die Temperatur des aufsteigenden Gases kleiner als 900–1000 °C wird, stellt sich das Boudouard-Gleichgewicht nicht mehr mit ausreichender Geschwindigkeit ein. Es findet nur noch die Reduktion von Fe_2O_3 und Fe_3O_4 zu FeO statt („indirekte Reduktion"). Im oberen Teil des Schachts erfolgt keine Reduktion mehr, durch die heißen Gase wird nur die Beschickung vorgewärmt. Das entweichende Gichtgas besteht aus etwa 55% N_2, 30% CO und 15% CO_2 (Heizwert ca. 4000 kJ/m³). In Eisen können sich maximal 4,3% Kohlenstoff lösen, dadurch sinkt der Schmelzpunkt des Roheisens auf 1150 °C (Schmelzpunkt von reinem Eisen 1539 °C). In der unteren heißen Zone des Hochofens tropft verflüssigtes Eisen nach unten und sammelt sich im Gestell unterhalb der flüssigen, spezifisch leichteren Schlacke. Die Schlacke schützt das Roheisen vor Oxidation durch die eingeblasene Heißluft. Das flüssige Roheisen und die flüssige Schlacke werden von Zeit zu Zeit durch das Stichloch abgelassen (Abstich). Die Schlacke wird als Straßenbaumaterial oder zur Zementherstellung verwendet.

Ein Hochofen kann jahrelang kontinuierlich in Betrieb sein und täglich bis 10000 t Roheisen erzeugen. Für 1 t erzeugtes Roheisen benötigt man etwa $\frac{1}{2}$ t Kohle und es entstehen 300 kg Schlacke. Das *Roheisen enthält 3,5–4,5% Kohlenstoff*, 0,5–3% Silicium, 0,2–5% Mangan, bis 2% Phosphor und Spuren Schwefel.

Stahlerzeugung

Roheisen ist wegen des hohen Kohlenstoffgehalts spröde und erweicht beim Erhitzen plötzlich. Es kann daher nur vergossen, aber nicht gewalzt und geschweißt werden. Um es in verformbares Eisen (Stahl) zu überführen, muß der Kohlenstoffgehalt auf weniger als 2,1% herabgesetzt werden. Bei den Windfrischverfahren wird in einen Konverter, der das flüssige Roheisen enthält, Sauerstoff eingeblasen, der die Begleitstoffe des Roheisens in ihre Oxide überführt. Beim veralteten Herdfrischverfahren (Siemens-Martin-Verfahren) wird flüssiges Roheisen mit Schrott versetzt. Die Begleitstoffe des Roheisens werden durch den Sauerstoff des Schrotts oxidiert.

Die Eigenschaften von Stahl werden durch *Legieren* mit anderen Metallen beeinflußt. Nickel erhöht die Zähigkeit, Chrom die Härte, Wolfram verhindert die Enthärtung bei hohen Temperaturen. Der chemisch widerstandsfähige V 2A-Stahl (Nirosta) besteht aus 71% Fe, 20% Cr, 8% Ni und je 0,2% Si, C und Mn.

5.6.3 Reduktion mit Metallen und Wasserstoff

Die meisten Übergangsmetalle können nicht durch Reduktion mit Kohle gewonnen werden, da sich dabei Carbide bilden (vgl. Tab. 5.7). Man verwendet daher Metalle oder Wasserstoff als Reduktionsmittel.

Aluminothermisches Verfahren

Man nutzt die hohe Bildungsenthalpie der Reaktion

$$2\,Al + 1{,}5\,O_2 \rightarrow Al_2O_3 \qquad \Delta H_B^\circ = -1677\ kJ/mol$$

aus. Al kann alle Metalloxide reduzieren, deren Bildungsenthalpien kleiner sind als die von Al_2O_3.

$$Cr_2O_3 + 2\,Al \rightarrow Al_2O_3 + 2\,Cr \qquad \Delta H^\circ = -536\ kJ/mol$$

Technisch werden mit dem aluminothermischen Verfahren **Chrom, Vanadium** (aus V_2O_5) und **Barium** (aus BaO im Vakuum) hergestellt. Ein Gemisch aus Eisenoxid und Aluminiumgries dient als Thermit zum Schweißen. Bei der Reaktion

$$3\,Fe_3O_4 + 8\,Al \rightarrow 4\,Al_2O_3 + 9\,Fe \qquad \Delta H^\circ = -3350\ kJ/mol$$

entstehen Temperaturen bis 2400 °C, so daß flüssiges Eisen anfällt. Das Thermitgemisch wird mit einer Zündkirsche aus Mg und BaO_2 gezündet.

Reduktion mit Alkali- oder Erdalkalimetallen

Vanadium wird nach der Reaktion

$$V_2O_5 + 5\,Ca \xrightarrow{950\,°C} 2\,V + 5\,CaO$$

hergestellt.

Da es schwierig ist, aus TiO_2 durch Reduktion mit Metallen die letzten Reste Sauerstoff zu entfernen, wird nach der Reaktion

$$TiO_2 + 2\,C + 2\,Cl_2 \xrightarrow{900\,°C} TiCl_4 + 2\,CO$$

zunächst das Chlorid hergestellt und dieses mit Natrium oder Magnesium zu **Titan** reduziert (*Halogenmetallurgie*).

$$TiCl_4 + 2\,Mg \xrightarrow[\text{Argon}]{800\,°C} Ti + 2\,MgCl_2$$

Das Titan fällt schwammig an und wird unter Argon oder im Vakuum zu duktilem Metall umgeschmolzen. Analog wird **Zirconium** hergestellt. Die Halogenmetallurgie wird auch bei der Herstellung der **Lanthanoide** und **Actinoide** verwendet.

Reduktion mit Wasserstoff

Bei der Reaktion

$$WO_3 + 3H_2 \xrightarrow{700-1000\,°C} W + 3H_2O$$

fällt **Wolfram** als Pulver an. In einer H_2-Atmosphäre wird es elektrisch gesintert. Analog wird **Molybdän** hergestellt. **Germanium** wird durch Reduktion von GeO_2 bei 600 °C gewonnen.

5.6.4 Spezielle Herstellungs- und Reinigungsverfahren

Röstreaktionsverfahren

Herstellung von Blei. Das Ausgangsmaterial PbS wird unvollständig geröstet und dann weiter umgesetzt.

$$3\,PbS + 3\,O_2 \rightarrow PbS + 2\,PbO + 2\,SO_2 \quad \text{(Röstarbeit)}$$
$$PbS + 2\,PbO \rightarrow 3\,Pb + SO_2 \quad \text{(Reaktionsarbeit)}$$

Herstellung von Rohkupfer. Das wichtigste Ausgangsmaterial ist Kupferkies $CuFeS_2$. Durch Rösten wird zunächst der größte Teil des Eisens in Oxid überführt und durch SiO_2-haltige Zuschläge zu Eisensilicat verschlackt. Die Schlacke kann flüssig abgezogen werden. Anschließend erfolgt im Konverter Verschlackung und Abtrennung des restlichen Eisens, dann teilweises Abrösten des Kupfersulfids (Röstarbeit) und weiterer Umsatz (Reaktionsarbeit) zu Rohkupfer.

$$2\,Cu_2S + 3\,O_2 \rightarrow 2\,Cu_2O + 2\,SO_2$$
$$Cu_2S + 2\,Cu_2O \rightarrow 6\,Cu + SO_2$$

Cyanidlaugerei

Aus Erzen, in denen **Silber** in elementarer Form oder in Verbindungen vorkommt, kann Ag mit Natriumcyanidlösung als komplexes Silbercyanid herausgelöst werden.

$$4\,Ag + 8\,CN^- + 2\,H_2O + O_2 \rightarrow 4[Ag(CN)_2]^- + 4\,OH^-$$
$$Ag_2S + 4\,CN^- + 2\,O_2 \rightarrow 2[Ag(CN)_2]^- + SO_4^{2-}$$

Aus den Cyanidlaugen läßt sich Silber durch Zn-Staub ausfällen.

$$2[Ag(CN)_2]^- + Zn \rightarrow [Zn(CN)_4]^{2-} + 2\,Ag$$

Entsprechend kann auch **Gold** als komplexes Cyanid $[Au(CN)_2]^-$ gelöst werden.

Aufwachsverfahren (van Arkel – de Boer-Verfahren)

Nach diesem Verfahren lassen sich sehr reine Metalle, beispielsweise **Titan**, herstellen. Dabei erhitzt man in einem evakuierten Gefäß eine Mischung von pulverförmigen Titan und wenig Iod auf 600 °C. Es bildet sich gasförmiges TiI_4, das an einem elektrisch erhitzten Wolframdraht in Umkehrung der Bildungsreaktion bei 1200 °C zersetzt wird.

$$\text{Ti} + 2\,\text{I}_2 \rightleftharpoons \text{TiI}_4 \qquad \Delta H° = -376\,\text{kJ/mol}$$

Das freiwerdende Jod bildet wieder neues TiI$_4$ und transportiert nach und nach das gesamte Ti an den Wolframdraht, auf dem es in sehr reiner Form als Stab aufwächst. Analog können **Zirconium, Hafnium** und **Vanadium** (über VI$_3$) hoher Reinheiten hergestellt werden.

Mond-Verfahren

Die Gewinnung von reinem **Nickel** beruht auf der Reaktion

$$\text{Ni} + 4\,\text{CO} \underset{180°C}{\overset{80°C}{\rightleftharpoons}} \text{Ni(CO)}_4$$

Bei 80 °C bildet sich aus Ni und CO Tetracarbonylnickel, das bei 180 °C unter Umkehrung der Bildungsreaktion wieder zersetzt wird. Das entstehende Nickel hat eine Reinheit von 99,9 %.

5.7 Komplexverbindungen

5.7.1 Aufbau und Eigenschaften von Komplexen

Komplexverbindungen werden auch als *Koordinationsverbindungen* bezeichnet. *Ein Komplex besteht aus dem Koordinationszentrum und der Ligandenhülle. Das Koordinationszentrum kann ein Zentralatom oder ein Zentralion sein. Die Liganden sind Ionen oder Moleküle.* Die Anzahl der vom Zentralteilchen chemisch gebundenen Liganden wird Koordinationszahl (KZ) genannt.

Beispiele:

Koordinations-zentrum	Ligand	Komplex	KZ
Al^{3+}	F^-	$[AlF_6]^{3-}$	6
Cr^{3+}	NH_3	$[Cr(NH_3)_6]^{3+}$	6
Fe^{3+}	H_2O	$[Fe(H_2O)_6]^{3+}$	6
Ni	CO	$Ni(CO)_4$	4
Ag^+	CN^-	$[Ag(CN)_2]^-$	2

Komplexionen werden in eckige Klammern gesetzt. Die Ladung wird außerhalb der Klammer hochgestellt hinzugefügt. Sie ergibt sich aus der Summe der Ladungen aller Teilchen, aus denen der Komplex zusammengesetzt ist.

Komplexe sind an ihren typischen Eigenschaften und Reaktionen zu erkennen.

Farbe von Komplexionen. Komplexionen sind häufig charakteristisch gefärbt. Eine wäßrige CuSO$_4$-Lösung z.B. ist schwachblau gefärbt. Versetzt man diese

Lösung mit NH_3, entsteht eine tiefblaue Lösung. Die Ursache für die Farbänderung ist die Bildung des Ions $[Cu(NH_3)_4]^{2+}$. Eine wäßrige $FeSO_4$-Lösung ist grünlich gefärbt. Mit CN^--Ionen bildet sich der gelb gefärbte Komplex $[Fe(CN)_6]^{4-}$.

Elektrolytische Eigenschaften. Mißt man beispielsweise die elektrische Leitfähigkeit einer Lösung, die $K_4[Fe(CN)_6]$ enthält, so entspricht die Leitfähigkeit nicht einer Lösung, die Fe^{2+}, K^+- und CN^--Ionen enthält, sondern einer Lösung mit den Ionen K^+ und $[Fe(CN)_6]^{4-}$. Das Komplexion $[Fe(CN)_6]^{4-}$ ist also in wäßriger Lösung nicht dissoziiert.

Ionenreaktionen. Komplexe dissoziieren in wäßriger Lösung oft in so geringem Maße, daß die typischen Ionenreaktionen der Bestandteile des Komplexes ausbleiben können, man sagt, die Ionen sind „maskiert". Ag^+-Ionen z. B. reagieren mit Cl^--Ionen zu festem AgCl. In Gegenwart von NH_3 bilden sich $[Ag(NH_3)_2]^+$-Ionen, und mit Cl^- erfolgt keine Fällung von AgCl. Ag^+ ist maskiert. Fe^{2+} bildet mit S^{2-} in ammoniakalischer Lösung schwarzes FeS. $[Fe(CN)_6]^{4-}$ gibt mit S^{2-} keinen Niederschlag von FeS. Fe^{2+} ist durch Komplexbildung mit CN^- maskiert. An Stelle der für die Einzelionen typischen Reaktionen gibt es statt dessen charakteristische Reaktionen des Komplexions. $[Fe(CN)_6]^{4-}$ z.B. reagiert mit Fe^{3+} zu intensiv gefärbtem Berliner Blau $Fe_4[Fe(CN)_6]_3$.

Die bisher besprochenen Komplexe besitzen nur ein Koordinationszentrum. Man nennt diese Komplexe *einkernige Komplexe*.

Mehrkernige Komplexe besitzen mehrere Koordinationszentren. Ein Beispiel für einen zweikernigen Komplex ist das

Carbonylmangan $Mn_2(CO)_{10}$

$$\begin{bmatrix} & OC & \overset{CO}{|} & \overset{CO}{|} & CO \\ & OC\!\!-\!\!&\!\!Mn\!\!-\!\!&\!\!Mn\!\!-\!\!&CO \\ & OC & \overset{|}{CO} & \overset{|}{CO} & CO \end{bmatrix}$$

Die bisher besprochenen Liganden H_2O, NH_3, F^-, CN^- und CO besetzen im Komplex nur eine Koordinationsstelle. Man nennt sie daher *einzähnige Liganden*. Liganden, die mehrere Koordinationsstellen besetzen, nennt man *mehrzähnige Liganden*. Ein zweizähniger Ligand ist beispielsweise das CO_3^{2-}-Anion:

$$\begin{bmatrix} & & \nearrow O \searrow \\ & O\!\!-\!\!C & \\ & & \searrow O \nearrow \end{bmatrix}^{2-}$$

Mehrzähnige Liganden, die mehrere Bindungen mit dem gleichen Zentralteilchen ausbilden, wodurch ein oder mehrere Ringe geschlossen werden, nennt man *Chelatliganden* (chelat, gr. Krebsschere).

5.7 Komplexverbindungen

Beispiele für Chelatliganden:

Ethylendiamin („en") ist zweizähnig

$$\begin{array}{c} H_2C-NH_2 \\ | \\ H_2C-NH_2 \end{array}$$

Ethylendiamintetraessigsäure (EDTA) ist sechszähnig.

$$\begin{array}{c} ^-OOCCH_2 \diagdown \diagup CH_2COO^- \\ N-CH_2-CH_2-N \\ ^-OOCCH_2 \diagup \diagdown CH_2COO^- \end{array}$$

Die Atome, die mit dem Zentralteilchen koordinative Bindungen eingehen können, sind durch einen Pfeil markiert. Abb. 5.44 zeigt den räumlichen Bau eines EDTE-Komplexes.

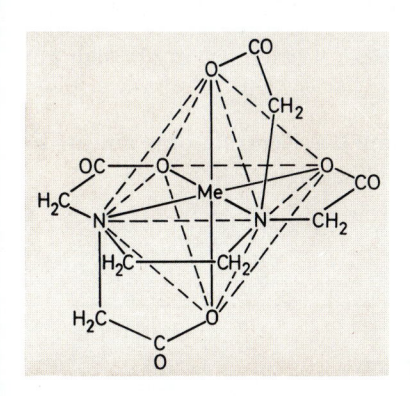

Abb. 5.44 Räumlicher Bau des Chelatkomplexes $[Me(EDTA)]^{2-}$.

5.7.2 Nomenklatur von Komplexverbindungen

Für einen Komplex wird zuerst der Name der Liganden und dann der des Zentralatoms angegeben. Anionische Liganden werden durch Anhängen eines o an den Ionennamen gekennzeichnet.

Beispiele für die Bezeichnung von Liganden:

F^-	fluoro	H_2O	aqua
Cl^-	chloro	NH_3	ammin
OH^-	hydroxo	CO	carbonyl
CN^-	cyano		

Die Anzahl der Liganden wird mit vorangestellten griechischen Zahlen (mono, di, tri, tetra, penta, hexa) bezeichnet. Die Oxidationszahl des Zentralatoms wird am Ende des Namens mit in Klammern gesetzten römischen Ziffern gekennzeichnet.

Schema für kationische Komplexe am Beispiel von $[Ag(NH_3)_2]Cl$.

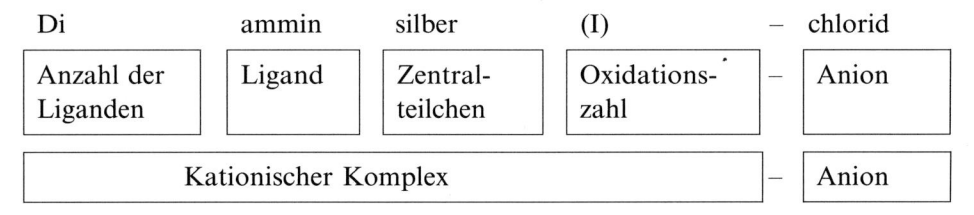

Di	ammin	silber	(I)	–	chlorid
Anzahl der Liganden	Ligand	Zentralteilchen	Oxidationszahl	–	Anion
Kationischer Komplex				–	Anion

Weitere Beispiele:

$[Cu(NH_3)_4]^{2+}$ Tetraamminkupfer(II)
$[Ni(CO)_4]$ Tetracarbonylnickel(0)
$[Cr(H_2O)_6]Cl_3$ Hexaaquachrom(III)-chlorid

(Die Zahl der Cl-Atome braucht nicht bezeichnet zu werden, sie ergibt sich aus der Ladung des Komplexes.)

In negativ geladenen Komplexen endet der Name des Zentralatoms auf at. Er wird in einigen Fällen vom lateinischen Namen abgeleitet.

Schema für anionische Komplexe am Beispiel von $Na[Ag(CN)_2]$.

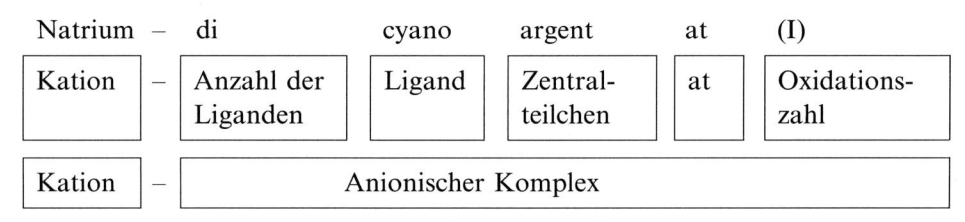

Natrium	–	di	cyano	argent	at	(I)
Kation	–	Anzahl der Liganden	Ligand	Zentralteilchen	at	Oxidationszahl
Kation	–	Anionischer Komplex				

Weitere Beispiele:

$[CoCl_4]^{2-}$ Tetrachlorocobaltat(II)
$[Al(OH)_4]^-$ Tetrahydroxoaluminat(III)
$K_4[Fe(CN)_6]$ Kalium-hexacyanoferrat(II)

(Die Zahl der K-Atome wird nicht bezeichnet. Sie ergibt sich aus der Ladung −4 des Komplexes.)

Bei verschiedenen Liganden ist die Reihenfolge alphabetisch.

Beispiel:

$[Cr(H_2O)_4Cl_2]^+$ Tetraaquadichlorochrom(III)

5.7.3 Räumlicher Bau von Komplexen, Stereoisomerie

Häufige Koordinationszahlen in Komplexen sind 2, 4 und 6. Die räumliche Anordnung der Liganden bei diesen Koordinationszahlen ist linear, tetraedrisch oder quadratisch-planar und oktaedrisch. Beispiele für solche Komplexe sind in der folgenden Tabelle angegeben.

Für die meisten Ionen gibt es bei wechselnden Liganden Komplexe mit unterschiedlicher Koordination. So kann z. B. Ni^{2+} oktaedrisch, tetraedrisch und quadratisch-planar koordiniert sein. *Einige Ionen* allerdings *bevorzugen ganz bestimmte Koordinationen,* nämlich Cr^{3+}, Co^{3+} und Pt^{4+} die oktaedrische, Pt^{2+} und Pd^{2+} die quadratisch-planare Koordination. Eine Erklärung dafür gibt die Ligandenfeldtheorie (Abschn. 5.7.5). Die Koordinationszahl 2 tritt bei den einfach positiven Ionen Ag^+, Cu^+ und Au^+ auf.

KZ	Räumliche Anordnung der Liganden	Beispiele
2	linear	$[Ag(NH_3)_2]^+$, $[Ag(CN)_2]^-$, $[AuCl_2]^-$, $[CuCl_2]^-$
4	tetraedrisch	$[BeF_4]^{2-}$, $[ZnCl_4]^{2-}$, $[Cd(CN)_4]^{2-}$, $[CoCl_4]^{2-}$, $[FeCl_4]^-$, $[Cu(CN)_4]^{3-}$, $[NiCl_4]^{2-}$
4	quadratisch-planar	$[PtCl_4]^{2-}$, $[PdCl_4]^{2-}$, $[Ni(CN)_4]^{2-}$, $[Cu(NH_3)_4]^{2+}$, $[AuF_4]^-$
6	oktaedrisch	$[Ti(H_2O)_6]^{3+}$, $[V(H_2O)_6]^{3+}$, $[Cr(H_2O)_6]^{3+}$, $[Cr(NH_3)_6]^{3+}$, $[Fe(CN)_6]^{4-}$, $[Fe(CN)_6]^{3-}$, $[Co(NH_3)_6]^{3+}$, $[Co(H_2O)_6]^{2+}$, $[Ni(NH_3)_6]^{2+}$, $[PtCl_6]^{2-}$

Komplexe, die dieselbe chemische Zusammensetzung und Ladung, aber einen verschiedenen räumlichen Aufbau haben, sind stereoisomer. Man unterscheidet verschiedene Arten der Stereoisomerie.

Cis/trans-Isomerie

Bei dem quadratisch-planaren Komplex Pt(NH$_3$)$_2$Cl$_2$ gibt es zwei mögliche geometrische Anordnungen der Liganden.

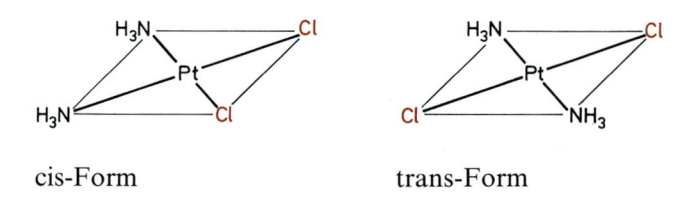

cis-Form   trans-Form

Bei der trans-Form stehen die gleichen Liganden einander gegenüber, bei der cis-Form sind sie einander benachbart.

Bei oktaedrischen Komplexen kann ebenfalls cis/trans-Isomerie auftreten. Ein Beispiel dafür ist der Komplex [Cr(NH$_3$)$_4$Cl$_2$]$^+$.

cis-Form   trans-Form

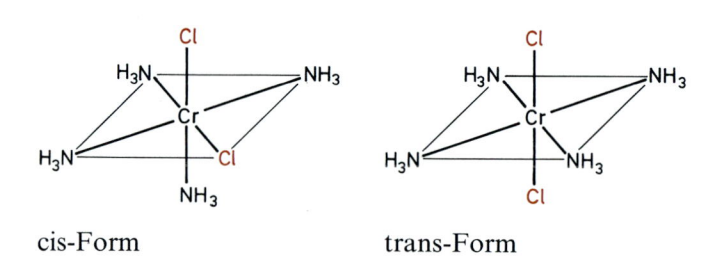

Bei tetraedrischen Komplexen ist keine cis/trans-Isomerie möglich.

Optische Isomerie (Spiegelbildisomerie)

Bei tetraedrischer Koordination mit 4 verschiedenen Liganden treten zwei Formen auf, die sich nicht zur Deckung bringen lassen und die sich wie die linke und rechte Hand verhalten, oder wie Bild und Spiegelbild.

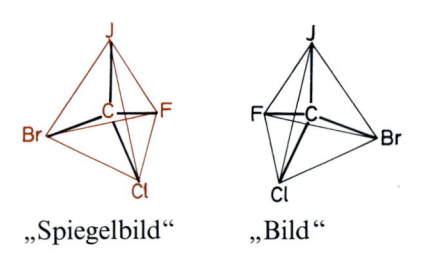

„Spiegelbild"   „Bild"

5.7 Komplexverbindungen

Bei oktaedrischer Koordination tritt optische Isomerie häufig in Chelatkomplexen auf.

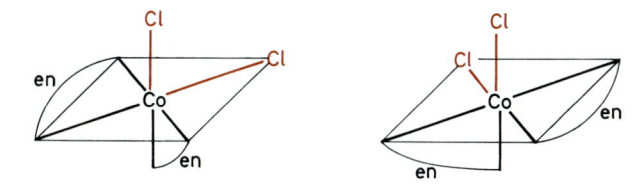

en = Ethylendiamin

Optische Isomere bezeichnet man auch als enantiomorph. Enantiomorphe Verbindungen besitzen identische physikalische Eigenschaften mit Ausnahme ihrer Wirkung auf linear polarisiertes Licht. Sie drehen die Schwingungsebene des polarisierten Lichts um den gleichen Betrag, aber in entgegengesetzter Richtung (optische Aktivität). Ein Gemisch optischer Isomere im Stoffmengenverhältnis 1:1 nennt man racemisches Gemisch.

5.7.4 Stabilität und Reaktivität von Komplexen

Die Bildung eines Komplexes ist eine Gleichgewichtsreaktion, auf die sich das MWG anwenden läßt.

Beispiele:

$$Ag^+ + 2NH_3 \rightleftharpoons [Ag(NH_3)_2]^+ \qquad \frac{[[Ag(NH_3)_2]^+]}{[Ag^+][NH_3]^2} = K$$

$$Fe^{2+} + 6CN^- \rightleftharpoons [Fe(CN)_6]^{4-} \qquad \frac{[[Fe(CN)_6]^{4-}]}{[Fe^{2+}][CN^-]^6} = K$$

(Bei der verwendeten Schreibweise werden die eckigen Klammern sowohl zur Bezeichnung von Konzentrationen als auch des Komplexes benutzt.)

Tabelle 5.9 Stabilitätskonstanten einiger Komplexe in Wasser

Komplex	lg K	Komplex	lg K
$[Ag(NH_3)_2]^+$	7	$[Cu(NH_3)_4]^{2+}$	13
$[Ag(S_2O_3)_2]^{3-}$	13	$[Fe(CN)_6]^{3-}$	44
$[Ag(CN)_2]^-$	21	$[Fe(CN)_6]^{4-}$	35
$[Au(CN)_2]^-$	21	$[Ni(CN)_4]^{2-}$	29
$[Co(NH_3)_6]^{2+}$	5	$[Zn(NH_3)_4]^{2+}$	10
$[Co(NH_3)_6]^{3+}$	35		

Die Komplexbildungskonstante K wird auch *Stabilitätskonstante* genannt. Je größer K ist, um so beständiger ist ein Komplex. Komplexe, die nur sehr gering dissoziiert sind, nennt man starke Komplexe. In der Tabelle 5.9 sind für einige Komplexe die lg K-Werte angegeben.

Chelatkomplexe sind stabiler als Komplexe des gleichen Zentralions mit einzähnigen Liganden.

Beispiel:

$$Ni^{2+} + 6\,NH_3 \rightleftharpoons [Ni(NH_3)_6]^{2+} \qquad K \sim 10^9$$
$$Ni^{2+} + 3\,en \rightleftharpoons [Ni(en)_3]^{2+} \qquad K \sim 10^{18}$$

Von Komplexsalzen zu unterscheiden sind *Doppelsalze*. Sie sind in wäßrigen Lösungen in die einzelnen Ionen dissoziiert.

Beispiele:

$$KAl(SO_4)_2 \cdot 12\,H_2O$$
$$KMgCl_3 \cdot 6\,H_2O$$

$KMgCl_3 \cdot 6\,H_2O$ dissoziiert in wäßriger Lösung in K^+-, Mg^{2+}- und Cl^--Ionen, es existiert kein Chlorokomplex.

Die Größe der Stabilitätskonstante ist für die *Maskierung* von Ionen wichtig. Die Stabilität des Komplexes $[Ag(NH_3)_2]^+$ reicht aus, um die Fällung von Ag^+ mit Cl^- zu verhindern ($L_{AgCl} = 10^{-10}$), Ag^+ ist maskiert. Sie reicht aber nicht aus, um die Fällung von Ag^+ mit I^- zu verhindern, da das Löslichkeitsprodukt von AgI viel kleiner ist ($L_{AgI} = 10^{-16}$). Aus dem stärkeren Komplex $[Ag(CN)_2]^-$ fällt auch mit I^- kein AgI aus.

Bei Ligandenaustauschreaktionen von Komplexen bildet sich der stärkere Komplex.

Beispiele:

$$[Cu(H_2O)_4]^{2+} + 4\,NH_3 \rightarrow [Cu(NH_3)_4]^{2+} + 4\,H_2O$$
hellblau tiefblau

$$[Ag(NH_3)_2]^+ + 2\,CN^- \rightarrow [Ag(CN)_2]^- + 2\,NH_3$$

Die Gleichgewichtseinstellung des Ligandenaustauschs kann mit sehr unterschiedlicher Reaktionsgeschwindigkeit erfolgen. Komplexe, die rasch unter Ligandenaustausch reagieren, werden als labil (kinetisch instabil) bezeichnet. Dazu gehören die Komplexe $[Cu(H_2O)_4]^{2+}$ und $[Ag(NH_3)_2]^+$. Bei inerten (kinetisch stabilen) Komplexen erfolgt der Ligandenaustausch nur sehr langsam oder gar nicht. So wandelt sich beispielsweise der inerte Komplex $[CrCl_2(H_2O)_4]^+$ nur sehr langsam in den thermodynamisch stabileren Komplex $[Cr(H_2O)_6]^{3+}$ um.

5.7 Komplexverbindungen

Man muß also zwischen der thermodynamischen Stabilität und der kinetischen Stabilität (Reaktivität) eines Komplexes unterscheiden.

5.7.5* Die chemische Bindung in Komplexen, Ligandenfeldtheorie

Valenzbindungstheorie

Es wird angenommen, daß zwischen dem Zentralatom und den Liganden kovalente Bindungen existieren. *Die Bindung entsteht durch Überlappung eines gefüllten Ligandenorbitals mit einem leeren Orbital des Zentralatoms.* Die bindenden Elektronenpaare werden also von den Liganden geliefert. Die räumliche Anordnung der Liganden kann durch den Hybridisierungstyp der Orbitale des Zentralatoms erklärt werden. Die häufigsten Hybridisierungstypen (vgl. Abschn. 2.2.5) sind:

sp^3	tetraedrisch
dsp^2	quadratisch-planar
d^2sp^3	oktaedrisch

Abb. 5.45 zeigt das Zustandekommen der koordinativ kovalenten Bindungen (vgl. Abschn. 2.2.3) im Komplex $[Cr(NH_3)_6]^{3+}$. Die Valenzbindungsdiagramme einiger Komplexe sind in der Abb. 5.46 dargestellt.

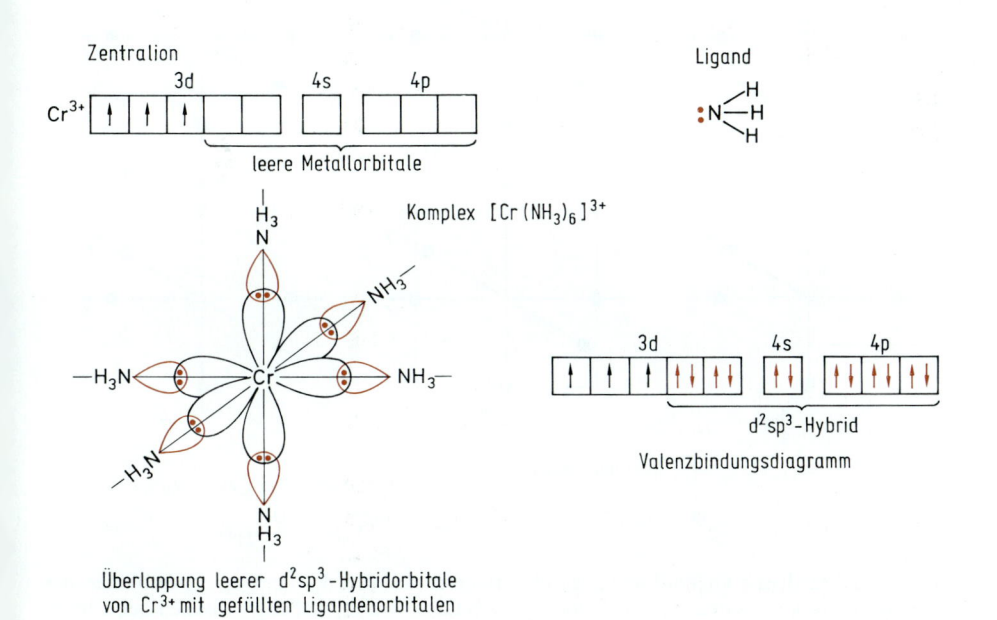

Abb. 5.45 Zustandekommen der Bindungen im Komplex $[Cr(NH_3)_6]^{3+}$ nach der Valenzbindungstheorie.

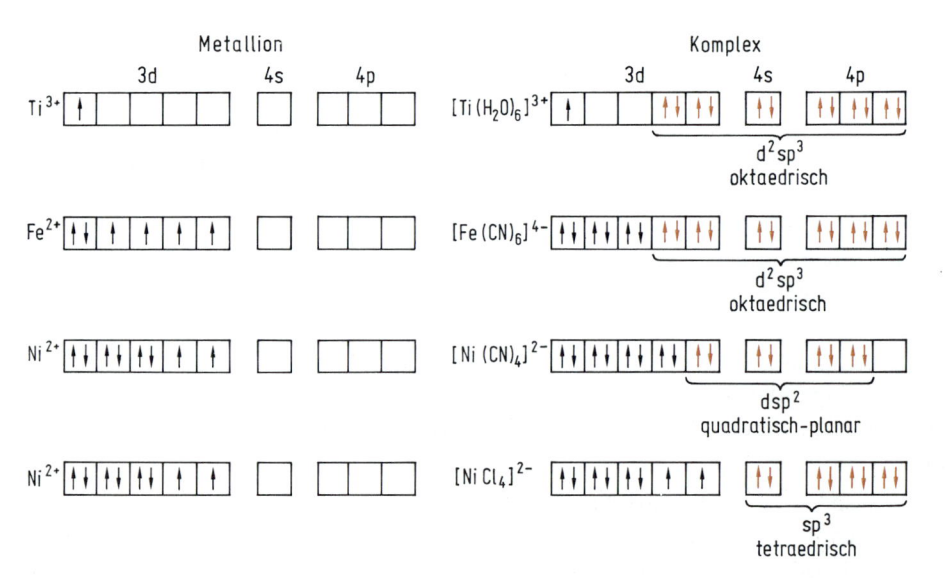

Abb. 5.46 Valenzbindungsdiagramme einiger Komplexe. Die von den Liganden stammenden bindenden Elektronen sind rot gezeichnet.

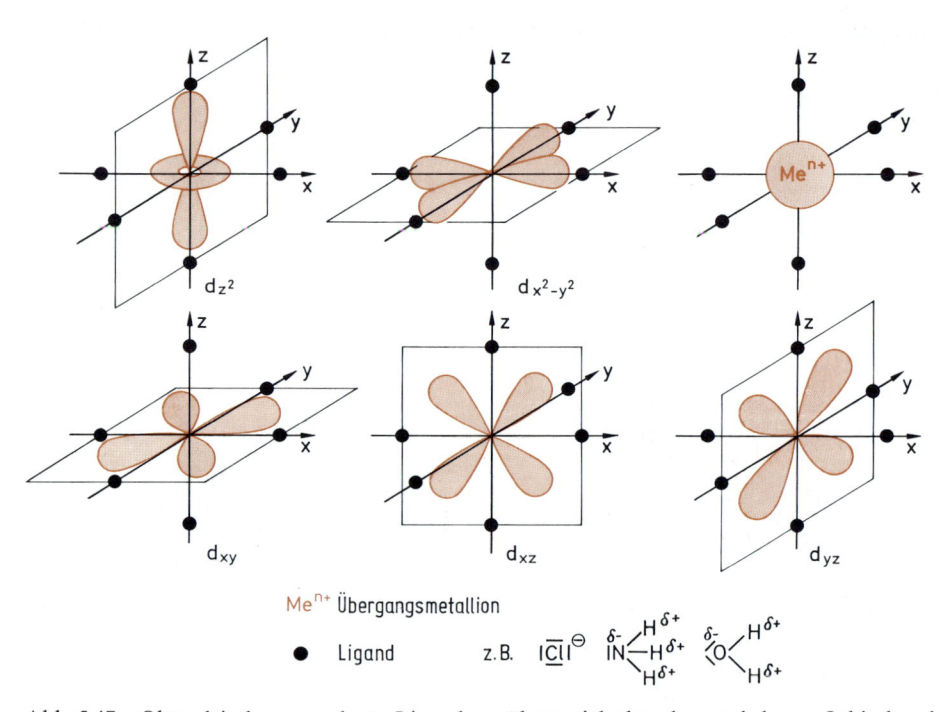

Abb. 5.47 Oktaedrisch angeordnete Liganden nähern sich den d_{z^2}- und $d_{x^2-y^2}$-Orbitalen des Zentralatoms stärker als den d_{xy}-, d_{yz}- und d_{xz}-Orbitalen. Die Abstoßung zwischen den Liganden und den d-Elektronen, die sich in den d_{z^2}- und $d_{x^2-y^2}$-Orbitalen aufhalten, ist daher stärker als zwischen den Liganden und solchen d-Elektronen, die sich in den d_{xy}-, d_{xz}- und d_{yz}-Orbitalen befinden.

5.7 Komplexverbindungen

Diese Theorie kann jedoch einige experimentelle Beobachtungen, z. B. die Spektren von Komplexen, nicht erklären.

Ligandenfeldtheorie

Die meisten Komplexe werden von Ionen der Übergangsmetalle gebildet. Die Übergangsmetallionen haben unvollständig aufgefüllte d-Orbitale. *In der Ligandenfeldtheorie wird die Wechselwirkung der Liganden eines Komplexes mit den d-Elektronen des Zentralatoms berücksichtigt.* Eine Reihe wichtiger Eigenschaften von Komplexen, wie magnetisches Verhalten, Absorptionsspektren, bevorzugtes Auftreten bestimmter Oxidationsstufen und Koordinationen bei einigen Übergangsmetallen, können durch das Verhalten der d-Elektronen im elektrostatischen Feld der Liganden erklärt werden.

Oktaedrische Komplexe

Ein Übergangsmetallion, z. B. Co^{3+} oder Fe^{2+}, besitzt fünf d-Orbitale (vgl. Abb. 1.28). Bei einem isolierten Ion haben alle fünf d-Orbitale die gleiche Energie, sie sind entartet. Betrachten wir nun ein Übergangsmetallion in einem Komplex mit sechs oktaedrisch angeordneten Liganden. Zwischen den d-Elektronen des Zentralions und den einsamen Elektronenpaaren der Liganden erfolgt eine elektrostatische Abstoßung, die Energie der d-Orbitale erhöht sich (Abb. 5.48). Die Größe der Abstoßung ist aber für die verschiedenen d-Elektronen unterschiedlich. Die Liganden nähern sich den Elektronen, die sich in d_{z^2}- und $d_{x^2-y^2}$-Orbitalen befinden und deren Elektronenwolken in Richtung der Koordinatenachsen liegen, stärker als solchen Elektronen, die sich in den d_{xy}-, d_{xz}- und d_{yz}-Orbitalen aufhalten und deren Elektronenwolken zwischen den Koordinatenachsen liegen (Abb. 5.47). Die d-Elektronen werden sich bevorzugt in den Orbitalen aufhalten, in denen sie möglichst weit von den Liganden entfernt sind, da dort die Abstoßung geringer ist. Die d_{xy}-, d_{xz}- und d_{yz}-Orbitale sind also energetisch günstiger als die d_{z^2}- und $d_{x^2-y^2}$-Orbitale. *Im oktaedrischen Ligandenfeld sind die d-Orbitale nicht mehr energetisch gleichwertig, die Entartung ist aufgehoben. Es erfolgt eine Aufspaltung in zwei Gruppen von Orbitalen* (Abb. 5.48). Die d_{z^2}- und $d_{x^2-y^2}$-Orbitale liegen auf einem höheren Energieniveau, man bezeichnet sie als d_γ- oder e_g-Orbitale. Die d_{xy}-, d_{xz}- und d_{yz}-Orbitale werden als d_ε- oder t_{2g}-Orbitale bezeichnet, sie liegen auf einem tieferen Energieniveau. Die Energiedifferenz zwischen dem d_γ- und dem d_ε-Niveau, also die Größe der Aufspaltung, wird mit Δ oder 10 Dq bezeichnet. Bezogen auf die mittlere Energie der d-Orbitale, ist das d_ε-Niveau um 4 Dq verringert, das d_γ-Niveau um 6 Dq erhöht. Sind alle Orbitale mit zwei Elektronen besetzt, gilt $+4 \cdot 6\,Dq - 6 \cdot 4\,Dq = 0$. Dies folgt aus dem Schwerpunktsatz, der besagt, daß beim Übergang vom kugelsymmetrischen Ligandenfeld zum oktaedrischen Ligandenfeld der energetische Schwerpunkt der d-Orbitale sich nicht ändert.

Bei der Besetzung der d-Niveaus mit Elektronen im oktaedrischen Ligandenfeld wird zuerst das energieärmere d_ε-Niveau besetzt. Entsprechend der Hundschen

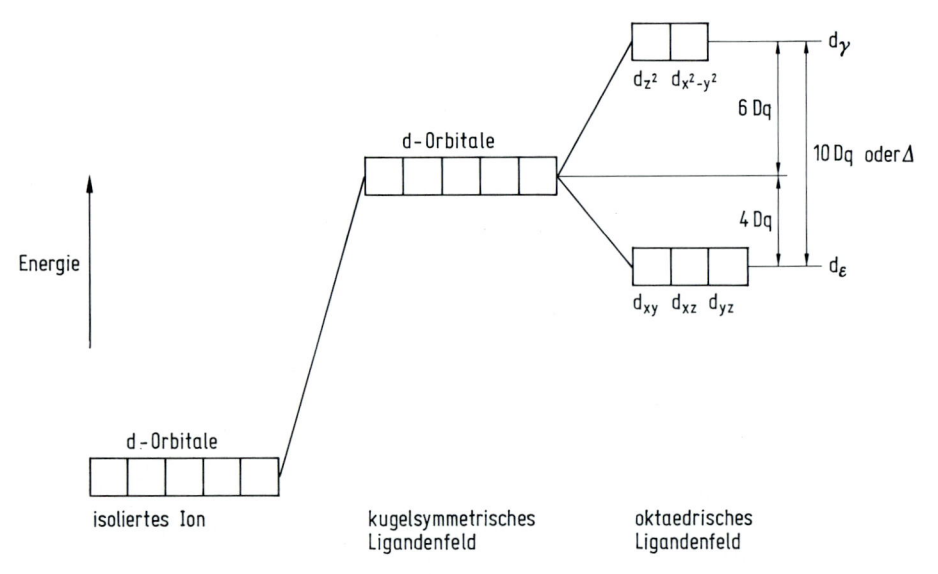

Abb. 5.48 Energieniveaudiagramm der d-Orbitale eines Metallions in einem oktaedrischen Ligandenfeld. Bei einem isolierten Ion sind die fünf d-Orbitale entartet. Im Ligandenfeld ist die durchschnittliche Energie der d-Orbitale um 20–40 eV erhöht. Wäre das Ion von den negativen Ladungen der Liganden kugelförmig umgeben, bliebe die Entartung der d-Orbitale erhalten. Die oktaedrische Anordnung der negativen Ladungen hat eine Aufspaltung der d-Orbitale in zwei äquivalente Gruppen zur Folge. Δ hat die Größenordnung 1–3 eV.

Regel (vgl. Abschn. 1.4.7) werden Orbitale gleicher Energie zunächst einzeln mit Elektronen gleichen Spins besetzt.

Für Übergangsmetallionen, die 1, 2, 3, 8, 9 oder 10 d-Elektronen besitzen, gibt es jeweils nur einen energieärmsten Zustand. Die Elektronenanordnungen für diese Konfigurationen sind in Abb. 5.49 dargestellt. *Für Übergangsmetallionen mit 4, 5, 6 und 7 d-Elektronen gibt es im oktaedrischen Ligandenfeld jeweils zwei mögliche Elektronenanordnungen.* Sie sind in der Abb. 5.50 dargestellt.

Man bezeichnet die Anordnung, bei der das Zentralion aufgrund der Hundschen Regel die größtmögliche Zahl ungepaarter d-Elektronen besitzt, als *high-spin-Zustand*. Der Zustand, bei dem entgegen der Hundschen Regel das Zentralion die geringstmögliche Zahl ungepaarter d-Elektronen besitzt, wird *low-spin-Zustand* genannt.

Wann liegt nun ein Übergangsmetallion mit d^4-, d^5-, d^6- bzw. d^7-Konfiguration im high-spin- oder im low-spin-Zustand vor? Betrachten wir ein d^4-Ion. Beim Wechsel vom high-spin-Zustand zum low-spin-Zustand wird das 4. Elektron auf dem um Δ energetisch günstigeren d_ε-Niveau eingebaut, es wird also der Energiebetrag Δ gewonnen. Andererseits erfordert Spinpaarung Energie. *Ist Δ größer als*

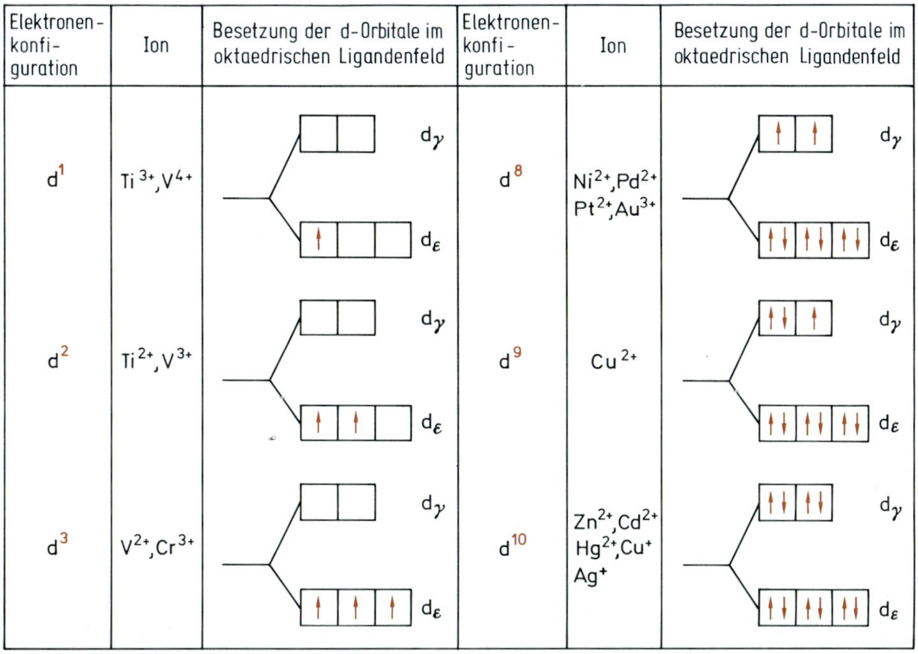

5.7 Komplexverbindungen

Elektronen-konfiguration	Ion	Besetzung der d-Orbitale im oktaedrischen Ligandenfeld	Elektronen-konfiguration	Ion	Besetzung der d-Orbitale im oktaedrischen Ligandenfeld
d^1	Ti^{3+}, V^{4+}	d_γ (leer, leer) / d_ε (↑, ,)	d^8	$Ni^{2+}, Pd^{2+}, Pt^{2+}, Au^{3+}$	d_γ (↑, ↑) / d_ε (↑↓, ↑↓, ↑↓)
d^2	Ti^{2+}, V^{3+}	d_γ (leer, leer) / d_ε (↑, ↑,)	d^9	Cu^{2+}	d_γ (↑↓, ↑) / d_ε (↑↓, ↑↓, ↑↓)
d^3	V^{2+}, Cr^{3+}	d_γ (leer, leer) / d_ε (↑, ↑, ↑)	d^{10}	$Zn^{2+}, Cd^{2+}, Hg^{2+}, Cu^+, Ag^+$	d_γ (↑↓, ↑↓) / d_ε (↑↓, ↑↓, ↑↓)

Abb. 5.49 Für Metallionen mit 1–3 bzw. 8–10 d-Elektronen gibt es in oktaedrischen Komplexen nur einen möglichen Elektronenzustand.

die Spinpaarungsenergie, entsteht ein low-spin-Komplex, ist △ kleiner als die Spinpaarungsenergie, entsteht ein high-spin-Komplex.

Die Größe der *Ligandenfeldaufspaltung* △ bestimmt also, ob der high-spin- oder der low-spin-Komplex energetisch günstiger ist. △ ist abhängig von der Ladung

Tabelle 5.10 △-Werte in kJ/mol von einigen oktaedrischen Komplexen
(h = high-spin, l = low-spin)

Zentralion Konfiguration	Ligand Ion	Cl^-	F^-	H_2O	NH_3	CN^-
$3d^1$	Ti^{3+}	–	203	243	–	–
$3d^2$	V^{3+}	–	–	214	–	–
$3d^3$	Cr^{3+}	163	–	208	258	318
$3d^5$	Fe^{3+}	–	–	164 h	–	419 l
$3d^6$	Fe^{2+}	–	–	124 h	–	404 l
	Co^{3+}	–	156 h	218 l	274 l	416 l
$4d^6$	Rh^{3+}	243 l	–	323 l	408 l	–
$5d^6$	Ir^{3+}	299 l	–	–	479 l	–
$3d^7$	Co^{2+}	–	–	111 h	122 h	–
$3d^8$	Ni^{2+}	87	–	102	129	–

Elektronen-konfiguration	Ion	Besetzung der d-Orbitale im oktaedrischen Ligandenfeld	Elektronen-zustand	Zahl ungepaarter Elektronen	Komplex
d^4	Cr^{2+}, Mn^{3+}	d_γ: ↑ _ ; d_ε: ↑ ↑ ↑	high-spin	4	$[Cr(H_2O)_6]^{2+}$
		d_γ: _ _ ; d_ε: ↑↓ ↑ ↑	low-spin	2	$[Mn(CN)_6]^{3-}$
d^5	Mn^{2+}, Fe^{3+}	d_γ: ↑ ↑ ; d_ε: ↑ ↑ ↑	high-spin	5	$[Mn(H_2O)_6]^{2+}$ $[Fe(H_2O)_6]^{3+}$
		d_γ: _ _ ; d_ε: ↑↓ ↑↓ ↑	low-spin	1	$[Fe(CN)_6]^{3-}$
d^6	$Fe^{2+}, Co^{3+}, Pt^{4+}$	d_γ: ↑ ↑ ; d_ε: ↑↓ ↑ ↑	high-spin	4	$[CoF_6]^{3-}$
		d_γ: _ _ ; d_ε: ↑↓ ↑↓ ↑↓	low-spin	0	$[Fe(CN)_6]^{4-}$
d^7	Co^{2+}	d_γ: ↑ ↑ ; d_ε: ↑↓ ↑↓ ↑	high-spin	3	$[Co(NH_3)_6]^{2+}$
		d_γ: ↑ _ ; d_ε: ↑↓ ↑↓ ↑↓	low-spin	1	$[Co(NO_2)_6]^{4-}$

Abb. 5.50 Für Metallionen mit 4–7 d-Elektronen gibt es in oktaedrischen Komplexen zwei mögliche Elektronenanordnungen. In schwachen Ligandenfeldern entstehen high-spin-Anordnungen, in starken Ligandenfeldern low-spin-Zustände.

und Ordnungszahl des Metallions und von der Natur der Liganden (vgl. Tab. 5.10). Ordnet man die Liganden nach ihrer Fähigkeit, d-Orbitale aufzuspalten, erhält man eine Reihe, die *spektrochemische Reihe* genannt wird. Die Reihenfolge ist für die häufiger vorkommenden Liganden

$$CO \approx CN^- > en > NH_3 > H_2O > OH^- > F^- > Cl^- > I^-$$
   starkes Feld   mittleres Feld   schwaches Feld

CN^--Ionen erzeugen ein starkes Ligandenfeld mit starker Aufspaltung der d-Niveaus, sie bilden low-spin-Komplexe. In Komplexen mit F^- entsteht ein schwaches Ligandenfeld, und es wird die high-spin-Konfiguration bevorzugt. Beispielsweise sind die Fe^{3+}-Komplexe $[FeF_6]^{3-}$ und $[Fe(H_2O)_6]^{3+}$ high-spin-Komplexe, während $[Fe(CN)_6]^{3-}$ ein low-spin-Komplex ist. Bei gleichen Liganden wächst $\triangle$ mit der Hauptquantenzahl der d-Orbitale der Metallionen: 5d > 4d > 3d. Eine Zunahme von $\triangle$ erfolgt auch, wenn die Ladung des Zentralions erhöht wird. Zum Beispiel ist $[Co(NH_3)_6]^{2+}$ ein high-spin-Komplex, $[Co(NH_3)_6]^{3+}$ ein low-spin-Komplex. Tabelle 5.10 enthält die $\triangle$-Werte von einigen oktaedrischen Komplexen. Die Ligandenfeldaufspaltung erklärt einige Eigenschaften von Komplexen.

Ligandenfeldstabilisierungsenergie. Aufgrund der Aufspaltung der d-Orbitale tritt für die d-Elektronen bei den meisten Elektronenkonfigurationen ein Energiegewinn auf. Er beträgt für die d^1-Konfiguration 4Dq, für die d^2-Konfiguration 8Dq, für die d^3-Konfiguration 12Dq usw. Dieser Energiegewinn wird Ligandenfeldstabilisierungsenergie genannt. Die Ligandenfeldstabilisierungsenergie ist besonders hoch für die d^3-Konfiguration und für die d^6-Konfiguration mit low-spin-Anordnung, da bei diesen Konfigurationen nur das energetisch günstige d_ε-Niveau mit 3 bzw. 6 Elektronen besetzt ist. Dies erklärt die bevorzugte oktaedrische Koordination von Cr^{3+}, Co^{3+} und Pt^{4+} und auch die große Beständigkeit der Oxidationsstufe +3 von Cr und Co in Komplexverbindungen.

Auch für die Verteilung von Ionen auf unterschiedliche Plätze in Ionenkristallen spielt die Ligandenfeldstabilisierungsenergie als Beitrag zur Gitterenergie eine wichtige Rolle. Die große oktaedrische Ligandenfeldstabilisierungsenergie von Cr^{3+} erklärt z. B., warum alle Cr(III)-Spinelle normale Spinelle sind (vgl. hierzu Abschn. 2.1.3) und Ni^{2+} bevorzugt Oktaederplätze besetzt.

Farbe der Ionen von Übergangsmetallen. Die Metallionen der Hauptgruppen wie Na^+, K^+, Mg^{2+}, Al^{3+} sind in wäßriger Lösung farblos. Diese Ionen besitzen Edelgaskonfiguration. Auch die Ionen mit abgeschlossener d^{10}-Konfiguration wie Zn^{2+}, Cd^{2+} und Ag^+ sind farblos. Im Gegensatz dazu sind die Ionen der Übergangsmetalle mit nicht aufgefüllten d-Niveaus farbig. Das Zustandekommen der Ionenfarbe ist besonders einfach beim Ti^{3+}-Ion zu verstehen, das in wäßriger Lösung rötlich-violett gefärbt ist (Abb. 5.51). In wäßriger Lösung bildet Ti^{3+} den Komplex $[Ti(H_2O)_6]^{3+}$. Die Größe der Ligandenfeldaufspaltung 10Dq beträgt 243 kJ/mol. Ti^{3+} besitzt ein d-Elektron, das sich im Grundzustand auf dem d_ε-Niveau befindet. Durch Lichtabsorption kann dieses Elektron angeregt werden, es geht dabei in den d_γ-Zustand über. Die dazu erforderliche Energie

334   5 Metalle

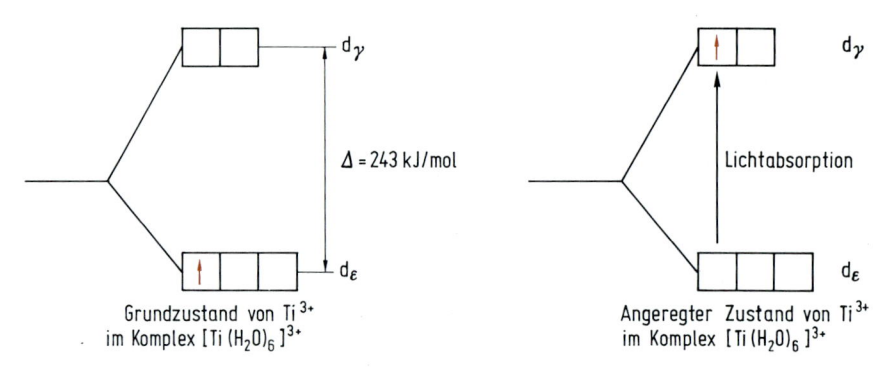

```
                                   dγ                                    ↑      dγ

                              Δ = 243 kJ/mol                           Lichtabsorption

                         ↑         dε                                           dε

              Grundzustand von Ti³⁺                        Angeregter Zustand von Ti³⁺
              im Komplex [Ti(H₂O)₆]³⁺                      im Komplex [Ti(H₂O)₆]³⁺
```

Abb. 5.51 Entstehung der Farbe des Komplexions $[Ti(H_2O)_6]^{3+}$.

beträgt gerade 243 kJ/mol, das entspricht einer Wellenlänge von 500 nm. Die Absorptionsbande liegt also im sichtbaren Bereich (blaugrün) und verursacht die rötlich-violette Färbung (komplementäre Farbe zu blaugrün).

Die Farben vieler anderer *Übergangsmetallkomplexe entstehen* ebenfalls *durch Anregung von d-Elektronen.* Aus den Absorptionsspektren lassen sich daher die 10 Dq-Werte experimentell bestimmen. *Die Farbe eines Ions in einem Komplex hängt* natürlich *von der Art des Liganden ab.* So entsteht z. B. aus dem grünen $[Ni(H_2O)_6]^{2+}$-Komplex beim Versetzen mit NH_3 der blaue $[Ni(NH_3)_6]^{2+}$-Komplex. Die Absorptionsbanden verschieben sich zu kürzeren Wellenlängen, also höherer Energie, da im Amminkomplex das Ligandenfeld und damit die Ligandenfeldaufspaltung stärker ist (vgl. Tab. 5.10).

Magnetische Eigenschaften. Ionen können diamagnetisch oder paramagnetisch sein. Ein diamagnetischer Stoff wird durch ein Magnetfeld abgestoßen, ein paramagnetischer Stoff wird in das Feld hineingezogen. Teilchen, die keine ungepaarten Elektronen besitzen, sind diamagnetisch. *Alle Ionen mit abgeschlossener Elektronenkonfiguration sind* also *diamagnetisch.* Dazu gehören die Metallionen der Hauptgruppenmetalle, wie Na^+, Mg^{2+}, Al^{3+}, aber auch die Ionen der Nebengruppenmetalle mit vollständig aufgefüllten d-Orbitalen, wie Ag^+, Zn^{2+}, Hg^{2+}. *Teilchen mit ungepaarten Elektronen sind paramagnetisch.* Alle Ionen mit ungepaarten Elektronen besitzen ein permanentes magnetisches Moment, das um so größer ist, je größer die Zahl ungepaarter Elektronen ist.

Durch magnetische Messungen kann daher entschieden werden, ob in einem Komplex eine high-spin- oder eine low-spin-Anordnung vorliegt. Für $[Fe(H_2O)_6]^{2+}$ und $[CoF_6]^{3-}$ mißt man ein magnetisches Moment, das 4 ungepaarten Elektronen entspricht, es liegen high-spin-Komplexe vor. Die Ionen $[Fe(CN)_6]^{4-}$ und $[Co(NH_3)_6]^{3+}$ sind diamagnetisch, es existieren also in diesen Komplexionen keine ungepaarten Elektronen, es liegen d^6-low-spin-Anordnun-

5.7 Komplexverbindungen

gen vor. *Die Zentralionen in low-spin-Komplexen haben im Vergleich zu den high-spin-Komplexen* immer *ein vermindertes magnetisches Moment*, da die Zahl ungepaarter Elektronen vermindert ist.

Ionenradien. Die Aufspaltung der d-Orbitale beeinflußt auch die Ionenradien. Abb. 5.52 zeigt den Verlauf der Radien der Me^{2+}-Ionen der 3d-Metalle für die oktaedrische Koordination (KZ = 6). Bei einer kugelsymmetrischen Ladungsverteilung der d-Elektronen wäre auf Grund der kontinuierlichen Zunahme der Kernladungszahl (vgl. Abschn. 2.1.2) eine kontinuierliche Abnahme der Radien zu erwarten (gestrichelte Kurve der Abb. 5.52). *Auf Grund der Aufspaltung der d-Orbitale* werden bevorzugt die energetisch günstigeren d_ε-Orbitale mit den d-Elektronen besetzt. Die Liganden können sich dadurch dem Zentralion stärker nähern, denn die auf die Liganden gerichteten d_γ-Orbitale wirken weniger abstoßend als bei kugelsymmetrischer Ladungsverteilung. Es *resultieren kleinere Radien*, als für die kugelsymmetrische Ladungsverteilung zu erwarten wäre. *Ionen mit low-spin-Konfiguration sind* daher *kleiner als die mit high-spin-Konfiguration* (vgl. Abb. 5.52).

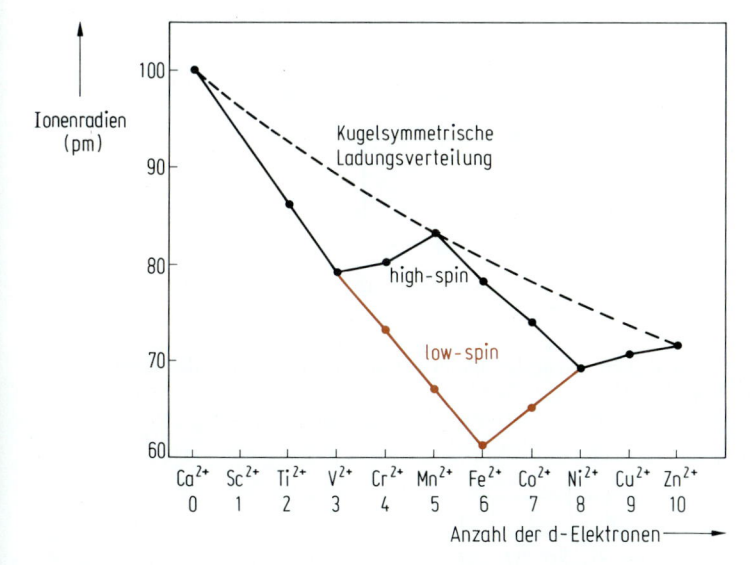

Abb. 5.52 Me^{2+}-Ionenradien der 3d-Elemente (KZ = 6).
Die gestrichelte Kurve ist eine theoretische Kurve für kugelsymmetrische Ladungsverteilungen. Auf ihr liegt der Radius von Mn^{2+} mit der kugelsymmetrischen high-spin-Anordnung $d_\varepsilon^3 d_\gamma^2$. Die Kurve der high-spin-Radien hat Minima bei den Konfigurationen d_ε^3 (V^{2+}) und $d_\varepsilon^6 d_\gamma^2$ (Ni^{2+}), die low-spin-Kurve hat ihr Minimum bei der Konfiguration d_ε^6 (Fe^{2+}). Die Kurven spiegeln also die asymmetrische Ladungsverteilung der d-Elektronen wider.

Komplexe mit der Koordinationszahl 4

Tetraedrische Komplexe. Auch im tetraedrischen Ligandenfeld erfolgt eine Aufspaltung der d-Orbitale. Aus der Abb. 5.53 geht hervor, daß sich die tetraedrisch angeordneten Liganden den d_{xy}-, d_{xz}- und d_{yz}-Orbitalen des Zentralions stärker nähern als den d_{z^2}- und $d_{x^2-y^2}$-Orbitalen. Im Gegensatz zu oktaedrischen Komplexen sind die d_{z^2}- und $d_{x^2-y^2}$-Orbitale also energetisch günstiger (Abb. 5.54). Bei gleichem Zentralion, gleichen Liganden und gleichem Abstand Ligand-Zentralion beträgt die tetraedrische Aufspaltung nur $4/9$ von der im oktaedrischen Feld: $\Delta_{tetr} = 4/9\, \Delta_{okt}$. Die Δ-Werte der tetraedrischen Komplexe VCl_4, $[CoI_4]^{2-}$ und $[CoCl_4]^{2-}$ z. B. betragen 108, 32 und 39 kJ/mol. Prinzipiell sollte es für die Konfigurationen d^3, d^4, d^5 und d^6 high-spin- und low-spin-Anordnungen geben. *Wegen der kleinen Ligandenfeldaufspaltung sind* aber *nur high-spin-Komplexe bekannt.*

Co^{2+} bildet mehr tetraedrische Komplexe als jedes andere Übergangsmetallion. Dies stimmt damit überein, daß für Co^{2+} ($3d^7$) die Ligandenfeldstabilisierungsenergie in tetraedrischen Komplexen größer ist als bei anderen Übergangsmetallionen (Abb. 5.55).

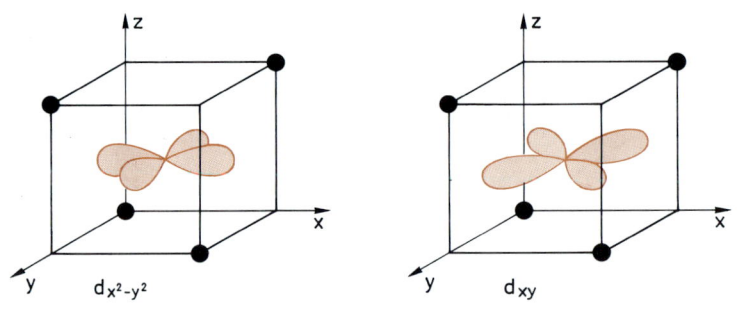

Abb. 5.53 Tetraedrisch angeordnete Liganden nähern sich dem d_{xy}-Orbital des Zentralatoms stärker als dem $d_{x^2-y^2}$-Orbital.

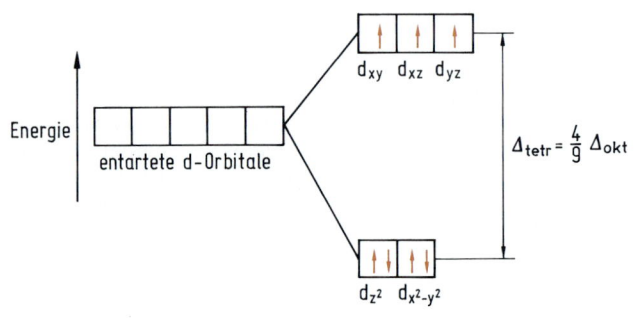

Abb. 5.54 Aufspaltung der d-Orbitale im tetraedrischen Ligandenfeld.

5.7 Komplexverbindungen

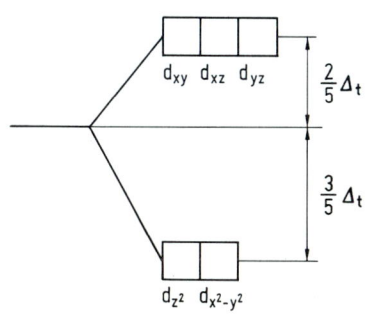

Abb. 5.55 Besetzung der d-Orbitale von Co^{2+} im tetraedrischen Ligandenfeld.

Planar-quadratische Komplexe. *Für die Ionen* Pd^{2+}, Pt^{2+} *und* Au^{3+} *mit d^8-Konfigurationen ist die quadratische Koordination typisch.* Alle quadratischen Komplexe dieser Ionen sind diamagnetische low-spin-Komplexe. In Abb. 5.56 ist das Energieniveaudiagramm der d-Orbitale des Komplexes $[PtCl_4]^{2-}$ dargestellt. In quadratischen Komplexen fehlen die Liganden in z-Richtung, daher sind die d-Orbitale mit einer z-Komponente energetisch günstiger als die anderen d-Orbitale. Die d_{xz}- und d_{yz}-Orbitale werden von den Liganden in gleichem Maße beeinflußt, sie sind daher entartet. Da die Ladungsdichte des $d_{x^2-y^2}$-Orbitals direkt auf die Liganden gerichtet ist, ist es das bei weitem energiereichste Orbital. Wenn Δ_1 größer als die Spinpaarungsenergie ist, entsteht ein low-spin-Komplex mit einer größtmöglichen Ligandenfeldstabilisierungsenergie. *Quadratische Kom-*

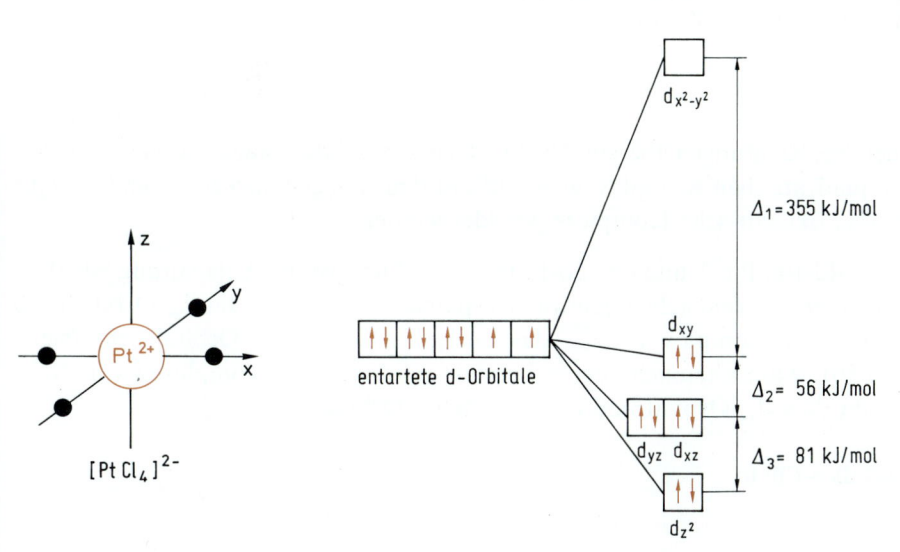

Abb. 5.56 Aufspaltung und Besetzung der d-Orbitale im quadratischen Komplex $[PtCl_4]^{2-}$. Da Δ_1 größer ist als die aufzuwendende Spinpaarungsenergie entsteht ein low-spin-Komplex.

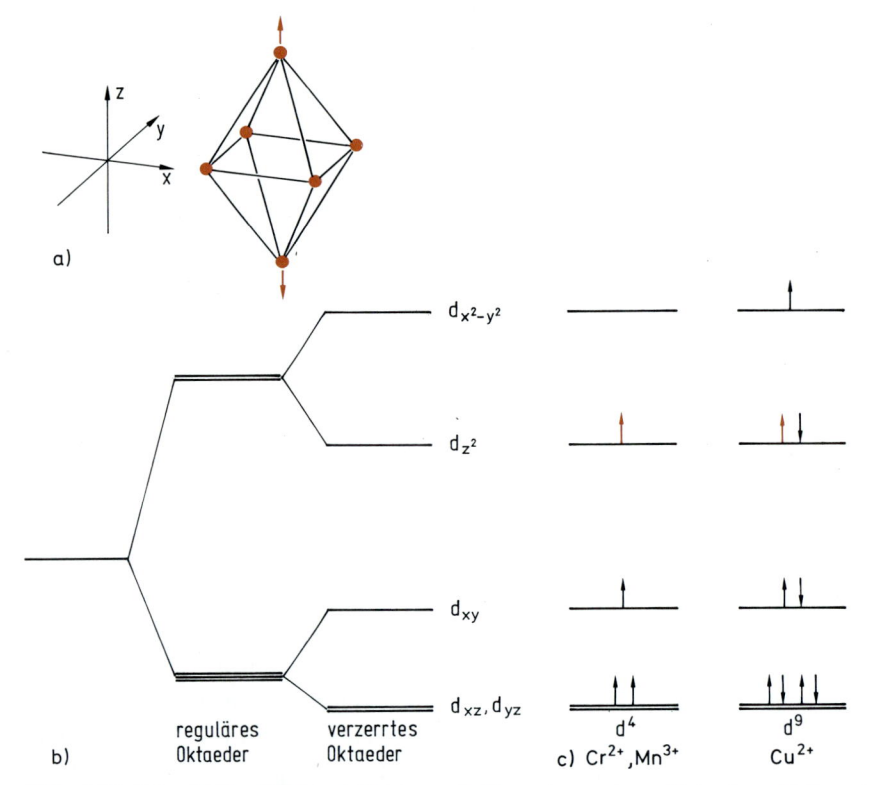

Abb. 5.57 Jahn-Teller-Effekt. a) Tetragonale Verzerrung eines Oktaeders. b) Energieniveaudiagramm der d-Orbitale des Zentralteilchens bei tetragonal verzerrt oktaedrischer Anordnung der Liganden. c) Bei d^4- und d^9-Konfigurationen des Zentralions führt die Verzerrung zu einem energetisch günstigerem Zustand.

plexe sind daher *bei großen Ligandenfeldaufspaltungen zu erwarten.* Dies stimmt mit den Beobachtungen überein. Ni^{2+} ($3d^8$) bildet mit dem starken Liganden CN^- einen quadratischen Komplex, während mit den weniger starken Liganden H_2O und NH_3 oktaedrische Komplexe gebildet werden.

Bei dem 4d-Ion Pd^{2+} und den 5d-Ionen Pt^{2+} Au^{3+} ist die Aufspaltung bei allen Liganden groß, es entstehen quadratisch-planare Komplexe. Das d_{z^2}-Orbital muß nicht wie im Komplex $PtCl_4^{2-}$ das energetisch stabilste Orbital sein (siehe Abb. 5.56). Wahrscheinlich liegt es bei den quadratischen Komplexen von Ni^{2+} zwischen dem d_{xy}-Orbital und den entarteten Orbitalen d_{yz}, d_{xz}.

Jahn-Teller-Effekt

Bei einigen Ionen treten aufgrund der Wechselwirkung zwischen den Liganden und den d-Elektronen des Zentralteilchens verzerrte Koordinationspolyeder auf. Man bezeichnet diesen Effekt als Jahn-Teller-Effekt. Tetragonal deformiert-

5.7 Komplexverbindungen

oktaedrische Strukturen werden bei Verbindungen von Ionen mit d^4-(Cr^{2+}, Mn^{3+}) und d^9-Konfiguration (Cu^{2+}) beobachtet. Beispiele sind die Komplexe $[Cr(H_2O)_6]^{2+}$, $[Mn(H_2O)_6]^{3+}$ und der tetragonal verzerrte Spinell $Mn^{2+}(Mn_2^{3+})O_4$. Die bevorzugte Koordination von (Cu(II))-Verbindungen ist verzerrt-oktaedrisch und quadratisch-planar. Die quadratische Koordination ist der Grenzfall tetragonal verzerrter, gestreckter Oktaeder. Zwischen beiden kann nicht scharf unterschieden werden. Das in wäßriger Lösung vorhandene, hellblaue Aqua-Ion $[Cu(H_2O)_6]^{2+}$ ist tetragonal verzerrt, zwei der H_2O-Moleküle sind weiter entfernt und schwächer gebunden, die einfachere Formulierung ist daher $[Cu(H_2O)_4]^{2+}$. Ganz entsprechend kann der tiefblaue Amminkomplex als quadratischer Komplex $[Cu(NH_3)_4]^{2+}$ formuliert werden.

Die Ursache des Jahn-Teller-Effekts ist eine mit der Verzerrung verbundene Energieerniedrigung. Das Energieniveaudiagramm der Abb. 5.57 zeigt, wie diese Energieerniedrigung zustandekommt. Bei der Verzerrung zu einem gestreckten Oktaeder werden alle Orbitale mit einer z-Komponente energetisch günstiger. Bei d^4- und d^9-Konfigurationen führt die Besetzung des d_{z^2}-Orbitals zu einem Energiegewinn, wenn das Oktaeder verzerrt ist.

6 Umweltprobleme

Seit Beginn der Industrialisierung hat die Weltbevölkerung exponentiell zugenommen (Abb. 6.1). 1991 betrug die Wachstumsrate etwa 1,7%, dies entspricht einer Verdoppelungszeit von 40 Jahren. Auch die globale Industrieproduktion nahm exponentiell zu (Abb. 6.1). Von 1970–90 betrug die Wachstumsrate durchschnittlich 3,3%, die Verdoppelungszeit also 21 Jahre; die Produktion pro Kopf nahm jährlich um 1,5% zu. Wie Bevölkerungswachstum und Industrieproduktion war auch das Tempo technologischer Entwicklungen exponentiell. In vielen Bereichen der Forschung und Wissenschaft sind in den letzten Jahrzehnten größere Fortschritte erzielt worden als in der bisherigen gesamten Geschichte der Wissen-

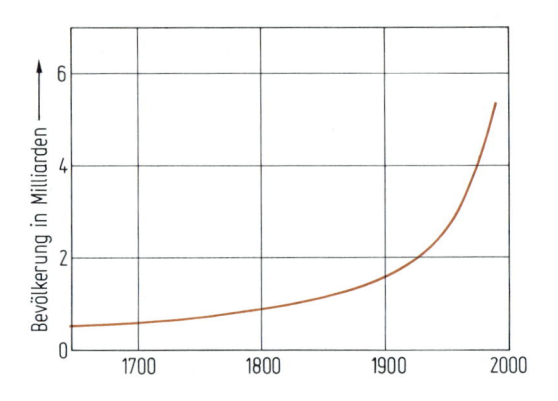

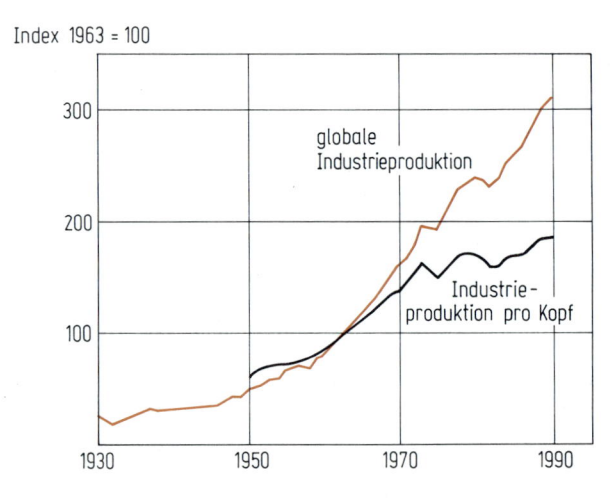

Abb. 6.1 a) Wachstum der Weltbevölkerung. 1990 betrug sie 5,3 Milliarden, für 2000 wird mit 6 Milliarden gerechnet.
b) Globale Industrieproduktion. Gesamtproduktion   Industrieproduktion pro Kopf – 1988 hatte das höchste Bruttosozialprodukt pro Kopf die Schweiz mit 27260 US-Dollar, das niedrigste Mosambik mit 100 US-Dollar. In der BR Deutschland betrug es 18530 US-Dollar.

schaft. Parallel dazu wuchs aber auch die Belastung der Umwelt mit Schadstoffen und die Erschöpfung wichtiger Rohstoffe droht. In einigen Bereichen sind die Grenzen der Belastbarkeit der Erde nahezu erreicht oder schon überschritten. Die Menschheit ist dadurch von Problemen einer Größenordnung herausgefordert, die völlig neu in ihrer Geschichte sind und zu deren Lösung die traditionellen Strukturen und Institutionen nicht mehr ausreichen. Sie können nur international gelöst werden.

Ein Beispiel mit globalem Charakter ist das Ozonproblem. Es zeigte sich, daß es möglich war, rasch und wirkungsvoll eine internationale Übereinkunft durchzusetzen, sobald erkannt wurde, daß dies unerläßlich sei. Aber dazu war die weltweite Zusammenarbeit von Wissenschaftlern, Technikern, Politikern und Organisationen erforderlich.

Beim Treibhauseffekt, der das bedrohlichste und am schwierigsten zu lösende Umweltproblem ist, stehen wir noch am Anfang.

Kenntnis und Erkenntnis des Ausmaßes der Umweltprobleme und der daraus resultierenden Bedrohung der Menschheit selbst sind Voraussetzungen zum notwendigen raschen Handeln. Dazu soll dieses Kapitel etwas beitragen.

In zwei Abschnitten werden wesentliche globale Umweltprobleme und einige regionale Umweltprobleme behandelt. Sie nehmen Bezug auf chemische Verbindungen, die im 4. Kapitel besprochen wurden und beschränken sich auf diese. Umfassende Darstellungen und wichtigste Quellen dieses Kapitels sind:
A. Heintz, G. Reinhardt, Chemie und Umwelt, Vieweg Verlagsgesellschaft mbH, Braunschweig 1990.
Donella und Dennis Meadows, Die neuen Grenzen des Wachstums, Deutsche Verlags-Anstalt GmbH, Stuttgart 1992.
Daten zur Umwelt 1990/91, Umweltbundesamt, Erich Schmidt Verlag GmbH & Co., Berlin 1992.

6.1 Globale Umweltprobleme

6.1.1 Die Ozonschicht

In der Stratosphäre existiert neben den Luftbestandteilen Stickstoff N_2 und Sauerstoff O_2 auch die Sauerstoffmodifikation Ozon O_3 (vgl. Abschn. 4.5.2). *Die sogenannte Ozonschicht hat ein Konzentrationsmaximum in ca. 25 km Höhe* (Abb. 6.2). Die Gesamtmenge atmosphärischen Ozons ist klein. Würde es *bei Standardbedingungen* die Erdoberfläche bedecken, dann *wäre die Ozonschicht nur etwa 3,5 mm dick*

Die Existenz der Ozonschicht und ihr merkwürdiges Konzentrationsprofil wurde bereits 1930 erklärt. *Durch harte UV-Strahlung der Sonne* ($\lambda < 240$ nm) *wird mo-*

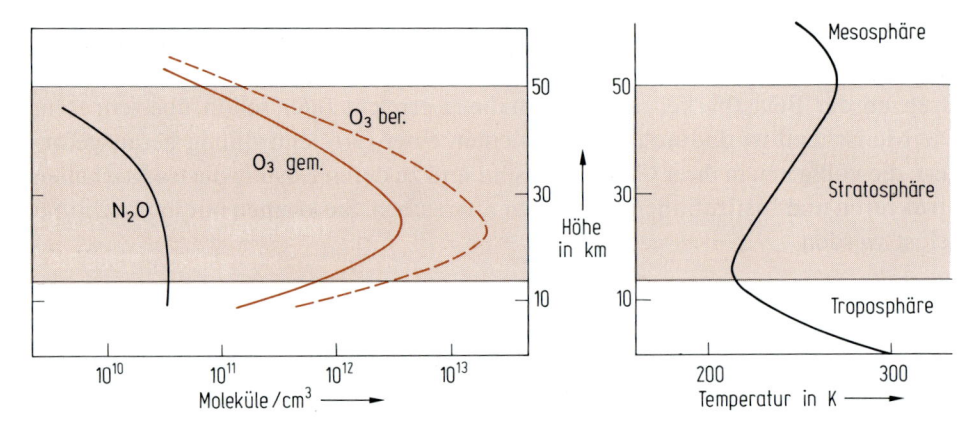

Abb. 6.2 Spurengaskonzentration in der Stratosphäre
In der Stratosphäre existiert eine Ozonschicht mit einer maximalen Konzentration von 10 ppm, also einem Partialdruck der hunderttausendmal kleiner ist als der Gesamtdruck. (Als Faustregel gilt, daß der Druck in der Höhe alle 5,5 km auf die Hälfte fällt). Die Konzentration anderer Spurengase (N_2O, CH_4 und CH_3Cl) ist noch wesentlich kleiner, sie sind aber am Abbau von Ozon beteiligt.
(ppm bedeutet part per million, 1 ppm = 1 Teil auf 10^6 Teile)

lekularer Sauerstoff in Atome gespalten. Die O-Atome reagieren mit O_2-Molekülen zu Ozon.

$$O_2 \xrightarrow{h\nu} 2O$$

$$O + O_2 \longrightarrow O_3$$

Ozon wird durch UV-Strahlung ($\lambda < 310$ nm) *oder durch Sauerstoffatome wieder zerstört*

$$O_3 \xrightarrow{h\nu} O_2 + O$$

$$O_3 + O \longrightarrow 2O_2$$

Bildung und Abbau führen zu einem Gleichgewicht. Die Bildungsgeschwindigkeit von O_3 erhöht sich mit wachsender O_2-Konzentration und mit zunehmender Intensität der UV-Strahlung. Mit abnehmender Höhe führt die zunehmende O_2-Konzentration daher zunächst zu einer Erhöhung der Bildungsgeschwindigkeit, dann jedoch wird die harte UV-Strahlung immer stärker geschwächt und die Bildungsgeschwindigkeit nimmt ab, die O_3-Konzentration muß ein Maximum durchlaufen.

Die gemessene Ozonkonzentration ist aber etwa eine Größenordnung kleiner als die nach obigem Mechanismus berechnete (Abb. 6.2). Ursache dafür sind *natürlich entstandene Spurengase* wie CH_4, H_2O, N_2O, CH_3Cl, die zum Ozonabbau beitragen. Als Beispiel wird die Wirkung von N_2O behandelt. Durch UV-Strahlung ($\lambda < 320$ nm) wird N_2O gespalten, die entstandenen O-Atome reagieren mit N_2O zu NO-Radikalen.

$$N_2O \xrightarrow{h\nu} N_2 + O$$

$$N_2O + O \longrightarrow 2NO$$

Die NO-Radikale zerstören in einem katalytischen Reaktionszyklus Ozonmoleküle.

$$\left.\begin{array}{l} NO + O_3 \rightarrow NO_2 + O_2 \\ NO_2 + O \rightarrow NO + O_2 \end{array}\right\} \text{Reaktionskette}$$

Reaktionsbilanz $\quad O_3 + O \rightarrow 2O_2$

Zum ersten Mal wurde 1974 vor einer möglichen Gefährdung der Ozonschicht durch FCKW gewarnt. Es ist jetzt sicher, *anthropogene Spurengase, vor allem Fluorchlorkohlenwasserstoffe (FCKW), verursachen den beobachteten Abbau der Ozonschicht* (ihre Mitwirkung am Treibhauseffekt wird im Abschn. 6.1.2 besprochen). Die FCKW (Tabelle 6.1) sind chemisch inert, sie wandern daher unverändert durch die Troposphäre und erreichen in ca. 10 Jahren die Stratosphäre. *Sie werden* dort in Höhen ab 20 km *durch UV-Strahlung* ($\lambda < 220$ nm) *unter Bildung von Cl-Atomen gespalten.*

$$CF_3Cl \rightarrow CF_3 + Cl$$

Jedes Cl-Atom kann katalytisch im Mittel 10 000 O_3-Atome zerstören.

$$\left.\begin{array}{l} Cl + O_3 \rightarrow ClO + O_2 \\ ClO + O \rightarrow Cl + O_2 \end{array}\right\} \text{Reaktionskette}$$

Reaktionsbilanz $\quad O_3 + O \rightarrow 2O_2$

Die Konzentration von natürlichem Cl in der Stratosphäre wird auf 0,6 ppb geschätzt, bis 1990 hatte sich der Cl-Gehalt auf 3 ppb verfünffacht (1 ppb = 1 Teil auf 10^9 Teile).

Insgesamt ist der Ozonabbau durch FCKW jedoch, besonders über der Antarktis, viel komplizierter. In der globalen Stratosphäre ist der Ozonabbau z. B. von Reaktionen beeinflußt, durch die ClO der Reaktionskette entzogen wird. Dies sind:

Reaktion mit Stickstoffdioxid zum stabilen Chlornitrat

$$ClO + NO_2 \rightarrow ClONO_2$$

Reaktion mit Stickstoffmonooxid zu Stickstoffdioxid; dieses wird durch UV-Strahlung ($\lambda < 400$ nm) gespalten, es entstehen Sauerstoffatome, die wieder zu Ozonmolekülen reagieren können.

$$ClO + NO \longrightarrow NO_2 + Cl$$
$$NO_2 \xrightarrow{h\nu} NO + O$$
$$O + O_2 \longrightarrow O_3$$

Seit 1984 wurde beobachtet, daß über der Antarktis im Frühling (September und Oktober) die Ozonkonzentration drastisch abnimmt. Dieses sogenannte *Ozonloch* vertiefte sich von Jahr zu Jahr. 1992 betrug der Ozonverlust 65% im Vergleich zum Mittel dieser Jahreszeit vor Mitte der siebziger Jahre und das Ozonloch hatte eine Ausdehnung von etwa 10% der Gesamtfläche der Südhemisphäre. Im November und Dezember nimmt die O_3-Konzentration wieder zu, und das Ozonloch heilt weitgehend aus (Abb. 6.3). Die wahrscheinliche Erklärung dafür ist die folgende: Im Polarwinter entsteht über der Antarktis durch stabile Luftwirbel ein von der Umgebung isoliertes „Reaktionsgefäß" für die in der Atmosphäre wirksamen Stoffe. Während der Polarnacht finden keine photochemischen Reaktionen statt, da kein Sonnenlicht in die Antarktisatmosphäre eindringt. Bildung und Abbau des Ozons „friert ein", die photolytische Bildung von O-Atomen findet nicht mehr statt. Die katalytisch reagierenden Teilchen Cl und ClO werden verbraucht, z. B. nach

$$ClO + NO_2 \rightarrow ClONO_2$$
$$ClO + OH \rightarrow HCl + O_2$$
$$Cl + HO_2 \rightarrow HCl + O_2$$

Die Stickstoffoxide reagieren zu Salpetersäure

$$NO + HO_2 \rightarrow HNO_3$$
$$NO_2 + OH \rightarrow HNO_3$$

(Die Radikale OH und HO_2 entstehen photolytisch aus H_2O-Molekülen nach $H_2O \xrightarrow{h\nu} OH + H$ ($\lambda < 185$ nm) und $O_3 + OH \rightarrow O_2 + HO_2$.) Bei Temperaturen bis $-90\,°C$ bilden sich Stratosphärenwolken, die kondensiertes Wasser und Salpetersäure enthalten. An den Oberflächen der Aerosolteilchen dieser Wolken können mit dem Chlornitrat die Reaktionen

$$ClONO_2 + HCl \rightarrow Cl_2 + HNO_3$$
$$ClONO_2 + H_2O \rightarrow HOCl + HNO_3$$

ablaufen. Wenn Ende September die Zeit des Polartages anbricht entstehen Cl-Atome in hoher Konzentration.

$$Cl_2 \xrightarrow{h\nu} 2\,Cl$$
$$HClO \xrightarrow{h\nu} OH + Cl$$

Da desaktivierende Stickstoffoxide nicht vorhanden sind, bewirken die Cl-Atome

6.1 Globale Umweltprobleme

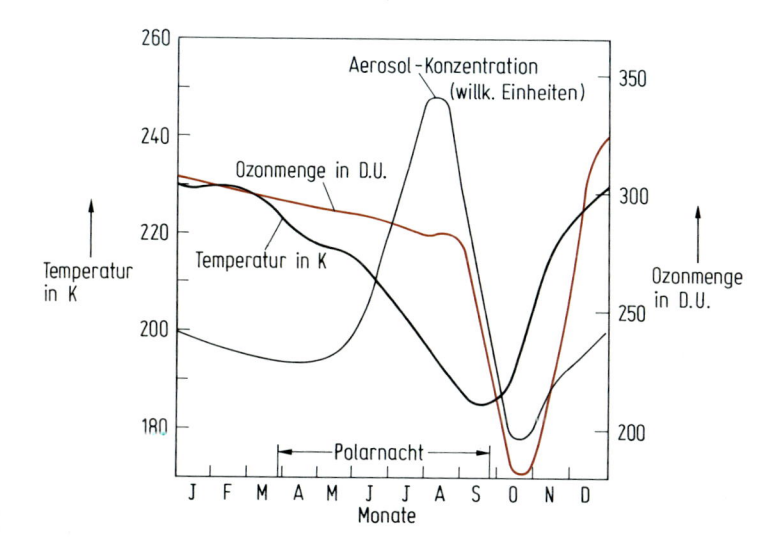

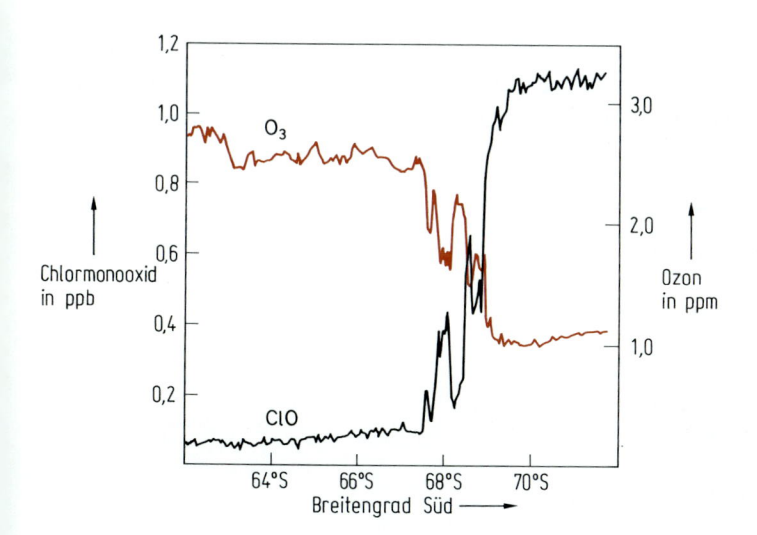

Abb. 6.3 a) Zeitlicher Verlauf von Ozonmenge, Temperatur und Aerosolkonzentration der stratosphärischen Wolken über der Antarktis in 17 km Höhe für das Jahr 1984. Während der Polarnacht fällt die Temperatur, und es bilden sich stratosphärische Wolken. Nach Ende der Polarnacht sinkt die Ozonkonzentration drastisch, es entsteht das Ozonloch, das bald wieder ausheilt. (Die Ozonkonzentration ist in Dobson-Einheiten (D.U.) angegeben. 1 D.U. entspricht einem Hundertstel mm und bezieht sich auf die Dicke der Ozonschicht, die entstünde, wenn das Ozon bei Standardbedingungen vorläge.)
b) Konzentration von O_3 und ClO, gemessen beim Überfliegen des Randes des Ozonlochs am 17.9.87. Die ClO-Konzentration steigt auf das 500-fache, gleichzeitig nimmt die O_3-Konzentration rasch ab. Damit ist der Zusammenhang zwischen O_3-Abnahme und erhöhter Cl- bzw. ClO-Konzentration über der Antarktis nachgewiesen.
(1 ppm bedeutet 1 Einheit zu 10^6 Einheiten; 1 ppb 1 Einheit zu 10^9 Einheiten.)

einen drastischen Ozonabbau. Da bei beginnendem Polartag aber nicht ausreichend O-Atome durch photolytische Spaltung aus O_2 oder O_3 für die Rückbildung von Cl aus ClO zu Verfügung stehen (Licht mit $\lambda < 310$ nm ist nur in sehr geringer Intensität vorhanden), nimmt man folgenden Mechanismus an:

$$ClO + ClO \longrightarrow Cl_2O_2$$

$$Cl_2O_2 \xrightarrow{h\nu} Cl + ClO_2$$

$$ClO_2 \longrightarrow Cl + O_2$$

Nach Zusammenbrechen des antarktischen Wirbels erfolgt Durchmischung mit Luftmassen niederer Breiten und im November und Dezember steigt die Ozonkonzentration schnell wieder an. Im Jahrzehnt nach 1980 fiel der Ozongehalt über der südlichen Hemisphäre in mittleren Breiten um 5%.

Der Ozonabbau in der Nordhemisphäre ist geringer, am stärksten im Winter und hat sich in den achtziger Jahren beunruhigend verstärkt. Wegen der anderen Meteorologie der Nordhemisphäre ist bisher noch kein arktisches Ozonloch entstanden. Für die Ozongehalte sind außer den chemischen Prozessen Umverteilungen durch Transportvorgänge wesentlich.

Die Ozonschicht ist für das Leben auf der Erde absolut notwendig. Sie schützt wirksam gegen die gefährliche UV-B-Strahlung (Abb. 6.4). Ihr Abbau bewirkt nicht nur vermehrte Hautkrebserkrankungen und Augenschädigungen, sondern

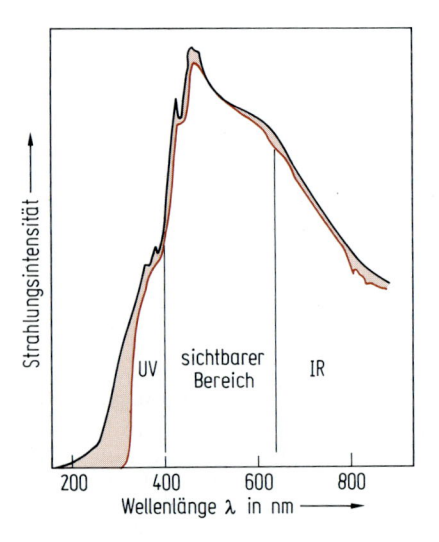

Abb. 6.4 Sonnenlichtspektrum. Wirkung der Ozonschicht.
—— Das Sonnenlichtspektrum außerhalb der Lufthülle. —— Das Spektrum am Erdboden.
Die maximale Strahlungsintensität liegt bei 480 nm, im grünen Bereich des sichtbaren Spektrums. Die UV-B-Strahlung erreicht den Erdboden nicht. Sie wird im Bereich 310–240 nm von O_3 und im Bereich < 240 nm von O_2 fast vollständig absorbiert.

vor allem die Gefährdung des Meeresplanktons, das das Fundament der Nahrungsketten in den Ozeanen ist. Eine Schädigung vieler Populationen wäre die Folge. Wegen der verringerten Photosynthese sind Ernteeinbußen zu erwarten. Wie weit die ökologischen Gleichgewichte bei gleichzeitigen Klimaveränderungen gestört würden, läßt sich jedoch nicht vorhersagen.

Durch Abbau der Ozons kühlt sich die Stratosphäre ab und der positive Temperaturkoeffizient schwächt sich ab. Die Folge ist eine erhöhte Durchlässigkeit für den Stofftransport zwischen Troposphäre und Stratosphäre. Anthropogene Spurengase können leichter in die Stratosphäre eindringen und sie angreifen.

1974 erschien die erste wissenschaftliche Arbeit über die Gefährdung der Ozonschicht durch FCKW. Aber erst 1985 alarmierte die Entdeckung des Ozonloches die Weltöffentlichkeit. Die Weltproduktion von FCKW betrug 1986 1 Million t (vgl. Tabelle 6.1). Seit 1981 erfolgte ein jährlicher Anstieg der FCKW in der Stratosphäre um 6%. 1987 kam es in Montreal zum ersten internationalen, historisch bedeutsamen Abkommen. Bis 1999 sollte die FCKW-Produktion stufenweise um 50% verringert werden. Die alarmierenden Nachrichten über die Vergrößerung des Ozonloches führten 1990 zum *Londoner Abkommen*. 92 Nationen verpflichteten sich zum Produktionsverbot der FCKW ab 2000. In der BR Deutschland soll die Produktion ab 1995, in der EG ab 1997 eingestellt werden. *Ab 2005 ist ein allmählicher Rückgang des Cl-Gehalts in der Stratosphäre zu erwarten.* Wegen der langen Verweilzeit der FCKW (siehe Tabelle 6.1) werden diese aber noch lange wirksam sein und das Ozonloch wird nicht vor Mitte des nächsten Jh. verschwinden.

Etwa 70% der FCKW werden bereits durch neue Verfahren oder schon bekannte Produkte ersetzt, für 30% müssen neue Produkte gefunden werden. Wasserstoffhaltige Fluorchlorkohlenwasserstoffe H-FCKW werden weitgehend bereits in der Troposphäre abgebaut und kommen als begrenzte Zwischenlösung in Frage. Er-

Tabelle 6.1 Eigenschaften einiger Fluorchlorkohlenwasserstoffe (FCKW)

Formel	Name	Siedepunkt °C	Verwendung	Verweilzeit in der Atmosphäre Jahre	Weltproduktion 1985 t
CCl_3F	FCKW 11	+24	T, PUS, PSS, R	65–75	300 000
CCl_2F_2	FCKW 12	−30	T, K, PSS	100–140	440 000
$CClF_2-CCl_2F$	FCKW 113	+48	R	100–135	140 000

T = Treibgas, PUS Polyurethanschaumherstellung, PSS Polystyrolschaumherstellung, R = Reinigungs- und Lösemittel, K = Kältemittel in Kühlaggregaten.

FCKW sind gasförmige oder flüssige Stoffe. Sie sind chemisch stabil, unbrennbar, wärmedämmend und ungiftig. Auf Grund dieser Eigenschaften werden sie vielfach verwendet und sind nicht leicht zu ersetzen.

probt werden Fluorkohlenwasserstoffe H-FKW. Sie enthalten kein Chlor und verursachen keinen Ozonabbau, aber einen Treibhauseffekt (vgl. Tabelle 6.3).

6.1.2 Der Treibhauseffekt

Die Temperatur der Erdoberfläche wird hauptsächlich durch die Intensität der einfallenden Sonnenstrahlung bestimmt. Die Oberflächentemperatur der Sonne beträgt 5700 K, die maximale Strahlungsintensität liegt im sichtbaren Bereich (Abb. 6.4). Der größte Teil der einfallenden Strahlung wird auf der Erde in Wärme umgewandelt und als terrestrische Strahlung von der Erde abgegeben. 30 % der einfallenden Strahlung wird als sichtbares Licht in den Weltraum zurückgeworfen. Diesen Anteil nennt man die *Albedo* der Erde. Es muß Strahlungsgleichgewicht herrschen, d.h. pro Zeiteinheit muß die Energie der einfallenden und abgegebenen Strahlung gleich groß sein. *Die berechnete Strahlungsgleichgewichtstemperatur der Erde beträgt 255 K = − 18°C.* Dieser Temperatur entspricht eine terrestrische Strahlung im IR-Bereich.

Die tatsächliche mittlere Temperatur der Erdoberfläche beträgt aber 288 K = 15°C. Die Differenz von 33 K nennt man den natürlichen Treibhauseffekt. Er wird durch das Vorhandensein der Atmosphäre verursacht. Der größte Teil der IR-Strahlung wird von Spurengasen der Atmosphäre absorbiert, als Wärmeenergie in der Atmosphäre gespeichert und von dort zum Teil an die Erdoberfläche zurückgestrahlt. Es kommt zu einem „Wärmestau" und dadurch zu einer Erhöhung der mittleren Temperatur der Erdoberfläche. Die wichtigsten Spurengase sind H_2O-Dampf, CO_2, N_2O, CH_4 und troposphärisches O_3.

Die Anteile der Spurengase am natürlichen Treibhauseffekt enthält Tabelle 6.2. Die Hauptbeiträge stammen von H_2O-Dampf (einschließlich Wolken) und CO_2. *Die Wirkung der Treibhausgase beruht darauf, daß sie sichtbares Licht nicht absorbieren, aber für IR-Strahlung starke Absorptionsbanden existieren.*

Tabelle 6.2 Anteil der Spurengase am natürlichen Treibhauseffekt

	H_2O (Dampf)	CO_2	O_3 (Troposphäre)	N_2O	CH_4	Rest
ΔT in K $\Sigma \Delta T = 33$ K	20,6	7,2	2,4	1,4	0,8	0,6
ΔT in %	62,4	21,8	7,3	4,3	2,4	1,8
Gegenwärtige Konzentration in ppm	bis 20000	350	0,03	0,3	1,7	

Der Anteil eines Spurengases am Treibhauseffekt hängt nicht nur von seiner Konzentration, sondern auch von seiner spezifischen Absorptionswirkung ab. CH_4 z.B. ist 23mal wirksamer als CO_2.

6.1 Globale Umweltprobleme

Nicht nur die Strahlungsintensität der Sonne, sondern auch *die Zusammensetzung der Erdatmosphäre hat* also *einen entscheidenden Einfluß auf unser Klima*. Seit mehreren hunderttausend Jahren ist die Zusammensetzung der Atmosphäre weitgehend konstant geblieben, nur die Konzentration von CO_2 schwankte zwischen ca. 200 ppm und 300 ppm. Mit Beginn der Industrialisierung ist es zu einem Anstieg der klimarelevanten Spurengase gekommen. *Die von Menschen erzeugten Spurengase verursachen einen zusätzlichen anthropogenen Treibhauseffekt.*

Das wichtigste klimarelevante Spurengas ist CO_2. Die Konzentration von CO_2 hat innerhalb der letzten 200 Jahre von 280 auf 350 ppm zugenommen (Abb. 6.5). In den letzten 160 000 Jahren war die Konzentration von CO_2 niemals so hoch, noch nie hat es einen so explosiven Anstieg gegeben. *Die Ursachen dieses Anstiegs sind die Verbrennung fossiler Brennstoffe* (Kohle, Öl, Gas) *und das Abholzen der Regenwälder*. Innerhalb der letzten hundert Jahre hat sich der Verbrauch an Primärenergie etwa verzehnfacht. 80 % der Primärenergie wird durch die Verbrennung fossiler Brennstoffe erzeugt (Abb. 6.6). 1986 wurden dadurch $5,6 \cdot 10^9$ t Kohlenstoff als CO_2 an die Atmosphäre abgegeben, durch Verbrennung nichtfossiler Brennstoffe (Holz, Torf) weitere $0,55 \cdot 10^9$ t Kohlenstoff. Durch Abholzen bzw. Brandrodung von Wäldern* entstanden zusätzlich $0,5 \cdot 10^9$ t Kohlenstoff

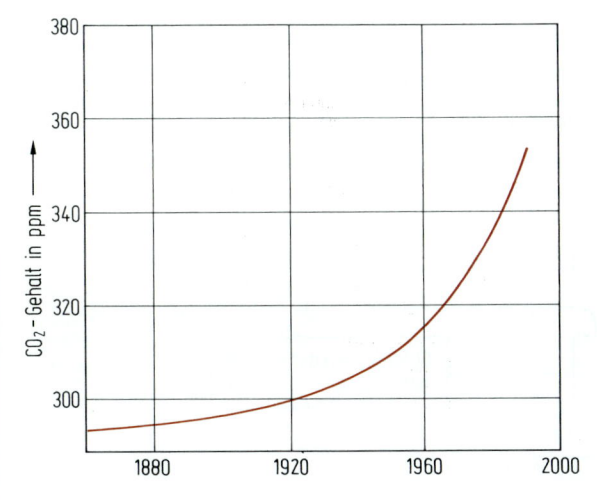

Abb. 6.5 Anstieg des CO_2-Gehalts der Erdatmosphäre seit Beginn der Industrialisierung. Die Werte vor 1960 wurden durch Analyse von in Eis eingeschlossenen Gasblasen erhalten. Die Tiefe der entnommenen arktischen und antarktischen Eisproben ist der Zeitmaßstab.

* 1990 verringerte sich der Bestand tropischer Regenwälder um 17 Millionen Hektar. Bei gleichbleibender Abholzungsrate sind die noch vorhandenen 800 Millionen Hektar Urwald in ca. 50 Jahren vernichtet. Über die Hälfte aller Arten der Erde leben im tropischen Regenwald. Seine Zerstörung führt zu einem nicht wieder gut zu machenden Verlust von Lebensformen. Außerdem ist der tropische Regenwald ein wichtiger Wasserspeicher, seine Vernichtung hat einen Rückgang der Niederschlagsmengen zur Folge, in Zukunft drohen Dürrekatastrophen.

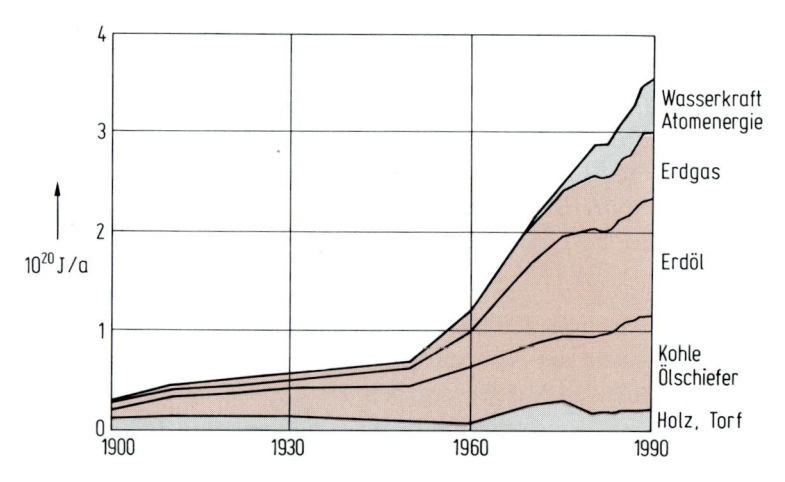

Abb. 6.6 Wachstum des globalen Primärenergieverbrauchs im 20. Jh. Mehr als 80 % der Primärenergie werden aus fossilen Brennstoffen erzeugt.

Werte für 1987: Fossile Brennstoffe (Kohle, Öl, Gas)   82 %
                Wasserkraft   7 %
                Kernenergie   5 %
                Traditionelle Brennstoffe (Holz, Torf)   6 %

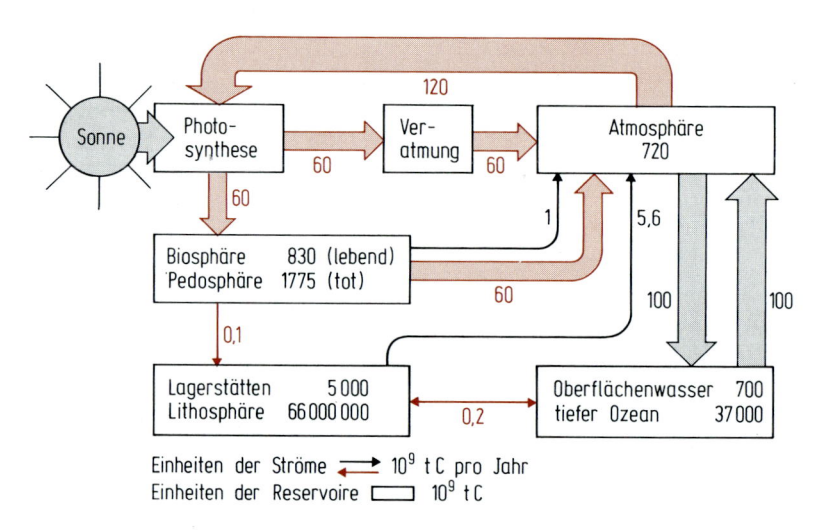

Abb. 6.7 Kohlenstoffkreislauf. Bei der Photosynthese werden aus H_2O und CO_2 mit der Energie des Sonnenlichts Kohlenhydrate erzeugt. Dabei werden der Atmosphäre jährlich $120 \cdot 10^9$ t C entnommen. Die eine Hälfte der Kohlenhydrate wird in der Biomasse der Pflanzen eingebaut, die andere Hälfte dient zur Energieproduktion der Pflanzen, Kohlenstoff wird dabei durch Oxidation als CO_2 an die Atmosphäre abgegeben (Veratmung). Aus der Biomasse wird durch Mikroorganismen CO_2 erzeugt. Nur $0,1 \cdot 10^9$ t C aus der Biomasse werden in den Sedimenten gespeichert und dem Kohlenstoffkreislauf entzogen. Durch Verbrennung fossiler Brennstoffe und Rodung tropischer Regenwälder wird der Kohlenstoffkreislauf gestört und 1986 wurden zusätzlich $6,6 \cdot 10^9$ t C (5,5 %) an die Atmosphäre abgegeben. Zwischen Atmosphäre und dem Oberflächenwasser der Ozeane findet ein langsamer CO_2-Austausch statt.

6.1 Globale Umweltprobleme

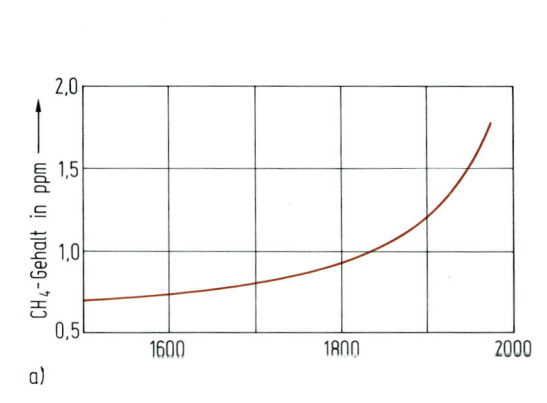

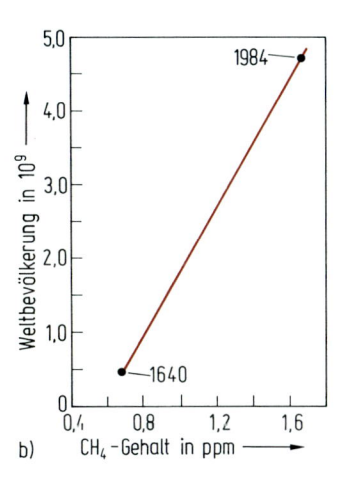

Abb. 6.8 a) Zunahme des CH_4-Gehalts in der Atmosphäre seit 1600.
b) Die CH_4-Konzentration nimmt linear mit dem Wachstum der Weltbevölkerung zu.

als CO_2 (Abb. 6.7). *Bei konstant bleibender Verbrennung fossiler Brennstoffe würde in ungefähr 100 Jahren der CO_2-Gehalt auf 600 ppm ansteigen.*

Für das Spurengas Methan existiert ein linearer Zusammenhang zwischen Wachstum der Weltbevölkerung und Zunahme der Methankonzentration in der Atmosphäre (Abb. 6.8). Reissümpfe und Verdauungsorgane von Wiederkäuern sind ideale Lebensbedingungen für anaerob wirksame Bakterien, die CH_4 erzeugen. Der mit der Weltbevölkerung wachsende Viehbestand und Reisanbau sind die Quelle dieser Zunahme.

Es muß befürchtet werden, daß die Konzentrationen der Spurengase, die ohne Gegenmaßnahmen in 100 Jahren zu erwarten sind, zu einem anthropogenen Treibhauseffekt von 5–6 K führen können. CO_2 verursacht eine Temperaturerhöhung von 3 K, also etwa die Hälfte des Treibhauseffektes (Tabelle 6.3).

Tabelle 6.3 Anthropogener Treibhauseffekt wichtiger Spurengase für Konzentrationen, die in 100 Jahren zu erwarten sind.

	CO_2	CH_4	FCKW	O_3 (Troposphäre)	N_2O	Rest
ΔT in K $\Sigma \Delta T = 5{,}6$ K	3,0	0,3	0,6*	0,9	0,4	0,4
ΔT in %	54	5	11	16	7	7
Konzentration in ppm	600	3,0	0,001*	0,06	0,6	

* Nach neuesten Schätzungen wesentlich weniger

Für die Ursache der Temperaturerhöhung muß zwischen dem Strahlungseffekt und den daraus folgenden *Rückkoppelungen* unterschieden werden. Die Verdoppelung des CO_2-Gehalts führt durch erhöhte Absorption der IR-Strahlung zu einer Temperaturerhöhung von 1,2 K. Dieser Wert nimmt durch die treibhausverstärkenden Rückkoppelungen zu, denn die erhöhte globale Temperatur führt zu einer Vergrößerung der Wasserdampfkonzentration in der Atmosphäre, zu einer Verkleinerung von Schnee- und Eisfeldern und insgesamt zu einer Verringerung der Albedo. Die dadurch bewirkte Temperaturerhöhung ist in nördlichen Breiten größer als in Äquatornähe.

Die Rückkoppelungen können positiv (treibhausverstärkend) oder negativ (treibhausbremsend) sein. Treibhausverstärkend sind z. B. Cirruswolken, Stratokumuluswolken dagegen treibhausbremsend. Die Sicherheit einer genauen Voraussage des Treibhauseffekts hängt von der Kenntnis aller Rückkoppelungsmechanismen ab.

Schwer einzuschätzende Rückkoppelungsmechanismen sind z. B.:
Durch SO_2 gebildete Aerosole bewirken eine Zunahme der Albedo.

Eine Temperaturerhöhung kann aus dem Erdreich nördlicher Breiten durch erhöhte Aktivität von Mikroorganismen CH_4 und CO_2 freisetzen.

Mit steigender Temperatur des Oberflächenwassers der Ozeane wird CO_2 freigesetzt, da die Löslichkeit von CO_2 mit steigender Temperatur abnimmt. Das System Atmosphäre kann außer Kontrolle geraten, da sich in einem Aufschaukelungsprozeß CO_2 anreichert und immer weiter Erwärmung erfolgt (selbstverstärkender Kreislauf).

Als Folge des anthropogenen Treibhauseffektes sind *globale Klimaänderungen* zu erwarten. Auch dafür gibt es keine sicheren Prognosen. Wahrscheinlich ist:

Die Zunahme der globalen Erdtemperatur führt zu einem Anstieg des Meeresspiegels, zu einer Verschiebung der Klimazonen und zu Klimaänderungsgeschwindigkeiten, die weit höher als die historischen sind. Es kommt zu einer Verschiebung der Fruchtbarkeitszonen von Süden nach Norden, zur Zunahme von Dürren und Stürmen. Ackerland geht verloren und mit einem klimabedingten Waldsterben ist zu rechnen. Hunderte Millionen Menschen aus Flußlandschaften, Küstenbereichen und landwirtschaftlich verödeten Gebieten müßten umgesiedelt werden.

Das Klima hat für unsere Gesellschaft größte Bedeutung. Es beeinflußt nicht nur die wirtschaftliche Situation, sondern auch das soziale Leben. Klima und Kultur sind eng verbunden. In der Vergangenheit war Zivilisation immer von stabilen Klimabedingungen abhängig.

Um eine drohende Klimakatastrophe abzuwenden, müßte der Temperaturanstieg durch Verminderung der CO_2-Emission begrenzt werden. Entweder muß die

Energieerzeugung auf alternative Energiequellen umgestellt werden oder es müssen Entsorgungsmöglichkeiten gefunden werden. Diskutiert wird z. B. eine Meeresdeponierung von festem CO_2.

Eine Verringerung der CO_2-Emission um 50 % bis zum Jahr 2050 würde bei einer Energiewachstumsrate 0 % bedeuten, daß die Energieerzeugung aus fossilen Brennstoffen bis dahin um 4,6 TWa verringert werden müßte. Dies ist fast die Hälfte der derzeitigen jährlichen Weltenergieerzeugung aus fossilen Brennstoffen. Bei der weiter wachsenden Weltbevölkerung und der ungleichen Verteilung des Primärenergieverbrauchs (Tabelle 6.4) ist aber eine Zunahme der Weltenergieproduktion zu erwarten. Nimmt man eine Wachstumsrate von nur 1 % an, so wäre die Energieerzeugung aus fossilen Brennstoffen bis 2050 um 12 TWa zu vermindern, eine gigantische Aufgabe, deren Bewältigung ohne weltweite Anstrengungen aussichtslos ist.

Tabelle 6.4 CO_2-Emissionen und Pro-Kopf-Verbrauch an Primärenergie 1987

Land	CO_2-Emission in Gt	in %	Erdteil	Pro-Kopf-Verbrauch in kWa
USA	5,26	23,4	Nordamerika	9,0
UdSSR	4,11	18,3	Europa	4,13
China	2,5	11,1	Südamerika	0,94
Japan	1,04	4,6	Asien	0,66
BR-Deutschland	0,76	3,5	Afrika und	
Großbritannien	0,62	2,8	Australien	0,38
Indien	0,52	2,3	Weltmittel	1,9
Kanada	0,45	2,0		
Frankreich	0,41	1,8		
Italien	0,41	1,8		
Rest	6,37	28,2		

Bisher gibt es keine internationalen Vereinbarungen zu einer Weltklimakonvention. 1990 hat die Regierung der BR Deutschland beschlossen, bis 2005 die CO_2-Emission um 25–30 % zu senken. Der Energieverbrauch aus fossilen Brennstoffen muß daher um ein Viertel (dies ist etwa 1 % der Weltprimärenergie) durch Energiesparmaßnahmen (z. B. Erhöhung des Wirkungsgrades von Kraftwerken, Wärmepumpen, Wärmedämmung, Konsumverzicht) oder durch alternative Energiequellen (z. B. Solarenergie) verringert werden.

Die Zeit, die bleibt, um rechtzeitig vor einer möglichen globalen Klimakatastrophe alternative Energiequellen oder wirksame Entsorgungsmaßnahmen zu erschließen, ist kurz und die Lösung schwieriger als beim Ozonproblem.

„Das Beharren der Skeptiker auf vollständiger Gewißheit über jeden Aspekt des Treibhauseffekts stellt einen Versuch dar, schreckliche Wahrheiten zu leugnen und unbequeme Konsequenzen zu umgehen. Aber wir können nicht warten, bis die letzten Unklarheiten beseitigt sind und die letzten Aspekte der Krise wissenschaftlich erforscht sind. Wir müssen mit Entschlossenheit und Mut handeln und unverzüglich drastische Gegenmaßnahmen einleiten, auch wenn noch Unklarheiten bestehen". (Al Gore, Wege zum Gleichgewicht, S. Fischer Verlag, GmbH, Frankfurt am Main 1992, S. 56)

6.1.3 Rohstoffe

Die meisten technisch genutzten Metalle sind nur mit einem sehr geringen mittleren Massenanteil in der Erdkruste vorhanden. Er ist zusammen mit dem sogenannten Grenzmassenanteil für wichtige Metalle in der Tabelle 6.5 angegeben. Der Grenzmassenanteil ist derjenige Metallgehalt eines Erzes, der nach heutigen technologischen und wirtschaftlichen Maßstäben einen kommerziellen Abbau erlaubt. Auch wenn sich dieser Wert durch verbesserte Technologien und Marktfaktoren erniedrigen würde, so bliebe doch bei den meisten Metallen das Verhältnis Grenzmassenanteil/Mittlerer Massenanteil so groß, daß Energieaufwand und Umweltbelastungen bei der Gewinnung nicht tragbar wären. Nur Eisen, Aluminium und Titan sind in ausreichendem Anteil in der Erdkruste zu finden.

Glücklicherweise haben sich in geochemischen Prozessen im Laufe von Jahrmillionen die Metalle in abbauwürdigen Lagerstätten angereichert. Diese sich nicht erneuernden Rohstoffquellen werden jedoch bei vielen Metallen bald erschöpft sein, wenn der gegenwärtige Verbrauch beibehalten wird (Tabelle 6.6).
Dies ist auch für die fossilen Brennstoffe Erdöl und Erdgas der Fall (Tabelle 6.7).

Tabelle 6.5 Mittlerer Massenanteil und Grenzmassenanteil wichtiger Metalle in der Erdkruste

Metall	Massenanteil %	Grenzmassenanteil %	Verhältnis
Quecksilber	0,000008	0,1	12 500
Wolfram	0,00012	0,45	3 700
Blei	0,0013	4,0	3 300
Chrom	0,012	23	1 900
Zinn	0,0002	0,35	1 700
Silber	0,000008	0,01	1 200
Gold	0,0000004	0,00035	870
Molybdän	0,00012	0,1	830
Zink	0,0094	3,5	370
Mangan	0,11	25	230
Nickel	0,0099	0,9	90
Cobalt	0,0029	0,2	69
Kupfer	0,0068	0,35	51
Titan	0,63	10	16
Eisen	6,2	20	3,2
Aluminium	8,3	18,5	2,2

6.1 Globale Umweltprobleme

Tabelle 6.6 Weltjahresproduktion 1989, geschätzte Reserven und Verhältnis Reserve/Produktion einiger Gebrauchsmetalle

Element	Weltjahresproduktion t/Jahr	Reserven t	Verhältnis Jahre
Blei	$5,8 \cdot 10^6$	$85 \cdot 10^6$	15
Zink	$7,2 \cdot 10^6$	$120 \cdot 10^6$	17
Zinn	$2,3 \cdot 10^5$	$4,5 \cdot 10^6$	20
Kupfer	$10,3 \cdot 10^6$	$310 \cdot 10^6$	29
Wolfram	$4,3 \cdot 10^4$	$1,5 \cdot 10^6$	35
Molybdän	$9,5 \cdot 10^4$	$5 \cdot 10^6$	53
Silber	$1,5 \cdot 10^4$	ca. 10^6	67
Nickel	$8,6 \cdot 10^5$	$70 \cdot 10^6$	81
Quecksilber	$5,5 \cdot 10^3$	$5,9 \cdot 10^5$	107
Eisen	$5,4 \cdot 10^8$	$1,1 \cdot 10^{11}$	200
Aluminium	$1,8 \cdot 10^7$	$6 \cdot 10^9$	330

Tabelle 6.7 Weltjahresproduktion und Verhältnis Reserve/Weltjahresproduktion von Kohle, Erdöl und Erdgas

	Weltjahresproduktion	Verhältnis Reserve/Weltjahresproduktion
Erdöl	$21,4 \cdot 10^9$ Barrel	41 Jahre
Kohle	$5,2 \cdot 10^9$ t	660 Jahre
Erdgas	$1,9 \cdot 10^{12}$ m^3	60 Jahre

(1 t Erdöl sind 7,33 Barrel)

Durch Entdeckung neuer Lagerstätten verändern sich diese Werte. 1970 betrug für Erdgas das Verhältnis Reserve/Produktion nur 38 Jahre. Aber selbst wenn sich die globalen Erdgasvorräte vervierfachen sollten, würden sie beim gegenwärtigen Verbrauch nur bis etwa 2230 ausreichen und bei nur 2%-Steigerung bis etwa 2080, also nicht einmal 100 Jahre.

„Selbst wenn es kein weiteres Wachstum gäbe, wären die gegenwärtig umgesetzten Materialmengen längerfristig nicht weiter tragbar. Wenn daher eine wachsende Weltbevölkerung unter materiell zuträglichen Bedingungen leben soll, braucht man dringend alle sich künftig entwickelnden Technologien zur Schonung der Quellen und zur Wiederverwertung von Rohstoffen. Alle Materialien müssen dann als begrenzte und kostbare Gaben der Erde geschätzt und behandelt werden. Mit den Denkstrukturen einer Wegwerfgesellschaft verträgt sich das nicht mehr."
(Donella und Dennis Meadows, Die neuen Grenzen des Wachstums, Deutsche Verlags-Anstalt GmbH, Stuttgart, 1992, S. 116).

6.2 Regionale Umweltprobleme
6.2.1 Schwefeldioxid

Bei der Verbrennung schwefelhaltiger Substanzen entsteht Schwefeldioxid SO_2 (vgl. Abschn. 4.5.4). *SO_2 als Luftschadstoff entsteht zu etwa zwei Drittel bei der Verbrennung fossiler Brennstoffe in der Energiewirtschaft.* In der Tabelle 6.8 sind die Schwefelgehalte verschiedener fossiler Brennstoffe angegeben, in der Abb. 6.9 die Verursacher der SO_2-Emissionen in der BR Deutschland für die Jahre 1980 und 1989. Die jährlichen Emissionen seit 1850 sind in der Abb. 6.10 dargestellt. *In den 80er Jahren ist* durch den Einsatz von ca. 160 Abgasentschwefelungsanlagen *ein drastischer Rückgang der SO_2-Emissionen erreicht worden*. In den frühen 60er Jahren betrugen diese z. B. im Ballungsraum Ruhrgebiet im Jahresmittel 200–250 µg/m³, 1989–1990 nur noch 50 µg/m³.

In der DDR betrug zwischen 1985 und 1989 die jährliche SO_2-Emission im Mittel $5{,}4 \cdot 10^6$ t. Die Pro-Kopf-Emission mit 320–330 kg/Jahr war weltweit die höchste. 1988 war diese in der BR Deutschland 20 kg/Jahr.

Tabelle 6.8 Schwefelgehalt verschiedener fossiler Brennstoffe in kg, bezogen auf die Brennstoffmenge mit dem Brennwert $1\,GJ = 10^9\,J$

Brennstoff	Schwefelgehalt	Brennstoff	Schwefelgehalt
Steinkohle	10,9	Leichtes Heizöl	1,7
Braunkohle	8,0	Kraftstoffe	0,8
Schweres Heizöl	6,7	Erdgas	0,2

Abb. 6.9 SO_2-Emissionen in der BR Deutschland. Die Gesamtemission betrug 1980 $3{,}2 \cdot 10^6$ t, 1989 $0{,}96 \cdot 10^6$ t. In dieser Zeit nahm die Gesamtemission um 70 %, die durch Kraft- und Fernheizwerke verursachten Emissionen um 83 %, die energiebedingten Emissionen der Industrie um 57 % ab.

6.2 Regionale Umweltprobleme 357

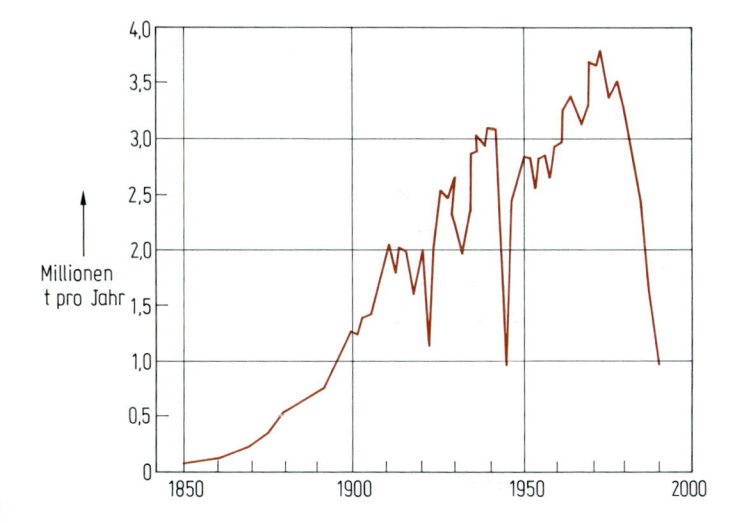

Abb. 6.10 SO_2-Emissionen von 1850 bis 1989, bezogen auf die Fläche der BR Deutschland von 1989. Die seit der Industrialisierung rapid ansteigende SO_2-Emission ist auf die Kohlewirtschaft zurückzuführen. Ein deutlicher Rückgang erfolgte während der beiden Weltkriege und der Weltwirtschaftskrise 1930. Der erfreuliche Rückgang in den 80er Jahren ist durch den Einsatz von Abgasentschwefelungsanlagen erreicht worden.

Die Schadstoffwirkungen werden im Abschn. 6.2.4 behandelt.

Die Abgase aus Feuerungsanlagen werden als Rauchgase bezeichnet. Der SO_2-Gehalt der Rauchgase beträgt $1-4$ g/m^3. In einem großen Kraftwerk (700 MW elektrische Leistung) z. B. werden stündlich 250 t Steinkohle verbrannt und $2{,}5 \cdot 10^6$ m^3 Rauchgas erzeugt, das 2,5 t Schwefel enthält.

Von den zahlreich entwickelten Rauchgasentschwefelungsverfahren sind die drei wichtigsten:

Calciumverfahren. CaO (Kalkverfahren) oder $CaCO_3$ (Kalksteinverfahren) wird mit dem SO_2 der Rauchgase zunächst zu $CaSO_3$ und dann durch Oxidation zu $CaSO_4 \cdot 2\,H_2O$ (Gips) umgesetzt. Dazu wird eine Waschflüssigkeit, die aus einer $CaCO_3$-Suspension oder einer $Ca(OH)_2$-Suspension (entsteht aus CaO mit H_2O) besteht, in den Abgasstrom eingesprüht.

$$Ca(OH)_2 + SO_2 \rightarrow CaSO_3 \cdot 0{,}5\,H_2O + 0{,}5\,H_2O$$
$$CaCO_3 + SO_2 + 0{,}5\,H_2O \rightarrow CaSO_3 \cdot 0{,}5\,H_2O + CO_2$$

In der Oxidationszone bildet sich mit eingeblasener Luft Gips

$$CaSO_3 \cdot 0{,}5\,H_2O + 1{,}5\,H_2O + 0{,}5\,O_2 \rightarrow CaSO_4 \cdot 2\,H_2O$$

Der anfallende Gips wird teilweise weiterverwendet. 90% der Abgasentschwefelungsanlagen in der BR Deutschland arbeiten mit dem Calciumverfahren.

Regenerative Verfahren, bei denen das Absorptionsmittel zurückgewonnen wird:

Wellmann-Lord-Verfahren. Als Absorptionsflüssigkeit wird eine alkalische Natriumsulfitlösung verwendet. Mit SO_2 bildet sich eine Natriumhydrogensulfitlösung.

$$Na_2SO_3 + SO_2 + H_2O \rightarrow 2\,NaHSO_3$$

In einem Verdampfer kann die Reaktion umgekehrt werden, es entsteht technisch verwendbares SO_2-Gas und wiederverwendbare Natriumsulfitlösung.

Magnesiumverfahren. Eine Magnesiumhydroxidsuspension, die aus MgO und Wasser entsteht, wird mit SO_2 zu Magnesiumsulfit umgesetzt.

$$Mg(OH)_2 + SO_2 + 5\,H_2O \rightarrow MgSO_3 \cdot 6\,H_2O$$

$MgSO_3 \cdot 6\,H_2O$ wird thermisch zersetzt, das MgO wiedergewonnen

$$MgSO_3 \cdot 6\,H_2O \rightarrow MgO + 6\,H_2O + SO_2$$

Das Magnesiumverfahren wird häufig in Japan und den USA eingesetzt.

6.2.2 Stickstoffoxide

Die anthropogen emittierten Stickstoffoxide entstehen als Nebenprodukte bei Verbrennungsprozessen. Kohle z. B. enthält Stickstoff (bis 2%) in organischen Stickstoffverbindungen, aus denen bei der Verbrennung Stickstoffmonooxid NO entsteht. Bei hohen Temperaturen z. B. in Kfz-Motoren reagiert der Luftstickstoff mit Luftsauerstoff zu NO (vgl. Abschn. 4.6.4). In der Abb. 6.11 sind die Verursacher der NO-Emissionen in der BR Deutschland für die Jahre 1980 und 1989

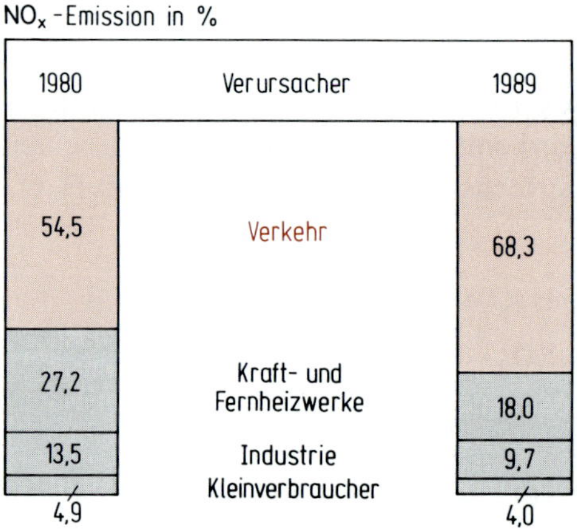

NO_x-Emission in %

1980	Verursacher	1989
54,5	Verkehr	68,3
27,2	Kraft- und Fernheizwerke	18,0
13,5	Industrie	9,7
4,9	Kleinverbraucher	4,0

Abb. 6.11 Stickstoffoxidemissionen in der BR Deutschland. Die Gesamtemission betrug (berechnet als NO_2) 1980 $2{,}95 \cdot 10^6$ t. 1989 $2{,}70 \cdot 10^6$ t.

6.2 Regionale Umweltprobleme

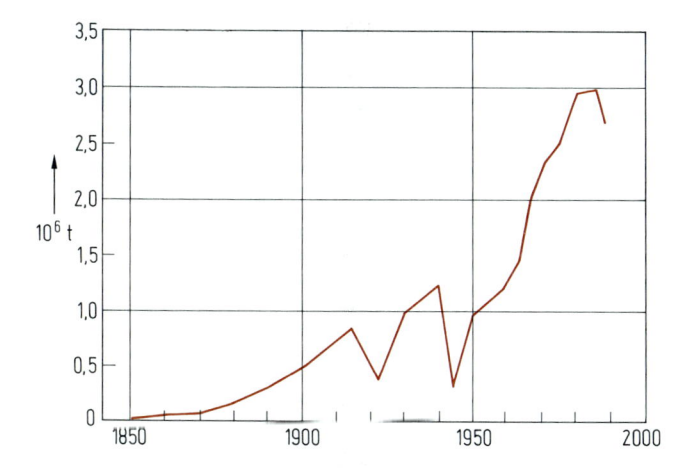

Abb. 6.12 NO_x-Emissionen von 1850 bis 1989, bezogen auf die Fläche der BR Deutschland von 1989. Der steile Anstieg nach 1950 ist auf die schnelle Zunahme der Anzahl der Kraftfahrzeuge zurückzuführen. 1955 waren dies 1,7 Millionen, 1989 etwa 30 Millionen. Die Umweltschutzmaßnahmen bewirkten nach 1986 eine geringe Abnahme der NO_x-Emissionen.

angegeben. *Der weitaus überwiegende Teil entsteht im Bereich Verkehr*, im Jahr 89 mehr als zwei Drittel. Die jährlichen Emissionen seit 1850 sind in der Abb. 6.12 dargestellt. Seit 1950 erfolgte parallel zum zunehmenden Kraftfahrzeugverkehr eine Verdreifachung der NO-Emission. Sie betrug 1986 $3 \cdot 10^6$ t (berechnet als NO_2) und verringerte sich danach geringfügig.

Die NO-Emissionen (berechnet als NO_2) in der DDR betrugen 1989 $0{,}67 \cdot 10^6$ t. Der Straßenverkehr hatte daran einen Anteil von 24 %, die Kraftwerke von 45 %. Die jährliche Pro-Kopf-Emission betrug wie in der Bundesrepublik ca. 40 kg NO_2.

NO wird in der Atmosphäre zu NO_2 oxidiert. Die Oxidation und die Rolle der Stickstoffoxide bei der Bildung von Photooxidantien werden im Abschn. 6.2.3 behandelt.

Die wichtigsten Umweltschutzmaßnahmen sind:
Entstickung von Rauchgasen. In die Rauchgase wird Ammoniak eingedüst, durch Reaktion mit den Stickstoffoxiden bildet sich Stickstoff und Wasserdampf.

$$6\,NO + 4\,NH_3 \rightarrow 5\,N_2 + 6\,H_2O$$

Vorhandener Luftsauerstoff reagiert nach

$$4\,NO + 4\,NH_3 + O_2 \rightarrow 4\,N_2 + 6\,H_2O$$

Analog reagiert das in geringer Konzentration vorhandene NO_2. Beim SNCR-Verfahren (selective noncatalytic reduction) wird bei 850–1000 °C gearbeitet. Beim SCR-Verfahren (selective catalytic reduction) erfolgt die Reaktion mit TiO_2-Katalysatoren bei 400 °C, mit Aktivkohle bei 100 °C.

Katalysatoren bei Kraftfahrzeugen. Die Hauptschadstoffe in den Abgasen von Kfz-Motoren sind NO, CO und Kohlenwasserstoffe. Geregelte Dreiweg-Katalysatoren beseitigen die Schadstoffe bis zu 98 %. Die wichtigsten nebeneinander ablaufenden Reaktionen sind:

$$NO + CO \rightarrow CO_2 + 0{,}5\,N_2$$

$$CO + 0{,}5\,O_2 \rightarrow CO_2$$

$$C_mH_n + (m + n/4)O_2 \rightarrow mCO_2 + n/2\,H_2O$$

Die Reaktionen sind aber gegenläufig vom O_2-Gehalt des Abgases abhängig. Dies zeigt die Abb. 6.13. Daher muß der sogenannte λ-Wert, das Verhältnis von zugeführter Sauerstoffmenge zum Sauerstoffbedarf bei vollständiger Verbrennung, nahe bei 1 liegen. Die Regelung des O_2-Gehalts der Kraftstoffmischung erfolgt durch Messung des O_2-Partialdrucks vor dem Katalysator mit der λ-Sonde. Verwendete Katalysatoren sind die Edelmetalle Platin, Rhodium und Palladium, die auf einem keramischen Träger aufgebracht sind. 1990 wurden dazu weltweit 41 t Platin, 7 t Palladium und 10 t Rhodium benötigt.

Von den 1985 in der BR Deutschland zugelassenen PKW hatten nur 5,5 % einen Dreiweg-Katalysator, 1990 waren es von 3,04 Millionen PKW 86 %. PKW mit geregelten Dreiweg-Katalysatoren dürfen nur mit bleifreien Kraftstoffen betrieben werden, da Blei den Katalysator „vergiftet". Mitte 1991 betrug der Anteil

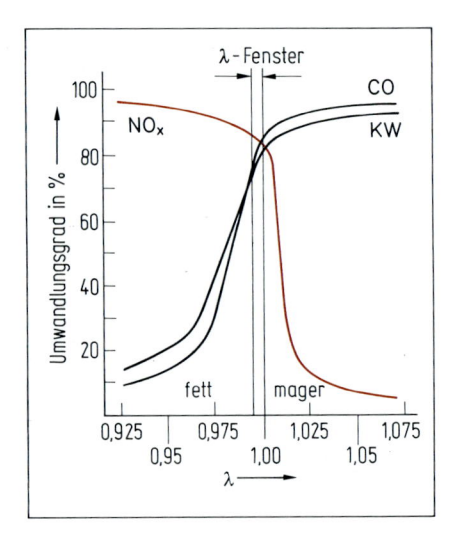

Abb. 6.13 Umwandlungsgrad von NO, CO und Kohlenwasserstoffen beim Dreiweg-Katalysator. Für das gesamte Abgas ist er nur in einem kleinen λ-Bereich (λ-Fenster) günstig.

$$\lambda = \frac{\text{Zugeführte Sauerstoffmenge}}{\text{Sauerstoffverbrauch bei vollständiger Verbrennung}}$$

unverbleiter Kraftstoffe bereits 75%, dies hat auch eine wesentliche Verminderung von Bleiemissionen zur Folge.

6.2.3 Troposphärisches Ozon, Smog.

Die in die Atmosphäre gelangten Schadstoffe werden nicht direkt durch den Luftsauerstoff oxidiert, da dafür die Temperatur zu niedrig ist. Es finden jedoch *photochemisch induzierte Oxidationsreaktionen* statt, die zu vielfältigen Oxidationsprodukten der Schadstoffe führen. Die Oxidationsprodukte, die ebenfalls oxidierende Eigenschaften besitzen, wie z. B. Ozon werden als *Photooxidantien* bezeichnet.

Durch Diffusion gelangt etwas Ozon O_3 aus der Stratosphäre in die Troposphäre. Durch Licht mit einer Wellenlänge < 310 nm wird es photolytisch gespalten.

$$O_3 \xrightarrow{h\nu} O_2 + O$$

Da Licht dieser Wellenlänge nur in geringer Intensität vorhanden ist (vgl. Abb. 6.4), erfolgt der Zerfall langsam. Die reaktiven Sauerstoffatome bilden mit Wassermolekülen OH-Radikale.

$$O + H_2O \rightarrow 2\,OH$$

Die OH-Radikale leiten Reaktionsketten ein, durch die Spurengase oxidiert werden. In Gegenwart von Stickstoffmonooxid NO führt die Oxidation überraschenderweise zur Bildung von Ozon.
Kohlenwasserstoffe, z. B. Propan C_3H_8, Butan C_4H_{10} (abgekürzt mir RCH_3) werden in Gegenwart von NO zu Aldehyden RCHO oxidiert, aus NO entsteht NO_2
Reaktionskette:

$$R{-}CH_3 + OH \rightarrow R{-}CH_2 + H_2O$$
$$R{-}CH_2 + O_2 \rightarrow R{-}CH_2O_2$$
$$R{-}CH_2O_2 + NO \rightarrow R{-}CH_2O + NO_2$$
$$R{-}CH_2O + O_2 \rightarrow R{-}CHO + HO_2$$
$$NO + HO_2 \rightarrow NO_2 + OH$$

Das rückgebildete Startradikal steht wieder für eine neue Reaktionskette zur Verfügung.
Gesamtbilanz:

$$RCH_3 + 2\,O_2 + 2\,NO \rightarrow RCHO + 2\,NO_2 + H_2O$$

NO_2 wird photolytisch gespalten.

$$\text{NO}_2 \xrightarrow{h\nu} \text{NO} + \text{O} \quad (\lambda < 400 \text{ nm})$$

Die Sauerstoffatome reagieren sehr schnell mit Sauerstoffmolekülen zu Ozonmolekülen

$$\text{O} + \text{O}_2 \rightarrow \text{O}_3$$

Bei bestimmten Konzentrationsverhältnissen (vgl. Abb. 6.14) findet auch die Abbaureaktion

$$\text{NO} + \text{O}_3 \rightarrow \text{NO}_2 + \text{O}_2$$

statt.

Die Aldehyde können weiter oxidiert werden, z. B. der Acetaldehyd zum Peroxiacetylnitrat (*PAN*).

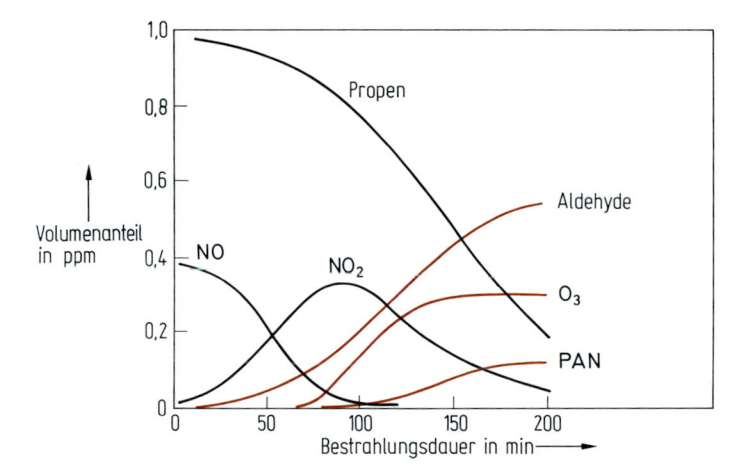

Abb. 6.14 Simulation der Entstehung von troposphärischem Ozon im Laborexperiment. Durch Reaktion von NO mit Propen werden beide abgebaut, es entstehen NO_2 und Aldehyde.

$$\text{CH}_3\text{—CH}=\text{CH}_2 + 2\,\text{O}_2 + 2\,\text{NO} \rightarrow \text{CH}_3\text{CHO} + \text{HCHO} + 2\,\text{NO}_2$$

Aus NO_2 entstehen durch photolytische Spaltung O-Atome, die schnell zu Ozon reagieren.

$$\text{NO}_2 \xrightarrow{h\nu} \text{NO} + \text{O}$$
$$\text{O} + \text{O}_2 \rightarrow \text{O}_3$$

Die O_3-Konzentration wächst nur so lange, bis sie so groß ist, daß jedes durch Photolyse neu entstandene O_3-Molekül mit dem dabei auch entstandenen NO-Molekül wieder zu NO_2 reagiert. Durch Bildung von PAN

$$\text{CH}_3\text{CHO} + \text{OH} + \text{O}_2 + \text{NO}_2 \rightarrow \text{PAN} + \text{H}_2\text{O}$$

und Salpetersäure

$$\text{OH} + \text{NO}_2 \rightarrow \text{HNO}_3$$

nimmt die NO_2-Konzentration ab.

6.2 Regionale Umweltprobleme

$$CH_3CHO + OH + O_2 + NO_2 \rightarrow CH_3C(O)O_2NO_2 + H_2O$$

Eine weitere Reaktion, die zum Abbau von NO_2 unter Bildung von Salpetersäure führt, ist die Reaktion mit OH-Radikalen.

$$NO_2 + OH \rightarrow HNO_3$$

Diese Mechanismen erklären, *daß troposphärisches Ozon in verkehrsreichen Großstädten mit hohen Emissionen an NO und Kohlenwasserstoffen bevorzugt in sonnenreichen Sommermonaten entsteht.* Die Abb. 6.14 zeigt den zeitlichen Ablauf der photochemischen Reaktionen im Laborexperiment, der eine gute Simulation des tatsächlichen Verlaufs darstellt.

Bei normalen Wetterverhältnissen wird die Luft mit den primär emittierten Schadstoffen (NO, SO_2, RCH_3) durch Wind abtransportiert, die Bildung von Ozon verläuft im Bereich von Stunden fern von den Ballungszentren während des Transportweges. Es kommt in stadtfernen Regionen, vor allem in Mittelgebirgen zu hohen Ozonkonzentrationen und säurehaltigen Niederschlägen (HNO_3, H_2SO_4). Übereinstimmend damit sind *die gemessenen jährlichen mittleren Ozongehalte* in ländlichen Gebieten höher als in den Städten, sie *sind am höchsten in Bergregionen*.

Bei Inversionswetterlagen (kalte Luftschichten in Bodennähe sind durch warme Luftschichten überlagert) entsteht der *Photosmog* (Log-Angeles-Smog) mit gefährlich hohen lokalen Konzentrationen an O_3, PAN und HNO_3 in der Mittagszeit. Die Spitzenwerte treten in der Peripherie der Städte auf, da in den verkehrsreichen Stadtzentren ein Abbau von O_3 durch NO erfolgt.

Bei zusätzlicher Emission von SO_2 kann auch SO_3 und H_2SO_4 am Photosmog beteiligt sein.
Reaktionskette:

$$SO_2 + OH \rightarrow SO_2OH$$
$$SO_2OH + O_2 \rightarrow SO_3 + HO_2$$
$$HO_2 + NO \rightarrow OH + NO_2$$

Bilanz: $SO_2 + O_2 + NO \rightarrow SO_3 + NO_2$

$$SO_3 + H_2O \rightarrow H_2SO_4$$

Für die Entstehung von SO_3 bzw. H_2SO_4 aus SO_2 ohne Beteiligung von NO gibt es mehrere Reaktionswege. Einer davon ist die katalytische Oxidation von SO_2 an schwermetallhaltigen Ruß- und Staubteilchen:

$$SO_2 + H_2O + 0{,}5\,O_2 \rightarrow H_2SO_4$$

Nebel begünstigt den Reaktionsablauf. Der schwefelsäurehaltige Nebel, der in der Luft bleibt und nicht ausregnet wird als *Saurer Smog* (London-Smog; smog ist eine Kombination aus smoke und fog) bezeichnet. Er entsteht bevorzugt morgens und abends in der feuchtkalten Jahreszeit.

6.2.4 Umweltbelastungen durch Luftschadstoffe

Gesundheitsgefährdung. Schädigung der Atemwege. Risikogruppen sind Kinder und Personen mit Bronchialerkrankungen.

Versäuerung von Böden und Gewässern. Durch die im Regenwasser gelösten Stoffe wie SO_2, HNO_3, H_2SO_4, entsteht *Saurer Regen*. Fällt er auf kalkarme Gesteine, z. B. Granit, dann wird die Säure nicht neutralisiert, Böden und Gewässer versäuern. Solche Gebiete gibt es in Skandinavien, Kanada, Nordost-USA und in einigen Alpenregionen. Dort beträgt der durchschnittliche pH-Wert der Niederschläge 4,4. Gewässer mit einem pH-Wert kleiner als 5 sind tot. Dieser Zustand ist in vielen Seen Skandinaviens und Kanadas bereits erreicht. In Norwegen stammen 90% der SO_2-Depositionen aus anderen Ländern, in Kanada zwei Drittel aus den USA.

Durch saure Oberflächenwässer werden sedimentierte Schwermetalle mobilisiert, das Grundwasser kann kontaminiert werden, die Schwermetalle können in die Nahrungskette gelangen.

Schäden an Baudenkmälern. Carbonathaltige Baustoffe werden durch SO_2-Emissionen in Sulfate umgewandelt.

$$CaCO_3 + H_2SO_4 \rightarrow CaSO_4 + CO_2 + H_2O$$

Die Sulfate haben ein größeres Volumen als die Carbonate, ihre Bildung sprengt das Gesteinsgefüge, Carbonathaltige Natursteine sind Kalkstein $CaCO_3$ und basisch gebundener Sandstein. (Die SiO_2-Körner werden durch eine basische Matrix z. B. Dolomit $CaMg(CO_3)_2$ verbunden).

Waldschäden. Waldsterben durch „Rauchschäden" ist eine Folge hoher SO_2-Konzentrationen im Einflußgebiet großer Braunkohlekraftwerke, z. B. in Böhmen und Sachsen. *Neuartige Waldschäden* treten großflächig überwiegend in wenig belasteten „Reinluftgebieten" auf. Das Ausmaß ist alarmierend. 1992 waren in der BR Deutschland nur 32% der Bäume ohne Schäden. Die Ursachen sind komplex, aber Luftverunreinigungen spielen eine Schlüsselrolle. Nadeln und Blätter werden durch SO_2, NO_x, O_3 und andere Photooxidantien direkt geschädigt. Saurer Regen führt durch Versäuerung des Waldbodens zu einem Ca^{2+}- und Mg^{2+}-Mangel und zur Freisetzung von Al^{3+}-Ionen, die für Pflanzen toxisch sind.

6.2.5 Eutrophierung, Zeolithe

Das auf der Erde vorhandene Wasser besteht zu 97,4% aus Salzwasser und zu 2,6% aus Süßwasser. Als Trinkwasser verfügbar sind 0,27%. Der Bedarf an

6.2 Regionale Umweltprobleme

Trink- und Brauchwasser in der BR Deutschland beträgt etwa 40 Milliarden m^3 pro Jahr. Das ist ein Fünftel des gesamten Jahresniederschlags von 200 Milliarden m^3. Davon werden 8 % als Trinkwasser im Haushalt verwendet. Der häusliche Wasserverbrauch pro Person und Tag betrug 1986 145 l, 1950 waren es noch 85 l. Der Wasserbedarf an Trinkwasser wird zu 63 % aus Grundwasser gedeckt. Eine Gefährdung des Grundwassers sind Nitrate und Pestizide aus der Landwirtschaft und eine Versalzung des Grundwassers durch die Salzfracht ($CaCl_2$, $MgCl_2$, KCl) großer Flüsse. Der Rhein z. B. transportiert pro Jahr ca. 10 000 t Cl als Chloride, die aus anthropogenen Quellen stammen.

Eine besondere *Gefahr für Gewässer ist die Belastung mit Phosphaten. Sie verursachen ein vermehrtes Algenwachstum. Man bezeichnet den Prozeß der Anreicherung anorganischer Pflanzennährstoffe und die daraus folgende steigende Produktion pflanzlicher Biomasse als Eutrophierung.* Abgestorbene Pflanzenmassen sinken auf den Gewässerboden und werden dort unter Sauerstoffverbrauch (aerob) bakteriell zersetzt. Aus dem organisch gebundenen Phosphor entsteht unlösliches Fe(III)-Phosphat. Hält dieser Prozeß durch kontinuierliche Phosphatzufuhr an, so kommt es zu einem Sauerstoffdefizit, die abgestorbene Biomasse zersetzt sich dann anaerob, es entstehen Methan und toxische Stoffwechselprodukte, z. B. H_2S und NH_3. Diese reduzieren Fe(III)-Phosphat zu löslichem Fe(II)-Phosphat, das sedimentierte Phosphat wird dadurch wieder in den biologischen Kreislauf zurückgeführt. Am Seeboden bildet sich sogenannter Faulschlamm. Lebewesen, die Sauerstoff benötigen, sterben, das Gewässer „kippt um", es geht in den hypertrophen Zustand über.

1975 stammten in der Bundesrepublik 40 % der *in die Oberflächenwässer gelangten Phosphate aus Waschmitteln* (Tabelle 6.9). Sie enthielten bis zu 40 % Pentanatriumtriphosphat $Na_5P_3O_{10}$ (vgl. Abschn. 4.6.5). Nach Erlaß der Phosphathöchstmengenverordnungen für Wasch- und Reinigungsmittel wurde erreicht, daß 1987 nur noch 18 % des Phosphats in Gewässern aus Waschmitteln stammte. 1975 wurden 276 000 t $Na_5P_3O_{10}$ im Haushalt und gewerblichen Bereich verbraucht, 1989 waren es nur noch 20 000 t.

Wichtigster Phosphatersatzstoff ist der Zeolith A. 1991 wurden weltweit 700 000 t produziert. Bei den Polyphosphaten erfolgte die Enthärtung des Wassers (vgl. Abschn. 4.7.4) durch Komplexbildung mit den Ca^{2+}-Ionen. *Zeolithe wirken als*

Tabelle 6.9   Quellen des Phosphoreintrags in die Oberflächengewässer der BR Deutschland in %

	1975	1987
Wasch- und Reinigungsmittel	40	18
Humanexkremente	27	35
Industrie	13	18
Diffuse Quellen (z. B. Landwirtschaft)	20	29

Ionenaustauscher (vgl. Abschn. 4.7.4). *Die Na^+-Ionen des Zeoliths werden gegen die Ca^{2+}-Ionen des Wassers ausgetauscht.* Zeolithe sind ökologisch unbedenklich, vermehren aber die Klärschlammengen in den Kläranlagen.

Zeolithe sind Tektosilicate (vgl. Abschn. 4.7.6). Es sind kristalline, hydratisierte Alumosilicate, die Alkalimetall- bzw. Erdalkalimetallkationen enthalten. In den Zeolithstrukturen existieren große Hohlräume, die durch kleine Kanäle verbunden sind (Abb. 6.15). In den Hohlräumen befinden sich Kationen und Wassermoleküle. Die Kationen sind nicht fest gebunden und können ausgetauscht werden. Man kennt 40 in der Natur vorkommende und mehr als 100 synthetische Zeolithe mit unterschiedlich großen Hohlräumen und Kanälen. Der Zeolith A hat die Zusammensetzung $Na_{12}[Al_{12}Si_{12}O_{48}] \cdot 27 H_2O$. Die Struktur ist in der Abb. 6.15 dargestellt.

Zeolithe sind vielfältig verwendbar: als Molekularsiebe zur Trennung von Molekülen verschiedener Größe (z. B. geradkettiger und verzweigter Kohlenwasserstoffe); zur Trocknung von Gasen und Lösungsmitteln; als Katalysatoren; für spezielle Anwendungen als Ionenaustauscher zur Entfernung radioaktiver Isotope und von NH_4^+-Ionen aus Abwässern.

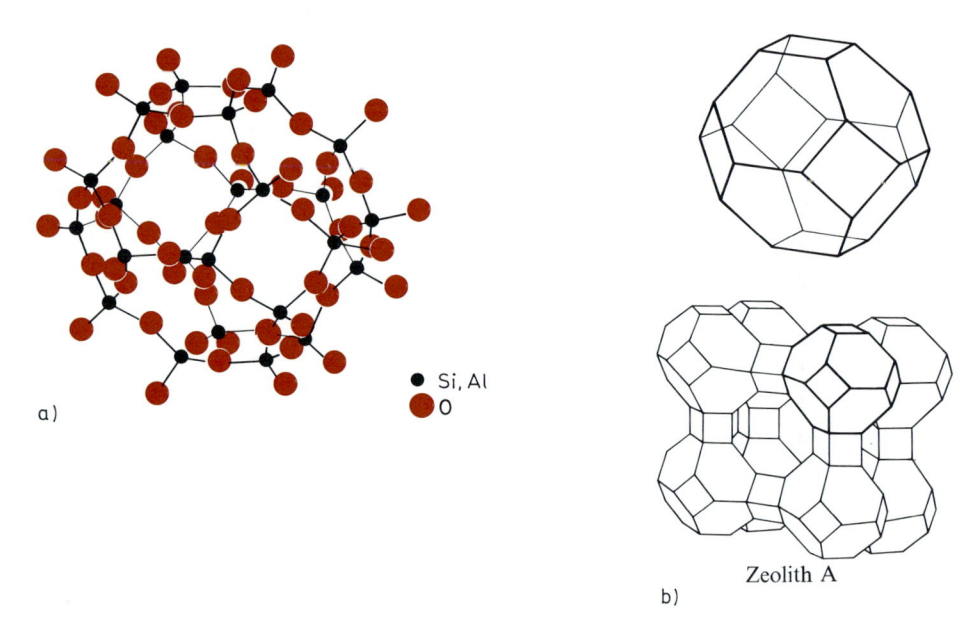

Abb. 6.15a) 12 SiO_4- und 12 AlO_4-Tetraeder sind über gemeinsame Ecken zu einem Kuboktaeder verknüpft.
b) Beim Zeolith A sind die Kuboktaeder mit den quadratischen Flächen über Würfel verknüpft. Es entstehen Hohlräume, die durch Kanäle (Durchmesser 420 pm) miteinander verbunden sind. Bei anderen Zeolithen sind die Kuboktaeder mit den sechseckigen Flächen über hexagonale Prismen verbunden.

6.2 Regionale Umweltprobleme

Die in den 70er Jahren verstärkten Abwasserreinigungsmaßnahmen haben zu einer Verbesserung der *Gewässerqualität* geführt. 1987 waren in der Bundesrepublik 90 % der Einwohner an kommunale Kläranlagen angeschlossen. 1990 waren die meisten großen Flüsse mäßig belastet oder kritisch belastet, nur Elbe und Weser in einigen Bereichen stark verschmutzt. Keiner der größeren und großen Flüsse hat jedoch die Güteklasse gering belastet. Die zahlreichen Sanierungsmaßnahmen im Rheingebiet haben zu einer drastischen Verringerung der Gehalte an Tensiden, chlorhaltigen organischen Verbindungen, Schwermetallen und Phosphorverbindungen geführt. Unverändert hoch ist immer noch die Salzfracht und die Stickstofffracht des Rheins.

In der *Ostsee* hat sich von 1969 bis 1977 die Konzentration an Nitrat und Phosphat verdoppelt bis verdreifacht, der Prozeß der Eutrophierung hält an. Die Hälfte des Nährstoffeintrags durch Flüsse und Abwassereinleitungen stammt aus den sieben Hauptzuflüssen. Die gegenwärtigen Flußfrachten an Phosphor bzw. Stickstoff sind im Vergleich zu denen vor 100 Jahren siebenmal bzw. viermal so hoch.

In der *Nordsee* gibt es regionale Unterschiede in den Veränderungen der Phosphor- und Stickstoffgehalte. In der Deutschen Bucht haben in 23 Jahren seit 1962 die Nitrate auf das 2,5fache, die Phosphate auf das 1,7fache und die Algenbiomasse auf das 2–3fache zugenommen. Es wird diskutiert, inwieweit in der Nordsee bereits eine Hypertrophierung eingetreten ist.

Hauptschadstoffquellen sind Dünger und Pestizide aus der Landwirtschaft. Der derzeitige Zustand der Ostsee und Nordsee zeigt, daß es weiterhin dringend notwendig ist, die Schadstofffrachten der Zuflüsse zu reduzieren.

Anhang 1
Einheiten · Konstanten · Umrechnungsfaktoren

Gesetzliche Einheiten im Meßwesen sind die Einheiten des Internationalen Einheitensystems (SI), sowie die atomphysikalischen Einheiten für Masse (u) und Energie (eV).

Anhang 1

1. Einheiten und Umrechnungsfaktoren

Größe	SI-Einheiten (mit * gekennzeichnet sind Basiseinheiten)		Andere zulässige Einheiten		Bis 31.12.1977 zugelassene Einheiten	
	Einheit	Einheiten-zeichen				
Länge	*Meter	m			Ångström	$1 \text{ Å} = 10^{-10} \text{ m}$
Volumen	Kubikmeter	m^3	Liter	$1 \, l = 10^{-3} \text{ m}^3$		
Masse	*Kilogramm	kg	atomare Massen-einheit	$1 \text{ u} = 1{,}660 \cdot 10^{-27} \text{ kg}$		
			Gramm	$1 \text{ g} = 10^{-3} \text{ kg}$		
			Tonne	$1 \text{ t} = 10^3 \text{ kg}$		
			Karat	$1 \text{ Karat} = 2 \cdot 10^{-4} \text{ kg}$		
Zeit	*Sekunde	s	Minute	$1 \text{ min} = 60 \text{ s}$		
			Stunde	$1 \text{ h} = 3600 \text{ s}$		
			Tag	$1 \text{ d} = 86400 \text{ s}$		
Kraft	Newton	N ($= \text{kg m s}^{-2}$)			dyn	$1 \text{ dyn} = 10^{-5} \text{ N}$
					pond	$1 \text{ p} = 9{,}81 \cdot 10^{-3} \text{ N}$

Einheiten und Umrechnungsfaktoren (Fortsetzung)

Größe	SI-Einheit	Einheitszeichen	Andere zulässige Einheiten		Nicht mehr zugelassene Einheiten	
Druck	Pascal	$Pa\ (=Nm^{-2})$	bar	$1\ bar = 10^5\ Pa$	Atmosphäre	$1\ atm = 1{,}013 \cdot 10^5\ Pa$
					Torr	$1\ Torr = 1{,}33 \cdot 10^2\ Pa$
Elektrische Stromstärke	*Ampere	A				
Ladung	Coulomb	$C\ (=As)$	Amperestunde	$1\ Ah = 3{,}6 \cdot 10^3\ C$		
Energie	Joule	$J\ (=Nm = kg\ m^2 s^{-2} = Ws)$	Elektronenvolt	$1\ eV = 1{,}602 \cdot 10^{-19}\ J$	erg	$1\ erg = 10^{-7}\ J$
			Kilowattstunde	$1\ kWh = 3{,}6 \cdot 10^6\ J$	Kalorie	$1\ cal = 4{,}187\ J$
Leistung	Watt	$W\ (=Js^{-1} = VA)$			Pferdestärke	$1\ PS = 7{,}35 \cdot 10^2\ W$
Spannung	Volt	$V\ (JC^{-1})$				
Widerstand	Ohm	$\Omega\ (=VA^{-1})$				
Temperatur	*Kelvin	K	Grad Celsius °C für $\vartheta = T - T_0$ mit $T_0 = 273{,}15\ K$			
Stoffmenge	*Mol	mol				
Stoffmengenkonzentration	Mol pro Kubikmeter	$mol\ m^{-3}$	Mol pro Liter	$1\ mol\ l^{-1} = 10^3\ mol\ m^{-3}$		
Aktivität	Becquerel	$Bq\ (=s^{-1})$			Curie	$1\ Ci = 3{,}7 \cdot 10^{10}\ Bq$
Energiedosis	Gray	$Gy\ (=Jkg^{-1})$			Rad	$1\ rd = 0{,}01\ Gy$
Äquivalentdosis	Sievert	$Sv\ (=Jkg^{-1})$			Rem	$1\ rem = 0{,}01\ Sv$

2. Dezimale Vielfache und Teile von Einheiten

Zehnerpotenz	Vorsatz	Vorsatzzeichen	Zehnerpotenz	Vorsatz	Vorsatzzeichen
10^1	Deka	da	10^{-1}	Dezi	d
10^2	Hekto	h	10^{-2}	Zenti	c
10^3	Kilo	k	10^{-3}	Milli	m
10^6	Mega	M	10^{-6}	Mikro	μ
10^9	Giga	G	10^{-9}	Nano	n
10^{12}	Tera	T	10^{-12}	Piko	p

3. Konstanten

Größe	Symbol	Zahlenwert und Einheit
Lichtgeschwindigkeit im leeren Raum	c	$2{,}99792 \cdot 10^8$ ms^{-1}
Elementarladung	e	$1{,}602 \cdot 10^{-19}$ C
Ruhemasse des Elektrons	m_e	$9{,}109 \cdot 10^{-31}$ kg
Plancksches Wirkungsquantum	h	$6{,}626 \cdot 10^{-34}$ Js
Elektrische Feldkonstante	ε_0	$8{,}854 \cdot 10^{-12}$ CV^{-1} m^{-1}
Avogadro-Konstante	N_A	$6{,}022 \cdot 10^{23}$ mol^{-1}
Gaskonstante	R	$8{,}314 \cdot$ JK^{-1} mol^{-1}
Faraday-Konstante	F	$9{,}649 \cdot 10^4$ C mol^{-1}
Normaldruck	p_0	$1{,}013 \cdot 10^5$ Nm^{-2}
Gefrierpunkt des Wassers bei Normaldruck	T_0	$2{,}7315 \cdot 10^2$ K

Anhang 2
Tabellen

Tab. 1 Protonenzahlen und relative Atommassen der Elemente

Quelle der A_r-Werte: Angaben der Internationalen Union für Reine und Angewandte Chemie (IUPAC) nach dem Stand von 1991. (In den Klammern ist die Fehlerbreite der letzten Stelle angegeben.)

* Alle Nuklide des Elements sind radioaktiv; die eingeklammerten Zahlen bei den relativen Atommassen sind in diesem Fall die Nukleonenzahlen des Isotops mit der längsten Halbwertszeit
+ Die so gekennzeichneten Elemente sind Reinelemente
r Die Atommassen haben infolge der natürlichen Schwankungen der Isotopenzusammensetzungen schwankende Werte. Die tabellierten Werte sind für normales Material aber benutzbar.
g Es sind geologische Proben bekannt, in denen die Isotopenzusammensetzung des Elements von der in normalem Material stark abweicht.

Element	Symbol	Z	Relative Atommasse (A_r)
Actinium	Ac*	89	(227)
Aluminium	Al +	13	26,981539(5)
Americium	Am*	95	(243)
Antimon	Sb	51	121,757(3) g
Argon	Ar	18	39,948(1) g r
Arsen	As +	33	74,92159(2)
Astat	At*	85	(210)
Barium	Ba	56	137,327(7)
Berkelium	Bk*	97	(247)
Beryllium	Be +	4	9,012182(3)
Bismut	Bi +	83	208,98037(3)
Blei	Pb	82	207,2(1) g r
Bor	B	5	10,811(5) g r
Brom	Br	35	79,904(1)
Cadmium	Cd	48	112,411(8) g
Caesium	Cs +	55	132,90543(5)
Calcium	Ca	20	40,078(4) g
Californium	Cf*	98	(251)
Cer	Ce	58	140,115(4) g
Chlor	Cl	17	35,4527(9)
Chrom	Cr	24	51,9961(6)
Cobalt	Co +	27	58,93320(1)
Curium	Cm*	96	(247)
Dysposium	Dy	66	162,50(3) g
Einsteinium	Es*	99	(252)
Eisen	Fe	26	55,847(3)
Erbium	Er	68	167,26(3) g
Europium	Eu	63	151,965(9) g
Fermium	Fm*	100	(257)
Fluor	F +	9	18,9984032(9)

Element	Symbol	Z	Relative Atommasse (A_r)
Francium	Fr*	87	(223)
Gadolinium	Gd	64	157,25(3) g
Gallium	Ga	31	69,723(1)
Germanium	Ge	32	72,61(2)
Gold	Au +	79	196,96654(3)
Hafnium	Hf	72	178,49(2)
Helium	He	2	4,002602(2) g r
Holmium	Ho +	67	164,93032(3)
Indium	In	49	114,818(3)
Iod	I +	53	126,90447(3)
Iridium	Ir	77	192,22(3)
Kalium	K	19	39,0983(1) g
Kohlenstoff	C	6	12,011(1) g r
Krypton	Kr	36	83,80(1) g
Kupfer	Cu	29	63,546(3) r
Lanthan	La	57	138,9055(2) g
Lawrencium	Lr*	103	(260)
Lithium	Li	3	6,941(2) g r
Lutetium	Lu	71	174,967(1) g
Magnesium	Mg	12	24,3050(6)
Mangan	Mn +	25	54,93805(1)
Mendelevium	Md*	101	(258)
Molybdän	Mo	42	95,94(1) g
Natrium	Na +	11	22,989768(6)
Neodym	Nd	60	144,24(3) g
Neon	Ne	10	20,1797(6) g
Neptunium	Np*	93	(237)
Nickel	Ni	28	58,6934(2)
Niob	Nb +	41	92,90638(2)
Nobelium	No*	102	(259)
Osmium	Os	76	190,23(3) g
Palladium	Pd	46	106,42(1) g
Phosphor	P +	15	30,973762(4)
Platin	Pt	78	195,08(3)
Plutonium	Pu*	94	(244)
Polonium	Po*	84	(209)
Praseodym	Pr +	59	140,90765(3)
Promethium	Pm*	61	(145)
Protactinium	Pa*	91	231,03588(2)
Quecksilber	Hg	80	200,59(2)
Radium	Ra*	88	(226)
Radon	Rn*	86	(222)
Rhenium	Re	75	186,207(1)
Rhodium	Rh +	45	102,90550(3)
Rubidium	Rb	37	85,4678(3) g
Ruthenium	Ru	44	101,07(2) g
Samarium	Sm	62	150,36(3) g
Sauerstoff	O	8	15,9994(3) g r

Element	Symbol	Z	Relative Atommasse (A_r)
Scandium	Sc +	21	44,955910(9)
Schwefel	S	16	32,066(6) g r
Selen	Se	34	78,96(3)
Silber	Ag	47	107,8682(2) g
Silicium	Si	14	28,0855(3) r
Stickstoff	N	7	14,00674(7) g r
Strontium	Sr	38	87,62(1) g r
Tantal	Ta	73	180,9479(1)
Technetium	Tc*	43	(98)
Tellur	Te	52	127,60(3) g
Terbium	Tb +	65	158,92534(3)
Thallium	Tl	81	204,3833(2)
Thorium	Th*	90	232,0381(1) g
Thulium	Tm +	69	168,93421(3)
Titan	Ti	22	47,88(3)
Unnilpentium	Unp*	105	(262)
Unnilquadium	Unq*	104	(261)
Uran	U*	92	238,0289(1) g
Vanadium	V	23	50,9415(1)
Wasserstoff	H	1	1,00794(7) g r
Wolfram	W	74	183,84(1)
Xenon	Xe	54	131,29(2) g
Ytterbium	Yb	70	173,04(3) g
Yttrium	Y +	39	88,90585(2)
Zink	Zn	30	65,39(2)
Zinn	Sn	50	118,710(7) g
Zirconium	Zr	40	91,224(2) g

Tab. 2 Elektronenkonfigurationen der Elemente

Z	Element	K	L		M			N				O			
		1s	2s	2p	3s	3p	3d	4s	4p	4d	4f	5s	5p	5d	5f
1	H	1													
2	He	2													
3	Li	2	1												
4	Be	2	2												
5	B	2	2	1											
6	C	2	2	2											
7	N	2	2	3											
8	O	2	2	4											
9	F	2	2	5											
10	Ne	2	2	6											
11	Na	2	2	6	1										
12	Mg	2	2	6	2										
13	Al	2	2	6	2	1									
14	Si	2	2	6	2	2									
15	P	2	2	6	2	3									
16	S	2	2	6	2	4									
17	Cl	2	2	6	2	5									
18	Ar	2	2	6	2	6									
19	K	2	2	6	2	6		1							
20	Ca	2	2	6	2	6		2							
21	Sc	2	2	6	2	6	1	2							
22	Ti	2	2	6	2	6	2	2							
23	V	2	2	6	2	6	3	2							
24	*Cr	2	2	6	2	6	5	1							
25	Mn	2	2	6	2	6	5	2							
26	Fe	2	2	6	2	6	6	2							
27	Co	2	2	6	2	6	7	2							
28	Ni	2	2	6	2	6	8	2							
29	*Cu	2	2	6	2	6	10	1							
30	Zn	2	2	6	2	6	10	2							
31	Ga	2	2	6	2	6	10	2	1						
32	Ge	2	2	6	2	6	10	2	2						
33	As	2	2	6	2	6	10	2	3						
34	Se	2	2	6	2	6	10	2	4						
35	Br	2	2	6	2	6	10	2	5						
36	Kr	2	2	6	2	6	10	2	6						
37	Rb	2	2	6	2	6	10	2	6			1			
38	Sr	2	2	6	2	6	10	2	6			2			
39	Y	2	2	6	2	6	10	2	6	1		2			
40	Zr	2	2	6	2	6	10	2	6	2		2			

Tabelle 2 (Fortsetzung)

Z	Element	K	L	M	N				O					P						Q
					4s	4p	4d	4f	5s	5p	5d	5f	5g	6s	6p	6d	6f	6g	6h	7s
41	*Nb	2	8	18	2	6	4		1											
42	*Mo	2	8	18	2	6	5		1											
43	*Tc	2	8	18	2	6	6		1											
44	*Ru	2	8	18	2	6	7		1											
45	*Rh	2	8	18	2	6	8		1											
46	*Pd	2	8	18	2	6	10													
47	*Ag	2	8	18	2	6	10		1											
48	Cd	2	8	18	2	6	10		2											
49	In	2	8	18	2	6	10		2	1										
50	Sn	2	8	18	2	6	10		2	2										
51	Sb	2	8	18	2	6	10		2	3										
52	Te	2	8	18	2	6	10		2	4										
53	I	2	8	18	2	6	10		2	5										
54	Xe	2	8	18	2	6	10		2	6										
55	Cs	2	8	18	2	6	10		2	6				1						
56	Ba	2	8	18	2	6	10		2	6				2						
57	*La	2	8	18	2	6	10		2	6	1			2						
58	Ce	2	8	18	2	6	10	2	2	6				2						
59	Pr	2	8	18	2	6	10	3	2	6				2						
60	Nd	2	8	18	2	6	10	4	2	6				2						
61	Pm	2	8	18	2	6	10	5	2	6				2						
62	Sm	2	8	18	2	6	10	6	2	6				2						
63	Eu	2	8	18	2	6	10	7	2	6				2						
64	*Gd	2	8	18	2	6	10	7	2	6	1			2						
65	Tb	2	8	18	2	6	10	9	2	6				2						
66	Dy	2	8	18	2	6	10	10	2	6				2						
67	Ho	2	8	18	2	6	10	11	2	6				2						
68	Er	2	8	18	2	6	10	12	2	6				2						
69	Tm	2	8	18	2	6	10	13	2	6				2						
70	Yb	2	8	18	2	6	10	14	2	6				2						
71	Lu	2	8	18	2	6	10	14	2	6	1			2						
72	Hf	2	8	18	2	6	10	14	2	6	2			2						
73	Ta	2	8	18	2	6	10	14	2	6	3			2						
74	W	2	8	18	2	6	10	14	2	6	4			2						
75	Re	2	8	18	2	6	10	14	2	6	5			2						
76	Os	2	8	18	2	6	10	14	2	6	6			2						
77	Ir	2	8	18	2	6	10	14	2	6	7			2						
78	*Pt	2	8	18	2	6	10	14	2	6	9			1						
79	*Au	2	8	18	2	6	10	14	2	6	10			1						
80	Hg	2	8	18	2	6	10	14	2	6	10			2						
81	Tl	2	8	18	2	6	10	14	2	6	10			2	1					
82	Pb	2	8	18	2	6	10	14	2	6	10			2	2					
83	Bi	2	8	18	2	6	10	14	2	6	10			2	3					

Tabelle 2 (Fortsetzung)

Z	Element	K	L	M	N				O					P						Q
					4s	4p	4d	4f	5s	5p	5d	5f	5g	6s	6p	6d	6f	6g	6h	7s
84	Po	2	8	18	2	6	10	14	2	6	10			2	4					
85	At	2	8	18	2	6	10	14	2	6	10			2	5					
86	Rn	2	8	18	2	6	10	14	2	6	10			2	6					
87	Fr	2	8	18	2	6	10	14	2	6	10			2	6					1
88	Ra	2	8	18	2	6	10	14	2	6	10			2	6					2
89	*Ac	2	8	18	2	6	10	14	2	6	10			2	6	1				2
90	*Th	2	8	18	2	6	10	14	2	6	10			2	6	2				2
91	*Pa	2	8	18	2	6	10	14	2	6	10	2		2	6	1				2
92	*U	2	8	18	2	6	10	14	2	6	10	3		2	6	1				2
93	*Np	2	8	18	2	6	10	14	2	6	10	4		2	6	1				2
94	Pu	2	8	18	2	6	10	14	2	6	10	6		2	6					2
95	Am	2	8	18	2	6	10	14	2	6	10	7		2	6					2
96	*Cm	2	8	18	2	6	10	14	2	6	10	7		2	6	1				2
97	Bk	2	8	18	2	6	10	14	2	6	10	9		2	6					2
98	Cf	2	8	18	2	6	10	14	2	6	10	10		2	6					2
99	Es	2	8	18	2	6	10	14	2	6	10	11		2	6					2
100	Fm	2	8	18	2	6	10	14	2	6	10	12		2	6					2
101	Md	2	8	18	2	6	10	14	2	6	10	13		2	6					2
102	No	2	8	18	2	6	10	14	2	6	10	14		2	6					2
103	Lr	2	8	18	2	6	10	14	2	6	10	14		2	6	1				2

* Unregelmäßige Elektronenfigurationen

Tab. 3 Elektronegativitäten der Elemente (nach Pauling)

Hauptgruppen

			H 2,1			
Li 1,0	Be 1,5	B 2,0	C 2,5	N 3,0	O 3,5	F 4,0
Na 0,9	Mg 1,2	Al 1,5	Si 1,8	P 2,1	S 2,5	Cl 3,0
K 0,8	Ca 1,0	Ga 1,6	Ge 1,8	As 2,0	Se 2,4	Br 2,8
Rb 0,8	Sr 1,0	In 1,7	Sn 1,8	Sb 1,9	Te 2,1	I 2,5
Cs 0,7	Ba 0,9	Tl 1,8	Pb 1,9	Bi 1,9		

Nebengruppen

Sc 1,3	Ti 1,5	V 1,6	Cr 1,6	Mn 1,5	Fe 1,8	Co 1,9	Ni 1,9	Cu 1,9	Zn 1,6
Y 1,2	Zr 1,4	Nb 1,6	Mo 1,8	Tc 1,9	Ru 2,2	Rh 2,2	Pd 2,2	Ag 1,9	Cd 1,9
La 1,0	Hf 1,3	Ta 1,5	W 1,7	Re 1,9	Os 2,2	Ir 2,2	Pt 2,2	Au 2,4	Hg 1,9

Sachregister

Abgeschlossenes System 141, 161
AB-Ionenkristalle
– Radienquotienten 76 (Tab.)
– Strukturen 67, 72, 73
AB_2-Ionenkristalle
– Radienquotienten 76 (Tab.)
– Strukturen 73
Abscheidungspotentiale 223
Absoluter Nullpunkt 130
Abstoßungsenergie in Ionenkristallen 79
ABX_3-Strukturen 76, 77
AB_2X_4-Struktur 77
Acceptoren 292
Acceptorniveaus 293
Acetatpuffer 200
Acetylen C_2H_2 99
Achat 269
Acidität 191
Actinoide 53, 57, 254, 294
Äquivalenz Masse – Energie 9
Äquivalent 225
Äquivalentdosis 14
Äquivalentkonzentration 226
Aggregatzustand 134
– Beziehung zur Bindungsart 118, 125
– Energieänderungen 138
– Entropieänderungen 158
– Phasenumwandlungen 134
Akkumulatoren 226
Aktivierungsenergie 174
– Wirkung von Katalysatoren 179
Aktivität 185
– optische 325
– radioaktive 14
Aktivitätskoeffizient 185
Aktivkohle 263
Albedo 348
Albit $Na[AlSi_3O_8]$ 271
Alkali-Mangan-Zelle 228
Alkalimetalle
– Elektronenkonfiguration und Gruppeneigenschaften 55
– Herstellung 314
– Ionen 69
alkalisch, siehe Basen
Altersbestimmungen 16
Aluminium
– Aluminothermie 317
– Herstellung 312
– Produktionszahlen 311

Aluminium-Legierungen 314
Aluminiumoxid Al_2O_3 80, 313, 317
Aluminothermisches Verfahren 317
Alumosilicate 271
Amalgam 224
Amethyst 269
Ammoniak NH_3 253
– Bindung 90, 93, 120, 253
– Dipol 116
– Oxidation 255
– Synthese 156, 162, 169, 181, 254
Ammoniakpuffer 200
Ammonium-Ion NH_4^+ 86, 254
Amphibole 270
Ampholyte 191
Amphoterie 312
Anfangszustand 143
Angeregte Zustände 31, 37, 82
Anionen 66, 183
Anionenaustauscher 267
Anionenbasen 191
Anionensäuren 191
Anode 183
Anodenschlamm 314
Anregung von Elektronen, siehe angeregte Zustände
Anorthit $Ca_2[Al_2Si_2O_8]$ 271
Anteil 129
Antibindendes Molekülorbital 106
Antimon 137, 253
Anziehungskräfte in Ionenkristallen, siehe Coulombsches Gesetz
AO, siehe unter Atomorbitale
Arbeit 141
Arbeit, Volumenarbeit 141
Arbeit, siehe elektrische Arbeit
Argon 239
Aromatische Systeme 114
Arrhenius-Gleichung 173
Arsen 251, 253
Assimilation 16, 266
Atmosphäre 16
Atom
– Atomaufbau 4
– Atomtheorie von Dalton 2
– Bohrsche Theorie 24
– Wellenmechanisches Atommodell 37
Atomare Masseneinheit 5
Atomaufbau 4
Atombindung 81

- Bindungsabstände 101
- Ionenbindungsanteil 116
- Polare- 114
- Vergleich der Bindungsarten 124

Atombombe 21, 22
Atomgewicht, siehe unter Atommasse
Atomhülle 4
- siehe auch Elektronenhülle
Atomkern 4, 5
Atomkristalle 104
- Elektronendichte 284
- Härte 125
- KZ 125
- Leitfähigkeit 125
- Schmelzpunkte 125

Atommasse 5, 7, 8 (Tab.), Tab. 1 Anh. 2, 129
Atommodell,
- Bohrsches 24
- wellenmechanisches 27

Atomorbitale
- Definition 28
- Gestalt 40
- Größe 40
- Linearkombination 106
- Orbitalbilder 40, 41, 48, 49
- Orientierung im Raum 40
- Wasserstoffeigenfunktionen 44
- Wechselwirkung d-Orbitale-Liganden 329

Atomorbitale des H-Atoms 36–39, 44–49, 88, 107

Atomradien
- Einfluß auf Mischkristallbildung 303
- Einfluß der KZ 283
- Tabelle 283

Atomreaktor 20, 21
Atomtheorie von Dalton 2
AuCu-Kristallstruktur 296
AuCu$_3$-Kristallstruktur 296, 307
Aufbauprinzip 49, 53
Aufbau von Molekülen, siehe unter Räumlicher Aufbau
Aufenthaltswahrscheinlichkeit des Elektrons 34, 42, 44
Aufspaltung von d-Orbitalen 330, 336–338
Aufwachsverfahren 318
Avogadrosche Molekülhypothese 133
Avogadro-Konstante 128, Anh. 1
Azide 255

Bänder, siehe Energieband
Bändermodell 286
Bahndrehimpuls, Quantelung 26, 36, 38
Balmer-Serie des H-Spektrums 30 (Abb.)
Barium 317
Basen
- Berechnung des pH-Wertes 193, 196
- Theorie von Arrhenius 189
- Theorie von Brönsted 190

Basenexponent 197
Basenkonstante
- Beziehung zur Säurekonstante 198
- Definition 197

Basität 192
Bauxit 312
Benitoit BaTi[Si$_3$O$_9$] 270
Benzol 103, 112
Bequerel 14
Bergkristall 269
Beryll Al$_2$Be$_3$[Si$_6$O$_{18}$] 270
Bildungsenthalpie, siehe Standardbildungsenthalpie und Freie Standardbildungsenthalpie
Bimolekulare Reaktion 172
Bindendes Molekülorbital 106
Bindigkeit
- Definition 84
- von Elementen der 2. Periode 84
- von Elementen der 3. Periode 85
- und Gruppennummer 85
- und Valenzelektronenkonfiguration 83, 84, 85

Bindung, chemische, siehe chemische Bindung
Bindungsenergie (Tab.) 101
Bindungskräfte
- Beziehung zur Bindungsart 125

Bindungslängen 101 (Tab.)
Bindungsstärke
- in Ionenkristallen 68, 80
- in kovalenten Verbindungen 88, 97, 105
- in Molekülkristallen 105
- Vergleich der- 125

Bindungstyp und Eigenschaften 125
Bismut 137, 251, 253
Blausäure HCN 239, 268
Blei
- Herstellung 318
- Produktionszahlen 311
- Struktur 265

Bleiakkumulator 226
Bleiglanz PbS 244
Bohrsche Elektronenbahnen 26, 36
Bohrsches Atommodell 24
Bohrsches Postulat 26
Boudouard-Gleichgewicht 155, 157 (Abb.), 168, 266, 316
Boyle-Mariottsches Gesetz 130
Brennstoffe, fossile 349, 355
Brom 234
- siehe auch Halogene

Brönsted-Base 190
Brönsted-Säure 190

Cadmium
- Herstellung 314

Caesiumchlorid-Struktur 72, 75, 307

Sachregister

Calcit, siehe Calciumcarbonat
Calcit-Struktur 78
Calciumcarbid CaC_2 265
Calciumcarbonat $CaCO_3$ 78, 267
Calciumverfahren 357
Carbide 265, 309, 317
Carbonate 102, 112, 267
Carbonyle 266, 319, 320
Carborundum SiC 265
Carnallit $KCl \cdot MgCl_2 \cdot 6H_2O$ 235
Chalkogene
– Elektronegativität 242
– Gruppeneigenschaften 242
– Schmelzpunkte 243
– Siedepunkte 243
Chalkogenwasserstoffe 245
Chelate 320
Chelatliganden 320
Chemische Bindung
– Atombindung 81
– Dative Bindung 86
– Grenztypen 65
– Ionenbindung 65
– in Komplexverbindungen 327
– Koordinative Bindung 86
– Ligandenfeldtheorie 329
– Metallische Bindung 283
– π-Bindung 98
– Polare Atombindung 115
– σ-Bindung 87
– Wasserstoffbrückenbindung 236
Chemisches Element, s. Element
Chemisches Gleichgewicht 146
– Berechnung von Gleichgewichtskonstanten 157, 166
– und ΔG 161
– Gleichgewichtszustand 147
– Heterogene Gleichgewichte 151
– Homogene Gleichgewichte 151
– Massenwirkungsgesetz (MWG) 149
– Symbolisierung 148
– Verschiebung der Gleichgewichtslage 152, 163, 166
Chemisches Volumengesetz 132
Chemische Thermodynamik 140
Chemisorption (Katalyse) 180
Chlor 178, 225, 233
– siehe auch Halogene
Chloralkali-Elektrolyse 224
Chlorate 239
Chlorknallgasreaktion 177
Chlorsauerstoffsäuren
– Bindung 238
– Chlorige Säure $HClO_2$ 238
– Chlorsäure $HClO_3$ 238
– Hypochlorige Säure $HClO$ 238
– Nomenklatur 238

– Perchlorsäure $HClO_4$ 239
Chlorwasser 238
Chlorwasserstoff HCl 168, 177, 235
Chrom
– Gewinnung 317
Cis/trans-Isomerie 324
Citrin 269
Claus-Prozeß 244
CO_2-Struktur 105
Coulombenergie 79, 81
Coulombsches Gesetz 24, 66
Cristobalit 269
Cristobalit-Struktur 73, 76
Curie 14, Tab. 1 Anh. 1
Cyanide 268, 318
Cyanidlaugerei 318
Cyanwasserstoff HCN, siehe Blausäure
Czochralski-Verfahren 264

Daltonsche Atomtheorie 2
Dampfdruck 134
Dampfdruckerniedrigung 139
Dampfdruckkurve 135
Daniell-Element 208, 220
Dative Bindung 86
De Broglie-Wellen 35
Defektelektronen 290
Delokalisierung von π-Bindungen 104, 112–114
Desinfektion von Trinkwasser 238
Deuterium 6, 22
Diadocher Ersatz 272
Diamagnetische Ionen 334
Diamant 261
– Bändermodell 114, 290
– Bindung 105, 114, 125
– Bindungsenergie 261
– Kristallstruktur 104
– Stabilität 179, 261
– Synthese 262
Diamant-Struktur 104, 261
Diaphragma 209, 225
Diaphragmaverfahren 224
Dichteste Packungen 278
Dielektrizitätskonstante 25
Dipol 115
– fluktuierender 124
– induzierter 124
– momentaner 124
– permanenter 124
Dipol-Dipol-Wechselwirkung, siehe unter van der Waals-Bindung
Dipol-Ionen-Wechselwirkung 184
Dischwefelsäure $H_2S_2O_7$ 250
Dispersionseffekt 124
Disproportionierung 238
Dissoziation 183
– und Gefrierpunktserniedrigung 140

Dissoziationsenergie
- Beziehung zur Elektronegativität 116
- von Halogenwasserstoffen 116
Dissoziationsgrad, siehe Protolysegrad
Dolomit $CaMg(CO_3)_2$ 267
Donatoren 292
Donatorniveaus 292
Doppelbindung 100
Doppelbindungsregel 100
Doppelsalze 326
d-Orbitale
- Gestalt 40, 41 (Abb.)
- Hybridisierung unter Beteiligung von 94
- Polardiagramme 48
- Wechselwirkung mit Liganden 329
Dosis 14
Dotierte Halbleiter 292
Drehimpuls von Elektronen 38, 42
Dreifachbindung 100
Dreiwegekatalysator 360
Druck
- Einfluß auf die Gleichgewichtslage 155
- Standarddruck 130, 163
Druck, kritischer 137
dsp^3-Hybridorbitale 96
d^2sp^3-Hybridorbitale 94
Dualismus Welle-Partikel 32, 35
Düngemittel 257, 259
Duktilität 282, 285
Duralumin 314
dynamisches Gleichgewicht 147
d-Zustand 38

Edelgasartige Ionen
- Beziehung zum PSE 69 (Tab.)
- Eigenschaften 66
- Stabilität 60, 61, 63
Edelgase 239
- Elektronenkonfiguration und Gruppeneigenschaften 54, 239
- Physikalische Eigenschaften 239
Edelgaskonfiguration bei Atombindungen 82
Edelgasverbindungen 241
Edle Metalle 216
EDTA 321
Eigenfunktion 43
- des H-Atoms 44 (Tab.)
Eigenhalbleitung 289
Eigenwerte 43
- des H-Atoms 44 (Tab.)
Einkernige Komplexe 320
Einlagerungsverbindungen 309
- Eigenschaften 309 (Tab.)
- Strukturen 310
Eis 134, 137, 140, 246
Eisen
- Herstellung 315

- Polymorphie 281
- Produktionszahlen 311
Eisen(III)-oxid Fe_2O_3 316
Eisenoxide 229
Elektrische Arbeit 160, 209
Elektrische Leitfähigkeit
- Beziehung zur Bindungsart 125
- Einfluß der Temperatur 277, 286
- von Elektrolyten 183
- von Halbleitern 290, 292
- von Ionenkristallen 68, 125
- von Metallen 276 (Tab.)
- von Legierungen und Überstrukturen 297
Elektrochemische Spannungsquellen 226
Elektrochemische Spannungsreihe, siehe
  Spannungsreihe
Elektrode 208
- Elektrode 2. Art 211
- Kalomel-Elektrode 212
- Überspannung 233
- Wasserstoff-Elektrode 212
Elektrodenreaktion, kinetische Hemmung 233
Elektrolyse 219
Elektrolyte 182
Elektrolytische Gewinnung von
- Chlor 224
- Metallen 311–314
- Natronlauge 224
- Wasserstoff 224
Elektromagnetische Strahlung 12, 29, 63
- Entstehung 31
- Photonen 31
- Teilchencharakter 32
Elektromotorische Kraft EMK 160, 163, 209
- Beziehung zu ΔG 160
- galvanischer Elemente 209
- von Konzentrationsketten 211
- Nernstsche Gleichung 163, 209
- Standard-EMK 160
Elektron
- Eigenschaften 4
- siehe auch Aufenthaltswahrscheinlichkeit,
  Ladungsverteilung in Atomen, Wellencharakter
Elektronegativität 116
- und Bindungspolarität 117
- Definition 116
- und Elektronenaffinität 117
- der Elemente, Tab. 3 Anh. 2
- der Hauptgruppenelemente 117 (Abb.)
- und Ionisierungsenergie 117
Elektronegativität
- und Kristalltyp 118
- und Oxidationszahl 126
Elektronenaffinität
- Definition 62
- und Elektronegativität 117

Sachregister

- und Elektronenkonfiguration 63
- von Hauptgruppenelementen 62 (Tab.)

Elektronendichte
- bei Elektronenpaarbindungen 88
- in Ionenkristallen 68
- Vergleich der Bindungsarten 284

Elektronendichteverteilung 35, 49
Elektronenenergie im H-Atom 28
Elektronengas 283, 290
Elektronengeschwindigkeit 27
Elektronenhülle
- Struktur 24

Elektronenkonfiguration
- analoge- 55
- Definition 52
- und Elektronenaffinität 63
- der Elemente bis Z 36, 53
- der Elemente Tab. 2 Anh. 2
- und Ionisierungsenergie 61
- in Ligandenfeldern 331, 332
- periodische Wiederholung 56
- Unregelmäßigkeiten 52, 53
- Valenzelektronenkonfiguration 57

Elektronenpaare
- bindende 82, 88
- hybridisierte nichtbindende 93
- nichtbindende 82

Elektronenpaarbindungen 81, 125
- Stärke von- 88

Elektronenwellen 35, 36
- stehende- 36

Elektronenwolke 34, 35
Elementarladung 4
Elementarquantum, elektrisches 4
Elementarteilchen 4
Elementarzelle 67, 279
Elemente, chemische Tab. 1 Anh. 2
- Elementbegriff 1, 6
- Gruppen 55, 56, 57
- Häufigkeit 22, 229
- Hauptgruppen 57
- Nebengruppen 57
- Perioden 58
- Reinelemente, Mischelemente 7
- Theorie von Dalton 2

Elemente, galvanische 207
Elemente der 4. Hauptgruppe 260
- Bändermodell 292
- Elektronegativität 260
- Gruppeneigenschaften 260
- Ionisierungsenergie 260
- Schmelzpunkte 261

Elemente der 5. Hauptgruppe 251
- Elektronegativität 251
- Gruppeneigenschaften 251
- Ionisierungsenergie 251

Elemententstehung 22

Elementhäufigkeit
- im Kosmos 22
- in der Erdkruste 229

Elementsymbole 1, 2, Tab. 1 Anh. 2
Elementumwandlungen 13, 17
EMK, siehe Elektromotorische Kraft
Endzustand 143
Endotherme Prozesse 138, 143
Energie
- Äquivalenz Masse – Energie 9
- innere 141
- von Lichtquanten 31

Energieband 286
Energiebändermodell 286
Energiedosis 14
Energieniveaudiagramm
- von Benzol 113
- von Diamant 114
- von F_2 110
- von H_2 107
- von N_2 112
- von O_2 110

Energieniveauschema des H-Atoms 28 (Abb.)
Energieumsatz
- bei chemischen Reaktionen 11
- bei Kernreaktionen 11
- bei Kernspaltungen 18

Energieverteilung (Gase) 134
Energiezustände des H-Atoms 28, 33, 37, 39
Entartung von Energiezuständen 40
- Aufhebung der- 38, 42, 50
- Aufhebung der- in Ligandenfeldern 330, 337, 338

Entartung des Elektronengases 286, 290
Enthärtung von Wasser 267, 268
Enthalpie 142
Enthalpie, siehe
- Freie Standardbildungsenthalpie
- Freie Reaktionsenthalpie
- Reaktionsenthalpie
- Standardbildungsenthalpie
- Standardreaktionsenthalpie

Enthalpieänderungen
- bei chemischen Reaktionen 142
- bei Phasenumwandlungen 138

Entropie 157
- und chemisches Gleichgewicht 163
- Mischungsentropie 164, 165
  siehe auch Standardentropie, Standardreaktionsentropie

Erdalkalimetalle
- Herstellung 311
- Herstellung von Metallen durch Reduktion mit- 317
- Ionen 69

Erdkruste, chemische Zusammensetzung 229
Erze 244

Essigsäure 195, 200
Ethen C_2H_4 99
Ethin C_2H_2 99
Ethylen C_2H_4 99
Ethylendiamintetraessigsäure (Komplexon) 321
Eutektikum 298
Eutrophierung 364
Exotherme Prozesse 138, 143
Explosionen 178

Faraday-Konstante 209, 226
Faradaysches Gesetz 226
Farbe von Komplexionen 310
Faserkohlenstoff 263
FCKW 347
Feldspate 271
Feldkonstante, elektrische 24, 66
Fermi-Energie 290
Fernordnung 272
Feuerstein 269
Fixieren (Photographie) 237
Fixiersalz $Na_2S_2O_3 \cdot 5H_2O$ 237, 251
Fluor 110, 233
  siehe auch Halogene
Fluorit, siehe Flußspat
Fluorit-Struktur 73, 76, 307, 310
Fluorwasserstoff 90, 97, 116, 235
Flußsäure, siehe Fluorwasserstoff
Flußspat CaF_2 125, 235
Formale Ladung 86
– und Bindigkeit 87
– und reale Ladung 87
Formelmasse 129
Formelumsatz 142
Freie Reaktionsenthalpie ΔG 159
– und chem. Gleichgewicht 161
Freie Standardbildungsenthalpie ΔG_B° 159
– Definition 160
– Tabelle 160
Freie Standardreaktionsenthalpie ΔG° 159
– Berechnung aus ΔG_B° 160
– Beziehung zwischen ΔG° und K 163
Frischen von Roheisen 316
Fullerene 263
f-Zustand 38

Galvanische Elemente 207
Gangart 315
Gase, ideale 130
– Gasgesetze 130–132
– Geschwindigkeitsverteilung 134
– Kinetische Gastheorie 133
Gase, permanente 137
Gasgesetz, ideales 130
Gaskonstante, universelle 130
Gasmischungen, ideale 132

Gastheorie, kinetische 125
Gay-Lussacsches Gesetz 130
Gefrierpunkt 140
Gefrierpunktserniedrigung 140
Generatorgas 254
Germanium 264, 292, 318
Gerüstsilicate 271
Gesättigte Lösung 185
Geschwindigkeit chemischer Reaktionen,
  siehe Reaktionsgeschwindigkeit, Reaktionsgeschwindigkeitskonstante
Geschwindigkeitsbestimmender Reaktionsschritt 171–173
  Geschwindigkeitskonstante, siehe Reaktionsgeschwindigkeitskonstante
Geschwindigkeitsverteilung (Gase) 134
– und Reaktionsgeschwindigkeit 174
– von Sauerstoffmolekülen 134
– von Wasserstoffmolekülen 134
Gesetz der Äquivalenz von Masse und Energie 9
Gesetz der Erhaltung der Masse 3
Gesetz der konstanten Proportionen 3
– bei intermetallischen Verbindungen 294
Gesetz der multiplen Proportionen 3
Gewässerqualität 366
Gewinnung von Metallen 311
Gichtgas 316
Gips $CaSO_4 \cdot 2H_2O$ 244
Gitter, siehe Kristallgitter
Gitterenergie
– von Ionenkristallen 79, 80 (Tab.), 81
– und Löslichkeit 80, 184
– von Molekülkristallen 124
Gittertypen, siehe unter Kristallstrukturen
Gläser 272
Glasfasern 273
Glaskeramik 273
Glaskohlenstoff 263
Gleichgewicht, siehe chemisches Gleichgewicht
Gleichgewichtskonstante,
– Abhängigkeit von T 154, 166–169
– Berechnung 157
– Beziehung zwischen K und ΔG° 163
– und Reaktionsgeschwindigkeitskonstante 176
– von Redoxreaktionen 219
– und Standardzustand 163
– Zusammenhang von Kp und Kc 152
Gleichgewichtslage,
– Einfluß des Drucks 155
– Berechnung für $C + CO_2 \rightleftharpoons 2CO$ 155
– Einfluß der Konzentration 153
– Einfluß der Reaktionsgeschwindigkeitskonstante 176
– Einfluß von ΔS und ΔH 163, 168, 169
– Einfluß der Temperatur 152, 166
– Prinzip von Le Chatelier 152
Gleichgewichtszustand 147

Sachregister

Gleichungen
- chemische 2, 142
- Kernreaktions- 12
Gleitebenen 282, 285
Glimmer 270
Gold
- Cyanidlaugerei 318
- Raffination 314
Granat $Ca_3Al_2[SiO_4]_3$ 270
Graphit 261
- Bindung 114, 261
- Kristallstruktur 262
Graphitfolien 263
Graphitierung 263
Graphitverbindungen 261
Gray 14, Tab. 1 Anh. 1
Grenzstrukturen, siehe Mesomerie
Grundzustand 31, 37
Gruppensilicate 270
Gruppen von Elementen 54–58

Haber-Bosch-Verfahren 181, 254
Härte
- Beziehung zur Bindungsart 125
- von Einlagerungsmischkristallen 309
- von Ionenkristallen 80
- von Legierungen 282, 297, 306
- von Wasser 267
Härtegrade (Wasserhärte) 267
Halbelement 208
Halbleiter
- Dotierte Halbleiter 292
- Eigenhalbleiter 291
- n-Halbleiter 292
- p-Halbleiter 292
- Zonenschmelzen 301
Halbmetalle 275
Halbwertszeit (Radioaktivität) 15 (Abb.), 16
Halbzelle, siehe Halbelement
Halogene
- Darstellung 235
- Dissoziationsenergie 234
- Elektronegativität 233
- Elektronenaffinität 62, 233
- Gruppeneigenschaften 55, 233
- Oxidationsvermögen 206, 234
- Schmelzpunkte 234
- Siedepunkte 234
- Vorkommen 235
Halogenide
- kovalente 235
- Salze 237
- Silberhalogenide 237
Halogenmetallurgie 317
Halogenwasserstoffe
- Bildungsenthalpie 235
- Darstellung 235, 236

- Dissoziationsenergie 116
- Ionenbindungsanteil 116
- Schmelzpunkte 235
- Siedepunkte 235
- Verdampfungsenthalpie 235
Hartmetalle 309
Hartstoffe 286
H-Atom, siehe Wasserstoffatom
Hauptgruppenelemente 56, 57, 277
Hauptquantenzahl n 26, 37
Hauptsätze der Thermodynamik
- 1. Hauptsatz 141
- 2. Hauptsatz 157
- 3. Hauptsatz 157
Heisenbergsche Unbestimmtheitsbeziehung 34
Helium 239
  siehe auch Edelgase
^4_2H 9, 11, 16, 21, 22
Hemmungserscheinungen, siehe kinetische Hemmung
Herdfrischverfahren 316
Heßscher Satz 143
Heterogene Gleichgewichte 151
Heteropolare Bindung, siehe Ionenbindung
Hexagonal dichteste Packung 279
- Abweichungen 282
HFCKW 347
HFKW 347
High-spin-Komplexe 330
Hinreaktion 148
Hochleistungskeramik 274
Hochofen 315
Hochtemperatursupraleiter 294
Holzkohle 263
Homöopolare Bindung, siehe Atombindung
Homogene Gleichgewichte 151
Hume-Rothery-Phasen 302, 305
- Beispiele 306 (Tab.)
- Valenzelektronenzahl/Atomzahl 306
Hundsche Regel 51, 88, 330
Hybridisierung 91
- bei der Bildung von MOs 111
- und Bindungsstärke 97
- Merkmale der- 97
  siehe auch Hybridorbitale
Hybridorbitale
- sp^3-Hybridorbitale 91
- sp^2-Hybridorbitale 94
- sp-Hybridorbitale 93
- d^2sp^3-Hybridorbitale 94
- dsp^3-Hybridorbitale 96
- Rolle in Komplexen 327
Hydratation 80, 184
Hydratationsenthalpie 184 (Tab.)
- Einfluß auf die Löslichkeit von Salzen 184
Hydrazin N_2H_4 255
Hydride, siehe Wasserstoffverbindungen

Hydrogencarbonate 267
Hydrogenchalkogenide 245
Hydrogenchlorid HCl 168, 177, 235
Hydrogenfluorid HF 89, 97, 115, 235
Hydrogenhalogenide s. Halogenwasserstoffe
Hydrogeniodid HI 146, 149, 171, 172, 176, 235
Hydrogensulfite 248
Hydrolyse 191
Hydronalium 314
Hydrothermalsynthese 269
Hydroxide 189
Hydroxoniumion H_3O^+ 190, 230
Hyperoxide 247
Hypochlorige Säure HClO 238
Hypochlorite 238

Ideale Gase, ideales Gasgesetz, siehe unter Gase und Gasgesetz
Indikatorpapier 204
Indikatoren, Säure-Base- 202
Inerte Komplexe 326
Inertgas 252
Infrarotstrahlen 29
Initialzünder 255
Inkongruentes Schmelzen 300
Inselsilicate 270
interionische Wechselwirkung 185
Intermetallische Phasen 301
– Hume-Rothery Phasen 305
– Klassifikation 302
– Laves-Phasen 304
– Mischkristalle 295, 302
– Stöchiometrie 294
– Überstrukturen 296, 302
– Zintl-Phasen 307
Inverse Spinelle 78
Iod 233
 siehe auch Halogene
Iodlösungen 234
Iodwasserstoff HI 146, 149, 171, 172, 176, 235
Ionen
– mit Edelgaskonfiguration 69 (Tab.)
– in Ionenkristallen 65
– Komplexe – in Ionenstrukturen 78
– Magnetische Eigenschaften von- 334
– Maskierung von- 320, 326
– Wechselwirkung zwischen- 65, 66
 siehe auch Übergangsmetallionen
Ionenabstand und Gitterenergie 80
Ionenäquivalent 225
Ionenaustauscher 267, 366
Ionenbeweglichkeit 183
Ionenbindung 65
– Vergleich der Bindungsarten 125
Ionenbindungsanteil 116
Ionengleichgewichte 185

Ionenkristalle,
 Auftreten von Gittertypen 74, 81
– Bildung 65
– Elektrische Leitung 68, 125
– Elektronendichte 68
– Gitterenergie 79, 80 (Tab.)
– Härte 80, 125
– Ionenbindungsanteil 116, 118
– Löslichkeit 80
– Lösungen von- 68
– Schmelzen von- 68
– Schmelzpunkte 80, 125
– Sprödigkeit 285
 Strukturen, siehe Ionenstrukturen
Ionenleitung 183
Ionenprodukt des Wassers 191
Ionenradien 69
– Änderung mit der KZ 70
– Bestimmung von- 70
– Regeln 70
– Tabelle 71
– Übergangsmetalle (hs, ls) 335
Ionenreaktion von Komplexionen 320
Ionenstrukturen
– Calcit-Typ 78
– Caesiumchlorid-Typ 72, 76
– Cristobalit-Typ 73, 76
– Fluorit-Typ 73, 76
– Natriumchlorid-Typ 67, 76
– Perowskit-Typ 77
– Rutil-Typ 73, 76
– Spinell-Typ 77
– Zinkblende-Typ 73, 76
Ionenverbindungen
– Bildung von- 65
– Ionenbindungsanteil 116
 Strukturen, siehe Ionenstrukturen
 siehe auch Ionenkristalle
Ionenwanderung 183
Ionisierungsenergie
– 5. Hauptgruppe 251
– der Hauptgruppenelemente 60 (Abb.)
– I_1-I_{10} der Elemente bis Z 13, 61 (Tab.)
– und Struktur der Elektronenhülle 61
– Wasserstoffatom 229
– Definition 59
– Edelgase 239
– und Elektronegativität 117
– 4. Hauptgruppe 260
Irreversible Prozesse 157
IR-Strahlen, siehe Infrarotstrahlen
Isobare 7
isoelektronisch 265
Isolatoren 289
Isomerie von Komplexen
– cis/trans 324
– optische- 324

Sachregister

Isotope
- Definition 7
- Häufigkeit 8 (Tab.)
- Masse 8 (Tab.), 10
Isotopentrennung 9
Isotypie 302

Jahn-Teller-Effekt 338
Joule 142, Anh. 1

Kältemischungen 140
Kalium $^{40}_{19}$K 14
Kalkstein $CaCO_3$ 267
Kalomel-Elektrode 212
Kaolin 273
Kaolinit 271
Katalysatoren 179
Katalysatorselektivität 182
Katalyse 179
- Heterogene Katalyse 180
- Homogene Katalyse 180
- Synthese von NH_3 181
- Synthese von SO_3 179, 181
Kathode 183
Kationen 66, 183
Kationenaustauscher 268
Kationensäuren 191
Keramische Erzeugnisse 273, 274
Kernbindungsenergie 9, 10 (Abb.)
Kernbrennstoff 20
Kernfusion 21, 22
Kernkraftwerk 21
Kernladungszahl 5
Kernmodell 6
Kernreaktionen 11
- Kernfusion 21
- Kernreaktionsgleichungen 12, 17
- Kernspaltung 18
- Künstliche Nuklide 17
- Radioaktivität 11
Kernreaktionsgleichungen 12, 17
Kernspaltung 18
Kernumwandlungen 17
Kernverschmelzung 21, 22
Kesselstein 267
Kettenstrukturen 106
Kettenreaktion
- bei chemischen Reaktionen 177, 231
- bei Kernreaktionen
-- gesteuerte 21
-- ungesteuerte 19
Kettensilicate 270
Kfz, Katalysator 360
Kieselgel 270
Kinetik chemischer Reaktionen 170
kinetisch inert 326
Kinetische Gastheorie 133

Kinetische Hemmung 177
- von Elektrodenreaktionen 223
Kinetische Stabilität von Komplexen 326
Klima 352
Klimaänderungen, globale 352
Knallgas 177, 231
Knotenflächen 48
Königswasser 218, 257
Kohlenstoffdioxid CO_2 266
- Bindung 100, 103, 266
- Emission 349, 353
- Kreislauf 349, 351
- Kristallstruktur 105
- saure Eigenschaften 266
- Stabilität 157, 168
- Zustandsdiagramm 137
Kohlenstoffmonooxid CO 157, 168, 254, 265
Kohlensäure H_2CO_3 267
Kohlenstoff, Herstellung von Metallen durch Reduktion mit- 315
$^{12}_{6}$C 5, 9, 16
Kohlenstoff, siehe auch unter Elemente der
 4. Hauptgruppe,
 Diamant,
 Fullerene
 Graphit
Koks 263
Kohlenwasserstoffe 231
Komplexbildung und Löslichkeit 187
Komplexbildungskonstanten 325
Komplexionen
- Elektrolytische Eigenschaften 320
- Farbe 319
- High-spin- 331
- Ionenreaktionen 320
- Isomerie 323
- Low-spin- 331
- Räumlicher Bau 323
- Reaktivität, Stabilität 325
Komplexon (EDTA) 321
Komplexverbindungen
- Aufbau 319
- Eigenschaften 319
- Isomerie 323
- Ligandenfeldtheorie 329
- Nomenklatur 321
- Räumlicher Bau 223
- Reaktivität, Stabilität 325
- Valenzbindungstheorie 327
Kondensation 134, 259, 269
Kongruentes Schmelzen 300
Konjugierte Base 190
Konstanten, siehe Anhang 1
Kontakte (Katalyse) 188
Kontaktgifte (Katalyse) 180
Kontaktverfahren 249, 181
Konverter 316

Konvertierung von CO 232, 254
Konzentration 129
- und MWG 149, 152
- und Reaktionsgeschwindigkeit 170
- Schreibweise 129, 150
- Standardkonzentration 163, 185
Konzentrationskette 211
Koordinationspolyeder
- in Ionenkristallen 72, 75
- in Komplexionen 323
- Verzerrung von- 338
Koordinationszahl
- und Atomradien 283
- Bevorzugung von- 78, 323, 333, 337
- Beziehung zur Bindungsart 125
- in Ionenkristallen 72
- und Ionenradien 70
- in Komplexverbindungen 319
- in Kristallen 67, 125
- in Metallen 279, 280
- und Radienquotient 75 (Tab.)
- und Übergang Ionenkristall-Molekülkristall 118
Koordinationszentrum 319
- Einkernige, mehrkernige Komplexe 320
Koordinationsverbindungen 319
Koordinative Bindung 86, 327
Kovalente Bindung, siehe Atombindung
Kraft, elektromotorische, siehe elektromotorische Kraft
Kraft, elektrostatische 24, 66
Kreide 267
Kristallfeldtheorie, siehe Ligandenfeldtheorie
Kristallgitter 66
   siehe Atomkristalle
   Ionenstrukturen
   Kristallstrukturen
   Molekülkristalle
Kristallstrukturen
- Arsen grau 253
- AuCu 296
- Au_3Cu 296
- Caesiumchlorid-Typ 73, 76
- Calcit-Typ 78
- CO_2-Struktur 105
- Cristobalit-Typ 73, 76
- Diamant-Typ 104
- Eis I 246
- Entstehung von- bei geordneter Besetzung der Lücken dichtester Packungen 310
- Fluorit-Typ 73, 76, 310
- Graphit 262
   $MgCu_2$ (Laves-Phase) 304
   NaTl (Zintl-Phase) 308
- Natriumchlorid-Typ 67, 76, 310
- Nickelarsenid-Typ 247
- Perowskit-Typ 77

- Rutil-Typ 73, 76
- Selen grau 245
- Spinell-Typ 77
- Zinkblende-Typ 73, 76, 104, 310
Kritische Daten 136 (Tab.)
Kritische Temperatur 137
Kritischer Druck 137
Kritischer Punkt 137
Kritischer Zustand 136
Kryolith Na_3AlF_6 235, 313
Krypton 239
   siehe auch Edelgase
Kubisch dichteste Packung 280
- Ableitung von Strukturen bei geordneter Besetzung von Lücken 310
Kubisch raumzentrierte Struktur 280
Kugelflächenfunktion 45, 48 (Abb.)
Kugelpackungen, dichteste 278–280
Kunstdünger, siehe Düngemittel
Kupfer
- Produktionszahlen 311
- Raffination 314
- Rohkupfer 318
Kupferkies $CuFeS_2$ 318
Kupfer(II)-Verbindungen,
- Koordination 339

Lachgas N_2O 255
Ladung
- Ionenladung 69
- Partialladung 115
- Tatsächliche- 115
Ladung, formale, siehe formale Ladung
Ladungsverteilung von Elektronen in Atomen 35
Ladungswolke des H-Atoms 34 (Abb.), 35
Lanthanoide 58, 317
Lanthanoidenkontraktion 283
Laves-Phasen 304
- Beispiele 304 (Tab.)
- Kristallstruktur von $MgCu_2$ 304
- Radienverhältnisse 304
LCAO-Näherung 106
Le Chateliersches Prinzip 152
Leclanché-Element 277
Legierungen 282, 294
- Geordnete/Ungeordnete 297
- Homogene/Heterogene 294
   siehe auch Schmelzdiagramme
Leitfähigkeit, siehe elektrische-
Leitungsband 286
Leuchtgas 266
Lewis-Formeln 81
Licht 29
Lichtgeschwindigkeit 9, 28
Lichtquanten 31
Liganden 321
- Chelatliganden 321

Sachregister

– Nomenklatur 321
– Zähnigkeit 320
Ligandenaustauschreaktionen 326
Ligandenfeld 329, 331
Ligandenfeldaufspaltung 329
– Tabelle 331
Ligandenfeldstabilisierungsenergie 333
Ligandenfeldtheorie
– Ionenradien 335
– Jahn-Teller-Effekt 338
– Oktaedrische Komplexe 329
– Planar-quadratische Komplexe 337
– Tetraedrische Komplexe 336
Linearkombination von Molekülorbitalen
  (LCAO-Näherung) 106
Linienspektrum 30
Liquiduskurve 295
Lithium $^6_3$Li 22
Löslichkeit von Ionenverbindungen 80
Löslichkeit 185
– Einfluß der Komplexbildung 187
Löslichkeitsprodukt 185
– Tabelle 188
Lösungen, Dampfdruckerniedrigung 139
Lösungen, feste, siehe Mischkristalle
  Mischkristallbildung
Lösungen, flüssige 185
Lösungsmittel 185
Low-spin-Komplexe 311
λ-Sonde 360
Lücken in Kugelpackungen 310
Luft, Zusammensetzung 240
Luftschadstoffe 364
Luftverbrennung 255

Magnalium 314
Magnesiumverfahren 358
Magnetische Eigenschaften von Übergangsmetallionen 334
Magnetische Quantenzahl m_l 38, 39
Magnetit Fe_3O_4 78
Marmor $CaCO_3$ 267
Maskierung von Ionen 320, 326
Masse
– Äquivalenz Masse – Energie 9
– Atomare Masseneinheit 5
  siehe auch Massendefekt
Massenanteil 129
Massendefekt 9, 10 (Abb.), 13
Massenwirkungsgesetz (MWG) 149–152
– Kinetische Deutung 176
– Thermodynamische Ableitung 162
Massenwirkungskonstante, siehe Gleichgewichtskonstante
Massenzahl s. Nukleonenzahl
Maximale Arbeit 160

Mechanismus von Reaktionen, siehe Reaktionsmechanismus,
  Reaktionsordnung
Mehrbasige Säuren 193
Mehrelektronenatome
– Atomorbitale 50
– Aufhebung der Entartung 50
Mehrkernige Komplexe 320
Membranverfahren 225
Mesomere Formen 102
Mesomerie 102
Messing (Cu-Zn) 306
Metalle 275
– Atomradien 282
– Gewinnung von- 311
– Kristallstrukturen 278, 281
– Metallische Bindung 283
– Reaktion mit Säuren und Wasser 216
– Stellung im PSE 58, 275
– Typische Eigenschaften 276, 282
  Voraussage von Redoxreaktionen 216
– Weltproduktion 311
Metallische Bindung 283
– Elektronengas 283
– Energiebändermodell 286
– in intermetallischen Phasen 302
Metaphosphorsäuren $(HPO_3)_n$ 259
Metastabile Systeme 177
Methan CH_4 91, 350
$MgCu_2$-Kristallstruktur 304
Mikrowellen 29
Mineralarten in der Erdkruste 229
Mischkristalle
– Bildungsbedingungen 302
– Geordnete 296, 297
– Lückenlose 295, 302
– Mischungslücken 299, 303
Mischungsentropie 164, 165
Mischungslücke 299
MO, siehe unter Molekülorbital
MO-Diagramme, siehe Energieniveaudiagramme
Mol 128
Molalität 129
Molare Masse 128
Moleküle, Hypothese von Avogadro 132
Molekülmasse 129
Molekülorbitaltheorie (MO-Theorie) 88, 106
Molekülkristalle
– Elektronendichte in- 284
– Einfluß von KZ und Elektronegativität auf den
  Kristalltyp 125
– Gitterenergie 125
– Härte 125
– Leitfähigkeit 125
– Schmelzpunkte 125
Molekülorbitale 88, 106
– Äquivalente- 109

- Antibindende- 106
- Bindende- 106
- Bildung durch Linearkombination von s-Orbitalen 107 (Abb.)
- Bildung durch Linearkombination von p-Orbitalen 109 (Abb.)
- π-Molekülorbitale 109
- σ-Molekülorbitale 107
- Symmetrie 108
- mit Wechselwirkung zwischen s- und p-Orbitalen 111

Molekulargewicht, siehe unter Molekülmasse
Molekularsiebe 272
Molenbruch s. Stoffmengenanteil
Molvolumen s. Normvolumen, molares
Molybdän, Herstellung 318
Mond-Verfahren 319
Monomolekulare Reaktion 171
Montmorillonit 273
Moseleysches Gesetz 63
Multiplikationsfaktor von Kettenreaktionen 19
Muskovit $KAl_2[Si_3AlO_{10}](OH)_2$ 272

Nahordnung 272
NaTl-Kristallstruktur 308
Natrium, Herstellung 314
Natriumchlorid NaCl 65, 67, 224, 235
Natriumchlorid-Struktur 67, 76, 310
Natrium-Schwefel-Akkumulator 227
Natronlauge 224
Nebengruppenelemente 56, 57, 277
Nebenquantenzahl l, 38, 40
Neon 239
    siehe auch Edelgase
Neptunium $^{237}_{93}Np$ 13
Nernstsche Gleichung 163, 209, 213
Nernstsches Verteilungsgesetz 188
Neutralisation 189
Neutralisationswärme 189
Neutron
- Eigenschaften 4
- Entdeckung 17
- Verhältnis Neutron/Proton 9

Nichtmetalle 229
- Stellung im Periodensystem 58, 275

Nickel
- Herstellung 314
- Produktionszahlen 311

Nickelarsenid-Struktur 247
Nickel-Cadmium-Akkumulator 227
Nitrate 257
Nitride 309, 310
Nitrite 256
Normale Spinelle 78
Normalpotential 210, 213
- Messung von- 213
- Tabelle 215

Normalwasserstoffelektrode 212
Normierung von Wellenfunktionen 43
Normvolumen, molares 131
Nukleon 5
Nukleonenzahl 5
Nuklide
- Definition 7
- Künstliche- 17
- Schreibweise 7
- Tabelle 8
- Zahl der- 18

Nullpunkt, absoluter 130

Oktaedrische Komplexe 329
Oktett-Regel 85
Olivin $(Fe, Mg)_2[SiO_4]$ 270
Onyx 269
Opal 269
Optische Aktivität 325
Optische Isomerie 324
Orbitale, siehe Atomorbitale, Molekülorbitale
Orbitalquantenzahl 38, 40
Ordnung einer Reaktion, siehe Reaktionsordnung
Ordnungszahl 6
- Bestimmung aus Röntgenspektren 64

Orthokieselsäure H_4SiO_4 269
Orthoklas $K[AlSi_3O_8]$ 271
Orthophosphorsäure H_3PO_4 258
Ostwald-Verfahren 255
Ostwaldsches Verdünnungsgesetz 195
Oxidation 204
Oxidationsmittel 206
Oxidationsstufe, siehe Oxidationszahl
Oxidationszahl
- Beständigkeit von - in Übergangsmetallen 333
- und Beziehung zur Gruppennummer 127
- der Elemente bis Z = 18 126 (Tab.)
- von 3d-Elementen 277
- von Hauptgruppenelementen 277
- und Redoxvorgänge 207

Oxidierte Form 205
Ozon O_3 168, 243, 341
- stratosphärisches 341
- troposphärisches 361

Ozonloch 344
Ozonschicht 243, 341

π-Bindung 98
- Delokalisierung von- 102, 112–114
- Doppelbindungsregel 100

π-Molekülorbitale 109
PAN 362
Paramagnetische Ionen 334
Partialdruck
- Definition 132

Sachregister

– und Konzentration 152
– und MWG 149
Partialladung 115
Pauli-Prinzip 50, 88, 288
Pechblende 11
Perborat 247
Perchlorsäure HClO$_4$ 238, 239
Perhydrol 246
Perioden 58
Periodensystem 54, 56 (Abb.)
Periodizität von Elementeigenschaften 54, 58
Peritektikum 300
Permanente Gase 137
Permutit 268, 272
Perowskite
– Beispiele 77
  Struktur 77
Peroxide 247
pH-Anzeige mit Indikatoren 202
Phasen, intermetallische 301
Phasendiagramme, siehe unter Zustandsdiagramme und unter Schmelzdiagramme
Phasengesetz 139
Phasenumwandlungen und Energieinhalt 138
  siehe auch Aggregatzustand
Phosphate 259
– Eutrophierung 365
Phosphor 251
  siehe auch Elemente der 5. Hauptgruppe
Phosphoroxide P$_4$O$_6$, P$_4$O$_{10}$ 257
Phosphorsäuren 258
Photoelement 245
Photographie 237
Photonen 31
Photosmog 363
pH-Wert
– Berechnung für Basen 197
– Berechnung für Salzlösungen 197
– Berechnung für Säuren 193
– Definition 191
– Einfluß auf Redoxpotentiale 217
– Näherungsformeln 196 (Tab.)
Piezoelektrizität 269
pK$_B$-Wert 197
pK$_S$-Wert, Definition 193
– Tabelle 194
Planck-Einsteinsches Gesetz 31
Plancksches Wirkungsquantum 26
Plastische Verformbarkeit 282, 285
Platin 180
Platinelektrode 212, 223
Platin, platiniert 212
Polardiagramme 47, 48
Polare Atombindung 115
Polarkoordinaten 44
Polykieselsäuren 269
polykristallin 282

Polymorphie 281
Polyphosphate 259, 267
Polyphosphorsäuren H$_{n+2}$P$_n$O$_{3n+1}$ 259
Polysulfane H$_2$S$_n$ 247
p-Orbitale
– Gestalt 40, 49 (Abb.)
– Hybridisierung unter Beteiligung von- 91–96
– Linearkombination von- 109 (Abb.)
– Polardiagramme 47, 48
– ψ 44
– ψ^2 49
– Radialfunktion 47
– Überlappung mit s-Orbitalen 89, 90
– Überlappung mit p-Orbitalen 90, 98
Porzellan 273
Positronen 17
Potentiale, elektrochemische, siehe Redoxpotentiale
Primärelement 226
Prinzip des kleinsten Zwanges 152
Prinzip von Le Chatelier 152
Produktionszahlen
– Metalle 311
– Schwefelsäure 249
Promotoren (Katalyse) 180
Promovieren von Elektronen, siehe angeregte Zustände
Protolysegrad 195
– Einfluß der Konzentration 195
Protolysereaktion 190
Proton
– Eigenschaften 4
– Verhältnis Neutron/Proton 8
Protonenacceptoren 190
Protonendonatoren 190
Protonenübertragungsreaktion 190
Pseudohalogene 239
$^{239}_{94}$Pu 20, 21
Pufferbereich 201
Pufferlösungen 200
– Funktion 200
– pH-Wert 202
Pyrit FeS$_2$ 244
Pyroxene 270
p-Zustand 38

Quadratisch-planare Komplexe 337
Quantenzahlen
– l 38, 39, 44
– m$_l$ 38, 44
– m$_s$ 42
– n 26, 37, 38, 40, 42, 44
– Orbitalquantenzahlen 38, 40
Quantenzustände 37
– des H-Atoms 39, 42
Quarks 4

Quarz 269
– Schmucksteine 269
Quarzglas 272
Quecksilberverfahren (Chloralkalielektrolyse) 224

Racemisches Gemisch 325
Radiale Dichte 46
Radialfunktion 44
Radien
– Atomradien 282, 283 (Tab.)
– Ionenradien 69, 70, 71 (Tab.)
Radienquotienten
– von AB-Ionenkristallen 76
– von AB_2-Ionenkristallen 76
– Beziehung zum Strukturtyp 74, 81
Radienquotientenregel 74, 75 (Tab.)
Radioaktive Verschiebungssätze 13
Radioaktive Zerfallsgeschwindigkeit 15 (Abb.)
Radioaktive Zerfallsreihen 13, 17
Radioaktivität
– Einheit 14
– künstliche 17
– natürliche 11
Radiowellen 29
Radium 11, 17
Räumlicher Aufbau von Molekülen 89, 91, 119
– BCl_3 95
– $BeCl_2$ 93
– CH_4 92
– C_2H_2 99
– C_2H_4 99
– ClF_3 96
– H_2O 89, 93
– NH_3 90, 93
– PF_5 96
– SF_4 96
– SF_6 96
Raffination 314
Rauchgas 357
Rauchgasentschwefelung 357
Rauchgasentstickung 359
Reaktionsenthalpie ΔH
– Berechnung aus ΔH_B° 146
– Beziehung zur Änderung von K mit T 154
– Definition 142
– Vorzeichen 142
– Zustandsgröße 141
Reaktionsentropie, siehe Standardreaktionsentropie
Reaktionsgeschwindigkeit
– und chemisches Gleichgewicht 176
– Einfluß der Konzentration 170
– Einfluß sterischer Bedingungen 175
– Einfluß der Temperatur 170, 173
– Katalyse 179
– Metastabile Systeme 177

– Reaktionsgeschwindigkeitskonstante 171, 174
Reaktionsgeschwindigkeitskonstante 170
– Beziehung zur Gleichgewichtskonstante 176
– Einfluß der Aktivierungsenergie 174, 176
– Einfluß von Katalysatoren 179
– Temperaturabhängigkeit 173
Reaktionsmechanismus
– Bimolekulare Reaktion 172
– Einfluß von Katalysatoren 179
– Monomolekulare Reaktion 171
– Reaktionsordnung 171–173
– Trimolekulare Reaktion 192
Reaktionsmolekularität 171–173
Reaktionsordnung 171–173
Reaktionswärme 142
Reaktivität von Komplexen 325
Redoxäquivalent 225
Redoxgleichungen, Aufstellen von- 207
Redoxpaar 205
Redoxpotential 208
– Berechnung von- 209, 216
– Einfluß der Komplexbildung 218
– Einfluß des pH 217
Redoxreaktion 205
– Gleichgewicht 219
– Kinetische Hemmung 223
– Voraussage von- 215
Redoxreihe 206
Redoxsystem 205
Reduktion 204
Reduktionsmittel 206
Reduzierte Form 205
Reihe, spektrochemische 332
Reinelemente 7
Resonanzenergie 104, 114
Resonanzstrukturen, siehe Mesomerie
Reversible Prozesse 157
Ringsilicate 270
Röntgenspektren 63
Röntgenstrahlen 29
– Entstehung 63
Röstreaktionsverfahren 318
Roheisen
– Erzeugung 315
– Produktionszahlen 311
Rohstoffe 354
Rosenquarz 269
Rubidium $^{87}_{37}Rb$ 14
Rückreaktion 148
Ruß 263
Rutil-Struktur 73, 76
Rydberg, Konstante 31, 33

σ-Bindung 87
Sättigungsdampfdruck 135
Säure-Base-Äquivalent 225

Sachregister

Säure-Base-Indikatoren
- Funktion 302
- Tabelle 203

Säure-Base-Paar 190
- Beziehung pK_s und pK_B 198

Säureexponent 193
Säurekonstante
- Definition 193
- Tabelle 194

Säuren
- Berechnung des pH-Wertes 193
- Mehrbasige- 193
- Theorie von Arrhenius 189
- Theorie von Brönsted 189

Säurestärke 192, 193
Salpeter 257
Salpetersäure HNO_3 207, 256
Salpetrige Säure HNO_2 256
Salzbrücke 211
Salze 182
- Berechnung des pH-Wertes von Salzlösungen 197

Salzlager 235
Salzsäure, siehe Hydrogenchlorid
Satz von Heß 143
Sauerstoff 242
  siehe auch Chalkogene
Saurer Regen 364
Schalen 37
- Besetzung mit Elektronen 51, 53
- Stabilität voll besetzter- 60

Schichtenfolge bei dichtesten Packungen 278
Schichtenstrukturen 106
- As, Sb, Bi 253

Schichtsilicate 270
Schlacke 315
Schmelzdiagramme
- Ag – Au 295
- Bi – Cd 297
- Cu – Ag 298
- Cu – Au 296
- Fe – Pb 300
- Mg – Ge 299
- Na – K 301

Schmelzen
- kongruent, inkongruent 300

Schmelzflußelektrolyse
- Aluminium 312
- Natrium 314

Schmelzkurve 137
Schmelzpunkt 137
- Beziehung zur Bindungsart 125
- von Ionenkristallen 80
- von Metallen 276 (Abb.)

Schmelztemperatur 137
Schmelzwärme 138
Schrödinger-Gleichung 37, 43

Schwarzpulver 257
Schwefel 100, 243
Schwefeldioxid SO_2 248
- Emission 356

Schwefelsäure H_2SO_4 181, 249
Schwefeltrioxid SO_3 152, 181, 248
Schwefelwasserstoff H_2S 90, 247
Schweißen 231, 317
Schwerlösliche Salze 188 (Tab.)
Schwerspat $BaSO_4$ 244
Schutzgas 240
Schwingungsfrequenz 28
Sekundärelemente 226
Selen 244
Siedepunkt 136
Siedepunkt, flüchtiger Stoffe 124 (Tab.)
Siedepunktserhöhung 140
Siedetemperatur 136
Siemens-Martin-Verfahren 316
Sievert 14, Tab. 1, Anh. 1
Silber
- Cyanidlaugerei 318
- Raffination 314

Silberchlorid-Elektrode 212
Silberhalogenide 237
Silber-Zink-Zelle 228
Silicagel 270
Silicate 229, 269
Silicium 264, 292
- hochreines 264

Siliciumdioxid SiO_2 73, 100, 268
Silicone 274
SI Anhang 1
σ-Molekülorbitale 106, 108
Smog 361
Soliduskurve 295
Sonne 23
Sonnenlichtspektrum 346
s-Orbitale
- Gestalt 40 (Abb.)
- Hybridisierung unter Beteiligung von- 91–97
- Linearkombination von- 106
- ψ, ψ^2, radiale Dichte 44–46
- Überlappung mit p-Orbitalen 90
- Überlappung mit s-Orbitalen 88

Spannung, siehe elektromotorische Kraft
Spannungsreihe 215
- Anwendungen 216–218
- Tabelle 215

Spektralanalyse 30
Spektrochemische Reihe der Liganden 333
Spektrum
- kontinuierliches 29
- Linienspektrum 29
- Röntgenspektrum 63
- von Wasserstoffatomen 30, 33

sp-Hybridorbitale 93

sp²-Hybridorbitale 94
sp³-Hybridorbitale 91
Spezifische Wärme, von Metallen 286, 290
Spiegelbildisomerie 324
Spin 42
Spinelle
– Beispiele 78
– Struktur 77
– Verzerrung von- 339
Spinorientierung
– High-spin-Komplexe 331
– Low-spin-Komplexe 331
– Valenzzustand 97
Spinpaarungsenergie 331, 337
Spinquantenzahl m_s 42
Spinrichtung 51
Spodumen $LiAl[Si_2O_6]$ 270
Spurengase 342
Stabilität
– Ionenstrukturen 75
– Kinetische Hemmung 177
– Komplexe 325
– Metastabile Systeme 177
– Thermodynamische- 166
– Beispiele 168
Stabilitätskonstante von Komplexen 325
Stahl
– Erzeugung 316
– Legieren von- 316
– Produktionszahlen 311
– V2A-Stahl 316
Standardbildungsenthalpie ΔH_B°
– Berechnung von ΔH° aus- 146
– Definition 145
– Tabelle 146
Standarddruck 130, 143, 145
Standard-EMK 160, 213
– Beziehung zu ΔG° 160
– Nernstsche Gleichung 163, 209
Standardentropie S°
– Berechnung von Entropieänderungen 158
– Definition 158
– Tabelle 159
Standardkonzentration 163, 185
Standardpotential 209, 213
– Messung von- 213
– Tabelle 215
Standardreaktionsenthalpie ΔH°
– Berechnung mit ΔH_B° 146
– Beziehung zu ΔG° 159
– Beziehung zur T-Abhängigkeit von K 154
– Definition 143
– Wegunabhängigkeit 144
Standardreaktionsentropie ΔS°
– Berechnungen 158, 159
– Beziehung zu ΔG° 159
Standardwasserstoffelektrode 212

Standardzustand 143, 145, 163
Steingut 274
Steinsalz, siehe unter Natriumchlorid
Sternentwicklung und Elemententstehung 22
Stereoisomerie 323
Stickstoff 252
  siehe auch Elemente der 5. Hauptgruppe
Stickstoffdioxid NO_2 168, 256
Stickstoffmonooxid NO 150, 169, 179, 255
Stickstoffoxide 255
– Emission 358
Stickstoffwasserstoffsäure HN_3 255
Stishovit SiO_2 269
Stöchiometrie intermetallischer Phasen 294
Stöchiometrische Gesetze 3
Störstellen 292
Störstellenhalbleiter 292
Stoffmenge 128
Stoffmengenanteil 129
Stoffmengenkonzentration 129
Stoffmenge von Äquivalenten 225
Strahlen, elektromagnetische, siehe unter
  elektromagnetische Strahlung
α-Strahlen 11
β-Strahlen 11
γ-Strahlen 12, 29
Stratosphäre 342
Strukturformeln, siehe Lewis-Formeln
Sublimation 137
Sublimationskurve 137
Sublimationswärme 138
Sulfate 250
Sulfide 247
– Strukturen von Schwermetallsulfiden 247
Sulfite 238
Summenformeln 3
Supernova 24
Superphosphat 259
Supraflüssigkeit 240
Supraleiter 294
Sylvin KCl 235
System 141
System, abgeschlossenes 157, 161
s-Zustand 38

Talk 271
Tellur 244
Temperatur
– absolute in K 130
– in °C 130
– thermodynamische 130
– Einfluß auf K 153, 154
– Einfluß auf die Reaktionsgeschwindigkeit
  173–176
Tetraedrische Komplexe 336
Thermitverfahren 317
Thermodiffusion 9

Sachregister 395

Thermodynamik, Hauptsätze 141, 157, 158
Thermonukleare Reaktion 22
Thioschwefelsäure $H_2S_2O_3$ 250
Thorium $^{232}_{90}Th$ 13, 20
Titan, Herstellung 317, 319
Ton 273
Tonkeramik 273
Tonmineralien 270
Topas 270
Transformation von Koordinaten 44
Transurane 18, 20
Treibhauseffekt 348
Triaden 55
Tridymit SiO_2 269
Trimolekulare Reaktion 72
Tripelpunkt 138
Tritium 6, 14, 21, 22
Trockeneis 137
Tropfsteine 267

u, siehe atomare Masseneinheit
^{233}U 20
^{235}U 13, 18, 20, 21
^{238}U 13, 17, 20, 21
Übergangselemente 57, 277
Übergangsmetalle 57, 277
Übergangsmetallionen
– Farbe 319, 333
– Koordination 323, 333, 337
– Magnetische Eigenschaften 334
– Oxidationszahlen 277, 333
– Spinzustand in Komplexen 330
Übergangsmetallkomplexe 327
Überlappung von Atomorbitalen 87
– und Bindungsstärke 88, 97
– in BCl_3 95
– in $BeCl_2$ 93
– in CH_4 92
– in C_2H_2 99
– in C_2H_4 99
– in ClF_3 96
– in Diamant 104
– in H_2 88
– in HF 89
– in H_2O 89, 93
– in H_2S 90
– in NH_3 90, 93
– in PH_3 90
– in PF_5 96
– in SF_4 96
– in SF_6 96
– in Zinkblende-Strukturen 104
Überlappung von Energiebändern 288
Überlappung von s-Orbitalen
– mit p-Orbitalen 90
– mit s-Orbitalen 88, 90

Überlappung von p-Orbitalen
– mit p-Orbitalen 90, 98, 100
– mit s-Orbitalen 90
Überspannung 223
Überstrukturen 296
Ultraviolettstrahlen 29, 30
– Absorption durch O_3 243, 346
– Reaktion mit O_2 243, 346
Umschlagbereiche von Indikatoren 203
Unbestimmtheitsbeziehung 34
Unedle Metalle 216
Universalindikatorpapier 204
Unschärferelation, siehe Unbestimmtheits-
  beziehung
Unterschalen 50
– Besetzung mit Elektronen 51, 53
– Stabilität halbbesetzter- 61
UV-Strahlen, siehe Ultraviolettstrahlen

V2A-Stahl 293, 316
Valenz, siehe Oxidationszahl
Valenzband 289
Valenzbindungsdiagramme 327
Valenzbindungstheorie (VB-Theorie) 88
Valenzbindungstheorie von Komplexen 327
Valenzelektronen
– Definition 75
– und Gruppennummer 75
Valenzelektronenkonfiguration
– Definition 75
– der Hauptgruppenelemente 75
– der Nebengruppenelemente 75
  siehe auch Elektronenkonfiguration
Valenzschalen-Elektronenpaar-Abstoßungs-
  modell 119
Valenzzustand 97
Vanadium, Herstellung 317, 319
van der Waals-Bindung 106, 123, 125
– und thermische Daten 123
– Vergleich der Bindungsarten 125
van der Waals-Energie, Beitrag zur Gitter-
  energie 81
VB-Theorie, siehe Valenzbindungstheorie
Vegardsche Regel 303
III-V-Verbindungen 292
Verbindungen, intermetallische, siehe inter-
  metallische Phasen
Verbotene Zone 286, 292 (Tab.)
Verbrennung 204
Verdampfung 134
Verdampfungswärme 138
Verformbarkeit, plastische 282, 285
Vergleich der Bindungsarten 125
Verteilungsgesetz von Nernst 188
Volumenarbeit 141
VSEPR-Modell 119

Wärmekapazität von Metallen 286, 290
Wäßrige Lösungen 182
– Gesättigte- 185, 186
– Ideale- 185
– Übersättigte- 187
Waldschäden 364
Waschmittel 247, 259, 365
Wasser H_2O
– Anomalie von- 246
– Bindung 89, 93, 116
– Ionenprodukt 191
– Kristallstruktur von Eis 246
– Redoxpotential 217
– Säure-Base-Eigenschaften 190
– Thermodynamik der Bildung 150, 154, 167, 169
– Wasserstoffbrücken 236
– Zustandsdiagramm 134
Wasserenthärtung 259, 267
Wassergas 232
– Gleichgewicht 232
Wasserstoff 229
– atomarer 230
– Bindung 88, 230, 236
– Chemische Eigenschaften 230, 231
– Darstellung 224, 231
– Häufigkeit 229, 231
– Metallherstellung durch Reduktion mit- 317
– Physikalische Eigenschaften 230
– Verwendung 232
Wasserstoffatom
– Atomorbitale 36
– Bohrsches Modell 24
– Eigenfunktionen 44 (Tab.) 45–48 (Abb.)
– Entartung der Energieniveaus 40
– Ionisierungsenergie 38
– Isotope 6
– Orbitale 39, 41 (Abb.)
– Quantenzahlen 36
– Quantenzustände 42
– Spektrum 30, 32, 33
– Wechselwirkung von H-Atomen 87, 88
– Wellenmechanisches Modell 36
Wasserstoffbindung 236
Wasserstoffbombe 22
Wasserstoffelektrode 212
Wasserstoffisotope 6
Wasserstoffperoxid H_2O_2 246
Wasserstoffverbindungen
– Kovalente 232
– Legierungsartige 232, 309
– Salzartige 232

Wellen, elektromagnetische 28, 29
Wellencharakter von Elektronen 35
Wellenfunktion 42
– Linearkombination von- 106
Wellengleichung 43
Wellenlänge 28
Wellenzahl 28
Wellmann-Lord-Verfahren 358
Wertigkeit, siehe Oxidationszahl
Widia 309
Windfrischverfahren 316
Winkelfunktion 44 (Tab.)
Wirkungsquantum, Plancksches 26
Wolfram, Herstellung 318

Xenon 239
   siehe auch Edelgase
Xenonverbindungen 241

Zeemann-Effekt 38
Zentralatom 319
Zentralion 319
Zentrifugalkraft des Elektrons 24
Zeolithe 272, 364
Zerfallskonstante (Radioaktivität) 15, 16
Zersetzungsspannung 221, 223
Zink
– Herstellung 314
– Produktionszahlen 311
Zinkblende ZnS 244
Zinkblende-Struktur 73, 76, 104, 248, 292, 310
Zinkchlorid-Zelle 227
Zinn 264, 292
Zinnober HgS 244
Zintl-Phasen 307
– Beispiele 307 (Tab.)
– Kristallstruktur von NaTl 308
Zintl-Klemm-Konzept 307
Zirconium, Herstellung 317, 319
Zirkon $Zr[SiO_4]$ 270
Zonenschmelzverfahren 301
Zündhölzer 253
Zuschläge (Hochofen) 315
Zustandsdiagramme 134
– von CO_2 137
– von H_2O 135
   siehe auch Schmelzdiagramme
Zustandsgleichung 130
Zustandsgröße 141
Zwischenmolekulare Bindungen 105, 106, 123
   siehe auch van der Waals-Bindung

Formelregister

Das Formelregister ist nach Elementen geordnet. Unter den Elementnamen werden die Verbindungen in folgender Reihenfolge aufgeführt: Element (Modifikationen, Ionen), Hydride, Oxide, Oxosäuren, Halogenide. Salze suche man unter dem Kation oder dem Anion. Beispiele: AgBr ist unter Silber aufgenommen, $Ca_3(PO_3)_2$ unter Phosphor und PbS unter Schwefel.

Aluminium
Al_2O_3 80, 313, 317
$Al(OH)_3$ 312
$[Al(OH)_4]^-$ 312
$MgAl_2O_4$ 77
AlAs 105
AlP 105, 125, 292

Arsen
AsH_3 85

Beryllium
$BeCl_2$ 93
BeF_2 118

Blei
$PbCl_4$ 85

Bor
BCl_3 95
BF_3 86, 116, 118
BN 105

Brom
HBr 235
$MgBr_2$ 235
BrF_5 121

Chlor
Cl_2 177, 224, 234
Cl 66, 160, 243
HCl 168, 221, 235
CsCl 73
KCl 235
NaCl 67, 177, 224
$KCl \cdot MgCl_2 \cdot 6H_2O$ 235
ClO 343
ClO_2 168, 237
Cl_2O 346
HClO 238
$HClO_2$ 238
$HClO_3$ 238
$KClO_3$ 239
$NaClO_3$ 239
$HClO_4$ 238, 239
ClF_3 96, 121

Chrom
$[Cr(H_2O)_6]^{2+}$ 239
$MgCr_2O_4$ 78

Eisen
FeO 315
Fe_2O_3 316
Fe_3O_4 78, 316
Fe_2NiO_4 78
$[Fe(CN)_6]^{4-}$ 320

Fluor
F_2 110, 234
F 160
HF 89, 116, 235
CaF_2 73, 125, 235, 237
$KMgF_3$ 77
Na_3AlF_6 235, 313

Gallium
GaAs 292

Germanium
GeO_2 59
$GeCl_4$ 59, 85

Gold
AuCu 296
$AuCu_3$ 296, 307

Indium
InSb 292

Iod
I 173
I_3^- 234
IF_7 122
HI 146, 149, 172, 176, 235
$Ca(IO_3)_2$ 235

Kohlenstoff
C_{60} 263
CH_4 92, 120, 231, 350
C_2H_2 99, 265
C_2H_4 99
C_6H_6 103, 112
CO 157, 158, 169, 265
CO_2 100, 103, 105, 137, 157, 169, 266
H_2CO_3 267
CO_3^{2-} 102, 112, 320
$CaCO_3$ 78, 229, 267
$CaMg(CO_3)_2$ 267
HCO_3^- 267
CCl_4 85
HCN 239, 268
$(CN)_2$ 239
CN^- 268, 318
CF 262
C_8K 262
Al_4C_3 265
CaC_2 265
$Ni(CO)_4$ 266, 319

Kupfer
$[Cu(H_2O)_6]^{2+}$ 339
CuI 105
$CuFeS_2$ 318
$[Cu(NH_3)_4]^{2+}$ 320, 326, 339
$YBa_2Cu_3O_7$ 294

Lanthan
$LaAlO_3$ 77

Lithium
LiD 22

Mangan
$[Mn(H_2O)_6]^{3+}$ 339
Mn_3O_4 339
MnO_4^- 217
$KMnO_4$ 127

Natrium
Na^+ 65
NaOH 224
NaTl 307, 308

Nickel
$KNiF_3$ 77
NiAs 247

Niob
Nb_3Ge 294

Phosphor
P_4 100, 253
PH_3 83, 90
P_4O_6 257
P_4O_{10} 257
H_3PO_4 258
PO_4^{3-} 258
$Ca_3(PO_4)_2$ 253, 259
$Ca(H_2PO_4)_2$ 259
$(HPO_3)_n$ 259
$H_{n+2}P_nO_{3n+1}$ 259
$Na_5P_3O_{10}$ 259, 365
PF_5 86, 96, 121
PCl_3F_2 123
PCl_4F 123
POF_3 123

Platin
$[PtCl_4]^{2-}$ 337

Sauerstoff
O 160
O_2 100, 110, 243
O_3 168, 243
OH 361
H_2O 89, 93, 116, 120, 135, 150, 154, 167, 169, 192, 215, 216,
H_3O^+ 190, 230
H_2O_2 246
$NaBO_2 \cdot H_2O_2 \cdot 3H_2O$ 247
O_2^{2-} 247
BaO_2 247
Na_2O_2 247
O_2^- 247
KO_2 247

Schwefel
S_8 100, 244
H_2S 90, 247
CdS 248
CoS 248
FeS 248
FeS_2 244, 248
HgS 244, 248
MnS 248
PbS 244, 318
TiS 248
VS 248
ZnS 73, 104, 244
H_2S_n 247

$(NH_4)_2S_n$ 247
SO_2 248
SO_3 153, 179, 181, 248
S_3O_9 249
H_2SO_4 181, 249
SO_4^{2-} 250
$BaSO_4$ 244, 250
$CaSO_4 \cdot 2H_2O$ 244
$PbSO_4$ 250
$H_2S_2O_7$ 250
SO_3^{2-} 248
HSO_3^- 248
$H_2S_2O_3$ 250
$Na_2S_2O_3 \cdot 5H_2O$ 251
SF_6 85, 96, 121
SF_4 96, 121
SOF_2 123
SO_2F_2 123

Silber
AgBr 237
$[Ag(CN)_2]^-$ 326
$[Ag(NH_3)_2]^+$ 320, 326

Silicium
SiO_2 73, 100, 268
H_4SiO_4 269
$Ca_3Al_2[SiO_4]_3$ 270
$(Fe, Mg)_2 [SiO_4]$ 270
$Zr[SiO_4]$ 270
$BaTi[Si_3O_9]$ 270
$Al_2Be_3[Si_6O_{18}]$ 270
$LiAl[Si_2O_9]$ 270
$KAl_2[Si_3AlO_{10}](OH)_2$ 272
$Ca_2[Al_2Si_2O_8]$ 271
$K[AlSi_3O_8]$ 271
$Na[AlSi_3O_8]$ 271
$SiCl_4$ 85
$[SiF_6]^{2-}$ 85
SiC 104, 265

Stickstoff
N 252
N_2 98, 112, 236
NH_3 90, 93, 116, 120, 156, 169, 181, 253
N_2H_4 255
HN_3 255
AgN_3 255
NH_4^+ 86, 254
N_2O 170, 255, 342
NO 150, 169, 179, 255, 343, 361
NO_2 168, 256

N_2O_4 256
N_2O_5 258
HNO_2 256
NO_2^- 256
HNO_3 207, 256
NO_3^- 218, 257
KNO_3 257
NH_4NO_3 257
$NaNO_3$ 257

Titan
$[Ti(H_2O)_6]^{3+}$ 334
TiO_2 73
$BaTiO_3$ 77
$CaTiO_3$ 77, 79
Mg_2TiO_4 78

Vanadium
V_2O_5 250
MgV_2O_4 78

Wasserstoff
H 160, 169
H_2 88, 107, 224, 229–232, 318
H^+ 230
H^- 230, 232
H_2Se 85
H_2Te 85
CaH_2 232
BiH_3 85
LiH 232
$LiAlH_4$ 233

Wolfram
WO_3 318
$NaWO_3$ 77

Xenon
XeO_3 241
XeO_4 241
XeF_2 121, 241
XeF_4 121, 241
XeF_6 241

Zink
$ZnAl_2O_4$ 78
$ZnFe_2O_4$ 78

Zinn
$CaSnO_3$ 77
$SnCl_4$ 85